AF457934

CATALOGUE SYNONYMIQUE

DES

COLÉOPTÈRES D'EUROPE ET D'ALGÉRIE.

CATALOGUE SYNONYMIQUE

DES

COLÉOPTÈRES

D'EUROPE ET D'ALGÉRIE,

PAR J. GAUBIL,

Capitaine de carabiniers au 17e régiment d'infanterie légère, chevalier de la Légion d'Honneur, membre des Sociétés entomologiques de France et de Stettin, membre correspondant de la Société d'histoire naturelle du département de la Moselle, etc.

PARIS,

MAISON, LIBRAIRE, RUE CHRISTINE, 3

1849.

PRÉFACE

En publiant aujourd'hui le catalogue synonymique des Coléoptères d'Europe et d'Algérie, je crois devoir exposer les motifs qui m'ont déterminé à cette publication, faire connaître les principaux ouvrages que j'ai consultés pour mettre mon travail à la hauteur de la science, répondre à quelques observations qui m'ont été adressées et remercier les amis désintéressés qui, par leurs conseils, et la part active qu'ils y ont prise, en m'envoyant les notes que je leur demandais, ont rendu mon travail plus facile, et ont soutenu mon courage souvent prêt à reculer devant les nombreuses difficultés que j'ai rencontrées.

Pendant mon séjour à Paris, de 1841 à 1844, je m'occupai du classement de ma collection. Aidé par MM. Chevrolat, Guérin et Reiche et grâce à leurs bontés toutes particulières pour moi, je pus, en me servant des monographies publiées jusqu'alors, non-seulement parvenir au but que je m'étais proposé, mais encore recueillir, dans les bons ouvrages qu'ils voulurent bien me confier, un grand nombre de notes qui devaient me servir à continuer le classement de ma collection, dans quelque localité que je me trouve. De là à la première idée d'un catalogue, il n'y avait qu'un pas.

Entré en relations d'échanges avec un grand nombre d'entomologistes, je ne tardai pas à ressentir combien il me serait utile d'avoir la synonymie de tous les coleoptères que j'envoyais ou que je recevais. Bien souvent, de différents points de la France ou de l'Allemagne, on m'adressait le même insecte sous quatre ou cinq noms différents, et, cet insecte que j'avais demandé, le plus ordinairement je le possédais moi-même sous un autre nom.

J'entassai donc notes sur notes, je consultai tous les ouvrages qu'il me fut possible de me procurer, et, à force de travail, j'obtins pour moi un catalogue, qu'à la demande de plusieurs de mes amis et de mes correspondants, j'allais livrer à l'impression lorsque parut le premier cahier de la *Fauna austriaca* de M. Ludwig Redtenbacher, ouvrage très-remarquable, que plusieurs entomologues distingués qui s'intéressent à la publication de mon livre m'engagèrent à adopter comme guide.

Si mon catalogue offre quelques défectuosités sous le rapport du classement, on doit l'attribuer à la nécessité où j'ai été d'intercaler des genres et des espèces qui m'étaient inconnus et qui ne se trouvent pas dans la Faune d'Autriche.

Puissé-je avoir réussi à satisfaire les souscripteurs qui m'ont mis à même de couvrir les frais de cette publication.

Plusieurs de ces derniers m'ont demandé pourquoi, à un catalogue de coléoptères d'Europe, je joignais ceux de l'Algérie. Voici ma réponse : C'est que, outre la grande facilité que l'on a de se les procurer, la plus grande partie des espèces algériennes se retrouvent sur le littoral de l'Europe méridionale.

Un mot maintenant à tous les amis de la science qui ont bien voulu me seconder. Que MM. Putzeys, de Bruxelles; Riehl, de Cassel; Schaum, de Stettin; Truqui, de Turin; Chevrolat, Doüé, Dupont, Guérin-Méneville, Lucas, Mellié et Reiche de Paris; Allibert, de Puimoisson, Billot, de Haguenau; C. Boulard, Colombain et F. Schultz, de Bitche; Ecoffet et Hochstetter, de Colmar; Gehin, de Metz; le colonel et le général Levaillant; Mulsant, de Lyon; Ott et Silbermann, de Strasbourg, reçoivent ici le témoignage public de ma sincère reconnaissance. Tous ont contribué à rendre mon travail plus facile, l'un en déterminant les insectes de ma collection, l'autre en me confiant ses travaux inédits; celui-ci en transcrivant pour moi des extraits d'ouvrages que je ne pouvais me procurer; celui-là en me communiquant les insectes que je désirais examiner. S'il y a quelque chose de bien dans mon travail, il leur appartient tout entier. Mon livre n'est qu'une pierre apportée pour l'édifice que d'autres pourront entreprendre un jour. Puissent-ils y trouver quelques-uns des renseignements que j'ai eu tant de peine à me procurer, et je me trouverai récompensé de mon travail et de mes veilles.

Bitche, 15 juillet 1848.

AUTEURS CITÉS DANS CE VOLUME.

. . . .	Annales de la société entomologique de France. Paris 1832 et suivants. in-8°. fig.
. . . .	Annales des sciences physiques et naturelles d'agriculture et d'industrie, publiées par la société d'agriculture, etc., de Lyon. Lyon 1838 et suiv., gr. in-8°. fig
ALLIBERT (ALPH)	Monographie du genre *Trichopterix (Revue zoologique,* par la société Cuviérienne, publiée sous la direction de M. F. G. Guérin-Méneville. Février 1844, p. 51).
ARAGONA (A.)	De quibusdam coleopteris Italiæ novis aut rarioribus. Tentamen inaugurale Aloysius Aragona Submittit. Ticini Régii 1830. in-8°.
AUBE (CH.)	Iconographie et histoire naturelle des coléoptères d'Europe, *Hydrocanthares.* Paris 1836. 1 vol. in-8°. fig.
Idem.	Essai sur le genre *Monotoma* (*Annales de la société entomologique de France.* 1836, p. 453).
Idem.	Révision de la famille des *Pselaphiens* (*Annales de la société entomologique de France.* 1844, p. 73).
Idem.	Descriptions d'un nouveau genre et de quelques espèces nouvelles, par M. Ch Aubé (*Annales de la société entomol. de France,* années 1844, p. 227; 1842, p. 231 et suiv.).
AUDINET-SERVILLE .	Nouvelle classification de la famille des *Longicornes* (*Annales de la société entomologique de France*, 1833-1835).
BASSI (C.)	Description de quelques nouvelles espèces de coléoptères de l'Italie, par M. C. Bassi (*Annales de la société entomologique de France*, 1834, p. 463 et suiv.).
Idem.	Notice sur le genre *Cardiomera,* nouveau genre de coléoptères de la famille des carabiques, par M. C Bassi, de Milan (*Annales de la société entomologique de France*, 1834, p 320).
BILLBERG (E. J.).	Monographia *Mylabridum.* Holmiæ 1813. in-8°.
BOISDUVAL et LACORDAIRE .	Faune des environs de Paris. Paris 1835. 1 vol. in-12.
BRANDT (J. F.), et ERICHSON (W. F.).	Monographia generis *Meloe,* cum tabula picta, 1831, in-4. (*Nova acta curiosorum naturæ*, t. XVI. Breslau et Bonn 1832, p. 103 à 142).
BRULLE (A.).	Expédition scientifique de Morée, t. III. *Zoologie* (*Arachnides* et *insectes*). Paris 1822, in-4°. fig.
Idem	Observations critiques sur la synonymie des carabiques (*Revue entomologique*, par M. G. Silbermann, 1834-1835, II° et III° vol.).
. . . .	Bulletin de la société impériale des naturalistes de Moscou Moscou 1829 et suiv., in-8°

Burmeister . . . Handbuch der Entomologie Coleoptera *Lamellicornia* melitophili. Berolini 1842. 3 vol. in-8°.

Castelnau (de). . . . . . Histoire naturelle des insectes coléoptères, par M. de Castelnau, avec une introduction par M. Brullé (insectes). Paris 1840. 2 vol. in-8°.

Chaudoir (le baron de) . . Description de quelques espèces de carabiques (*Bulletin de la société impériale des naturalistes de Moscou.* 1843).

Chevrolat (A.) . . . . . . Centurie de *Buprestides*, par M. Aug. Chevrolat (*Revue entomologique*, par M. G. Silbermann, t. V, p. 41).

Idem. . . . . Description des *Mylabrides* de Barbarie, par M A. Chevrolat (*Revue entomologique*, par M. G. Silbermann, t. V, p. 267).

Idem. . . . . Mémoire sur un coléoptère tétramère de la famille des *Xylophages*, et observations sur plusieurs espèces de cet ordre rencontrées dans diverses fourmilières, par A. Chevrolat (*Revue entomologique*, par M. G. Silbermann, t. III, p. 263).

Idem. . . . . Description de quelques coléoptères de la Galicie et du Portugal (*Revue zoologique*, 1840, p. 8).

Comolli. . . . . . De coleopteris novis ac rarioribus minusve cognitis provinciæ Novocomi. Eicini Regii 1837, in-8°.

Dahl (G.) . . . . (Col. u. Lepida) Coleoptera, ein systematisches Verzeichniss, von G. Dahl. in-8. Wien 1823.

Dejean (le comte) . . . . . Catalogue des coléoptères de sa collection, troisième édition, revue, corrigée et augmentée. Paris 1837. 1 vol. in-8°.

Dejean (le comte) et Boisduval. . . . . Iconographie et histoire naturelle des coléoptères d'Europe. Paris 1829. 4 vol. in-8°. fig.

Dufour (Leon) . . . . . Description de dix espèces nouvelles ou peu connues d'insectes recueillis en Espagne, par M. L. Dufour (*Ann. génér. des sc. phys.*, VI, p. 307).

Idem. . . . . Excursion entomologique dans les montagnes de la vallée d'Ossan. Pau 1843. in-8°.

Duftschmidt (K.) . . . . . Fauna austriæ, oder Beschreibung der österreichischen Insekten fur angehende Freunde der Entomologie. Leipzig 1812-1825 in-8.

. . . . Entomologische Zeitung, herausgegeben von dem entomologischen Vereine zu Stettin. Leipzig 1840-1847 8 vol. in-8°. fig.

Erichson (W. F.). . . . . Naturgeschichte der Insekten Deutschlands. Berlin 1847. 1848.

Idem. . . . . Genera Dyticeorum, etc. Berolini 1842. in-8°.

Idem. . . . . Entomographien. Berlin 1840. in-8°. fig.

Idem. . . . . Die Kafer der Mark. Brandenburg. Berlin 1837-1839. 1 vol. in-8°.

Idem . . . . Genera et species Staphylinorum, insectum Coleopterorum familiæ. Berolini 1840. 1 vol. in-8°. fig.

Idem . . . . Aperçu des *Histeroides* de la collection du muséum de Berlin, extrait traduit du mémoire de M. W. F. Erichson, inséré dans les *Annales* de M. Klug (*Revue entomologique* de M. G. Silbermann. 1835. 3e vol. p 181).

ERICHSON (W. F.). . . . . Rapport sur les travaux entomologiques en 1836, par M. W. F. Erichson. Traduit des *Archives d'histoire naturelle* de M. Wiegmann, par M. G. Silbermann (*Revue entomolog.*, 1837, t. V).

FERTÉ-SENECTERRE (DE LA). Notice sur le genre *Anthicus*, par M. de Laferté-Senecterre (*Annales de la société entom. de France*. 1842, p. 217).

FISCHER (G.). . . . . Entomographia imperii Russici 4. Mosquæ 1820, 1823, 1825. 3 vol.

FISCHER (DE WALDHEIM, G.). Entomographia Rossicæ (*Bulletin de la société impériale des naturalistes de Moscou*, 1844).

GAUBIL (JEAN). . . . . . . Description de quelques carabiques nouveaux pour la Faune de la France et de nos possessions d'Algérie, par M. Gaubil, officier au 17e léger (*Revue zoologique*. Septembre 1844 et mars 1846).

GERMAR (ERN. FRED.). . . Zeitschrift fur die Entomologie herausgegeben. Leipzig 1839-1844, in-8°.

GILLMEISTER . . . . Trichopterygia, Beschreibung und Abbildung der haarflügeligen Kafer. Nurnberg 1845, bei Jacob Sturm (Sturm, *Deutschlands Fauna*. Bd 171).

GORY et PERCHERON . . . . Monographie des *Cetoines*. Paris 1833. in-8°. fig.

GORY et LAPORTE . . . . Monographie des *Buprestides*. Paris. in-8°. fig.

Idem . . . . Supplément à la Monographie des *Buprestides*. Paris. in-8°. fig.

GORY (M. H.) . . . . . . Histoire naturelle et Iconographie des insectes coléoptères (*Monographie des Clytus*). Paris 1841. in-8°. fig.

GRÆLLS (le docteur) . . . . Description de cinq espèces nouvelles de coléoptères d'Espagne (*Annales de la soc. ent. de France*. 1846, p. 305 et 309).

GRIMMER (K. H. B.). . . . Steiermark's Coleoptern, mit ein hundert sechs neu beschriebenen Species. Gratz 1841. in-8°.

GUÉRIN-MENEVILLE (F. E.). Revue zoologique, par la société Cuviérienne, publiée sous la direction de M. F. E. Guérin-Meneville. in-8°.

Idem . . . . Species et Iconographie des animaux articulés, etc. Paris 1844. 2 livr. fig.

HEER (OSWALDO) . . . . . Fauna coleopterorum Helvetica. Turici. 1 vol. in-12.

HUMMEL. . . . . Essais entomologiques. St-Pétersbourg 1821 et sv. in-8°.

. . . . Isis, oder encyclopadische Zeitung (Recueil dirigé par M. Oken). Leipzig 1817 et suiv. in-8°.

JAN . . . . Catalogus in IV sectiones divisus rerum naturalium in Museo extransium Josephi de cristofori et Georgii Jan. Milano 1832. in-8°.

KLUG (F.) . . . . Jahrbücher der Insektenkunde, mit besonderer Rücksicht auf die Sammlung im köngl. Museum zu Berlin. Berlin 1834. in-8°.

KUSTER . . . . Die Kafer Europa's, etc. Nurnberg 1844 et suiv.

KIESENWETTER . . . . . . Beitrage zur Monographie der Gattung *Heterocerus*, von Kiesenwetter (*Zeitschrift für die Entomologie*, etc., von Germar. 4 Bande).

LACORDAIRE (TH.) . . . . . Monographie des coléoptères subpentamères de la famille des *Phytophages*, par M. Th. Lacordaire (*Mémoires de la société royale des sciences de Liége*, t. III et V). Liége, Bruxelles, Paris, 2 vol. in 8°.

LACORDAIRE (TH.) . . . . . Monographie de la famille des *Erotyliens*. Paris 1842. 1 vol in-8°.

LAPORTE (M. L. F. DE) . Note monographique sur le genre *Zuphium* (*Revue entomologique*, par M. G. Silbermann. Paris, Strasbourg 1833, t. Ier).

Idem . . . . Etudes entomologiques ou descriptions d'insectes nouveaux et observations sur la synonymie (*Revue ent.*, par M. G. Silbermann, 1837, t. IV, p. 5).

LATREILLE (P. A.). . . . Histoire naturelle générale et particulière des crustacés et des insectes. Paris 1802-1805. 14 vol. in-8°. fig.

. . . . Linnæa entomologica, Zeitschrift herausgegeben von dem entomologischen Vereine in Stettin, Berlin, Posen. 2 vol. 1846, 1847.

LUCAS (H.) . . . . Exploration scientifique de l'Algérie pendant les années 1840, 1841 et 1842, publiée par ordre du gouvernement avec le concours d'une commission académique, etc. (*Histoire naturelle des animaux articulés*, par M. H. Lucas, membre de la commission scientifique de l'Algérie). Paris 1847-1848. 2 vol. in-4°. fig.

MANNERHEIM (le comte) . . Ecunemis, Insectorum genus monographice tractatum iconibusque illustratum. Petropoli 1823. in-8°.

Idem . . . . Revue critique de quelques ouvrages entomologiques (Extrait du *Bulletin de la société impériale des naturalistes de Moscou*. 1838). Broch. in-8°.

Idem . . . . Énumération des Buprestides et description de quelques espèces nouvelles de cette tribu de la famille des Stirnoxes, de la collection de M. le comte Mannerheim Broch. in-8° (Extrait du *Bulletin de la soc. imp. des natural. de Moscou*. 1838).

Idem . . . . Versuch einer monographischen Darstellung der Gattungen *Corticaria* und *Lathridius*, von Graf Mannerheim (*Zeitschrift für die Entomologie*, herausgegeben von Germar. Aus dem 5ten Bande).

MELLIÉ . . . . Monographie du genre *Cis*, par M. Mellié (*Revue zoologique*. Mars 1847).

MENETRIÉS (E.) . . . . . Catalogue raisonné des objets de zoologie, recueillis dans un voyage au Caucase, par E. Ménétriés. in-4°. Saint-Pétersbourg 1832.

Idem . . . . Catalogue d'insectes recueillis entre Constantinople et le Balcan, par M. Ménétriés (*Mémoire de l'académie de Saint-Pétersbourg*).

MOTSCHULSKY (VICTOR DE). Monographie du genre *Georisus* (Extrait du *Bull. de la soc. imp. des natural. de Moscou*. 1843. 4e cah.).

Idem . . . . Note sur le genre *Trychopteris*, Kirby, et *Ptilium*, Schuppel (*Revue zoologique*, etc. Mars 1847).

MULLER ET KUNZE. . . . . Muller, P. W. J., u. D. Gust. Kunze, Monographie der Ameisenkäfer (*Scydmænus Latr.*). 4 M. 1 Kpfrt.

MULSANT (ET.) . . . . . Histoire naturelle des coléoptères de France (*Longicornes*). Paris et Lyon 1839. 1 vol. in-8°. fig.

Idem . Hirtoire nat. des coléopt. de France (*Lamellicornes*). Paris et Lyon 1843. 1 vol. in-8°. fig. — *Palpicornes*. 1844 1 vol. in-8°. fig. — *Sulcicolles* et *Securipalpes*. 1846 1 vol in-8°. fig

PAYKULL (G.) . . . . Monographia Histeroidum. — Upsaliæ, Paris 1 vol in-8°, fig.

PECCHIOLI. . . . . Description de deux coléoptères nouveaux d'Italie, par M. Pecchioli (*Annales de la soc. entomol. de France,* 1836, p. 445).

PUTREYS (M. J.) . . . . . . Prémices entomologiques. Liége 1845. Broch. in-8°.

Idem . . . . Monographie des *Clivina* et genres voisins (Extrait des *Mémoires de la société royale des sciences de Liége*, t. II). Liége 1846. in-8°.

Idem . . . . Broscosoma. Carabidum genus novum, descr. atque. fig. illust. Bruxellis, M. octobre 1846.

Idem . . . . Trechorum europæorum conspectus (*Entomologische Zeitung*). Octobre 1847.

RATZEBURG (TH. CH.) . . . Die Forstinsekten (1re partie, les coléoptères). Berlin 1837. in-4°. fig.

REDTENBACHER (LUDWIG) . Fauna austriaca, die Kafer nach der analytischen Methode. Bearbeitet von Ludwig Redtenbacher. Wien 1847-1848. 1 vol. in-8°.

Idem . . . . Teutamen dispositionis generum et specierum coleopterorum Pseudotrimemorum archiducatus Austriæ. Vindobonæ 1843. Broch. in-8°.

. . . . Revue entomologique, publiée par M. Gustave Silbermann. Paris 1833-1837. 5 vol. in-8°. fig.

SCHAUM (H. R.). . . . Analecta entomologica, Dissertatio inauguralis. Halis, saxonum 1841. in-8°.

Idem . . . . Observations critiques sur quelques *Lamellicornes* melitophiles, par M. le docteur H. R. Schaum (*Ann. de la soc. ent. de France*, année 1845).

SCHIÖDTE (IG. CH.) . . . . Genera og species af Danmark's Eleutherata. Kjobenhaven 1840-1841. in-8°.

SCHMIDT (H. M.) . . . . . Dissertatio inauguralis zoologica de *Pselaphis* Faunæ Pragensis cum anatomia Clavigeri. Pragæ 1836. in-8°.

SCHMIDT (W.). . . . . . . Revision der europaischen Ædemeriden, von Dr Wilh. Schmidt (in *Linnæa entomologica*, 1845).

SCHMIDT (Dr J.) . . . . . Monographie du genre *Hoplia* (*Entomologische Zeitung*, etc. Stettin 1840).

Idem . . . . Monographie du genre *Anthicus* (*Entomologische Zeitung*, etc. Stettin 1842).

SCHÖNHERR (C. S.) . . Genera et species *Curculionidum*. Paris 1833-1845. 8 vol. in-8°.

SOLIER . . . . Essai d'une division des coléoptères Hétéromères et d'une monographie de la famille des *Collaptérides*, par M. Solier (*Annales de la soc. entomol. de France*. 1844 et suiv.).

SPINOLA (le marquis MAX.). Essai monographique sur les *Clerites*. Paris 1846. 2 vol. in-8°.

STEFFAHNY . . . . Teutamen monographiæ generis *Byrrhi*. Berolini 1842 (aus Germar's Zeitschrift. in-4°).

STURM (J.). . . . . Deutschlands Fauna Kæfer. Nurnberg 1805-1846. 18 vol.

Idem . . . . Catalog der Kafersammlung. Nurnberg 1843. 1 vol. in-8°.

SUFFRIAN (Dr) . . . Revision der europaischen Arten der Gattung *Cryptocephalus*, von Direktor Suffrian in Siegen (*Linnæa entomologica*, etc. Stettin 1847).

SUFFRIAN (Dr) . . . . Monographie du genre *Cassida* (*Entomologische Zeitung*, etc. Stettin 1844).

TRUQUI . . . . Monographie du genre *Amphicoma*, par M. Truqui, de Turin, inédit.

VILLA (ANT. et J. B.) . . . Coleoptera Europæ Dupleta. Mediolani 1833-1838. Broch. in-8°.

WALTL . . . . Reise nach dem sudlichen Spanien, 2te Ausg. Passau 1839.

Idem . . . . Reise durch Tyrol, Oberitalien u. Piemont nach dem sudlichen Spanien. Passau 1835. in-8°.

ZIMMERMANN . . . . Mémoire sur le genre *Amara*, par Christophe Zimmermann. Traduit de l'allemand par M. G. Silbermann (*Revue entomologique*, etc. 1834. 2e volume).

LISTE DE MM. LES SOUSCRIPTEURS.

MM.

1. CATALA . . . . Capitaine en retraite, chevalier de la Légion d'Honneur, à Limoux (Aude).
2. BOISGIRAUD . . . . . . Doyen de la faculté des sciences de Toulouse.
3. RIEHL . . . . Caissier général, membre de la société entomologique de Stettin, à Cassel (électorat de Hesse).
4. MULSANT (E.) . . . . . Sous-bibliothécaire de la ville de Lyon, professeur d'histoire naturelle au collége national, membre de l'Académie nationale des sciences, belles-lettres et arts, président de la société Linnéenne de la même ville, etc.
5. SOMMER. . . . . . Négociant, membre de plusieurs sociétés savantes, à Altona, près de Hambourg.
6. GEHIN . . . . Pharmacien, membre de plusieurs sociétés savantes, à Metz (Moselle)
7. COLOMBAIN . . . . . Négociant à Bitche (Moselle).
8. BOULARD (CAMILLE) Membre de la société entomologique de France, à Bitche (Moselle).
9. MAUD'HUIT . . . Vérificateur des poids et mesures, à Sarreguemines (Moselle).
10. 11. SIGNORET. . . . . Docteur en médecine et pharmacien, membre de la société entomologique de France, rue de Seine, 49, à Paris.
12. FEISTHAMEL (le baron). Maréchal-de-camp, membre fondateur de la société entomologique de France, etc.
13. PARIS. . . . . . Notaire, membre de la société entomologique de France, à Epernay (Marne).
14. GODART. . . . . Capitaine d'habillement au 67e de ligne, à Lyon (Rhône).
15. ANTOINE . . . . Propriétaire, rue des Farges, 65, à Saint-Just, près de Lyon (Rhône).
16. BLISSON . . . . Sous-bibliothécaire de la ville du Mans, rue Tascher, 21, au Mans.
17. MELLIÉ . . . . . Vérificateur de l'enregistrement et des domaines, membre de la société entomologique de France, rue Mont-Thabor, 9, à Paris.
18. THIBESARD . . . . . Fondé de pouvoir du receveur général du département de l'Aisne, membre de la société entomologique de France, à Laon (Aisne).
19. CLENEAU D'AUMONT. . Major au 18e de ligne, membre de la société entomologique de France, à Paris.

MM.

20. Jevin. . . . . . . Sous-lieutenant au 9e de ligne, à Alger (Afrique).

21. Vachonrue (Alex.). . Grand chemin d'Aix, 42, à Marseille (Bouches-du-Rhône).

22. De Marseul . . . . . Chef d'institution, membre de la société entomologique de France, à Laval (Mayenne).

23. Bompart . . . . Naturaliste, à Villefranche (Rhône).

24. Bruyet (Joanny . . . A Nice (Piémont).

25. Herltieu. . . . . . . Inspecteur des contributions directes du département de Tarn-et-Garonne, membre du conseil du département du Lot et de plusieurs sociétés savantes, secrétaire perpétuel de la société agricole et industrielle du département du Lot, à Montauban (Tarn-et-Garonne).

26. Mocquerys . . . Chirurgien-dentiste, rue Grand-Pont à Rouen (Seine-Inférieure).

27. Buquet (Lucien) . . . Naturaliste, attaché au ministère de la marine, trésorier de la société entomologique de France, rue Dauphine, 35, à Paris.

28. Horeau. . . . . . . Pharmacien en chef de l'armée d'Afrique, membre de la société entomologique de France, à Alger.

29. Millot . . . . Docteur en médecine et pharmacien-major à Alger (Afrique).

30. Lauras . . . . . . Docteur en médecine et pharmacien-aide-major à l'hôpital du Dey à Alger (Afrique).

31. Capiomont . . . . . Docteur en médecine et pharmacien-aide-major à l'hôpital du Dey, à Alger (Afrique).

32. Mongodin . . . . . Docteur en médecine et pharmacien-aide-major à l'hôpital du Dey à Alger (Afrique).

33. Levaillant. . . . . . Général de brigade, à Alger (Afrique).

34. Costa (Achille) . . Bibliothécaire de l'académie des aspirants des naturalistes de Naples.

35. Truqui (Eugène). . . Docteur en médecine, à Turin (Piémont).

36. Gauthier. . . . . . . A Nice (Piémont).

37. Chevrolat . . . . Rédacteur à l'administration de l'octroi de Paris, membre fondateur de la société entomologique de France, etc., à Paris.

38. Levaillant (C.) . . . Colonel du 17e léger, à Phalsbourg (Meurthe).

39. Von Heyden . . . . . Sénateur, directeur de la société d'histoire naturelle de Seckenberg, à Francfort-sur-le-Mein.

40 Bertrand . . . . . . Archiviste du département des Landes, à Mont-de-Marsan.

41. Naux . . . . Officier au 22e léger, à Lyon (Rhône).

42. Blutel . . . . Directeur des douanes, vice-président de la société des sciences naturelles de La Rochelle, membre de la société entomologique de France, à La Rochelle (Charente-Inférieure).

MM

43. Lucas . . . Membre de la commission scientifique de l'Algérie, employé au laboratoire d'entomologie du muséum d'histoire naturelle, etc., à Paris.

44. Savoye . . . . . . Colonel du 3e régiment d'artillerie, à Metz (Moselle).

45. Germar. . . . . Professeur d'histoire naturelle, à Halle (Saxe).

46. Joly . . . . Professeur de zoologie à la faculté des sciences de Toulouse, membre de l'académie des sciences, à Toulouse (Haute-Garonne).

47. Prophète. . . . . . . Chirurgien-dentiste, à Nîmes (Gard).

48. Puton . . . . Propriétaire, à Remiremont (Vosges).

49. Billot . . . . Professeur des sciences physiques au collége de Haguenau (Bas-Rhin).

50. Darbas. . . . . Juge de paix à Wintzenheim, à Colmar (Haut-Rhin).

51.-52. Wayre (Adolphe) . . Rue de Metz, 5, à Nancy (Meurthe), et chez le général Lewaschoff, près le jardin d'été à Saint-Petersbourg (Russie).

53. Crué (Marius) . . . . Cours de Villiers, 24, à Marseille (Bouches-du-Rhône).

54. Kuenburg (le comte). . Assesseur de la direction des mines et salines de Hall, en Tyrol.

55. Levoiturier . . . . . Membre de la société entomologique de France, à Orival, près d'Elbeuf (Seine-Inférieure).

56. Nandon . . . . Chez M. Buquet, à Paris (Seine).

57. Maison . . . . Chez M. Buquet, à Paris (Seine).

58. Bottee de Toulmon . Chez M. Buquet, à Paris (Seine).

59. Lacordaire . . . . . Professeur de zoologie et d'anatomie comparée à l'université de Liége, etc., à Liége (Belgique).

60. Pflüger . . . . Registrateur, à Hildesheim (Hanovre).

61. Silbermann (G.) . . Imprimeur, l'un des administrateurs du muséum d'histoire naturelle de Strasbourg, chevalier de la Légion d'Honneur, etc., à Strasbourg (Bas-Rhin).

62. Classun (de). . . . . Capitaine adjudant de place, à l'île d'Oléron (Charente-Inférieure).

63. Grandin . . . . . Officier au 7e chasseurs, à Huningue (Haut-Rhin).

64. Racine . . . . Horticulteur, à Dieppe (Seine-Inférieure).

65. Domergue de Saint-Florent . . . . . Propriétaire, à Vandœuvre près de Nancy (Meurthe)

66. Renard. . . . . A Saint-Quentin (Aisne).

67. Meckenheim (le bn de). Faubourg Chartrain, 44, à Vendôme (Loir-et-Cher).

68. Pages (François) . . A Nîmes (Gard).

69. Doué . . . . Ancien chef de bureau au ministère de la guerre, officier de la Légion d'Honneur, etc., rue de l'Ancienne-Comédie, 13, à Paris.

70.-71. Pierret (Alexandre). Rue Corneille, 3, à Paris.

MM.

72. Blanchard . . . . . . Major au 2e régiment de spahis, à Misserghin, province d'Oran (Algérie).
73. Écoffet . . . . Directeur des contributions indirectes du département du Haut-Rhin, à Colmar.
74. Ott . . . . Orfèvre, à Strasbourg (Bas-Rhin).
75. Goubert (Léon) . . . . Employé à la direction des tabacs, à Strasbourg (Bas-Rhin).
76. Motschoulski (V. de). Capitaine, à Moscou.
77. Moye (G. E.) . . . . . Étudiant en médecine, à Dieuze.
78. Arias Teijéiro . . . Ancien magistrat espagnol, place de la Gendarmerie, à Beaune (Côte-d'Or).
79. Roujon . . . . Capitaine au 57e de ligne, au Panthéon, à Paris (Seine).
80. Bottée de Toulmont. Chez M. Buquet, à Paris (Seine).
81. Degland . . . . Chez M. Buquet, à Paris (Seine).
82. Millet . . . . Chez M. Buquet, à Paris (Seine).
83. Roton (de) . . . . . . Capitaine de carabiniers au 17e léger.
84. Perragallo . . . . . Employé chez le directeur des contributions indirectes, à Beaune (Côte-d'Or).
85.
86. } Fairmaire (Léon) . . Rue Ménars, 14, à Paris.
87. Graëlls . . . . Chef-directeur du muséum royal des sciences naturelles de Madrid.
88. Bonard . . . . Chirurgien en chef de l'hôpital de Calais, chevalier de la Légion d'Honneur, à Calais (Pas-de-Calais).
89. Foudras . . . . Rue Sainte-Catherine, 9, à Lyon (Rhône).
90. Perroud . . . . Rue Saint-Pierre, 23, à Lyon (Rhône).
91. Rouget . . . . A Dijon (Côte-d'Or).
92. Garden . . . . Conservateur du muséum de la ville de Saint-Étienne, rue de la Bourse, 10, à Saint-Étienne (Loire).
93. Paparel . . . . Percepteur des contributions à Chasseredes (Lozère).

CATALOGUE SYNONYMIQUE

DES

COLÉOPTÈRES D'EUROPE ET D'ALGÉRIE.

(Les espèces suivies d'une étoile font partie de ma collection.)

1. FAM. CICINDELÆ.

TETRACHA. *Guérin.*

MEGACEPHALA. *Latr.* CICINDELA. *Fabr.*

1 Euphratica. *Olivier.* *Hisp. merid.*
Algiriana. Blanchard. Algiria.

CICINDELA. *Linné.*

1 Concolor. *Dej.* *Candia.*
Rouxii. Barthelemy. id.
Ærea. Chevrolat. id.
2 Ismenia. *Buquet.* *Græcia.*
3 Luctuosa. *Dej.* *Barbaria.**
4 Maura. *Fabr.* *Algiria.**
Var. *Arenaria. Fab.* *Hispania.*
Sicula. Redtenbacher. Sicilia.
5 Saphirina. *Géné.* *Sardinia.*
6 Campestris. *de Geer.*
Fabr. *Gallia.**
Var. *Affinis. Bœber.* *Sibiria.*
— *Marocana. Fab.* *Gall. merid.**
— *Connata. Heer.* *Helvetia.*
— *Nigrescens. Heer.* id.
— *Farellensis.*
Grælls. *Hispania.*
— *Guadaramensis.*
Grælls. id.
— *Nigrita. Dej.* *Corsica.*
— *Funebris. Sturm. Germania.*
7 Decempunctata. *Brullé. Græcia.**
8 Desertorum. *Bœber.* *Russ. merid.*
9 Peletieri. (*Dej.*) *Lucas. Algiria.**
Ritschii. Lucas. id.
10 Audouinii. *Barthélemy.*
(*Laphyra Dup.*) *Algiria.**

11 Hybrida. *Linné. Fabr.* *Gallia.**
Commixta. Schönherr. Suecia.
Integra. Sturm. *Germania.*
Monticola. Ménétriés. Russ. merid.
Var. *Riparia. (Megerle)*
Dej. *Gallia.*
Aprica. Stephens. *Anglia.*
Var. *Maritima. Dej.* *Gall. bor.*
Altaïca. Gebler. *Sibiria.*
Variet. *Transversalis.*
Zieg. Dej. *Austria.*
12 Sylvicola. (*Meg.*). *Dej.* *Gall. orient.*
Hybrida. Duftschm. *Austria.*
13 Gallica. *Brullé.* *Gall. merid.**
Alpestris. Heer. *Helvetia.*
Chloris. Dej. *Gall. merid.*
Var. *Bilunata. Heer.* *Helvetia.*
Burmeisteri. Gistl. *Germania.*
14 Soluta. (*Megerle*). *Dej.* *Hungaria.**
Savranica. Besser. *Volhynia.*
Insignis. Mannerh. *Russ. merid.*
Desertorum. Ménétriés. id.
15 Sylvatica. *Fabr.* *P.**
16 Sturmii. *Ménétriés.* *Russ. merid*
17 Viennensis. *Schrank.* *Austria.**
Sinuata. Panzer. Dej. id
Litterata. Fuessly.
Gistl. id.
18 Trisignata. *Illiger.* *Gall. merid.**
Infracta. Megerle. *Illyria.*
Pavefacta. Schönherr. Barbaria.
19 Litterata. *Sulzer.* *Gall. orient.**
Lugdunensis. Dej. id.
Sinuata. Clairville. *Helvetia.*
Var. *Padana. Cristof.* *Italia*
20 Strigata. *Dej.* *Russ. merid*

21 Cohærensis. *Sturm. Cat.* id.
22 Chiloleuca. *Fischer.* *Podolia.*
23 Besseri. *Dej.* *Russ. merid*
Tibialis. Besser. id.
24 Intricata. *Schönherr.* *Barbaria*
25 Volgensis. *Besser. Dej.* *Russ. merid*
Elegans. Fischer. id.
Stigmaphora. Fischer. id.
Var. *Imperialis. Dahl.* *Italia.*
26 Littorea. *Forskal.* *Algiria.**
Goudotii. Dej. *Sardinia.*
Cruciata. Dahl. id.
27 Circumdata. *Dej* *Gall. merid.**
28 Dilacerata. *(Parr.) Dej.* *Græcia*
Angulosa. Olivier. id.
29 Contorta. *Steven.* *Russ. merid.*
Tortuosa. Falderm. *Turcomania.*
Figurata. Chaudoir. *Russ. merid.*
30 Melancholica. *Fabr.* *Sicilia.**
Ægyptiaca. Klug. Dej. *Ægypt.*
Punctum. Drapiez. *Arabia.*
31 Fasciatopunctata. *Germar.* *Russ. merid.*
32 Fischeri. *Adams. Germ.* id.
33 Infracta. *Meg. St. Cat.* *Istria.*
34 Littoralis. *Fabr.* *Algiria.**
Barbara. var. de *Castelnau.* id.
35 Nemoralis *Olivier.* *Gall. merid.**
Littoralis. Dej. id.
Lulunata. Fischer. *Russ. merid.*
Var. *Discors. Meg. Dej.* *Dalmatia.*
Barthelemyi. Dupont. *Algiria.*
36 Agnata. *Sturm. Cat.* *Barbaria.*
37 Flexuosa. *Fabr.* *Gall. merid.**
Var. *Sardoa. Dej.* *Sardinia.**
— *Circumflexu. Dej.* *Sicilia.*
38 Lyonii. *Vigors.* *Barbaria.*
Latreillei. Dej. id.
39 Nitidula. *Dej.* *Algiria.*
40 Distans. *Fischer. Dej.* *Russ. merid.*
Infuscata? Pallas. id.
41 Zwickii. *Fischer. Dej.* id.
42 Steveni. *Dej.* id.
43 Paludosa. *Dufour.* *Hispania.**
Scalaris. Dej. *Gall. merid.*
Equestris. Bonelli. Col. d'Oliv. id.
44 Germanica. *Fabr.* *Gallia.**
Cœrulea. Herbst. *Austria*
Cyanea. Cristofori. *Italia.*
Var. *Sobrina. Gory* id.
Italica. Dupont. id.
45 Gracilis. *Pallas.* *Sibiria.*
Var. *Tenuis. Steven.* *Russ. merid.*
Angustata. Fischer. *Sibiria.*
Dahurica. Mannerh. id.

46

---

2. FAM. CARABI.

ELAPHRUS. *Fabr.*

1 Uliginosus. *Fabr.* *Gallia.**
2 Cupreus. *Duftschmid.* id.*
Uliginosus. Gyllenhal. *Suecia.*
Riparius? Olivier. *Gallia.*
Borealis. Andersch. *Finlandia.*
3 Lapponicus. *Gyllenh.* *Lapponia.*
Var. *Elongatus. Esch.* *Kamtschatka.*
4 Arcticus. *Schönherr.* *Lapponia.*
5 Splendidus. *(Esch.) Dej.* *Pyrenæis.**
6 Ullrichii. *Schmidt. Redt.* *Carniolia.**
7 Riparius. *Fabr.* *Suecia.**
Paludosus. Olivier. *Gallia.*
8 Aureus. *Muller.* *Germania.**
Littoralis. (Meg.) Dej. *Hungaria.*

BLETHISA. *Bonelli.*

NEBRIA. *Gyll.* CARABUS. *Fabr.*

1 Multipunctata. *Linné.* *Gallia.**
Var. *Aurata. Esch.* *Kamtschatka.*
2 Eschscholtzii. *Zubkoff.* *Russ. merid.*
3 Arctica. *Gyllenhal.* *Lapponia*

PELOPHILA. *Dejean.*

BLETHISA. *Bonelli.* NEBRIA. *Gyll* CARABUS. *Fabr.*

1 Borealis. *Fabr.* *Suecia.**
Var. *Arctica. Schönh.* *Lapponia.*
Dejeanii. Gebler. *Sibiria*

NOTIOPHILUS. *Duméril.*

ELAPHRUS. *Fabr.* CICINDELA. *Linné.*

1 Aquaticus *Linné. Fab. Dej.* P.*
Var. *Æstuans. Stéven.* *Russ. merid*
2 Palustris. *Duftsch. Er.* *Austria**
3 Semipunctatus. *Fabr.* *Germania**
Var. *Biguttatus. Fabr. Dej* P.

4	Quadripunctatus. _Fab._	_P._*
5	Pallipes. _Careno._	_Hispania_
6	Geminatus. _Dej._	id.*
7	Obsoletus. _Careno._	id.

OMOPHRON. _Latreille._

Scolitus. _Fabr._

1	Limbatum. _Fabr._	_P._*
2	Variegatum. _Olivier._	_Hispania._*

NEBRIA. _Latreille. Bonelli._

Carabus. _Fabr._ Alpæus. _Bonelli._

1	Complanata. _Linné._	_Gall. merid._*
	Arenaria. Fabr.	_Algiria._
2	Livida. _Linné._	_Austria._*
	Sabulosa. Fabr.	id.
3	Lateralis. _Fabr._	_Germania._*
	Sabulosa. var. β. Schönherr.	_Suecia._
	Livida. var. b. Gyll.	id.
4	Psammodes. _Rossi._	_Gall. orient._*
5	Schreibersii. _(Dahl.) Dej._	_Sicilia._*
6	Rubicunda. _Schönh._	_Algiria._*
7	Picicornis. _Fabr._	_Gall. orient._*
	Erythrocephala. Panz.	_Germania._
8	Orsini. _Villa._	_Lombardia._
9	Genei. _Dej._	id.
	Pectoralis. Gené.	id.
10	Brevicollis. _Fabr._	_P._*
11	Lugdunensis. _Chaud._	_Gall. orient._
12	Andalusia. _Rambur._	_Hisp. merid._*
	Variabilis. Lucas.	_Algiria._
13	? Barbara. _Chaudoir._	id.
14	Hyperboreus. _Gyllenh._	_Lapponia._*
	Arctica. Dej.	_Gall. orient._
15	Nivalis. _Paykull._	_Lapponia._*
	Balbi. Bonelli	_Helvetia._
16	Pareyssii. _Chaudoir._	_Pedemont._
17	Gyllenhalii. _Schonherr._	_Gall. orient._*
	Var. _Jockischii. Duft._	_Styria._
	— _Balbi. Bonelli._	_Pedemont._
18	Hopfneri. _Dahl. Heer._	_Helvetia._
19	Heegeri. _Dahl. Dej._	_Hungaria._
20	Jockischii. _Sturm. Dej._	_Pyr. orient_ *
	Gyllenhalii. _Duftsch._	_Germania_
21	Heydenii. _Parreyss._	_Corfou._
22	Kratteri. _Kollar._	_Ital. merid._
23	Faldermanni. _Ménétr._	_Russ. merid._
24	Exarata. _Fischer._	id
25	Dahlii. _Duftschmid._	_Corinthia._
	Var. _Littoralis. Bonel._	_Italia._
26	Turcica. _Chaudoir._	_Turcia._
27	Tibialis. _Bonelli._	_Italia._
28	Rubripes. _Beaud. Laf._	_Gall. orient._*
29	Olivieri. _Dej._	_Pyr. orient._
30	Leistoides. _Lasserre._	_Helvetia._
31	Reichii. _Dahl. Dej._	_Hungaria._*
32	Laticollis. _Bonelli._	_Pedemont._
33	Cordicollis. _Chaudoir._	_Alp. helvet._
34	Escheri. _Heer._	_Helvetia._
35	Germari. _Heer._	_Tirolis._*
36	Fossulata. _Lasserre._	_Helvetia._*
	Crenatopunctata. Bon	id.
37	Lafrenayei. _Dej._	_Pyrenæis._*
	Gagates. Bonelli.	_Pedemont._
38	Foudrasii. _Dej._	_Gall. orient._*
39	Hellwigii. _Panz. Duft._	_Germania_ *
40	Stigmula. _Dej._	_Styria._*
41	Fasciatopunct. _Schiod._	_Carniolia._*
42	Dejeanii. _Ziegler._	_Styria._
43	Transylvanica. _Kol. Dej._	_Transylvan._
44	Femoralis. _Chaudoir._	_Gallizia._
45	Castanea. _Bonelli. Dej._	_Helvetia._*
	Var. _Umbrina. Germ._	id.
	— _Picea. Dej._	id.*
	— _Concolor. Bonel._	id.
	Ferruginea. Bonelli.	id.
46	Depressa. _Lasserre._	id.
	Planiuscula? Chaud.	id.
47	Brunnea. _Duftschmid._	_Styria._*
	Ferruginea. Sturm.	id.
	Var. _Fœtida. Gysselen._	_Austria._
48	Atrata. _Dej._	_Styria._
49	Villæ. _Dej._	_Pedemont._
	Lafrenayei. Villa.	id.
50	Angustata. _Dej._	_Helvetia._
51	Angusticollis. _Bonelli._	id.*
52	Intricata. _Stéven._	_Russ. merid._
53	Marschallii. _Stéven._	id.
54	Bremei. _Heer._	_Helvetia._
55	Chevrierii. _Heer._	id.
56	Fulviventris. _Bassi._	_Italia._
57	Junkii. _Sturm._	_Germania._

PTEROLOMA. _Schönherr._

1	Forstromii. _Gyllenhal._	_Suecia._

LEISTUS. _Frœhlich._

Pogonophorus. _Latr._ Carabus. _Fabr._ Manticora. _Jurine. Panzer._

1	Spinibarbis. _Fabr._	_Gallia._*
	Cœruleus. Latreille.	_P._
	Pallipes. Panzer.	_Germania._

2 Rufipes. *Chaudoir.* *Turcia*
3 Fulvibarbis. *Hoffmsg Dej.* *Gall. merid.**
4 Rufomarginatus. *Duft.* *Austria.*
5 Nitidus. *Duftschmid.* *Pyrenæis.*
6 Rhæticus. *Heer.* *Helvetia.*
7 Spinilabris. *Fabr.* *Gallia bor.**
Rufescens. Clairville. Duft. Schh. *Germania.*
8 Præustus. *Fabr.* *Gall. bor.**
Rufescens. Fabr. Latr Dej. *Germania.*
Terminatus. Panz. Dej. id.
9 Analis[1]. *Fabr. Dej.* *Holsatia.**
Frœhlichii. *Duft. Dej.* *Styria.*
10 Angusticollis. *Dej.* *Hispania.*

CYCHRUS. *Fabricius. Dej.*

CARABUS. *Olivier.* TENEBRIO. *Linné.*

1 Angustatus. *Hoppe.* *Carinthia.*
2 Italicus. *Bonelli. Dej.* *Alp. helvet.**
Rostratus. Petagna. *Italia.*
3 Bovelinii. *Heer.* *Alp. helvet.*
Rotundicollis. Villa. *Italia.*
4 Schmidtii. *Chaudoir.* *Laybach.*
5 Rostratus. *Lin. Fabr.* *Gallia bor.**
Caraboides. Linné. *Suecia.*
Var. *Angustatus. Dahl.* *Hungaria.*
— *Convexus. Meger.* *Austria.*
Coadunatus. de Geer. *Suecia.*
Var. *Elongatus. Dej.* *Gallia bor.**
6 Semigranosus. *Dahl. Cat. Dej.* *Hungaria.**
7 Pygmæus. *Chaudoir.* *Austria.*
8 Attenuatus. *Fabr.* *Gallia bor.**
Proboscideus. Olivier. id.
9 Var. *Intermedius. Heer.* *Helvetia.*
Cordicollis. *Chaudoir.* *Tirolis.*
Glacialis. Cristofori. id.
10 Æneus. *Fischer.* *Russ. merid.*

PROCERUS. *Megerle. Dej.*

CARABUS. *Fabr.*

1 Gigas. *Creutzer.* *Carniolia.**
Scabrosus. Dej id.
2 Duponcheli. *Dej.* *Græcia.*
3 Scabrosus. *Olivier.* *Constantin.*
Olivieri. Dej. id.

[1] Cette espece a eté trouvee par moi aux environs de Phalsbourg, ou elle est tres-rare.

4 Tauricus. *Pallas Dej.* *Russ. merid*
5 Vicinus. *Friwaaldsky.* *Constantin.*
6 Caucasicus. *Adams. Dej.* *Russ. merid*

PROCRUSTES. *Bonelli.*

CARABUS. *Fabr.*

1 Coriaceus. *Linné.* *P.**
Var. *Spretus. Dej.* *Dalmatia.*
— *Rugosus. Dej.* id.
2 Foudrasii. *Solier.* *Græcia.**
3 Cerisii. *Dej.* id.
4 Banonii. *Dupont. Dej.* id.
5 Græcus. *Dej.* id.*
6 Turkei. *Erichson.* *Constantin.**

CARABUS. *Linné. Fischer.*

TACHYPUS. *Weber. Plectes.*
TECHENUS. *Fischer.*

1 Cœlatus. *Fabr.* *Carniolia.*
2 Dalmatinus. *Duftsch.* *Dalmatia.**
3 Croaticus. *Dej.* *Croatia.**
4 Lucasii. *Gaubil. inlitt.* *Algiria.*
Rugosus. Lucas. id.
5 Illigeri. *Dej.* *Croatia.*
6 Kollari. *Dahl. Dej.* *Hungaria.**
7 Geneii. *Dej.* *Sardinia.*
8 Scheidleri. *Fabr* *Austria.**
Stenzii. Villa. *Hungaria.*
Virens. Sturm. id.
Var. *Purpurat. Sturm.* id.
— *Cœruleus. Panz.* *Austria.*
9 Preyssleri. *Duftschm.* id.*
10 Rothii. *Kollar. Dej.* *Transylvan.**
11 Excellens. *Fabr.* *Podolia.**
Goldeggii. Duftschm. *Russ. merid.*
12 Erythromerus. *Stéven. Dej.* id.
13 Hoffmanni. *Falderm.* *Podolia.*
14 Estreicheri. *Bes. Dej.* id.*
15 Zawadskii. *Dej.* *Gallizia.**
16 Adoxus. *Stéven* *Russia.*
17 Krynickii. *Fischer.* id.
18 Scabriusculus. *Olivier.* *Hungaria.**
Agrestis. Creutzer. id.
Var. *Erythropus. Zieg.* *Volhynia*
19 Lippii. *Dahl. Dej.* *Hungaria.*
20 Maillei. *Solier.* *Algiria.**
Peletieri. Laporte. id.
Microcephalus. Dup id.

N°	Espèce	Patrie
21	Faminii. *Dej.*	*Sicilia.**
22	Alyssidotus. *Illig. Dej.*	*Gall. merid.*
23	Ramburii. *Dej.*	*Corsica.*
24	Widmanni. *Ménétriès.*	*Constantin.*
	Geoffroyi. Dej.	id
25	Acuminatus. *Ménétr.*	id.
26	Bonplandii. *Ménétriès.*	id
27	Rossii. *Bonelli.*	*Italia.**
28	Concolor. *Fabr.*	*Carinthia.*
	Mollii. Dej.	id.
	Carinthiacus. Sturm. var.	id.
29	Catenulatus. *Fabr.*	*Gallia.**
	Intricatus. Olivier.	*P.*
	Var. *Harcyniæ. Sturm.*	*Germania.*
	— *Cyanescens. Stm.*	id.
	Ausonius. Ziegler	*Styria.*
	— *Duponcheli. Dej.*	*Gall. merid.*
	— *Austriacus. Sturm.*	*Austria.*
30	Herbstii. *Dej.*	*Croatia.**
31	Ahenus. *Sturm.*	*Dalmatia.*
32	Errans. *Gory.*	*Croatia.**
33	Catenatus. *Meg. Panz.*	*Carniolia.**
34	Dufourii. *Dej.*	*Hisp. merid.**
35	Pareyssii. *Kollar.*	*Croatia.**
36	Hoblbergi. *Mannerh.*	*Russ. merid.*
37	Bohemannii. *Mannerh.*	id.
38	Monilis. *Fabr.*	*P.**
	Catenulatus. Olivier.	id.
	Var. *Affinis. Panzer. Schmidt.*	*Germania.*
	— *Consitus. Panzer.*	*P.**
	— *Oblongus. Sturm.*	*Germania.*
	— *Regularis. Knoch.*	id.
	— *Kronii. Hoppe.*	id.
	— *Granulatus. Oliv.*	*P.*
	— *Morbillosus. Latr.*	id.
39	Arvensis. *Fabr.*	*Gallia.**
	Rupicola. Jurine.	*Helvetia.*
	Var. *Pomeranus. Oliv.*	*Germania.*
	— *Seileri. Heer.*	*Helvetia.*
	Æreus. Ziegler.	*Styria.*
	Schrikellii. Dej.	id.
40	Varians. *Fischer.*	*Russ. merid.*
41	Deyrolii. *Rambur.*	*Lusitania.**
42	Cristoforii. *Spence.*	*Pyrenæus.**
43	Cumanus. *Stév. Fisch.*	*Russ. merid.*
44	Cordatus. *Sturm.*	*Hispania.*
45	Sacheri. *Zawadski.*	*Galizia.**
46	Euchromus *Palliardi.*	*Hungaria.**
47	Montivagus. *Pall.*	id.*
48	Vagans. *Olivier.*	*Gall. merid.**
49	Italicus. *Dej.*	*Pedemont.**
50	Castillianus. *Dej.*	*Hispania.*
51	Macrocephalus. *Dej.*	id.
52	Guadaramanus (*de Brême*). *de Laferté.*	id.
53	Lusitanicus. *Fabr.*	*Lusitania.**
	Antiquus. Dej.	*Hispania.*
53½	Schaumii. *Gaubil.*	*Lusitania.**
	Lusitanicus. Dej. Icon.	id.
54	Latus. *Dej.*	*Hispania.*
55	Complanatus. *Dej.*	id.
56	Brevis. *Dej.*	id.
57	Helluo. *Bonelli. Dej.*	id.
58	Morbillosus. *Fabr.*	*Corsica.**
	Alternans Pallas. Dej.	id.
	Var. *Servillei Solier.*	*Sicilia.*
	— *Mittræi. Solier.*	*Algiria.**
59	Celtibericus. *Illiger.*	*Lusitania.**
	Taganus. Schneider.	id.
60	Rugosus. *Fabr.*	*Hisp. merid.**
	Barbarus. Dej.	id.
61	Numida. *De Laporte.*	*Algiria.**
	Varvasi. Solier.	id.
	Gerardii. Buq. inlitt.	id.
62	Cancellatus. *Illiger.*	*Gallia.**
	Granulatus. Fabr.	*Germania.*
	Var. *Merlachii. (Dahl.)*	*Hungaria.*
	— *Tuberculatus. (Megerle)*	*Germania.*
	— *Excisus. (Meg.)*	*Austria.*
	— *Nigricornis. (Zieg.)*	*Gallia.**
	— *Verrucosus (Ziegl.)*	*Helvetia.*
	— *Sapronienis. Oeskay.*	*Hungaria.*
	— *Fuscus Palliardi.*	*Helvetia.*
	— *Scitieus. Kollar.*	id.
	— *Dahlii. (Megerle.)*	*Lombardia.**
63	Emarginatus. *Duft.*	*Carniolia.**
64	Graniger. (*Dahl.*) *Palliardi. Dej.*	*Hungaria.**
65	Intermedius. *Dejean.*	*Dalmatia.*
66	Ulrichii. *Germar.*	*Germania.**
	Morbillosus. Panz. Dej.	id.
	Var. *Fastuosus. Pall.*	*Hungaria.*
67	Granulatus. *Linné.*	*Gallia.**
	Cancellatus. Fabr.	id.
	Var. *Interstitialis. Duftschmid.*	*Carinthia.*
	— *Assimilis. Duft.*	*Austria.*
	— *Palustris. (Dahl.)*	*Italia.*
	— *Leander. Ménétr.*	*Russ. bor.*
68	Schartowii. *Heer.*	*Helvetia.*
69	Ménétriesii. *Falderm. Fisch.*	*Russ. bor.*

70 Chiragricus. *Fischer.* *Russ. merid.*
71 Clathratus. *Lin. Fabr.* *Gall. merid.**
72 Nodulosus[1]. *Fabr. Dej.* *Holsatia.**
Variolosus. Fabr. *Germania.*
Weigelii. Panzer. *Gallia orient.*
73 Auratus. *Fabr.* *P.**
Var. *Honoratii. Bonon. Dej.* *Alp. gall.**
74 Lotharingus. *Dej.* *Gall. merid.**
75 Punctatoauratus. *Dej.* *Pyr. orient.**
76 Farinesii. *Dej.* id.*
77 Festivus *Dej.* *Gall. merid.**
78 Escheri. *Dahl. Dej.* *Helvetia.**
79 Auronitens. *Fabr.* *Gall. bor.**
Var. *Atratus. Heer.* *Helvetia.*
80 Lineatus. *Dej.* *Hispania.*
81 Solieri. *Dej.* *Gall. merid.**
82 Nitens. *Linné. Fabr.* *Gall. bor.**
83 Melancholicus. *Fabr.* *Gall. merid.**
84 Gallæcianus. *Gory.* *Hispania.*
85 Exaratus. *Stephens. Adams.* *Russ. merid.**
86 Dejeanii. *Stév. Fisch.* id.*
87 Stæhlini. *Adams.* id.
88 Purpurascens. *Fabr. Dej.* *P.**
Var. *Crenatus. Ziegler. Sturm.* *Austria.*
89 Helveticus. *Heer.* *Helvetia.*
90 Cantabricus. *Rambur.* *Hispania.*
91 Lateralis. *Chevrolat.* id. ?
92 Violaceus. *Lin. Fabr.* *Germ. bor.**
Var. *Glabrellus. Megerle. Dahl.* *Austria.**
Andrejuscii. Fischer. *Volhynia.*
Wolfii. Dahl. *Hungaria.*
Var. *Candisatus. Duft. St.* *Styria.*
— *Azurescens. Ziegler. Dej.* *Croatia.*
— *Germarii. Sturm. Dej.* *Carinthia.**
— *Exasperatus. Dft. Dej.* *Gall. orient.**
93 Sphodrinus. *Fischer.* *Russ. merid.*
94 Aurolimbatus. *Mann.* id.
Var. *Castaneipennis. Ménétriés.* id.

95 Neesii. *Hoppe. Dej.* *Carinthia**
Var. *Kunzei. Heer.* *Helvetia.*
— *Lævigatus. Dej.* *Styria.*
96 Parallelus. *Fischer.* *Russ. merid.*
97 Marginalis. *Fabr.* *Russia.*
Violaceus. var. b. Schh. *Berolinensis.*
Chrysochlorus. Fisch. *Russ. merid.*
98 Glabratus. *Fabr.* *Holsatia.**
Violaceus. Müller. *Germania.*
99 Cribratus. *Adams. Fischer.* *Russ. merid.*
100 Perforatus. *Fischer.* id.*
101 Calleyi. *Fischer.* id.
Var. *Prasinus. Ménét.* id.
102 Mingens. *Stév. Dej.* id.*
Mæotis. Stéven. id.
Hungaricus. Dahl. *Hungaria.*
103 Vomax. *Schh. Dej.* *Russ. merid.*
Gastridulus. Fischer. id.
104 Hungaricus. *Fabr.* *Hungaria.*
105 Græcus. *Dej.* *Græcia.**
106 Carceli. *Gory.* id.
107 Tamsii. *Ménétriés.* *Russ. merid.*
108 Morio. *Mannerheim.* id.
Smyrnensis. Dupont. *Oriente.*
109 Trojanus. *Dej.* *Græcia.*
110 Bessarabicus. *Stéven. Dej.* *Russ. merid.*
Nomas. Hoffmanseg. id.
111 Bosphoranus. *Stéven. Dej.* id.*
Var. *Campestris. Bes.* *Podolia.**
112 Sibiricus. *Bœber.* *Russ. merid.**
113 Besseri. *(Zieg.) Dej.* *Podol. mer.**
114 Concretus. *Fischer.* *Russ. merid.*
115 Campestris. *Stév. Dej.* id.
Var. *Pallasii. Stéven.* id.
Perrini. Falderm. id.
116 Ledeburii. *Fischer.* *Russia.*
117 Agnatus. *Sturm. Cat.* id.
118 Karelini. *Fischer.* *Russ. merid.*
119 Nemoralis. *Müller.* *Gallia.**
Hortensis. Fabr. Dej. id.
120 Monticola. *Dej.* *Gall. merid.*
121 Ghiliani. *de Brême.* *Lusitania.*
122 Dilatatus. *(Zieg.) Dej.* *Carinthia.**
Illyricus. Sturm. *Illyria.*
Funkii. Hoppe. id.
123 Convexus. *Fabr.* *P.**
124 Egesippii. *de Laferté.* *Lusitania.*
125 Hornschuchii. *Hoppe.* *Carinthia.*
Baldensis. de Cristof. *Lombardia.*

[1] Ce carabus que j'ai pris abondamment aux environs de Phalsbourg, avait été déja rencontré près de Neuwied sur les bords du Rhin, dans la vallée de Sainte-Marie-aux-Mines et sur les bords de l'Isere.

126 Preslii. *(Parr.) Dej.* *Græcia.*
127 Hortensis. *Linné.* *Suecia.**
Gemmatus. Fabr. Dej. *Germania.*
128 Hoppei. *Sturm. Dej.* *Carinthia.**
Var. *Alpestris. Ziegl.* *Styria.*
— *Alpinus. Villa.* *Lomb. alp*
— *Castanopterus. Vl.* id.
129 Sylvestris. *Fabr.* *Gallia.**
Arvensis. Olivier. *Germania.*
Nivosus. Lasserre. *Helvetia*
Nivalis. Godet. Heer. id.
Var. *Alpestris. (Ziegler.) St.* *Germania.*
— *Angustatus Heer.* *Helvetia.*
130 Alpinus. *Bonel. Dej.* *Alp. Gall.**
Conspicuus. Sturm. *Italia.*
131 Latreillei. *Bonel. Dej.* *Helvetia.**
132 Riedlii. *Ménétriés.* *Russ. merid.*
133 Implicatus. *Stm. Cat.* *Italia.*
134 Opacus. *Sturm. Cat.* *Carinthia.*
135 Linnei. *Megerle. Panzer. Dej.* *Hungaria.**
Var. *Scopoli. Ziegler.* *Carniolia.*
— *Macaieri. Dahl.* *Hungaria.*
— *Angustatus. Pnz.* *Podolia.*
136 Splendens. *Fabr.* *Pyrenæis.**
Carolinus. Fabr. id.
137 Rutilans. *Fabr.* *Pyr. orient.**
138 Hispanus. *Fabr.* *Gall. merid.**
139 Intricatus. *Linné.* *Gallia bor.**
Cyaneus. Fabr. Dej. *Germania.*
Var. *Gigas. Heer.* *Helvetia.*
140 Lefebvrei. *Dej.* *Sicilia.**
141 Creutzeri. *Fabr.* *Carniolia.**
142 Depressus. *Bonelli.* *Helvetia.**
Var. *Peyrolerii. Jan.* *Lomb. alp.*
— *Intermedius. Heer.* *Helvetia.*
— *Bonellii. Sturm.* *Carinthia.*
143 Stevenii. *Ménétriés.* *Russ. merid.*
144 Biebersteinii. *Ménét.* id.
145 Deplanatus. *Fischer.* id.
146 Fabricii. *Meg. Panz.* *Helvetia.**
Var. *Heerii. Germar.* id.
— *Bugnionii. Chaud.* *Alp. Helvet.*
147 Bœberi. *Adams. Fisch.* *Russ. merid.*
148 Kircheri. *Germar.* *Tirolis.**
Parvicollis. Sturm. id.
149 Irregularis. *Fab. Dej.* *Holsatia.**
Var. *Sculptis. Andr. Heer.* *Helvetia.*
150 Pyrenæus. *Dufour* *Pyrenæis.**

CALOSOMA. *Weber.*

CARABUS. *Linné.* CALISTHENES. *Fischer.*

1 Sycophanta. *Linné.* *Gallia.**
2 Inquisitor. *Linné. Fabr.* id *
Var. *Cupreum. Dej.* *Russ. merid.*
Reticulatum. Stéven. id.
3 Indagator. *Fabr. Oliv.* *Gall merid.**
Auropunctatum. Dej. *P.*
4 Auropunctatum *Payk.* *Suecia.**
Indagator. Gyll. Dej. *Gall. merid.*
5 Sericeum. *Fabr. Dej.* *Russia.**
Investigator. Illiger. *German. bor.*
Var. *Caspium. Fischer.* *Russ. merid.*
6 Reticulatum. *Fabr. Oliv.* *Germ. bor.**

CALISTHENES. *Fischer.*

1 Panderi. *Fischer.* *Russ. merid.**
2 Orbiculatus. *Motschuls.* *Caucasus.*
3 Araraticus. *Erichson.* id.

DRYPTA. *Fabricius.*

CICINDELA. *Olivier.*

1 Emarginata. *Fabr.* *Gallia.**
Var. *Italica. de Crist.* *Lombardia.*
2 Distincta. *Rossi.* *Sicilia.*
Cylindricollis. Fabr. Dej. *Gall. merid.*
3 Intermedia. *Rambur.* *Hispania.*

ODACANTHA. *Fabricius. Payk.*

ATTELABUS. *Linné.* CARABUS. *Olivier.*
CICINDELA. *Panzer.*

1 Melanura. *Linné.* *P.**
Angustata. Olivier. *Gallia.*

ZUPHIUM. *Latreille.*

GALERITA. *Fabr.*

1 Olens. *Fabr.* *Gall. merid.**
2 Chevrolatii. *de Laporte.* *Gall. merid.*
Numidicum. Lucas. *Algiria.*
3 Unicolor. *Germar.* *Dalmatia.*

POLISTICHUS. *Bonelli.*

GALERITA. *Fabr.* ZUPHIUM. *Latr.*
CARABUS. *Olivier.*

1 Vittatus. *Brullé.* *Gall. merid.**
Fasciolatus. Oliv. Dej. id.

2 Fasciolatus. *Rossi.* *Russ. merid.*
Discoideus. Dej. id.

CYMINDIS. *Latreille.*

Tarus. *Clairv.* Anomæus. *Fisch.* Lebia. *Duftsch.* Carabus. *Fabr.*

1 Picta. *Pallas.* *Russ. merid.**
Cruciata. Fischer. Dej. id.
2 Discoidea. *Dej.* *Hispania.*
3 Lateralis. *Fischer. Dej.* *Russ. merid.**
4 Humeralis. *Fabr.* *Gallia.**
Humerosus. Schönh. *Suecia.*
Var. *Dianæ. (Dahl.)* *Helvetia.*
5 Hybrida. *Lasserre.* id.
6 Elongata *Lasserre.* id.
7 Patruelis. *Sturm. Cat.* *Russia.*
8 Dorsalis *Fischer.* *Russ. orient.**
9 Lineata. *Schönherr.* *Gall. merid.**
Lineola. Dufour. *Hispania.*
Vittata. (Dahl.) *Sicilia.*
10 Lævistriata. *Lucas.* *Algiria.*
11 Setifensis. *Lucas.* id.
12 Leucophthalma. *Luc.* id.
13 Marginata. *Lucas.* id.*
14 Palliata. *Stéven.* *Russ. merid.*
15 Homagrica. *Duftsch.* *Gall. merid.**
Var. *Meridionalis. Dej.* id.
— *Lunaris. Duftsch.* *Austria.*
16 Cingulata. *Dej.* *Styria.**
17 Coadunata. *Dej.* *Gall. merid.**
18 Melanocephala. *Dej.* *Pyr. orient.**
19 Axillaris. *Duftschmid.* *Gall. merid.**
20 Angularis. *Gyllenhal.* *Suecia.*
Humeralis. var. β. Payk. id.
21 Macularis. *Mannerh. Dej.* id.*
Humeralis. Paykull. id.
Binotata. Sturm. *Germania.*
22 Binotata. *Fischer. Dej.* *Russ. merid.*
23 Apicalis. *Mannerh.* id.
24 Ornata. *Stéven. (Glycina.) Chaud.* id.
25 Gaubilii. *Lucas.* *Algiria.**
26 Alternans. *Rambur.* *Hisp. merid.*
27 Signata. *Sturm. Cat.* *Dalmatia.*
28 Basalis. *Gyllenhal.* *Styria.**
Humeralis. Paykull. *Suecia.*
Punctata. Bonel. Dej. *Pyr. orient.*
29 Miliaris. *Fabr. Dej.* *P.**
30 Picipes. *Sturm. Cat.* *Sicilia.*
31 Affinis. *Rambur.* *Hisp. merid.*
32 Truncata. *Rambur.* id.
33 Baetica. *Rambur.* id.
34 Marmoræa. *Géné. Bassi.* *Italia*
35 Etrusca. *Bassi.* id.
36 Sulcata. *Rambur.* *Hisp. merid.*
Gracilis. Dej. *Hispania.*
37 Onychina. *Dej.* id.
38 Dilaticollis. *Lucas.* *Algiria.**
39 Bufo. *Fabr.* *Sicilia.**
Faminii. Dej. *Gall. merid.*
40 Mauritanica. *Dej.* *Algiria.**

DEMETRIUS. *Bonelli.*

Demetrias. *Dej. Cat.* Lebia. *Duftschm* Carabus. *Fabr.*

1 Unipunctatus. *Germ.* *P.**
2 Atricapillus. *Linné.* id.*
Var. *Elongatus. Zenk. Duftsch. Dej.* id.*
— *Confusus? Heer.* *Helvetia.*
3 Fulviceps. *Villa.* *Ital. bor.*

AETOPHORUS. *Schmidt. Gœbel.*

Demetrias. *Dej. Sturm.*

1 Imperialis. *Megerle. Germar. Dej.* *Gall. orient.**

DROMIUS. *Bonelli.*

Lebia. *Latr. Duftsch.* Carabus. *Fabr.*

1 Longiceps. *Dej.* *Volhynia.*
2 Linearis. *Bonel. Oliv.* *P.*
Punctatostriatus. Dft. *Austria.*
Præsta (Odacantha.) *Stéven.* *Russ. merid.*
3 Insignis. *Lucas.* *Algiria.*
4 Melanocephalus. *Dej.* *P.**
5 Sigma. *Rossi.* id.*
Fasciatus. Fabr. Duft. *Austria.*
Sturmii. Babington. *Anglia.*
Bipennifer. Babingt. id.
6 Quadrisignatus. *Dej.* *Gallia.**
7 Bifasciatus. *Perroud.* *P.**
8 Fasciatus. *Fabr. Dej.* *Gallia.**
9 Cruciferus. *Lucas.* *Algiria.*
10 Quadrinotatus. *Duft.* *P.**
11 Quadrimaculatus. *Pnz.* id.*
12 Testaceus. *Erichson.* *Germania.**

13 Agilis. *Fabr.* P.*
Truncatus. Fabr. Dania.
Var. *Fenestratus. Dej.* P.
— *Quadrimaculatus Schh.* Suecia.
— *Atricapillus. Pnz.* Germania.
— *Biguttatus. Clair.* Helvetia.
14 Fenestratus. *Fabr.* Germ bor.*
Agilis, var. c. Gyllenh. Suecia.*
Arcticus. Olivier. id.
15 Meridionalis. *Dej.* Gall. merid.*
16 Angustus. *Brullé.* Gallia.
17 Marginellus. *Fabr.* Germania.*
Agilis. var. d. Gyllenh. Suecia.
18 Scapularis. *Dej.* Hispania.
19 Glabratus. *Duftschm.* Gallia.*
Var. *Pygmæus. Chevrier.* Helvetia.
20 Mauritanicus. *Lucas.* Algiria.*
21 Plagiatus. *Duftschmid.* Gall. merid.*
Corticalis. Duf. Dej. Hispania.
22 Pallipes. *(Zieg.) Dej.* Austria.*
23 Montenegrinus. *Küst.* Montenegro.
24 Andalusiacus. *Rambur.* Hisp. merid.
25 Obscuroguttatus. *Duft.* Germania.*
Spilotus. Dej. Gallia.
26 Foveola. *Gyllenhal.* Suecia.*
Punctatellus. Duftsch. Dej. P.
Truncatellus. Latr. id.
27 Striatipennis. *Lucas.* Algiria*.
28 Truncatellus. *Linné. Fabr.* Pyr. orient.
29 Levipennis. *Lucas.* Algiria.*
30 Maurus. *(Meg.) Sturm.* Germania.*
31 Quadripustulatus. *Fab.* Gallia.*
Quadrillum. Duftsch. Austria.
Var. *Bipunctatus. Heer.* Helvetia.
— *Striatulum. Heer.* id.
32 Albonotatus. *Dej.* Pyr. orient.*
33 Albomaculatus. *Lucas.* Algiria.
34 Sturmii. *Géné.* Sardinia.

SINGILIS. *Rambur. Lucas.*

1 Bicolor. *Rambur.* Hisp. merid.*
2 Soror. *Rambur.* id.
3 Mauritanica. *Lucas.* Algiria.

LEBIA. *Latreille. Bonelli.*

LAMPRIAS. *Bonelli.* CARABUS. *Fabr.*

1 Pubipennis. *Dufour.* Hispania.*
2 *Fulvicollis. Dej.* Gall. merid.
3 Fulvicollis. *Fabr.* Algiria.*
Africana. Solier. id.
Gerardii. Buquet. id.
4 Cyanocephala. *Fabr.* Gall. merid.*
Var. *Formosa. Villa.* Lombardia.
5 Annulata. *Brullé.* Gall. bor.*
Femoralis. Chaudoir. id.
6 Numidica. *Lucas.* Algiria.
7 Chlorocephala. *Ent. Hefte.* Gall. bor.*
Cyanocephala. de Geer. Germania.
8 Rufipes. *Dej.* Gall. merid.
9 Cyathigera. *Rossi.* id.*
Anthophora. Dufour. Hispania.
10 Crux-minor. *Lin. Fab.* Gallia.*
11 Nigripes. *Dej.* Gall. merid.
Communimacula. (Dahl.) Sicilia.
12 Turcica. *Fabr.* Gall. merid.*
Var. *Quadrimaculata. Dej.* id.*
13 Humeralis. *Sturm.* Austria.
14 Hæmorrhoidalis. *Fab.* P.*

APTINUS. *Bonelli.*

BRACHINUS. *Fabr.*

1 Displosor. *Dufour.* Hispania.*
Ballista. Illiger. Dej. Pyr. orient.
2 Mutilatus. *Fabr.* Austria.*
3 Atratus. *(Ziegler.) Dej.* id.
4 Alpinus. *Dej.* Alp. Gall.*
5 Pyrenæus. *Dej.* Pyr. orient.*
6 Italicus. *Dej.* Italia.*
7 Bellicosus. *Dufour.* Hispania.*
Jaculans. Illiger. Dej. Lusitania.
8 Baeticus. *Rambur.* Hisp. merid.*
9 Testaceus. *Rambur.* id.*
10 Andalusiacus. *Rambur.* id.*

BRACHINUS. *Weber.*

CARABUS. *Olivier.*

1 Hispanicus. *Kollar.* Hisp. merid.*
2 Humeralis. *Ahrens.* Gall. merid.*
Causticus. Dej. id.
3 Nigricornis. *Dej.* id.*
4 Crepitans. *Linné.* P.*
5 Obscuricornis. *Brullé.* Græcia.*
6 Etslans. *Dej.* Lusitania.
7 Græcus. *Dej.* Græcia.*
8 Immaculicornis. *Dej.* Gall. merid.

9 Obscurus. *Heer.* *Helvetia.*
10 Patruelis. *Sturm. Cat.* *Sicilia.*
11 Dalmatinus. *Stm. Cat.* *Dalmatia.*
12 Atricornis. *Stéven. St. Cat.* *Russ. merid.*
13 Barbarus. *Lucas.* *Algiria.*
14 Siculus. *Sturm. Cat.* *Sicilia.*
15 { Explodens. *Duftsch.* *P.**
Obscuricornis. Godet. *Podolia.*
16 { Strepitans. *Duftsch.* *Gall. merid.**
Glabratus. Dej. id.
17 Psophia. *Dej.* id.*
18 Ejaculans. *Fischer.* *Tauria.*
19 Bombarda. *Dej.* *Gall. merid.**
20 { Sclopeta. *Fabr.* *P.**
Var. *Suturalis. Dej.* *Gall. merid.*
21 Fimbriolatus. *Lucas.* *Algiria.*
22 Bayardii. *Solier.* *Græcia.*
23 Bipustulatus. *Stéven.* *Russ. merid.**
24 { Quadripustulatus. *Dej.* id.
Quadrimaculatus. Eschh. id.
25 Quadrinotatus. *Ménét.* id.
26 { Exhalans. *Rossi.* *Gall. merid.**
Var. *Trimaculatus. (Gaubil.)* id.
27 Hammatus. *Fischer.* *Russ. merid.*
28 Cruciatus. *Stéven. Dej.* id.
29 Thermarum. *Stéven.* (Mystax.) id.
30 Caspicus. *Godet.* id.

MASOREUS. *(Ziegler.) Dejean.*

BADISTER. *Creutzer.* TRECHUS. *St.*

1 { Wetterhalii. *Gyllenhal.* (Harp.) *Suecia.**
Luxatus. Dej. *P.*
Laticollis. Sturm. *Germania.*
2 Testaceus. *Lucas.* *Algiria.**

CORSYRA. *Stéven. Dej.*

CYMINDIS. *Fischer.*

1 Fusula. *Fischer.* *Russ. merid.**

GRAPHIPTERUS. *Latreille. Dej.*

ANTHIA. *Fabr.* CARABUS. *Olivier.*

1 Exclamationis. *Fabr.* *Algiria.**
2 Multiguttatus. *Latr.* id.*
3 { Luctuosus. *Dej.* *Algiria.**
Peleteri. de Castelnau. id.
Multiguttatus. Oliv. id.
4 Barthelemyi. *Solier.* *Barbaria.**

ANTHIA. *Weber. Fabr.*

CARABUS. *Olivier.*

1 Sexmaculata.[1] *Fabr.* *Algiria.**

SIAGONA. *Latreille. Dej.*

CUCUJUS. *Fabr.*

1 Rufipes. *Fabr.* *Algiria.**
2 Jennissonii. *Dej.* id.*
3 Europæa. *Dej.* *Sicilia.**
4 Oberleitneri. *Dej.* *Græcia.*
5 Gerardii. *Buquet.* *Algiria.**
6 ? Rufa. *Chaudoir.* id.
7 Dejeanii. *Rambur.* *Hisp. merid.**

SCARITES. *Fabr. Dej.*

CUCUJUS, GALERITA. *Fabr.*

1 { Gigas. *Fabr.* *Gall. merid.**
Var. *Algiricus. Sturm.* *Algiria.*
Pyracmon. Bonelli. *Sicilia.*
2 Bucida. *Pallas.* *Russ. merid.**
3 Polyphemus. *Bon. Dej.* *Hisp. merid.**
4 Euritus. *Fischer.* *Russ. merid.*
5 Salinus. *Pallas Dej.* id.*
6 Hespericus. *Dej.* *Hisp. merid.*
7 { Collinus. *Rambur.* id.*
Var. *Levaillantii. Luc.* *Algiria.*
8 Planus. *Bonelli.* *Gall. merid.**
9 Arenarius. *Bonelli.* id.*
10 Terricola. *Bonelli.* id.*
11 { Lævigatus. *Fabr.* id.*
Var. *Telonensis. Bonel.* id.
12 Tauricus. *Chaudoir.* *Tauria.*
13 ? Sexpunctatus. *Chaud.* *Algiria.*

MISCODERA. *Eschscholtz.*

LEIOCHITON. *Curtis.*

1 Arctica. *Paykull.* *Lapponia.*

---

[1] Cette espèce qui n'avait été trouvée que dans les environs de Tunis, a été rencontrée assez abondamment dans les vallées du Djebel-Amour par M. le colonel Levaillant du 36ᵉ de ligne.

CLIVINA. *Latreille. Panz. Dej. Putzeys.*

TENEBRIO. *Linné.* SCARITES. *Fabr.*

1 Fossor. *Linné.* *P.**
Arenaria. Fabr. Dej. *Germania.*
Var. *Collaris. Herbst.* *Gallia.*
— *Gibbicollis. Meg* id.
2 Ypsilon. *Dej.* *Russ. merid.*
3 Scripta. *Putzeys. Luc.* *Algiria.*
4 Blanchardii. *Lucas?* id.*

DYSCHIRIUS. *Bonelli. Putzeys.*

SCARITES. *Fabr.* CARABUS. *Herbst.*

1 Thoracicus. *Rossi.* *Germania.**
♀ *Nigra. Schiodte.* *Dannia.*
Var. *Riparius. Mannh.* *Finlandia.*
— *Aurichalceus. Stm.* *Pyr. orient.*
2 Numidicus. *Putzeys.* *Sicil. Algir.**
3 Africanus. *Putzeys.* *Algiria.**
4 Obsoletus. *Putzeys.* id.*
5 Obscurus. *Gyllenhal.* *Belgia.**
6 Fulvipes. *Dej.* *Hispania.*
7 Digittatus. *Dej.* *Styria.*
8 Globosus. *Herbst.* *Gallia.**
Gibbus. Fabr. Panz. *Germania.*
Minimus. Ahrens. id.
Remotus. Marsham. *Anglia.*
Var. *Lævicollis? Ahr.* *Germania.*
9 Rotundipennis. *Chaud.* *Carniolia.**
Ferrugineus. Kok. in lit. *Styria.*
10 Gracilis. *Heer.* *Helvetia.**
11 Rufipes. *Dej.* *Austria.*
12 Æmulus. *Schüppel.* *Sicilia.*
Rufo-æneus? Chaud. *Russia.*
13 Algiricus. *Lucas.* *Algiria.**
14 Punctatus. *Dej.* *P.*
15 Minutus. *Dej.* *Gall. merid.*
16 Semistriatus. *Dej. Heer.* *Gallia.**
17 Læviusculus. *Putzeys.* id.
18 Æneus. *Dej.* id.
Var. *Paludosus. Ahr.* *Germania.*
— *Ahena. Ahrens.* id.
— *Aerea. Ahrens.* id.
19 Intermedius. *Putzeys.* *Belgia.*
20 Lafertei. *Putzeys.* *Pedemont.*
21 Impressus. *Putzeys.* *Lusitania.*
22 Chalybeus. *Strm. Cat. Putzeys.* *Gall. merid.*
23 Punctipennis. *Putzeys.* id.
24 Ruficornis. *Ziegler. Putzeys.* *Austria.*
25 Uliginosus. *Putzeys.* *Germania.*
Cylindricus. Sturm. id.
26 Bonellii. *Putzeys.* *Italia.*
Dyschiria. Bonelli. id.
27 Apicalis. *Putzeys.* *Dalmatia.**
28 Striatopunctatus. *Kollar. Putz.* id.
29 Salinus. *Erichson.* *Germania.**
Æneus. Ahrens. *Gall. merid.*
Metallicus. Germar. *Hungaria.*
30 Pusillus. *Dej.* *Russ. merid.*
31 Angustatus. *Dej. Ahr.* *Belgia.*
Sabulicola. Boisd. et Lacordaire. *P.*
Pusillus. Stephens. *Anglia.*
32 Substriatus. *Duftsch.* *Pedemont.*
Bipunctatus. Grim. *Styria.*
33 Bimaculatus. *Bonelli.* *Gall. orient.*
34 Cylindricus. *Dej.* *Gall. merid.**
35 Extensus. *Schaum. Putzeys.* *Berolini.*
36 Politus. *Dej.* *Pyrenæis.**
Æneus? Herbst. *Germania.*
Elongatus. Ahrens. id.
Metallicus. Ahrens. id.
37 Strumosus. *Hoffmg. Erich.* *Russ. merid.*
38 Arenosus. *Steph. Putz.* *Anglia.*
39 Nitidus. *Dej.* *P.**
Thoracicus. Olivier. id.
40 Chalceus. *Erichson.* *Gallia.**
41 Oblongus. *St. Cat. Putzeys.* *Russ. merid.*
42 Inermis. *Curtis.* *Anglia.*

CARTERUS. *Dej.*

1 Interceptus. *Dej.* *Lusitania.**
2 Affinis. *Rambur.* *Hisp. merid.*
3 Gracilis. *Rambur.* id.
4 Rufipes. *Lucas.* *Algiria.*

DITOMUS. *Bonelli. Latr.*

ARISTUS. *Ziegler.* CARABUS, CALOSOMA, SCAURUS. *Fabr.* SCARITES. *Olivier. Rossi.*

1 Tricuspidatus. *Fabr.* *Gall. merid.**
Calydonius. Fabr. Dej. *Sardinia.*
Var. *Cornutus. Dej.* *Hispania.*
2 ? Spinicollis. *Chaud.* *Algiria.*
3 Cordatus. *Dej.* *Hispania.**
4 Rotundicollis. *Ramb.* id.

5 Dama. *Rossi.* *Italia.**
6 Barbarus. (Odogenius.) *Solier.* *Algiria.**
7 Fulvipes. *Latr. Dej.* *P.**
8 Pilosus. *Dej.* *Hispania.**
9 Dilaticollis. *Lucas.* *Algiria.**
10 Tomentosus. *Dej.* id.*
11 Distinctus. *Dej.* id.*
12 Hirtus. *Sturm. Cat.* *Lusitania.*
13 Robustus. *Parreyss.* *Græcia.**
14 Tenebricosus. *Klug. St. Cat.* *Constantin.*
15 Cyaneus. *Olivier.* *Græcia.**
Atrocœruleus. Waltl. *Hispania.*
16 Ruficornis. *Lucas.* *Algiria.**
Parvulus. Chevrolat. in litt. id.
17 Interruptus. *Schaum.* id.
18 Capito. *Dej.* *Gall. merid.**
19 Opacus. *Erich.* *Algiria.**
20 Clypeatus. *Rossi.* *Gall. merid.**
Sulcatus. Fabr. Dej. id.
21 Affinis. *Sturm. Cat.* *Dalmatia.**
22 Eremita. *Dej.* *Russ. merid.*
23 Nitidula. *Stéven. Dej.* id.*
24 Sardeus. *Sturm. Cat.* *Sardinia.*
25 Obscurus. *Stéven. Dej.* *Russ. merid.*
26 Sphœrocephalus. *Olivier. Dej.* *Gall. merid.**
27 Difficilis. *Chevr. in litt.* *Algiria.**
28 Rufipes. *Chaudoir.* *Turcia.*

APOTOMUS. *Dejean.*

SCARITES. *Rossi. Olivier.*

1 Rufus. *Rossi.* *Gall. merid.**
2 Testaceus. *Rossi.* *Russ. merid.*
3 Rufithorax. *Pechioli.* *Italia.*

PANAGÆUS. *Latreille.*

CARABUS. *Linné. Fabr.*

1 Crux-major. *Linné.* *Gallia.**
Crux. Gyllenhal. *Suecia.*
Bipustulatus. Olivier. *P.*
Var. *Quadripustulatus. Sturm.* id.
— *Trimaculatus. Dej.* *Gallia.**

LORICERA. *Latreille.*

CARABUS. *Fabr.*

1 Pilicornis. *Fabr.* *Gallia.**
Seticornis. Müller. *Germania.*
Ænea. Latreille. *P.*
Var. *Alpina. Heer.* *Helvetia.*

LICINUS. *Latreille. Dej.*

CARABUS. *Fabr.*

1 Agricola. *Olivier. Dej.* *Gall. merid.**
Silphoides. Rossi. *Italia.*
Croaticus. Dahl. *Croatia.*
2 Silphoides. *Fabr.* *Gallia.**
3 Granulatus. *Dej.* *Hispania.**
4 Siculus. *Dej.* *Sicilia.**
5 Dalmatinus. *Chaudoir.* *Dalmatia.*
6 Brevicollis. *Dej.* *Algiria.**
7 Peltoides. *Illiger.* *Lusitania.**
8 Æquatus. *Dej.* *Gall. merid.**
9 Cassideus. *Fabr.* *P.**
Emarginatus. Olivier. *Gallia.*
Depressus. Sturm. *Germania.*
Var. *Latus. Solier.* *Italia.*
10 Depressus. *Paykull.* *Gallia.**
Cossyphoides. Duftsch. *Austria.*
Cassideus. Illig. Schh. *Germania.*
11 Hoffmanseggii. *Panz.* *Gallia.**
Var. *Separatus. Dahl.* *Hungaria.**
Minutus. Ziegler. *Styria.*
Nebrioides. Stm. var. *Carniolia.*
12 Oblongus. *Dej.* *Alp. Gall.*

CALLISTUS. *Bonelli.*

CARABUS. *Fabricius.*

1 Lunatus. *Fabr.* *Germania.**
Plateosus. Fourcroy. *P*

CHLÆNIUS. *Bonelli.*

HARPALUS. *Gyllenh.* CARABUS. *Fabr.*

1 Velutinus. *Duftschm.* *Gall. merid.**
Cinctus. Olivier. id.
Marginatus. Rossi. *Italia.*
Zonatus. Panzer. *Germania.*
Var. *Gracilipes. Ullr.* *Illyria.*
2 Festivus. *Fabr.* *Gall. merid.**
Var. *Fischeri. Falder.* *Russ. merid.*

3 Borgiæ. *Lefebvre. Dej. Sicilia.**
Fimbriolatus. (Dahl.) Sardinia.
4 Auricollis. *Géné. Sardin. Alg.*
Æneicollis. Sturm. Sicilia.
5 Spoliatus. *Rossi. Dej. Gall. merid.**
6 Variegatus. *Fourcroy. P.**
Agrorum. Oliv. Dej. Gall. merid.
7 Terminatus. *Dej. Russ. merid.*
Apicalis. Stéven. id.
Infuscatus. Eschsch. id.
8 Vestitus. *Fabr. P.**
9 Æratus. *Quensel. in Schh. Dej. Algiria.**
Algerinus. Gory. id.
Var. *Varvasii. de Lap.* id.*
10 Flavipes. *Ménétriés. Russ. merid.*
11 Schrankii. *Duftschm. Gallia.**
Bombycinus. Bonelli. Italia.
Eschscholtzii. Fischer. Russ. merid.
12 Gratiosus. *Chaudoir. Volhynia.*
13 Chrysothorax. *Stéven. Russ. merid.*
14 Nigricornis. *Fabr. Gallia bor.**
Holosericeus Schönh. var. Suecia.
Var. *Melanocornis. (Ziegl.) Dej. Germania.*
— *Æneus. Dej. P.*
15 Nigripes. *Dej. Pyr. orient.*
16 Dives. *(Hoffmg.) Dej. Hispania.**
17 Melanopus. *Sturm. Cat. Russ. merid.*
18 Tauricus. *Sturm. Cat.* id.
19 Tibialis. *Dej. P.*
Nigricornis. Dej. Cat. Gall. merid.
20 Holosericeus. *Fabr. Gallia.**
21 Sulcicollis. *Paykull. Gall. bor.**
22 Cælatus. *Weber. Dej. Germ. bor.**
Anaglypticus. Knoch. Dahl. id.
Quadrisulcatus. Payk. Suecia.
♀ *Sulcicollis. Gyllenh. Germar.* id.
23 Quadrisulcatus. *Illig. German. bor.*
24 Chrysocephalus. *Rossi. Gall. merid.**
25 ? Distinguendus. *Chaudoir. Algiria.*
26 Æneocephalus. *Dej. Russ. merid.*
27 Dalmatinus. *Erichson. Dalmatia.*
28 Gracilis. *Solier. Dej. Russ. merid.*
29 Azureus. *Dej. Hisp. merid. Alg.**
30 Cœruleus. *Stéven. Dej. Russ. merid.**
31 Virens. *Rambur. Hisp. merid.*
32 Steveni. *Schonherr. Russ. merid.*

EPOMIS. *Bonelli. Dej.*

CHLÆNIUS. *Latr.* CARABUS. *Duftsch. Rossi.*

1 Circumscriptus. *Duft. Gall. merid.**
Cinctus. Panzer. id.
2 Dejeanii. *Solier. Dej. Græcia.*

DINODES. *Bonelli. Dej.*

CHLÆNIUS. *Latr.* CARABUS. *Duftsch.*

1 Azureus. *Duftschmid. Gall. merid.**
Rufipes. Dej. Sturm. id.
2 Maillei. *Solier. Dej. Græcia.**
3 Viridis. *Ménétriés. Russ. merid.*
4 Boeticus. *Rambur. Hisp. merid.*
5 Laticollis. *Chaudoir. Turcia.*

OODES. *Bonelli. Dej.*

HARPALUS. *Gyll.* CARABUS. *Fabr.*

1 Helopioides. *Fabr. P.**
Var. *Notatus. Megerle. Austria.*
Obtusus. Sturm. Germania.
2 Hispanicus. *Dej. Hispania.*
3 Mauritanicus. *Lucas. Algiria.**
4 Abaxoides. *Lucas.* id.*

BADISTER. *Clairville. Dej.*

AMBLYCHUS. *Gyll.* CARABUS. *Fabr.*

1 Unipustulatus. *Bonelli. P.**
Cephalotes. Dej. Gallia.
2 Bipustulatus. *Fabr.* id.*
Crux-minor. Olivier. P.
Anchora. Ménétriés. Russ. merid
Var. *Lacertosus. Knoch. Dej. Gall. merid.**
— *Humeralis. Will. Redtenbacher. Austria.*
3 Binotatus. *Fischer. Russ. merid.**
4 Peltatus. *Panzer. Gallia.**
Corruscus. Stéven. Russ. merid.
Chalybeum. Sturm. (Agonum.) *Germania.*
5 Dilatatus. *Chaudoir.* id.
6 Humeralis. *Duftsch. Austria.**
Sodalis. Duftsch. St. Germania.
Dorsiger. Duftschm. Austria
Var. *Xanthomus. Chaudoir. Russia.*

OMPHREUS. *Parreyss. Dej.*

1 Morio. *Parreyss. Dej. Montenegro.*

POGONUS. *Ziegler. Dej.*

RAPTOR. *Megerle.* PLATYSMA. *Sturm.* CARABUS. *Duftsch.* HARPALUS. *Ahrens.*

1 Pallidipennis. *Dej. Gall. merid.**
2 { Flavipennis. *Dej. Hispania.*
{ *Latipennis. Ullrich. Illyria.*
3 { Luridipennis. *Germar. Gallia bor.**
{ *Burellii. Curtis. Germania.*
4 Fulvipennis. *Sturm. Italia.*
5 { Iridipennis. *Nicolai. Germania.**
{ *Brevicollis. Mannerh. Sibiria.*
6 { Littoralis. *(Megerle.) St. Dej. Gall. merid.**
{ *Pilipes. Germar. Dalmatia.*
7 { Chalceus. *Marsham. Germania.**
{ *Parallelipipedus. Marsh. Anglia.*
{ *Halophilus. Nic. Dej. Germania.*
{ Var. *Oceanicus. Dej. Cat. Gall. bor.*
{ — *Hispanicus. Dej. Cat. Hispania.*
8 Flavipes. *Sturm. Dej. Sicilia.*
9 Viridanus. *Dej. Hispania.**
10 { Gilvipes. *Dej. Gall. merid.**
{ *Flavipes. Sturm. Cat.* id.
11 Riparius. *Dej.* id.*
12 Orientalis. *Dej. Russ. merid.*
13 Meridionalis. *Dej. Gall. merid.**
14 Punctulatus. *Dej. Russ. merid.*
15 { Gracilis. *Dej. Gall. merid.**
{ *Pygmæus. Sturm. Cat.* id.
16 Testaceus. *Dej.* id.*
17 Æruginosus. *Stephens. Anglia.*
18 Filiformis. *Ziegl.* (Sirdenus.) *Dej. Sardinia.**

PATROBUS. *Megerle. Dej.*

PLATYSMA. *Sturm.* HARPALUS. *Gyllenh.* CARABUS. *Fabr.*

1 { Excavatus. *Paykull. Gallia.**
{ *Velox. Fabr. Germania.*
{ *Rufipes. Gyll. Dej. Suecia.*
2 { Septentrionis. *Dej. Schh. Lapponia.**
{ *Rufipes. Gyll. var. d.* id.
3 Lapponicus. *Chaudoir. Lapponia.*
4 Rufipennis. *Hoffmsg. Dej. Gall. merid.**

DOLICHUS. *Bonelli. Dej.*

HARPALUS. *Gyll.* CARABUS. *Fabr.*

1 Flavicornis. *Fabr. Italia.**

SPHODRUS. *Clairville. Dej.*

HARPALUS. *Gyll.* CARABUS. *Fabr.*

1 { Leucophthalmus. *Lin. Gallia.**
{ *Niger. Paykull. Suecia.*
{ *Planus. Fabr. Dej. Gallia.*
2 Gigas. *Fischer. Russ. merid.*
3 Cellari. *Bœber.* id.

PRISTONYCHUS. *Dejean.*

SPHODRUS. *Bonelli. St.* HARPALUS. *Gyll.* LÆMOSTENUS. *Bonelli.* CARABUS. *Fabr.*

1 { Subcyaneus. *Illig. Gyll. Gallia.**
{ *Terricola. Illig. Dej. P.*
2 Sardeus. *Dahl. Erich. Gall. merid.**
3 Algirinus. *Gory. Algiria.**
4 Punctatus. *(Meg.) Dej. Lombardia.**
5 Cimmerius. *Stév. Dej. Græcia.**
6 Grandicollis. *Stm. Cat. Sicilia.*
7 { Tauricus. *Dej. Russ. merid.**
{ *Inæqualis. Stéven.* id.
{ *Janthinus. Ménétriès.* id.
8 Conspicuus. *Klug. St. Cat. Constantin.*
9 Turcicus. *Sturm. Cat.* id.
10 Mauritanicus. *Dej. Algiria.*
11 Oblongus. *Dej. Gall. merid.**
12 Angustatus. *Dej. Alp. Gall.**
13 { Elongatus. *Dej. Croatia.**
{ *Ovatus. Ziegler. Dalmatia.*
14 Barbarus. *Lucas. Algiria.*
15 Dalmatinus. *Dej. Dalmatia.*
16 Oblongicollis. *Sturm. Cat. Russ. merid.*
17 Cœruleus. *Bonelli. Italia.**
18 Amethystinus. *Dej.* id.*
19 Violaceipennis. *Sturm. Cat. Alp. Ital.*
20 { Janthinus. *Duftschmid. Austria.**
{ *Episcopus. Drapiez.* id.
{ Var. *Purpuratus. Meg.* id.

21 Alpinus. *Dej.* *Gall. merid.**
22 Chalybeus. *Dej.* id.*
23 Cyanipennis. *Eschsch.* *Russ. merid.*
24 Complanatus. *Dej.* *Gall. merid.**
25 Caspicus. *Ménétriés.* *Russ. merid.*
26 Elegans. *Dej.* *Lombardia.**
Longicollis. (*Megerle.*) *Carniolia.*
27 Var. *Schreibersii. Schmidt.* id.
28 Venustus. *Clairville.* *Gall. merid.**
Subcyaneus. Stéven. *Russ. merid.*
Cæruleus. Bonelli. (Læmostenus). *Italia.*
29 Amœnus. *Fischer.* *Russ. merid.*
30 Suturalis. *Brullé.* *Græcia.*

CALATHUS. *Bonelli. Dej.*

HARPALUS. *Gyllenh.* CARABUS. *Fab. Oliv.*

1 Giganteus. *Parr. Dej.* *Corfou.*
2 Ovalis. *Dej.* *Græcia.**
3 Latus. *Linné. Fabr.* *Gallia.**
Flavipes. Paykull. *Suecia.*
Cisteloides. Illig. Dej. *Germania.*
Var. *Frigidus. Fabr. Sturm.* id.
4 Punctipennis. *Germar.* *Gall. merid.*
Latus. Dej. id.
5 Gallicus. *Rambur.* *P.**
6 Græcus. *Dej.* *Græcia.**
7 Glabricollis. *Ullrich.* *Illyria.**
8 Luctuosus. *Hoffmanseg. Dej.* *Helvetia.**
9 Rubripes. *Dej.* id.
Glabricollis. Géné. *Lombardia.*
Fulvipes. de Cristofori. (Sphodrus.) id.
10 Montivagus. *Dahl. Dej.* *Sicilia.*
11 Fulvipes. *Gyllenh. Dej.* *P.**
Flavipes. Duftsch. St. *Austria.*
Erratus. (Harpalus.) *Sahlb.* *Suecia.*
12 Lasserrei. *Heer.* *Helvetia.*
13 Fuscus *Fabr.* *P.**
Ambiguus. Payk. Oliv. *Suecia.*
Rufipes. Fabr. *Germania.*
14 Circumceptus. *Germar.* *Gall. merid.**
Limbatus. Germ. Dej. id.
Marginellus. Sturm. *Dalmatia.*
15 Vividus. *Fabr.* *Maderæ.*
Complanatus? Dej. id.
16 Metallicus. *Dahl. Dej.* *Hungaria.**
17 Deplanatus. *Chaudoir.* *Turcia.*
18 Obtusus. *Sturm. Cat.* *Sardinia.*
Ovalis. (*Dahl.*) id.
19 Rotundicollis. *Dej.* *P.**
20 Gilvipes. *Sturm. Cat.* *Dalmatia.*
21 Elongatus. *Dej.* *Germania.*
22 Micropterus. *Duftsch.* id.
Melanocephalus. var. b. Gyll. *Suecia.*
Glabripennis. Sturm. *Germania.*
Microcephalus. Dej. *Gallia.*
23 Ochropterus. *Duft. St.* id.*
24 Melanocephalus. *Linné. Fabr.* *P.**
Var. *Alpinus. Dej.* *Styria.**
25 Obscurus. *Lucas.* *Algiria.*
26 Obscuricollis. *Chaud.*
27 Solieri. *Bassi.* *Sicilia.**
28 Opacus. *Lucas.* *Algiria.*

SYNUCHUS. *Gyllenhal.*

TAPHRIA. *Bonelli. Latr. Dej.* AGONUM. *Sturm.*

1 Vivalis. *Illig. St.* *Gallia bor.**
Nivalis. Panzer. Dej. *Germania.*
Rotundatus. var. β. Schh. *Suecia.*
Var. *Alpinus. Heer.* *Helvetia.*

CARDIOMERA. *Bassi.*

1 Genei. *Bassi.* *Sicilia.*

ANCHOMENUS. *Erichson.*

PLATYNUS, ANCHOMENUS, AGONUM. *Bonelli.* CARABUS. *Fabr.* HARPALUS. *Gyll.*

(PLATYNUS. *Bonelli.*)

1 Elongatus. *Stéven.* *Russ. merid.*
2 Complanatus. *Bonelli.* *Pedemont.**
3 Depressus. *Lasserre.* *Helvetia.**
4 Scrobiculatus. *Fabr.* *Austria.**
5 Erythrocephalus. *Peyroleri.* *Pedemont.*
6 Peyrolerii. *Bassi.* id.*

(ANCHOMENUS. *Bonelli.*)

7 Longiventris. *Eschsch.* *Germ. bor.**
Vigilans. (Dolichus.) *Sturm.* id.

8 Uliginosus. *Erichson.* *N.*
9 Mannerheimii. *Sahlberg. Dej.* *Finlandia.*
10 Angusticollis. *Fabr. Gyll. Dej.* *P.**
Assimilis. Paykull. *Suecia.*
Var. *Rufipennis. OEsk.* *Hungaria.*
11 Krynickii. *Speck.* *Volhynia.*
12 Algirinus. *Lucas.* *Algiria.*
13 Cyaneus. *Dej.* *Pyr. Helvet.**
14 Livens. *Gyll. Erich.* *Suecia.**
Memnonius. Nic. Dej. *Gallia.*
Bipunctatus. Sturm. *Germania.*
15 Prasinus. *Thunb. Fab.* *P.**
Viridanus. Olivier. id.
16 Melanocephalus. *Dej.* *Hispania.*
17 Albipes. *Fabr. Erich.* *Dania.**
Pallipes. Fabr. Dej. *P.*
Pavidus. Panzer. *Germania.*
18 Oblongus. *Fabr. Dej.* *Gallia.**
Tæniatus. Panzer. *Germania.*

(AGONUM. *Bonelli.*)

19 Marginatus. *Linné.* *P.**
20 Impressus. *Illiger.* *Germania.**
21 Austriacus. *Fabr.* *Austria.**
Var. *Dalmatinus. Dej.* *Dalmatia.*
7-Punctatus. Eschsch. *Russ. merid.*
Karelinii. Falderm. id.
22 Modestus. *Sturm. Dej.* *Gallia.**
Nigricornis. (Carabus.) *Panzer.* *Germania.*
Metallicus. (Carabus.) *Melsh.* id.
23 Fulgidicollis. *Erichs.* *Algiria.**
24 Ericeti. *Knoch. Panz.* *Finlandia.*
25 Sexpunctatus. *Linné.* *Gallia.**
Duodecimpunctatus. Müller. *Germania.*
26 Bifoveolatus. *Sahlberg.* *Lapponia.*
Sexpunctatus. var. c. Gyllenh. id.
27 Parumpunctatus. *Fabr.* *P.**
Sexpunctatus. Müller. *Germania.*
Plicicollis. Nicolaï. id.
Clandestinus. Sturm. id.
Var. *Tibialis. Ziegl. Sturm.* id.
— *Melletii. Heer.* *Helvetia.*
28 Elongatus. *Dej.* *Styria.*
Micans. Germar. *Sibiria.*
29 Alpestris. *Heer.* *Helvetia.*
30 Numidicus. *Lucas.* *Algiria*
31 Tristis. *Dej. Erichs.* *Suecia.**
Versutus. var c. Gyll. id.
Latipenne. Dej. *German. bor.*
Tarsatus. Zettersted. *Suecia.*
Viduus. var. c. Gyll. id.
32 Viduus. *Kugellann. Panzer.* *Germania.**
33 Versutus. *Gyll. Erich* *Suecia.*
Levis. Gyllenhal. id.
Læve. (*Agonum.*) *Dej.* *Austria.*
34 Micans. *Nicolaï. Erich.* *Germania.**
Pelidnus. Duftsch. St. id.
35 Lugens. (*Ziegl.*) *Duftschmid.* *Gallia.**
36 Emarginatus. *Gyllenh.* *Suecia.**
Afer. Duftsch. Sturm. *German. bor.*
Mœstus. Duftsch. St. id.
37 Lugubris. *Dej.* *Gallia.**
Hungaricus. Friwalds. *Austria.*
38 Sordidus. *Kollar. Dej.* *Corfou.*
39 Atratus. *Duftschmid.* *Germania.**
Niger. Dej. *Gallia.*
40 Angustatus. *Dej.* *Hungaria.*
Elongatus. Dahl. id.
41 Ménétriésii. *Dej.* *Russ. merid*
Niger. Ménétriés. id.
42 Subæneus. (*Ziegl.*) *Dej.* *Helvetia.*
Subcyaneus. Stm. Cat. *Hungaria.*
Crenatus. Latreille. id.
43 Chalconotus. *Ménétr.* *Russ. merid.*
44 Pelidnus. *Payk. Gyll. Er.* *Gallia.**
Puellus. Dej. *German. bor.*
Longicollis. Lacord. *P.**
45 Scitulus. *Dej.* *German. bor.*
46 Lehmanni. *Chaudoir.* *Livonia.*
47 Convexiusculus. *Chaudoir.* *Græcia.*
48 Gracilis. *Stm. Dej. Er.* *P.**
Picipes var. b. Gyll. *Suecia.*
49 Fuscicornis. *Schaum.* *Germania.*
50 Picipes. *Fabr. Dej.* *Gallia.**
Fuscipennis. Nicolaï. *Germania.*
Testaceus. Panzer. id.
Lutescens. Panzer. id.
Canellipes. Eschsch. *Sibiria.*
51 Thoreyi. *von Vinthem. Dej.* *Germ. bor.**
52 Quadripunctatus. *de Geer.* *Suecia.**
Var. *Cupratus. Sturm.* id.
53 Bogemanni. *Gyllenh.* *Suecia.*
54 Ruficornis. *Sturm. Cat.* *Italia.*

OLISTHOPUS. *Dejean.*

AGONUM. *Bonelli.* HARPALUS. *Gyllenh.*

1 Rotundatus. *Paykull. Dej.* *Gallia.**
Vafer. Duftschmid. *Dalmatia.*
2 Puncticollis. *Lucas.* *Algiria.**
3 Hispanicus. *Dej.* *Gall. merid.**
4 Fuscatus. *Dej.* id.*
5 Glabricollis. *Germar.* id.
Punctulatus. Dej. id.*
6 Helferi. *Sturm. Cat.* *Sicilia.*
7 Sturmii. *Duftschmid.* *Germania.**
Flavipes. Panzer. *Gallia.*

PŒCILUS. *Bonelli.*

FERONIA. *Latr. Dej.* HARPALUS. *Sturm.* CARABUS. *Oliv. Fabr.*

1 Punctulatus. *Fabr.* (Sogines. *Steph.*) *P.**
2 Barbarus. *Lucas.* *Algiria.**
3 Cupreus. *Linné. Fabr.* *Gallia.**
Var. *Cœrulescens. Lin. Fabr.* *Germania.*
Versicolor. Sturm. id.
Medius. (*Megerle.*) *Austria.*
Var. *Cupreoides. And.* *Lombardia.**
— *Affinis. Sturm.* *Germania.**
Nemorensis. (*Megerle.*) *Austria.*
Erythropus. Stéven. *Russ. merid.*
4 Cursorius. *Dej.* *Gall. merid.**
5 Quadricollis. *Dej.* *Algiria.**
Var. *Cyanescens. Gory.* id.*
— *Viridis. Gaub. Col.* id.*
6 Dimidiatus. *Olivier.* *Gallia.**
Tricolor. Fabr. *Gallia bor.*
Kugellani. Illig. (Carabus.) *Helvetia.*
Var. *Æneus. Dej.* *Gall. merid.*
7 Crenulatus. *Dej.* *Hispania.**
8 Lepidus. *Leske. Fabr. Dej.* *P.**
Var. *Cœrulescens. Herbst.* *Austria.**
— *Koyi. Germar.* *Hungaria.*
— *Viaticus. Bon. Dej.* *Italia.**
— *Marginalis.* (*Meg.*) *Dalmatia.*
Cyanescens. Besser. *Volhynia.*
Var *Transalpinus. Heer.* *Helvetia.*
9 Ullrichii. *Sturm. Cat.* *Hungaria.*
10 Böhmii. *Sturm. Cat.* *Austria.*
11 Gressorius. *Dej.* *Alp. Gall.**
12 Mauritanicus. *Dej.* *Algiria.**
13 Subcœruleus. *Quensel in Schh.* *Gall. orient.**
Striatopunctatus (*Megerle.*) *Duft. Dej.* *Austria.*
Cœruleovirens. Sturm. id.
14 Coarctatus. *Lucas.* *Algiria.**
15 Cantabricus. *Rambur.* *Hispania.*
16 Splendens. *Géné.* *Sardinia.*
17 Purpurescens. *Dej.* *Algiria.**
18 Numidicus. *Lucas.* id.*
19 Boeticus. *Rambur.* *Hispania.*
20 Infuscatus. *Hoffmsg. Dej.* *Gall. merid.**
21* Crenatus. *Dej.* *Lusitania.**
22 Lugubris. *Stéven. Dej.* *Russ. merid.*
23 Nitidus. *Dej.* *Hispania.**
24 Puncticollis. *Dej.* *Gall. merid.**

ARGUTOR. *Megerle.*

POECILUS. *Bonelli.* FERONIA. *Dej.* CARABUS. *Oliv. Fabr.* HARPALUS. *Gyll.*

1 Vernalis. *Fabr. Gyll.* *P.**
Crenatus. Duftsch. *Austria.*
Var. *Rotundicollis. Duftsch. St.* *Germania.*
— *Sedulus. Dej.* *P.*
2 Maritimus. *Gaubil.* *Gall. merid.**
3 Affinis. *Sturm. Cat.* *Hungaria.*
4 Salzmanni. *Germar.* *Gall. merid.**
Rubripes. Dej. id.
5 Longicollis. *Duftsch.* *Austria.**
Negligens. (*Meg.*) *Dej.* *Gallia.*
Nigerrimus. Sturm. *Germania.*
6 Inquinatus. *Sturm.* *Hungaria.*
Inquietus. (*Meg.*) *Dej.* id.
7 Sturmii. *Dej.* *Germania.**
Negligens. (Platysma.) *Sturm.* id.
8 Niceænsis. *Villa.* *Pedemont.*
9 Eruditus. *Dej.* *P.**
Strenuus. Duftsch. *Germania.*
Interstinctus. Sturm. id.
Ovoideus. Sturm. id.
10 Strenuus. *Illig. Panz.* *Gallia.**
Diligens. Sturm. *Germania.*
Var. *Pullus Gyll. Dej.* id.*
Heyeri. Sturm. id.
Gagates. (*Meg.*) *Duft.* id.
Erythropus. Leach. *Anglia.*

11 Pygmæus. *St. Erich.* *Germania.**
Strenuus. Gyll. Dej. *Suecia.*
Soler. Sturm. *Germania.*
Nigriceps. Sturm. id.
Var. *Testaceus. Sturm.* id.
12 Badius. *Sturm. Cat.* id.
13 Ochraceus. *Sturm. Cat.* *Austria.*
14 Piceus. *Sturm. Cat.* *Styria.**
15 Pusillus. *Dej.* *Pyrenæis.*
16 Amœnus. *Dej.* *Pyrenæis.**
17 Pumilio. *Dej.* id.*
18 Lusitanicus. *Dej.* *Lusitania.*
19 Nigerrimus. (*Dahl.*) *Sicilia*
20 Depressus. *Dej.* *Gallia.**
21 Nanus. *Heer.* *Helvetia.*
22 Calathoides. *Dej.* *Algiria.**
23 Rufus. *Duftschm.* *Austria.**
24 Hispanicus. *Dej.* *Hispania.**
25 Barbarus. *Dej.* *Gall. merid.**
26 Spadiceus. *Dej.* *Gall. bor.**
27 Subsinuatus. *Dej.* *Styria.*
28 Unctulatus. *Duftsch.* id.*
29 Canaliculatus. (Lissotarsus.) *Chaudoir.* *Sicilia.*
30 Alpestris. *Heer.* *Helvetia.*
31 Appenninus. *Dej.* *Alp. Lomb.*
32 Amaroides. *Dej.* *Pyrenæis.**
33 Abaxoides. *Dej.* id.*
34 Striatocollis. *Dej.* *Croatia.*
Picipes. Sturm. *Hungaria.*

OMASEUS. *Ziegler.*

MELANIUS. *Bonelli.* FERONIA. *Latr. Dej.* CARABUS. *Fabr. Oliv.* HARPALUS. *Sahlb. Gyll.*

1 Cophosioides. *Dej* *Hungaria.*
Cyclops. Sturm. Cat. id.
Bannaticus. Sturm. id.
2 Melanarius. *Illiger.* *P.**
Leucophthalmus. Fab. *Dania.*
Var. *Pennatus. Dej.* *Gallia.*
Nemoralis. Lat. inlitt. id.
Nigerrimus. Sturm. *Hungaria.*
3 Melas. *Creutzer. Dej.* *Dalmatia.**
Maurus (*Molops.*) *Stm.* *Hungaria.*
Var. *Depressus.* (*Ziegl.*) *Dalmatia.**
— *Italicus. Bonelli.* *Gall. merid.**
4 Hungaricus. *Dej.* *Hungaria.**
Italicus. (Cophosus.) *Sturm. Cat.* *Lombardia.*
5 Brevis. *Sturm. Cat.* *Lombardia*
Transversalis. (Abax.) *Villa.* id.
6 Wiedmanni. *Stm. Cat.* *Gall. merid.*
7 Nigritus. *Fabr.* *Gallia* *
Confluens. Panzer. *Germania.*
8 Anthracinus. *Illiger.* *Gallia.**
Maurus. Fabr. Schiod. *Dania.*
9 Distinctus. *Lucas.* *Algiria.**
10 Rhæticus. *Heer.* *Helvetia.*
11 Minor. *Dej. Sahlb.* *P.**
Anthracinus. Gyllenh. *Suecia.*
Vernalis. Sturm. *Germania.*
Var. *Gracilis. Sturm. Dej.* *P.**
12 Tingitanus. *Lucas.* *Algiria.**
13 Elongatus. *Duft. Dej.* *Gall. merid.**
14 Meridionalis. *Dej.* id.*
15 Aterrimus. *Fabr. Gyll.* *P.**
16 Nigerrimus. *Dej.* *Hispania.*
17 Foveolatus. *Stm. Cat.* *Germania.*
18 Morio. (*Ziegl.*) *St. Cat.* *Austria.*
19 Affinis. *Sturm. Cat.* id.

STEROPUS. *Megerle.*

FERONIA. *Dej.* MOLOPS. *Germar. St.*

1 Madidus. *Fabr. Dej.* *Gallia.**
Var. *Concinnus. Stm. Dej.* *Germania.**
Humidus. St. Cat. id.
2 Ebenus. *Quens. in Sch.* *Lusitania.*
Hoffmanseggii. Dej. id.
Var. *Gagatinus. Germar. Dej.* *Hispania.**
Arrogans. Duftsch. id.
Var. *Globosus. Fabr. Dej.* *Lusitania.**
3 Mannerheimii. *Dej.* *Russia.*
4 Æthiops[1]. *Illiger. Dej.* *Holsatia.**
Marusiacus. Hummel. *Russia.*
5 Rufitarsis. *Par. Dej.* *Hungaria.*
6 Illigeri. (*Megerle.*) *Dej.* *Austria.**
7 Placidus. (*Erich.*) *Rosenhauer.* *Tirolis.*
8 Cognatus. *Dej.* (Platysma.) *Hungaria.**
Schmidtii. Kunze. *Carinthia.**
9 Cordatus. *Sturm. Cat.* *Styria.*
10 Brevis. *Sturm. Cat.* *Constantin.*

[1] Cette espèce a été recueillie par moi aux environs de Phalsbourg, où elle est assez rare.

PLATYSMA. *Bonelli.*

FERONIA. *Dej.* MOLOPS. *Germar.* CARABUS. *Fabr.*

1 Variabilis. *Ménétriés.* *Russ. merid.*
2 Picimana. *Duftsch.* *Gallia.**
3 Graja. *Bonelli. Dej.* *Pedemont.*
4 Extensa. (*Parr.*) *Dej.* *Corfou.*
5 Caucasica. *Ménétriés.* *Russ. merid.*
6 Marginepunctata. *Dej.* *Italia.**
7 Senilis. *Findel. Dej. Cat.* *Pedemont.*
8 Edura. *Dej.* id.*
9 { Truncata. *Villa.* id.*
{ *Nebrioides. Dej. Cat.* id.
10 Gracilis. *Sturm. Cat.* *Italia.*
11 { Maura. *Duftsch.* *Austria.**
{ *Morio. Duftsch.* id.
{ *Conformis. Sturm.* id.
{ *Bilineatopunctata.* (*Dahl.*) *Italia.*
12 Escheri. *Heer.* *Alp. Helvet.*
13 Tamsii. *Dej.* *Russ. merid.*
14 Findelii. *Dej.* *Hungaria.*
15 { Oblongopunctata. *Fab.* *P.**
{ *Hafniensis. Gmel.* *Germania.*
16 Angustata. (*Meg.*) *Duft.* *Germania.*
17 Arenosa. *Leach.* *Anglia.*
18 Borealis. (*Harp.*) *Zett.* *Lapponia.*
19 Ovata. *Sturm. Cat.* *Constantin.*

COPHOSUS. *Ziegler.*

FERONIA. *Dej.*

1 { Magnus. *Dej.* *Hungaria.*
{ Var. *Cylindricus. Hbst. Dej.* id.*
{ — *Filiformis.* (*Meg.*) *Dej.* id.*
{ — *Grandis. Gysselen.* id.
2 Duponcheli. *Dej.* *Græcia.*

PTEROSTICHUS. *Bonelli.*

FERONIA. *Latr. Dej.* CARABUS. *Fabr. Oliv.* HARPALUS. *Gyll.* PLATYSMA. *Germar.*

1 { Striatus *Payk.* *Suecia.**
{ *Subcordatus. Chaud.* *Russ. merid.**
{ *Niger. Fabr. Dej.* *Gallia.*
{ Var. *Distinguendus. Heer.* *Helvetia.**
2 Bacrii. *Motschulsky.* *Russia.*
3 { Pestiensii. *Schmidt.* *Carniolia.**
{ *Milleri. Kokeil.* id.
4 { Fasciatopunctatus. *Fab.* *Austria.**
{ *Striatopunctatus.* (*Ullrich.*) id.
5 { Parumpunctatus. *Dej.* *Gallia.**
{ *Cristatus. Dufour.* *Pyrenæis.*
{ Var. *Lasserrei.* (*Dahl.*) *Gall. merid.**
5½ { *Impressicollis. Peirol.* *Pedemont.*
Intermedius. *Mannerh.* *Pyrenæis.**
6 Italicus. *Chaudoir.* *Italia.*
7 { Micans. *Lasserre. Heer.* *Helvetia.*
{ *Lariensis. Sol. St. Cat.* id.
8 Deplanatus. *Stm. Cat.* *Helvetia.*
9 { Hagenbachii. *Sturm.* *Helvetia.**
{ *Honoratii. Dej.* *Alp. Gall.*
10 Modestus. *Sturm. Cat.* *Volhynia.*
11 Rufipes *Dejean.* *Gall. merid.**
12 Femoratus. *Dejean.* *Gall. orient.**
13 Ambiguus. *Dejean.* *Corsica.*
14 Dufourii. *Dejean.* *Pyrenæis.**
15 { Truncatus. *Dejean.* *Alp. Gall.**
{ *Dilatatus. Villa.* *Lombardia.*
16 { Obscurus. *Steven.* *Russ. merid.*
{ *Regularis? Fischer.* id.
17 Imhoffii. *Sturm. Cat.* *Alp. Helvet.*
18 Aterrimus. *Strm. Cat. Küster.* *Gall. merid.*
19 Angustatus. *Stm. Cat.* *Austria.*]
20 Panzeri. (*Megerle.*) *Dej.* id.*
21 Biseriatus. *Heer.* *Alp. Helvet.*
22 Unicolor. *Sturm. Cat.* *Italia.*
23 Planatus. *Sturm. Cat.* id.
24 Instusii. *Lw. Redtenb.* *Austria.*
25 Ziegleri. *Duftsch. Dej.* *Carinthia.**
26 Flavofemoratus. *Bonell. Dejean.* *Pedemont.*
27 Pinguis. *Bonelli. Dej.* id.*
28 Depressus. *Stm. Cat.* *Italia.*
29 Cribratus. *Bonell. Dej.* *Pedemont.**
30 Drescheri. (Plectes.) *Fischer.* *Russia.**
31 Vagepunctatus. *Bonll.* *Pedemont.**
32 Rutilans. *Bonelli. Dej.* *Alp. Pedem.**
33 { Fossulatus. *Ahrens.* *Carniolia.**
{ *Welensii. Dahl. Dej.* id.
34 Variolatus. *Dejean.* *Styria.*
35 { Interpunctatus. (*Meg.*) *Duftschmid.* *Hungaria.*
{ *Fossulatus. Schönher. Dejean.* *Silesia.*
{ Var. *Minkwitzii.* (*Dhl.*) id.
36 Klugii. (*Dahl.*) *Dejean.* *Hungaria.*

37 Impressus. *Peyroleri.* *Pedemont.*
38 Selmanni. *Duftschm.* *Austria.**
39 { Prevostii. *Dejean.* *Helvetia.**
Var. *Duvalii. Dejean.* *Helvetia* *
Selmanni. Sturm. id.
40 Stroblii. *Knœrlein.* *Austria.*
41 Duratii. *Villa.* *Pedemont.**
42 Xatartii. *Dejean.* *Pyrenæis.**
43 { Jurinei. *Panzer. Dufts.* *Austria.**
Var. *Zahlbruckneri. Gysselen.* *Alp. Helvet.*
— *Heydenii. Findel. Heer.* id.
— *Clairvillei. St. Cat.* *Austria.*
44 Bicolor. *Peiroleri.* *Pyrenæis* *
45 Dubius. *Heer.* *Alp. Helvet.*
46 { Externepunctatus. *Dej.* *Alp. Gall.**
Var. *Sinuatopunctatus. Bonelli.* *Alp. Pedem.*
47 { Multipunctatus. *Dej.* *Helvetia.**
Var. *Erythropus. Vill.* *Lombardia.*
Cristoforii. Jan. *Alp. Lomb.*
Purpuratus. Lasserre. id.
48 Viridinitens. *Stm. Cat.* *Italia.*
49 Infuscatus. *Stm. Cat.* id.*
50 Spinolæ. *Dejean.* id.
51 { Yvanii. *Dejean.* *Alp. Gall.**
Bilineipunctatus. St. Cat. id.
52 Muhlfeldii. *Dufts. Dej.* *Carinthia.**
53 Affinis. *Sturm. Cat.* *Hungaria.*
54 { Baldensis. *Jan. St. Cat.* *Italia.*
Var. *Brunii. Cristofor.* id.
55 Concolor. *Sturm. Cat.* id.
56 { Transversalis. *Duftsch.* *Helvetia.**
Var. *Ellipticus. Lass.* id.
57 Dissimilis. (*Abax.*) *Vill. Dej. Cat.* *Alp. Lomb.*

ABAX *Bonelli.*

FERONIA. *Latr. Dej.* CARABUS. *Fab. Oliv.* HARPALUS. *Gyllenh.*

1 { Striola. *Fabr.* *Gallia* *
Var. *Depressus. Oliv.* *P.*
Subpunctatus. Ziegl. *Croatia.*
2 Pyrenæus. *Dejean.* *Pyr. orient.**
3 Exaratus. *Bonelli. Dej.* *Pyren.**
4 { Oblongus. *Dej.* *Italia*
Var. *Italicus. Cristof.* id.
5 { Parallelipipedus. (*Meg.*) *Dej.* *Italia.**
Elongatus. Lasserre. Heer. *Helvetia*
Porcatus. Villa. *Lombardia*
6 Latus. (*Megerle.*) *Dej.* *Hungaria.*
7 { Carinatus. *Duftsch.* *Austria.**
Var. *Porcatus. Dufts.* id.
Crenatus. (*Dahl.*) *Hungaria*
8 { Frigidus. *Fabr.* *Gallia.**
Ovalis. Dufts. Dej. St. *Germania*
9 { Parallelus. *Duftsch.* *Austria.**
Saxatilis. Panz. Germ *Gallia.*
10 Contractus. *Lass. Heer.* *Helvetia.*
11 Assimilis. *Sturm Cat.* *Italia.*
12 Beckenhauptii. *Duftsch. Sturm. Dej.* *Carinthia.**
13 Schüppelii. *Dahl Dej.* *Hungaria.**
14 Mellyi. *Parreyss Stm. Cat.* *Transylvan.*
15 Rendschmidtii. *Hart. Germar.* *Silesia.*
16 Zawadskii. *Dej.* *Gallizia.*

PERCUS *Bonelli*

ABAX. *Sturm.* FERONIA. *Latr. Dej.*

1 { Corsicus. *Latreille.* *Corsica.**
Lævigatus. Stm. Cat. id.
2 Genei. *Dej.* *Italia.*
3 Passerini. *Dej.* id.
4 Villæ. *Durazo. Dej. Sturm. Cat.* *Pedemont.*
5 Bilineatus. *Dej.* *Sicilia.**
6 Lineatus. *Solier. Dej. Cat.* *Algiria.**
7 Plicatus. *Dupont. Dej.* *Ins. Balear.*
8 Strictus. *Dej.* *Græcia.*
9 Ramburii. *Dej. Cat.* *Corsica.**
10 Loricatus. *Dej.* id.*
11 Paykulii. *Rossi. Dej.* *Italia.*
12 Dejeanii. (*Ziegler.*) *Dej.* id.
13 Lacertosus. *Dej.* *Sicilia.*
14 Siculus. *Dej.* id.
15 Oberleitneri. *Dej.* *Sardinia.*
16 Cylindricus. *Kollar. Sturm. Cat.* id.
17 Angustiformis. *Solier.* id.*
18 Stultus. *Duf. Dej.* *Hispania.*
19 Politus. *Dej.* *Lusitania.**
20 { Patruelis. *Duf.* (Brosc.) *Pyrenæis.**
Navaricus. Latr. Dej. *Hispania.*

CHEPORUS. *Megerle.*

Molops. *Bonelli Dej.* Feronia. *Dej*

1 Striolatus. *Fabr.* *Carniolia.**
2 { Metallicus. *Fabr.* *Gall. orient.**
{ Var. *Burmeisteri. Heer.* *Helvetia.*

MOLOPS. *Bonelli.*

Feronia. *Latr. Dej.* Carabus. *Fabr Oliv.*

1 Robustus. *Dej.* *Hungaria.**
2 Dalmatinus. *Dej.* *Dalmatia.*
3 { Alpestris (*Megerl.*) *Dej.* *Hungaria.*
{ *Melas. Sturm.* id.
4 { Elatus. *Fab. Pan. Dej.* *Germania* *
{ *Gagates.* (*Scarites*). *Panzer.* id.
5 Bucephalus. (*Parreys.*) *Dej* *Croatia*
6 Depressus. *Parreyss. Sturm. Cat.* *Dalmatia.**
7 Longipennis. *Dej.* *Croatia.*
8 { Terricola. *Fabr.* *Gallia.**
{ *Madidus. Payk.* *Suecia.*
{ *Piceus. Panzer* *Germania.*
{ Var. *Montanus. Heer.* *Helvetia.*
{ — *Punctatus. Dahl.* *Hungaria.*
9 Græcus. *Chaudoir.* *Græcia.*
10 Picipes. *Megerle.* *Austria.**
11 Rufipes. *Chaudoir.* *Græcia.*
12 Caspicus. *Ménétriés.* *Russ. merid.*
13 Subtruncatus. *Chaud.* *Helvetia.*
14 Spinicollis. *Dej.* *Pyr. orient.*

MYAS. *Ziegler. Dej.*

1 Chalybeus. (*Ziegl.*) Palliardi. *Dej.* *Hungaria.**

BROSCUS. *Panzer.*

Cephalotes. *Bonelli. Dej.* Harpalus. *Gyll.* Carabus. *Fabr.* Scarites. *Oliv.*

1 { Cephalotes. *Linné.* *P.**
{ *Vulgaris. Bonelli. Dej. Sturm.* id.
2 Politus. *Dej.* *Sicilia.* *Algiria.**
3 { Nobilis. *Dej.* *Oriente.**
{ *Rufipes Guérin* *Constantin*

STOMIS. *Clairville. Dej.*

Carabus. *Duftsch. Panz.* Harpalus. *Gyll.*

1 Pumicatus. *Panz. Dej.* *Gallia.**
2 Rostratus. *Sturm. Dej.* *Alp. Gall.**
3 Italicus. *Sturm. Cat.* *Alp. Ital.*

PELOR. *Bonelli.*

Zabrus. *Sturm* Carabus. *Duftsch*

1 Rugosus. *Ménétriés.* *Russ. merid*
2 { Spinipes. *Fabr.* *Austria.**
{ *Blapoides. Creutz. Dej.* id.
3 { Steveni. *Fischer.* *Russ. merid.*
{ *Tauricus. Chaudoir* *Tauria.*

ZABRUS. *Clairville. Dej.*

Harpalus. *Gyll.* Carabus. *Fabr. Duftsch.* Blaps. *Fabr.* Eutroctes *Zimmerm.*

1 Femoratus. *Dej.* *Græcia.*
2 Gravis. *Dej.* *Hispania.*
3 { Dentipes. *Zimmerm.* id
{ *Silphoides. Dej.* id.
4 Marginicollis *Dej.* id.
5 Curtus. *Latreille.* *P.**
6 Curtoides. *Chaudoir.* *Europ. merid.*
7 Inflatus. *Dej.* *Gall mer. oc.*
8 Obesus. *Latreille.* *Pyrenæis.**
9 { Robustus. *Zimmerm.* *Græcia.**
{ *Fontenayi. Dej.* id
10 Græcus. *Dej.* id.*
11 { Punctatostriatus. *Brul.* id.*
{ *Puncticollis. Brullé.* id.
12 Distinctus. *Lucas.* *Algiria* *
13 Latus. *Sturm. Cat.* *Græcia.*
14 Rufipes. *Sturm. Cat.* *Smyrna.*
15 Nitens. *Victor. St Cat.* *Russ. merid.*
16 Incrassatus. *Germar.* *Dalmatia.*
17 Pinguis. *Hoffmsg. Dej.* *Lusitania*
18 { Puncticollis. *Dej.* *Algiria.**
{ *Globosus. Gory.* id.
19 Pyrenæus. *Chaudoir.* *Pyrenæis.*
20 Orsini. *Géné.* *Italia.*
21 { Gibbosus. *Ménétriés* *Russ. merid*
{ Var. *Morio. Ménétriés.* id.
{ *Rufomarginatus. Mén.* id.
22 Trinii. *Fischer.* id.
23 { Gibbus. *Fabr.* *Gallia.**
{ *Tenebrosus. Fabr.* *Dania.*
{ *Madidus. Olivier.* *Gall. merid*

24 Flavoangulus. *Chevrol. N.*
25 Piger. *Dej.* *Gall. merid.**
26 Sublævis. *Ménétriés.* *Constantin.*
27 Rotundicollis. *Ménét.* id.

(EUTROCTES. *Zimmerm.*)

28 { Aurichalceus. *Adams.* (*Zab.*) *Russ. merid.*
{ *Adamsii. Fischer.* id.
29 Mœstus. *Erichson.* id.

ACORIUS. *Zimmermann.*

AMARA. *Dej.*

1 Metallescens. *Dahl. Dej. Sardinia.*

AMARA. *Bonelli.*

(*Megerle.*) *Zimm.* HARPALUS. *Gyll.* CARABUS. *Fabr.* PERCOSIA, CELIA, BRADYTUS, LEYRUS, LEIOCNEMIS, ACRODON. *Zimmerm.*

(PERCOSIA. *Zimm.*)

1 Sicula. (*Dahl.*) *Dej.* *Sicilia.**
2 Pastica. *Zimmermann. Russ. merid.*
3 { Patricia. *Creutz. Duft. Dej.* *Gallia.**
{ Var. *Zabroides. Dej.* *Gall. merid.*
{ — *Mancipium. Duft.* *Germania.*
{ *Plebeja. Duftsch.* id.
{ *Equestris. Duftsch.* id.
{ *Nobilis. Sturm.* id.
4 Dilatata. *Heer* *Helvetia.*
5 { Helopioides. *Heer.* id.
{ *Alpestris. Villa.* *Lombardia.*

(CELIA. *Zimmermann.*)

6 { Ingenua. *Creutz. Duft.* *Gallia.**
{ *Lata. Sturm.* id.
{ *Subænea Sturm.* *Austria.*
7 Ruficornis. *Dej.* *Gall. merid.**
8 Floralis. *Gaubil.* id.*
9 Complanata. *Dej* *Dalmatia.*
10 { Fusca. *Sturm. Dej.* *Gall. merid.**
{ *Saxicola Ménétriés.* *Russ. merid.*
{ Var. *Montana. Ménét.* id.
11 { Municipalis. *Duftsch.* *Germania.**
{ *Modesta. Dej. Erich.* *Gall. merid.*
12 Fuscicornis. *Zimmerm. Dalmatia*
13 Prosperans. *Zimmerm. Austria.*
14 Cursitans. *Zimmerm.* id.

15 Ambulans. *Esch. Zim.* *Russia.*
16 { Erratica. *Duftsch. St.* *Germania.*
{ *Punctulata. Dej.* *Helvetia.*
{ *Septentrionalis. Schiodte.* *Dania.*
17 Melancholica. *Schiodte.* id.
18 Quenselii. *Schönherr.* *Lapponia.**
19 { Silvicola. *Schmidt.* *Suecia.*
{ *Quenselii. var. Dej.* id.
{ *Metallifera. Andersch.* id.
20 Graculus. *Heer.* *Helvetia.*
21 { Monticola. *Zimmerm.* *Alp Pedem.**
{ *Montana. Dej.* *Pyrenæis.*
{ Var. *Marginata. Heer.* *Helvetia.*
22 Onsburgeri. *Heer.* id.
23 Saxicola. *Ménétriés.* *Russia.*
24 { Infima. *Duftsch. St.* *Gallia bor.**
{ *Brevis. Sturm.* *Germania.*
{ *Granaria. Dej.* *Suecia.*
25 { Livida. *Fabr.* *P.**
{ *Bifrons. Gyllenh. Dej.* *Suecia.*
{ *Brunnea. Sturm.* *Germania.*
26 Taurica. *Motschulsky.* *Tauria.*
27 Maritima. *Schiodte.* *Dania*
28 Affinis. *Dej.* *Hispania.**
29 Rotundata. *Dej.* id.
30 Brevis. *Dej.* id.
31 Simplex. *Dej.* id.
32 { Grandicollis. *Dej Cat.* *Gall. bor.**
{ Var. *Seileri. Heer.* *Helvetia.*
{ *Rufocincta Mannerh.* *Finlandia.*
{ *Oreophila. Imhoff.* id.
{ *Pallens. Sturm.* id.
33 Lapponica. *Mannerh.* *Lapponia.**
34 Zimmermannii. *Heer.* *Helvetia.*
35 Antennata. *Zimmerm.* *Tirolis.*

(AMARA. *Zimm.*)

36 { Striatopunctata. *Dej.* *Gallia.**
{ *Hæmatopa.* (*Parr.*) *Corfou.*
37 { Rufipes. *Dej.* *Gall. merid.**
{ *Erythrocnema.* (*Parreyss.*) *Kollar.* *Corfou.*
38 Concinna. *Zimmerm.* *Germania*
39 Lepida. *Zimmerm.* id.
40 Tricuspidata. *Stm. Dej.* id.*
41 Strenua. *Zimmerm.* id.
42 Plebeja. *Gyllenh. Dej.* *Gallia.**
43 Lapidicola. *Heer.* *Helvetia.*
44 Varicolor. *Heer.* id.
45 { Saphyrea. (*Ziegl.*) *Dej.* *Hungaria.**
{ *Domidua. Sturm. Cat.* id.

46 { Communis. *Fabr.* *Gallia.**
Similata. Gyll. Dej. *Suecia.*
Montivaga. Sturm. *Germania.*
47 { Obsoleta. *Duft. Dej.* *Gallia.**
Pratensis. Sturm. *Germania.*
48 { Acuminata. *Payk. St.* *Gallia.**
Eurynota. Illiger. Dej *Germania.*
Vulgaris. Fabr. *Dania.*
49 Trivialis. *Gyllenh. Dej.* *P.**
50 Spreta. *Zimmerm Dej.* *Gall. bor.**
51 Famelica. *Zimmerm.* *Germ media.*
52 { Vulgaris. *Linné. Dej.* *Gallia.**
Contrusa? Schiodte. *Dania.*
53 Assimilis. *Chaudoir.* *Russia.*
54 Lenticularis. *Schiodte.* *Dania bor.*
55 Despecta. *Sahlberg.* *Lapponia.*
56 Contensa. *Schiodte.* *Dania.*
57 Curta. *Dej. Lacord.* *Gallia.**
Depressa. *Zimmerm.* *Germania.*
58 { Ænea. (*Megerle.*) *Austria.**
Communis. Dej. St. *Gallia.*
Rufiventris. Germar. *Germania*
Var. *Atrocerulea.* (*Megerle.*) *St.* id.
— *Atrata. Heer.* *Helvetia.*
— *Alpina. Heer.* id.
Ferrea. Sturm. *Austria.*
59 Pœciloides. *Heer.* *Helvetia.*
60 { Nitida. *Sturm. Erich.* *Germania.**
Var.? Formosa. Schdte. *Dania.*
61 Lunicollis. *Schiodte.* *Dania.*
62 Limbata. *Schiodte.* id.
63 { Familiaris. *Duft. Dej.* *Germania.**
Vulgaris. Müll var. &. Schh. id.
Levis. Sturm. Zimm. id.
Cursor. Sturm. id.
Var. *Atrata. Heer.* *Helvetia.*
64 Perplexa. *Dej.* *Volhynia.*
65 Brunnicornis. *Heer.* *Helvetia.*
66 { Lucida. *Duftsch.* *Germania.*
Gemina. Zim. Erich. id.
67 { Tibialis. *Paykull. Dej.* *Suecia.**
Var. *Viridis. Duftsch.* *Germania.*
68 Sahlbergi. *Zettersted.* *Dania.*
69 Deserta. *Krynicki.* *Russia.*

(Bradytus. *Zimm.*)

70 { Consularis. *Duftsch.* *Gallia.**
Lata. Schönherr. Gyll. *Suecia.*
71 { Apricaria. *Fabr. Schh.* *P.**
Lata. Fabr. *Germania*
Analis. Fabr. id.
72 Convexiuscula. *Schmid.* *Galizia.*
73 Patrata. *Schiodte.* id.
74 Aurichalcea. *Gebler. Germar.* *Russ. merid.*
75 { Ferruginea. *Linné.* *P.**
Fulva. de Geer. Schh. *Suecia.*
Pallida. Fabr. *Dania.*
76 Iridipennis. *Heer.* *Helvetia*
77 Nigra. *Chaudoir.* *Silesia.*
78 Æneomicans. *Chaud.* id.
79 Cognata. *Sturm.* *Carniolia.*

(Leirus. *Megerle. Zimm.*)

80 { Spinipes. *Linné.* *P.**
Picea. Fabr. St. *Dania.*
Aulica. Illig. Gyll. Dej. *Austria.*
Bicolor. Paykull. *Suecia.*
81 Torrida. *Kugel. Illig.* id.*
82 Convexiuscula. *Marsh. Dej* *Anglia.**
83 Alpina. *Fabr. Dej.* *Suecia.**
84 Montana. *Chaudoir.* *Russia.**

(Leiocnemis. *Zimm.*)

85 Cardui *Dej.* *Helvetia.**
86 Cordicollis. *Ménétriés.* *Russia.*
87 Pyrenæa. *Dej.* *Pyrenæis.*
88 Puncticollis. *Dej.* *Pyr. orient.**
89 { Crenata. *Dej.* *Gall. merid.*
Elongata. Sturm. *Dalmatia.*
90 Alpicola. *Dej.* *Styria.**
91 Cuniculina. *And. Dej.* id.
92 Sabulosa. *Dej.* *Gallia.*
93 { Dalmatina. *Dej.* *Dalmatia.*
Castanea. Sturm. Cat. id.
94 { Eximia. *Dej.* *Gall. merid.**
Flavipes. Sturm. Cat. *Gallia.*
95 Glabrata. *Dej.* id.
96 Nobilis. *Dej.* *Austria.*
97 Latiuscula. *Chaudoir.* *Styria.*

(Acrodon. *Zimmerm.*)

98 Brunnea. *Gyllenhal.* (Harpalus.) *Suecia.*

DAPTUS. *Fischer. Dej.*

Ditomus *Germar.*

1 { Vittatus. *Fischer. Dej.* *Gall. merid.**
Vittiger. Germar. *Algiria.*

BROSCOSOMA. *Putzeys. Rosenhauer.*

1 Baldense. *Putz. Ros. Tirolis.*

ACINOPUS. *(Ziegler.) Lat. Dej.*

CARABUS. *Duftsch.* HARPALUS. *Duftsch.* SCARITES. *Germar. Oliv.*

1 Lepeletieri. *Lucas* *Algiria.**
2 Mauritanicus. *Lucas.* id.
3 Elongatus. *Lucas.* id.*
4 { Megacephalus. *Rossi. Olivier.* *Gall. merid*
Bucephalus. Dej. id.
5 Gutturosus. *Buq. Luc.* *Algiria.**
6 { Tenebrioides. *Duftsch.* *Gall. merid.**
Megacephalus. Latr. Dej. id.
Pasticus. Germar. id
Sabulosus. Sturm. id.
7 Quadricollis. *Solier.* *Græcia.*
8 { Picipes. *Oliv. Brullé.* *Algiria.**
Megacephalus. Fabr. id.
9 Clypeatus. *Fischer.* *Russ. merid.*
10 Quadricollis. *Brullé.* *Græcia.*
11 Rufitarsis. *Fischer.* *Russ. merid*
12 { Sabulosus *Olivier.* *Algiria.**
Megacephalus. Fabr. id.
Obesus. Schönh. Dej. id.
13 { Ambiguus. *Dej.* *Sicilia.**
Rufipes. Dahl. id.
14 Giganteus. *Dej.* *Hisp. merid.*
15 Spinipes. *Fischer.* *Russ. merid.*
16 Ammophilus. *Dej.* id.
17 Rotundicollis. *St. Cat.* *Græcia.*
18 Patruelis. *Sturm.* id.

SELENOPHORUS. *Dejean.*

HARPALUS. *St. Dej. Cat.* CARABUS. *Fabr.*

1 Scaritides. *Ziegl. Dej.* *Austria.*

ANISODACTYLUS. *Dejean.*

HARPALUS. *Gyll. St. Dej. Cat.* CARABUS. *Fabr.*

1 Heros. *Fabr.* *Lusitania.**
2 Dejeanii. *Buquet. Dej.* *Algiria.**
3 Pseudoæneus. *Dej.* *Gall. bor.**
4 { Virens. *Dej.* *Gall. merid.**
Var. *Distinctus. Sol.* id.
5 { Signatus. *Illiger* P.*
Eschscholtzii. Gebler. *Sibiria.*
Rusticus. Dahl. *Hungaria.*
6 Nonsignatus. *Krynicki.* *Russia.*
7 Intermedius. *Dej.* *Gall. merid.**
8 { Binotatus. *Fabr.* P.*
Var. *Spurcaticornis. Zgl.* *Gallia**
9 { Nemorivagus. *Duftsch* id.*
Gilvipes. Dej. *Germania.*
Rufipes. Bonelli. *Italia.*

DIACHROMUS. *Erichson.*

CARABUS. *Linné. Fabr.* HARPALUS. *Dej.*

1 Germanus. *Linné.* *Gallia.**

CYNANDROMORPHUS. *Dej.*

CARABUS. *Schönh. Panz.* HARPALUS. *Sturm.*

1 { Rossii. *Ponza.*[1] *Pedemont.**
Etruscus. Quensel in Schh. *Gallia merid.*
2 Jonicus. *Sturm. Cat.* *Corfou.*

OPHONUS. *Ziegler.*

HARPALUS. *Gyllenh. Dej.*

1 Columbinus. *Germar.* *Gall. merid.**
2 Longicollis. *Chaudoir.* *Turcia.*
3 { Sabulicola. *Panzer.* P.*
Azureus. Olivier. *Gall. merid.*
Obscurus. Duftschmid. *Germania.*
4 { Obscurus. *Fabr.* *Gall. orient.**
Monticola. Dej. *Gall. merid.*
Viridanus. Ménétriés. *Russ. merid.*
5 { Dillinis. *Dej.* *Gall. merid.**
Turbidus. (Megerle.) *Italia.*
6 { Rotundicollis. *Dej. Cat.* *Gall. merid.**
Obscurus. Dej. Iconog. *Austria.*
Var. *Opacus. (Dahl.) St. Cat.* *Hungaria.*
Algiricus. Buquet. *Algiria.*
7 Quadricollis. *(Dahl.) Dej.* *Sicilia.**
8 Oblongiusculus. *Dej.* *Gallia.**
9 Ditomoides. *Dej.* *Gall. merid.**

---

[1] Mémoire inséré dans le volume de l'Académie des sciences de Turin, pour les années 1805-1808.

10 Silbermanni. (*Gaubil.*) *Nov. Sp.* *Algiria* *
11 Incisus. *Dej.* *Gall. merid.**
12 Punctatulus *Duftsch* *Gallia.**
Umbricola. (*Dahl.*) *Germania.*
Reptans. (*Dahl.*) *Hungaria.*
13 Similis. *Sturm. Dej.* *Dalmatia.**
14 Chlorophanus. *Zenk. Dej.* *Gallia.**
15 Azureus. *Fabr.* *Gall. merid.**
16 Cribricollis. *Stev. Dej.* *Russ. merid.*
Tauricus. Godet. id.
Cordicollis. (*Parreys.*) id.
Punctatissimus. OEsk. *Hungaria.*
17 Cordicollis. *Dej.* *Russ. merid.*
18 Subquadratus. *Dej.* *Gall. merid.**
19 Meridionalis. *Dej.* id.*
20 Pumilio. *Dej.* *Sicilia.**
21 Rotundatus. *Dej.* *Gall. merid.**
22 Cordatus. *Duftsch.* id.*
Porrosus. Germar. *Dalmatia.*
Var. *Denigratus. St. Cat.* *Gall. merid.*
23 Rupicola. *Sturm.* *Germania.**
Subcordatus. Dej. *Gallia.*
24 Puncticollis. *Paykull. Gyll.* id.*
25 Sardeus. *Sturm. Cat.* *Sardinia*
26 Rufibarbis. *Fabr.* *Germania.**
Foraminosulus. Mars *Anglia.*
Brevicollis. Dej. *Gallia.*
Puncticollis. Gyllenh. Sahlb. *Suecia.*
27 Melletii. *Heer.* *Helvetia.*
28 Parallelus. *Dej.* *Hispania.*
29 Complanatus. *Dej.* *Styria.**
30 Maculicornis. *Duftsch.* *Gallia.**
Interstitialis. St. olim. *Austria.*
31 Signaticornis. *Duftsch.* *Gall. bor.**
32 Hirsutulus. *Dej.* *Pyr. orient.**
33 Planicollis. *Dej.* *Sicilia.**
34 Mendax. *Rossi.* *Gall. merid.**
Reichenbachii. St. Cat. id.
35 Luteus. *Sturm. Cat.* *Sardinia.*
36 Ochraceus. *Stm. Cat.* *Dalmatia.*
37 Minimus. *Motschulsky.* *Russ. merid.*

HARPALUS. *Latreille.*

CARABUS. *Fabr*

1 Hospes. *Creutzer. Dej* *Hungaria*
2 Sturmii. *Dej.* id.
Hospes. Sturm. id.
3 Ruficornis. *Fabr.* *Europa.**
Pubescens. Müller. *Germania.*
4 Griseus. *Panzer.* id.*
Luridus. Faldermann. *Gallia.*
5 Dispar. *Dej.* *Gall. merid.**
Chloripennis. St. Cat. id
Roseri. Sturm. Cat. id.
6 Neesi. *Sturm. Cat.* id.
7 Semipunctatus. *Dej.* *Hisp. merid.**
8 Æneus. *Fabr.* *Gallia.**
Proteus. Paykull. *Suecia.*
Var. *Azureus. Panzer.* *Germania.*
— *Confusus. Dej.* *P.*
9 Oblitus. *Dej.* *Dalmatia.**
10 Diversus. *Dej.* *Dalmatia.**
11 Distinguendus. *Dufts.* *P.**
Virens. Ménétriés. *Russ. merid.*
12 Mauritanicus. *Gaubil. Lucas.* *Algiria.**
13 Patruelis. *Dej.* *Gall. merid.**
14 Fastiditus. *Dej.* *Hispania.**
15 Euchlorus. *Ménétriés.* *Constantin.*
16 Auratus. *Sturm. Cat.* *Sicilia.*
17 Contemptus *Dej.* *Hispania.*
18 Metallicus. *Ménétriés.* *Constantin.*
19 Minutus. *Dej.* *Hispania.*
20 Lateralis. *Dej.* id.
21 Cupreus. *Dej.* *Gall. merid.**
Fastuosus. Dahl. *Dalmatia.*
Metallicus. Godet. *Russ. merid.*
22 Honestus. *Duftschm.* *Gallia.**
Ignavus. Creutzer. *Germania*
Nitidus. Sturm. id.
Gravenhorstii. Kollar. *Hungaria.*
Var. *Confinis. Dej.* *Gallia.*
23 Impressipennis. *Dej.* *Hispania.*
24 Alpestris. *L. Redtenb.* *Austria.*
25 Nigripes. *Sturm. Cat.* *Hungaria.*
26 Sulphuripes. *Grm. Dej.* *Gall. merid.**
Chalybeipennis. Stm. Cat. *Dalmatia.*
27 Consentaneus. *Dej.* *Gall. merid.**
Desertus. Steven. *Russ. merid.*
Sardeus. Dahl. St. Cat. *Sardinia.*
28 Pygmæus. *Dej.* *Gall. merid*
Brunnicornis. St. Cat. *Hungaria.*
29 Varians. (*Dahl.*) *Stm. Cat.* id.
30 Goudotii. *Dej.* *Gall. merid.**
31 Pumilus. *Dej* id.*
32 Rufipennis. *Parreyss.* id.*

33 Neglectus. *Dej.* *Gall. occid.**
Piger. Creutzer. Strm. Gyll. *Austria.*
Capucinus. Schönher. *Lusitania.*
34 Decipiens. *Dej.* *Gall. merid.*
35 Discoideus. *Fabr. Er.* *Gall. bor.**
Smaragdinus. Dufts. *Austria.*
Perplexus. Gyll. Dej. *P.*
Var. *Petifii. Duftsch.* *Austria.*
Duftschmidtii. Sturm. *Germania.*
36 Saxicola. *Dej.* *Illyria.*
37 Siculus. *Dej.* *Sicilia.**
38 Incertus. *Dej.* *Gall. merid.**
39 Punctatostriatus. *Dej.* id.*
Gentilis. Parr. Dej. Sturm. Cat. id.
40 Calceatus. *Dufts. Dej.* *P.**
41 Ferrugineus. *Fabr.* *Gall. bor.**
42 Fulvus. *Dej.* *Algiria.**
43 Gilvicornis. *Stm. Cat.* *Italia.*
44 *Flavicornis. Stm. Cat.* id.
45 Hottentota. *Duftsch.* *Gallia.**
Deplanata. Godet. *Russ. merid.*
Var. *Subsinuata. Duft.* *Austria.*
Ruficeps. Œskay. *Hungaria.*
Crinitus. Sturm. Cat. *Germania.*
46 Qudripunctatus. *Dej.* *Gallia.*
Seriepunctatus? Gyll. *Suecia.*
47 Fulvipes. *Fabr. St.* *Gallia.**
Rufibarbis. Fabr. *Dania.*
Limbatus. Duft. Dej. *Gallia.*
Var. *Erythrocephalus. Fabr.* *Germania.*
Flaviventris. Sturm. id.
48 Piceus. *Sturm. Cat.* *Sardinia.*
49 Maxillosus. *Stév. Dej.* *Algiria.**
50 Puncticollis. *Waltl. St. Cat.* *Græcia.*
51 Luteicornis. *Duftsch. St. Dej.* *Germania.**
Serotinus. Creutzer. *Gallia.*
52 Lævicollis. *Duftsch.* *Gall. or. bor.**
Satyrus. Knoch. Dej. *Austria.*
Var. *Glabricollis. Dej.* id.
Montanus. Sturm. *Germania.*
Var. *Flavolimbatus. Heer.* *Helvetia.*
Alpestris. Heer. id.
Thoracicus. Heer. id.
53 Nitens. *Heer.* id.*
54 Solitaris. *Eschsch. Dej.* *Lapponia.*
Var. *Nigritarsis. Sahlb.* id.
55 Marginellus. *Dej.* *Alp. Gall.**
56 Cuniculinna. *Duftsch.* *Austria.*
57 Rubripes. *Duftschmid.* *P.**
Azurescens. Gyllenh. *Suecia.*
Azureus. Sturm. *Germania.*
Glabrellus. Stm. Ziegl. id.
58 Amœnus. *Heer.* *Helvetia.*
59 Sobrinus. *Dej.* *Pyr. orient.**
60 Boristenicus. *Krynicky.* *Russia.*
61 Zabroides. *Dej.* *Russ. merid.*
Latus Stévèn. id.
62 Hirtipes. *Illig. Schh. Dej.* *Germania.**
63 Semiviolaceus. *Brong. Dej.* *Gallia.**
Var. *Planicollis. Sanvitale.* *Italia.*
Corvus. Duftsch. *Austria.*
Depressus. Duftsch. id.
Melampus. Duftsch. id.
Schreibersii. Duftsch. *Dalmatia*
Crassipes. Duftsch. id.
Caspius. Stéven. *Russ. merid.*
Var. *Vicinus. Dej.* *P.**
64 Hypocrita. *Dej.* *Hispania.**
65 Impiger *Duftschmid.* *Gallia.**
Autumnalis. Duftsch. *Austria.*
Inunctus. Sturm. *Germania.*
Seriepunctatus. Stm. id.
66 Elatus. (*Megerle*) *St. Cat.* *Austria.*
67 Tenebrosus. *Dej.* *Gallia.**
Parallelus. Jenisson. *Pyrenæis.*
68 Solieri. *Dej.* *Gall. merid.**
69 Melancholicus. *Dej.* *P.**
Piciventris. Parreyss. *Corfou.*
70 Notatus. *Cristofori.* *Lombardia.*
71 Litigiosus. *Dej.* *Gall. merid.**
72 Ineditus. *Dej.* *P.**
73 Hybridus. *Dej.* *Russ. merid.*
74 Coracinus. *Sturm.* *Germania.*
75 Tardus. *Fabr. Panzer.* *P.**
Fuliginosus. Duftsch. *Austria.*
Lentus. Sturm. *Germania.*
Saginatus. Eschsch. *Livonia.*
76 Frohlichii. *Stm. Erich.* *Germania.**
Segnis. Dej. id.
77 Modestus. *Dej.* *Styria.**
78 Chevrieri. *Heer.* *Helvetia.*
79 Rugulosus. *Heer.* id.
80 Serripes. *Quensel. in Schh.* *Gallia.**
81 Taciturnus. *Dej.* *Dalmatia.*
82 Fuscipalpis. (*Ziegl.*) *St.* *Austria.**

83 Subcylindricus. *Dej.* *Pyr. orient.**
84 Kunzei. *Sturm. Cat.* *Gall. merid.*
85 Anxius. *Duftsch.* *Gallia.**
Nigripes. Sturm. Cat. *Germania.*
Gracilis. Sturm. Cat. id.
86 Servus. *Duftsch.* *Gallia.**
Complanatus. Sturm. *Germania.*
87 Flavitarsis. *Dej. St.* id.*
88 Vernalis. *Fabr.* *Gallia.**
Picipennis. Duftsch. Dej. *Germania.*
89 Brachypus. *Stéven.* *Russ. merid.*
90 Morio. *Ménétriés.* id.
91 Longicollis. *Rambur.* *Hisp. merid.*
92 Distinctus. *Rambur.* id.
93 Littoralis. *Rambur.* id.
94 Punctipennis. *Ramb.* id.
95 Rufitarsis. *Rambur.* id.

STENELOPHUS. *(Megerle.) Dej.*

HARPALUS. *Gyllenh.* CARABUS. *Fabr.* ACUPALPUS. *Latreille.*

1 Vaporariorum. *Fabr.* *P.**
Nigriceps. (Ziegler.) *Hungaria.**
2 Melanocephalus. *Findel. Heer.* *Gallia.**
3 Discophorus. *Fischer.* *Gall. merid.**
Centromaculatus. (Dahl.) *Hungaria.*
4 Abdominalis. *Géné.* *Sardin. Algir.*
5 Hirticornis. *Fischer.* *Russ. merid.*
6 Steveni. *Krynicki.* id.
7 Elegans. *Dej.* *Gall. merid.**
8 Halophilus. *Germar.* *Germania.**
9 Chevrolatii. *Gaubil.* *Pyr. orient.**
10 Proximus. *Dej.* *Gall. merid.**
11 Vespertinus. *Illig. Dej.* *P.**
Ziegleri. (Megerle) *Helvetia.*
12 Marginatus. *Dej.* *Gall. merid.**
13 Consputus. *Duftsch.* *Gallia.**
Ephippiger. Duftsch. Gyll. *Suecia.*
14 Ephippium. *Dej.* *Russ. merid.**
15 Flavipennis. *Lucas.* *Algiria.*
16 Suturalis. *Ziegler. Dej.* *Dalmatia.*
17 Brunnipes. *Duftsch. St.* *Germania.**
Atratus. Dej. *Gallia.*
18 Pallipes. *Dej.* *Dalmatia.*
19 Dorsalis. *Fabr.* *Gallia.**
20 Meridianus. *Lin. Fabr.* *P.**
Cruciger. Fabr. *Germania.*
21 Lucasii. *Gaubil. in litt.* *Algiria.*
Marginatus. Lucas. Expl. sc. id.
22 Flavicollis. *Sturm.* *Germania.**
Luridus. Dej. *Gallia.*
Fuscipennis. Sturm. *Germania.*
Liliputanus. (Ziegler.) *Austria.*
23 Nigriceps. *Dej.* *Gallia.**
24 Exiguus. *Dej.* *Germania.**
Minimus. Mannerh. (Tachys.) *Sibiria.*

BRADYCELLUS. *Erichson.*

OPHONUS. *Ziegl.* HARPALUS. *Dej. Gyll.* ACUPALPUS. *Latr.*

1 Pubescens. *Paykull. (Harp.) Gyll.* *Gall. bor.**
2 Obsoletus. *Dej.* *Gall. merid.**
Cerinus. Stéven. *Russ. merid.*
Var. *Dorsalis. Dej.* *Gall. bor.**
3 Chloroticus. *Dej.* *Sicilia.*
4 Pallidus. *Dej.* *Hisp. merid.*
5 Stevenii. *Dej.* *Russ. merid.*
Sabulicola. Stéven. id.
6 Discicollis. *Dej.* id.
7 Rufithorax. *Mannerh.* *Finlandia.*
8 Cognatus. *Gyll. Dej.* *Suecia.**
Deutschii. Sahlberg. *Dania.*
Alpinus. Schönherr. *Lapponia.*
9 Placidus. *Gyllenh. Dej.* *Suecia.**
Affinis. Sahlberg. Dej. *Dania.*
10 Lusitanicus. *Dej.* *Lusitania.**
11 Harpalinus. *Dej.* *Gallia.**
Fulvus. Marsham. *Anglia.*
Collaris. (Trechus.) Sturm. *Germania.*
12 Distinctus. *Dej.* *Gall. merid.**
13 Collaris. *Paykull.* *Gall. bor.**
14 Similis. *Dej.* id.*

HISPALIS. *Rambur.*

AMBLYSTOMUS. *Erich.* ACUPALPUS. *Dej.*

1 Mauritanicus. *Dej.* *Hisp. merid. Alg.**
2 Metallescens. *Dej.* *Gall. merid.**
Albipes. Sturm. id.
3 Bifoveolatus. *Rambur.* *Hisp. merid.**
4 Gracilis. *Rambur.* id.
5 Montanus. *Rambur.* id.

ANOPHTHALMUS. *Sturm?*

1 Schmidtii. *Sturm.* *Germania.*

TRECHUS. *Clairville. Dej.*

Bembidium. *Gyll.* Carabus. *Fabr.* Æpus. *Leach.*

1 Discus. *Fabr.* *Germania**
Unifasciatus. Panz. id.
Mariæ. Hummel. id.

2 Micros. *Herbst.* id.*
Rubens. Duftschmid. *Austria.*
Planatus. Duftsch. id.
Sericeus. Fleischer. *Russia.*
Crassicornis. Stm. Cat. *Germania.*

3 Quadricollis. *Putzeys.* *Russia.*

4 Longicornis. *Sturm. Brullé.* *Germania.**
Rubens. Duftschmid? *Austria*
Littoralis. Dej. *Gall. bor.*

5 Ponticus. *Motschulski.* *Russ. merid.*

6 Paludosus. *Gyllenhal. St. Dej.* *Germania.**
Rubens. Fabr.? id
Palpalis. Duftschmid. *Austria.*

7 Subnotatus. *Dej.* *Græcia.*
8 Rivularis. *Gyll. Dej.* *Suecia.*
9 Longhii. *Comol. Putz.* *Pedemont.*
10 Procerus. *Putzeys.* *Transylvan.*
11 Fulvus. *Dej.* *Hispania*
12 Rufulus. *Dej.* *Sicilia.**
13 Nigrinus. *Putzeys.* *Tirolis.*
14 Maurus. *Putzeys.* *Carinthia.*

15 Minutus. *Fabr.* *Gallia.**
Tempestivus. Panzer. *Germania*
Quadristriatus. Gyll. *Suecia.*
Rubens. Clairv. Dej. *Helvetia.*

16 Obtusus. *Erichs. Putz.* *Gall. bor.**
17 Castanopterus. *Heer. Putzeys.* *Helvetia.*
18 Austriacus. *Dej.* *Austria.*
19 Ochreatus. *Dej* *Styria*
20 Pallescens. *Redtenb.* *Austria*
21 Bannaticus. *Dej.* *Bannat.*
22 Montanus. *Putzeys.* *Austria.*
23 Palpalis. *Dej.* id.*

24 Rotundipennis. *Dft. St.* *Styria.**
Alpicola. Sturm. id
Alpinus. Dej. id.

25 Latus. *Putzeys.* *Austria.*
26 Patruelis. *Putzeys.* *Carinthia.*

27 Croaticus. *Dej.* *Styria.*
Brevis. St. Cat. *Croatia*

28 Rotundatus. *Dej.* *Styria*
29 Striatulus. *Putzeys* *Silesia.*
30 Piceus. *Putzeys.* *Carinthia.*
31 Pyrenæus. *Dej.* *Pyrenæis.*
32 Pulchellus. *Putzeys.* *Saxonia.**
33 Glacialis. *Heer. Putz.* *Helvetia.*
34 Assimilis. *Heer. Putz.* id.
35 Profundestriatus *Heer. Putzeys.* id.
36 Macrocephalus. *Heer. Putzeys.* id.
37 Elegans. *Putzeys.* *Styria.*
38 Lithophilus. *Putzeys.* id.
39 Ovatus. *Putzeys.* id.
40 Pertyi. *Heer. Putzeys* *Helvetia.*
41 Lævipennis. *Heer. Putzeys.* id.

42 Secalis. *Paykull.* *Gall. bor.**
Testaceus. Fabr. *Dania*

(Æpus. *Leach*)

43 Fulvescens. *Leach.* *Anglia.*

BEMBIDIUM. *Latreille. St. Dej*

Cillenum. *Leach.* (Lymnæum. *Leach* Blemus. *Ziegl.*) Tachys, Notaphus, Peryphus, Leja, Lopha, Tachypus. (*Megerle.*) Oxydromus. *Frölich.* Elaphrus. *Duftsch.* Carabus. *Fabr*

PREMIÈRE DIVISION.

Cillenum. *Leach.*

1 Laterale. *Curtis.* *Gallia bor**
Leachii. Dej. *Anglia.*

DEUXIÈME DIVISION.

Lymnæum. *Leach.* (Blemus. *Ziegl.*)

2 Areolatum *Creutzer.* *Gall. merid.**

TROISIÈME DIVISION.

Tachys. *Megerle.*

3 Fulvicolle. *Dej.* *Dalmatia.*

4 Scutellare. *Dej.* *Gall. merid**
Substriatum. Sturm. *Germania.*

5 Elongatum. *Dej* *Hispania*
6 Algiricum *Lucas* *Algiria.*

7 Bistriatum *Duftsch.* *Gallia.**
Var. *Pallens. Dej.* *Hispania.*
Angustatum. Dej. Cat. *Austria.*
Pusillum. Dej. id.
8 Platypterus. *Sturm.* *Gallia.**
Rufescens. Dej. id.
9 Quinquestriatum. *Gyll.* *Suecia.**
Pumilio. Duftsch. Dej. *Gall. bor.*
Obtusum. Sturm. *Germania.*
10 Silaceum. *Dej.* *Gall. orient.**
11 Numidicum. *Lucas.* *Algiria.*
12 Nanum. *Gyllenhal.* *Gallia.**
Quadristriatum. Stm. *Germania.*
Minimum. Duftsch. id.
Var. *Micros. Stéven.* *Russ. merid.*
13 Quadrisignatum. *Duft.* *Gall. merid.**
14 Lucidum. *Sturm. Cat.* *Germania.*
15 Gibberosum. *Lucas.* *Algiria.*
16 Sulcatum. *Sturm. Cat.* *Germania.*
17 Angustatum. *Dej.* *Gall. merid.*
18 Parvulum. *Dej.* id.*
Var. *Pusillum. Dej. Cat.* *Dalmatia.*
19 Hæmorhoidale. *Dej.* *Gall. merid.**
20 Guerinii. *Gaubil.* id.*
21 Globulum. *Dej.* *Hispania.*
22 Pulicarium. *Dej.* *Gall. merid.*

QUATRIÈME DIVISION

NOTAPHUS. *Megerle.*

23 Undulatum. *Sturm.* *Gallia.**
Majus. Gyllenhal. *Suecia.*
Varium. Gebler. *Sibiria.*
24 Ustulatum. *Lin. Fabr.* *Gallia.**
Majus. var. b. h. Gyll. *Suecia.*
Varium. Olivier. *P.*
25 Fossulatum. (*Gaubil.*) *Gall. bor.**
26 Obliquum. *Sturm. Dej.* *Gall. merid.**
Ustulatum. Gyllenhal. *Suecia.*
27 Fumigatum. *Creutzer. Duft.* *Gallia.**
Exarticulatum. (Megerle.) Dahl. *Austria.*
28 Bifasciatum. *Hope. St. Cat.* *Anglia.*
29 Dejeanii. *Putzeys.* *Germania.*
30 Ephippium. *Marsham.* *Gall. merid.*
Pallidipenne. Dej. *Hispania.**
31 Venustulum. (*Zieg.*) *Dej.* *Austria.*
Prasinum. Duftsch. id.
Metallicum. Sturm. id.
Splendidum. Sturm. id.
32 Laticolle. *Duftsch. Dej.* id.

CINQUIÈME DIVISION.

33 Paludosum. *Panz. Dej.* *P.**
Littoralis. Olivier. id.
Var. *Elegans.* (*Dahl.*) *Germania.*
Cœrulescens. Krynicki. *Russ. merid.*
34 Chalybeum. *Stm. Cat.* *Hollandia.*
35 Argenteolum. *Ahr. St.* *Germania.**
36 Impressum. *Fabr.* *Gall. orient.**
37 Foraminosum. *Sturm.* *Germania.**

SIXIÈME DIVISION.

38 Striatum. *Fabr.* *Gallia.**
Clorophanum. Sturm. *Germania.*
Orichalcicum. St. Dej. *Germania.*
39 Ærosum. *Erichson.* id.*
Striatum. Duft. Dej. id.
40 Ruficolle. *Illiger. Dej.* *Suecia.**
41 Dives. *Lucas.* *Algiria.*
42 Pallidipenne. *Illig. Dej.* *Gallia.**
Andreæ. Gyllenh. Dej. *Suecia.*
43 Mauritanicum. *Lucas.* *Algiria.*
44 Bipunctatum. *Linné. Fabr.* *Pyrenæis.**
Var. *Nivale. Godet.* *Helvetia.*
— *Sexpunctatum. Heer.* id.
45 Pulchellum. *Lucas.* *Algiria.*
46 Glaciale. *Heer.* *Helvetia.*
47 Rhæticum. *Heer* id.

SEPTIÈME DIVISION.

PERYPHUS. *Megerle.*

48 Eques. *Sturm.* *Gall. merid.**
49 Tricolor. *Fabr.* id.*
Varicolor. Schönherr. *Hispania.*
50 Scapulare. *Dej.* *Gall. merid.**
Var. *Conforme. Dej.* id.
51 Modestum. *Fabr.* *Gall. orient.**
52 Ustum. *Schönh. Dej.* id.
53 Humerale. *Nees.* *Tirolis.**
54 Lunatum. *And. Duft.* *Germania.**
55 Binotatum. *Stm. Cat.* *Sicilia.*
56 Bisignatum. *Ménét.* *Russ. merid.*
57 Terminale *Lasserre.* *Helvetia.**
58 Rupestre. *Illig. Dej. St.* *P.**
Humerale. (*Megerle.*) *Helvetia.*
59 Fluviatile. *Dej.* *P.**
60 Concinnum. *Stephens.* *Anglia.**
61 Andreæ. *Fabr.* *Gall. merid.**
Cruciatum. Dej. *Gallia.*
Signatum. Sturm. Cat. *Germania.*

62 Hispanicum. *Dej.* *Hispania.*
63 Lusitanicum. *Putzeys.* *Lusitania*
64 Femoratum. *Gyll. Dej.* *P.**
Ustulatum. Olivier. *Germania.*
65 Cursor. *Fabr.* id.*
Obsoletum. Dej. *Gall. or. bor.*
Testaceum? Duftsch. *Germania.*
66 Bruxelense. *Westmaël.* *Belgia.**
67 Saxatile. *Gyllenh. Dej.* *Suecia.**
68 Oblongum. *Dej.* *Gall. merid.**
69 Combustum. *Ménét.* *Russ. merid.*
70 Præustum. *Dej.* *Gall. merid.*
71 Deletum. *Dej.* *P.**
72 Dentellum. *Stév. Dej.* *Russ. merid.**
73 Hastii. *Sahlberg. Dej.* *Lapponia.*
Punctiger. Germar. id.
74 Pfeiffii. *Sahlberg. Dej.* *Suecia.**
75 Prasinum. *Sahl. Duft.* *Lapponia.**
Var. *Olivaceum. Gyll.* id.
Kolstromii. Sahlberg. id.
76 Felmanni. *Mannerh.* id.
77 Depressum. *Ménétriès.* *Russ. merid.*
78 Fasciolatum. *Duft. Dej.* *Germania.**
79 Nigricolle. *L. Redtenb.* *Austria.*
80 Obscurum *L. Redtenb.* id.
81 Cœruleum. *Dej.* *Gall. merid.**
82 Complanatum. *Heer.* *Helvetia.*
83 Tibiale. *Duftsch. Dej.* *Gall. orient.**
Var. *Geniculatum. Heer.* *Helvetia.*
84 Cumatile. *Schiodte.* *Dania.*
85 Affine. *L. Redtenbach.* *Austria.*
86 Simile. *Sturm. Cat.* *Silesia.*
87 Pareyssii. *Sturm. Cat.* *Galicia.*
88 Cyanescens. *Westmael.* *Belgia.**
89 Nigrum. (*Gaubil.*) *Alsatia.**
90 Decorum. *Zenker. Panzer. Dej.* *Gallia.**
91 Siculum. *Dej.* *Sicilia.*
92 Distinctum. *Dej.* *Gall. orient.**
Picipes. Sturm. *Germania.**
Æneum. Sturm. Cat. *Helvetia.*
93 Perplexum. *Dej.* *Styria.*
94 Fulvipes. *Sturm.* *Austria.*
95 Agile. *Steph. St. Cat.* *Anglia.*
96 Fuscicorne. *Dej.* *Styria.**
97 Rufipes. *Illiger. Dej.* *Gallia.**
Brunnipes. Sturm. id.
Dalmatinus. Sturm. *Dalmatia.*
Striatus. Sturm. (Elaph.) *Germania.*
Var. *Brunnicorne. Dej.* *Dalmatia.*
— *Alpinum. Dej.* *Styria.**
98 Sahlbergi. (*Meg.*) *Dej.* *Finlandia.*
Brunnipes. Sahlberg. id.
99 Brunnipes. (*Meg.*) *Dej.* *Gall. merid.**
Rufipes. Duftsch St. *Germania.*
Erythrocnemum. Parreys. id.
100 Stomoides. *Dej.* *Pyr. orient.*
101 Thalassinum. *Erichs.* *Hungaria.*
102 Crenatum. *Dej.* *Germania.*
Albipes. Sturm. id.
103 Dahlii. *Dej.* *Sicilia.**
104 Elongatum. *Dej.* *Gall. merid. bor.**

HUITIÈME DIVISION.

LEJA. *Megerle.*

105 Pygmæum. *Fab. Érich.* *Gall. orient.**
Chalcopterum. (*Zieg.*) *Dej.* *Germania.*
Orichalceum. Panz. id.
106 Ambiguum. *Dej.* *Hispania.**
107 Nigricorne. *Gyll. Dej.* *Germania.*
108 Velox. *Erichson.* id.*
109 Felixianum. *Heer.* *Helvetia.*
110 Celere. *Fabr.* *Gallia.**
Tristis. Fabr. id.
Lampros. Herbst. *Austria.*
Pygmæum. Dej. *Germania.*
Rufipes. Olivier. *P.*
111 Pyrenæum. *Dej.* *Pyr. orient.**
112 Sturmii. *Panzer. Dej.* *Germania.**
Pictus. (Elaphrus.) *Duftsch.* id.
112bis. Tenellum. *Erichson.* id.*
113 Maculatum. *Dej.* *Gall. merid*
114 Rivulare. *Dej.* id.*
Unicolor. Sturm. *Germania.*
115 Coracinum. *Stm. Cat.* *Anglia.*
116 Normannum. *Dej.* *Gall. merid.**
117 Minimum *Fabr.* *Dania.**
Pusillum. Gyllenh. *Gallia.*
Atratum. Sturm. *Germania.*
Var. *Kollari. Dej.* *Buchovina.*
118 Gilvipes. *Kollar. Stm.* *Germania.**
Var. *Mannerheimii. Sahlberg.* *Finlandia.*
119 Arundinis. *Stm Cat.* *Germania.*
120 Gracile. *Sturm. Cat.* id.
121 Tenellum. *Erichson.* *Germania.**
122 Pulchrum. *Gyll. Dej.* *Finlandia.*
Bellum. Sahlberg. id.
Humerale. Sturm. *German. bor.*

123 Aspericolle. *Germar.* *Gall. merid.**
Lepidum. Dej. *Germania.*
124 Doris. *Illiger. Dej.* id.*
Aquaticum. Panzer. var. id.
Aquatilis. Illig. var. id.
Minutum. Fabr. id.
125 Hypocrita. *Dej.* *Pyr. orient.**
126 Gratiosum. *Dej.* *Italia.**
127 Schuppelii. *Dej.* *Germania.*
128 Assimile. *Gyllenhal.* *P.**
Var. *Dubium. Chevr.* *Helvetia.*
129 Obtusum. *Sturm. Dej.* *P.**
130 Guttulum. *Fabr.* *Gallia.**
Immaculatum. Höpf. *Germania.*
Var. *Bisignatum. Dej Cat.* id.
131 Biguttatum. *Fabr.* *P.**
Var. *Fuscipes. Dej.* *Gall. merid.**
Nigroæneum. St. Cat. *Suecia.*
132 Vulneratum. *Dej.* *Gall. merid.**
133 Vicinum. *Lucas.* *Algiria.*
134 Æneum. *Germar.* *Germania.*
Marinum. Schiodte. *Dania.*
135 Bipustulatum. *L. Redtenbacher.* *Austria.*
136 Fenestratum. *St. Cat.* *Finlandia.*
137 Albofemoratum. *Stm. Cat.* *Corfou.*

NEUVIÈME DIVISION.

LOPHA. *Megerle.*

138 Quadriguttatum. *Pontopp. Fabr. Dej.* *P.**
139 Albosignatum. *Stm. Cat.* *Germania.*
140 Laterale. *Dej.* *Gall. merid.**
141 Quadripustulatum. *Fabr. Dej.* *Gallia.**
142 Quadrimaculatum. *Lin.* *P.**
Subglobosum. Payk. *Suecia.*
Pulchellus. (Carab.) *Panzer.* *Germania.*
143 Articulatum. *Panzer.* id.*
Subglobosum. Payk. var. β. *Suecia.*
Pæcila. (Lopha.) *Dej.* *P.*

DIXIÈME DIVISION.

TACHYPUS. *Megerle.*

144 Picipes. *Duftsch.* *Gallia.**
145 Pallipes. *Duftsch.* *Gallia.**
146 Flavipes. *Linné. Dej.* *P.**

1492

---

3. FAM. DYTISCI.

DYTISCUS. *Linné.*

Fabr. Oliv. DYTICUS. *Geoff.* LEACH. *Erich.*

1 Latissimus. *Lin. Fabr.* *Gall. bor.**
Amplissimus. Müller. *Germania.*
2 Dimidiatus. *Bergst. Illiger.* *Gallia.**
3 Punctulatus. *Fabr.* *P.**
Semi-sulcatus. Müller. *Germania.*
Punctatus. Oliv. Erich. *Gallia.*
Laterali-marginalis. de Geer. *Suecia.*
Porcatus. Thunberg. id.
4 Marginalis. *Linné.* *P.**
Semistriatus. Linné. *Suecia.*
Tota-marginalis. de Geer. id.
Var. *Circumductus. (Ziegl.) Dej. Cat.* *P.*
— *Conformis. Kunze. Aubé.* *Gall. bor.*
5 Pisanus. *Aubé.* *Gall. merid.**
Hispanicus. Dej. Cat. *Hispania.*
6 Circumcinctus. *Ahr. St.* *Gall. bor.**
♀ *Marginalis. Ahr. var.* *Germania.*
Var. *Dubius. Gyllenh.* *Suecia.*
— *Circumscriptus. Dej. Cat. Lacord.* *P.*
Angustatus. Stephens. *Anglia.*
Flavocinctus. Humm. *Germania.*
7 Perplexus. *Dej. Cat. Lacord.* *P.**
Dubius. Audin. Serv. *Gall. bor.*
8 Circumflexus. *Fabr.* *Gallia.**
Flavo-scutellatus. Latreille. id.
Flavo-maculatus. Curtis. *Anglia.*
9 Lapponicus. *Gyllenh.* *Lapponia.*
10 Septentrionalis. *Gyll.* id.

ACILIUS. *Leach. Erichson.*

Aubé. Dytiscus. *Linné. Fabr. Oliv.*

1 Sulcatus. *Linné. Fabr. P.**
Cinereus. Rossi. Müll. Italia.
Var. *Tomentosus. Motschulski. Russia.*
2 Brevis. *Aubé. Hispania.*
Canaliculatus. Illig. Dej. Cat. id.
3 Fasciatus. *de Geer. Erich. Suecia.**
Canaliculatus. Nicolaï. Aubé. Germania.
Sulcipennis. Sahl. Zet. Suecia.
Caliginosus. Curtis. Anglia.
Dispar. (Ziegl.) Lacord. Gall. bor.

EUNECTES. *Erichson.*

Dytiscus. *Linné. Fabr. Olivier.* Eretes. *Laporte.* Nogrus. *Eschsch. Dej. Cat.*

1 Griseus. *Fabr. Gall. merid.**
Sticticus. Lin. Erich. id.
Helvolus. Klug. id.

HYDATICUS. *Leach. Erich.*

Dytiscus. *Linné. Fabr. Olivier.*

1 Stagnalis. *Fabr. Germania.**
2 Grammicus. *Germar. Lombardia.**
Lineolatus. Falderm. Russ. merid.
Strigatus. Dej. Cat. Lombardia.
3 Leander. *Rossi. Gall. merid.**
Distinctus. Dej. Cat. Italia.
4 Hybneri. *Fabr. P.**
5 Transversalis. *Fabr. Pontopp.* id.*
6 Cinereus. *Lin. Dej. Cat.* id.*
Tæniatus. Rossi. Italia.
7 Austriacus. *Dej. Cat. Sturm. Austria.**
8 Bilineatus. *de Geer. Gall. bor.**
9 Zonatus. *Hoppe. Panz.* id.*
10 Verrucifer. *Sahlberg. Finlandia.*

CYBISTER. *Curtis.*

Dytiscus. *Oliv. Fabr. Latr.* Trogus. *Leach.* Trochalus. *Eschsch. Dej. Cat.*

1 Rœselii. *Fabr. P.**
Virens? Müller. Germania.
Dispar. Rossi. Italia.
Dissimilis. Rossi. id.
2 Africanus. *Lap. Aubé. Algiria.*
Meridionalis. Géné. Italia.
3 Senegalensis. *Aubé. Algiria.*
4 Immarginatus. *Fabr. Aubé.* id.
5 Bivulnerus. *Aubé.* id.

COLYMBETES. *Clairville. Aubé.*

Meladema. *Laporte.* Dytiscus. *Linné. Fab. Oliv.* Scutopterus. *Dej. Cat.*

1 Coriaçeus. *Hoffmsg. Laporte. Dej. Cat. Gall. merid.**
2 Pustulatus. *Rossi. Italia.*
3 Paykullii. *Erichson. Germania.**
Striatus. Payk. Clairville. St. Suecia.
4 Striatus. *Linné. Erich. Germania.**
Bogemanni. Gyl. Eric. St. Aubé. id.
5 Fuscus. *Linné. Gallia.**
Striatus. Dej. Cat. Mül. P.
6 Dolabratus. *Paykull. Suecia.*
7 Conspersus. *Gyll. Aub. Gallia.**
Notatus. Lacordaire. P.
Pulverosus. Knoch. Sturm. Aubé. Germania.
8 Notatus. *Fabr. Gyll. Gallia.**
Punctatus. Hoppe. Germania.
Suturalis. Lacordaire. Dej. Cat. P.
Roridus. Müller. Germania.
9 Notaticollis. *Aubé.* id.*
10 Bistriatus. *Bergstr. Erich.* id.*
Agilis. Payk. Gyl. Aub. id.
11 Collaris. *Paykull. Germania.**
Exoletus. Forster. id.
Adspersus. Panz. Lac. Ramb. P.
Var. *Consputus. Lintz. St. Heer. Helvetia.*

12 { Adspersus. *Fabr.* P.*
{ *Agilis. Lacord. Ramb.* id
13 Grapii. *Gyllenh. Aubé. Germania.**

ILYBIUS. *Erichson. Aubé.*

DYTISCUS. *Linné. Fabr. Olivier.* COLYMBETES. *Clairville. Dej. Cat.*

1 { Ater. *de Geer. Erich. Aubé. Gallia.**
{ *Fenestratus. Paykull. Suecia.*
{ *Obscurus. Marsham. Anglia.*
2 { Quadriguttatus. *Dej. Cat. Lacord.* P.*
{ *Fenestratus. var. c. Gyll. Suecia.*
{ Var. *Sexdentatus? Schiodte. Dania.*
3 { Fenestratus. *Fab. Oliv. Gyll. Erich. Gallia.**
{ *Lacustris. Fabr. Dania.*
{ *Æneus. Panzer. Germania.*
4 Subæneus. *Erichson.* id.
5 { Nitidus. *Fabr.* id.
{ *Picipes. Ziegler. Austria.*
6 Prescotti. *Mannerh. Russia.*
7 Guttiger. *Gyll. Sahlb. Erich. Suecia.**
8 { Angustior. *Gyllenhal. Germ. bor.**
{ *Guttiger. var. Erich.* id.
9 { Fuliginosus. *Fab. Eric. Aubé. Gallia.**
{ *Lacustris. Panzer. Germania.*
{ *Fœtidus. Müller.* id.
10 Meridionalis. *Dej. Cat. Aubé. Gall. merid.**

AGABUS. *Leach. Aubé.*

DYTISCUS. *Linné. Fabr. Olivier.* COLYMBETES. *Clairville. Dej. Cat.*

1 { Serricornis. *Paykull. Suecia.**
{ *Paykullii. Leach.* id.
2 { Agilis. *Fabr. Germania.**
{ *Hæmorrhoidalis. Fab. Dania.*
{ *Oblongus. Fabr. Illig.*
{ (Ranthus. *Dej. Cat.*) P.
3 Arcticus. *Payk. Erich. Aubé. Suecia.**
4 { Fuscipennis. *Paykull. Erich. Aubé. Germania.**
{ *Fossarum. Germar.* id.

5 Uliginosus. *Lin. Erich. Aubé. Gallia.**
6 Reichei. *Aubé. Gall. bor.*
7 Assimilis. *Stm. Aubé. Germania.*
8 Pygmæus. *Frywaldsky. St. Cat. Hungaria.*
9 Femoralis. *Payk. Er. Aubé. Gallia.**
10 Congener. *Payk. Gyll. Er. Aubé. Germania.**
11 Sturmii. *Schönherr. Gyll. Aubé. Gall. bor.**
12 { Chalconotus. *Kugel. Panzer.* P.*
{ *Concinnus. Marsham. Anglia.*
13 Maculatus. *Lin. Oliv. Fabr. Gallia.**
14 Pulchellus. *Heer. Helvetia.*
15 { Albreviatus. *Fab. Oliv. Lacord.* P.*
{ *Quadripunctatus. Müll. Germania.*
16 { Dydimus. *Oliv. Lacord.* P.*
{ *Vitreus. Paykull. Suecia.*
{ *Abbreviatus. var. Illig. Germania.*
17 { Brunneus. *Fabr. Gall. merid.**
{ *Castaneus. Schönherr.* id.
18 { Paludosus. *Fabr. Lac. Gallia.**
{ *Congener. Illiger. Germania.*
19 { Bipunctatus. *Fab. Er. Gallia.**
{ *Nebulosus. Forster. Steph. Anglia.*
20 ? Frigidus. *Schiodte. Dania.*
21 Subnebulosus. *Steph. Aubé.* P.*
22 Confinis. *Gyll. Sahlb. Erich. Suecia.*
23 { Nigricollis. *Zoubkof. Sicilia.**
{ *Affinis. Dej. Cat.* id.
24 Binotatus. *Géné. Sardinia.*
25 Coryi. *Aubé. Græcia.*
26 { Guttatus. *Payk. Lac. Gall. bor.**
{ *Fenestratus. Panzer. Germania.*
27 { Dilatatus. *Brullé. Aubé. Græcia.**
{ *Aquilus. Dej. Cat. Gall. merid.*
{ *Guttatus. var. b. Gyll. Suecia.*
28 { Nitidus. *Fabr. Germania.*
{ *Biguttatus. Olivier. Gallia.*
29 Melas. *Aubé. Græcia.*
30 Adspersus. *Mannerh. Finlandia.*
31 Hœffneri. *Mannerh. Suecia.*
32 Wasatjernæ. *Sahlberg. Lapponia.*
33 Opacus. *Mannerheim. Aubé. Finlandia.*

34 Affinis. *Payk. St. Er.* *Suecia* *
Guttulus. Illiger. *Germania.*
35 Elongatus. *Gyll. Aubé.* *Lapponia.*
Angustus. Dej. Cat. id.
36 Vittiger. *Gyll. Erich.* *German. bor.*
37 Striolatus. *Gyll. Sahlb.* *Suecia.*
38 Melanarius. *Aubé.* *Russia.*
39 Bipustulatus. *Lin. Oliv. Fabr.* *P.**
Carbonarius. Fabr. Gyll Schh. *Suecia.*
40 Alpestris. *Heer.* *Helvetia.*
41 Solieri. *Aubé.* *Gall. orient.*
42 Subtilis. *Erichson.* *Germania.**
43 Splendens. *Cristofori.* *Italia.*
44 Neglectus. *Erichson.* *Germania.*

LACCOPHILUS. *Leach. Aubé.*

DYTISCUS. *Fabr. Dej. Cat.*

1 Hyalinus. *de Geer. Er.* *Germania.**
Minutus. Marsh. Gyll. Aubé. *Suecia.*
Obscurus. Panzer. *Gallia.*
2 Minutus. *Linné. Fabr. Erich.* *Gallia.**
Interruptus. Panzer. Aubé. id.
Hyalinus. Marsh. Stm. *Germania.*
3 Testaceus. *Aubé.* *Gall. merid.**
4 Variegatus. *Knoch. St. Aubé.* *Gallia.**

NOTERUS. *Clairville. Aubé.*

DYTISCUS. *Fabr. Oliv. Dej. Cat.*

1 Crassicornis. *Müller.* *Gallia.**
Capricornis. Herbst. *Germania.*
Geeri. Leach. *Anglia.*
Semipunctatus. Stm. Cat. *Germania.*
2 Sparsus. *Marsh. Aubé.* *Anglia.**
Crassicornis. Lacd. St. *P.*
Semipunctatus. Fabr. Erich. *Germania.*
3 Lævis. *Dej. Cat. St. Aubé.* *Gall. merid.**

PŒLOBIUS. *Schönherr. Aubé.*

DYTISCUS. *Linné. Fabr. Oliv.* HYDRÆNA. *Fabr.* HYGROBIA. *Latr. Dej. Cat.*

1 Hermanni. *Fabr.* *P.**
Tardus. Schönherr. *Suecia.*

HYDROPORUS. *Clairville. Aubé.*

DYTISCUS. *Linné. Fabr.* HYPHIDRUS. *Illig Schh. Gyll.* HYGROTUS. *Stephens.*

1 Duodecimpustulatus. *Fabr. Oliv.* *Gall. merid.**
2 Elegans. *Illiger.* *Germania.**
Depressus. Fabr. Aubé. *Gall. bor.*
Var. *Depressus. Gyll.* *Suecia.*
Brevis. Sturm. *Germania.*
12-pustulatus, var. minor. Oliv. *Gallia.*
3 Marginicollis. *Dej. Cat. Aubé.* *Helvetia.*
4 Sansii. *Solier. Aubé.* *Hispania.*
5 Affinis. *Géné. Aubé.* *Sardinia.**
6 Fenestratus. *Escher. Aubé.* *Sicilia.*
7 Luctuosus. *Aubé.* *Gall. merid.**
8 Schaumei. *Aubé.* *Sicilia.*
9 Figuratus. *Gyllenh. St. Cat.* *Lapponia.*
10 Carinatus. *Dej. Cat. Aubé.* *Hispania.*
11 Polonicus. *Aubé.* *Polonia.*
12 ♀ Alpinus. *Paykull.* *Suecia.**
♂ *Bidentatus. Gyll. Aubé.* id.
Borealis. Gyllenhal. id.
13 Davisii. *Curtis. Aubé.* *Anglia.**
Borealis. Aubé. *Styria.*
Minimus. Duftschmid. id.
Septentrionalis. Heer. *Helvetia.*
14 Frater. *Kunze. Zetterst.* *German. bor.*
Assimilis. Sturm. id.
15 Hyperboreus. *Gyllenh.* *Lapponia.*
Affinis. Sturm. id.
16 Septentrionalis. *Gyll.* id.*
Fluviatilis. Sturm. *Germania.*
Rotundatus. Knoch. id.
Striolatus. Dej. Cat. *Anglia.*
17 Rotundatus. *Müller.* *Illyria.*

18 Assimilis. *Payk. Aubé. Helvetia.*
Var. *Sanmarkii. Sahlb. Suecia.*
19 Rivalis. *Gyllenh. Aubé. Germania.**
Var. *Fluviatilis. Steph. Anglia.*
20 Halensis. *Fabr. Aubé. Gall. merid.**
Areolatus. Duftsch. Austria.
21 Fuscitarsis. *Géné. Aub. Sard. Gal. m*[d].*
22 Canaliculatus. *Dej. Cat. Lacord. Gall. merid.*
23 Griseostriatus. *de Geer. Gallia.**
Halensis. Paykull. Suecia.
Quadristriatus. Esch. Russia.
24 Margineguttatus. *(Dhl.) St. Cat. Sardinia.*
25 Frontalis. *(Dahl.) St. Cat.* id.
26 Ceresyi. *Aubé. Gall. merid.*
27 Picipes. *Fabr P.**
Ovalis. Thunberg. Suecia.
Punctatus. Marsham. Anglia.
28 Alternans. *Kunze. Gallia.**
Lineellus. Gyll. Aubé. id.
Picipes ♀. Erichson. Germania.
29 ♂ Parallelogrammus. *Ahrens. Gall. merid.**
Distinctus. Dej. Cat. id.
♂ *Consobrinus. Kunze. Aubé. Germania.*
♀ *Nigrolineatus. Kze.* id.
Lineatus. Marsham. Anglia.
♂ *Parallelogrammus. Erichson. Germania.*
30 Semirufus. *Germar. Berolinensis.*
31 Lautus. *Schaum.* id.
32 Schönherri. *Aubé. Lapponia.*
Nigrolineatus? Gyll. id.
Consobrinus? Zetterst. id.
33 Parallelus. *Aubé. Russ. merid.*
34 Lapponum. *Gyllenh. Lapponia.**
Marginatus? Steph. id.
35 Dorsalis. *Fabr. Gyll. Gallia bor.**
Var. *Figuratus. Gyll. Suecia.*
36 Elevatus. *Sturm. Cat. Germania.*
37 Opatrinus. *Germar. Gall. merid.**
38 Platynotus. *Germar. Saxonia.**
Murinus. Sturm. id.
38 bis Aubei. *Mulsant. Gall. merid.**
39 Ovatus. *Sturm.* id.*
40 Sexpustulatus. *Fabr. Gallia.**
Litturatus. Panzer. Germania.
41 Palustris. *Linné. Gallia.**
Litturatus. Fabr. Germania.
Proximus. Stephen *Anglia.*
42 Erythrocephalus. *Fabr. Gyll. Gallia.**
43 Rufifrons. *Duft. Gyll. Aubé. Gallia.**
44 Deplanatus. *Gyl. Steph. Germania.**
Erytrocephalus ♀. Erich. Gallia.
45 Planus. *Fabr. Gyllenh.* id.*
Rufipes. Olivier. P.
Holosericeus. Steph. Anglia.
Var. *Flavipes. Fabr. Germania.*
46 Pubescens. *Gyllenhal. Gallia.*
Piceus. Sturm. Erich. Germania.
47 Vittula. *Erichson.* id *
Ambiguus. Aubé. Gallia.
48 Marginatus. *Duft. St. Austria.*
Neglectus. Dej. Cat. Gall. merid
49 Litturatus. *Dej. Cat. Brullé.* id.
Humilis. Klug. Græcia.
Neglectus. Dej. Cat. Gall. merid.
50 Confusus. *Lucas. Algiria.*
51 Limbatus. *(Dahl.) Aubé. Sardinia.*
52 Analis. *(Dahl.) Aubé.* id.
53 Marklini. *Gyll. Aubé. Suecia.*
54 Obsoletus. *Dej. Cat. Aubé. Hispania.*
55 Victor. *Aubé. Helvetia.**
56 Castaneus. *Aubé. P.*
57 Memnonius. *Nicolai. Erich. Berolini.*
Niger. Sturm. Germania.
58 Piceus. *St. Step. Aubé. Gallia.**
59 Scopularis. *Gyllenhall. Schiodte. Dania.*
Pubescens? var. b. Gyllenh. Suecia.
60 Incertus. *Dej. Cat. Aub. Gallia.*
61 Melanarius. *Stm. Erich. Germania.*
62 Nigrita. *Fabr. Gyll. Gallia.**
63 Gyllenhalii. *Schiodte. Dania.*
Melanocephalus. var. a. b. Gyll. Suecia.
64 Nivalis. *Heer. Helvetia.*
65 Foveolatus. *Heer.* id.
66 Brevis. *Sahlb. (Ferd.) Aubé. Finlandia.*
67 Glabriusculus. *Sahlb. Aubé. Lapponia.*
68 Tristis. *Paykull. Gyll. Gallia.**
69 Elongatus. *Hopf. Stm. Germania.**
Melanocephalus. Gyll Aubé. id.

70 Angustatus. *Stm. Erich.* *Germania.**
Tristis. Lacord. Aubé. *P.*
71 Melanocephalus. *Marsh.*
St. Schiodte. *Dania.*
Melanocephalus. var.
c. Gyllenh. *Suecia.*
72 Neglectus. *Schaum.* *Germania.**
73 Terminatus. (*Parreys.*)
St. Cat. *Corfou.*
74 Quadrilineatus (*Parr.*)
St. Cat. id.
75 Obscurus. *Stm. Erich.* *Gallia.**
Var. *Tristis. Gyllenh.* *Suecia.*
76 Umbrosus. *Gyllenhal.* *Gallia.**
77 Striola. *Gyllenh. Aubé.* *Suecia.*
78 Notatus. *Sturm. Erich.* *Berolini.**
79 Pygmæus. *Stm. Erich.* id.*
80 Lineatus. *Fabr.* *Gallia.**
Ovatus. Fabr. *Dania.*
Ovalis. Stephens. *Anglia.*
Var. *Pygmæus. Fabr.* *Germania.*
81 Flavipes. *Olivier.* *Gall. merid.**
82 Meridionalis. *Aubé.* *Sardinia.*
83 Genei. *Aubé.* id.
84 Sexguttatus. (*Dahl.*)
Aubé. id.
85 Granularis. *Lin. Gyll.* *Gallia.**
Unistriatus. Schh. *Suecia.*
Minimus. Scopol. *Carniolia.*
86 Bilineatus. *Stm. Erich.* *Gallia.**
Minimus. Stephens. *Anglia.*
87 Varius. *Dej. Cat. Aubé.* *Gall. merid.**
88 Geminus. *Fabr.* id.*
Pusillus. Fabr. *Dania.*
Trifidus. Panzer. *Germania.*
Pygmæus. Olivier. *P.*
Monolocus. Drapiez. id.
89 Hamulatus. *Gyllenhal.* *Suecia.*
90 Minutissimus. *Dej. Cat.*
Germar. *Gall. merid.**
91 Delicatulus. *Schaum.* *Austria.**
92 Unistriatus. *Illig. Oliv.* *Gallia.**
Parvulus. var. a. Payk. *Germania.*
93 Goudotii. *Lap. Aubé.* *Sicilia.*
94 Pumilus. *Dej. Cat.*
Aubé. *Gall. merid.*
95 Bicarinatus. *Clairville* id.*
Costatus. Gyllenhal. *Suecia.*
Crispatus. Germar. *Germania.*
Cristatus. Dej. Cat. *Gall. merid.*
96 Pictus. *Fabr.* *Gallia.**
Arcuatus. Fabr. *Germania.*
Flexuosus. Marsham. *Anglia.*
97 Fasciatus. (*Dhl.*) *Aub.* *Italia.*
Var. *Crux. Fabr.* id.
98 Rufulus. (*Dahl.*) *Aub.* *Sardinia.*
99 Lepidus. *Oliv. Gyll.* *Gall. merid.**
Scytulus. Stephens. id.
100 Ferrugatus. (*Dahl.*)
St. Cat. *Sardinia.*
101 Formosus. *Chevrol.*
Aubé. *Barbaria.**
102 Escheri. *Aubé.* *Sicilia.*
103 Nigrolineatus. *Stéven.*
Aubé. *Russ. merid.*
Enneagrammus. Ahr. *Austria.*
Blandus. Germar. *Germania.*
104 Confluens. *Fab. Oliv.* *Gallia.**
105 Pallens. *Mann. Aubé.* *Lapponia.*
106 Decoratus. *Gyll. Curt.* *Gallia.**
107 Cuspidatus. *Kunze.*
Germar. Aubé. id.*
Var. *Bicolor.* (*Dahl.*)
Dej. Cat. *Germania.*
108 Inæqualis. *Fabr.* *Gallia.**
Parvulus. Fabr. *Dania.*
Affinis? Stephens. *Anglia.*
109 Reticulatus. *Fab. Gyl.* *Gallia.**
Obliquus. Fabr. *Dania.*
Var. *Collaris. Panz* *Germania.*
110 Quinquelineatus. *Zet.* *Lapponia.**
111 Semirufus. *Germar.* *Germania.*
112 Biscruciatus. *Germ.* id.
113 Ferrugineus. *Lucas.* *Algiria.*
114 Salinus. *Joly.* *Gall. merid.*

HYPHIDRUS. *Illiger.*

DYTISCUS. *Linné.* HYDRACHNA. *Fabr.* HYDROPORUS. *Clairville.*

1 Grandis. *Klug.* *Oriente.**
2 Ferrugineus. *Lin. Lat.* *P.**
Ovatus. Linné. *Dania.*
Gibbus. Fabr. id.
Sphærius. de Geer. *Germania.*
Ovalis. Gyllenhal. *Suecia.*
Grossus. Müller. *Germania.*
3 Variegatus. *Illig. Dej.*
Cat. Aubé. *Gall. merid.**

HALIPLUS. *Latreille.*

DYTISCUS. *Linné. Fab. Oliv.* CNEMIDOTUS. *Illig.* HOPLITUS. *Clairville.*

1 Elevatus. *Panzer.* *Gallia. German.**

2 Æquatus. *Dej. Cat. Aubé. Lombardia.**
Glabratus. Villa. id.
3 Obliquus. *Fabr. Panz. P.**
Confluens. Fabr. *Germania*
Marmoreus. Olivier. *Gallia.*
4 Pictus. *Mannerheim.* *Finlandia*
5 Lineatus. *Aubé.* *P.**
Confinis? Stephens. *Anglia.*
6 Impressus. *Fab. Erich. Schiodte.* *P.**
Ferrugineus. Schönh. Gyll. Aubé. *Suecia.*
Flavicollis. Sturm. *Germania.*
Subnubilus. Babingt. *Anglia.*
7 Fulvus. *Fabr. St. Er.* *Gallia.**
Interpunctatus. Mars. *Anglia.*
Ferrugineus. var. β. Schönh. *Suecia*
Idem. *var. b. Gyllenh.* id.
8 Badius. *Dej. Cat. Aubé.* *Gall. merid.**
Parallelus. Babingt. *Anglia.*
9 Guttatus. *Dej. Cat. Aub.* *Gall. merid.**
Rubicundus. Babingt. *Anglia.*
10 Variegatus. *Erich. St. Aubé.* *P.**
11 Cinereus. *Aubé.* id.*
12 Fulvicollis. *Erichson.* *Germania.**
13 Ruficollis. *de Geer. Er.* *Suecia.**
Impressus. Schh. Gyll. St. Lacord Er. *P.*
Marginepunctatus. Panzer. Schönh. *Germania.*
14 Fluviatilis. *Aub. Erich.* *P.**
15 Lineolatus. *Mannerh.* *Finlandia.*
16 Lineatocollis. *Marsh.* *Anglia.*
Bistriolatus. Duftsch. Lacord. *Gallia.*
Trimaculatus. Drap. id.

CNEMIDOTUS. *Illiger.*

Aubé. Erich. Schiodte. DYTISCUS. *Duftsch.* HALIPLUS. *Latr. Dej. Cat.* HOPLITUS. *Clairv.*

1 Cœsus. *Duft. Aub. Er.* *P.**
Impressus. Panzer. *Germania.*
Quadrimaculatus. Drapiez. *Gallia.*
2 Rotundatus. *Dej. Cat. Aubé.* *Gall. merid.**

239

4. FAM. GYRINI.

GYRINUS. *Geoffroy.*

DYTISCUS. *Linné.* GYRINUS. *Fabr. Oliv.*

1 Strigipennis. *Suffrian.* *Germania.**
Striatus. Aubé. *Gall. orient.*
2 Striatus. *Fabr.* *Gall. merid.**
Strigosus. Aubé. id.
Limbatus. Solier. id.
3 Minutus. *Fabr.* *Gall. bor.**
Bicolor. Olivier. id.
4 Urinator. *Illiger.* *Gall. merid.**
Lineatus. Lacordaire. *P.*
Græcus. Brullé. *Græcia.*
Var. *Variabilis. Solier.* *Gall. merid.*
5 Natator. *Linné.* *Suecia.**
Mergus. Ahrens. Suff. *Gallia.*
Natator. Gyll. Sahlb. Aubé. *Suecia.*
Var. *Marginatus. Germar.* *Germania.*
♀ *Dejeanii. Brullé.* *Græcia.*
Substriatus. Steph. *Anglia.*
6 Cercurus. *Schiodte.* *Dania.*
Natator? Ahrens. *Germania.*
7 Bicolor. *Paykull.* *Gallia.**
♂ *Dejeanii. Brullé.* *Græcia.*
8 Caspius. *Ménétriés.* *Russ. merid.*
9 Angustatus. (*Dahl.*) *Dej. Cat. Aubé.* *Gall. merid.**
10 Rivularis. *Steven.* *Russia.*
Distinctus. Suffrian. *Germania.*
11 Colymbus. *Erichson.* id.
Distinctus. Aubé. *Gallia.*
Var. *Elongatus. (Dahl.) Dej. Cat. Aubé.* *Gall. merid.*
12 Marinus. *Gyllenhal.* *Suecia.*
Var. *Dorsalis. Gyllenh. Aubé.* id.
13 Lembus. *Schiodte.* *Dania.**
Marinus. Sturm. Erich. *Germania.*
14 Opacus. *Sahlb. Suff.* id
15 Æneus. *Steph. Aubé.* *Gall. merid.**
16 Celox. *Schiodte.* *Dania.*

ORECTOCHILUS. *Eschscholtz.*

Lacordaire. Aubé. GYRINUS. *Fabr.*

1 Villosus. *Fabr.* *P.**
Modeeri. Marsham. *Anglia.*

17

3. FAM. HYDROPHILI.

SPERCHEUS. *Kugelann. Fabr.*

DYTISCUS. *Schaller.* HYDROPHILUS. *Fabr.*

1 Emarginatus. *Schaller. Fabr.* *Gall. bor.**
Sordidus. Marsham. (Hydrophilus.) *Anglia.*

HELOPHORUS. *Fabr. Latr.*

SILPHA. *Linné.* DERMESTES. *Geoffroy.* HYDROPHILUS. *de Geer.*

1 Rugosus. *Olivier.* *Gallia.**
2 Nubilus. *Fabr. Linné.* id.*
Cinereus. Marsh. *Anglia.*
3 Griseus. *Brullé.* *Græcia.*
Intermedius. Dej. Cat. Mulsant. *Gallia.**
4 Aquaticus. *Linné. Oliv.* id.*
Æneus. Illiger. *Germania.*
Flavipes. Herbst. id.
Stagnalis. Marsham. *Anglia.*
Grandis. Illiger. *Austria.*
5 Granularis. *Linné.* *Gallia.**
Var. A. *Arcuatus. Muls.* *Gall. bor.*
— B. *Obscurus. Muls.* *Gallia.*
Aquaticus. Fabr. id.
Bipunctatus. Ullrich. in litt. *Germania.*
Var. C. *Granularis. Linné.* *Suecia.*
Flavipes. Fab. St. Oliv. id.
Var. D. *Minutus. Oliv.* *Gallia.*
Elegans. Ullr. in litt. *Germania.*
Æmulus. Schüp. in litt. id.
Griseus. Herbst. *Austria.*
Affinis. Marsham. *Anglia.*
6 Borealis. *Sahlberg.* *Finlandia.*
7 Elegans. *Knoch.* *Germania.*
8 Dorsalis. *Marsham.* *Gall. merid.**
9 Pumilio. *Erichson* *Helvetia.*
10 Alpinus. *Heer* id
11 Glacialis. *Villa. Heer.* id.
12 Nanus *Schüppel. in litt. Mulsant.* *P.**
13 Fennicus. *Paykull.* *Finlandia.*
14 Sulcatus. *(Dahl.)* *Hungaria.*
15 Tuberculatus. *Gyllenh.* *Suecia.*
16 Costatus. *Schönherr.* *Russ. merid.*
17 Frigidus. *Grælls.* * *Hispania.*
18 Arvernicus. *(Rey.) Muls.* *Gall. orient*

HYDROCHUS. *Germar. in litt. Leach Latr.* ELOPHORUS. *Fabr.*

1 Brevis. *Herbst. Curtis.* *P.**
2 Carinatus. *Germar.* id.*
Costatus. Dej. Cat. id.
3 Elongatus. *Schaller.* id.*
4 Angustatus. *Müller. in litt. Germar.* id.*
Elongatus. Olivier. id.
Crenatus. Stephens. *Anglia.*
Bicolor. (Dahl.) *Austria.*
5 Nitidicollis. *Dej. Cat. Mulsant.* *Alp. Gall.**
6 Gemellatus. *Illiger. St.* *Germania.*
7 Crenatus. *Fabr. St* id.
8 Fuscipennis. *Sturm.* *Hungaria*

OCHTHEBIUS. *Leach. Latr.*

ELOPHORUS. *Fabr.* ENICOCERUS. *Curtis*

1 Granulatus. *Dej. Cat. Mulsant.* *Alp. Gall.**
2 Exculptus. *(Mül.) Germ.* *Gallia.**
♂ Var. A. *Viridi-æneus. Curtis.* *Anglia*
Var. B. *Sulcicollis. (Lintz.) Sturm.* *Germania.*
♀ *Gibsonii. Curtis.* *Anglia.*
♂ *Tristis. (Gibs.) Curt.* id.
3 Gibbosus. *(Mül.) Germ.* *Alp. Gall.*
Var. *Lacunosus. Stm.* *Germania.*
4 Margipallens. *Latr.* *Gallia.**
Obscurus. Dej. Cat. *Gall. merid.*
5 Marinus. *Paykull.* *Gallia.**
Meridionalis. Dej. Cat. *Gall. merid*
Pallidipennis. Friwaldsky. in litt. *Hungaria.*
Var. *Pallidus. Dej. Cat.* *P.*
6 Pygmæus. *Fabr.* *Gallia.**
Minimus. Fabr *Germania.*
Riparia. Illiger. (Hydræna.) *Austria.*
Impressus. Marsham. *Anglia.*
7 Bicolor. *(Kirby.) Germ.* *Gall. merid.**
Var. *Rufo-marginatus. Erich.* *Germania.**
Impressicollis. Dej. Cat. id.
8 Exaratus. *Mulsant.* *Gall. merid*

9 Pellucidus. *Mulsant.* *P.**
10 Fossulatus. *Mulsant.* *Sicilia.*
11 Foveolatus. (*Müller*) *Germar.* *Gallia.**
12 Metallescens. *Rosenh.* *Germania.*
13 Punctatus. *Stephens.* *Gall. merid.*
Nobilis. Villa. *Lombardia.*
Impressifrons. Dej. Cat. *Germania.*
14 Hybernicus. *Curtis.* id.
15 Sulcicollis. *Lintz.* id.

HYDRÆNA. *Kugelann.*

Elophorus. *Fabr. Gyllenh.*

1 Testacea. *Curtis.* *Gall. orient.**
Margipallens. Chevrier. in litt. Heer. *Helvetia.*
2 Rugosa. *Mulsant.* *Gallia.**
3 Nigrita. *Müller. in litt., Germar.* *Gall. bor.**
Pusilla. Stephens. *Anglia.*
4 Intermedia. *Rosenh.* *Germania.*
5 Riparia. *Kugelann.* *Gallia.**
Minimus. Payk. (Helophorus.) *Suecia.*
Longipalpis. Marsh. *Anglia.*
Kugelanni. Leach. id.
Var. B. *Spurcatipalpis. Heer.* *Helvetia.*
6 Angustata. *Dej. Cat. Mulsant.* *Gall. merid.*
7 Angulosa. *Mulsant.* *Germania.*
8 Gracilis. *Müller. Germ.* *Alp. Pedem.**
Elongata? Curtis. *Anglia.*
Var. *Crassipes. Motsch.* *Tirolis.*
9 Flavipes. (*Lintz.*) *Stm.* *Gall. bor.*
10 Pulchella. *Müller. Stm.* *Germania.**
Elegans. Dej. Cat. id.
11 Palustris. *Erichson.* id.*
12 Sieboldii. *Rosenhauer.* id.

LIMNEBIUS. *Leach. Solier.*

Hydrophilus. *Marsh. Herbst. Thumberg.*

1 Truncatellus. *Thunb.* *Gallia.**
Parvulus. Herbst. *Austria.*
Affinis? Stephens. *Anglia.*
2 Papposus. *Mulsant* *Gallia.**
Mollis? Marsham. *Anglia.*
Truncatellus. Gyllenh. *Suecia.*
3 Nitidus. *Marsham.* *Gall. orient.**
Truncatellus? Steph. *Anglia.*
4 Atomus. *Duftschmid.* *Gall. orient.**
Minutissimus. Germar. *Germania.*

BEROSUS. *Leach. Latr.*

Hydrophilus. *Fabr. Olivier.*

1 Spinosus. (*Serville.*) *Schonherr.* *Gall. merid.**
2 Æriceps. *Curtis.* *Gallia.**
Luridus. Olivier. *P.*
Signaticollis. Charp. *Russia.*
3 Luridus. *Linné. Fabr.* *Gallia.**
Fuscus. de Geer. *Suecia.*
Globosus? Curtis. *Anglia.*
4 Affinis. *Brullé. Muls.* *Gallia.**
Luridus. Olivier. *P.*
Murinus. Küster. *Germania.*
Punctatissimus. Dej. Cat. id.
5 Suturalis. *Küster.* *Germania?*

HYDROPHILUS. *Geoffroy.*

Fabr. Oliv. Dytiscus. *Linné.* Hydrous. *Leach.*

1 Piceus. *Linné.* *Gallia.**
♀ *Ruficornis. de Geer.* *Germania.*
2 Aterrimus. *Eschsch.* id.*
Morio. Dej. Cat. Stm. id.
3 Inermis. *Lucas.* *Algiria.**

HYDROUS. *Linné. in litt. Brullé.*

Hydrophilus. *Fabr.*

1 Caraboides. *Linné.* *Gallia.**
Scarabæoides. Schrk. *Austria*
Nigricornis. de Geer. *Suecia*
Var. *Intermedius. Muls.* *Gall. merid.*
2 Flavipes. (*Stév.*) *Schh.* id.*
Sorobiculatus. Dej. Cat. id.

HYDROBIUS. *Leach.*

Hydrophilus. *Fabricius.*

1 Convexus. *Illig. Brul.* *Gall. merid.**
2 Oblongus. *Herbst.* *Gallia.**
Picipes. Dumeril. *P.*

3 Fuscipes. *Linné.* *Gallia.**
Aquaticus. Linné. *Suecia.*
Scarabœoides. Fabr. *Germania.*
Var. *Chalconotus ? Curtis.* *Anglia.*
Æneus. Solier. *Gall. merid.*
Var. *Subrotundatus. Stephens.* *Anglia.*
4 Bicolor. *Paykull.* *Gallia.**
Atricapillus. (Marsh.) Steph. *Anglia.*
5 Æneus. (*Stév.*) *Germ.* *Gallia.**
6 Globulus. *Paykull.* id.*
Limbatus. Fabr. *Germania.*
Minutus. Olivier. *Gallia.*
Bipustulatus. Marsh. var. *Anglia.*
Similis. de Castelnau. *P.*

LACCOBIUS. *Erichson.*

CHRYSOMELA. *Linné.* HYDROPHILUS. *Fab.* LIMNEBIUS. *Solier.* BRACHYPALPUS. *de Castelnau.*

1 Minutus. *Linné. Brullé.* *Gallia.**
Chrysomelinus. Mül. *Germania.*
Coccinelloides. Schrk. *Austria.*
Marginellus. Herbst. id.
Bipunctatus. Fabr. Marsh. *Anglia.*
Striatulus. Fabr. var. *Germania.*
Colon. Stephens. *Anglia.*
Pallidus. de Casteln. *Gallia.*
2 Globosus. *Heer.* *Helvetia.*

HELOCHARES. *Mulsant.*

HYDROPHILUS. *Fabr. Oliv. Geoff. Latr.* PHYLIDRUS. *Solier. de Castelnau.*

1 Lividus. *Forster.* *Gallia.**
Obscurus. Müller. *Dania.*
Griseus. Fabr. id.
Var. *Erythrocephalus. Fabr.* *Germania.*
Variegatus. Herbst. *Austria.*
Var. *Fulvus. Marsh.* *Anglia.*
Griseus. Duftschmid. *Austria.*
Bicolor. Brullé. *P.*
Var. *Pallidus. Rossi.* *Italia.*
Chrysomelinus. Panz. *Germania.*
2 Melanophthalmus. *Dufour.* *Hispania.*

PHILHYDRUS. *Solier.*

LIMNEBIUS. *Leach. Latr.* HYDROPHILUS. *Fabr. Oliv. Geoff.*

1 Melanocephalus. *Oliv.* *Gallia.**
Var. A. *Testaceus. Fab.* *Germania.*
Torquatus. Marsham. *Anglia.*
Quadripunctatus. Herbst. *Austria.*
Grisescens. Sturm. Dej. Cat. *Germania.*
Bicolor. Fabr. id.
Fulvus. Stephens. *Anglia.*
Var. B. *Melanocephalus. Gyllenh.* *Suecia.*
Minutus. Paykull. id.
Ochropterus. Marsh. *Anglia.*
Marginatus. Duftsch. *Austria.*
Dermestoides. Marsh. *Anglia.*
Testaceus. Erichson. *Germania.*
2 Marginellus. *Fabr.* *Gall. orient.**
Affinis. Payk. Gyllenh. *Suecia.*
Var. *Minutus. Fabr.* id.
3 Frontalis. *Erichson.* *Germania.*
4 Marginatus. *Dej. Cat.* *Hispania.*
5 Salinus. *Märkel.* *Germania.**

CYLLIDIUM. *Erichson.*

HYDROPHILUS. *Fabr.* CHOETARTHRIA. *Waterhouse.* COELOSTOMA. *Brullé. de Castelnau.*

1 Seminulum. *Paykull.* *Gallia.**
Nigrinus. Marsham. (Dermestes.) *Anglia.*
Hemisphæricus. Dej. Cat. *Germania.*

CYCLONOTUM. *Dej. in litt. Erich.*

HYDROPHILUS. *Fab.* COELOSTOMA. *Brullé. de Castelnau.*

1 Orbiculare. *Fabr.* *Gallia.**
Var. *Allabroix. de Castelnau.* *P*

SPHÆRIDIUM. *Fabricius.*

1 Scarabæoides. *Linné.* *Gallia.**
Quadrimaculatum. Schrank. *Austria.*
Var. *Lunatum. Fabr.* *Germania.*
Bipustulatum. Herbst. *Austria.*
2 Striolatum. *Heer.* *Helvetia.*
3 Bipustulatum. *Fabr.* *Gallia.**
Hæmorrhous. Schrank. *Germania.*
Testudinarium. Fourc. *P.*
Marginatum. Scriba. id.
Scarabæoides. Laich. *Anglia.*
Semistriatum. de Cast. *P.*
Quadrimaculatus. (Dermestes.) *Marsham.*
Daltoni. Stephens. *Anglia.*
4 Testaceum. *Heer.* *Helvetia.*

CERCYON. *Leach.*

SPHÆRIDIUM. *Fabr.*

1 Obsoletum. *Gyllenhal.* *Gallia.**
Lugubre? Olivier. id.
Atomarium. Paykull. *Suecia.*
2 Hæmorrhoidale. *Fabr.* *Gallia.**
Melanocephalum. var. β. Illiger. *Austria.*
Impressum. Sturm. *Germania.*
Obsoletum. de Casteln. *P.*
Piceus. Marsham. (Dermestes.) *Anglia.*
3 Hæmorrhoum. *Gyll.* *Gallia.**
Hæmorrhoidale. Fab. *Germania.*
Melanocephalum. var. β. Illig. id.
4 Laterale. *Stephens.* *Gallia.*
5 Unipunctatum. *Linné.* *Gallia.**
Cordiger. Fuessly. *Germania.*
Dispar. Paykull. ♀. *Suecia.*
Quisquilium. Steph. ♀. *Anglia.*
6 Quisquilium. *Linné.* *Gallia.**
Minimus? Socopol. (Scarabæus.) *Carniolia.*
Xanthopterum. Laich. *Anglia.*
Unipunctatum. Fabr. *Germania.*
Melanocephalum. var. Herbst. id.
Dispar. Paykull. ♂. *Suecia.*
Var. *Flavum? Steph.* *Anglia.*
7 Centrimaculatum. *Stm.* *Gallia.**
Pygmæum. Gyllenhal. *Suecia.*
8 Pygmæum. *Illiger.* *Gallia.**
Conspurcatum. Stm. *Germania.*
Ferrugineum? Herbst. id.
Merdarium. Stm. var. id.
9 Littorale. *Gyllenhal.* *Gall. merid.**
10 Rufum *Sturm.* *Germania.*
11 Plagiatum. *Erichson.* id.
12 Aquaticum. *Stephens.* *Gallia.**
13 Flavipes. *Fabr.* *Gallia.**
Hæmorrhoidale. Stm. *Germania.*
Melanocephalum. Gyll. *Suecia.*
Var. *Picinum. Steph.* *Anglia.*
14 Erythropterum. *Megl. Mulsant.* *Sicilia.*
15 Melanocephalum. *Lin.* *Gallia.**
16 Minutum. *Fabr.* *Gall. bor.**
Triste. Illiger. *Austria.*
17 Suturale. *Stephens.* *Anglia.*
18 Granarium. *Erichson.* *Sicilia.**
19 Castaneum. *Heer.* *Helvetia.*
20 Lugubre. *Paykull.* *P.**
21 Pulchellum. *Heer.* *Helvetia*
22 Triste. *Gyllenhal.* *Suecia.*
23 Anale. *Paykull. Erich.* *Gallia.**
Flavipes. Thunberg. *Suecia.*
Terminatum. Marsh. *Anglia.*
Var. *Marginellum. Paykull.* *Suecia.*

PELOSOMA. *Mulsant.*

1 Lafertei. *Mulsant.* *Gallia.**
Bicolor. Dej. Cat. *Dalmatia.*

MEGASTERNUM. *Mulsant.*

DERMESTES. *Marsh.* CERCYON. *de Castl.*

1 Boletophagum. *Erich.* *Gallia.**

CRYPTOPLEURUM. *Mulsant.*

SPHÆRIDIUM. *Fabr.* CERCYON. *de Castln.*

1 Atomarium. *Fabr.* *Gallia.**
Crenatum. Panzer. *Germania.*
Minutum. Paykull. *Suecia.*
Var. *Sordidum. Marsh.* *Anglia.*

115

6. FAM. SPHERII.

SPHÆRIUS. *Waltl.*

1 Acaroides. *Waltl.* *Germania.**

1

7. FAM. PARNI.

PARNUS. *Fabricius. Leach.*

DRYOPS. *Oliv. Latr. Leach.*

1 Prolifericornis. *Fabr. Panzer.* *Germania.**
Auriculatus. Olivier. *P*
Sericeus. Leach. *Anglia.*
Var. *Impressus. Curtis.* id.
— *Bicolor. Curtis.* id.
Niveus. Heer. *Helvetia.*
2 Algiricus. *Lucas.* *Algiria.*
3 Striatopunctatus. *Dej. Cat. L. Redtenb.* *Gall. merid.*
4 Impressus. *Géné. Villa* *Lombardia.*
Striatus. Sturm. Cat. id.
5 Griseus. *Erichson.* *Berolini.*
6 Luridus. *Erichson.* *Silesia.*
7 Viennensis. (*Dhl. Cat.*) *Heer.* *Germania.**
Obscurus. Duftsch. *Austria.*
Punctulatus. Muller. St. Cat. *Germania.*
Murinus. Waltl. in litt. id.
Punctatus. (*Hoffmsg.*) id.
8 Pilosellus. *Erichson.* *Austria.*
9 Auriculatus. *Ilg. Panz. Lat.* *Germania.**
10 Nitidulus. *Heer. Erich.* id.*
Villosus. (*Bonelli.*) id.
Rufipes. (*Dahl.*) *Dej. Cat.* *Hungaria.*
Auricomus. (*Waltl.*) id.
11 Substriatus. *Mül. Illig.* *Austria.**
Dumerilii. Latreille. *Gall. merid.*
Longipes. L. Redtenb. *Austria.*

11

8. FAM. ELMIDES.

POTAMOPHILUS. *Germar. Erich.*

PARNUS. *Fabr.*

1 Acuminatus. *Fabr.* *P.**

LIMNIUS. *Müller. Erich.*

ELMIS. *Latr.*

1 Tuberculatus. *Müller. Steph.* *Germania.**

ELMIS. *Latreille.*

LIMNIUS. *Illig.* PYLIDRUS. *Duftschm.* DYTISCUS. *Hellwig. Panz.* CHRYSOMELA. *Marsh.*

1 Æneus. *Steph. Müller.* *P.**
Megerlei. Duftschmid. *Germania.*
2 Maugetii. *Latreille.* *Gallia.**
3 Obscurus. *Müller.* (Limnius.) *Germania.**
4 Volkmari. *Lat. Panz.* *P.**
5 Germari. (*Märk.*) *Erich.* *Germania.**
6 Opacus. *Müller.* (Limnius.) id.*
7 Mulleri. *Erichson.* *P.*
8 Parallelopipedus. *Stephens. Heer.* id.*
9 Angustatus. *Mül. Germ.* *Gallia.**
10 Pygmæus. *Müll.* (Limnius.) *Germania.**
11 Cupreus. *Steph. Müller.* (Limnius.) id.*
12 Subviolaceus. *Heer.* (*Nees.*) *Gallia.**
13 Sodalis. *Erichson.* *Germania.*
14 Nitens. *Muller.* (Limnius.) *Germar.* *Germania.**
Cupreus. Gyllenhal. *Suecia.*
Orichalceus. Gyl. Heer. id.
15 Dargelasii. *Latreille.* *P.**
Tuberculatus. Mül. St. *Germania.*
Variabilis. Leach. *Anglia.*
16 Troglodytes. *Schönh.* *Suecia.**
Tuberculatus. Gyll. id.
17 Confusus. *de Casteln.* *P.*
18 Rufipes. *Dej. Cat.* *Gallia*

STENELMIS. *Léon Dufour.*

LIMNIUS. *Gyllenhal.*

1 { Canaliculatus. *L. Duf. Gallia.**
{ *Bituberculatus. (Bon.)* id.
2 Sulcicollis. *Gyllenhal. P.*

MACRONYCHUS. *Müller. Latr.*

1 Quadrituberculatus. *Müller. Illig. Gallia.**

23

9. FAM. HETEROCERI.

HETEROCERUS. *Bosc. Fabr. Latr.*

1 Parallelus. *(Fisch.) Geb. Germania.**
2 Fossor. *Kiesenwetter.* id.*
3 Femoralis. *(Ullrich.) Kiesenwetter.* id.*
4 { Obsoletus. *Curtis. Austria.**
{ *Marginatus. Marsham. Anglia.*
5 Marginatus. *Fabr. P.**
6 Intermedius. *Kiesenw. Germar. Berolini.*
7 Hispidulus. *Kiesenw. Germar. Germania.**
8 { Lævigatus. *Fabr.* id.*
{ *Pusillus. Waltl.* id.
{ *Fenestratus. Thunb. Suecia.*
9 { Fusculus. *Kiesenwett. Germar. Germania.**
{ ♂ *Pusillus. Waltl.* id.
10 Pulchellus. *Kiesenwet. Germar.* id.
11 Sericans. *Kiesenwett. Germar.* id.*
12 Murinus. *(Rosenhauer.) Kiesenwetter.* id.
13 Flavidus. *Rossi. Italia.*
14 Obliteratus. *Kiesenw. Germania?*
15 Hamifer. *Géné. Sardinia.*
16 Nanus. *Géné.* id.

16

10. FAM. SILPHÆ.

NECROPHORUS. *Fabr.*

Latr. Oliv. SILPHA. *Linné. Sulzer.*

1 Germanicus. *Linné. Gall. bor.**
2 Speculifrons. *Fischer. Russ. merid.*
3 Humator. *Fabr. Gall. bor.**
4 Stygius. *(Dahl.) Dej. Cat. Styria.*
5 Vespillo. *Linné. Fabr. Gall. bor.**
6 Basalis. *Dej. Cat. Gallia.**
7 { Interruptus. *Dej. Cat. Steph. Gall. merid.**
{ Var. *Cadaverinus. Dej. Cat. de Castelnau. P.*
{ *Investigator. Mac-Leay. Anglia.*
8 { Vestigator. *Herschel. P.**
{ *Sepultor. Gyllenh. Suecia.*
{ *Vespillo. var. Herbst. Panzer. Germania.*
9 Fossor. *Erichson.* id.*
10 { Ruspator. *Erichson.* id.
{ *Investigator. Zetterst. Suecia.*
{ *Vestigator. Gyllenh.* id.
11 { Sepultor. *Charpentier. Gallia.*
{ *Abruptor. Erichson. Germania.*
12 Sepulchralis. *Heer. Helvetia.*
13 Corsicus. *Dej. Cat. de Castelnau. Corsica.*
14 Funereus. *Géné. Lombardia.**
15 Mortuorum. *Fabr. Gall. bor.**

NECRODES. *Wilkin.*

SILPHA. *Linné. Fabr. Olivier.*

1 { Littoralis. *Lin. Fabr. P.**
{ *Clavipes. Sulzer. Germania*
{ Var. *Lividus. Fabr.* id.
{ *Simplicipes. Dej. Cat. P.**

SILPHA. *Linné. Fabr.*

OICEOPTOMA. *Leach.* PHOSPHUGA. *Leach.*

1 Thoracica. *Lin. Fabr. P.**
2 Tuberculata. *Dej. Hispania.*
3 { Rugosa. *Linné. Fabr. P.**
{ *Paramariboa. Herbst. Germania.*
4 Tuberculata. *Lucas Algiria.*
5 Lapponica. *Herbst. Lapponia.**

6 Sibirica. *Eschscholtz.* *Sibiria.*
Hæmorrhoidalis. Par. *Russ. merid.*
7 Subsinuata. *Dej. Cat.* *Austria.*
8 Sinuata. *Fabr. Oliv.* *P.**
9 Dispar. *Herbst.* *Gall. bor.**
10 Opaca. *Linné. Fabr.* *Germania.**
11 Quadripunctata. *Linné. Fabr.* *P.**
12 Reticulata. *Fabr. Panz.* id.*
13 Granulata. *Olivier.* *Gall. merid.**
14 Puncticollis. *Lucas.* *Algiria.**
Hispanica. Dej. Cat. *Hispania.*
15 Tristis. *Illiger.* *Gallia.**
16 Carinata. *Illiger.* *P.**
Var. *Lunata. Fabr.* *Germania.*
Opaca. Herbst. *Austria.*
17 Italica. *Sturm. Cat.* *Italia.*
18 Atropurpurea. *St. Cat.* *Russia.*
19 Obscura. *Linné. Fabr.* *Gallia.**
Var. *Maura. (Ziegler.)* *Dalmatia.*
— *Carniolica. Hoppe. St. Cat.* id.
— *Sublinearis. (Dhl.)* *Hungaria.*
— *Granulosa. Besser.* *Podolia.*
— *Costata. Ménétriés.* *Russ. merid.*
20 Terminata. *Hummel.* id.
21 Græca. *Sturm. Cat.* *Græcia.*
22 Turcica. *Sturm. Cat.* *Constantinp.*
23 Nigrita. *Creutzer.* *Gall. merid.**
24 Alpina. *Bonelli.* *Alp. Gall.**
25 Montana. *Findel. St. Cat.* *Hungaria.*
26 Oblonga. *(Dhl.) St. Cat.* id.
Alpestris. Friwaldsky. id.
27 Cribrata. *Faldermann.* *Russ. merid.*

(Phosphuga. *Leach.*)

28 Polita. *Sulzer.* *Gallia.**
Lævigata. Fabr. id.
Var. *Gibba. Megerle.* *Gall. merid.*
29 Orientalis. *Dej. Cat. Küster.* *Græcia.*
30 Atrata. *Linné. Fabr.* *P.**
Var. *Cassidea. (Dahl.)* *Hungaria.*
— *Pedemontana. Fab. de Castel.* *Pedemont.*
— *Hyberna. (Luczot.)* *Gall. bor.*
31 Souverbii. *Fairmaire.* *Pyren. sup.*

NECROPHILUS. *Latreille.*

Silpha. *Illiger.*

1 Subterraneus. *Illig. St.* *Helvetia.**

PTEROLOMA. *Gyllenhal.*

Holognemis. *Schilling.* Adolus. *Esch*

1 Forströmii. *Gyllenhal.* *Silesia.*
Brunneus. Eschsch. id.
Gravenhorstii. Schill. id.

SPHÆRITES *Duftschmid.*

Hister. *Fabr.*

1 Glabratus. *Fabr. Duft. St.* *Germania.**

AGYRTES. *Frœlich.*

Mycetophagus. *Fabr. Panzer.*

1 Castaneus. *Frœlich.* *P.**
2 Spinipes. *Panzer.* *Germania.*
3 Subniger. *Dej. Cat.* *Belgia.*
4 Glaber. *Paykull.* (Tritoma.) *Lapponia.*

CATOPS. *Fabricius.*

Cistela. *Fabr.* Luperus. *Frœlich.* Choleva. *Latr.* Ptomophagus. *Knoch. Illig.* Helops. *Panzer.*

1 Angustatus. *Fabr.* *P.**
Agilis. Fabr. *Germania.*
Elongatus. Paykull. *Suecia.*
Rufescens. Illiger. *Austria.*
Oblongus. Latreille. *P.*
Cisteloides. Frœlich. *Germania.*
2 Agilis. *Illiger.* *Berolini**
Fuscus. Gyllenhal. *Suecia.*
Testaceus. Latreille. *P.*
3 Castaneus. *And. St.* *Germania.*
4 Spadiceus. *(Dahl.) St. Cat.* *Russia.*
5 Fuscus. *Panzer.* *P.**
Sericeus. Paykull. *Suecia.*
Rufescens. Fabr. *Germania.*
Festinans. Spence. Gyl. *Anglia.*
6 Umbrinus. *Erichson.* *Germania.*
7 Longipennis. *Chaud.* *Russia.*
8 Marginicollis. *Lucas.* *Algiria.*
9 Picipes. (Hydrophilus.) *Fabr.* *Gallia.**
Sericeus. Spence. *Anglia.*
Striatus. Duftschmid. *Austria.*
Blapoides. Germar. *Germania.*

10 Nigricans. *Spence.* *Berolini.**
11 Abdominalis. *Rosenh.* *Tirolis.*
12 Grandicollis. *Erich. St.* *Germania.**
13 Tristis. *Panzer.* id.*
14 Celer. *Lucas.* *Algiria.*
15 Chrysomeloides. *Panz. Latr.* *Gallia.**
16 Montivagus. *Heer.* *Helvetia.*
17 Alpinus. *Gyllenhal.* id.
18 { Nigrita. *Erichson.* *Germania.**
{ *Tristis. Gyllenhal.* *Suecia.*
{ *Morio. Paykull.* id.
19 Fuliginosus. *Erichson.* *Germania.**
20 Scitulus. *Erichson.* id.
21 { Morio. *Spence. Erich.* id.*
{ *Dissimulator. Spence.* *Anglia.*
{ Var. *Morio. Fabr.* *Germania.*
22 { Fumatus. *Spce. Erich.* id.*
{ *Agilis. Fabr.* *P.*
{ *Nigricollis. Sturm.* *Germania.*
23 Ambiguus. *Heer.* *Helvetia.*
24 Velox. *Spence. Erich.* *Germania.**
25 Præcox. *Erichson.* id.
26 Badius. *(Megerle. St.)* *Helvetia.*
27 { Sericeus. *Fabr. Panz.* *Germania.**
{ *Truncatus. Illiger.* *Austria.*
{ *Villosus. Latreille.* *P.*
{ *Picipes. Kugelann.* *Germania.*
28 Varicornis. *Rosenh.* *Germania.*
29 Sericatus. *Chaudoir.* *Russia.*
30 Brunneus. *(Knoch.) St.* *Austria.**
31 Rufipennis. *Lucas.* *Algiria.*
32 Anisotomoides. *Spce.* *Germania.**
33 Caliginosus. *Erichson.* id.*
34 Brevicornis. *Paykull.* *Suecia.*
35 Longulus. *Kellner.* *Germania.*
36 Rotundicollis. *Kellner.* id.
37 Coracinus. *Kellner.* id.
38 Subfuscus. *Kellner.* id.
39 Transversostriatus. *Dej. Cat.* *Lusitania.*
40 Luridus. *Dej. Cat.* *Hispania.*
41 Flavescens. *Dej. Cat.* id.
42 Minutus. *Dej. Cat.* *Dalmatia.**

COLON. *Herbst.*

MILOECHUS. *Latr.* CATOPS. *Sahlb. Gyll.*

1 Claviger. *Herbst. St.* *Germania.*
2 Viennensis. *Herbst.* *Austria.*
3 Appendiculatus. *Sahl.* *Finlandia.*
4 Calcaratus. *Erich. St.* *Germania.*
5 Dentipes. *Sahlb. St. Er.* *Germania.**
6 Bidentatus. *Sahlb. St.* id.*
7 { Serripes. *Sahlberg. St.* *Finlandia.*
{ *Brevicornis. Sturm.* *Germania.*
8 Affinis. *Sturm. Cat.* *Russia.*
9 Angularis. *Erichson.* *Germania.*
10 Rectangulus. *Chaud.* *Russia.*
11 Brunneus. *Spence. Lat.* *Gallia.**
12 Pubescens. *Lucas.* *Algiria.*
13 Fusculus. *Erichson. St.* *Germania.**
14 Languidus. *Erichson.* id.
15 Pygmæus. *Erichson.* id.*
16 Nanus. *Erichson.* id.*
17 Sinuatus. *Chaudoir.* *Russia.*
18 Subdepressus. *Chaud.* id.

LEPTINUS. *Müller.*

Germar. MAGAZ.

1 Testaceus. *Muller.* *Helvetia.*

115

11. FAM. SCAPHIDII.

SCAPHIDIUM. *Olivier.*

1 Quadrimaculatum. *Ol.* *P.**

SCAPHIUM. *Kirby.*

SCAPHIDIUM. *Oliv. Dej. Cat.*

1 Immaculatum. *Oliv.* *P.**

SCAPHISOMA. *Leach.*

SCAPHIDIUM. *Dej. Cat.* SILPHA. *Linné.* DERMESTES. *Scopol.*

1 { Agaricinum. *Linné.* *P.**
{ *Pulicarium. Rossi.* *Italia.*
2 Boleti. *Panzer.* *Germania.*
3 Assimile. *Schüp. Erich.* id.
4 Limbatum. *(Dhl.) Erich.* *Hungaria.**

6

12. FAM. TRICHOPTERYX.

TRICHOPTERYX. *Kirby.*

Heer. Allibert. PTILIUM. *Schüpp.* LATRIDIUS. *Herbst.*

1 Atomaria. *de Geer.* *Gallia.**
Flavicornis. Waltl. *Germania.*
2 Fascicularis. *Herbst.* *P.*
Minutissima. Marsh. *Anglia.*
Lata. Motschulsky. *Russia.*
Grandicollis. Erich. *Germania.*
3 Picicornis. *Mannerh.* *Finlandia.**
Brevipennis. Erich. *Germania.*
Clavipes. Gillmeister. id.
4 Intermedia. *Gillmeist.* id.*
Grandicollis. Märkel. *Saxonia.*
Fascicularis. Erich. *Germania.*
5 Thoracica. *Gillmeister.* id.
6 Chevrolatii. *Allibert.* *P.**
Pygmæa. Erichson. *Germania.*
Parallelogramma. Gillmeister. id.
7 Depressa. *Sturm.* id.*
Sericans. Heer. *Helvetia.*
Volans. Motschulsky. *Russia.*
Acuminata. Motsch. id.
Bovina. Motschulsky. id.
8 Montandonii. *Allibert.* *P.**
Sericans. (Schüppel.) *Germania.*
Rivularis. Allibert. *P.**
Pumila. Erichson. *Germania.*
Longicornis. Motsch. *Russia.*
9 Abbreviatella. *Heer.* *Helvetia.*
10 Foveola. *Mannerh.* *Finlandia.*
11 Pulchella. *Allibert.* *P.*
12 Chevrieri. *Allibert.* id.*
13 Guerinii. *Allibert.* id.*
14 Alpina. *Allibert.* *Gall. merid.*
15 Myrmecophyla. *Allib.* *P.**
16 Brachyptera. *Allibert.* *Gall. merid.*
17 Fuscicola. *Allibert.* id.
18 Melanaria. *Allibert.* id.

PTILIUM. *Schüppel. Erich.*

TRICHOPTERYX. *Heer. Allibert. Gillmeist.*

1 Suturale. *Heer.* *Helvetia.**
Corticale. Schüppel. *Germania.*
Flavescens. Motsch. *Russia.*
Bicolor. Motschulsky. id.
Fuscum. Motschulsky. id.
2 Limbatum. *Heer.* *Helvetia.*
Var. *Testaceum. Heer.* id.
3 Ratisbonense. *Gillm.* *Germania.*
4 Gracile. *Gillmeister.* id.
5 Apterum. *Guérin.* *Gallia.*
Pallidum. Dej. Cat. *P.*
6 Microscopicum. *Gillm.* *Germania.*
Tenellum. Erichson. id.
7 Foveolatum. *Allibert.* *P.**
Excavatum. Märk. Gil. *Germania.*
Limbatum. Motsch. *Russia.*
Gallicum. Motsch. *Gallia.*
Minimum. Herbst. *Germania.*
8 Angustulum. *Spence. Gillmeister.* id.*
9 Minutissimum. *Weber.* (Elophorus.) *P.**
Trisulcatum. Aubé. id.
Lævicolle. Waltl. *Germania.*
10 Exaratum. *Allibert.* *P.**
Minutissimum. Heer. *Helvetia.*
Canaliculatum. Märk. Gillm. *Germania.*
11 Latum. *Gillmeister.* id.
Cæsum. Erichson. id.
12 Discoideum. *Gillm.* id.
13 Affine. *Sturm.* id.
14 Boudieri. *Allibert.* *P.*
Transversale. Erich. *Germania.*
Aterrimum. Motsch. *Russia.*
Picipes. Motschulsky. id.
15 Fuscum. *Gillmeister.* *Germania.*
16 Spencei. *Allibert.* *P.*
Angustatum. Spence. *Anglia.*
Rugulosum. Allibert. *P.*
Oblongum. Gillm. Er. *Germania.*
17 Kunzei. *Heer.* *Helvetia.*
Longicorne. Märkel. *Germania.*
Nanum. Stephens. *Anglia.*
18 Ferrari. *L. Redtenb.* *Austria.*
19 Saxonicum. *Gillmeist.* *Saxonia.*
20 Punctatum. *Gyllenhal.* (Scaphid.) *Suecia.*
Alutaceum. Gillmeist. *Germania.*

PTENIDIUM. *Erichson.*

ANISARTHRIA. *Steph.* TRICHOPTERYX. *Heer. Allibert. Gillmeister.*

1 Pusillum. *Gyllenhal.* (Scaphid.) *Suecia.**
Nitidum. Heer. *Helvetia.*
Quadrifoveolatum. Alib. *P.*

2 Corpulentum. *Allibert.* *Algiria.*
3 Lævigatum. *Gllm. Er.* *Germania.*
4 { Apicale. *Sturm.* id.*
{ *Elongatulum. Motsch.* *Russia.*
{ *Myrmecophyla. Mot.* id.
5 Fuscicorne. *Erichson.* *Germania.*
6 Gressneri. *Erichson.* id.

14

---

13. FAM. ANISOTOMÆ.

TRIARTHRON. *Mærkel. Er.*

1 Mærkelii. *Schmidt.* *Germania.*

HYDNOBIUS. *Schmidt.*

Anisotoma. *Sturm.*

1 { Punctatissimus. *Steph.* *Germania.*
{ *Tarsale. Riehl. Schm.* id.
2 Punctatus. *Erichson.* id.
3 { ♂ Spinipes. *Gyllenh.* *Finlandia.*
{ ♀ *Punctatum. Sturm.* *Germania.*
{ *Edentatum. Sahlberg.* *Finlandia.*
4 Strigosus. *Schmidt.* *Germania.*

ANISOTOMA. *Knoch. Schmidt.*

Dej. Cat. Tetratoma. *Panzer.*

1 Cinnamomea. *Panzer.* *Gallia bor.**
2 { Oblonga. *Erichson.* *Germania.*
{ *Ferruginea. Illiger.* id.
3 { Rugosa. *Stephens.* id.
{ *Armata. Stm. Schm.* id.
4 Triepkii. *Schmidt.* id.
5 Rotundata. *Erichson.* id.
6 Rhætica. (*Heer.*) *Erich.* *Helvetia.*
7 { Picea. *Illiger.* *Germania.**
{ *Consobrina. Sahlberg.* *Finlandia.*
8 { Obesa *Schmidt.* *Saxonia.**
{ *Picea. var. b. Gyllenh.* *Suecia.*
{ *Armata. Paykull.* id.
{ *Ferruginea. Gyllenh.* id.
9 { Dubia. *Illiger.* *Berolini.**
{ Var. 1. *Rufipenne.* *Paykull.* *Suecia.*
{ — 2. *Bicolor. Schm.* *Germania.*
{ — 3. *Ferruginea. St.* id.
{ *Longipes. Schmidt.* id.
{ Var. 4. *Pallescens. Sch.* id.
10 Flavescens. *Schmidt.* *Pomerania.**
11 Furva. *Erichson.* *Germania.*
12 Ciliaris. *Schmidt.* id.
13 Pallens. *Sturm.* id.
14 { Ovalis. *Schmidt.* *Pomerania.**
{ Var. *Brevipes. Schm.* id.
15 Nigrita. *Schmidt.* *Saxonia.**
16 Rubiginosa. *Schmidt.* *Germania.*
17 Scita. *Erichson.* id.
18 { Calcarata. *Erichson.* *Gallia.**
{ *Ferruginea. Schmidt.* *Germania.*
19 { Brunnea. *Sturm.* id.*
{ *Sylvicola. Schmidt.* id.
{ Var. *Nemoralis. Schm.* id.
20 Nitidula. *Erichson.* id.
21 { Badia. *Sturm.* id.*
{ *Lævicollis. Sahlberg.* *Finlandia.*
22 Hybrida. *Erichson.* *Germania.*
23 { Parvula. *Sahlberg.* id.*
{ *Brunnea. Gyllenhal.* *Suecia.*
{ *Gyllenhalii. Stephens.* *Anglia.*
{ *Badia. Schmidt.* *Germania.*
24 ? Livida. *Dej. Cat.* *Lusitania.*

CYRTUSA. *Erichson.*

Anisotoma. *Schmidt.*

1 Subtestacea. *Gyllenh.* *Germania.*
2 { Minuta. *Ahrens. Schm.* id.*
{ *Femorata. Schmidt.* id.
3 Latipes. *Erichson.* id.
4 Pauxilla. *Schmidt.* id.

COLENIS. *Erichson.*

Anisotoma. *Schmidt.*

1 { Dentipes. *Gyllenhal.* *Saxonia.**
{ *Aciculata. Stephens.* *Anglia.*
{ *Immundum.* (Sphæridium.) *Sturm.* *Germania.*

AGARICOPHAGUS. *Schmidt.*

1 Cephalotes. *Schmidt.* *Germania*
2 Conformis. *Erichson.* id.

LIODES. *Erichson.*

LEIODES. *Latr.* ANISOTOMA. *Knoch. Dej. Cat.*

1 Humeralis. *Kugelann. Gall. bor.**
Var. 1. *Globosa. Payk. Suecia.*
— 2. *Clavipes. Hbst. Austria.*
Armata. Stephens. Anglia.
2 Axillaris. *Gyllenhal. Gall. bor.**
Bipustulata. Ahrens. Germania.
3 Glabra. *Kugelann. Gallia bor.**
Abdominalis. Payk. Suecia.
4 Serricornis. *Gyllenhal.* id.
Signata. Waltl. Germania.
5 Castanea. *Kugelann. Gallia.**
Axillaris. Stephens. Anglia.
Var. *Globosa. Herbst. Germania.*
6 Orbicularis. *Kugelann. Germania.**
Var. *Seminulum. Stm. Schm. Suecia.*

AMPHICYLLIS. *Erichson.*

SPHÆRIDIUM. *Fabr.* AGATHIDIUM. *St. Dej. Cat.*

1 Globus. *Fabr. P.**
Ruficollis. Olivier. St. id.
Var. *Staphylaeum. Gyllenh. Suecia.*
Ferrugineum. Sturm. Germania.
2 Globiformis. *Sahlberg.* id.*

AGATHIDIUM. *Illiger.*

SILPHA. *Linné.* ANISOTOMA. *Gyll.*

1 Nigripenne. *Kugelann. Panz. St. P.**
2 Atrum. *Payk.* (Sphæridium.) *Germania.**
Rufipes. Stephens. Anglia.
3 Atratum. *Sturm. Algiria.*
4 Seminulum. *Linné. P.**
5 Badium. *Ziegler.* id.*
6 Lævigatum. *Erichson. Germania.**
Orbiculare. Stephens. Anglia.
7 Mandibulare. *Sturm. Germania.*
8 Plagiatum. *Gyllenhal.* id.
9 Piceum. *Erichson.* id.
10 Rotundatum. *Gyllenh.* id.*
11 Varians. *Beck. Erich.* id.
12 Nigrinum. *Sturm.* id.
13 Discoideum. *Erichson. Germania.*
14 Marginatum. *Sturm. Austria.**
Orbiculatum. Gyll. Suecia.
15 Hæmorrhoum. *Erich. Germania.*
16 Affine. *Sturm. Cat. Italia.*
17 Minutum. *Sturm. Austria.**
18 Thoracicum. *Dej. St. Cat. Germania.*
19 Flavicorne. *Anderech. St. Cat. Austria.*
20 Carbonarium. *St. Dej. Cat. Gallia.**
21 Atomarium. *Sturm. Germania.*
22 Punctulum. *Beck.* id.*
23 Erythrocephalum. *Melsheimer.* id.

CLAMBUS. *Fischer.*

DERMESTES. *de Geer.* SCAPHIDIUM. *Gyll.* CYRTOCEPHALUS? *Audouin. Dej. Cat.*

1 Pubescens. *Redtenb. Austria.**
2 Armadillus. *de Geer. Gyll.* id.*
Cephalotes? Dej. Cat. P.

CALYPTOMERUS. *Redtenbacher.*

1 Alpestris. *Redtenbach. Austria.*

PITOPHILUS. *Heer.*

1 Atomarius. *Heer. Gallia.*

MISCROPILÆRA. *Redtenbacher.*

1 Corticalis. *Redtenb. Austria.*

72

---

11. FAM. PHALACRI.

PHALACRUS. *Paykull.*

1 ? Aterrimus. *Dej. Cat. Hispania.*
2 Corruscus. *Panzer. P.**
Fimetarius. Fabr. Germania
Ater. Herbst. Austria.
Var. *Picipes. Stephens. Anglia.*
3 Grossus. *Erichson. Germania.*

4 Substriatus. *Gyllenh.* *Suecia.*
Millefolii. Stephens. *Anglia.*
Trichopus. Waltl. *Germania.*
Punctato-striatus. Waltl. id.
5 Caricis. *Sturm.* id.
Millefolii. Gyllenhal. *Suecia.*
Punctulatus. Dej. Cat. P.
6 ? Granulatus. *Dej. Cat.* *Gall. merid.*
7 ? Cardui. *Bes. St. Cat.* *Austria.*

OLIBRUS. *Erichson.*

Sphæridium. *Fabr.* Phalacrus. *Payk. St. Dej. Cat.* Anisotoma. *Panz. Fabr.*

1 Corticalis. *Schönherr.* P.*
Stercoreus. Fabr. *Germania.*
2 Æneus. *Illiger. Fabr.* P.*
Ovatus. Marsham. *Anglia.*
Cognatus. Stephens. id.
3 Bicolor. *Fabr.* P.*
Var. *Flavicornis. Stm.* *Germania.*
4 Liquidus. *Erichson.* id.
Ovatus. (*Hoffmanseg.*) id.
5 Affinis. *Sturm.* id.
6 Millefolii. *Paykull.* *Suecia.*
Ulicis. Gyllenhal. *Germania.*
7 Pygmæus. *Sturm.* id.*
8 Striatipennis. *Lucas.* *Algiria.*
9 Geminus. *Illiger.* *Austria.*
Testaceus. Illiger. Gyl. *Suecia.*
Consimilis. Marsham. *Anglia.*
10 Piceus. (*Knoch.*) *Steph.* *Germania.*
11 Oblongus. *Erichson.* id.*

18

15. FAM. NITIDULÆ.

CERCUS. *Latreille. Erich.*

Dermestes. *Fab. Payk.* Cateretes. *Heer.*

1 Pedicularius. *Lin. Fab.* P.*
Truncatus. Fabr. *Germania.*
Spireæ. Stephens. *Anglia.*
2 Barbarus. *Lucas.* *Algiria.*
3 Bicolor. *Lucas.* id.
4 Bipustulatus. *Paykull.* *Germania.*
5 Sambucii. *Erich.* id.*
♂ *Solani. Heer.* *Helvetia.*
♀ *Scutellaris. Heer.* id.
6 Dalmatinus. *Dej. Cat. Er.* *Dalmatia.*
7 Rufilabris. *Latreille.* P.*
Caricis. Stephens. *Anglia.*
Rubicundus. Dej. Cat. Heer. *Helvetia.*
Var. *Junci. Stephens.* *Anglia.*
Pallidus. Heer. *Helvetia.*
8 Testaceus. *Dej. Cat.* *Gall. merid.*
9 Affinis. *Heer.* *Helvetia.*

BRACHYPTERUS. *Kugelann. Schneid.*

Dermestes. *Fab.* Cateretes. *Illig. Panz.* Cercus. *Latr.*

1 Quadratus. *Creutzer.* *Hungaria.*
2 Gravidus. *Illiger.* *Germania.*
Pulicarius. Gyllenh. *Suecia.*
Linariæ. Stephens. *Anglia.*
Scutellatus. Kugel. *Germania.*
Agaricinus. Herbst. id.
3 Cinereus. *Heer.* *Helvetia.*
Pulicarius. Latreille. P.
4 Pictus. *Heer.* *Helvetia.*
5 Pubescens. *Erich. Luc.?* *Germania.*
Urticæ. var. Illg. Duft. *Austria.*
Glaber. Newmann. *Suecia.*
6 Urticæ. *Fabr.* *Germania.*
Abbreviatus. Herbst. *Gallia.*
Scutellatus. Panzer. *Germania.*
6bis Rubiginosus. *Erich.* id.
7 Fulvipes. *Erichson.* *Sardinia.*
8 Labiatus. *Erichson.* *Tergest.*
9 Fulvus. *Erichson.* id.

CARPOPHILUS. *Leach. Steph.*

Erich. Ips. *Heer.* Nitidula. *Fabr.*

1 Rubripennis. *Heer.* *Helvetia.*
Castanopterus. Erich. *Germania.*
2 Immaculatus. *Lucas.* *Algiria.*
3 Hemipterus. *Linné.* *Gallia.*
Flexuosus. Paykull. *Suecia.*
Bimaculatus. Olivier. *Gallia.*
Cadaverinus. Fabr. *Germania.*
Ficus. Fabr. *Dania.*
Var. *Quadratus. Fabr.* id.
— *Dimidiatus. Heer.* *Helvetia.*
4 Bipustulatus. *Erich.* id.*
5 Sexpustulatus. *Fabr.* *Germania.*
Abbreviatus. Panzer. (Lyctus.) id.

6 Quadrisignatus. *Erich.* *Sicilia.*
7 Humeralis. *Fab. Erich.* *Algiria.*

IPIDIA. *Erichson. Germar.*

Ips. *Fabr. Erich.*

1 Quadrinotata. *Fabr.* *Austria.**

EPURÆA. *Erichson.*

Nitidula. *Fabr. Heer.*

1 Decemguttata. *Fabr.* *Gallia.**
2 Rubiginosa. *Heer.* *Helvetia.*
3 Silacea. *Herbst.* *Germania.*
4 Æstiva. *Linné.* *P.*
Depressa. Gyllenhal. *Suecia.*
Obsoleta. Herbst. *Austria.*
Villosa. Stephens. *Anglia.*
Ochracea. Erichson. *Germania.*
Var. *Bisignata. Sturm.* id.
5 Melina. *Erichson.* id.*
Depressa. Illiger. *Germania.*
6 Deleta. *Dej. Cat. Erich.* *Austria.**
Silacea. Heer. *Helvetia.*
7 Immunda. *Erichson.* *Germania.**
8 Variegata. *Herbst.* *Austria.*
9 Bipunctata. *Heer.* *Helvetia.*
10 Castanea. *Duftschmid.* *Austria.*
11 Neglecta. *Heer. St.* *Helvetia.**
12 Obsoleta. *Fabr.* *P.**
13 Distincta. *Grimm. Er.* *Germania.*
14 Parvula. *Sturm. Er.* id.
15 Angustata. *Erichson.* id.
16 Boreella. *Zettersted.* id.
17 Pygmæa. *Gyllenhal.* id.
18 Pusilla. *Illiger.* id.*
19 Oblonga. *Herbst.* *Austria.*
20 Nigrita. *Lucas.* *Algiria.*
21 Longula. *Erichson.* *Germania.*
22 Florea. *Erichson.* id.*
Æstiva. Illig. Er. St. id.
23 Ænea. *Fabr.* *Algiria.*
24 Melanocephala. *Marsh.* *Anglia.**
Truncata. Stephens. id.
Discolor. Waltl. *Germania.*
Ferruginea. Heer. *Helvetia.*
Var. *Brunnea. Heer.* id.
— *Affinis. Stephens.* *Anglia.*
25 Limbata. *Fabr.* *Austria.**

NITIDULA. *Fabricius.*

Silpha. *Linné.*

1 Bipustulata. *Linné.* *P.**
2 Flexuosa. *Fabr.* *Gall. merid.**
Flavomaculata. Rossi. *Italia.*
3 Obscura. *Fabr.* *P.**
Rufipes. Stephens. *Anglia.*
4 Quadripustulata. *Fabr.* *P.**
Carnaria. Schaller. *Germania.*
Guttalis. Herbst. *Austria.*
Var. *Variata. Steph.* *Anglia.*
— *Flavipennis. Heer.* *Helvetia.*

SORONIA. *Erichson.*

Nitidula. *Fabr. Heer. Dej. Cat.* Silpha *Linné.*

1 Punctatissima. *Illiger.* *Gallia.**
2 Grisea. *Linné.* *Suecia.**
Var. *Varia. Fabr.* *Germania.*
Variegata. Olivier. *Gallia.*

AMPHOTIS. *Erichson.*

Nitidula. *Fabr. Heer. Dej. Cat.*

1 Marginata. *Fabr.* *P.**
Biloba. Herbst. *Austria.*

OMOSITA. *Erichson.*

Silpha. *Linné.* Nitidula. *Fabr. Heer. Dej. Cat.*

1 Depressa. *Linné.* *Germania.**
Sordida. Fabr. *Dania.*
Colon. Herbst. *Austria.*
Varia. Olivier. *P.*
Immaculata. Olivier. id.
2 Colon. *Linné.* id.*
Hæmorrhoidalis. Fab. *Germania.*
3 Discoidea. *Fabr.* *P.**
4 Cincta. *Heer.* *Helvetia.*

PRIA. *Kirby. Erich.*

Nitidula. *Fab. Dej. Cat.* Laria. *Scopol.*

1 Dulcamaræ. *Illiger.* *Germania.**
Truncatella. Steph. *Anglia.*
♂ *Mandibularis. de Castelnau.* *P.*
2 Pallidula. *Erichson.* *Sicilia.*

MELIGETHES. *Kirby. Erich.*

NITIDULA. *Fabr. Dej. Cat.*

1 Pyrenæicus. *Laporte.* *Pyrenæis.*
2 Rufipes. *Gyllenhal.* *Germania.**
3 { Lumbaris. *Stm. Erich.* id.
{ *Rufipes. var. b. Gyll.* *Suecia.*
4 { Hebes. *Erichson.* *Germania.*
{ *Olivaceus. Heer. St.* *Helvetia.*
5 { Æneus. *Fabr. Er. Luc.* (Epurea.) *P.**
{ *Psyllius. Herbst.* *Austria.*
{ *Urticæ. Stephens.* *Anglia.*
{ *Subtilis. Waltl.* *Germania.*
{ *Alpestris. Heer.* *Helvetia.*
{ Var. *Cœruleus. Herbst.* *Austria.*
{ — *Olivaceus. Gyll.* *Suecia.*
6 Nigritus. *Lucas.* *Algiria.*
7 { Viridescens. *Fabr.* *P.**
{ *Æneus. var. γ. Schönh.* *Suecia.*
8 Coracinus. *Sturm. Er.* *Germania.**
9 Azureus. *Heer.* *Helvetia.*
10 Pumilus. *Erichson.* *Germania.*
11 Subæneus. *Stm. Erich.* id.
12 Corvinus. *Erichson.* id.
13 Subrugosus. *Gyllenh.* id.
14 Substrigosus. *Erich.* id.
15 { Symphyti. *Heer. St.* *Helvetia.**
{ *Convexus. Schüppel.* *Germania.*
16 { Ochropus. *Sturm. Er.* id.*
{ *Ochropodus. Schüp.* id.
17 Difficilis. *Heer. St.* *Helvetia.*
18 Kunzei. *F. Schm. Er.* *Germania.*
19 Memnonius. *Erichson.* id.
20 Morosus. *Erichson.* id.
21 Brunnicornis. *Stm. Er.* id.*
22 Viduatus. *Schüpp. St.* id.*
23 Pedicularius. *Gyllenh.* *Gallia.**
24 Assimilis. *Sturm. Er.* *Germania.*
25 Serripes. *Gyllenhal.* id.
26 Umbrosus. *Sturm. Er.* id.*
27 Maurus. *St. Er.* id.*
28 Incanus. *St. Er.* id.
29 Tristis. *St. Er.* id.
30 Murinus. *St. Er.* id.
31 Seniculus. *Erichson.* id.
32 { Planiusculus. *Heer. Er.* *Helvetia.*
{ *Sericeus. (Waltl)* *Germania.*
33 Nanus. *Erichson.* id.
34 Mœstus. *Erichson.* id.
35 Brachialis. *Erichson.* id.
36 Fuliginosus. *Erichson.* id.
37 Fibularis. *Erichson.* *Germania.*
38 Ovatus. *Sturm. Erich.* id.
39 Flavipes. *Stm. Erich.* id.
40 Picipes. *Sturm. Erich.* id.*
41 Discoideus. *Erichson.* id.
42 Lugubris. *St. Erich.* id.
43 Gagathinus. *Erich.* id.
44 Egenus. *Erich.* id.
45 Obscurus. *Erich.* id.
46 Distinctus. *St. Erich.* id.
47 Palmatus. *Erich.* id.
48 Fumatus. *(Ullrich.) Er.* id.
49 Erythropus. *Gyllenhal.* id.*
50 Ruficornis. *Heer.* *Helvetia.*
51 Exilis. *Sturm. Er.* *Germania.**
52 Fuscus. *Rossi.* id.*
53 Solidus. *Ill. St.* id.
54 Denticulatus. *Heer.* *Helvetia.*
55 Brevis. *Sturm. Erich* *Germania.*

THALYCRA. *Erichson.*

STRONGYLUS. *Erich. Dej. Cat.*

1 { Sericea. *Sturm. Er.* *Germania.**
{ *Fervida. Gyllenhal.* *Suecia.*

POCADIUS. *Erichson.*

NITIDULA. *Fabr. Er.* SPHÆRIDIUM. *Panz.* STRONGYLUS. *Herbst. Steph. Dej. Cat.* CYCHRAMUS. *Heer.*

1 { Ferrugineus. *Fabr.* *Germania.*
{ *Æstivus. Herbst.* *Austria.*
{ *Striatus. Olivier.* *Gallia.*

CYCHRAMUS. *Kugelann. Erich.*

SPHÆRIDIUM. *Fabr. Panz.* STRONGYLUS. *Herbst. Dej. Cat.* NITIDULA. *Illig.*

1 { Quadripunctatus. *Hbst. Er.* *Germania.**
{ *Colon. Fabr.* id.
2 { Fungicola. *Heer.* *Helvetia.*
{ *Quadripunctata. var. b. Gyll.* *Suecia.*
3 Luteus. *Fabr.* *P.**

CYBOCEPHALUS. *Erichson.*

Anisotoma. *Sahlberg.*

1 { Exiguus. *Erich.* *Germania.*
{ ♂ *Ruficeps. Sahlberg.* *Finlandia.*
{ ♀ *Exiguus. Sahlberg.* id.
2 Festivus. (*Betti.*) *Erich.* *Germania.*
3 Pulchellus. *Erichson.* id.

CYLLODES. *Erichson.*

Strongylus. *Herbst.* Nitidula. *Gyll.*

1 { Ater. *Herbst.* *Gall. bor.**
{ *Morio. Kugelann.* *Germania.*
{ Var. *Ruficollis.* (*Dahl.*) *Hungaria.*

CRYPTARCHA. *Schuck. Erich.*

Nitidula. *Fabr. Herbst.* Strongylus. *Herbst. Dej. Cat.*

1 { Strigata. *Fabr.* *P.**
{ *Undata. Olivier.* *Gallia.*
2 { Imperialis. *Fabr.* *Gall. bor.**
{ *Nebulosa. Marsham.* *Anglia.*

IPS. *Fabricius.*

Dermestes. *Linné.*

1 { Quadriguttata. *Fabr.* *Germania.**
{ Var. *Decemguttata. Oliv.* *Gallia bor.*
2 Quadripunctata. *Hbst. Oliv.* id.*
3 { Quadripustulata. *Lin.* id.*
{ *Quadripunctata. de Geer.* *Germania.*
4 { Ferruginea. *Linné.* (Pitiophagus.) *Schuk.* *Austria.**
{ *Dermestoides. Panzer.* *Germania.*
{ *Linearis. Latreille.* *P.*

RHIZOPHAGUS. *Herbst.*

Gyll. Lat. Lyctus. *Fabr. Payk.* Ips. *Oliv.* Synchita. *Duftsch.*

1 Grandis. *Gyllenhal.* *Germania.*
2 ?Punctulatus. *Dej. Cat.* *P.**
3 Depressus. *Fabr.* *Austria.*
4 Cribratus. *Gyllenhal.* *Suecia.*
5 Ferrugineus. *Paykull.* *P. Suecia.*
6 Perforatus. *Erichson.* *Germania.*
7 Parallelocollis. *Gyll.* *Suecia.**
8 { Nitidus. *Fabr.* *Germania.**
{ *Erythrocephalus. Fab.* id.
9 { Dispar. *Paykull.* *Suecia.**
{ *Elongatus. Olivier.* *Gallia.*
{ *Bipustulatus. var. β. Duftsch.* *Germania.*
10 Unicolor. *Lucas.* *Algiria.*
11 { Bipustulatus. *Fabr.* *Suecia.**
{ *Dispar. var. b. Payk. c. Gyll.* id.
{ *Bipunctatus. Herbst.* *Germania.*
12 { Politus. *Hellwig.* *P.**
{ *Depressus. var. b. Payk.* *Suecia.*
13 ?Affinis. *Dej. Cat.* *P.**
14 { Cœruleus. *Waltl.* *Austria.*
{ *Nitidulus. Duftsch.* id.
15 Parvulus. *Paykull.* *Suecia.**

NEMOSOMA. *Latreille.*

Colydium. *Panzer. Erich.*

1 { Elongata. *Linné. Latr.* *P.**
{ *Fasciata. Herbst.* *Austria.*
2 ?Cylindrica. *Dej. Cat.* *Russ. merid.*

TEMNOCHILA. *Erichson.*

Trogosita. *Fabr. Duftsch. Erich. Oliv.*

1 { Cœrulea. *Olivier.* *Gall. merid.**
{ *Virescens. Rossi.* *Italia.*

TROGOSITA. *Olivier.*

Tenebrio. *Linné. Fabr. Panzer. Erich.* (Platycerus. *Geoff.*)

1 { Mauritanica. *Lin. Oliv.* *Gallia.**
{ *Caraboides. Fabr.* P.

PELTIS. *Geoffroy.*

Silpha. *Linné. Fabr. Oliv.*

1 { Grossa. *Linné. Panz.* *Alp. Gall.**
{ *Lunata. Fabr.* *Germania.*
2 { Ferruginea. *Linné.* id.*
{ *Rubicunda. Laichart.* *Tirolis.*
3 Oblonga. *Linné.* *Germania.**

1 Dentata. *Payk. Fabr.* *Suecia.**
Scabra. Thunberg. *Germania.*

THYMALUS. *Latreille.*

CASSIDA. *Linné.* PELTIS. *Fabr.*

1 Limbatus. *Fabr.* *P.**
Brunneus. Paykull. *Suecia.*

159

16. FAM. COLYDII.

SARROTRIUM. *Illiger.*

ORTHOCERUS. *Latreille.*

1 Clavicorne. *Linné.* *Gallia.*
Muticum. Linné. Fabr. *P.*
Hirticornis. de Geer. *Suecia.*
2 Tereticorne. *Erichson.* *Germania.*
3 Crassicorne. *Erichson.* *Austria.*

CORTICUS. *Dej. Cat. Latreille.*

SARROTRIUM. *Germar. St. Cat.*

1 Celtis. *Germar.* *Dalmatia.*
2 Tuberculatus. (*Dahl.*) *Bolitoph.* *Hungaria.*
Tauricus. (Parreyss.) *Tauria.*
3 Hispidus. *Sturm. Cat.* *Helvetia.*
4 Foveolatus. (*Erichson*) *Fairmaire.* *Germania.*

DIODESMA. (*Megerle.*) *Erichson.*

1 Subterranea. (*Zgl.*) *Er.* *Gall. orient.**
Crenulata. (Creutzer.) *Austria.*

COXELUS. (*Ziegler.*) *Latreille.*

BOLITOPHAGUS. *Sturm.*

1 Pictus. *Sturm.* *Gall. orient.**
2 Piceus. *Sturm. Cat.* *Germania.*

DITOMA. *Illiger.*

BITOMA. *Herbst.* SYNCHITA. *Duftsch.* IPS. *Oliv.*

1 Crenata. *Fabr.* *P.**
Var. *Rufipennis. Fabr.* *Germania.*
Picipes. Olivier. *Gallia.*

LANGELANDIA. *Aubé.*

1 Anophthalma. *Aubé.* *P.**

COLOBICUS. *Latreille.*

MONOTOMA. *Duftsch.*

1 Emarginatus. *Latr.* *P.**
Axillaris. Duftsch. *Germania.*
Hirtus. Brullé. *Græcia.*

SYNCHITA. *Hellwig. Schneid.*

LYCTUS. ELOPHORUS. *Fabr.* MONOTOMA. *Herbst. Duftsch.*

1 Juglandis. *Fabr.* *P.**
Striata. Herbst. *Germania.*
Humeralis. Fabr. id.
2 Mediolanensis. *Vil. Er.* *Lombardia.*
3 Obscura. *Ferrari. Redt.* *Austria.*

CICONES. *Curtis. Erich.*

SYNCHITA. *Hellwig. Schneid.* CERYLON. *Germar.*

1 Variegatus. *Hellwig. Schneid.* *P.**
Carpini. Curtis. *Anglia.*
2 Pictus. *Erichson.* *Hungaria.*

AULONIUM. *Erich. Redtenb.*

TROGOSITA. *Fabr.* IPS. *Oliv.* COLYDIUM. *Duftsch. Herbst. Dej. Cat.*

1 Sulcatum. *Olivier.* *P.**
Bicolor. Fabr. *Germania.*
2 Bicolor. *Herbst.* *Austria.**
Ruficornis. Oliv. Latr. *Gall. merid.*
Ustulatum. Dej. Cat. id.

COLYDIUM. *Fabr.*

Latr. Panz. Er. Dej. Cat. IPS. *Oliv. Rossi.* TRITOMA. *Thunb.*

1 Elongatum. *Fab. Oliv.* *P.**
Linearis. Rossi. *Gallia.*
2 Filiforme. *Fabr.* *Germania.**
Elongatum. var. β. *Payk.* *Suecia.*

TEREDUS. *Dej. Cat. Schuck.*

TEREDOSOMA. *Curtis.* LYCTUS. *Fabr. Panz.*

1 { Nitidus. *Fabr.* *P.**
{ *Cylindricus. Olivier. Gallia.*

OXYLÆMUS. *Erichson.*

LYCTUS. *Panzer.* SYNCHITA. *Duftsch.*

1 Cylindricus. *Panzer. Germania.*
2 Cœsus. *Erichson.* id.

AGLENUS. *Erichson.*

ANOMMATUS. *Schuck.* MONOPIS. *Redtenb. Dej. Cat.*

1 { Brunneus. *Gyllenhal. P.**
{ *Obsoletus. Schuck. Anglia.*
{ *Rufescens. Dej. Cat. Gallia.*

ANOMMATUS. *Westmael.*

LYCTUS. *Mül. Germar.* CERYLON. *Dej. Cat.*

1 { Duodecimstriatus. *Mül. Germar. Gallia**
{ *Terricola. Westmael. Belgia.*
{ *Perforatum. (Chevrl.) P.*

PHILOTHERMUS. *Aubé.*

1 Montandoni. *Aubé. P.*

CERYLON. *Latreille.*

RHYZOPHAGUS et MONOTOMA. *Herbst.* IPS. *Oliv.* LYCTUS. *Fabr. Panz.* SYNCHITA. *Duftsch.*

1 Trisulcatus. (Spinola.) *Germar. Italia.*
2 Sulcicolle. *Kollar. Hungaria.*
3 { Histeroides. *Fab. Latr. Herbst. P.**
{ *Pilicornis. Marsham. Anglia.*
4 Angustatum. *Erichson. Germania.*
5 Impressum. *Erichson. Alsatia.*
6 Deplanatum. *Gyllenh.* id.*
7 Ferrugineum. *Dej. Cat. Hispania.*
8 Loricatum. *Dej. Cat. Gall. merid.*
9 Fagi. *Motschulsky. P.**

RHYSODES. *Illiger. Newmann.*

Latr. (*Dahl.*) CLINIDRIUM. *Kirby.* IPS. *Oliv.* CUCUJUS. *Fabr.*

1 { Sulcatus. *Fabr. Pyrenæis.**
{ *Exaratus. Dalman. Germania.*
{ *Europæus. Ahrens. Austria.*
2 { Exaratus. *Illiger.* id.
{ *Aratus. Newmann.* id.

BOTHRIDERES. *Dej. Cat. Erich.*

LYCTUS. *Fabr.* BITOMA. *Herbst.* SYNCHITA. *Duftsch.*

1 { Contractus. *Fabr. P.**
{ *Bipunctatus. Herbst. Austria.*

PYCNOMERUS. *Erichson.*

IPS. *Oliv.* LYCTUS. *Fabr.* CERYLON. *Latr. Dej. Cat.*

1 Terebrans. *Olivier. F. P.*

XYLOLÆMUS. *Dej. Cat.*

1 Fasciculosus. *Schönh. Suecia.*

APEISTUS. *Motschulsky. Redtenb.*

MONOTOMA. *Villa.* RHOPALOCERUS. *W. Redtenb.*

1 Rondani. *Villa. Lombardia.*

44

---

17. FAM. CUCUJI.

PROSTOMIS. *Latreille.*

TROGOSITA. *Fab.* MEGAGNATHUS *Dej. Cat.*

1 { Mandibularis. *Fabr. Germania.**
{ *Maxillosus. Müller.* id.

CUCUJUS. *Fabr. Dej. Cat.*

CANTHARIS. *Linné.*

1 { Sanguinolentus. *Linné. Austria.*
Depressus. Fabr. id.
2 { Hæmatodes. *Erichson.* id.
Depressus. Herbst. id.
Punicus. Germar. id.

LÆMOPHLÆUS. *Dej. Cat. Castelnau.*

Erich. CUCUJUS. *Fabr. Payk. Gyll. Latr. Creutz.* BRONTES. *Duftsch.*

1 { Monilis. *Fabr.* *Gall. merid.**
Bipustulatus. Panzer. Germania.
Bimaculatus. Olivier. P.
2 { Muticus. *Fabr.* *Suecia.*
Piceus. Olivier. Gallia.
Labiatus. Kugelann. Germania.
3 Castaneus. *Rosenh. Er.* id.
4 { Bimaculatus. *Paykull. P.*
Unifasciatus. Latr. id.
5 Testaceus. *Fabr.* id.*
6 Duplicatus. *Waltl. Er. Austria.**
7 { Pusillus. *Schönh. Oliv.* id.
Minutus. Olivier. id.
Testaceus. Stephens. Anglia.
Crassicornis. Waltl. Tirolis.
Exilis. Dej. Cat. Germania.
8 { Ferrugineus. *(Creutz.) Erich.* id.*
Testaceus. Payk. Gyll. Suecia.
9 { Ater. *Olivier.* *Gall. merid.**
Spartii. Curtis. Anglia.
Rufus. (Waltl) Germania.
Striatus. (Schmidt.) id.
Capensis. Waltl. in Silbermann. Hispania.
Sturmii. Rosenhauer. Austria.
10 Alternans. *Erichson. Berolini.*
11 Clematidis. *(Chevrier.) Erich. Gall. merid.**
12 Denticulatus. *Weber. Germania.*
13 Nigricollis. *Lucas. Algiria.*
14 Rufipes. *Lucas.* id.
15 Suberis. *Lucas.* id.
16 Elongatulus. *Lucas.* id.
17 { Corticinus. *Erichson. Germania.*
Ferrugineus. Stm Cat. id.
18 Fracticornis. *(Chevrol.) Alsatia.**
19 Dufourii. *Laboulbène. Gall. merid.*

PEDIACUS. *Schuckard. Erich.*

CUCUJUS. *Fabr. Gyll. St. Cat.* BIOPHLÆUS. *Dej. Cat.*

1 Depressus. *Herbst. Germania.*
2 Dermestoides. *Fabr. Austria.**
3 { Fuscus. *Erichson.* id.
Dermestoides. Schönh. Germania.

LATHROPUS. *Erichson.*

TROGOSITA? *Müller. Germar.*

1 Sepicola. *Müll. Germ. Germania.*

BRONTES. *Fabr. Casteln.*

CERAMBYX. *Linné.* CUCUJUS. *Fabr. Herbst.* ULEIOTA. *Steph. Latr. Schuck.*

1 { Planatus. *Lin. Herbst. Gallia.*
Flavipes. Fabr. Germania.
Pallens. var. Fabr. id.

DENDROPHAGUS. *Schönh. Erich.*

CUCUJUS. *Payk. Fabr.*

1 Crenatus. *Paykull. Gallia.**

28

---

18. FAM. CRYPTOPHAGI.

SYLVANUS. *Latreille. Gyll.*

DERMESTES. *Linné.* LYCTUS. *Fabr.* LEPTUS. *Duftsch.* COLYDIUM. *Payk. Herbst.*

1 { Frumentarius. *Fabr. Gallia.**
Sexdentatus. Fabr. Germania.
Surinamensis. Linné. id.
2 Elongatus. *Gyllenhal. Austria.**
3 Bicornis. *Rosenh. Er. Tirolis.*
4 { Bidentatus. *Fab. Duft. Gallia.**
Sulcatus. Fabr. Germania.
5 { Unidentatus. *Fabr. P.**
Planus. Herbst. Germania.
6 Similis. *Vesmael. Dej. Cat. Erich. Gallia.**

7 Advena. (*Kze.*) *Waltl. in Silbermann.* *Gallia.*
Americanus. Dej. Cat. *America.*
Ferrugineus. Stm. Cat. *Germania.*
8 Asperatus. *Dej. Cat.* *Lombardia.**
9 Denticollis. *Dej. Cat.* *Gallia.**
10 Pini. (*Gaubil.*) *Alsatia.**
11 Populi. (*Chevrolat.*) *P.**

PSAMMOECIUS. *Latreille.*

PSAMMOECUS. *Boudier.* DERMESTES. *Fabr.* ANTHICUS. *Fabr.*

1 Bipunctatus. *Fabr.* *P.**
2 Boudieri. *Lucas.* *Algiria.**

PHLŒOSTICHUS. *Redtenbacher.*

1 Denticollis. *Redtenb.* *Alp. Gall.**

DIPHYLLUS. *Redtenbacher.*

DERMESTES. *Fabr.* BITOMA. *Gyll.* BIPHYLLUS. *Dej. Cat.*

1 Lunatus. *Fabr.* *Suecia.*

LYCTUS. *Fabricius.*

BITOMA. *Herbst.* IPS. *Oliv.*

1 Canaliculatus. *Fabr.* *P.*
Oblongus. Oliv. Latr. id.
Unipunctatus. Herbst. *Germania.*
2 Barbatus. (*Chevrolat.*) *Algiria.**
3 Pubescens. *Panzer.* *Gall. orient.**
Subarmatus. (*Megl.*) *Austria.*
4 Angulatus. *Sturm. Cat.* *Livonia.*
5 Bicolor. *Perrond. Comalli.* *Gall. merid.*
6 Colydioides. *Dej. Cat.* *P.**
Glycyrrhizæ. Chevrol. id
7 Destructor. *Dej. Cat.* id.
8 Impressus. *Dej. Cat.* *Gall. merid.**
Glabratus. Villa. *Lombardia.*

TELMATOPHILUS. *Heer.*

IPS. *Oliv.* CRYPTOPHAGUS. *Gyllenh.* LIMNESIUS. *Dej. Cat. Er.* TYPHÆA. *Kirby.*

1 Sparganii. *Stm. Heer.* *P.*
2 Typhæ. *Fallen. Heer.* id.*
3 Caricis. *Olivier.* id.*

ANTHEROPHAGUS. *Knoch. Latr.*

MYCETOPHAGUS. *Fabr.* IPS. *Herbst.* CRYPTOPHAGUS. *Gyllenhal.*

1 Nigricornis. *Fabr.* *P.**
Silaceus. Gyllenh. *Suecia.*
2 Silaceus. *Herbst.* *Austria.*
3 Pallens. *Gyllenh.* *Gallia.**

EMPHYLUS. *Erichson.*

CRYPTOPHAGUS. *Gyll.* ANTHEROPHAGUS. *Steph.*

1 Glaber. *Gyllenh. St.* *Alsatia.**

MYRMECINOMUS. *Chaudoir.*

1 Hochanthii. *Chaudoir.* *Russia.*

CRYPTOPHAGUS. *Herbst.*

Schh. Latr. Dej. Cat. DERMESTES. *Linné. Fabr. Panz.* IPS. *Oliv.*

1 Lycoperdi. *Fabr.* *Gallia.**
Fungorum. Panz. St. *Germania.*
2 Schmidtii. *St. Erich.* *Austria.**
3 Setulosus. *St. Erich.* id.*
4 Pilosus. *Gyllenhal. St.* *Germania.**
Cellaris. var. Dej. Cat. id.
5 Laticollis. *Lucas.* *Algiria.*
6 Baldensis. *Rosenh. Er.* *Germania.*
7 Saginatus. *Schüpp. St.* id.
8 Umbratus. *Erichson.* id.
9 Scanicus. *Linné.* id.*
Cellaris. Fabr. Payk. id.
Humeralis. Stephens. *Anglia.*
Var. *Cellaris. Sturm.* *Germania.*
Patruelis. Sturm. id.
10 Quadricollis. *Dej. Cat.* *Gall. merid.*
11 Badius. *Sturm. Erich.* *Austria.**
12 Fuscicornis. *St. Erich.* *Germania.*
13 Scutellatus. *Newm.* *Suecia.*
14 Labilis. *Erichson.* *Germania.*
15 Affinis. *Sturm. Erich.* id.
16 Cellaris. *Scopoli. Er.* id.
Crenatus. Herbst. St. *Austria.*
17 Acutangulus. *Gyllenh.* *Germania.**
Uncinatus. Stephens. *Anglia.*
Cellaris. Dej. Cat. *Gallia.*
18 Fumatus. *Gyllenhal.* *Germania.**

19 { Dentatus. *Herbst. Stm. Austria* *
{ Var. *Pallidus. Sturm. Germania.*
20 Distinguendus. *Sturm. Erich.* id.
21 Bicolor. *Sturm. Erich.* id.
22 Bimaculatus. *Gyllenh. Panz.* id.
23 Dorsalis. *Sahlb. Gyll. St.* id.
24 { Subdepressus. *Gyll. Suecia.**
{ *Cellaris. var. Dej. Cat.* id.
25 Vini. *Panzer. Heer. Austria.*
26 { Crenulatus. *Erichson.* id.
{ *Crenatus. Gyllenhal. Suecia.*
27 Pubescens. *Sturm. Er. Austria.**
28 Angustatus. *Lucas. Algiria.**
29 Puncticollis. *Lucas.* id.
30 ? Maurus. *Lucas.* id.
31 ? Gibberosus. *Lucas.* id.

PARAMECOSOMA. *Curtis. Er.*

DERMESTES. *Payk.* LATHRIDIUS. *Gyllenh.* CRYPTOPHAGUS. *St. (Dej.) Erich.*

1 Abietis *Payk. Gyll. Austria.*
2 Elongata. *Erichson. Germania.*
3 Pilosula. *Erichson.* id.
4 { Melanocephala. *Herbst. Austria.**
{ *Fungorum. Gyllenh. Suecia.*
{ *Bicolor. Curtis. Anglia.*
5 Serrata. *Gyllenh. St. Germania.*

ATOMARIA. *Kirby. Heer.*

Erich. St. DERMESTES. *Fabr.* CATERETES. *Herbst.* CRYPTOPHAGUS. *Gyll. Dej. Cat.*

1 { Ferruginea. *Sahlberg. Austria.**
{ *Wolfii. (Waltl.)* id.
2 { Fimetarii. *Fabr. Hbst. Germania.**
{ *Parallelopipedus. Waltl.* id.
3 Fumata. *Erichson. Austria.*
4 { Nana. *Erichson.* id.*
{ *Fimetaria. Heer. Helvetia.*
5 { Umbrina. *Gyllenh. St. Germania* *
{ *Fuscata. Heer. Helvetia.*
6 Diluta. *Erich. Sturm. Austria.*
7 Badia. *Erichson. Germania.*
8 Prolixa. *Erichson.* id.
9 Procerula. *Erichson.* id.
10 Pulchra. *(Markel.) Er.* id.
11 Elongatula. *Erich. St. Germania.*
12 { Linearis. *Stephens. Anglia.**
{ *Pygmæa. Heer. Helvetia.*
{ *Dumetorum. Dej. Cat. St. Gallia.*
13 Unifasciata. *Sturm. Er. Austria.*
14 Contaminata. *Erich. Germania.*
15 { Mesomelas. *Herbst. Er.* id.
{ *Dimidiata. Marsham. Anglia.*
{ Var. *Guttula. Mannerh. Finlandia*
16 Carbonaria. *Stephens. Anglia.*
17 Dimidiatipennis. *Mannerheim. Finlandia.*
18 { Gutta. *Stephens. Anglia.*
{ *Sellata. Kunze. Germania.*
19 { Fuscipes. *Gyllenh. St.* id.
{ *Concolor. Märkel.* id.
20 Munda. *Erichson. Austria.*
21 Impressa *(Markel.) Er.* id.
22 Bicolor. *Erichson. Germania.*
23 { Nigripennis *Payk. Gyl Suecia.**
{ *Ruficollis. Panzer. Germania.*
24 Rubescens. *Illiger. Gallia bor.*
25 Basalis. *Erichson. Austria.*
26 Cognata. *Erichson.* id.
27 Atra. *Herbst. Gyll.* id.*
28 Gibbula. *(Ullrich.) Er.* id.
29 { Fuscata. *Schonherr. Suecia.*
{ Var. *Atra. Panzer. Germania.*
{ *Rufus. Waltl.* id.
30 Apicalis. *Erichson.* id.
31 Gravidula. *Erichson.* id.
32 Nigriceps. *(Märk.) Er. Saxonia.**
33 { Pusilla. *Payk. Gyll. Suecia.*
{ *Phæogaster. Marsh. Anglia.*
34 Turgida. *Erichson. Germania.*
35 Analis. *Schüppel. Er. Austria.**
36 Terminata. *(Dhl.) Heer. Er.* id.*
37 Versicolor. *Erichson. Germania.*
38 Contracta. *Géné. Sardinia.*

EPISTEMUS. *Erichson.*

EPHISTEMUS. *Westwood. Stephens.* PSYCHIDIUM. *Müller. Heer.*

1 Exiguus. *Erich. (Ullr.) Tirolis.*
2 { Dimidiatus. (Phalacrus.) *Sturm. Austria.**
{ *Confinis. Stephens. Anglia.*
{ *Globulum. Heer. Gallia.*

3 Globulus. *Paykull.* *Suecia.**
Gyrinoides. Mannerh. *Gallia.*
4 Globus. (Cryptoph.) *Waltl.* *Austria.*
5 Ovulum. *Erich. St.* *Gallia.*

MYCETÆA. *Stephens.*

SILPHA. *Marsh.* DERMESTES. *Fabr.* CRYPTOPHAGUS. *Gyllenhal. Dej. Cat.*

1 Hirta. *Marsham.* *Gallia.**
Subterranea. Fabr. *Germania.*

SYMBIOTES. *Redtenbacher.*

1 Latus. *L. Redtenb.* *Austria.*

ALEXIA. *Stephens. Redtenbacher.*

TRITOMA. *Panzer. Müll. Germar.* PHALACRUS. *St.* HYGROTOPHILA. (*Chevrolat.*) *Dej. Cat.*

1 Globosa. *Sturm.* *Germania.**
2 Pilifera. *Müll. Germar.* *Gallia.**
Piligera. Germar. *Germania.*
3 Pilosa. *Panzer.* id.*

LITOPHILUS. *Frölich. Dej. Cat.*

BOLITOPHAGUS. *Duft.* TRITOMA. *Panz.*

1 Connatus. *Panzer.* *Austria.**
Ruficollis. Frolich. id.

ORESTIA. (*Chevrolat.*) *Dej. Cat. Redtenb.*

LYCOPERDINA. *Germar.*

1 Alpina. *Germar.* *Styria.*

LEIESTES. (*Chevrolat.*) *Dej. Cat. Redtb.*

CRYPTOPHAGUS. *Gyll.*

1 Seminigra. *Gyllenhal.* *P.**

ENGIS. *Paykull.*

IPS. *Fabr.* DERMESTES. *Gyll.* DACNE. *Latr.* EROTYLUS. *Oliv.*

1 Bipustulata. *Fabr.* *Germania.**
2 Rufifrons. *Fabr.* *Gallia.**
Separata. Parreyss. *Croatia.*
3 Sanguinicollis. *Fabr.* *Germania.**
Quadripustulatus. Panzer. *Austria.*
4 Humeralis. *Fabr.* *P.**
Scanicus. Panzer. *Germania.*

TRITOMA. *Fabr. Payk.*

TRIPLAX. *Oliv. Latr. Dej. Cat.* DERMESTES. *Marsh.*

1 Bipustulata. *Fab. Oliv.* *Gallia.**
Humeralis. Marsham. *Anglia.*
Incerta. Rossi. *Italia.*
Dimidiata. (Megerle.) *Germania.*

TRIPLAX. *Paykull. Lacord.*

SILPHA. *Linné.* IPS. *Fabr.* CRYPTOPHAGUS. *Herbst.*

1 Æneа. *Paykull. Fabr.* *Germania.**
2 Russica. *Linné. Payk.* *Suecia.**
Nigripennis. Fabr. *Gallia.*
Castanea. var. Marsh. *Anglia.*
3 Elongata. *Dej. Cat. Lacord.* *Austria.*
4 Ruficollis. *Dej. Cat. Lacord.* *P.**
Dimidiata. (Chevrol.) id.
5 Melanocephala. *Dej. Cat. Lacord.* *Hispania.*
6 Nigriceps. *Dej. Cat. Lacord.* *Gallia.*
Collaris ? Fabr. *Austria.*
Melanocephala ? Latr. *Gallia.*
7 Scutellaris. *Toussaint-Charpentier.* *Hungaria.*
8 Bicolor. *Marsh Gyll.* *Styria.**
9 Rufipes. *Payk. Fabr.* *Gallia.**
Collaris. Schaller. *Germania.*
10 Clavata. *Lacordaire.* *Hungaria.*
11 Capistrata. *Lacordaire.* *Gallia.*

AULACOCHEILUS. *Chevrolat. in litt. Lacord.*

TRIPLAX. *Germar. Dej. Cat.*

1 Violaceus. *Germar.* *Croatia.*
2 Chevrolati. *Lucas.* *Algiria.**

TETRATOMA. *Fabricius. Schneid.*

1 Fungorum. *Fabr.* *P.**

2 Desmarestii. *Latreille.* P.
3 Ancora. *Fabr.* *Austria.*
4 Variegatum. *Dej. Cat.* *Croatia.*

SPHINDUS. (*Megerle.*) *Chevrolat.*

Germar. NITIDULA. *Gyllenhal.*

1 { Gyllenhalii. *Dej. Cat.* *Chevrolat.* *Alsatia.**
{ *Dubia. Gyllenhal.* *Suecia.*

141

19. FAM. LATHRIDII.

MONOTOMA. *Herbst. Latr.*

Aubé. CERYLON. *Gyll.*

1 Picipes. *Herbst.* *Gallia.**
2 Conicicollis. *Guérin.* *Gallia bor.**
3 { Angusticollis. *Gyllenh.* id.*
{ *Formicetorum. Chevr.* P.
4 Longicollis. *Gyllenh.* *Gallia.**
5 Punctaticollis. *Aubé.* *Gall. bor.**
6 Brevicollis. *Aubé.* P.
7 Blaivii. *Guérin.* *Gallia.*
8 Spinicollis. *Aubé.* P.*
9 Quadrifoveolata. *Aubé.* id.*
10 { Quadricollis. *Aubé.* id.*
{ *Angustata. Stephens.* *Anglia.*
{ *Picipes. Gyll. var. b.* *Suecia.*
{ *Bicolor. Villa. Dej. Cat.* *Lombardia.*
{ *Pallida. Stephens.* *Anglia.*
11 Scabra. *Märkel.* *Germania.**
12 Rufa. *Redtenbacher.* *Austria.*
13 Quisquiliarum. *Redtb.* id.

HOLOPARAMECUS. *Curtis. Steph.*

Westwood. CALYPTOBIUM. *Villa. Aubé.* *Redtenb.*

1 { Villæ. (*Porro.*) *Aubé.* *Lombardia.*
{ *Difficile. Villa.* id.
2 { Caularum. *Aubé.* P.
{ *Pankouckii. Guérin.* id.
3 Niger. (*Chevr.*) *Aub.* *Sicilia.*
4 Kunzei. *Aubé.* *Gallia.*

MYRMECHIXENUS. *Chevrolat.*

1 Subterraneus. *Chevrol.* P.*
2 Vaporariorum. *Guérin.* id.*

LATHRIDIUS. *Herbst. Illig.*

Erich. Mannerh. CORTICARIA. *Marsh.* IPS. *Oliv.* DERMESTES. *Fabr. Payk. Panz.* TENEBRIO. *Linné. de Geer.*

1 { Lardarius. *de Geer.* *Germania.**
{ *Acuminatus. Kugelan.* id.
{ *Quadratus. Herbst.* id.
{ *Rugicollis. Marsham.* *Anglia.*
2 Angusticollis. *Schüpp.* *Gallia.**
3 Variolosus. *Mannerh.* *Finl. orient.*
4 Angulatus. *Motsch.* *Saxonia.*
5 Lapponum. *Motsch.* *Lapponia.*
6 Alternans. *Mannerh.* *Finlandia.*
7 Rugicollis. *Olivier.* *Gallia.*
8 Volgensis. *Motsch.* *Russ. merid.*
9 Carinatus. *Gyllenhal.* *Bavaria.*
10 Incisus. *Mannerheim.* *Germania.*
11 { Constrictus. *Gyllenhal.* *Suecia.**
{ *Ruficollis. Marsham.* *Gallia.*
12 { Elongatus. *Curtis.* *Anglia.**
{ *Angustatus. Stephens.* *Gallia.*
13 Chlatratus. (*Dahl.*) *Austria.**
14 { Liliputanus. *Villa.* *Lombardia.**
{ *Minutissimus. Cristof.* id.
15 { Exilis. *Dej. Cat. Manh.* *Gallia.**
{ *Liliputanus. Motsch.* P.
16 { Collaris. *Mannerh.* *Gallia.**
{ *Ruficollis?* (*Chevrol.*) P.
17 Nanulus. *Mannerh.* *Austria.*
18 Concinnus. *Schüppel.* *Saxonia.*
19 { Hirtus. *Schüppel.* *Finlandia.**
{ *Hirsutulatus. Steph.* id.
20 Rugosus. *Herbst.* *Gallia.*
21 { Rugipennis. *Mannerh.* *Austria.*
{ *Rugosus.* (*Schüppel.*) *Mannerh.* id.
22 Planatus. *Motschulsky.* id.
23 { Transversus. *Olivier.* *Gallia.**
{ *Sculptilis. Hum. Gyll.* *Germania.*
{ *Transversalis. Dej. Cat.* *Gallia.*
{ *Asperatus. Megerle.* *Germania.*
{ *Crassicornis. Kirby.* *Anglia.*
24 Minutus. *Linné.* P.

25 Porcatus. *Herbst.* *Germania*
Marginatus. Paykull. *Suecia.*
Pullus. Marsham. *Anglia.*
Var. *Ferrugineus. Marsham.* *Anglia.*
26 Anthracinus. *Mannerh.* *Austria.*
Minutus. Illiger. id.
27 Assimilis. *Mannerh.* *Germania.*
Collaris. Motschulsky. *Finlandia.*
28 Scitus. *Motschulsky.* *Bavaria.*
29 Consimilis. *Mannerh.* *Suecia.*
30 Gemellatus. *Mannerh.* *Finlandia.*
31 Parallelocollis. *Mann.* id.
32 Brevicornis. *Schüppel.* *Gallia.**
33 Carbonarius. *Chevrol.* *P.** *
34 Filiformis. *Dej. Cat. Mannerh.* *Gallia.**
35 Parallelus. *Schüppel.* *Austria.*
36 Tantillus. *Mannerh.* *Germania.*
37 Nodifer. *Westwood.* *Anglia.*
Testaceus. Waterh. id.

CORTICARIA. *Marsham.*

Steph. Vils. et *Duncan. Schuckard.* DERMESTES. *Linné. Fabr. Payk.* LATRIDIUS. *Herbst. Latr. Fabr. Payk.*

1 Pubescens. *Illiger.* *P.**
Fenestralis. Fabr. *Suecia.*
Longicornis. Herbst. *Germania.*
Punctulata. Marsh. *Anglia.*
Var. *Castaneipes. Meg.* *Austria.*
2 Interstitialis. *Mannerh.* *Lapponia.*
3 Crenulata. *Schuppel.* *Bavaria.**
4 Saginata. *Mannerh.* *Finlandia.*
5 Denticulata. *Schüppel.* *Alsatia.**
6 Impressa. *Olivier.* *Gallia.**
7 Badia. *(Meg.) Mannerh.* *Austria.*
8 Fulva. *Chevrol. in litt.* *Alsatia.**
9 Campicola. *Mannerh.* *Russ. merid.*
10 Serrata. *Gyll. Payk.* *Gallia.**
11 Bella. *L. Redtenb.* *Austria.*
12 Laticollis. *Mannerh.* *Suecia.*
13 Sculptipennis. *Motsch.* *Russ. merid.*
14 Axillaris. *Motschulsky.* id.
Denticollis. Motsch. id.
15 Melanophthalma. *Germ.* *Finlandia.**
16 Formicetorum. *Manh.* id.*
17 Illæsa. *Mannerheim.* id.
18 Longicornis. *Herbst.* *Suecia.*
Rufipes. Schüppel. *Germania.*
Var. *Ruficornis. Kug.* id.
19 Cylindrica. *Kunze.* *Saxonia.**
20 Umbilicifera. *Mannerh.* id.
Umbicilata? Beck. id.
21 Crenicollis. *Mannerh.* *Gallia.*
22 Lacerata. *Mannerh.* *Germania.*
23 Foveola. *Beck.* *Suecia.*
Foveolata. Waterh. id.
24 Linearis. *Paykull.* *Lapponia.**
25 Rubripes. *Mannerh.* id.
86 Fulva. *Chevr. Mann.* *Helvetia.*
27 Longicollis. *Zetterst.* *Austria.*
28 Lateritia. *Mannerh.* *Finlandia.*
29 Elongata. *Schüppel.* *Germania.**
30 Ferruginea. *Marsham.* *Suecia.*
Fenestralis. Linné. id.
31 Subacuminata. *Mannh.* *Suecia.*
32 Cutticollis. *Mannerh.* id.
33 Gibbosa. *Herbst. Gyll.* *Austria.**
Minuta. Fabr. *Germania.*
Impressa. Marsham. *Gall. bor.*
34 Transversalis. *Schüpp. Gyll.* *Gallia.*
35 Taurica *Mannerheim.* *Tauria.*
36 Brevicollis. *Chevr. Vil.* *Helvetia.*
37 Hortensis. *Motsch.* *Lithuania.*
38 Parvula. *Schüp. Mann.* *Austria.*
39 Crocata. *Motschulsky.* *Saxonia.*
40 Trifoveolata. *L. Redtb.* *Austria.*
Fuscula. var. Manner. id.
41 Similata *Schüp. Gyll.* id.
42 Subtilis. *Mannerheim.* *Finlandia.*
43 Suturalis. *Motschulsky.* *Russ. merid.*
44 Truncatella. *Motsch.* *Helvetia.*
45 Fulvipes. *Motschulsky* *Gallia.*
46 Distinguenda *Chevrier. Villa. Mannerh.* id.*
47 Fuscipennis. *Mannerh.* *Germania.*
Ruficollis. Kunze. id.
48 Lapponica. *Zettersted.* *Suecia bor.*
Serrata. Zettersted. id.
49 Nigriceps. *Waltl. Man.* *Bavaria.*
50 Nigricollis *Zettersted.* *Lapp. merid.*
51 Rufula. *Zettersted.* id.
52 Fuscula. *(Meg.) Gyll.* *Austria.*
53 Pallida. *Marsham.* *Anglia.*

DASYCERUS. *Brongniart.*

Müller. Germar. Redtenbacher.

1 Sulcatus. *Müll. Germ.* *P.**
2 Echinatus. *Géné.* *Lombardia.*

20. FAM. MYCETOPHAGI.

MYCETOPHAGUS. *Hellwig. Fabr.*

CARABUS, CHRYSOMELA. *Linné.* TRITOMA. *Geoff.* BOLETARIA. *Marsh.*

1 Quadripustulatus. *Lin.* *P.**
Quadrimaculatus. Hellwig. *Germania.*
Boleti. Herbst. *Austria.*
2 Piceus. *Fabr.* *P.**
Variabilis. Hellwig. Schneid. *Germania.*
Lunaris. Fabr. id.
Sexpustulatus. (Ips.) *Fabr.* id.
Varia. Marsham. *Anglia.*
Undulata Marsham. id.
3 Decempunctatus. *Fab.* *Alsatia.**
4 Atomarius. *Fabr.* *Austria.**
5 Multipunctatus. *Hellwig. Schneid.* *P.**
Similis. Marsham. *Anglia.*
6 Fulvicollis. *Fabr.* *P.*
7 Populi. *Fabr. Payk.* *Austria.**
Brunneus. Panzer. Müller. id.
8 4-Guttatus. *Müller.* *Germania.**
Pubescens. Stephens. *Anglia.*
Tetratoma. Dej. Cat. *P.*
9 Salicis. (*Chevrolat*) id.*

TRYPHILLUS. (*Megerle.*) *Latr.*

DERMESTES. *Fab.* TRYPHÆA. *Schuck. Stephens.* MYCETOPHAGUS. *Hellwig.*

1 Punctatus. *Hellwig. Schneid.* *P.**
Pilosus. Herbst. *Austria.*
Bicolor. Fabr. (Ips.) *Dania.*
Humeralis. Marsham. *Anglia.*
2 Suturalis. *Fabr.* *Germania.*
Ferruginea. Marsham. *Anglia.*
Sparganii. Stephens. id.
Obscurus. Dej. Cat. *P.**

LITARGUS. *Erichson.*

MYCETOPHAGUS. *Fabr.* IPS. *Panz.* ENGIS. *Fabr.* TRIPHILLUS. *Dej. Cat.*

1 Bifasciatus. *Fab. Hbst.* *P.**
Marginalis. Panzer *Germania.*
Var. *Signatus. Panz.* id.
— *Lunatus. Fabr.* (Engis et Ips.) id.

TYPHÆA. *Kirby.*

DERMESTES. *Linné. Fabr.* MYCETOPHAG. *Gyll.* MYCETÆA. *Steph.*

1 Fumata. *Linné. Marsh.* *P.**
Testacea. Fabr. *Gallia.*
Variabilis. Hbst. Payk. *Germania.*
Tomentosa. Stephens. *Anglia.*
Testacea. Stephens. id.

BERGINUS. *Dej. in litt. Géné*

1 Tamarisci. *Dej. in litt. Géné.* *Gall. merid.**

44

---

21. FAM. DERMESTÆ.

BYTURUS. *Latreille.*

DERMESTES. *Linné. Fabr. Geoff. Oliv.* IPS. *Oliv.*

1 Tomentosus. *Fabr.* *Gallia.**
2 Fumatus. *Linné.* id.*

DERMESTES. *Linné.*

Fabr. Herbst. Duftsch. Oliv. Illig. Panz. ANTHRENUS. *Fabr.*

1 Vulpinus. *Fabr.* *P.**
Maculatus. de Geer. *Suecia.*
Senex. (*Dahl.*) *Germar.* *Germania.*
Lupinus. (*Eschsch.*) *Er.* *Russ. merid.*
2 Dimidiatus. *Stév. Sch.* id.
3 Frischii. *Kugn. Schnd.* *Austria.*
Vulpinus. Illiger. id.
4 Murinus. *Linné.* *Suecia.**
Nebulosus. de Geer. *P.*
Catta. Panzer. id.
Roseiventris. (*Peir*) *Cast.* *Pedemont.*

5 Carnivorus. *Fab. Oliv.* *Austria.*
Versicolor. Castelnau. id.
Humeralis. (Solier.) *Buenos-Ayr.*
6 Hirticollis. *Fabr.* *Algiria.**
Thoracicus. Géné. *Sardinia.*
7 Pardalis. *Schönherr.* *Gall. merid.*
Thoracicus. Dej. Cat. id.
8 Coronatus. *Stéven.* *Russ. merid.*
9 Undulatus. *Brahm.* *Austria.*
Tesselatus. Illiger. id.
Var. *Vulpecula. Hbst.* id.
Murinus. Olivier. *Gall. merid.*
10 Atomarius. *(Ziegl.) Er.* *Austria.*
11 Tesselatus. *Fabr.* *P.**
12 Mustelinus. *Erichson.* *Germania.*
Murinus. Dej. Cat. *P.*
Tesselatus. Olivier. id.
13 Laniarius. *Illiger.* *Germania.**
Marcellarius. Herbst. *Austria.*
Murinus. Herbst. id.
Affinis. Gyllenhal. *P.*
Catta. Duftschmid. *Austria.*
14 Ater. *Olivier. Casteln.* *Gall. merid.**
15 Fuliginosus. *Rossi.* *Italia.*
Ater. Duftschmid. *Austria.*
16 Lardarius. *Linné.* *Gallia.**
17 Bicolor. *Fabr. Herbst.* *Germania.**
18 ? Holosericeus. *Bonel.* *Italia.*
19 ? Signaticollis. *Fischer. St. Cat.* *Russ. merid.*

ATTAGENUS. *Latreille.*

DERMESTES. *Fabr. Oliv. Duftschm.* MEGATOMA. *Herbst.*

1 Obtusus. *Schönher.* *Hispania.*
2 Trifasciatus. *Fabr.* *Gall. merid.**
3 Repandus. *Dej. Cat.* *Hispania.**
4 Fallax. *Géné.* *Sardinia.**
5 Serripes. *(Chevrolat.)* *Algiria.**
6 Dalmatinus. *Dej. Cat. Küster.* *Dalmatia.*
7 Vigintiguttatus. *Fabr.* *Germania.**
8 Sexguttatus. *Stm. Cat.* *Sardinia.*
9 Niseteoi. *Dej. Cat.* *Dalmatia.*
10 Bifasciatus. *Rossi.* *Italia.**
11 Signatus. *Dej. Cat.* *Russ. merid.*
12 Megatoma. *Fabr.* *Gall. merid.**
Marcellarius. Duftsch. *Austria.*
13 Flavicornis. *Dej. Cat.* *Gall. merid.**
Bicolor. (Dahl.) *Austria.*

14 Pellio. *Linné.* *P.**
Bipunctatus. de Geer. *Suecia.*
♂ *Cylindricornis. Schrank.* *Austria.*
Schrankii. Kugelann. id.
Ater. Herbst. *Germania.*
♀ *Marcellarius. Fabr.* id.
15 Pantherinus. *Ahrens.* *Germania.*
16 Schæfferi. *Herbst.* id.*
17 Sordidus. *Heer.* *Helvetia.*

MEGATOMA. *Herbst.*

DERMESTES. *Linné.* ATTAGENUS. *Latr.*

1 ♂ Undata. *Linné.* *P.**
♀ *Undulata. Herbst.* *Germania.*

HADROTOMA. *Erichson.*

DERMESTES. *Fabr. Payk. Gyll.* GLOBICORNIS. *Latr.*

1 Marginata. *Paykull.* *Suecia.**
Emarginata. Gyll. *Germania.*
2 Nigripes. *Fabr.* *P.**
Rufitarsis. Panz. Latr. Guérin. *Germania.*

ORPHILUS. *Erichson.*

ANTHRENUS. *Duftsch. Panz. Dej. Cat.*

1 Glabratus. *Fabr.* *Gall. merid.**
Glaber. (Creutz.) Pz. *Austria.*
Niger. Rossi. *Italia.*

TRINODES. *(Megerle.) Erich.*

ANTHRENUS. *Fabr.*

1 Hirtus. *Fabr.* *Gall. bor.**

ANTHRENUS. *Geoffroy.*

DERMESTES et BYRRHUS. *Linné.*

1 Scrophulariæ. *Linné.* *P.**
Var. *Histrio. Fabr.* *Germania.*
Verbasci. Herbst. *Austria.*
2 Pimpinellæ. *Fabr.* *P.**
3 Varius. *Fabr.* id.*
Verbasci. Olivier. id.
Tricolor. Herbst. *Austria.*
Pictus. (Megerle.) Germar. Geoff. id.

4 Albidus. *Dej. Cat.* *Gall. merid.**
5 Signatus. *(Ziegl.) Er.* *Austria.*
6 Squamosus. *Dej. Cat.* *Algiria.**
7 Museorum. *Linné.* *P.**
Verbasci. Fabr. *Germania.*
Fuscus. Olivier. *Gallia merid.*
Obscurus. Schönherr. *Suecia.*
Varius. Stephens. *Anglia.*
8 Claviger. *Erichson.* *Germania.*
Fuscus. Latreille. *P.*
9 Sertarius. *Schmidt* et *Helfer.* *Smyrna.*
10 Minutus. *(Parr.) Erich.* *Sardinia.*

TROGODERMA. *Latreille.*

DERMESTES. *Gyll.* ANTHRENUS. *Fabr.*

1 Versicolor. *Creutzer. Herbst.* *Austria.*
Elongatula. Duftsch. id.
2 Elongatula. *Fabr.* *Austria.**
Glaber. Herbst. id.
Ruficornis. Latreille. *Gallia.*
Versicolor. Illiger. *Germania.*
3 Nigra. *Herbst.* *Austria.*
Subfasciata. Gyllenh. *Suecia.*
Elongatula. Heer. *Helvetia.*
4 Villosula. *(Meg.) Duft.* *Austria.**

TIRESIAS. *Stephens.*

DERMESTES. *Fabr. Duftsch.* MEGATOMA. *Dej. Cat.* ATTAGENUS. *Latr.* CTESIAS. *Steph.*

1 Serra. *Fabr. Latr.* *P.**
Viennensis. Herbst. *Austria.*

58

22. FAM. GEORYSSI.

GEORYSSUS. *Latreille.*

PIMELIA. *Fabr.* TROX. *Panz.* BYRRHUS. *Rossi.* CATHAVISTES. *Illig.*

1 Pygmæus. *Fabr.* *P.**
Dubius. Panzer. *Germania.*
Crenulatus. Rossi. *Italia.*
2 Costatus. *de Casteln.* *Algiria.**
3 Substriatus. *(Chevrier.) Heer.* *Helvetia.*
4 Striatus. *Dej. Cat.* *Gall. merid.**
5 Læsicollis. *(Ull.) Germ.* id.
Vulneratus. (Ahrens.) *Austria.*
6 Bisulcatus. *Motsch.* *Livonia.*
7 Canaliculatus. *Dej. Cat.* *Hispania.*
8 Latreillei. *Dufour.* id.*
Sulcatus. Dej. Cat. id.
9 Incisus. *Motschulsky.* *P.*

9

23. FAM. BYRRHI.

ASPIDIPHORUS. *Latreille.*

NITIDULA. *Gyll.*

1 Orbiculatus. *Gyllenh.* *Gall. bor.**
Viennensis. (Ziegler.) Dej. Cat. *Austria.*

LIMNICHUS. *Latreille.*

Dej. Cat. BYRRHUS. *Duftsch. Sturm.*

1 Versicolor. *Walt. Heer.* *Austria.**
Riparius. Dej. Cat. *Gall. merid.*
2 Sericeus. *Duftschmid.* *Austria.**
3 Pygmæus. *Sturm.* id.
Sericeus. Stephens. *Anglia.*

SIMPLOCARIA. *Marsh. Steph.*

BYRRHUS. *Fabr. Oliv.*

1 Semistriata. *Fabr.* *Gallia.**
Picipes. Olivier. id.
2 Metallica. *Sturm. Duft.* *Austria.*
Picipes. Gyll. Steph. *Suecia.*
3 Maculosa. *(Märk.) Er.* *Austria.*
4 Acuminata. *Erichson.* *Alp. Austria.*

SYNCALYPTA. *Dillwyn. Steph.*

CHÆTOPORUS. *Kirby.* BYRRHUS. *Rossi.*

1 Spinosa. *Rossi.* *Austria.**
Arenaria. Sturm. *Germania.*
Pusilla. Sturm. id.
Cretifera. Spce. Steffahny. *Austria.*

2 Setosa. *Waltl.* *Germania.*
Setigera. Duftschmid. *Austria.*
Settigera. Heer. *Helvetia.*
3 Paleata. *Erichson.* *Austria.*
4 Setigera. *Illiger. St.* *Germania.**
5 Striatopunctata. *Dej. Cat. Steffah.* *Hispania.*

CURIMUS. *Erichson.*

Byrrhus. *Dft. Vill. Heer. Steffah. Dej. Cat.*

1 Erinaceus. *Duftsch.* *Austria.*
Lariensis. Steffahny. *Germania.*
2 Lariensis. *Villa. Heer.* *Helvetia.**
3 Hispidus. *Erichson.* *Austria.*

NOSODENDRON. *Latreille.*

Sphæridium. *Fab.* Byrrhus. *Panz. Oliv.*

1 Fasciculare. *Fab. Panz.* *Gallia.**

BYRRHUS. *Linné.*

Dermestes. *Linné.* Cistela. *Geoff.*

1 Gigas. *Fabr.* *Austria.**
2 Scabripennis. *Steffah.* *Styria.**
Alpinus. Dej. Cat. *Alp. Gall.*
3 Pyrenæus. *Dufour.* *Pyrenæis.**
4 Inæqualis. *Erichson.* *Tirolis.*
5 Festivus. *Sturm. Cat.* *Hungaria.*
6 Signatus. *Steffahny.* *Gall. bor.**
Dianæ. Panzer. *Germania.*
Var. *Signatus. Panz.* id.
7 Ornatus. *Panzer.* *Germ. merid.**
Glabratus. Heer. *Helvetia.*
Striatus. var. Märkel. *Saxonia.*
8 Luniger. *Germ. Panz.* *Austria.**
Coronatus. Illig. Brul. id.
Cinctus. Heer. *Helvetia.*
Var. *Lineatus. Panzer.* *Germania.*
9 Picipes. *(Meg.) Duft.* id.
10 Dennii. *Curtis.* *Berolini.*
11 Pilula. *Linné. Illig.* *P.**
Var. *b. Oblonga. Stm.* *Germania.*
— *c. Aurato-fasciatus. Duft.* *Austria.*
Albopunctatus. Fabr. id.
Var. *d. Arietinus. Steff.* id.*
— *f Flavocoronatus. (Waltl.)* id.
— *h. Ater. Illiger.* id.
— *g. Argenteo-fasciatus. Duft.* id.
12 Fasciatus. *Fabr.* *Gallia.**
Var. *a. Dianæ. Fabr.* *Germania.*
— *b. Cinctus. Stm.* id.
— *d. Dorsalis. Panz.* id.
13 Dorsalis. *Fabr.* *Gallia.**
Var. *a. Ater. Fab. Oliv.* *Germania.*
— *b. Morio. Il. Panz.* id.
— *c. Fasciatus. Hbst.* *Austria.*
— *f. Rufipennis. Ill.* id.
14 Regalis. *(Dahl.) Steff.* id.
15 Arietinus. *Germar.* *Germ. merid*
16 Pilosellus. *Heer.* *Helvetia.*
17 Sulcatus. *Zettersted.* *Lapponia.*
18 Murinus. *Fabr.* *Gallia.**
Rubidus. Kugelann. *Germania.*
Pulverulentus. Thunb. *Suecia.*
Undulatus. Kugelann. *Germania.*
19 Insignis. *Steffahny.* id.
20 Decorus. *Steffahny.* *Hungaria.*
21 Pulchellus. *Heer.* *Helvetia.*

CYTILLUS. *Erichson.*

Byrrhus. *Fabr. Steffahny.* Cistela. *Fost.*

1 Varius. *Fabr.* *Gallia.**
Maculatus. Herbst. *Austria.*
Sericeus. Stephens. *Anglia.*
Bicolor. Marsham. id.
Pilula. de Geer. *Suecia.*
Var. *a. Fuscus. Steph.* *Anglia.*
— *c. Auricomus. Dft.* *Austria.*
— *d. Stoicus. Kugln.* id.

MORYCHUS. *Erichson.*

Byrrhus. *Fabr. Illig. Payk. Panz. Steff.*

1 Æneus. *Fabr.* *Germania.**
2 Nitens. *Panzer.* id.*
Nitidus. Schaller. id.
Æneus. Olivier. *Gallia.*
Punctatus. Germar. *Germania.*
Niger. Kugelann. id.

PEDILOPHORUS. *Steffahny.*

Byrrhus. *Duftsch.*

1 Auratus. *Duftsch.* *Austria.**
Nitens. Germar. *Carniolia.*

42

24. FAM. THROSCI.

MYRMECOBIUS. *Lucas.*

1 Agilis. *Lucas.* *Algiria.*

THORICTUS. *Germar.*

XILONOTROGUS. *Motschulsky.* PLATYDERUS. *Dej. Cat.*

1 Mauritanicus. *Lucas.* *Algiria.**
2 { Grandicollis. *Germar.* *Orient.*
{ *Laticollis? Motschuls.* *Russ. merid.*
3 Puncticollis. *Lucas.* *Algiria.**
4 Germari. *Lucas.* id.

CEUTOCERUS. *Germar.*

1 Advenus. *Germar.* *Gall. merid.*

THROSCUS. *Latreille.*

ELATER. *Linné. Oliv.* DERMESTES. *Payk.* TRIXAGUS. *Kugelann.*

1 { Dermestoides. *Linné.* *Gallia.**
{ *Clavicornis. Olivier.* *Austria.*
{ *Adstrictor. Fabr.* *Germania.*
2 Elateroides. *Heer.* *Helvetia.*
3 Pusillus. *Heer.* id.

9

---

25. FAM. HISTRI.

HOLOLEPTA. *Paykull.*

HISTER. *Fabr.*

1 Plana. *Fabr. Payk.* *Carniolia.**

PLATYSOMA. *Leach. Erich.*

HOLOLEPTA. *Payk. St. Cat.* HISTER. *Fabr. Oliv.*

1 Frontale. *Paykull.* *Germania.*
2 Oblongum. *Fab. Payk.* *Alsatia.**
3 { Depressum. *Fabr.* *Gallia.**
{ Var. *Deplanatum. Gyl.* *Suecia.*
4 { Lineare. *Erichson.* *Germania.**
{ *Oblongum. Illiger.* *Austria.*
{ *Angustatum. Paykull.*
{ *var. Gyll.* *Suecia.*
5 Augustatum. *Ent. Hft.* *Germania.*
6 Algiricum. *Lucas.* *Algiria.**
7 Filiforme. *Erich.* *Lusitania.*

HISTER. *Linné.*

Fabr. Payk. Oliv. Latr. Erich.

1 Major. *Linné.* *Gall. merid.**
2 { Inæqualis. *Fabr.* id.*
{ *Lævis. Panzer.* id.
3 { Grandicollis. *Illiger.* *Lusitania.*
{ Var. *Gibbus.* (*Dahl.*) *Sardinia.*
4 { Quadrimaculatus. *Lin. Payk.* *Gallia.**
{ *Lunatus. Fabr.* *P.*
{ Var. *Gagates. Illiger.* *Austria.*
5 Æthiops. *Heer.* *Helvetia.*
6 { Quadrinotatus. *Scriba.* *P.**
{ *Quadrimaculatus. Fabr.* *Germania.*
7 Pustulosus. *Géné.* *Sardinia.*
8 Unicolor. *Linné. Fabr.* *P.**
9 Barbarus. (*Chevrolat.*) *Algiria.**
10 Punctifer. *Paykull.* *Suecia.*
11 { Fimetarius. *Herbst.* *Germania.**
{ *Sinuatus. Fabr.* *Austria.*
{ *Interruptus. Fischer.* *Russ. merid.*
{ *Bipustulatus. Illiger.* *Austria.*
12 { Amplicollis. *Erichson.* *Algiria.**
{ *Græcus. Dej. Cat.* *Græcia.*
13 Neglectus. *Germar.* *Germania.**
14 Terricola. *Germar.* id.*
15 Merdarius. *Ent. Heft.* id.*
16 { Cadaverinus. *Ent. Heft.* *P.**
{ *Brunneus. Illiger.* *Germania.*
{ *Impressus. Fabr.* id.
17 Distinctus. (*Megerle.*) *Austria.*
18 { Carbonarius. *Ent. Heft.* *P.**
{ *Striatus. Illiger.* *Austria.*
{ Var. *Nigellatus. Germ.* *Germania.*
{ *Duodecimstriatus. Ill.* *Austria.*
19 Marginatus. *Erichson.* *Germania.*
20 Purpurascens. *Payk.* *Gallia.**
21 Binotatus. *Dej. Cat. Erich.* *Gall. merid.**
22 Stercorarius. *Ent. Heft.* *Gallia.**

23 Sinuatus. *Paykull.* *Gall. merid.**
Uncinatus. Illg. Erich. *Austria.*
Fimetarius. Herbst. id.
Illigeri. Duftschmid. id.
Velox. Ménétriés. *Russ. merid.*
24 Bipunctatus. *Paykull.* *Gall. merid.**
25 Politus. *(Dahl.)* *Hungaria.*
26 Nigerrimus. *Dej. Cat.* *Gall. merid.**
27 Sepulchralis. *Erichson.* *Hungaria.*
28 Mæreus. *Erichson.* *Istria.*
29 Funestus. *Erichson.* id.
30 Bisexstriatus. *Paykull.* *Gallia.**
12-striatus. var. b. Sturm. *Germania.*
31 Puncticollis. *Heer.* *Helvetia.*
32 Corvinus. *Germ.* *Gallia.**
Bisexstriatus. var. Payk. Er. *Germania.*
Vicinus. Besser. *Podolia.*
33 Bimaculatus. *Linné.* *Gallia.**
34 Scutellaris. *(Dahl.)* *Sicilia.*
Var. *Bifoveolatus. Kol.* *Græcia.*
35 Duodecimstriatus. *Paykull.* *Gallia.**
Var. *Bisextriatus. Illg.* *Germania.*
36 Quatuordecimstriatus. *Gyllenh.* *Suecia.*

HETÆRIUS. *Godet. Erichson.*

HÆTERIUS. *Dej. Cat.* HISTER. *Oliv. Kugelann.*

1 Quadratus. *Ent. Heft.* *Gallia.**
Ferrugineus. Olivier. id.

EPIERUS. *Erichson.*

HISTER. *Paykull.*

1 Retusus. *Illiger.* *Austria.*
2 Comptus. *Illiger.* id.
3 Italicus. *Paykull.* id.*
4 Fulvicornis. *Paykull.* id.

TRIBALUS. *Erichson.*

HISTER. *Auct.*

1 Scaphidiformis. *Illiger.* *Austria.*
2 Minimus. *Rossi.* *Ital. Algiria.*

DENDROPHILUS. *Leach. Erichson.*

HISTER. *Linné.*

1 Punctatus. *Paykull.* *Gallia.**
Pygmæus. Fabr. *Germania.*
2 Pygmæus. *Linné.* *P.**
Formicetorum. Aubé. id.
Scheppardii. Curtis. *Anglia.*

PAROMALUS. *Erichson.*

HISTER, HOLOLEPTA. *Paykull.*

1 Troglodytes. *Paykull.* *Gall merid.**
2 Complanatus. *Paykull.* *Gallia.**
3 Parallelopipedus. *Hbst.* id.*
Picipes. Sturm. *Germania.*
4 Flavicornis. *Paykull.* *Gallia.**
5 Brunnipes. *Stm. Cat.* *Gall. merid.*

SAPRINUS. *Erichson.*

HISTER. *Payk. Dej. Cat.*

1 Rotundatus. *Illiger.* *Gallia.**
Conjugatus. Illiger. *Austria.*
2 Maculatus. *Rossi.* *Italia.**
Personnatus. Fischer. *Russ. merid.*
3 Cruciatus. *Paykull.* *Algiria.**
4 Ornatus. *Fischer.* *Russ. merid.*
Interruptus. Fischer. id.
5 Externus. *Fischer.* id.
6 Biguttatus. *Stéven.* id.
7 Interruptus. *Paykull.* *Orient.*
8 Semipunctatus. *Fabr.* *Gall. merid.**
Cærulescens. Ent. Hft. id.
Cyaneus. Rossi. *Italia.*
Caspius. Ménétriés. *Russ. merid.**
9 Intricatus. *Latreille.* *Gall. merid.**
10 Nitidulus. *Fabr. Panz.* *Gallia.**
Acuminatus. Fabr. id.
Semi-striatus. Ent. Heft. *Germania.*
11 Furvus. *Erichson.* *Gall. merid.*
Massiliensis. Dej. id.
12 Detersus. *Illiger.* *Austria?*
13 Immundus. *Gyllenh.* *Germania.**
14 Rugifer. *Gyllenhal.* *Suecia.*
15 Chalcites. *Illig. Erich.* *Algiria.**
Affinis. Paykull. *Gall. merid.*
16 Speculifer. *Lat. Payk. Er.* *Gallia.**
Pulcherrimus. Weber. *Germania.*
Personnatus. Illiger. *Austria.*

17 Cribellatus. *Stéven.* *Russ. merid.*
18 Æneus. *Fabr.* *Gallia.**
19 Opacus. *Sturm. Cat.* *Germania.*
20 Mediocris. *Mac-Leay.* *Algiria.**
21 Ruficornis. *Dej. Cat.* id.*
22 { Virescens. *Paykull.* *Gallia.**
{ *Viridis. Duftschmid.* *Austria.*
23 Lautus. *Erichson.* *Germania.*
24 Piceus. *Paykull.* *Gall. bor.**
25 Æmulus. *Illiger.* *Austria.*
26 Sabuleti. *Rosenhauer.* *Germania.*
27 Conjungens. *Paykull.* *Gallia.**
28 Rufipes. *Paykull.* *Gall. merid.*
29 Ahenus. *Sturm. Cat.* *Hispania.*
30 Arenarius. (*Dahl*) *Austria.*
31 Amœnus. *Erichson.* *N.*
32 Antiquulus. *Illiger.* *Austria.*
33 Granarius. *Erichson.* *N.*
34 Spretulus. *Erichson.* id.
35 Impressicollis. (*Gaub.*) *Algiria.**
36 Algericus. *Paykull.* *Hisp. merid.**
37 Metallescens. *Erich.* *Sardinia.*
38 Æreus. (*Megerle.*) *Italia.*
39 Immundus. *Gyllenh.* *Germania.*
40 Mauritanicus. *Lucas.* *Algiria.**
41 { Viridescens. *Sturm.* *Gall. merid.*
{ *Metallescens. Dej. Cat.* id.
{ *Virens.* (*Dahl.*) *Hungaria.*
42 Rubripes. *Erichson.* *Lusitania.*
43 Quadristriatus. *Ent. Heft.* *Alsatia.**
44 Apricarius. *Erichson.* *Sicilia.*
45 Metallicus. *Fabr. Hbst.* *Germania.**
46 Pullus. *Rosenhauer.* id.
47 { Rugifrons. *Ent. Heft. Payk.* id.*
{ *Metallicus. Ent. Heft. Payk. St.* id.
48 Curtus. *Rosenhauer.* id.
49 Crassipes. *Dej. Cat. Erich.* *Hispania.**
50 Dimidiatus. *Illiger.* *Gall. merid.**
51 Latipes. *Dej. Cat.* *Italia.*
52 Modestus. *Sturm. Cat.* *Hungaria.*
53 Ovatus. *Sturm. Cat.* *Germania.*

TERETRIUS. *Erichson.*

HISTER. *Fabr.*

1 Picipes. *Fabr.* *Germania.**

ONTHOPHILUS. *Leach. Erich.*

HISTER. *Fabr.*

1 { Striatus. *Fabr.* *P.**
{ *Sulcatus. Olivier.* id.
2 { Affinis. *L. Redtenbach.* *Austria.**
{ *Catenulatus.* (*Dahl.*) id.
3 { Sulcatus. *Fabr.* *Gall. merid.**
{ *Globulosus. Olivier.* id.
4 Exaratus. *Illiger.* *Sardinia.*

PLEGADERUS. *Erichson.*

ABRÆUS. *Leach.* HISTER. *Fabr.*

1 Cæsus. *Fabricius.* *Germania.**
2 { Saucius. *Erichson.* *Austria.**
{ *Vulneratus. Gyllenh.* *Suecia.*
3 Vulneratus. *Panzer.* *Germania.**
4 Discisus. *Erichson.* *Austria.*
5 Dissectus. *Erichson.* *Germania.*
6 Pusillus. *Rossia. Payk.* *Italia.*

ABRÆUS. *Leach. Latr.*

HISTER. *Fabr. Oliv.*

1 Globulus. *Creutzer.* *Germania.**
2 Globosus. *Ent. Heft.* id.*
3 Granulum. *Erichson.* id.
4 { Nigricornis. *Ent. Heft. Payk.* id.
{ *Minutus. Payk.* *Suecia.*
5 Atomarius. *Aubé.* *P.*
6 Punctum. *Aubé.* *Italia.*
7 Parvulus. *Aubé.* *P.**
8 Rhombophorus. *Aubé.* *Gallia.*
9 ? Scaber. *Fabr.* *Algiria.**

131

---

26. FAM. SCARABÆI.

DIVISIO 1. **Lucanida.** *Mac-Leay.*

PLATYCERUS. *Geoffroy. Latr.*

LUCANUS. *Linné. Fabr.* CERUCHUS. *Mac-Leay.*

1 { Caraboides. *Linné.* *Gallia.**
{ Var. A. *Virescens. Mul.* id.
{ — B. *Viride-æneus. Mulsant.* id.
{ — C. *Rufipes. Muls.* id.*

CERUCHUS. *Mac-Leay.*

TARANDUS. (*Meg.*) PLATYCERUS. *Latr.* LUCANUS. *Fabr. Panz.*

1 Tarandus. *Panzer.* *Alp. Gall.**
Piceus. Bonsdorff. *Russia.*
Chrysomelinus. Hohw. *Suecia.*
Tenebrioides. Fabr. id.
Var. A. *Sylvicola. Mul.* *Alp. Gall.*
— *Silesiacus?* (*Meg.*) *Silesia.*

LUCANUS. *Scopoli. Linné.*

1 Cervus. *Linné.* *Gallia.**
♀ *Inermis. Marsham.* *Anglia.*
Var. A. *Microcephalus. Mulsant.* *Gallia.*
— B. *Dorcas. Panz.* *Germania.**
Capreolus. Sulzer. id.*
Hircus. Scheven in Fuessly. *Austria.*
Capra. Olivier. *Gallia.*
Var. *Turcicus. Sturm.* *Constantinp.*
2 Tauricus. *Motschulsky.* *Tauria.*
3 Maxillaris. *Motsch.* id.

HEXAPHYLLUS. *Mulsant.*

1 Pontbriantii. *Mulsant.* *Gall. orient.**

DORCUS. *Mac-Leay.*

LUCANUS. *Fabr.*

1 Parallelopipedus. *Lin.* *Gallia.**
♀ *Infractus. Bergstr.* *Germania.*
— *Dama. Müller.* id.
— *Capra. Panzer.* id.
— *Bipunctata. Schrk.* *Austria.*
— *Tuberculatus. Mac-Leay.* *Anglia.*
Var. A. *Immaturus. Mulsant.* *Gallia.*
2 Oblongus. *Charpent.* *Pyrenæis.*
3 Musimon. *Géné.* *Algiria.**

ÆSALUS. *Fabricius.*

LUCANUS. *Panzer.*

1 Scarabæoides. *Fabr. Panz.* *Alsatia.**

SINODENDRON. *Fabricius.*

SCARABÆUS. *Linné. de Geer.*

1 Cylindricum. *Lin. Fab.* *Gallia.**
Var. A. *Juvenilis. Mul.* id.

DIVISIO 2. **Geotrupida.** *Mac-Leay.*

GEOTRUPES. *Latreille.*

SCARABÆUS. *Linné. Fabr.*

1 Stercorarius. *Linné.* *Gallia.**
♂ *Spiniger. Marsham.* *Anglia.*
Var. A. *Puncticollis. Stephens.* id.
— B. *Exaratus. Muls.* *Gallia.*
— C. *Foveatus. Mars.* *Anglia.*
— F. *Subrugulosus. Mulsant.* *Gallia.*
— G. *Subviolaceus. Mulsant.* id.
— H. *Chalybeus. Mul.* id.
— I. *Virescens. Muls.* id.
— J. *Juvencus. Muls.* id.
— *Octomaculatus.* (*Gaubil*) *Gall. merid.**
2 Putridarius. (*Eschsch.*) *Erich.* *Gallia.**
Stercorarius. de Geer. Gyll. Steph. id.
Punctatostriatus? Stephens. *Anglia.*
3 Mutator. *Marsh. Steph.* *Gallia.**
Stercorarius. Herbst. *Germania.*
Politus. Malinowski. id.
4 Douei. *Gory.* *Algiria.**
Dentifrons. Mulsant. id.
Siculus. Dej. Cat. Er. *Sicilia.*
5 Purpureus. *Stm. Cat.* *Bosporus.*
6 Dalmatinus. *Stm. Cat.* *Dalmatia.*
7 Hypocrita. (*Schneider.*) *Lep. de St Farg.* *Gall. merid.**
Stercorarius. var. b. Rossi. *Italia.*
Sublævigatus. Steph. *Anglia.*
Var. A. *Lævicollis. Mul.* *Gall. orient.*
— B. *Substriatus. Mulsant.* id.
— C. *Subvirescens. Mulsant.* id.

8 Sylvaticus. *Panzer.* *P.**
Stercorosus. (Hartm.) Scriba. *Carniolia.*
Var. A. *Nigrinus. Muls.* *Gallia.*
— B. *Monticola. Heer.* *Helvetia.*
— C. *Amæthystinus. Mulsant.* *Gallia.*
— D. *Juvenilis. Muls.* id.

9 Vernalis. *Linné.* *Gallia.**
Lævis. Curtis. *Anglia.*
Var. *Autumnalis. (Zgl.)* *Helvetia.*
— A. *Obscurus. Muls.* *Gallia.*
— B. *Violaceus. Muls* id.
— C. *Varians. Muls.* id.
Vernalis. Heer. *Gall. orient.*
Var. D. *Splendens. (Zgl.) Mulsant.* *Alp. Gall.**
— G. *Politus. Muls.* *Gallia.*
— F. *Pyrenæus. Charpent.* *Pyrenæis.*
— *Alpinus. (Hagenb. St.) Charp.* *Alp. Lomb.**

10 Corruscans. *Chevrol.* *Lusitania.**

THORECTES. *Mulsant.*

GEOTRUPES. *Latr.* SCARABÆUS. *Linné. Fabr.*

1 Rotundatus. *Lucas.* *Algiria.**
Cyclonotus. (Dejean.) id.
2 Puncticollis. *Lucas.* id.*
3 Latus. *Rambur.* *Hispania.**
4 Hemisphæricus. *Oliv.* *Algiria.**
5 Lævigatus. *Fabr.* *Gall. merid.**
Var. A. *Lineicollis. Mulsant.* id.
— B. *Desjardini. (Gory.) Mulsant.* id.
— C. *Subgeniculatus. Mulsant.* id.
— D. *Subrugulosus. Mulsant.* id.
— E. *Simplicidens. Mulsant.* id.
6 Hoppei. *Hagenbach. St. Cat.* *Tergest.*
Rugulosus. Charpent. *Illyria.*
Glabratus. Dej. Cat. *Corsica.*
7 Sardeus. *(Dahl.) Erich.* *Sardinia.**
8 Distinctus. *(Gaubil.)* *Algiria.**
9 Germinatus. *Dej. Cat.* *Corsica.**
Pastor. Géné. *Sardinia.*
10 Globosus. *St. Cat* *Sicilia.*

CERATOPHYUS. *Fischer.*

GEOTRUPES. *Latr. Dej. Cat.* SCARABÆUS *Lin. Fabr.*

1 Ammon. *Pallas.* *Russ. merid.*
Dispar. Fabr. id.
2 Hoffmanseggii. *Dej. Ct.* *Lusitania.**
Dispar. Sturm. Cat. id.
3 Fischeri. *Zwick. Fisch.* *Russ. merid.*
Monoceros. (Dahl.) Germar. *Italia.*
Dispar. Rossi. id.
4 Typhæus. *Linné.* *Gallia.**
Vulgaris. Leach. *Anglia.*
♂ Var. A. *Pumilus. Mulsant.* id.
♀ — B. *Pusillus. Mulsant.* *Gallia.*
♂♀ — C. *Brunneus. Mulsant.* id.
5 Fossor. *Friwaldsky. Waltl.* *Græcia.*
6 Subarmatus. *Dej. Cat. Fairmaire.* id.
7 Momus. *Fabr.* *Hispania.**
8 Hostius. *Géné.* *Sardinia.*

BOLBOCERAS. *Kirby. Serville* et *Lep.*

Dej. Cat. Mulsant. ODONTÆUS *(Meg.) Erich.* SCARABÆUS. *Fabr.*

(ODONTÆUS. *Erich.*)

1 ♂ Mobilicornis. *Fabr.* *Gallia.**
♀ *Bicolor. Fabr.* id.
♂ *Armiger. Hockenwarth. Laich.* *Tirolis.*
Var. A. *Recticornis. Mulsant.* *Gallia.*
♀ Var. B. *Obliteratus. Mulsant.* id.
♂♀ — C. *Fulvus. Mul.* id.
— — D. *Testaceus. Fabr.* id.

(BOLBOCERAS. *Kirby.*)

2 Gallicus. *Mulsant.* *Gall. merid.**
♂ Var. A. *Provincialis. Mulsant.* id
♀ — B. *Conjunctus. Mulsant.* id

3 Quadridens. *Fab. Panz.* *Austria.**
Unicornis. Schrank. id.
Æneas. Panzer. id.
4 Lusitanicus. *Dej. Cat.* *Algiria.**
5 Bocchus. *Erichson.* id.*
Fissicornis. Mulsant. id.

LETHRUS. *Fabricius.*

BOLBOCERAS. *Vet.* CLUNIPES. *Hochenw.*

1 Cephalotes. *Fabr.* *Hungaria.**
Var. *Podolicus. Fisch.* *Podolia.*
Scarabæoides. Hochw. id.
2 Longimanus. *Fischer.* *Rus. mer. or.**
Eversmanni. Falderm. id.

DIVISIO 3. **Coprida.**

SCARABÆUS. *Linné. Oliv.*

ATEUCHUS. *Web. Fabr.* COPRIS. *Geoff.* ACTINOPHORUS. *Creutz. Panz.* HELIOCANTHARUS. *Mac-Leay.*

1 Sacer. *Linné.* *Gall. merid.**
Crenatus. de Geer. id.
Var. A. *Inermis. Muls.* id.
— B. *Edentulus. Mul.* id.
— C. *Pius. Illiger.* *Austria.*
— D. *Punctulatus. Mulsant.* *Gall. merid.*
— E. *Subsulcatus. Mac-Leay.* *Anglia.*
2 Striatus. *Dej. Cat.* *Hispania.*
3 Puncticollis. *Dej. Cat. Latreille.* id.*
Armeniacus. Ménétr. *Armenia.*
4 Semipunctatus. *Fabr.* *Gall. merid.**
Variolosus. Olivier. id.
Var. A. *Substriatus. Mulsant.* id.
— B. *Subinermis. Mulsant.* id.
5 Variolosus. *Fabr.* *Dalmatia.**
6 Cicatricosus. *Dej. Cat. Lucas.* *Algiria.**
7 Laticollis. *Linné.* *Gall. merid.**
Hottentota. Dumeril. id.
Serratus. Fourcroy. id.
Var. A. *Lævicollis. Mulsant.* *Gall. orient.*

GYMNOPLEURUS. *Illiger.*

SCARABÆUS. *Pallas.* ATEUCHUS. *Fabr* COPRIS. *Fourcroy.* ACTINOPHORUS. *Geoff. Duftsch.*

1 Flagellatus. *Fabr.* *Gall. merid.**
Coriarius. Herbst. *Austria.*
Var. A. *Clypeolatus. Mulsant.* *Gall. merid.*
— B. *Rugulosus. Mul* id.
— C. *Suturalis. (Chevrolat.) Mulsant.* id.
— D. *Asperatus. (Stev.) Mulsant.* id.
— E. *Confusus. Muls.* id.
2 Serratus. *Fischer.* *Russ. merid**
3 Mopsus. *Pallas.* id.*
Pillularius. Fab. Muls. *Gallia.*
Geoffroyæ. Sultzer. *Germania.*
Sinuatus. Fourcroy. *P.*
Var. A. *Tuberculatus. Mulsant.* *Gallia.*
— B. *Lævifrons. Mul.* id.
— C. *Læviusculus. Mulsant.* id.
— D. *Dorsalis. Muls.* id.
— E. *Indistinctus. Mulsant.* id.
— F. *Glabriusculus. Mulsant.* id.
— G. *Bidentatus. Mls.* id.
4 Sturmii. *Mac-Leay.* *Tergest.*
Pilularius. Stm. Cat. id.
Cantharus. Duftschm. id.
5 Cantharus. *Erichson.* id.

SISYPHUS. *Latreille.*

SCARABÆUS, ATEUCHUS. *Fabr.* SCARABÆUS. *Linné.* COPRIS. *Oliv. Geoff.* ACTINOPHORUS. *Duftsch.*

1 Schæfferi. *Linné.* *Gallia.**
Longipes. Scopoli. Schrank. *Carniolia.*
Arachnoides. Fourcr. *P.*
Var. A. *Boschnæki. Fischer.* *Gallia.**
— B. *Subemarginatus. Mulsant.* id.
— C. *Subinermis. Mulsant.* id

COPRIS. *Geoffroy. Fabr.*

SCARABÆUS. *Linné.*

1 Paniscus. *Fabr.* *Gall. merid.**
Hispanus. Scuckow.
var. β. *Russ. merid.*
♂ Var. A. *Sinuatus. Mulsant* *Gall. merid.*
♂♀ — B. *Hispanus. Linné.* *Hispania.*
Hispanicus. Poiret. id.
♂♀ Var. C. *Retusus. Mls.* *Gall. merid.*
— — D. *Tridens. Mls.* id.
— — E. *Lævicollis. Mulsant.* id.

2 Lunaris. *Linné.* *Gallia.**
Quadridentatus. de Geer. id.
Emarginatus. Olivier. id.
Lunus. Schrank. *Germania.*
Belisama. Schrank. id.
♂ Var. A. *Obliteratus. Mulsant.* id.
— — B. *Corniculatus. Muls.* id.
♀ — C. *Deletus. Mul.* id.
♂♀ — D. *Castaneus. Mulsant.* id.

BUBAS. *Mulsant.*

SCARABÆUS. *Linné.* ONITIS. *Fabr. Castelnau.*

1 Bison. *Linné.* *Gall. merid.**
♂ Var. A. *Brevicornis. Mulsant.* id.
— — B. *Dentifrons. Mulsant.* id.*
♀ — C. *Lineiformis. Mulsant.* id.
♂♀ — D. *Castaneus. Mulsant.* id.

2 Bubalus. *Olivier.* id.*
♂ Var. A. *Integricornis. Muls.* id.*
— — B. *Inermifrons. Mulsant.* id.
♀ — C. *Simplicifrons. Muls.* id.
♂♀ — D. *Brunnipterus. Muls.* id.*

ONITIS. *Fabricius.*

SCARABÆUS. *Olivier.*

1 Olivieri. *Illiger.* *Gall. merid.**
Sphinx. Olivier. id.
♂ Var. A. *Planifrons. Mulsant.* id.
— — B. *Inermicrus. Mulsant.* id.
♀ — C. *Subtuberculatus. Muls.* id.
♂♀ — D. *Subcostalis. Mulsant.* id
— — E. *Fuscus. Mul.* id.

2 Furcifer. *Rossi.* *Italia.**
3 Inuus. *Fabr.* *Algiria.**
4 Chevrolatii. *Lucas.* id.
5 Numida. *de Castelnau.* id.
6 Strigatus. *Erichson.* id.*
7 Irroratus. *Rossi.* *Italia.**
Var. *Clinias. Fabr.* *Hungaria.*
— *Lophus. Fabr.* *Algiria.*
— *Amynthas. de Castelnau.* *Russ. merid.*
— *Melybæus. Muls.* *Gall. merid.**
— *Tityrus. Mulsant.* id.
— *Alexis. Mulsant.* id.
8 Ion. *Olivier.* id.*
Vandelli. Fabr. id.
♂ Var. A. *Granulatus. Mulsant.* id.
♂♀ — B. *Trispinus. Mulsant.* id.
9 Damon. *Dej. Cat.* *Hispania.**
10 Mœris. *Pallas.* *Russ. merid.*
Mopsus. Sturm. Cat. id.
11 Damætas. *Stéven.* id.*
12 Pamphilus. *Dej. Cat.* id.
13 Schreibersii. *Dahl. Cat.* id.

ONTHOPHAGUS. *Latreille.*

SCARABÆUS. *Linné.* COPRIS, ATEUCHUS *Fabr.*

1 Lucidus. *Fabr.* *Hungaria.**
2 Austriacus. *Panzer.* *Austria.**

3 ♀ Tages. *Olivier.* *Gall. merid.**
♂ *Amyntas. Olivier.* id.
— *Juvencus. Scriba.* *Carniolia.*
♀ *Hybneri. Fabr.* *Gall. merid.*
♂ *Alces. Fabr.* id.
♀ *Gibbosus. Scriba.* *Carniolia.*
♂ *Vittulus. Scriba.* id.
— Var. A. *Difformis. Mulsant.* *Gall. merid.*
— — B. *Dubius. Mul.* id.*
♀ — C. *Unitubercu-latus. Muls.* id.
— — D. *Sycophanta. Mulsant.* id.
— — E. *Umbrinus. Mulsant.* id.
— — *Subviolaceus. Ménétriés.* *Caucasus.*

4 Crocatus. (*Chevrolat.*) *Algiria.**

4 bis Trachymenus. *Kolen.* *Caucasus.**

5 Lemur. *Fabr.* *Gallia.**
♂ *Quadrituberculatus. Laichart.* *Tirolis.*
♂ 10-*Punctatus. Schal.* *Germania.*
♂♀ Var. A. *Curvicinc-tus. Muls.* *Gallia.*
— — B. *Lineolatus. Mulsant.* id.
— — C. *Mutabilis. Mulsant.* id.
— — D. *Grandicol-lis. Muls.* id.
— — E. *Egenus. Mul.* id.

6 Camelus. *Fabr.* *Austria.*
Vitulus. Olivier. id.
Var. *Bicuspis. Stéven.* *Russ. merid.*

7 Maki. *Illiger.* *Gall. merid.**
Var. A. *Strigatus. Muls.* id.
— B. *Variabilis. Mulsant.* id.

8 Analis. *Lucas.* *Algiria.*

9 Hirtus. *Illiger.* *Lusitania.*

10 Leucostigma. *Pallas.* *Russ. merid.*

11 Pallidipennis. *Sturm. Cat.* id.

12 Cruciatus. *Ménétriés.* id.

13 Tricornis. *Fischer.* id.

14 Maurus. *Lucas.* *Algiria.**

15 Fiscicornis. *Stéven.* *Græcia.**

16 Curvicornis. *Olivier.* *Orient.*
Circumscriptus. Dej. Cat. id.
Var. *Caspicus. Ménét.* *Russ. merid.*

17 ♂♀ Nuchicornis. *Linné.* *Gallia.**
Planicornis. Linné. *Austria.*
♀ *Acornis. Fourcroy.* *P.*
♂ Var. A. *Xiphias. Fabr.* *Gallia.*
— — B. *Tritubercu-latus. Schrk.* *Germania.*
— — C. *Indistinctus. Mulsant.* *Gallia.*
— — D. *Dillwynii. Stephens.* *Anglia.*
— — E. *Immacula-tus. Muls.* *Gallia.*
— — F. *Vulneratus. Mulsant.* id.
— — G. *Rubripes. Mulsant.* id.

18 Fracticornis. *Preyssl.* id.*
Nuchicornis. Olivier. id.
♀ *Herbstii. Brahm.* *Germania*
Assimilis. Hoppe. id.
Xiphias? Panzer. id.
♂ Var. A. *Subrecticor-nis. Muls.* *Gallia.*
— — B. *Sublamina-tus. Muls.* id.
— — C. *Similis. Scrb.* *Carniolia.*
♀ — E. *Nasutus. Mulsant.* *Gallia.*
— — F. *Pauperatus. Mulsant.* id.
— — G. *Marginatus. Mulsant.* id.

19 Nutans. *Fabr.* *Gall. bor.**
Verticornis. Laichart. *Tirolis.*
♂ Var. A. *Distinguen-dus. Muls.* *Gallia.*
♂♀ — B. *Infuscatus. Mulsant.* id.

20 Viridis. *Ménétriés.* *Russ. merid.*

21 ♂ Cœnobita. *Herbst.* *Gall. orient.**
Tenuicornis. Preyss-ler. *Helvetia.*
Fulgens. Brahm. *Germania.*
Nuchicornis. Fuessly. id.
♂ Var. A. *Tricuspis. Mulsant.* *Gallia.*
— — B. *Cuspidiuscu-lus. Muls.* id.
♀ — C. *Subpromi-nulus. Muls.* id.

22 Dorcas. *Schmidt. Helfer.* *Smyrna.*

23 ♀ Vacca. *Linné.* *Gall. merid.**
♂♀ *Nuchicornis. Oliv.* id.
Conspurcatus. Fourc. *P.*
♂ Var. A. *Affinis. Stm.* *Gall. merid.**
— — B. *Vicinus. Mul.* id.
— — C. *Difficilis. Mulsant.* id.
♀ — D. *Medius. Kugelann.* id.*
— — E. *Intermedius. Mulsant.* id.
— — F. *Propinquus. Mulsant.* id.
♂♀ — G. *Similis. Mul.* id.
— — H. *Sublineatus. Mulsant.* *Gallia.*
— — I. *Basalis. Mul.* id.

24 Taurus. *Linné.* id.*
♂ *Illyricus. Scopoli.* *Illyria.*
♀ *Rugosus. Scopoli.* *Carniolia.*
— *Quadrum? Kugln.* *Germania.*
Corniger. Fourcroy. *P.*
Cruoreus? Schrank. *Austria.*
♂ Var. A. *Bos. Villa.* *Lombardia.*
— — B. *Borillus. Mulsant.* *Gallia.*
Capra. Fab. Oliv. Lat. *P.*
♂ Var. C. *Recticornis. Leske.* *Germania.*
— — D. *Capreolus. Mulsant.* *Gallia.*
— — E. *Feminus. Mulsant.* id.
♀ — F. *Mendax. Mls.* id.
♂♀ — G. *Nigrovirens. Mulsant.* id.
— — H. *Fuscipennis. Mulsant.* id.
— — I. *Rufipes. Mul.* id.
— — K. *Pstiger. Mul.* id.

25 Schreberi. *Linné.* id.*
Hæmorrhoidalis. Four. *P.*
♂ Var. A. *Bidentatus. Mulsant.* *Gallia.*
— — B. *Mixtus. Mul.* id.
♀ — C. *Indistinctus. Mulsant.* id.
♂♀ — D. *Obscurus. Mulsant.* id.
— — E. *Bimaculatus. Mulsant.* id.
— — F. *Rubripes. Ml.* id.
— — G. *Juvenilis. Ml.* id.

26 Anthracinus. *Dej. Cat.* *Russ. merid.*

27 ♂♀ Semicornis. *Panz.* *Gall. merid.**
♂ Var. A. *Angulicornis. Muls.* id
♀ — B. *Descipiens. Mulsant.* id.

28 Quadrituberculatus. *Chevrolat.* *Algiria.**

29 ♂♀ Furcatus. *Fabr.* *Gall. merid.**
♂ *Vitulus. Laichart.* *Tirolis.*
— Var. A. *Bicornutus. Mulsant.* *Gall. orient.*
— — B. *Bidentatus. Mulsant.* id.
— — C. *Laminiger. Mulsant.* id.
— — D. *Degener. Mls.* id.
♂♀ — E. *Rubellus. Ml.* id.

30 Punctulatus. *Illiger.* *Algiria.**
31 Picitarsis. *Sturm. Cat.* *Dalmatia.*
32 Nigellus. *Illiger.* *Lusitania.**

33 Ovatus. *Linné.* *Gallia.**
♂ Var. A. *Fucatus. Mulsant.* id.

34 Emarginatus. *Mulsant.* *Gall. merid.**
35 Orcas. *Helfer.* *Constantinp*
36 Mundus. *Helfer.* id.

ONITICELLUS. *Lepelletier de Saint-Farg.* et *Serv.*

SCARABÆUS, ATEUCHUS, COPRIS. *Fabr.*

1 Festivus. *Stéven.* *Russia merid.*

2 Concinnus. *Géné.* *Sardinia.**
Pallipes. Mulsant. *Gall. merid.*
Var. A. *Subdeletus. Mulsant.* id.

3 Flavipes. *Fabr.* *Gallia.**
Thoracocircularis. Laichart. *Tirolis.*
Fulvus. Fourcroy. *P.*
Var. A. *Subcornutus. Mulsant.* *Gall. orient.*
— B. *Fulvicollis. Mulsant.* *Gallia.*
— C. *Maculatus. Mulsant.* id.
— D. *Fulvipterus. Mulsant.* id.

DIVISIO 4. **Aphodida.**

COLOBOPTERUS. *Mulsant.*

SCARABÆUS. *Linné.* APHODIUS. *Illig.*

1 Erraticus. *Linné.* *Gall. merid.**
Var. A. *Submaculatus. Mulsant.* *Gall. orient.*
— B. *Nebulosus. Mls.* id.
— C. *Fumigatus. Mls.* id.

COPROMORPHUS. *Mulsant.*

SCARABÆUS. *Linné.* APHODIUS. *Illig.*

1 Scrutator. *Herbst.* *Gall. orient.**
Brevicornis. Panzer. *Germania.*
Rubidus. Olivier. *Gall. merid.*
Var. A. *Submaculatus. Mulsant.* *Gall. orient.*
— B. *Nigricollis Mls.* id.
— C. *Brunnipes. Mls.* id.

EUPLEURUS. *Mulsant.*

SCARABÆUS. *Linné.* APHODIUS. *Illig.*

1 Subterraneus. *Linné.* *Gallia.**
Var. A. *Fuscipennis. Mulsant.* id.

OTOPHORUS. *Mulsant.*

SCARABÆUS. *Linné.* APHODIUS. *Linné.*

1 Hæmorrhoidalis. *Lin.* *Gall. merid.**
Alpinus. Scopoli. *Carniolia.*
Granarius. Fabr. *Germania.*
Var. A. *Sanguinolentus. Herbst.* *Gall. orient.**
— B. *Humeralis. Mls.* id.
Bimaculatus. Kugln. *Germania.*
Var. C. *Rubidus. Muls.* *Gallia.*
2 Scolytoides. *Lucas.* *Algiria.*

TEUCHESTES. *Mulsant.*

SCARABÆUS. *Linné.* APHODIUS. *Illig.*

1 Fossor. *Linné.* *Gall. orient.**
Var. A. *Brunneus. Muls.* id.
— B. *Sylvaticus. Mls.* id.

APHODIUS. *Illiger.*

SCARABÆUS. *Linné. Fabr.* COPRIS. *Oliv.*

1 Scybalarius. *Fabr.* *Gallia.**
Conflagratus. Herbst. *Germania.*
Conspurcatus. Müller. *Dania.*
Coprinus. Marsham. *Anglia.*
Var. A. *Nigricans. Mls.* *Gallia.*
— B. *Argilicolor. Mls.* id.
Fimetarius. Linné. *Suecia.*
Fœtidus. Herbst. *Germania.*
Var. C. *Pallipes. Muls.* *Gallia.*
2 Napolitanus. *Spence.* *Italia.*
3 Conjugatus. *Panzer.* *Gall. orient.**
Fasciatus. Fabr. *Germania.*
Var. A. *Fasciatus. Mul.* *Gall. orient*
4 Sulcatus. *Fabr.* *Germania.*
5 Fœtens. *Fabr.* *Gall. orient.**
Var. A. *Nigricollis. Mls.* id.
— B. *Vaccinarius. Herbst.* *Germania.*
Fimetarius. Schrank. id.
Var. C. *Sanguinipennis. Mulsant.* *Gall. bor.*
— D. *Fuscipes. Muls.* id.
Scrutator. Marsham. *Anglia.*
6 Cribricollis. *Lucas.* *Algiria**
7 Fimetarius. *Lin. Oliv.* *Gallia.**
Pedellus. de Geer. id.
Bicolor. Fourcroy. P.
Var. A. *Bicolor. Muls.* *Gallia.*
— B. *Maculipes. Mls.* id.
— C. *Punctulatus. Muller.* *Dania.*
— D. *Subluteus. Mls.* *Gallia.*
— E. *Hypogyalis. Mls.* id.
— F. *Imperfectus. Mulsant.* id.
8 Lapponum. *Schönherr.* *Lapponia.**
Var. *Rhenonum. Zett.* id.
9 Rubens. *Dej. Cat. Muls.* *Alp. Gall.**
Var. A. *Carthusianus. Mulsant.* id.
— B. *Rupicola. Muls.* id.
10 Ornatus. *Findeli.* *Hungaria*
11 Montanus. *Sturm. Cat.* *Austria.*
12 Orophilus. *Charpent.* *Russ. merid.*
13 Alpicola. *Mulsant.* *Alp. Gall.**
Var. A. *Orobius. Muls.* id.
14 Vernus. *Mulsant.* id.*
Var. A. *Martialis. Muls.* id.
15 Mauritanicus. (*Gaubil.*) *Algiria.**

16 Dilatatus. *Schmidt.* *Germania.*
17 Schmidtii. *Heer.* *Helvetia.*
18 Fœtidus. *Fabr.* *Gall. orient.**
Putridus. Herbst. id.
Var. *Sus. Kugelann.* *Germania.*
19 Serotinus. (*Creutzer.*) *Sturm.* id.
Minutus. Herbst. *Austria.*
20 Zenkeri. *Germar.* *Germania.*
21 Biguttatus. *Germar.* *Austria.*
22 Hypocophus. *Jan. St. Cat.* *Italia.*
23 Ater. *de Geer. Muls.* *Gall. orient.**
Terrestris. Fabr. *Germania.*
Obscurus. Marsham. *Anglia.*
Ater. Illiger. *Austria.*
Var. A. *Terrenus.* (*Kirby.*) *Steph.* *Gall. orient.*
Pusillus. Marsham. *Anglia.*
24 Affinis. *Lucas.* *Algiria.*
25 Granarius. *Linné. Oliv.* *Gallia.**
Hæmorrhoidalis. de Geer. id.
Niger. Creutzer. *Austria.*
Inquinatus. Illiger. id.
Carbonarius. Sturm. *Germania.*
♂ Var. A. *Parcepunctatus. Muls.* *Gallia.*
♀ — B. *Cribratus. Mulsant.* id.
— C. *Mæstus. Schmidt.* *Germania.*
— D. *Concolor. Mulsant.* *Gallia.*
— E. *Rugosulus. Mulsant.* id.
26 Cylindricus. *Dej.* *Hispania.*
27 Bimaculatus. *Fabr.* *Gallia.**
Terrestris. Illg. var. β. *Austria.*
Varians. Duft. var. β. id.
Var. A. *Ambiguus. Mls.* *Gallia.*
— B. *Punctatellus. Mulsant.* id.
28 Plagiatus. *Linné.* *Germania.**
Var. A. *Niger. Illiger.* *Gall. bor.*
29 Quadrimaculatus. *Lin.* *Gallia.**
Quadripustulatus. Fbr. *Germania.*
Sanguinolentus. Pnz. id.
Var. A. *Sanguinolens. Mulsant.* *Gallia.*
— B. *Caudatus. Mls.* id.
— C. *Prolongatus. Mulsant.* id.
30 Parallelus. *Rey. in litt. Mulsant.* *Gall. merid.*
31 Dichrous. *Schmidt.* *Germania.*
32 Griseus. *Schmidt.* id.
33 Gilvus. *Schmidt.* id.
34 Tristis. *Panzer.* *P.**
Var. A. *Vicinus. Muls.* *Alp. Gall.*
— B. *Pellucidus. Mls.* *Gall. merid.*
— C. *Scapularis. Mls.* id.
— D. *Fallax. Muls.* id.
— E. *Mirandus. Mls.* id.
35 Exilis. *Schmidt.* *Germania.*
36 Cœnosus. *Panzer.* id.
37 Exiguus. *Mulsant.* *Alp. Gall.*
38 Pusillus. *Herbst. Schh.* *Gall. orient.**
Granarius. Fabr. Illig. *Germania.*
Granum. Gyllenhal. *Suecia.*
Var. A. *Cæcus. Muls.* *Gall. orient.*
— B. *Rufulus. Muls.* id.
Cœnosus? Panzer. *Germania.*
Var. C. *Macularis. Mls.* *Gall. bor.*
39 Putridus. (*Creutz.*) *St.* *Gall. orient.*
40 Monticola. *Dej. Ct. Mls.* *Gall. merid.*
41 Gibbus. *Germar.* *Germania.*
42 Anthracinus. *Schmidt.* id.
43 Constans. (*Meg.*) *Schm.* id.
44 Piceus. *Gyllenhal.* id.*
Inquinatus. var. Fab. id.
45 Brunnipennis. *Dej. Cat.* *Græcia.*
46 Borealis. *Gyllenhal.* *Lapponia.*
47 Hydrochæris. *Fabr.* *Gall. merid.**
Var. A. *Coloratus. Mls.* id.
— B. *Dissimilis. Mls.* id.
— C. *Germanus. Mls.* id.
48 Sordidus. *Fabr. Oliv. Illig.* *Gall. orient.**
Var. A. *Limbatellus. Mulsant.* id.
— B. *Bipunctatellus. Mulsant.* id.
— C. *Quadripunctatus. Uddm.* id.
Conspurcatus. de Geer. id.
Var. D. *Aurantiacus. Mulsant.* id.
— E. *Rufus. Molli.* *Austria.*
Rufescens. Schmidt. id.
Var. F. *Rufescens. Fab.* *Gall. orient.*
— G. *Hypocyphthus. Mulsant.* id.
— H. *Arcuatus. Molli.* id.
Fœtens. Olivier. id.
Var. I. *Melanotus. Mls.* id.

49 Lugens. *Creutzer.* *Gall. merid.**
Var. A. *Inderorus. Mls.* id.
— B. *Emarginalis. Mulsant.* id.
50 Immundus. *Creutzer.* *Gallia.**
Var. A. *Melinopleurus. Mulsant.* id.
— B. *Fulvicollis. Mls.* id.
51 Cognatus. *Dej. Cat.* *Algiria.**
52 Nitidulus. *Fabr.* *Gallia.**
Ictericus? Molli. *Germania.*
Merdarius. Panzer. id.
Castaneus? Marsham. id.
53 Suturalis. *Lucas.* *Algiria.**
54 Merdarius. *Fabr.* *Gallia.**
Quisquilius. Schrank. *Austria.*
Var. A. *Atricollis. Muls.* *Gallia.*
— B. *Ictericus. Laich.* *Tirolis.*
Foriorum. Panzer. *Germania.*
Gelbinus. Schrank. id.
Var. C. *Melinopus. Mls.* *Gallia.*
55 Ferrugineus. *Mulsant.* *Gall. merid.*
56 Rufus. *Fabr.* *Germania.*
Vinaceus. Sturm. Cat. id.
Ferrugineus. (Dahl.) id.
57 Lividus. *Olivier.* *Gallia.**
Vespertinus. Panzer. *Germania.*
Biliteratus. Marsham. *Anglia.*
Anachoreta. Sturm. *Germania.*
Var. A. *Limicola. Pnz.* id.
— B. *Anachoreta. Fabr.* id.
58 Circumcinctus. *Schm.* id.
Limbatus. (Ziegler.) id.
59 Lineolatus. *Illiger.* *Gall. merid.**
Var. A. *Fuscicollis. Mulsant.* id.
— B. *Deletus. Muls.* id.
— C. *Conjunctus. Mulsant.* id.
— D. *Vittatus. Muls.* id.
60 Melanostictus. (*Schüp.*) *Schmidt.* id.*
Conspurcatus. Fabr. *Germania.*
Var. A. *Egenus. Muls.* *Gallia.*
— B. *6-maculatus. Mulsant.* id.
— C. *7-maculatus. Mulsant.* id.
— D. *Catenatus. Mls.* id.
— E. *Subannulatus. Mulsant.* id.
61 Hirtipes. *Fischer.* *Russ. merid.*
62 Inquinatus. *Herbst.* *Gallia.**
Distinctus. Müller. *Dania.*
Vaginosus. Fuessly. *Germania*
Conspurcatus. Schrk. id.
Tessulatus? Laichart. *Tirolis.*
Attaminatus. Marsh. *Anglia.*
Var. A. B. *Fumosus. Pauper. Mls.* *Gallia.*
— C. D. *Baseolus. Hemicyclus. Muls.* id.
— E. F. *Scutellaris. Cunatus. Mls.* id.
— G. H. *Ophthalmicus. Auctus. Mls.* id.
— I. K. *Subcinctus. Interruptus. Mls.* id.
Fœdatus. Marsham. *Anglia.*
Var. L. *Interruptus. Mulsant.* *Gallia.*
— M. *Centrolineatus. Panzer.* *Germania.*
— N. *Anxius. Muls.* *Gallia.*
63 Pictus. *Sturm.* *Gall. orient.**
Inquinatus. Creutzer. *Austria.*
Var. A. *Flavidus. Mls.* *Gallia.*
— B. *Brunalis. Muls.* id.
— C. *Indigena. Muls.* id.
64 Tessulatus. *Creutzer.* *Gall. or. bor.**
Inquinatus. Olivier. id.
Var. A. *Irregularis. Mulsant.* id.
— B. *Connexus. Mls.* id.
— C. *Amplificatus. Muls.* id.
— D. *Appendiculatus. Muls.* id.
— E. *Dilatatus. Mls.* id.
Contaminatus. Panz. *Germania.*
Var. F. *Scutellatus. Muls.* *Gall. or. bor.*
— G. *Intricatus. Mls.* id.
— H. *Umbrosus. Mls.* id.
Maculatus. Stm. Schm. *Germania.*
65 Sticticus. *Panzer.* id.*
Nemoralis. Panzer. *P.*
Prodromus. Fabr.? *Germania.*
Var. A. *Clypeolatus. Mulsant.* *Gall. or. bor.*
— B. *Pallescens. Mls.* id.
— C. *Striolatus. Mls.* id.
— D. *Prolongatus. Ml.* id.
— E. *Ocellatus. Mls.* id.
— F. *Confusus. Mls.* id.

66 Nigrolineatus. *Rosenh.* *Sardinia.*
67 Consputus. *Creutzer.* *Gall. or. bor.**
Prodromus. Duftsch. *Austria.*
Var. A. *Mendicus. Muls.* *Gall. or. bor.*
— B. *Metallescens.* *Mulsant.* id.
— C. *Impunctatus.* *Mulsant.* id.
68 Quadriguttatus. *Hbst.* *Gallia.**
Quadrimaculatus. *Fabr.* *Germania.*
Quadripustulatus. *Duftschmid.* *Austria*
Var. A. *Angularis. Mls.* *Gallia.*
— B. *Cruciatus. Mls.* id.
69 Sericatus. *Ziegl. in litt.* *Schmidt.* *Gall. merid.**
Var. A. *Immaturus.* *Mulsant.* id.
70 Obscurus. *Fabr.* id.*
Thermicola. Sturm. *Germania*
Var. A *Meridionalis.* *Mulsant.* *Gall. merid.**
71 Lutarius. *Fabr.* *Germania.*
Immundus. Fabr id.
72 Porcus. *Fabr.* *Gallia.**
Putridus? Brahm. *Germania*
Anachoreta. Panzer. id.
Turpis. Marsham. *Anglia.*
Var. A. *Hæmorrhoideus. Muls.* *Gallia.*
— B. *Ruficrus Muls.* id.
73 Villosus. *Gyllenhal.* *Germania.*
74 Hirtipennis. *Lucas.* *Algiria.**
75 Dalmatinus. (*Parreyss.*) *Schmidt.* *Dalmatia.*
76 Lunulatus. *Ferrero.* *Italia.*
77 Punctatissimus. *Dej. Cat.* *Græcia.**
78 Sphacelatus. *Gyllenh.* *Russia.*
79 Esuricus. *Helfer.* *Sicilia.*
80 Castaneus. *Illiger.* *Hispania.**
81 Unicolor. *Lucas.* *Algiria.*

ACROSSUS. *Mulsant.*

Scarabæus. *Linné.* Aphodius. *Illig.*

1 Bipunctatus. *Fabr.* *Carniolia.**
2 Discus. (*Jurin.*) *Schm.* *Pyrenæis.**
Var. *Cyclocephalus.* *Mulsant.* *Alp. Pedem.*
3 Carpetanus. *Graëlls.* *Hispania.**
4 Rufipes. *Linné.* *Gallia.**
Oblongus. Schrank. *Germania.*
Var. A. *Oblongus. Scpl.* *Carniolia*
Capitatus. de Geer. *Gallia.*
Var. B. *Juvenilis. Muls.* id.
5 Luridus. *Fabr.* id.*
Rufipes. Illiger. *Austria.*
Nigripes. Schönherr. *Suecia.*
Var. A. *Nigro-sulcatus.* *Marsh.* *Anglia.*
Lividus. Walck. *P.*
Var. B. *Interpunctatus.* *Herbst.* *Austria.*
— C. *Informis. Muls.* *Gallia.*
— D. *Intricatus. Mls.* id.
— E. *Connexus. Mls.* id.
— F. *Variegatus.* *Herbst.* *Austria.*
Varius. Gemel. *Germania.*
Var. G. *Apicalis. Muls.* *Gallia.*
— H. *Lateralis. Mls.* id.
— I. *Gagatinus.* *Fourcroy.* *P.*
Gagates. Muller. *Dania.*
Arator. Herbst. *Austria.*
Var. J. *Bipaginatus.* *Mulsant.* *Gallia.*
— K. *Rufitarsis. Lat.* *P.*
6 Depressus. *Kugelann.* *Gall. or. bor.**
Nigripes. Duftschmid. *Austria.*
7 Pecari. *Fabr.* *Gall. m^d. or.**
Satellitius. Herbst. *Germania.*
Affinis. Brahm. id.
Decipiens? Schrank. id.
Var. A. *Planus.* (*Dahl.*) *Schmidt.* id.
8 Menetriesii. (*Dej.*) *Russ. merid.*

MELINOPTERUS. *Mulsant.*

Scarabæus. *Linné.* Aphodius. *Illig.*

1 Obliteratus. (*Heyden.*) *Panzer.* *Germania.**
Insubidus. Germar. id.
Var. A. *Fulveolus. Mls.* *Gallia or.*
2 Contaminatus. *Herbst.* *Gallia.**
Conspurcatus. Oliv. id.
Var. A. *Incoloratus.* *Mulsant.* id.
— B. *Miser. Mulsant.* id.
— C. *Indistinctus.* *Mulsant.* id.

3 Prodromus. *Brahm.* *Gallia.**
Contaminatus.Herbst. *Austria.*
Consputus. Duftsch. id.
Sphacelatus. Zetterst. *Suecia.*
Conspurcatus. Laich. *Tirolis.*
Var. A. *Restrictus. Mls.* *Gallia.*
— B. *Marginalis. Stephens.* *Anglia.*
— C. *Flavogriseus. Mulsant.* id.
Fimetarius. de Geer. id.
Var. D. *Griseolus. Mls.* id.
— E. *Angustatus. Mulsant.* id.
— F. *Seminulus. Mls.* id.
— G. *Obliquus. Muls.* id.
— H. *Extensus. Mls.* id.
Punctatosulcatus. St. *Germania.*
4 Pubescens. *Sturm.* id.*
5 Ciliaris. *Marsham.* *Anglia.*
Affinis. Panzer. *Germania.*

TRICHONOTUS. *Mulsant.*

APHODIUS. *Illiger.*

1 Scropha. *Fabr.* *Gallia.**
Minutus. Herbst. *Austria.*
Tomentosus. Schneid. *Germania.*
Fuscus. Rossi. *Italia.*
Var. A. *Setiger. Muls.* *Gallia.*

HEPTAULACUS. *Mulsant.*

APHODIUS. *Illiger.*

1 Sus. *Herbst.* *Gallia bor.**
Pubescens. Olivier. *P.*
Quisquilius? Schrank. *Germania.*
2 Nivalis. *Mulsant.* *Alp. Gall.**
Sus? var. Gyllenhal. *Suecia.*
3 Testudinarius. *Fabr.* *Gallia.**

AMMŒCIUS. *Mulsant.*

SCARABÆUS. *Fabr.* APHOD. *Illig.*

1 Elevatus. *Fabr.* *Gall. merid.**
Var. A. *Edentulus. Mls.* id.
— B. *Fusciventris. Mulsant.* id.

PLAGIOGONUS. *Mulsant.*

SCARABÆUS. *Oliv.* APHOD. *Illig.*

1 Arenarius. *Olivier.* *Gallia.**
Pusillus. Preyssler. *Germania.*
Rhododactylus. Mars. *Anglia.*
Var. A. *Sabuleti. Muls.* *Gallia.*

OXYOMUS. *Eschsch. in litt. de Casteln.*

1 Porcatus. *Fabr.* *Gallia.**
Sylvestris. Scopol. *Carniolia.*
Fenestralis. Schrank. *Germania.*
Foveolatus. Molli. id.
Var. A. *Foveolatus. Molli.* id.

PLATYTOMUS. *Mulsant.*

OXYOMUS. *Dej. Cat*

1 Sabulosus. *Dej. Cat. Mulsant.* *Gall. merid.**

PLEUROPHORUS. *Mulsant.*

SCARABÆUS. *Panz.* OXYOMUS. *Dej. Cat.*

1 Cœsus. *Panzer.* *Gallia.**
Var. *Elongatus. Muls.* id.

RHYSSEMUS. *Mulsant.*

PTINUS. *Linné.* SCARABÆUS. *Fabr.* APHODIUS. *Illig.*

1 Germanus. *Linné.* *Gallia.**
Asper. Fabr. Mulsant. id.
Var. *Rufipes. Mulsant.* id.
2 Verrucosus. *Mulsant.* *Gall. merid.**
3 Godartii. *Mulsant.* id.
4 Algiricus. *Lucas.* *Algiria.**

DIASTICTUS. *Mulsant.*

SCARABÆUS *Fab.* APHODIUS. *Illig.* PSAMMODIUS. *St. Cat. Redtenb.* OXYOMUS. *Dej. Cat.*

1 Vulneratus. *Stm. Gyll. L. Redt.* *Germania.**
Sabuleti. Mulsant. *Gall. bor. or.*
Semipunctatus. Bonel. *Pedemont.*
Var. *Latitans. Muls.* *Gall. or. bor.*

PSAMMODIUS. *Gyllenhal.*

SCARABÆUS. *Payk.* APHODIUS. *Illig.*

1 Sulcicollis. *Illig.* *Gall. or. bor.**
Asper. Paykull. *Suecia.*
Var. *Canaliculatus. Mulsant.* *Gall. orient.*
2 Porcicollis. *Illiger.* *Gall. merid.**
Var. *Rugosulus. Muls.* id.

DIVISIO 5. **Trogida.** *Heer.*

ÆGIALIA. *Latreille.*

SCARABÆUS *Linné.* APHODIUS. *Illig.*

1 Arenaria. *Fabr.* *Gall. merid.**
Globosa. Kugelann. *Austria.*
Var. *Globosa. Mulsant.* *Gall. orient.*

TROX. *Fabricius.*

SCARABÆUS. *Linné.*

1 Morticini. *Pallas.* *Russ. merid.**
2 Cadaverinus. *Illiger.* *Austria.**
3 Granulatus. *Fabr.* *Hispania.**
4 Perlatus. *Scriba.* *Gall. orient.**
Subterraneus. Fourc. P.
Sabulosus. Olivier. *Gall. merid.*
5 Clathratus. *Dej. Cat.* *Corsica.*
6 Hispidus. *Laichart.* *Gall. m^d or.**
Luridus. Rossi. *Italia.*
Niger. Rossi. id.
Arenarius. Paykull. *Suecia.*
Arenosus. Gyllenhal. id.
7 Græcus. (*Dej.*) *Græcia.**
8 Sabulosus. *Linné.* *Gall. or. bor.**
Hispidus. Olivier. id.
9 Scaber. *Linné.* *Gall. orient.**
Arenosus Gmel. *Germania.*
Arenarius. Fabr. id.
Barbosus. Laichart. *Tirolis.*
Hispidus. Paykull. *Suecia.*
10 Setosus. *Sturm. Cat.* *Hungaria.*
11 Cribratus. *Géné.* *Sardinia.*

HYBOSORUS. *Mac-Leay.*

SCARABÆUS. *Linné* GEOTRUPES. *Fabr.*

1 Arator. *Fabr.* *Gall. merid.**

GEOBIUS. *Brullé.*

COPRIS. *Fabr.* ÆGIALIA. *Latr. Dej. Cat.*

1 Dorcas. *Fabr.* *Gall. merid.**
Barbarus. de Casteln. *Algiria.*
Cornifrons. Guérin. id.
2 Cornifrons. *Brullé.* id.*
3 Tricornis. *Lucas* id.

OCHODŒUS. (*Megerle.*) *Latreille.*

Dej. Cat. MELOLONTHA. *Fabr.*

1 Chrysomelinus. *Fabr.* *Gall. orient.*
Var. *Scymnoides. Muls.* id.

DIVISIO 6. **Dynastidæ.** *Mac-Leay.*

XYLOPHILI. *Latr.*

ORYCTES. *Illiger.*

SCARABÆUS. *Linné.* GEOTRUPES. *Fabr.*

1 Grypus. *Illiger.* *Gall. merid.**
Nasicornis. Laichart. *Tirolis.*
♂ Var. A. *Simus. Mls.* *Gall. merid.*
♀ — B. *Nasutus. Mls.* id.
2 Nasicornis. *Linné.* P.*
Var. A. *Aries. Fablsk.* *Germania.*
Corniculatus. Villa. *Lombardia.*
Nasicornis. Heer. var. β. *Helvetia.*
Var. B. *Tuberculatus. Mulsant.* *Gallia.*

PHILLOGNATHUS. *Eschscholtz.*

Mulsant. SCARABÆUS. *Linné.* GEOTRUPES. *Fabr.* ORYCTES. *Latr.*

1 Silenus. *Fabr.* *Gall. merid.**
Excavatus. Forster. id.
Var. A. *Curvicornis. Mulsant.* id.
♀ — B. *Gibbicornis. Mulsant.* id.
♂♀ — C. *Bacchus. Mulsant* id.

PENTODON. (*Kirby.*) *Hope.*

SCARABÆUS. *Fabr.* GEOTRUPES. *Fabr. St. Cat.*

1 Monodon. *Fabr.* *Gall. merid.**
Idiota. Herbst. *Austria.*
Punctatus. Latreille. *Gall. merid.*
Var. A. *Brunneus. Mls.* id.
2 Punctatus. *de Villers.* id.*
Algerinus. Herbst. *Algiria.*
Monodon. Duftschmid. id.
Var. A. *Castaneus. Mls.* *Gall. merid.*

CALICNEMIS. *de Castelnau.*

Muls. COLORHINUS. *Erich.* PACHYPUS. *Dej. Cat.*

1 Latreillei. *de Casteln.* *Gall. merid.**
Truncatifrons. Dej Ct. *Algiria.*

DIVISIO 7. **Melolonthida.** *Heer.*

PACHYPUS. *Latreille.*

GEOTRUPES. *Fabr.* SCARABÆUS. *Petagna.* MELOLONTHA. *Oliv.* COELODERA. *Géné.*

1 Impressus. *Erichson.* *Algiria.**
Excavatus. Guér. Géné. *Corsica.*
Candidæ? Petagna. *Sicilia.*
2 Cornutus. *Oliv. Erich.* *Corsica.*
Excavatus. Feistham. id.
3 Excavatus. *Fabr.* *Sicilia.*
Candidæ. Petagna. id.
4 Cœsus. *Erichson.* *Sardinia.**
Candidæ. Mulsant. *Gall. merid.*

POLYPHYLLA. *Harris. Erich.*

MELOLONTHA. *Fabr. Oliv.* SCARABÆUS. *Linné.*

1 Fullo. *Fabr.* *Gall. orient.**
Var. ? *Boryi. Brullé.* *Græcia.*
— ? *Hololeuca. Pall.* *Russ. merid.*
— A. *Luctuosa. Muls.* *Gallia.*
— B. *Marmorata. Mulsant.* id.

ANOXIA. *Laporte. de Castelnau.*

Mulsant. Erich. CATALASIS. *Dej. Cat. Heer.* CYPHONOTUS. *Fisch.* MELOLONTHA. *Fab.* SCARABÆUS. *Pallas.*

1 Testaceus. *Pallas.* *Russ. merid.*
Anketeri. Herbst. id.
2 Orientalis. *Laporte.* *Austria.*
3 Australis. *Schönh. Mls.* *Tirolis.**
Var. *a.* *Occidentalis. Fabr. Casteln.* *Lusitania.*
— *b.* *Matudinalis. Lap. Muls.* *Gall. merid.**
— A. *Occitania. Mls.* id.
4 Scutellaris. (*Chevrol.*) *Mulsant.* *Pyr. orient.**
Lanuginosa. (*de Jenisson.*) id.
5 Villosa. *Fabr.* *Gall. merid.**
Pilosa. Heer. Muls. *Helvetia.*
6 Pilosa. *Fabr. Panz.* *Austria.**
Villosa. var. Herbst. id.
7 Thoracica. *Krynicki. Fisch.* *Russ. merid.*

MELOLONTHA. *Fabricius.*

SCARABÆUS. *Linné.*

1 Vulgaris. *Linné. Fabr.* *Gallia.**
Majalis. Molli. *Germania.*
Var. A. *Lugubris. Muls.* *Gallia.*
— B. *Discicollis. Mls.* id.
— C. *Ruficollis. Mls.* id.*
2 Extorris. *Erichson.* *Russ. merid.*
3 Albida. *Dej. Cat. Castl.* *Gall. merid.**
Pectoralis. Germar. *Austria.*
Rhenana. Bach. id.
Var. *Pulverea. Muls.* *Gall. merid.*
4 Hippocastani. *Fabr.* *Gallia.**
Vulgaris. var. Oliv. id.
Var. *Nigripes. Comol.* *Lombardia.*
— *Pectoralis.* (*Meg.*) *Austria.*
— *Tibialis. Mulsant.* *Gallia.*
— *Coronata. Muls.* id.
5 Aceris. (*Ziegl.*) *Erich.* *Austria.**
6 Candicans. *Friwaldski.* *Turcia.*
7 Papposa. *Illiger.* *Lusitania.*
8 Hybrida. *Charpentier.* *Russ. merid.*
9 Præambula. *Kolenati.* id.
10 Hesperica. *Rambur. Dej. Cat.* *Hisp. merid.*

11 Fucata. *Hoffmansegg.* *Hisp. merid.*
12 Mauritanica. *Lucas.* *Algiria.**

DASYSTERNA. *Dej. Cat. Rambur.*

1 Barbara. *Dej. Cat. Rambur.* *Barbaria.**
2 Reichii. *Rambur.* *Græcia.*

ARTIA. *Rambur.*

1 Cartaginensis. *Ramb.* *Barbaria.*

ELAPHOCERA. *Géné.*

MELOLONTHA. *Illig.* LEPTOPUS. *Dej. Cat.*

1 Bedeaui. (*Dufour.*) *Er.* *Hisp. merid.*
2 Mauritanica. *Ramb.* *Algiria.**
3 Malacensis. *Rambur.* *Hisp. merid.*
4 Numidica *Rambur.* *Algiria.*
5 Longitarsis. *Illiger.* *Lusitania.*
6 Hiemalis. *Erichson.* *Constantinp.*
7 Obscura. *Géné. Erich. Ramb.* *Sardinia.*
8 Dilatata. *Erichson.* id.
9 Granatensis. *Rambur.* *Hisp. merid.*
10 Barbara. *Rambur.* *Algiria.*
11 Denticornis. *Dufour.* *Hisp. merid.*
12 Sardea. *Rambur.* *Sardinia.*
13 Hispalensis. *Rambur.* *Hisp. merid.*
14 Bysantica. *Rambur.* *Turcia.*
15 Churianensis. *Ramb.* *Hisp. merid.*
16 Carteiensis. *Rambur.* id.
17 Rubripennis. *Lucas.* *Algiria.*

PHLEXIS. *Erichson.*

1 Wagneri. *Erichson.* *Algiria.*

RHIZOTROGUS. *Latreille.*

SCARABÆUS. *Linné.* MELOLONTHA. *Fabr.*

1 Porulosus. *Fischer.* *Russ. merid.*
2 Pulvereus. *Knoch.* id.
3 Vulpinus. *Schönherr.* id.
4 Æquinoxialis. *Fabr.* *Austria.**
5 Vernus. (*Meg.*) *Germ.* id.
6 Tauricus. *Stéven.* *Russ. merid.*
7 Caucasicus. *Gyllenhal.* id.
8 Æstivus. *Olivier.* *Gallia.**
Inanis. *Brahm.* *Germania.*
♀ Var. A. *Incertus. Mls.* *Gallia.*
— B. *Subvittatus. Mulsant.* id.
— D. *Lividigaster. Mulsant.* id.
9 Thoracicus. *Dej. Cat. Mulsant.* *Gall. orient.**
Maculicollis. Heer. *Helvetia.*
Var. A. *Collaris. Muls.* *Gall. merid.*
— B. *Vitticollis.* (*Perroud.*) *Muls.* id.
— C. *Pallidifrons.* (*Laferté.*) *Mls.* id.
— D. *Lineicollis.* (*Laferté.*) *Muls.* id.
10 Cicatricosus. *Mulsant.* id.*
Meridionalis? Dej. Ct. id.
Var. A. *Rubidus. Muls.* id.
11 Marginipes. (*Chevrol.*) *Mulsant.* id.*
Var. A. *Pallidus. Muls.* id.
— B. *Signatus. Muls.* id.
12 Vicinus *Dej. Cat. Muls* id.*
Insularicus. Cristof. *Lombardia*
Lutescens. Sturm. Cat. *Italia.*
13 Fraxinicola. *Hagenb. St. Er.* *Tergest.*
14 Torulosus. *Friwaldski.* *Græcia.*
15 Lusitanicus. *Schönherr.* *Lusitania.*
16 Dispar. *Buquet. Gory.* (Geotrugus. *Guérin.*) *Algiria.**
17 Magagnoscii. (Geotrugus.) *Guérin.* id.*
18 Angusticollis. (*Chevrolat.*) *Nov. sp.* id.*
19 Gerardii. *Buquet.* id.*
20 Amphytus. *Buquet.* id.
21 Euphytus. *Buquet.* id.*
22 Tusculus. *Buquet.* id.*
23 Barbarus. *Lucas.* id.
24 Numidicus. *Lucas.* id.*
25 Obesus. *Lucas.* id.*
26 Truncatipennis. *Lucas.* id.
27 Serraticollis. *Lucas.* id.
28 Scutellaris. *Lucas.* id.*
29 Inflatus. *Buquet.* id.*
30 Gabalus. *Buquet.* id.*
31 Hirticollis. *Lucas.* id.
32 Carduorum. *Erich.* id.
33 Tenebrioides. *Pallas.* *Russ. merid.*
34 Friwaldskii. *Ménétriés.* *Constantinp*

35 Volgensis. *Fischer.* *Russ. merid.*
36 Caninus. *Eschscholtz.* id.
37 Costulatus. *Friwalds.* *Turcia.*
38 Flavicans. *Dej. Cat.* *Hispania.*
39 Maculicollis. *St. Cat.* *Russ. merid.*
40 Brunneus. *St. Cat.* id.
41 Villicollis. *St. Cat.* *Hungaria.*
42 Autumnalis. *Dej. Cat.* *Illyria.*
43 Nomaticus. *Friwaldsk. St. Cat.* *Hungaria.*
44 Faldermanni. *Dej Cat.* *Russ. merid*
45 Monticola. *Rambur.* *Hisp. merid.*
46 Subemarginatus. *Dej. Cat.* id.
47 Fuliginosus. *Dej. Cat.* id.
48 Siculus. *Dej. Cat.* *Sicilia.*
49 Carbonarius. *Dej. Cat.* *Oriente.*
50 Hispanicus. *Dej. Cat.* *Hispania.*
51 Menetriesii. *Dej. Cat.* *Russ. merid.*
52 Fuscatus. *Dej. Cat.* *Croatia.*
53 Oblongiusculus. *Dej. Cat.* *Russ. merid.*
54 Flavescens. (*Dahl.*) *St. Cat.* *Illyria.*
55 Flaveolus. *St. Cat.* *Italia.*
56 Pallescens. *St. Cat.* *Austria.*
57 Ætuensis. *Jan. St. Ct.* *Sicilia.*
58 Verticalis. *Schmidt* et *Helf.* *Smyrna.*
59 Flaviventris. *St. Cat.* *Turcia.*
60 Obtusus. *St. Cat.* *Sicilia.*

AMPHIMALLUS. *Latreille.*

MELOLONTHA. *Fabr. Oliv.*

1 ♂ Ater. *Herbst.* *Gallia.**
— *Fusca.* (*Melolontha.*) *Oliv.* *P.*
— Var. A. *Fuscus. Mls.* *Gallia.*
♀ *Perplexus. Dej. Cat.* id.*

2 Pini. *Olivier.* *Gall. merid.**
Spini. de Castelnau. id.
Var. A. *Bicolor. Muls.* id.
— B. *Ustulatipennis. Mulsant.* id.

3 ♀ Pygialis. *Mulsant.* *Pyr. orient.**
Fulvicornis? (*Dej. Ct.*) *Hisp. merid.*

4 Solstitialis. *Lin. Fabr.* *Gallia.**
Autumnalis. Fourc. *P.*
Tropicus. Schh. Heer. *Helvetia.*

5 Ochraceus. *Knch. Heer. Er.* *Gall. merid.**
Fallenii. Gyll. Schh. id.
Var. *Tropicus. Muls.* id.
— A. *Lateralis. Mls.* *Gall. orient.*
— B. *Fulvicollis Mls.* id.
— C. *Suturalis. Mls.* id.
— D *Aurantiacus. Mulsant.* id.

6 Ruficornis. *Fab. Scrib.* id.*
Marginatus. Hbst. Mls. *Germania.*
Paganus. Olivier. *P.*
Castaneus? Herbst. *N.*

7 Assimilis. *Hbst. Knoch.* *Germania.**
Aprilinus. Duftsch. *Helvetia.*
Fulvicollis. (*Ullrich.*) id.
Castaneus. Schönherr. *Germania.*

8 Rufescens *Latr. Heer.* *Gallia.**
Semirufus. Gyll. Schh. *Suecia.*

9 Pilicollis. *Schönherr.* *Hungaria.*

APLIDIA. *Kirby. Hoppe.*

RHIZOTROGUS. *Heer.* MELOLONTHA. *Fabr.*

1 Transversa. *Fab. Duft. Heer.* *Helvetia.**

ANOMALA. *Köppe.*

Mulsant. EUCHLORA. *Mac-Leay. Mulsant.* MELOLONTHA. *Fabr.*

1 Aurata. *Fabr.* *Tirolis.**
♂ *Auricollis.* (*Dahl.*) *Laporte.* id.
Errans. var. 1-3. *Illg. Oliv.* *Hungaria.*
Profuga. Erichson. *Lusitania.*
Errans. var. 5. *Illig.* id.

2 Junii. (*Creutz.*) *Duft.* *Austria.**
Etrusca. Dej. Cat. *Etruria.*
Signaticollis. (*Dahl*) id.
Frischii. Panzer. *Gall. merid.*
Var. A. *Thoracica. Mls.* id.
— B. *Scutellaris. Mls.* id.
— C. *Doublieri. Mls.* id.

3 Vitis. *Fabr. Oliv.* id.*
4 Ausonia. *Erichson.* *Sicilia.*
5 Luculenta. *Erichson.* *Russ. merid.*

6 Vagans. *Illiger.* *Hisp. merid.*
Errans. var. 4. *Ilg. Ol.* *Lusitania.*
Confusa. Dej. Cat. *Hisp. merid.*
Signaticollis. Dej. Cat. id.

7 Devota. *Rossi. Muls.* *Gall. merid.*
Var. A. *Apicalis. Muls.* id.
— B. *Versicolor.*
Mulsant. id.
8 Donovani. *Stephens.* *Anglia.*
9 Solida. *Erichson.* *Austria.*
10 Oblonga. *Fabr.* *Tirolis.**
Dubia. Scopoli. *Carniolia.*
Var. *Janthina. Leske.* *Gall. merid.*
Julii. Duftschmid. *Austria.*
11 Frischii. *Fabr.* *Gallia.**
Julii. Paykull. *Suecia merid.*
Var. *Frischii. Herbst.* *Austria.*
— *Julii. Fabr.* *Germania.*
— *Dubius. Herbst.* id.
— *Æneus. de Geer.* id.
— *Micans. Mulsant.* *Gall. merid.*
— *Viridi-cuprea.*
Mulsant. id.
— *Rubro-cuprea.*
Mulsant. id

ANISONCHUS. *Dej. Cat.*

1 Atriplicis. *Fabr.* *Barbaria.**
Ictericus. Dej. Cat. id.

PHYLLOPERTHA. *Kirby. Mulsant.*

Erich. MELOLONTHA. *Latr.* ANISOPLIA.
Laporte. Dej. Cat.

1 Campestris. *Latreille.* *Gall. merid.**
Succincta. Laporte. id.
♂♀ Var. A. *Maculata.*
Mulsant. id.
— — B. *Abbreviata.*
Mulsant. id.
— — C. *Cruciata.*
Mulsant. id.
— — D. *Pauperata.*
Mulsant. id.
— — E. *Occidentalis. Muls.* id.
— — F. *Circumdata.*
Mulsant. id.
— — G. *Sabulosa.*
Mulsant. id.
— — H. *Arenaria. de Castelnau.* id.

2 Horticola. *Linné.* *P.**
Var. A. *Cyanocephala.*
Mulsant. *Gallia.*
— B. *Ustulatipennis.*
Villa. *Lombardia.*
— C. *Macularis. Mls.* *Gallia.*
— D. *Adiaphora.*
Poda. id.
Viridicollis. de Geer. id.
Var. E. *Perrisii. Muls.* id.

ANISOPLIA. (*Megerle.*) *Lepelletier et Serv.*

SCARABÆUS. *Linné.* MELOLONTHA. *Fabr.*

1 Leucaspis. *Stéven.* *Russ. merid.**
2 Fruticola. *Fabr.* *Austria.*
♂ *Campestris. Herbst.* id.
♀ *Segetum. Herbst.* id.
3 Velutina. (*Parreyss.*)
Erich. *Russ. merid.*
4 Straminea. *Brullé.* *Græcia.*
5 Hypocrita. *Dej. Cat.* *Sardinia.*
6 Agricola. *Fabr.* *Gall. merid.**
Graminicola, var. C.D.
Latr. id.
♀ Var. A. *Obscura. Mls.* *Gallia.*
— — B. *Curvipunctata. Muls.* id.
— — C. *Subarcuata.*
Mulsant. id.
— — D. *Trimaculata.*
Mulsant. id.
— — E. *Punctum.*
Mulsant. id.
— — F. *Defectiva.*
Mulsant. id.
— — G. *Quadrata.*
Mulsant. id.
♂ *Fruticola. Walk.*
Latr. id.
— Var. H. *Sycophanta.*
Mulsant. id.
— — I. *Unicolor.*
Mulsant. id.
7 Monticola. *Erichson.* *Italia.*
8 Depressa. *Erichson.* *Gall. merid.*
Agricola. Illiger. *Lusitania.*
Fruticola. Illiger. id.
9 Bætica. *Erichson.* *Hisp. merid.*

10 Arvicola? *Oliv. Muls.* *Gall. merid.**
Agricola? Linné. Mls. id.
♂♀Var. A. *Disjuncta. Mulsant.* id.
— — B. *Bifasciata. Mulsant.* id.
— — C. *Fallax. Mls.* id.
— — D. *Unifasciata. Mulsant.* id.
— — E. *Bipunctata. Mulsant.* id.
— — F. *Funerea. Mulsant.* id.
— — G. *Laeta. Muls.* id.
— — H. *Apicalis. Mulsant.* id.
11 Floricola. *Fabr.* *Hisp. merid.**
12 Bromicola. *Germar.* *Tirolis merid.*
Senticola. (Dahl.) *Tergest.*
13 Villosa. *Besser. Fald.* *Russ. merid.*
14 Aprica. *Erichson.* *Dalmatia.*
15 Pallidipennis. (Trichius.) *Gyll.* id.
16 Campicola. *Esch. Fald.* *Russ. merid.*
17 Lanuginosa. *Erichson.* *Smyrna.*
18 Austriaca. *Herbst.* *Austria.*
Floricola. Panz. Duft. id.
Agricola. Schrank. *Hungaria.*
19 Tempestiva. *Erichson.* *Gall. merid.**
Austriaca. Mulsant. id.
♀ Var. *Agricola. Steph.* id.
20 Crucifera. *Herbst.* *Germ. merid.*
Agricola. Schk. Laich. Fisch. *Tirolis.*
Cyathiger. Scopoli. *Carniolia.*
21 Dispar. *Dahl. Cat. Er.* *Hungaria.*
22 Adiecta. *Erichson.* *Pedemont.*
23 Lata. *Erichson.* *Austria.**
24 Zwickii. *Fischer.* *Russ. merid.*
25 Deserticola. *Fischer.* *Tirolis merid.*
Depressicollis. Dej. Ct. *Hungaria.*
26 Rumeliaca. *Friwalds.* *Turcia.*
27 Lineolata. *Dej. Ct. Fsch.* *Russ. merid.*
28 Lineata. *Latreille.* *Græcia.*
29 Variabilis. *Dahl. Cat.* *Sicilia.*
30 Puncticollis. *Dej. Cat.* *Oriente.*

SERICA. *Mac-Leay.*

Scarabæus. *Linné.* Melolontha. *Fabr* Omaloplia. *(Megerle.) Dej. Cat.*

1 Brunnea. *Linné.* *Gall. bor. or.**
Fulva. de Geer. id.
Fulvescens. Fourcroy *P.*

OMALOPLIA. *Stephens.*

(Megerle.) Dej. Cat. Scarabæus. *Geoff.* Melolontha. *Herbst.* Serica. *de Castelnau. Heer.*

1 Holosericea. *Scopoli.* *Gallia.**
Sultzeri. Fuessly. *Germania.*
Pellucida. Sultz. id.
Chrysomeloïdes. Schk. id.
Lamellata. Fourcroy. *P.*
Berolinensis. Herbst. *Austria.*
Variabilis. Oliv. Fabr. *P.*
Var. A. *Fuca. Mulsant.* *Gall. orient.*
— B. *Pellucida. Sulz.* *Germania.*
2 Mutata. *Schönherr.* *Hispania.*
3 Carbonaria. *Dej. Cat.* *Dalmatia.*
Nigra. (Dahl.) *Hungaria.*
4 Erythroptera. *(Dahl.) Dej. Cat.* id.*

BRACHYPHYLLA. *Mulsant.*

Scarabæus. *Linné.* Melolontha. *Fabr.* Omaloplia. *Steph.* Serica. *de Casteln.*

1 Ruricola. *Fabr.* *Gallia.**
Marginata. Fuessly. Fourcroy. *P.*
Floricola. Laichart. *Tirolis.*
Nigro-marginata. Herbst. Heer. *Austria.*
Var. A. *Immarginata. Mulsant.* *Gallia.*
— B. *Obscura. Muls.* id.
— C *Humeralis. Fab.* id.
— D. *Disca. Mulsant.* id.
— E. *Atrata. Fourc.* *P.*
2 Barbara. *Lucas.* *Algiria.**

TRIODONTA. *Mulsant.*

Omaloplia. *Dej. Cat.* Serica. *de Casteln.*

1 Aquila. *Dej. Cat. de Castelnau.* *Gall. merid.**
Var. A. *Noctus. Muls.* id.
2 Alni. *Géné.* *Sardinia*
3 Levaillantii. *Gaubil. in litt.* *Algiria.**
4 Nitidula. *Rossi* *Tirolis.*
Sericea. Bonelli. *Lombardia.*
Sericans. Schönherr. id.

HYMENOPLIA. *Eschscholtz. Muls.*

HYMENONTIA. *Eschsch. Dej. Cat.* OMALOPLIA. *St. Er.* SERICA. *de Castelnau.* TRIODONTA. *Er.* MELOLONTHA. *Fabr.*

1 { Strigosa. *Illiger.* *Austria.**
{ *Bifrons. Eschscholtz.* *Lusitania.*
2 { Chevrolatii. *Mulsant.* *Gall. merid.**
{ *Strigosa. de Casteln.* id.
{ Var. *Lugdunensis. Mls.* *Gall. orient.*
3 Rugulosa. *Rambur.* *Hisp. merid.*
4 Cinerea. *Rambur.* id.
5 Ochroptera. *Erichson.* *Algiria.*
6 Proboscidea. *Fabr.* *Africa bor.*
7 Unguicularis. *Erichson.* id.*
8 Morio. *Fabr.* id.
9 Cinctipennis. *Lucas.* id.*
10 Aterrima. (*Chevrolat.*) *Lucas.* id.
11 Puberula. *Erichson.* *Sicilia.*

CHASMATOPTERUS. *Lepell.* et *Serville.*

MELOLONTHA. *Illig.*

1 Villosulus. *Illiger.* *Hispania.*
2 Pilosulus. *Illiger.* id.
3 Hirtulus. *Illiger.* id.
4 Hispidulus. *Graells.* id.

HOPLIA. *Illiger.*

DECAMERA. *Mulsant.* MELOLONTHA. *Fabr.* SCARABÆUS. *Linné. Poda.*

(DECAMERA. *Mulsant.*)

1 { Brunnipes. *Bonel. Mls.* *Gall. merid.**
{ *Carinthiaca.* (*Dahl.*) *Carinthia.*
{ *Pusilla.* (*Ziegler.*) *Tirolis.*
{ Var. *Pauperata. Muls.* *Gall. merid.*
2 { Philanthus. *Sulz. Hbst.* *Gallia.*
{ *Argentea. Fabr. Oliv. Panz. Duftsch.* *Germania.*
{ *Pulverulenta. Illiger. Schh. Muls.* *Austria.*
{ Var. *Varians. Muls.* *Gallia.*
3 { Praticola. *Duftschmid.* *Gallia bor.**
{ ♀? *Palustris. Heer.* *Helvetia.*
{ Var. *Ripicola. Muls.* *Gall. bor.*

(HOPLIA. *Illig.*)

4 Bilineata. *Fabr.* *Hisp. merid.**

5 { Aulica. *Linné.* *Algiria.**
{ *Regia. Fabr.* id.
{ *Citrina. Buquet.* id.
6 Sulphurea. (*Chevrol.*) *Lucas.* id.*
7 { Chlorophana. *Erich.* *Hisp. merid.*
{ *Aulica. Illiger.* *Lusitania.*
8 Pubicollis. *Dej. Cat. Géné.* *Corsica.*
9 { Cœrulea. *Drury. Hbst. Muls.* *Gall. merid.**
{ *Farinosa. Fabr.* id.
{ *Formosa. Latreille.* id.
{ *Argentea. Fourcroy.* id.
{ *Squamosa. de Villers.* id.
10 { Farinosa. *Linné. Dej. Schh. Oliv.* *Gall. orient.**
{ *Squamosa. Fabr. Pnz. Payk. Ill. Schm.* *Germania.*
{ *Argentea. Poda. Scop. Herb. Rossi. Muls.* *Gallia.*
{ *Rorida.* (*Ziegler.*) *Helvetia.*
{ Var. A. *Deflorata. Mls.* *Gall. orient.*
{ — B. *Rufolutea. Mls.* id.
{ — C. *Sedicolor. Muls.* id.
{ — D. *Sublutea. Muls.* id.
{ — E. *Micans. Muls.* id.
{ — F. *Viridula. Muls.* id.
{ — G. *Glauca. Muls.* id.
{ — H. *Ambigua. Muls.* id.
11 Kunzei. *Schmidt.* *Turcia.*
12 Caucasica. *Kal. Melet.* *Russ. merid.*
13 Flavipes. *Dej. Cat. Schm.* *Dalmatia.*
14 { Minuta. *Panzer.* *Italia.**
{ *Pulverulenta. Schm.* id.
{ *Lepidota. Illiger.* *Austria.*
15 { Pilicollis. *Böb. in litt. Erich.* *Volhynia.*
{ *Pollinosa. Böb. in litt.* id.
16 Dubia. *Illiger. Rossi. Schmidt.* *Italia.*
17 { Pollinosa. (*Ziegl. Dej.*) *Erich.* *Germania.*
{ *Minuta. Illiger. Schmidt.* id.
18 { Pulvifera. *Andersch.* *Dalmatia.*
{ *Pulvisera. Dej. Cat.* id.
19 { Graminicola. *Fab. Pnz. Duftsch.* *Germania.**
{ *Pulverulenta. Fabr. Herbst.* id.
{ *Farinosa. Herbst.* id.

20 Nuda. (*Ziegler. Dej.*) *Erich.* *Austria.*
Graminicola. Schmidt. var. d. e. id.

21 Pubera. *Dupont. Dej. Cat.* *Oriente.*

DIVISIO 8. **Cetonidæ.** *Leach.*

MELITOPHILI. *Latr.*

VALGUS. *Scriba.*

SCARABÆUS. *Linné.* TRICHIUS. *Fabr.*

1 Hemipterus. *Linné.* *Gallia.**
Variegatus. Scopoli. *Carniolia.*
Squamulatus. Müller. *Dania.*

TRICHIUS. *Fabr.*

SCARABÆUS. *Linné.* MELOLONTHA. *Herbst.*

1 Fasciatus. *Lin. Fabr.* *Gallia.**
Succinctus. Latreille. P.
Var. A. *Dubius. Muls.* *Gallia.*
— B. *Interruptus. Mulsant.* id.
— C. *Obliquus. Muls.* id.
— D. *Prolongatus. Mulsant.* id.
— E. *Divisus. Muls.* id.
— F. *Abbreviatus. Mulsant.* id.

2 Gallicus. *Dej. Cat. Heer. Mulsant.* *Gall. m^d or.**
Abdominalis. Dej. Cat. Heer. Schmd. id.
Fasciatus. Latr. Oliv. id.
Succinctus. de Castel. id.
♀ Var. A. *Dorsalis. Mulsant.* id.
♂♀ — B. *Intermedius. Mulsant.* id.
— — C. *Bivittatus. Mulsant.* id.
— — D. *Apicalis. Mulsant.* id.
— — E. *Dentatus. Mulsant.* id.
— — F. *Abdominalis. Dej. Cat. Muls.* id.

3 Zonatus. *Germ. Géné.* *Sardinia.**
Fasciolatus. Géné. *Algiria.*

OSMODERMA. *Lepell.* et *Serville.*

SCARABÆUS. *Linné.* CETONIA et TRICHIUS. *Fabr.* GYMNODUS. *Kirby.*

1 Eremita. *Scopoli.* *Gallia.**
Coriarius. de Geer. id.
Eremitica. Knch. Gyll. *Germania.*

GNORIMUS. *Lepellet.* et *Serville.*

Gory et *Perch. Mulsant. Erich.* TRICHIUS. *Fabr.* SCARABÆUS. *Linné.*

1 Variabilis. *Linné.* *Gallia.**
Albopunctatus. Pill. et Mitt. id.
Cordatus. Gmel. *Suecia.*
8-punctatus. Behst. *Germania.*
Cordatus. Fabr. id.
Var. A. *8-punctatus. Fabr.* *Gallia.*
— B. *Angularis.* C. *Nigricollis. Mls.* id.
— D. *Cordatus. Fab.* id.
— E. F. *Ambiguus, Juvencus. Mls.* id.

2 Subcostatus. *Ménétr. Fald.* *Russ. merid.*

3 Decempunctatus. *Helfer* et *Schm.* *Sicilia.*

4 Nobilis. *Linné. Fabr.* *Gallia.**
Variabilis. Linné. *Suecia.*
Viridulus. de Geer. id.
Auratus. Rœsel. *Germania.*
Cuspidatus. Fabr. id.
Var. A. *Cupricollis. Mulsant.* *Gallia.*
— B. *Rubrocupreus. Mulsant.* id.
— C. *Immaculatus. Mulsant.* id.

CETONIA. *Fabr.*

SCARABÆUS. *Linné.*

(ÆTHIESSA. *Burmeister.*)

1 Floralis. *Fabr.* *Algiria.**

2 Barbara. *Gory* et *Perch.* id.*
Var. *Doguereau. Gory et Perch.* id.
— *Aupickii. Gory* et *P.* id.
— *Floralis. Burm.* id.

3 Refulgens. *Schaum.* *Italia.**
Squamosa. Mulsant. *Gall. merid.*
Var. *Refulgens. Hbst.* *Italia.*
— *Tenebrionis. Gory* et *Perch.* id.
— *Elongata. Gory* et *Perch.* *Algiria.*
— *Deserticola. Waltl.* *Hispania.*
— *Funerea. Mulsant.* *Gall. merid.*
— *Lefebvrei. Muls.* id.
— *Dolorosa. Muls.* id.
4 Inhumata. *Gory* et *P.* *Oriente.*
Æthiops. Burmeister. id.
Leucospila. Burmeist. id.
Mesopotamica. Burm. id.

(Oxythyrea. *Mulsant.*)

5 Cinctella. *Burmeister.* *Russ. merid.**
Variegata. Gory et *Percheron.* id.
6 Stictica. *Linné. Fabr.* *Gallia.**
Funesta. Poda. Fabr. *Tirolis.*
Albopunctata. de Geer. *Germania.*
Var. A. *Deleta. Muls.* *Gallia.*
Grunii. Donovan. *Germania.*
Var. *Pantherina. Gory* et *Perch.* *Barbaria.*
7 Græca. *Brullé. Burm.* *Græcia.**
Quadrata. Gory et *P.* *Algiria.*
8 Feralis. *Erichson.* id.*

(Epicometis. *Burmeister.*)

9 Femorata. *Illig. Burm.* *Hispania.**
Hispanica. Gory et *P.* id.
10 Crinita. *Charpentier.* *Gall. merid.**
Reyi. Mulsant. id.
Hirtella. Heer. *Helvetia.*
Var. *Pilosa. Brullé.* *Græcia.*
— *Hirta. var. Gory* et *Perch.* id.
Vulpina. (Megerle.) *Germania.*
Var. *Submaculata. Mls.* *Gallia.*
— *Luctuosa. Muls.* id.
11 Hirtella. *Linné. Muls.* id.*
Hirta. Fabr. Laich. *Tirolis.*
Var. *Squalida. Linné.* *Germania.*
— *Subfasciata. Mls.* *Gallia.*
— *Nigrina. Mulsant.* id.
12 Tonsa. *Burmeister.* *Græcia.*
Senicula? Ménétriés. *Russ. merid.*

(Cetonia. *Burmeister.*)

13 Funesta. *Ménétriés.* *Russ. merid.*
14 Libani. *Gory* et *Perch.* *Oriente.*
15 Sardea. *Géné.* *Sardinia.*
Tenebrionis. Gory et *Perch.* id.
16 Tincta. *Germ. Burm.* *Sicilia.*
17 Oblonga. *Gor.* et *Perch.* *Gall. merid.**
Var. *Luctifera. Muls.* id.
— *Mauritanica. (Gaubil.)* *Algiria.*
18 Vidua. *Gory* et *Perch.* *Oriente.*
Excavata. Falderm. id.
Melancholica. Zoubk. id.
19 Afflicta. *Gory* et *Perch.* id.*
Var. *Leucogramma. Gory* et *Perch.* id.
Osmanlis. Gory et *P.* id.
Lefebvrei. Dej. Cat. id.
20 Purpurea. *Burmeister.* *Buchara.*
21 Trojana. *Gory* et *Perch.* *Algiria.**
Albilatera. Falderm. *Oriente.*
Var. *Godetii. Gory* et *Perch.* id.
— *Circumdata. Fald.* id.
22 Viridis. *Fabr.* *Hungaria.**
Hungarica. Herbst. id.
Viridana. Brullé. *Græcia.*
Var.? *Sibirica. Gebler.* *Sibiria.*
Atrocœrulea. Waltl. id.
Armeniaca. Ménétriés. *Armenia.*
23 Adspersa. *Waltl.* *Turcia.**
Asiatica. Falderm. *Asia.*
Exclamationis. Burm. *Turcia.*
24 Aurata. *Linné.* *Gallia.**
Smaragdula. de Geer. id.
Nobilis. Schrank. *Germania.*
Variabilis. Fuessly. id.
Var. *Pallida. Drury.* *Gallia.*
— *Lucidula. Casteln. Heer.* *Helvetia.**
— *Valesiaca. Heer.* id.*
— *Carthami. Gory* et *Perch.* id.
— *Funeraria. Gory* et *Perch.* *Algiria.**
— *Asiatica. Gory* et *Perch.* *Asia.*
— *Præclara. Muls.* *Gallia.*
— *Piligera. (Zgl.) Mls.* id.*
— *Cuprifulgens. Mls.* id.*
— *Meridionalis. Mls.* *Gall. merid.**

25 Morio. *Fabr. Olivier.* *Gall. merid.**
Fuliginosa. Scopoli. *Carniolia.*
Var. *Quadripunctata. Muls.* *Gallia.*
26 Metallica. *Payk. Duft.* *Gallia.**
Var. *a. Floricola. Hbst.* *Germania.**
— *b. Obscura. Andch. Hopp.* id.
— *Metallica. Gory et Perch.* *Gallia.*
— *c. Albiguttata. Andersch.* *Germania.*
— *Ænea. Fieb.* id.
— *Obscura. Gory et Perch.* *Gallia.*
— *d. Cuprea. (Ziegl.)* id.
— *Nigra. Duftsch.* *Austria.*
— *e. Metallica. Fieb.* id.
— *α. Volhynensis. Gory et P.* *Volhynia.*
— *β. Metallica. Illig.* *Lusitania.*
— *γ. Cuprea. (Dahl.)* *Corsica.*
— *δ. Metallica. Fabr.* *Italia.*
— *Florentina. Herbst.* id.*
— *ε. Ignicollis. Gory et P.* id.
27 Marmorata. *Fab. Panz. Payk.* *Gallia.**
Æruginea. Herbst. *Austria.*
Lugubris. Herbst. *Germania.*
Aurata. Olivier. *Gallia.*
Ænea? Scriba. *Germania.*
Quercus. Schrank. id.
28 Hyeroglyphica. *Ménét. Fald.* *Russ. merid.*
29 Excavata. *Gory et P.* *Græcia.*
30 Opaca. *Fabr. Gory et P. Burmeist.* *Hispania.**
Cardui. Gyllenhal. in Schh. Muls. *Gall. merid.*
Morio. var. Illiger. *Lusitania.*
31 Angustata. *Germ. Gory. et P.* *Gall. merid.**
Hungarica. Latreille. *Hungaria.*
Vicina. Schönherr. *Gall. merid.*
Var. *Nasuta. Germar.* *Italia.*
32 Affinis. *And. Pnz Dft.* *Gall. merid.**
Ænea. Illiger. *Austria.*
Quercus. Bonelli. *Lombardia.*
Fastuosa. Dumeril. *Gall. merid.*
Var. *Mirifica. Muls.* id.
33 Speciosissima. *Scopoli. Muls.* *Alsatia.**
Superba. de Villers. *Gall. orient.*
Smaragdus. Brahm. *Germania.*
Aurata. Olivier. *Gall. merid.*
Fastuosa. Fabr. Panzer. Duftsch. *Austria.*
Æruginosa. Drury. *Italia.*
Nudiventris. Germar. id.
Var.? *Venusta. Ménét.* *Russ. merid.*
— *Auro-cuprea. Mls.* *Gall. orient.*
34 Speciosa. *Adams. Fald.* *Russ. merid.*
Psittacina. Ménétriés. *Russ. merid.*
Var.? *Jousselini. Gory et P.* id.

PSILODEMA. *Blanchard.*

AMPHICOMA. *Latr.* MELOLONTHA. *Fabr. Oliv.*

1 Ciliata. *Ménétriés.* *Constantinp*
Mustela. Friwaldjski. in litt. Waltl. id.
2 Melis. *Fabr.* *Algiria.**
Var. *Cyanipennis. Fab.* id.

AMPHICOMA [1]. *Latreille.*

SCARABÆUS. *Linné. Pallas.* MELOLONTHA. *Fabr. Oliv.* EULASIA. *Truqui. in litt.*

1 Vittata. *Fabr.* *Constantin.**
Strigata Waltl. id.
Cyanipennis. (Friw.) id.
Lineata. de Castelnau. *Oriente.*
Var. *Strigata. Dej. Cat.* id.
— *Smyrnensis. de Castelnau.* *Græcia.*
— *Flavicans. (Friw.)* *Turcia.*
— *Lineata. Olivier. Dej. Cat.* *Græcia.*
2 Goudotii. *de Casteln.* *Hisp. merid.*
Saltzmanni. Sturm. id.
Tæniata. Dej. Cat. *Barbaria.*
3 Lasserrei. *(Parreyss.) Ahrens.* *Græcia.**
Parreyssii. Brullé. id.
4 Bombylius. *Fabr.* *Algiria.**
5 Arctos. *Pallas.* *Russ. merid.*

[1] Une monographie de ce genre a été publiée par M. le docteur Truqui (Eugène), de Turin, dans ses *Studii entomologici.*

6 Bombyliformis. *Pallas. Russ. merid.*
Var. *Ochraceipennis. Ménétriés.* id.
— *Patruelis. Stm. Ct. Græcia.*
— *Testacea. (Banon.)* id.
— *Rufipennis. de Castelnau.* id.
7 Chrysopyga. (*Stéven.*) *Falderm. Russ. merid.*
8 Martes. (*Friw.*) *Truqui. Turcia.*
9 Maki. *Truqui.* id.
10 Bicolor. (*Friw.*) *Waltl* id.
Distincta. Burmeist. id.
11 Vulpes. *Fabr. Russ. merid.**
♀ *Hirta. Fabr.* id.
Alopecia. Pallas. id.
♀ *Distincta. Falderm.* id.
Var. *Vulpecula. (Friw.) Turcia.*
— *Purpuricollis (Friwaldjski.) Waltl.* id.
Chrysonota. Brullé. Græcia.
Var. *Bilotrichius. (Parreys.) Waltl.* id.
Anemonina. Brullé. id.
Distincta ♂. *Falderm. Russ. merid.*
Var. *Psilotrichius. Fld.* id.*
Scutellata. Brullé. Græcia.
Var. *Hirsuta. Brullé.* id.
— *Humeralis. Brullé.* id.
— *Apicalis. Brullé.* id.

ANTHIPNA. *Eschscholtz.*

Dej. Cat. MELOLONTHA. *Fabr. Oliv.* ANISOPLIA. *Sturm.*

1 Abdominalis. *Fabr. Italia.*
Alpina. Olivier. id.
2 Romana. *Duponchel.* id.
Ærea. Ziegler. id.

GLAPHYRUS. *Latreille.*

MELOLONTHA. *Fabr. Oliv.* SCARABÆUS. *Linné.*

1 Serratulæ. *Latreille. Algiria.**
2 Viridicollis. *Lucas.* id.
3 Maurus. *Linné.* id.*
Cardui. Fabr. id.
4 Equestris. *Dej. Cat. Oriente.*
5 Globulicollis. *Ménétr. Constantinp.*
6 Festivus. *Ménétriés. Constantinp.*
7 Varians. *Ménétriés.* id.

526

27. FAM. BUPRESTI.

JULODIS. *Eschscholtz. Solier.*

BUPRESTIS. *Fabr.*

1 Pubescens. *Olivier. Græcia.*
2 Pilosa. *Fabr. Barbaria.*
Pilosula. Herbst. id.
3 Onopordi. *Linné. Hisp. merid.**
*Onopordinis. Fabr. Algiria.**
Var. *Algirica. de Laporte et Gory.* id.
— *Albopilosa. Chevr.* id.
— *Mauritanica. Dej. Cat.* id.*
4 Fidelissima. *Hoffmansey. Dej. Cat. Hispania.**
Onopordii. Olivier. id.
5 Olivieri. *de Laporte et Gory. Græcia.*
6 Brullei. *de Lap. et Gor.* id.
Onopordinis. Brullé. id.
7 Setifensis. *Lucas. Algiria.**
Cyanitarsis? Dej Cat. id.
8 Ivenii. *Bartels. Græcia.**
9 Manipularis. *Fabr. Barbaria.*
10 Kœnigii. *Dej. Cat. Mannerh.* id.
11 Tingitana. *Audouin.* id.
12 Barbara. *Gory et de Laporte.* id.

ACMÆODERA. *Eschsch. Solier.*

BUPRESTIS. *Fabr.*

1 Tæniata. *Fabr. Austria.**
Flavofasciata. Pill. et Miterp. id.
Hirta. de Villers. Gall. merid.
2 Quadrifasciata. *Rossi. Italia.**
Var. *Mutabilis. Spin.* id.
3 Octodecimguttata. *Hbt. Hispania.*
4 Multipunctata. *Lucas. Algiria.**
5 Pulchra. *Fabr. Hisp. Alg.**
6 Ottomana. *Spinola. Constantinp.*
7 Saxicola. *Spinola. Romelia.*

8 Octodecimpunctata. *Gory* et *de Lap.* *Sardinia.*
9 Feisthameli. *Gory* et *de Lap.* *Pedemont.*
10 Sexpustulata. *Gory* et *de Laporte.* *Italia.**
11 Flavopunctata. *Lucas.* *Algiria.*
12 Flavonotata. *Lucas.* id.
13 { Bipunctata. *Oliv. Hbst. Lap.* et *Gory.* *Gall. merid.**
Var. *Vaillantii. Spin.* *Algiria.*
14 { Adspersula. *Illig. Gory* et *de Laporte.* *Gall. merid.**
Dermestoides. Solier. id.
Variegata. Dej. Cat. id.
Pedemontana. Dej. Ct. *Pedemont.*
15 Rubromaculata. *Lucas.* *Algiria.*
16 Affinis. *Lucas.* id.*
17 Discoidea. *Fabr. Lap.* et *Gory.* *Sicilia.**
18 Lanuginosa. *Schönh.* *Hispania.*
19 Flavolineata. *Lap.* et *G.* *Græcia.*
20 Pilosellæ. *Bonelli.* *Pedemont.**
21 Rufomarginata. *Lucas.* *Algiria.*
22 Flavovittata. *Lucas.* id.*
23 Barbara. *Gory* et *Lap.* id.
24 Trifoveolata. *Lucas.* id.
25 Coarctata. *Lucas.* id.
26 { Cylindrica. *Fabr.* *Hispania.**
Var. *Hirsutula. (Dahl.)* *Sicilia.*
27 Boryi. *Brullé.* *Græcia.*
28 Cuprifera. *Lap.* et *Gor.* id.
29 Melanosoma. *Lucas.* *Algiria.**
30 Tristis. *Lucas.* id.*
31 Mauritanica. *Lucas.* id.*
32 Cyanipennis. *Lucas.* id.
33 Acuminipennis. *Lap.* et *Gory.* id.*
•34 Hirsutula. *Dej. Cat. Gory* et *Lap.* *Hispania.*
35 Morio. *Gory* et *Lap.* *Barbaria.*
36 { Dorsalis. *Dej. Cat. Lap.* et *Gory.* *Sardinia.*
Dorsata. Latreille. id.
37 Lugens. *Lap.* et *Gory.* *Constantinp.*
38 Flavoguttata. *Stm. Cat.* *Romelia.*

PTOSIMA. *Solier.*

Serv. Dej. Cat. Gistl. Acmæodera. *Lap.*

1 { Novemmaculata. *Fabr.* *Gall. merid.**
Var. *Sexmaculata. de Villers.* id.

AURIGENA. *Gory* et *Laporte.*

Perotis. *Megerle. Dej. Cat. Spinola* Buprestis. *Eschsch. Laporte.*

1 { Lugubris. *Fabr.* *Italia.**
Laportea. Brullé. *Græcia.*
2 { Tarsata. *Fabr.* *Algiria.**
Unicolor. Olivier. id.

CAPNODIS. *Eschscholtz.*

Dej. Cat. Spinola. Latipalpis. *Solier.* Buprestis. *Laporte.* Argante. *Gistl.*

1 { Cariosa. *Fabr.* *Italia.**
Bruteia. Petagna. id.
Tenebrionis. Cyrille. id.
2 Porosa. *Klug.* *Constantin.**
3 { Tenebrionis. *Linné.* *Gall. merid.**
Tenebrioides. Pallas. *Russ. merid.*
Nævia. Linné. id.
Tenebrion. Latreille. *Gall. merid.*
4 Ærea. *(Dahl.) Gory* et *Lap.* *Russ. merid.*
5 { Tenebricosa. *Fabr.* *Gall. merid.**
Tenebrionis. Rossi. *Italia.*

CYPHOSOMA. *Mannerheim.*

Cyphonota. *Dej. Cat.* Coeculus. *Gory* et *Lap.*

1 { Lauvsoniæ. *Chevrolat.* *Algiria.**
Var. *Gravidus. Gory* et *Lap.* *Ægypt.*
Buquetii. Gory et *Lap.* *Algiria.*

BUPRESTIS. *Linné. Solier. Laporte.*

(Calcophora. *Serville. Sol.*)

1 { Mariana. *Linné.* *Gall. merid.**
Hiulca. Pallas. *Russ. merid.*
Massiliensis. de Villers. *Gall. merid.*
Var. *Florentina. (Dhl.)* *Algiria.**
2 Fabricii. *Rossi.* *Italia.**

(Dicerca. *Eschsch. Solier.*)

3 { Pisana. *Rossi.* *Italia.**
Plana. Olivier. id.
4 Mœsta. *Fabr.* *Austria.*
5 Quadrilineata. *Herbst.* id.

6 Ænea. *Linné. Lacord.* *Gall. merid.**
Reticulata. Fabr. *Austria.*
Subrugosa. Paykull. *Suecia.*
Austriaca. Schrank. *Austria.*
Oxyptera. Pallas. *Russ. merid.*
Cuprea. Rossi. *Italia.*
Gigantea. Scopoli. *Carniolia.*
Var. *Carniolica. Fabr.* id.
7 Berolinensis. *Fabr.* *Gall. merid.**
Mariana. de Geer. id.
Calcarata. Fabr. *Gallia.*
Fritillum. Ménétriés. *Russ. merid.*
8 Fagi. (*Megerle.*) *Lap. et Gory.* *Austria**
9 Acuminata. *Fab. Pall.* *Suecia.**
10 Scabrosa. *Escher. Zoll.* *Russ. merid.*

(Lampra. *Megerle. Dej. Cat.*)

11 Plebeja. *Fabr.* *Gall. merid.**
Rustica. Herbst. *Austria.*
Variolosa. Paykull. *Suecia.*
Tenebrionis. Panzer. *Germania.*
Conspersa. Gyllenhal. *Suecia.*
12 Rutilans. *Fabr. Lac.* *Gallia.**
Rustica. Schrank. *Austria.*
Fastuosa. Jacquin. *Gallia.*
Æruginosa. Herbst. *Austria.*
13 Solieri. *Lap.* et *Gory.* *Barbaria.*
14 Festiva. *Linné.* *Gall. merid.**
Decempunctata. Fabr. id.

(Ancylocheira. *Dej. Cat.*)

15 Cupressi. *Dej. Cat. Lap. et Gory.* *Dalmatia.*
16 Rustica. *Linné.* *Gall. merid.**
Violacea. de Geer. *Gallia.*
Latus. (Elater.) *Sultz.* *Germania.*
Rusticus. (Cucujus.) *Fourcroy.* *P.*
Rustica. (Mordella.) *Scopoli.* *Carniolia.*
17 Punctata. *Fabr.* *Gall. merid.**
Rustica. var. Gyllenh. *Suecia merid.*
Hæmorrhoidalis. Hbt. *Austria.*
Quadristigma. Herbst id.
Var. *Bicolor. Fabr.* *Germania.*
Barbara. Olivier. *Algiria.*
Barbarica. Linné. id.
18 Hilaris. *Klug.* *Barbaria.*
19 Octoguttata. *Linné.* *Gall. merid.**
Albopunctata de Geer. id.
20 Mauritanica. *Lucas.* *Algiria.**
21 Flavomaculata. *Fabr.* *Gall. merid.**
Octoguttata. Olivier. id.
Octomaculata. Pallas. *Russ. merid.*
Maculosa. Linné. *Gallia.*
Flavopunctata. de Geer. *Germania.*
Novemmaculata. Lin. *Suecia merid.*
Tetrastichon. Linné. id.
22 Douei. *Lucas.* *Algiria.**
23 Levaillantii. *Lucas.* id.

(Eurythyrea. *Serville. Dej. Cat.*)

24 Micans. *Fabr.* *Gall. merid.**
Marginata. Olivier. id.
Aurulenta. Rossi. *Italia.*
25 Austriaca. *Linné. Lac.* *Gall. bor.**
Quercus. Herbst. *Austria.*
Aurulenta. Rossi. *Italia.*
Aurata. Pallas. *Russ. merid.*
Inaurata. Linné. *Algiria.*
Var. *Carniolica. Hbst.* *Carniolia.*
Marginata. Herbst. *Austria.*

CHRYSOBOTHRIS. *Eschscholtz.*

Solier. Laporte et *Gory.* Amblis. *Gistl.*

1 Affinis. *Fabr.* *Gallia.**
Congener. Paykull. *Suecia.*
Chrysostigma. Herbst. *Austria.*
2 Solieri. *Lap.* et *Gory.* *Gall. merid.**
Consentanea. Dej. Cat. id.
Pini. Klingelhöffer. *Austria.*
3 Chrysostigma. *Fabr.* *Gallia.**
Chrysostigmata. Latr. id.

AGRILUS. *Curtis.*

Buprestis. *Linné. Fabr.*

1 Guerinii. *Boisd.* et *Lac.* *P.**
2 Chrysopterus. *Chevrolat. in litt.* *Alsatia.*
3 Sexguttatus. *Herbst.* *Gall. merid.**
Biguttatus. Rossi. *Italia.*
4 Biguttatus. *Fabr.* *Gallia.**
Panonica. Pill. et *Mit.* *Germania.*
5 Faldermanni. *Lap.* et *Gory.* *Petropolis.*
6 Sinuatus. *Olivier.* *Gallia.**
7 Distinguendus. *Lap.* et *Gory.* *P.*
8 Aubei. *Lap.* et *Gory.* id.

9 Viridipennis. *Lap.* et *Gory.* id.
10 { Auripennis. *Solier.* *Gallia.*
{ *Coryli.* (*Dahl.*) *Austria.*
11 Cinctus. *Olivier.* *Gall. merid.**
12 { Viridis. *Linné.* *Gallia.**
{ *Elongatus. Herbst.* *Austria.*
{ *Linearis. Schrank.* id.
{ *Rosana. Scopoli.* *Carniolia.*
13 Solieri. *Lap.* et *Gory.* *Gall. merid.**
14 Derasofasciatus. *Boisd.* et *Lacord.* *Gallia.**
15 Graminis. *Panzer.* *Illyria.*
16 { Cyaneus. *Olivier.* *Gallia.**
{ *Cyanescens? Ratzeb.* *Germania.*
{ *Viridis. var. Schönh.* *Suecia.*
17 Amabilis. *Gory* et *Lap.* *Saxonia.*
18 { Pavidus. *Fabr.* *Gallia.*
{ *Olivaceus. Gyllenhal.* *Suecia.*
{ *Linearis. Paykull.* id.
19 Angustatus. *Illig. Ménétriés.* *Gallia.*
20 Laticornis. *Illiger.* *Gall. merid.**
21 { Roberti. *Chevrolat.* *Alsatia.**
{ *Linearis. Fabr.* *Germania.*
22 Hyperici. *Creutzer.* id.*
23 Cupresceus. *Ménétriés.* *Russ. merid.*
24 Albogularis. *Friwlds.* *Hungaria.*
25 Binotatus. *Dej. Cat. Lap.* et *Gory.* *Italia bor.*
26 Filum. *Schönherr.* *Austria.**
27 Tauricus. *Dej. Cat. Lap.* et *Gory.* *Tauria*
28 Hastulifer. *Germar.* *Germania.*
29 Scaberrimus. *Ratzeb.* id.*
30 Crassicollis. *Ratzeb.* id.*
31 Rugicollis. *Ratzeburg.* id.
32 Emarginatus. *Ratzeb.* id.
33 Pusillus. *Olivier.* id.*
34 Fagi. *Ratzeburg.* id.*
35 Filiformis. *Herbst.* id.
36 Pratensis. *Ratzeburg.* id.
37 Betuleti. *Ratzeburg.* id.
38 Integerrimus. *Ratzeb.* id.*
39 Nocivus. *Ratzeburg.* id.*
40 Tenuis. *Ratzeburg.* id.*
41 Angustulus. *Illiger.* *Austria.**
42 Convexicollis. *L. Redt.* id.
43 Elongatus. *Chevrolat* *P.**
44 Cupreus. *L. Redtenb.* *Austria.*
45 Aurichalceus. *L. Redt.* id.
46 Bicolor. *L. Redtenb.* id.
47 Sulcicollis. *Dej. Cat.* id.*
48 Quercinus. *L. Redtenb.* *Austria.*
49 Capreæ. (*Chevrolat.*) *P.*

CORRÆBUS. *de Laporte* et *Gory.*

BUPRESTIS. *Fabr.*

1 { Rubi. *Linné. Lacord.* *Gall. merid.**
{ *Nebulosus. Scopoli.* *Carniolia.*
2 { Undatus. *Fabr. Laç.* *Gallia.**
{ *Pruni. Panzer.* *Germania.*
{ *Quadrifasciatus. Ross.* *Gall. merid.*
3 Bifasciatus. *Olivier.* id.*
4 Amethystinus. *Olivier. Solier.* id.*
5 { Episcopalis. *Dej. Cat. Mannerh.* *Dalmatia.*
{ *Fulgurans. Parreyss.* id.
6 Purpureus. *Gory* et *Lap.* *Hungaria.*
7 Elatus. *Fabr.* *Gall. merid.**
8 Metallicus. *Solier.* id.
9 Cylindraceus. *Solier.* id.
10 Æneicollis. *de Villers.* id.*
11 Granulatus. *Lap.* et *Gory.* *Barbaria.**
12 Fulgidicollis. *Lucas.* *Algiria.**

MELANOPHILA. *Eschscholtz.*

Mannerheim. PHÆNOPS. *Meg. Dej. Cat. Gistl.* APATURA. *Lap.* et *Gory.*

1 { Decotisgma. *Fabr.* *Austria.**
{ *Chrysostigma. Fabr.* id.
{ *Silphoides. Schrank.* id.
{ *Quatuordecimguttata. Olivier.* *Gall. merid.*
2 { Appendiculata. *Fabr.* *Suecia.**
{ *Morio. Paykull.* id.
{ *Acuminata de Geer.* *Corsica.*
3 { Tarda. *Fabr.* *Gall. merid.**
{ *Cyanea. Fabr.* *Austria.*
{ *Clypeata. Paykull.* *Suecia merid.*
4 Equalis. *Mannerh.* *Algiria.**

ANTHAXIA. *Eschscholtz.*

Solier. Dej. Cat. BUPRESTIS. *Linné. Fabr.*

1 { Auricolor. *Herbst.* *Austria.**
{ *Aurulenta. Fabr.* id.
{ *Deaurata. Linné.* id.
{ *Senicula. Schrank.* id.
{ *Parmensis. Cristofori.* *Italia.*

2 Manco. *Fabr.* *Gallia.**
Elegantula. Schrank. *Germania.*
Bistriata. Fabr. *Dania.*
Rubinus. (Cucujus.) *Fourcroy.* *P.*
3 Candens. *Fabr.* *Illyria.**
Fulminans. Schrank. *Austria.*
Fulminatrix. Herbst. id.
4 Passerinii. *Pecchioli.* *Italia.*
5 Salicis. *Fabr.* *Gallia.**
6 Bicolor. *Faldermann.* *Russ. merid.*
Nitidula. var. ♀. *Schk.* id.
7 Salicetti. *Illiger.* *Sardinia.**
8 Viminalis. *Ziegl. Lap.* et *Gory.* *Italia.**
9 Parallela. *Lap.* et *Gory.* *Gall. merid.*
10 Crœsa. *de Villers.* id.
11 Nitens. *Fabr.* id.*
Nitida. Rossi. Lacord. *P.*
Lucidula. Fabr. *Germania.*
Foveolata. Herbst. *Austria.*
Nitidula. Paykull. *Suecia.*
Fulgurans. Schrank. *Austria.*
Fulgens. Herbst. id.
Formosa. Towns. id.
Bipunctata. Olivier. id.
12 Dorsalis. *Stéven.* *Russ. merid.*
13 Brevis *Gory* et *Lap.* *Hispania.*
14 Azurescens. (*Dahl.*) *Lap.* et *Gory.* *Hungaria.*
15 Gramica. *Lap.* et *Gory.* *Dalmatia.*
16 Cichorii. *Olivier.* *Gall. merid.**
Millefolii. Fabr. id.
Umbellatorum. var. Schar. id.
17 Inculta. *Germar.* id.*
Chamomillæ. (*Dahl.*) *Austria.*
18 Chlorocephala. *Lucas.* *Algiria.*
19 Læta. *Fabr.* *Austria.**
Nitidula. Herbst. id.
20 Scutellaris. *Lucas.* *Algiria.*
21 Fulgidipennis. *Lucas.* id.*
22 Hypomelæna. *Illiger.* *Gall. merid.**
23 Signaticollis. *Krynicki.* *Russ. merid.**
24 Nitidicollis. *Dej. Cat. Lap.* et *Gory.* *Hispania.*
25 Nitidula. *Linné.* *Gall. merid.**
26 Discicollis. *Friwaldks. Lap.* et *Gory.* *Romelia.*
27 Ferulæ. *Géné.* *Sardinia.**
Vittaticollis. Lucas. *Algiria.*
28 Cyanescens. *Dej. Cat. Lap.* et *Gory.* *Hispania.**
29 Umbellatorum. *Fabr.* *P.**
30 Rugicollis. *Lucas.* *Algiria.**
31 Luctuosa. *Lucas.* id.
32 Quadripunctata. *Linné.* *Gall. merid.**
33 Godeti. *Lap.* et *Gory.* *Russ. merid.*
34 Morio. *Fabr.* *Dalmatia.*
Acuminata. de Geer. id.
35 Chevrieri. *Ullrich. Lap.* et *Gory.* *Helvetia.*
36 Istriana. *Rosenhauer.* *Istria.*
37 Pecchioli. *Gory* et *Lap.* *Sardinia.*
38 Bannatica. *Dej. Cat. Lap.* et *Gory.* *Hungaria.*
39 Funerula. *Illiger.* *Hispania.*
40 Confusa. *Dej. Cat. Lap.* et *Gory.* *Gall. merid.**
41 Sepulchralis. *Fabr.* id.*
42 Pygmæa. *Brullé.* *Græcia.*
43 Spinolæ. *Gory* et *Lap.* *Italia.*
44 Cyanipennis. *Dej. Cat. Lap.* et *Gory.* *Dalmatia.**

SPHENOPTERA. *Dej. Cat. Solier.*

Laporte et *Gory.* CHRYSODERA. *Gistl.* BUPRESTIS. *Fabr.*

1 Glabrata. *Ménétriés.* *Russ. merid.*
Arnachantæ Godet. *Tauria.*
2 Orichalcea. *Pallas.* *Russ. merid.*
Dejeanii. Zoubkoff. id.
3 Coracina. *Stéven.* id.
4 Antiqua. *Illiger.* *Sicilia.*
5 Hypocrita. *Rambur.* *Hisp. merid.*
6 Iridiventris. *Lap.* et *Gory.* *Gall. merid.*
7 Inæqualis. *Stéven.* *Russ. merid.*
8 Dianthi. *Tauscher.* id.
9 Dilaticollis. *Lap.* et *Gory.* *Algiria.**
10 Bassii. *Lap.* et *Gory.* *Sicilia.*
11 Rauca. *Fabr.* *Algiria.**
Banonii. Dej. Cat. id.
12 Similis. *Lap.* et *Gory.* id.
13 Vittaticollis. *Lucas.* id.*
14 Gemellata. *Dej. Cat. Lap.* et *Gory.* *Gall. merid.**
15 Cardui. *Chevrolat.* id.*
16 Conica. *Gory* et *Lap.* *Italia.*
17 Ardua. *Dufour. Lap.* et *Gory.* *Gall. merid.*
18 Lapidaria. *Brullé.* *Græcia.**
19 Cupriventris. *Lap.* et *G.* *Algiria.*

20 Smyrnensis. *Gory* et *Lap.* *Algiria.**
21 { Lineata. *Fabr.* *Italia.**
Lineola. Herbst. *Austria.*
Geminata. Illiger. id.
22 Metallica. *Fabr.* *Lombardia.*
23 Parvula. *Lap.* et *Gory.* id.
24 Rotundicollis. *Gory* et *Lap.* *Algiria.*
25 Bravaisii. *Gory* et *Lap.* id.
26 Chrysostoma. *Gory* et *Lap.* *Græcia.*
27 Celtiberica. *Gory* et *Lap.* *Lusitania.*
28 Scabra. *Gory* et *Lap.* *Algiria.*

CRATOMERUS. *Solier.*

Mannerh. Buprestis. *Linné. Fabr.* Mordella. *Scopoli.*

1 { Cyanicornis. *Fabr.* *Gall. merid.**
Femoratus. Villers. id.
♀ *Trochylus. Fabr.* id.
Elegantulus. Schrank. *Austria.*
Stephanelli. Petagna. *Italia.*
Hungarica. Lin. Scop. *Hungaria.*
Diadema. Fischer. *Russ. merid.*

TRACHYS. *Fabricius.*

Solier. Dej. Cat. Laporte. Gistl. Buprestis. *Fabr.*

1 Imperialis. *Villa.* *Lombardia.*
2 Reflexa. *Géné.* *Sardinia.*
3 { Pygmæa. *Fabr.* *Gall. merid.**
Austriaca. (*Megerle.*) *Austria.*
Viridis. Samouel. id.
4 { Pumila. *Illiger.* id.*
Minuta. Rossi. *Italia.*
Corrusca. Drapiez. id.
5 Intermedia. *Rambur.* *Hispania.*
6 Nana. *Fabr.* *Gallia.**
7 Ænea. *Mannerheim.* *Gall. merid.**
8 { Troglodytes. *Schrank.* *Austria.*
Triangularis. Boisduv. et *Lacord.* *P.*

APHANISTICHUS. *Latreille.*

Solier. Lacord. Casteln. Buprestis. *Fab. Germar.*

1 Emarginatus. *Fabr.* *Gallia.**
2 Augustatus. *Lucas.* *Algiria.*
3 Pusillus. *Olivier.* *Gall. merid.**
4 Pygmæus. *Lucas.* *Algiria.*
5 Elongatus. *Villa.* *Lombardia.*
6 Lamotei. *Guérin.* *Gallia.*

239

---

28. FAM. ELATERES.

MELASIS. *Olivier.*

Lacordaire. Castelnau. Elater. *Linné.*

1 { Buprestoides. *Linné.* *Gallia.**
Flabellicornis. Fabr. *Germania.*
Elateroides. var. Illig. *Austria.*

CEROPHYTUM. *Latreille.*

Lacordaire. Castelnau. Guérin. Redtenb

1 Elateroides. *Latreille. P.*

PHYLLOCERUS. *Latreille.*

Dej. Cat.

1 Flavipennis. *Latreille. Dej. Cat.* *Dalmatia.*
2 Spinolæ. *Guérin.* id.

DRAPETES. (*Megerle.*) *Dej. Cat.*

Eschscholtz. L. Redtenbacher. Elater. *Fabr. Panz.*

1 { Equestris. *Fabr.* *Austria.**
Cinctus. Panzer. *Germania.*

EUCNEMIS. *Ahrens.*

Mannerh. Schönherr. Lacord. Redtenb.

1 Capucinus. *Ahrens.* *P.**
2 { Rugulosus. *Dej. Cat.* *Lombardia.*
Capucinus. Villa. id.
3 Feisthameli. *Gräels.* *Hispania.*
4 Pygmæus. *Schönherr.* *P.**

XYLOBIUS. *Latreille. L. Redtenbacher.*

XYLOPHILUS. *Mannerh.* XYLOECUS. *Serv. Dej. Cat.* ELATER. *Fabr.*

1 { Alni. *Fabr.* — *P.*
{ *Testaceus. Herbst.* — *Germania.*

MICRORHAGUS. *Eschscholtz.*

Chevrier. L. Redtenbacher. EUCNEMIS. *Mannerh.* ELATER. *Paykull.*

1 Pygmæus. *Paykull.* — *Austria.**
2 Sahlbergi. *Mannerh.* — *Finlandia.*
3 Lepidus. *Rosenhauer.* — *Tirolis.*

NEMATODES. *Latreille. Dej. Cat.*

EUCNEMIS. *Mannerh.* ELATER. *Fabr.*

1 { Procerulus. *Mannerh.* — *Suecia.*
{ ♀ *Pygmæus. Gyllenh.* — id.
2 Elaterinus. *Villa.* — *Lombardia.*
3 Flavescens. *Dej. Cat.* — *Styria.*
4 Nigriceps. *Mannerh.* — *Finlandia.*

HYLOCHARES. *Latreille.*

HYPPOCÆLUS. *Eschsch.*

1 Cruentatus. *Mannerh.* — *Finlandia.*

HYPOCÆLUS. *Eschscholtz. Dej. Cat.*

1 { Buprestoides. *Rossi.* — *Italia.*
{ *Alticollis. Rondanni.* — id.
{ *Franciscanus.* (Eucnemis.) *Jan.* — id.
2 Filum. *Fabr.* — *Austria.*

THAROPS. *Laporte. Redtenbacher.*

ISORHIPIS. *Lacord. Dej. Cat.* NEMATODES. *L. Redtenbacher.*

1 { Melasioides. *Laporte.* — *P.**
{ *Lepaigei. Dej. Ct. Lac.* — id.
{ *Strepens. L. Redtenb.* — *Austria.*

DIMA. *Ziegler. Dej. Cat. Charpentier. Erich. L. Redtenbacher.*

1 { Elateroides. (*Ziegler.*) *Charpentier.* — *Styria.*
{ Var. *Dalmatina. Dej. Cat.* — *Dalmatia.*

SYNAPTUS. *Eschscholtz. L. Redtenb.*

CTENONYCHUS. *Stephens.* ELATER. *Fabr*

1 { Filiformis. *Fabr.* — *Gallia.**
{ *Cinereus. Illiger.* — *Austria.*
{ *Unguliserris. Schönh.* — *Suecia.*

MONOCREPIDIUS. *Eschscholtz. L. Redtenbacher.*

1 { Fulvus. *W. Redtenb.* — *Austria.**
{ *Cuneiformis. Natterer.* — id.
2 { Acuticornis. *L. Redtb.* — id.
{ *Nigellus.* (Ampedus.) *Dej. Cat.* — id.

MELANOTUS. *Eschscholtz.*

L. Redtenbacher. CRATONYCHUS. *Dej. Cat.*

1 { Niger. *Fabr.* — *Gallia.**
{ *Aterrimus. Olivier.* — *P.*
2 Brunnipes. *Germar.* — *Gallia.**
3 Monticola. *Ménétriés.* — *Russ. merid.*
4 Tenebrosus. *Erichson.* — *Italia.**
5 { Dichrous. *Erichson.* — *Gall. merid.**
{ *Bicolor. Schönherr.* — id.
6 Alpinus. (*Gaubil.*) — *Alp. Gall.**
7 Mauritanicus. *Lucas.* — *Algiria.*
8 { Castaneipes. *Paykull.* — *Gall. merid.**
{ *Fulvipes. Gyllenhal.* — *Suecia.*
{ *Obscurus. Fabr.* — *P.*
9 { Rufipes. *Herbst.* — *Germania.**
{ *Fulvipes. Herbst.* — *Gall. bor.*
{ Var. *Bicolor. Fabr.* — id.
10 Æmulus. *Erichson.* — *Germania.*
11 { Crassicollis. *Erichson.* — *Gallia.*
{ *Brunnipes. Lacord.* — *P.*
12 Fuscipes. *Schönherr.* — *Austria.*
13 Aquilus. *Dej. Cat.* — *Dalmatia.*
14 { Menetriesii. *Dej. Cat.* — *Russ. merid.*
{ *Sobrinus. Ménétriés.* — id.
15 Cinerascens. *Dej. Cat.* — *Gall. merid.**
16 Dalmatinus. *Stm. Cat.* — *Dalmatia.*
17 Hæmatopus. *Stm. Cat.* — *Græcia.*

AGRYPNUS. *Eschscholtz.*

Dej. Cat. L. Redtenbacher. ELATER. *Fabr.*

1 { Atomarius. *Fabr.* — *Gall. merid.**
{ *Carbonarius. Rossi.* — *Italia.*

ADELOCERA. *Latreille.*

L. Redtenbacher. Agrypnus. *Eschscholtz. Dej. Cat.* Elater. *Fabr.*

1 { Lepidoptera. *Gyllenh.* *Gall. merid.*
{ *Chrysoprasa. Herbst.* *Austria.*
2 Conspersa. *Gyllenhal.* *Suecia.*
3 { Fasciata. *Linné.* *Gall. merid.**
{ *Inæqualis. de Geer.* *Germania.*
4 { Varia. *Fabr.* *Gall. merid.**
{ *Quercus. Herbst.* *Austria.*

LACON. *Laporte. L. Redtenbacher.*

Agrypnus. *Eschsch. Dej. Cat.* Elater. *Fabr.*

1 Murinus. *Linné.* *Gallia.**
2 Crenicollis. *Ménétriés.* *Russ. merid.*

CALAIS. *Laporte.*

Alaus. *Eschsch. Dej. Cat.* Elater. *Guér.*

1 { Parreyssii. *Stéven.* *Tauria.*
{ *Goryi. Guérin.* id.

ATHOUS. *Eschsch. L. Redtenbacher.*

Elater. *Fabr.*

1 Rufus. *Fabr.* *Styria.**
2 Angusticollis. *Megerle. Dej. Cat.* id.
3 Rhombeus. *Olivier.* *P.**
4 { Undulatus. *de Geer. Payk.* *Styria.*
{ *Trifasciatus. Gyllenh.* *Helvetia.*
5 Bifasciatus. *Gyllenh.* *Lapponia.*
6 Puzosii. *Dej. Cat.* *Pyrenæis.**
7 Tenebricosus. *Dej. Cat.* *Gall. merid.*
8 Dejeanii. *Yvan.* id.*
9 Tauricus. *Dej. Cat.* *Tauria.*
10 Coarctatus. *Dej. Cat.* *Gall. merid.*
11 { Scrutator. *Herbst.* *Suecia.**
{ *Testaceus. Paykull.* id.
{ *Luridipennis. Besser.* *Volhynia.*
12 Rufocinctus. (*Chevrol.*) *Alp. Gall.**
13 { Hirtus. *Herbst.* *Austria.**
{ *Aterrimus. Fabr.* id.
{ *Niger. Olivier.* id.
14 Mutilatus. *Rosenh.* *Germania.*
15 Læsus. *Germar.* *Tauria.*
16 Mutabilis. *Mus. Berol.* *Germania.**
17 Affinis. *Paykull.* *Austria.*
18 Obscuripennis. *Sturm. Cat.* *Russ. merid.*
19 Picicornis. *Stm. Cat.* *Italia.*
20 Piciventris. *Stm. Cat.* id.
21 Rubens. *Sturm. Cat.* *Dalmatia.*
22 Sulphuripennis. *Stm. Cat.* *Italia.*
23 Ater. *Dej. Cat.* *Gall. orient.**
24 Vestitus. *Dej. Cat.* *Pyrenæis.*
25 Cervinus. *Dej. Cat.* *Gall. orient.*
26 Procerus. *Illiger.* *Hispania.*
27 { Parallelus. *Dej. Cat.* *Gall. merid.**
{ *Marginalis.* (*Dahl.*) *Italia.*
28 { Longicollis. *Fabr.* *P.**
{ *Marginatus. Paykull.* *Germania.*
{ *Marginellus. Herbst.* *Austria.*
29 Distinguendus. *Sturm. Cat.* *Tergest.*
30 Angusticollis. *Stm. Ct.* *Suecia.*
31 Trifasciatus. *Herbst.* *Austria.*
32 { Difformis. (*Ziegler.*) *Gallia.**
{ Var. *Distinctus.* (*Ullr.*) *Illyria.*
{ *Circumductus. Ménét.* *Russ. merid.*
33 Douei. (*Gaubil.*) *Algiria.**
34 Narbonnensis. (*Gaub.*) *Gall. merid.**
35 Quadrimaculatus. *Fab.* *Austria.*
36 { Hæmorrhoidalis. *Fabr.* *Germania.**
{ *Ruficaudis. Gyllenhal.* *Austria.*
{ *Analis. Herbst.* *Gallia.*
37 Fuscipennis. *Stm. Cat.* *Italia.*
38 Fuscescens. *Stm. Cat.* id.
39 Leucophæus. *Dej. Cat.* *Gallia.*
40 Mauritanicus. (*Gaubil.*) *Algiria.**
41 Crassicollis. *Dej. Cat.* *Gall. bor.**
42 { Vittatus. *Fabr.* *P.**
{ *Subfuscus. Gyllenh.* *Gallia.*
{ *Stricticollis. Panzer.* *Germania.*
43 { Dilutus. *Kugelann.* id.*
{ *Subfuscus. Gyllenh.* id.
44 Perangustus. (*Gaubil.*) *Algiria.**
45 Ochraceus. *Stm. Cat.* *Germania.*
46 Æratus. *Sturm. Cat.* *Suecia.*
47 Jucundus. *Tischer. St. Cat.* *Germania.*
48 Compressicornis. *St. Cat.* *Russ. merid.*
49 Cinereomicans. *St. Cat.* *Germania.*
50 Bivittatus. *St. Cat.* *Italia.*
51 Imbellis. *Stév. St. Cat.* *Tauria.*
52 Tenigratus. *Stm. Cat.* id.
53 Nigritus. (*Zgl.*) *St. Cat.* *Croatia.*

54 Picipennis. *Stm. Cat.* *Austria.*
55 Pustulatus. *Stm. Cat.* *Hungaria.*
56 Parvulus. *Panzer.* *Austria.*

CAMPYLUS. *Fischer.*

EXOPHTHALMUS. *Latr.* HAMMIONUS. *Megerle.* ELATER. *Fabr. Latr.*

1 { Denticollis. *Fabr.* *Austria.**
Rubens. Panzer. id. *
Pyrophorus. Fabr. Ol. id. }
2 { Linearis. *Fabr.* *Gall. bor.**
Var. *Mesomelas. Fabr.* id.*
♂ *Dispar. Paykull.* *Suecia.*
Denticollis. Fischer. *Russ. merid.*
Var. *Livens. Fabr.* *Germania.**
Bicolor. Panzer. id. }

LIMONIUS. *Eschscholtz.*

Redtenbacher. ELATER. *Fabr. Oliv.*

1 Rubripes. *Germar.* *Germania.*
2 Violaceus. *Germar.* *Austria.*
3 Cœrulescens. *Dej. Cat.* id.
4 Cyaneus. (*Megerle.*) *Dej. Cat.* id.
5 Russus. *Dej. Cat.* *Hispania.*
6 Cylindricus. *Paykull.* *P.**
7 Mœstus. *Stéven.* *Tauria.*
8 Murinus. *Sturm. Cat.* *Germania.*
9 Nigripes. *Gyllenhal.* id.*
10 Fumosus. *Sturm. Cat.* *Græcia.*
11 { Serraticornis. *Paykull.* *Germania.**
Serricornis. Herbst. id. }
12 Tereticollis. *Stm. Cat.* id.
13 { Minutus. *Linné.* *P.**
Nitidicollis. (*Megerle.*) *Germania.* }
14 { Minusculus. *Dej. Cat.* *Croatia.*
Variolosus. Parreyss. id. }
15 { Lythrodes. *Germar.* *Gallia.**
Flavoangulus. Sturm. *Germania.* }
16 Radiolus. *Germar.* id.*
17 { Bructeri. *Fabr. Panz.* id.*
Minutus. Paykull. *Suecia.* }
18 Bipustulatus. *Lin. Fab.* *P.**
19 Dorsalis. *Sturm. Cat.* *Italia.*
20 Nigritarsis. *Stéven. St. Cat.* *Russ. merid.*
21 { Parvulus. *Panzer.* *Austria.**
Mus. Illiger. id. }

CARDIOPHORUS. *Eschscholtz.*

L. Redtenbacher. Dej. Cat. CALODERUS. *Steph. Castelnau.* ELATER. *Fabr. Oliv. Latr.*

1 Thoracicus. *Fabr.* *P.**
2 Discicollis. *Herbst.* *Austria.**
3 Ruficollis. *Linné.* *Gallia.**
4 Collaris. *Erichson.* *Sicilia.*
5 { Ulcerosus. *Géné.* *Sardinia.**
Corsicus. Dej. Cat. *Corsica.* }
6 { Argiolus. *Géné. Erich.* *Sardinia.**
Sardeus. Dej. Cat. id. }
7 Anticus. *Erichson.* id.
8 Submaculatus. *Dej. Cat.* *Gall. merid.*
9 Pictus. *Castelnau.* id.
10 Ornatus. *Dej. Cat.* id.
11 { Sexpunctatus. *Illiger.* *Lusitania.*
Signatus. Olivier. *Hispania.* }
12 Biguttatus. *Fabr.* *Gall. merid.**
13 Sexmaculatus. *Lucas.* *Algiria.**
14 Bipunctatus. *Fabr.* *Italia.*
15 Bœticus. *Rambur.* *Hisp. merid.*
16 Bisignatus. *Dej. Cat.* *Hispania.*
17 Eleonoræ. *Géné.* *Sardinia.**
18 Rufipes. *Fabr.* *P.**
19 { Vestigialis. *Erichson.* *Lusitania.*
Rufipes. Illiger. id. }
20 Tibialis. *Erichson.* *Corfou.*
21 Nigerrimus. *Erichson.* *Germania.**
22 Atramentarius. *Erich.* id.
23 { Ebeninus. *Germar.* *Lusitania.**
Advena. Fabr. *Gall. merid.* }
24 Melampus. *Illiger.* *Germania.*
25 Asellus. *Erichson.* *Berolini.**
26 Exaratus. *Dej. Cat. Castelnau.* *Gall. merid.**
27 { Cinereus. *Herbst.* *Germania.**
Pilosus. Paykull. *Suecia.*
Equiseti. Herbst. *Austria.*
Weberi. Waltl. id. }
28 Incanus. *Erichson.* *Germania.*
29 { Equiseti. *Herbst.* *Gall. merid.*
Filiformis. Rossi. *Italia.*
Pilosus. Herbst. *Austria.* }
30 { Rubripes. *Germar.* *Gallia.**
Albipes. (*Megerle.*) *Austria.*
♀ *Pollux. Germar.* *Germania.* }
31 Crassicollis. *Erichson.* id.
32 { Testaceus. *Fabr.* *Tirolis.*
Fugax. Fabr. *Styria.* }
33 Geminatus. *Erichson.* *Germania.*

34 Siculus. *Dej. Cat.* *Germania.*
35 Luridipes. *Dej. Cat.* *Gallia.*
36 Bivittatus. *Dej. Cat.* *Sicilia.*
37 Obsoletus. *Sturm. Cat.* *Austria.*
38 Nigritus. *Sturm. Cat.* *Græcia.*
39 Signaticollis. *Stm. Cat.* *Sicilia.*
40 Rufoangulatus. *Sturm. Cat.* *Sardinia.*
41 Patruelis. *Sturm. Cat.* *Croatia.*

ÆOLUS. *Eschscholtz.*

1 { Crucifer. *Rossi.* *Italia.*
Cruciger. (Dahl.) id.
Rossii. Godet. *Russ. merid.*

ELATER. *Linné. Eschsch.*

Ampedus. *(Megerle.) Dej. Cat.*

1 Sanguineus. *Linné.* *Gall. bor.**
2 { Lythropterus. *Germar.* *Alsatia.**
Sanguineus. Stephens. *Anglia.*
Semiruber. Hoffmans. *Germania.*
3 { Ephippium. *Fabr.* *Gallia.**
Sanguinolentus. Schk. *Germania.*
Var. *Sanguineus. Paykull.* *Suecia.*
4 { Præustus. *Fabr.* *Alp. Gall.**
Var. β. *Sanguineus. Payk.* *Suecia.*
5 { Pomorum. *Geoffroy.* *Gallia.**
Ferrugatus. Dej. Cat. id.
Elongatus. Zettersted. *Suecia.*
6 Crocatus. *Geoffroy.* *Gallia.**
7 Balteatus. *Linné.* id.*
8 Ochropterus. *Dej. Cat. Küster.* *Russ. merid.*
9 { Elongatulus. *Fabr.* *Alsatia.**
Glycereus. Herbst. *Austria.*
Præustus. Stephens. *Anglia.*
10 { Elegantulus. *Schönh.* *Gall. merid.**
Adustus. Eschscholtz. *Austria.*
Austriacus. Dej. Cat. Cast. id.
11 Tristis. *Linné.* *Suecia.*
12 Sinuatus. *(Zgl.) Germ.* *Austria.*
13 { Erythrogonus. *Müller.* *Dania.*
Arrogans. Dej. Cat. *Austria.*
Auritus. Schönherr. *Suecia.*
14 Megerlei. *Dej. Cat. Germar.* *Gall. orient.*
15 Foveicollis. *Dej. Cat.* *Styria.*
16 { Brunnicornis. *Germar.* *Gallia.*
Æthiops. Frœlich. *Germania.*
17 { Scrofa. *Ahrens.* *Gall. merid.**
Morio. (Ziegl.) Germ. *Germania.*
18 { Obsidianus *Germar.* id.*
Nigerrimus. Dej. Cat. *P.*
19 { Nigrinus. *Paykull.* *Suecia.**
Pilosulus. Herbst. *Germania.*
20 { Subcarinatus. *Germar.* *Gallia.**
Tibialis. Dej. Cat. id.
21 Lugens. *Will. Redtb.* *Austria.*
22 Carbonarius. *Stm. Cat.* *Germania.*

ISCHNODES. *Germar.*

Ampedus. *Dej. Cat.* **Ctenicerus.** *Steph.* **Elater.** *Germar.*

1 { Sanguinicollis. *Panz.* *Austria.*
Niger. Vœt. id.
Ruficollis. Donovan. id.

CRYPTOHYPNUS. *Eschscholtz.*

Redtenb. Dej. Cat. **Elater.** *Linné. Fabr.*

1 Hyperboreus. *Gyllenh.* *Lapp. bor.*
2 { Riparius. *Fabr.* *Alsatia.**
Æneus. Marsham. *Anglia.*
Littoreus. Herbst. *Austria.*
3 { Rivularis. *Gyllenhal.* *Suecia.**
Riparius. Panzer. *Alsatia.*
4 { Pulchellus. *Linné.* *Gallia.**
Var. *Trimaculatus. Fabr.* *Germania.*
5 { Quadripustulatus. *Fab.* id.*
Agricola. Zettersted. *Suecia.*
Quadrum. Gyllenh. id.
6 { Tetragraphus. *Germar.* *Gall. bor.**
Quadripustulatus. Payk. *Suecia.*
Quadriguttatus. Cast. *Gallia.*
7 { Dermestoides. *Herbst.* *Gall. merid.*
Quadripustulatus. Gyll. var. *Suecia.*
Minimus. Dej. Cat. *Gall. merid.*
8 { Lapidicola. *Westerh.* *Germania.**
Exiguus. Dej. Cat. *Gall. merid.*
9 Minutissimus. *Germar.* *Gall. orient.**
10 Liliputanus. *Chevrier.* *Sicilia.*
11 { Curtus. *Erichson.* *Gall. merid.**
Troglodytes. Dej. Cat. *Pedemont.*
12 Elongatus. *L. Redtb.* *Austria.*

OOPHORUS. *Eschscholtz.*

1 Algiricus. *Lucas.* *Algiria.*

DRASTERIUS. *Eschscholtz.*

Dej. Cat. Redtenbach. ELATER. *Fabr.*

1 Bimaculatus. *Fabr.* *Gall. merid.**
2 Caucasicus. *Godet. Dej. Cat.* *Russ. merid.*
3 Rossii. *Stéven.* id.

MACRODES. *Dej. Cat.*

1 Strictus. *Dej. Cat.* *Hisp. merid.*

LUDIUS. *Latreille.*

STEATODERUS. *Eschsch. Dej. Cat.* ELATER. *Linné.*

1 Ferrugineus. *Linné.* *P.**
2 Theseus. *Germar.* (Ectinus. *Dej.*) *Dalmatia.**

CORYMBITES. *Latreille.*

LUDIUS. *Dej. Cat.* CTENICERAS. *Latr.* ELATER. *Linné. Fabr. Oliv.*

1 { Hæmatodes. *Fabr.* *Gallia.**
{ *Purpureus. Herbst.* *Germania.*
2 Hæmopterus. *Illiger.* *Lusitania.*
3 Castaneus. *Linné.* *P.**
4 { Sulphuripennis. (*St.*) *Germar.* *Italia.*
{ *Apicalis.* (*Ziegl.*) *Dej. Cat.* *Pyrenæis.*
5 { Aulicus. *Panzer.* *Helvetia.**
{ *Inæqualis. Fabr.* id.
{ Var. *Cupreus. Herbst.* *Austria.*
{ *Signatus. Panzer.* *Germania.**
{ *Castaneus. Scopoli.* *Carniolia.*
6 Cupreus. *Fabr.* *Germania.**
7 { Æruginosus. *Fabr.* id.*
{ Var. *Cupreus Panz.* id.
8 Heyeri. *Saxesen.* *Harcynia.*
9 Pyrenæus. *Charpent.* *Pyrenæis.*
10 Pectinicornis. *Linné.* *Gall. orient.**
11 Croaticus. *Germar.* *Croatia.*
12 { Tessellatus. *Linné.* *Alsatia.**
{ Var. *Assimilis. Gyll.* *Gallia.**
13 Affinis. *Paykull.* *Helvetia.**
14 Geniculatus. (*Gaubil.*) *Alsatia.**
15 { Quercus. *Gyllenhal.* *Suecia.**
{ *Pallipes. Paykull.* *Lapponia.*

DIACANTHUS. *Latreille.*

LUDIUS. *Latr. Dej. Cat.* ELATER. *Linné. Fabr.*

1 Holosericeus. *Fabr.* *P.**
2 Montanus. (*Chevrolat.*) *Nov. sp.* *Alsatia.**
3 Chrysocomus. (*Dahl.*) *Germar.* *Hungaria.*
4 Nubilipennis. *Germar.* *Iberia.*
5 { Metallicus. *Paykull.* *Gallia.**
{ *Nigricornis. Panzer.* *Germania.*
6 { Impressus. *Fabr.* *Suecia.*
{ *Æruginosus. Olivier.* id.
7 Cinctus. *Paykull.* *Germania.**
8 Guttatus. *Dej. Cat. Germar.* *Styria.*
9 Cruciatus. *Linné.* *Gallia bor.**
10 Costalis. *Paykull.* *Lapponia.*
11 { Latus. *Fabr.* *Gallia.**
{ *Germanus. Olivier.* id.
{ *Saginatus. Falderm.* *Russia.*
12 Gravidus. *Germar.* *Germania.*
13 { Milo. *Hoffmsg. Germ.* *Germania.**
{ *Pulverulentus. Kunze.* id.
14 Globicollis. *Fisch. Germar.* *Iberia.*
15 { Amplicollis. *Germar.* *Pyrenæis.**
{ *Pyrenæus. Dej. Cat.* id.
16 { Melancholicus. *Fabr.* *Germania.**
{ *Scabricollis. Eschsch.* *Gall. orient.**
17 Longulus. *Gyllenhal.* *Gallia.**
18 { Rugosus. *Bonel. Germ.* *Gall. merid.**
{ *Confluens. Ledebour.* id.
19 { Æneus. *Linné.* *Gall. orient.**
{ Var. *a. Impressus. Marsham.* *Anglia.*
{ — *b. Germanus. Lin.* *Suecia.*
{ — *c. Cyaneus. Marsh.* *Anglia.*

PRISTILOPHUS. *Latreille.*

LUDIUS. *Dej. Cat.* ELATER. *Fabr.*

1 { Insitivus. *Germar.* *Hungaria.*
{ *Depressus. Germ.* (*Dej. Cat.*) *Volhynia.*
2 Famulus. *Germar.* *Sicilia.*

AGRIOTES. *Eschscholtz.*

Dej. Cat. Ctenonychus. *Steph.* Elater. *Fabr. Oliv.*

1 Pilosus. *Fabr.* — *P.**
Obscurus. Olivier. — *Gallia.*
Vilis. Illiger. — *Austria.*
2 Fuscicollis. *Parreyss. Dej. Cat.* — *Gall. merid.*
3 Inonatus. *(Gaubil.)* — *Algiria.**
4 Fulvescens. *Dej. Cat.* — *Gall. orient.*
Ruficollis. (Dahl.) — *Italia.*
5 Gallicus. *Dej. Cat. Lac.* — *P.**
6 Graminicola. *L. Redtb.* — *Austria.**
Fusculus. (Meg.) Dej. Cat. — id.
Gilvellus. (Ziegl.) Dej. Cat. — P.
Sputator. (Ziegler.) — id.
Blandus. Germar. — *Germania.*
7 Rusticus. *Dej. Cat.* — *Gall. merid.**
8 Segetis. *Bierk. Gyll.* — *Suecia.**
Lineatus. Linné. — *Germania.*
Striatus. Fabr. — *P.*
9 Obscurus. *Linné. Gyll.* — *Suecia.**
Variabilis. Payk. Fab. — *P.*
10 Marginipennis. *(Gaub.)* — *Algiria.**
11 Sputator. *Linné. Gyll.* — *P.**
12 Flavicornis. *Panzer.* — *Austria.*
13 Rufulus. *Dej. Cat.* — *P.*
14 Litigiosus. *Rossi.* — *Italia.*

ANELASTES. *Kirby.*

Silenus. *Latr.*

1 Barbarus. *Lucas.* — *Algiria.*

SERICOSOMUS. *Serville.*

Eschsch. L. Redtenb. Dej. Cat. Elater. *Fabr. Linné.*

1 Tibialis. *Castelnau.* (Agriotes. *Meg.*) — *Austria.*
2 Brunneus. *Linné. Fabr.* — *Germania.**
3 Fugax. *Fabr.* — *Gallia.**

DOLOPIUS. *(Megerle.) Eschsch.*

Redtenb. Dej. Cat. Elater. *Linné. Fabr.*

1 Marginipennis. *Lucas.* — *Algiria.*
2 Marginatus. *Linné.* — *P.**
Lateralis. Olivier. — *Gallia.*
Dorsalis. Paykull. — *Suecia.*
Tenellus. Beck. — *Germania.*
Sticticus. Panzer. — id.
3 Rufipennis. *Dej. Cat.* — *Gall. merid.*

ECTINUS. *Eschscholtz.*

L. Redtenb. Dej. Cat. Elater. *Linné.*

1 Aterrimus. *Linné.* — *Gall. bor.**
Obscurus. Olivier. — *P.*
Atratus. Illiger. — *Germania.*
Nigrinus. Herbst. — *Austria.*
2 Xanthodon. *Märkel.* — *Germania.*
3 Volhynensis. *(Zgl. Dej. Cat.)* — *Volhynia.*
4 Subæneus. *L. Redtenb.* — *Austria.*
5 Jucundus. *Märkel.* — *Germania.*

ADRASTUS. *(Megerle.) Eschsch.*

Redtenb. Dej. Cat. Elater. *Linné. Fabr.*

1 Terminatus. *(Dahl.) Erich.* — *Dalmatia.**
2 Dimidiatipennis. *(Gaubil.)* — *Algiria.**
3 Rutilipennis. *Illiger.* — *Lusitania.*
4 Axillaris. *Erichson.* — *Germania.*
5 Limbatus. *Fabr.* — *P.**
6 Pallens. *Fabr.* — *Gallia.**
Limbatus. Herbst. — *Austria.*
Pusillus. Herbst. — id.
7 Bicolor. *Lucas.* — *Algiria.*
8 Luteipennis. *Erichson.* — *Italia?*
9 Lacertosus. *Erichson.* — *Iberia.*
10 Humilis. *Erichson.* — *Austria.*
11 Lateralis. *Herbst.* — *Germania.*
12 Pusillus. *Fabr.* — *Gallia.**
Nanus. Herbst. — *Austria.*
13 Quadrimaculatus. *Fab.* — *Gall. merid.**
Bisbimaculatus. Schh. — *Austria.*
14 Umbrinus. *Germar.* — *P.**
15 Styriacus. *Dej. Cat.* — *Gall. merid.**
Alpinus. (Dahl.) — *Illyria.*
Var. *Pustulatus. (Dhl.)* — *Hungaria.*
16 Pygmæus. *Fabr. Hbst.* — *Austria.*

29. FAM. CEBRIONES.

CEBRIO. *Olivier.*

TIBESIA. *Leach.* HAMMONIA. *Latr.*

1 Gigas. *Fabr.* — *Gall. merid.**
Longicornis. *Olivier.* id.
♀ Brevicornis. *Oliv.* id.*
Premulus. *Leach.* id.
2 Fabricii. *Leach.* id.*
Xanthomerus. *Hoffmg.* id.
♀ Melanocephala. *Leach.* id.
3 Morio. *Dufour.* — *Hispania.*
4 Abdominalis. *Cast. Luc.* — *Algiria.**
5 Carrenii. *Graëlls.* — *Hispania.*
6 Barbarus. *Lucas.* — *Algiria.**
7 Dimidiatus. *Lucas.* id.*
8 Attenuatus. *Lucas.* id.
9 Melanocephalus. *Luc.* id.*
10 Guyonii. *Guérin. Luc.* id.
11 Numidicus. *Lucas.* id.*
12 Nigricans. *Lucas.* id.
13 Nigricollis. *Buquet.* — *Oriente.*
14 Ustulatus. *Dej. Cat.* — *Hispania.*
15 Ruficollis. *Fabr.* id.
Testaceus. *Dej. Cat.* id.
16 Siculus. *Dej. Cat.* — *Sicilia.*
17 Strictus. *Géné.* — *Sardinia.*

17

30. FAM. CYPHONES.

ATOPA. *Paykull.*

DASCILLUS. *Latr.* CHRYSOMELA. *Linné.*

1 Cervina. *Fabr. Linné.* — *Gallia bor.**
2 Cinerea. *Fabr.* id.*
Cervina. *Olivier.* id.

ELODES. *Latreille.*

CYPHON. *Payk. Fabr.* CRIOCERIS et CRYPTOCEPHALUS. *Marsh.* GALLERUCA. *Fabr.* CISTELA. *Fabr.* LAMPYRIS. *Linné.*

1 Livida. *Fabr.* — *Gallia.**
Tenella. *Olivier.* — *P.*
Pallida. *Paykull.* — *Suecia.*
Mollis. *Marsham.* — *Anglia.*
Testacea. *Stephens.* id.
Obscura. *Stephens.* id.
Assimilis. *Stephens.* id.
2 Bohemanni. *Mannerh.* — *Finlandia.*
3 Variabilis. *Thunberg.* — *Gallia.*
Pubescens. *Fabr. Gyll.* — *Suecia.*
Minuta. *Olivier.* — *P.*
Dorsalis. *Marsham.* — *Anglia.*
4 Coarctata. *Paykull.* — *Suecia.**
Livida. *Fabr.* — *Germania.*
Grisea. *Fabr.* id.
Concolor. *Marsham.* — *Anglia.*
Fuscescens. *Latreille.* — *P.*
Var. *Variabilis. Thunb.* — *Suecia.*
5 Ochracea. *Sturm.* — *Germania.*
6 Fusca. *Sturm.* id.
7 Padi. *Linné.* — *Gallia.**
Var. *Coarctata. Payk.* — *Suecia.*
Discolor. *Panzer.* — *Germania.*
Pusilla. *Dej. Cat.* — *Dalmatia.*
Ater. var.? *Stephens.* — *Anglia.*
8 Marginata. *Fabr.* — *P.**
Var. *Pallida. Paykull.* — *Suecia.*
Circumfusa. *Marsh.* — *Anglia.*
Nimbata. *Panzer.* — *Germania.*
Var. *Limbata. Dej. Cat.* — *P.*
9 Serricornis. *Müller.* — *Germania.*
Serraticornis. *Gyll.* — *Suecia.*
Chrysomeloides. *Stph.* — *Anglia.*
Testacea. *Dej. Cat.* — *P.*
10 Paykulii. *Guérin.* — *Gallia.*
11 Unicolor. *Illiger.* — *Austria.*
12 Deflexicollis. *Müller.* — *Germania.**
Pini. *Curtis.* — *Anglia.*
Nigricans. *Dej. Cat.* — *Dalmatia.*
Pellucens. *Melsheimer.* — *Germania.*
13 Pallida. *Fabr. Oliv.* — *Gallia.**
Melanura. *Fabr.* — *Suecia.*
Var. *Læta. Panz. Stph* — *Germania.*
Minuta. *Linné.* — *Suecia.*
14 Genei. *Guérin.* — *Corsica.*
Flavicollis. *Dej. Cat.* — *Sardinia.*

SCIRTES. *Illiger. Latr.*

ELODES. *Latr.* CYPHON. *Payk. Fabr.* CHRYSOMELA. *Linné.*

1 Hemisphæricus. *Linné.* — *Gallia.**
2 Orbicularis. *Panzer.* — *Germania.*

EUBRIA. (*Ziegler.*) *Dej. Cat. L. Redtenbacher.*

CYPHON. *Germar.*

1 Palustris. (*Zgl.*) *Germ.* — *P.**

EUCINETUS. *Schüppel. Germar.*

NYCTEUS. *Latr.* AMAXOBIUM. *Duftsch.*

1 Hæmorrhoidalis. *Germ. Austria.**
Hæmorrhoum. Duft. *Germania.*
Mordelloides. Germar. (Scaphid.) id.
2 Meridionalis. *Eschsch.* *Gall. merid.*
Hispanicus? Dej. Cat. *Hispania.*
3 Testaceus. *Dej. Cat.* id.

22

31. FAM. TELEPHORI.

LYGISTOPTERUS. *Dej. Cat. L. Redtenb.*

LYCUS. *Fabr.*

1 Sanguineus. *Fabr.* *Gallia.**

DICTYOPTERUS. *Latreille.*

LYCUS. *Fabr. Latr.* LAMPYRIS. *Linné.*

1 Aurora. *Fabr.* *Gallia.**
Coccinea. Linné. *Germania.*
2 Rubens. *Megerle. Dej. Cat. L. Redtenb.* *Gallia.**
3 Discicollis. *Stm. Cat.* *Germania.*
4 Erythropterus. *Dej. Ct.* *Russ. merid.*
5 Flavescens. *L. Redtb.* *Austria.*
6 Minutus. *Fabr.* *Gall. bor.**
7 Maculicollis. *Dej. Cat.* *Hungaria.*
Aurora. (Megerle.) *Styria.*
8 Merckii. *Mulsant.* *Germania.**
Cosnardi. Guérin. *P.*

PYROPTERUS. *Mulsant.*

LYCUS. *Payk. Gyll.* DICTYOPTERUS. *Dej. Cat.*

1 Affinis. *Paykull.* *Alp. marit.*

OMALISUS. *Geoffroy. Oliv. Fabr. Latr.*

1 Sanguinipennis. *Dej. Cat. Costa. Küst.* *Dalmatia.*
Taurinensis? Bonelli. in litt. *Lombardia.*
2 Suturalis. *Fabr.* *P.**

LAMPYRIS. *Linné. Geoff. Fabr. Latr. Dej. Cat.*

1 Noctiluca. *Lin. Fabr.* *P.**
2 Splendidula. *Lin. Fab. Oliv.* *Gall. merid.**
3 Zenkeri. *Germ. Brullé.* *Græcia.*
4 Antiqua. *Brullé.* id.
5 Senki. *de Villaret.* *Gallia.*
6 Mauritanica. *Lin. Fab.* *Gall. merid.**

PHOSPHOENUS. *Laporte.*

GEOPYRIS. *Dej. Cat.* LAMPYRIS. *Fabr.*

1 Hemipterus. *Fabr.* *P.**

LUCIOLA. *de Laporte.*

COLOPHOTIA. *Dej. Cat.* LAMPYRIS. *Linné.*

1 Italica. *Linné.* *Gall. merid.*
2 Græca. *Laporte.* *Græcia.*
3 Lusitanica. *Charpent.* *Hispania.**
Italica. Fabr. *Lusitania*
Var. *Mechadiensis. (Dahl.)* *Hungaria.*
— *Illyrica. Dej. Cat. Küster.* *Dalmatia.**
4 Pedemontana. *Bonelli.* *Italia bor.**
5 Suturalis. *Ménétriés.* *Constantinp.*

DRILUS. *Olivier. Latr.*

PTILINUS. *Fabr. Panz. Geoff.*

1 Flavescens. *Fabr.* *P.**
♀ *Vorax. Mielzinsky.* (Cochleoctonus.) id.
2 Mauritanicus. *Lucas.* *Algiria.*
3 Fulvicollis. *Dej. Cat. Audouin.* *Dalmatia.*
4 ♂ Ater. *Dej. Cat. Aud.* *Germania.*
Var. *Floralis. St. Cat.* id.
Pectinatus. Schh. (Dasytes.) id.
5 Niger. *Sturm. Cat.* *Austria.*
6 Fulvitarsis. *Stéven.* *Russ. merid.*

MALACOGASTER. *Bassi.*

CTENIDION. *Dej. Cat.*

1 Passerinii. *Bassi. Luc.* *Sicilia.**
Ruficollis. Hoffmsg. *Algiria.*
Thoracicus. Dej. Cat. id.

PODABRUS. *Fischer*.

Dej. St. Cat. TELEPHORUS. *Oliv.* CANTHARIS. *Payk. Gyll.*

1 { Alpinus. *Paykull.* *Suecia.**
{ Var. *Thoracicus. Fisch.* *Sibiria.*
{ *Annulatus. Fischer.* id.
2 { Schönherri. *Dej. Cat.* *Lapponia.*
{ *Pilosa. var b. Gyll.*
{ (Cantharis.) id.
3 Lapponicus. *Gyllenh. St. Cat.* id.
4 Bannaticus. *Rosenh.* *Hungaria.*
5 Nigriventris. *Fischer.* *Volhynia.*
6 Lulunatus. *Fischer.* *Russ. merid.*

TELEPHORUS. *Geoffroy*.

De Geer. Oliv. CANTHARIS. *Fab. Dej. Cat.*

1 Oculatus. *Gebler.* *Russia.*
2 { Ammaris. *Ménétriés.* *Constantinp.*
{ *Pupillatus. Friwalds.* id.
3 Illyricus. *Dej. Cat.* *Dalmatia.*
4 { Fuscus. *Linné.* *P.*
{ *Anticus. Markel. Dej.*
{ *Cat.* *Germania.*
5 Rugifrons. *Castelnau.* id.
6 Immaculicollis. *Castl.* id.
7 Hispanicus. *Dej. Cat.* *Hispania.*
8 Rusticus. *Fallen. Gyll.* *Austria.*
9 Varipes. *Dej. Cat.* *Gall. merid.*
10 { Dispar. *Fabr.* *P.**
{ *Lividus. Illiger.* *Germania.*
11 Pellucidus. *Fabr. Gyll.* *Gall. bor.**
12 Hospes. *Rosenhauer.* *Hungaria.*
13 Fuscipennis. *Dej. Cat.* *Dalmatia.**
14 Violaceus. *Paykull.* *Suecia.**
15 Cyanipennis. *(Ziegler.) Dej. Cat.* *Styria.**
16 Occipitalis. *Rosenh.* *Tirolis.*
17 Collaris. *Dej. Cat.* *Russ. merid.*
18 Abdominalis. *Fabr.* *Gall. merid.**
19 Tristis. *Fabr.* id.*
20 { Nigricans. *Fabr. Gyll.* *Germania.**
{ Var. *Albomarginata.*
{ *St. Cat.* id.
21 Albomarginatus. *Stm. Cat.* id.*
22 Obscurus. *Fabr. Linné.* *P.**
23. Pagana *Rosenhauer.* *Hungaria.*
24 Opacus. *Germar.* *Austria.*
25 Rufiventris. *Stm. Cat.* *Germania.*
26 Varicornis. *Stm. Cat.* id.
27 Atricornis. *Stm. Cat.* id.
28 Lateralis. *Linné.* *Gallia.**
29 Discicollis. *(Ziegler.) Dej. Cat.* id.
30 Marginellus. *Dej. Cat.* *Lusitania.*
31 Affinis. *Dej. Cat.* *Hispania.*
32 Silloides. *(Allibert.)* *Alp. Galliæ.**
33 Nitidus. *Rambur. Dej. Cat.* *Hispania.**
34 Flavilabris. *Gyllenh.* *Suecia.*
35 Opacus. *Germar.* *Germania.*
36 Pulicarius. *Fabr. Oliv.* *Italia.**
37 Italicus. *Dej. Cat.* id.
38 Lætus. *Fabr.* id.
39 Coronatus. *Gyllenhal.* *Hispania.**
40 Palliatus. *Gyllenhal.* *Suecia.*
41 Menetriesii. *Dej. Cat.* *Russ. merid.*
42 Lividus. *Fabr.* *P.**
43 Translucidus. *Dej. Cat.* *Styria.**
44 Obsuricornis. *St. Cat.* *Italia.*
45 Scutellaris. *Lucas.* *Algiria.*
46 Mauritanicus. *Lucas.* id.*
47 Colona. *Erichson.* id.*
48 Fossulatus. *Lucas.* id.
49 Angustus. *Mus. Berol.* *Germania.**
50 Fuscipes. *Sturm. Cat.* id.
51 Rufus. *Linné.* *Gallia bor.**
52 Melanogaster. *Stm. Cat.* *Germania.*
53 Basalis. *Sturm. Cat.* id.
54 Bicolor. *Fabr.* *P.**
55 Unicolor. *Falderm.* *Russ. merid.*
56 Lineatus. *Suffrian.* *Germania.*
57 Vicinus. *Dej. Cat.* *Russ. merid.*
58 Proximus. *Dej. Cat.* id.
59 Binotatus. *Dej. Cat.* *Germania.*
60 { Humeralis. *St. Dej. Cat.*
{ *Redtenbacher.* *Austria.*
{ *Apicalis. Sturm. Cat.* *Silesia.*
61 { Signatus. *Germar.* *Germania.**
{ *Fumigatus. (Ziegler.)* *Dalmatia.*
62 Consentaneus *Dej. Cat.* *Italia.*
63 Pugionatus. *(Chevrol.)* *Algiria.**
64 Præcox. *Géné.* *Sardinia.*
65 { Pilosus. *Paykull. Gyll.* *Suecia.**
{ *Rufotestaceus. Letzn.* *Germania.*
66 Lapponicus. *Gyll. Dej. Cat.* *Lapponia.*
67 Alpestris. *Dej. Cat.* *Styria.*
68 Styriacus. *Dej. Cat.* id.
69 Marginipennis. *Dej. Cat* *Russ merid*

70 Assimilis. *Payk. Gyll.* *Austria.*
Pectoralis. Stm. Cat. *Illyria.*
71 Dilatatus. *L. Redtenb.* *Austria.*
72 Rufilabris. *Sturm. Cat.* id.
73 Nigricornis. (*Megerle.*) *Styria.*
Lividipennis. Sturm. Cat. *Germania.*
74 Lituratus. *Gyllenhal.* *Austria.**
75 Ochraceus. *Stm. Cat.* *Suecia.*
Signaticollis. Sturm. Cat. id.
76 Melanocephalus. *Creutzer.* *Austria.*
77 Fulvipennis. *Germar.* *Germania.*
78 Clypeatus. *Illig. Gyll.* *Austria.**
Niveus. Panzer. *Germania.*
79 Axillaris. (*Meg.*) *St. Cat.* *Illyria.*
80 Tauricus. *Sahlberg. St. Cat.* *Tauria.*
81 Discoideus *Ahrens.* *Germania.**
82 Ramburii. *Dej. Cat.* *Hisp. merid.*
83 Intermedius. *Dej. Cat.* *Styria.*
84 Nigrifrons. *Dej.* *Russ. merid.*
85 Pallidipennis. *Dej. Cat.* *Gall. merid.*
86 Sulcicollis. *Dej. Cat.* *Græcia.*
87 Elongatus. *Fallen. St. Cat.* *Germania.**
88 Lusitanicus. *Schmidt.* *Lusitania.*
Opacus. Dej. Cat. id.
89 Rufitibius. *OEsk. Dej. Cat.* *Hungaria.*
90 Algiricus. (*Gaubil.*) *Algiria.**
91 Maritimus. (*Chevrol.*) *Gallia.**

RAGONYCHA. *Eschscholtz.*

L. Redtenbacher. CANTHARIS. *Linné. Fab. Dej. St. Cat.* TELEPHORUS. *Geoffroy.*

1 Fulvicollis. *Fabr.* *Germania.**
Thoracicus. Olivier. *P.**
Nivalis. Germar. *Austria.**
2 Melanura. *Fabr. Panz.* *Gallia.**
3 Terminalis. *L. Redtenb.* *Austria.*
Præusta? Dej. Cat. *Styria.*
4 Testacea. *Linné. Gyll.* *Gall. bor.**
5 Fuscicornis. *Oliv. Gyll.* *Austria.**
6 Nigriceps. *Waltl.* id.
7 Pallida. *Fabr.* *Gallia.**
Pallipes. Fabr. Ill. *Germania.**
8 Nigripes. *L. Redtenb.* *Austria.**
Barbara? Fab. Erich. *Gall. merid.*
9 Geniculata. *Lucas.* *Algiria.*
10 Femoralis. (*Ziegl.*) *Dej. Cat. L. Redtenb.* *Gall. merid.*
Tristis. Bonelli. *Pedemont.*
11 Paludosa. *Fallen Gyl.* *Austria.**
12 Atra. *Linné. Gyll.* *Germania.**

SILIS. *Meg. Dej. Cat. Latr. de Casteln.*

1 Nitidula. *Fabr.* *P.**
Spinicollis. (Meg.) Dej. Cat. *Austria.*
♀ *Lampyroides. Zenk.* id.
Atra. Besser. *Volhynia.*

MALTHINUS. *Latreille.*

Dej. St. Cat. Schh. de Cast. TELEPHORUS. *Oliv.* CANTHARIS. *Linné.* NECYDALIS. *Geoff.*

1 Minimus *Olivier.* *P.**
Flavus. Latreille. id.
Flaveolus. Paykull. *Suecia.*
2 Flaveolus. *Herbst.* *Germania.**
3 Apicalis. *Sturm. Cat.* id.
4 Fasciatus. *Olivier.* *P.**
Imperialis. Gysselen. *Austria.*
5 Angusticollis. *Dej. Cat.* *Pyr. orient.*
6 Thoracicus. (*Megerle.*) *Italia.*
7 Modestus. *Sturm. Cat.* *Silesia.*
8 Biguttulus. *Paykull.* *Suecia.**
9 Pallidipennis. *St. Cat.* *Silesia.*
10 Longicornis. *OEskay. Dej. Cat.* *Hungaria.*
11 Biguttatus. *Lin. Oliv.* *P.**
12 Aquestris. *Fischer.* *Russ. merid.*
Equestris. Motschulski. id.
13 Longipennis. *Lucas.* *Algiria.**
14 Marginatus. *Latreille.* *P.**
Minimus. Gyllenhal. *Suecia.*
15 Tenellus. *Illiger.* *Austria.**
16 Rubricollis. *Dej. Cat.* *Gall. orient.*
17 Similis. *Sturm. Cat.* *Silesia.*
18 Maurus. (*Ziegl.*) *Cast.* *Austria.**
19 Sanguinicollis. *Schönh.* *P.**
Sanguinolentus. Gyll. *Germania.*
Var. *Maculicollis. Mannerheim.* *Suecia.*
Pallidicollis. Gysselen. *Austria.*
20 Dispar. *Germar.* id.
21 Cephalotes. *Dej. Cat.* *Dalmatia.*
22 Longiceps. *Dej. Cat.* *Gall. merid.*
23 Nigricollis. *Dej. Cat.* *Germania.*

24 Laticollis. *Schüppel.* *Illyria.*
Marginicollis. Dej. Cat. *Dalmatia.*
25 Discicollis. *Dej. Cat.* *Gall. merid.*
26 Sulcifrons. *Dej. Cat.* *Styria.*
Sanguinolentus. var. b. Gyll. *Suecia.*
27 Pulchellus. *Lucas.* *Algiria.*
28 Pusillus. *Duftsch.* *Austria.*
29 Obscurellus. *Schüppel.* *Germania.**
30 Piceus. *Sturm. Cat.* *Silesia.*
31 Bimaculatus. *Stm. Cat* *Austria.*
32 Brevicollis. *Paykull.* *Suecia.*
33 Pulicarius. *St. Cat. Red.* *Austria.*
34 Exilis. *Nees. St. Cat.* *Germania.*
35 Dimidiatocollis. *Rosh.* *Tirolis.*

175

32. FAM. MALACHII.

APALOCRUS. *Erichson.*

MALACHIUS. *Fabr. Dej. St. Cat.*

1 Variegatus. *Erichson.* *Russia.*
2 Pectinicornis. *Erich.* *Russ. merid.*
3 Femoralis. *Erichson.* *Austria.*

MALACHIUS. *Fabricius.*

CANTHARIS. *Linné.* TELEPHORUS. *de Geer.* CERATIPES. *Fischer.*

1 Flavilabris. *Waltl. Er.* *Hisp. merid.*
2 Longicollis. *Erichson.* *Sardinia.*
3 Cyanipennis. *Dej. Cat. Erich.* *Hispania.*
4 Ruficollis. *Fabr. Panz. Guérin.* *Gallia.**
Terminatus. Ménét. *Russ. merid.*
5 Rubricollis. *Fall. Gyll. Erich.* *P.**
Ruficollis. Olivier. *Gallia.*
6 Marginalis. *Dej. Cat. Erich.* *P.**
7 Pulicarius. *Fabr. Oliv.* id.*
8 Angusticollis. *Lucas.* *Algiria.*
9 Affinis. *Ménétriés.* *Hungaria.*
10 Cœruleus. *Erichson.* *Lusitania.*
11 Spinosus. *Dej. Cat. Er.* *Gall. merid.*
12 Parilis. *Erichson.* *Sardinia.*
13 Spinipennis. *Germar. Dej. Cat.* *Gall. merid.**
14 Narbonnensis. *(Gaub.)* *Gall. merid.**
15 Elegans. *Olivier.* *P.**
16 Geniculatus. *Germar.* *Gall. merid.**
Annulatus. Gebl. Ledebour. *Sibiria.*
17 Marginellus. *Fab. Oliv.* *P.**
18 Insignis. *Buquet.* *Algiria.**
19 Rufus. *Fabr. Oliv.* *Gall. merid.**
20 Viridis. *Fabr. Oliv.* *Gallia.**
Bipustulatus. var. δ Illig. *Austria.*
21 Mauritanicus. *Lucas.* *Algiria.*
22 Marginicollis. *Lucas.* id.*
23 Sardeus. *Erichson.* *Sardinia.*
24 Faustus. *Erichson.* *Russia.*
25 Cornutus. *Gebl. Fisch.* *Tauria.*
26 Dentifrons. *Dej. Cat. Erich.* *Gall. merid.**
27 Dilaticornis. *Dej. Cat. Erich.*
28 Lusitanicus. *Erichson.* *Lusitania.*
29 Bipustulatus. *Lin. Fab.* *P.**
30 Rubidus. *Ziegler. in litt. Erich.* *Gall. merid.**
31 Carnifex. *Erichson.* *Constantinp.*
32 Coccineus. *Erichson.* id.
33 Scutellaris. *Erichson.* *Austria.**
Æneus. var. γ. Illig. id.
34 Patruelis. *St. Cat.* *Germania.*
35 Æneus. *Fabr.* *P.**
Var. *Purpuratus. Ull.* *Germania.*

ATTALUS. *Erichson.*

MALACHIUS. *Fabr. Dej. Cat.*

1 Lusitanicus. *Erichson.* *Lusitania.*
2 Erythroderus. *Erich.* *Sardinia.*
3 Luxurians. *Erichson.* id.
4 Dalmatinus. *Dej. Cat. Erichson.* *Dalmatia.*
5 Sicanus. *Erichson.* *Sicilia.*
6 Maculicollis. *Lucas.* *Algiria.*

ANTHOCOMUS. *Erichson.*

MALACHIUS. *Fabr. Dej. Cat.* CANTHARIS. *Linné.*

1 Sanguinolentus. *Fabr. Oliv.* *P.**
2 Equestris. *Fabr. Oliv.* id.*
Fasciatus. var. γ. Ill. *Austria.*
Quadripustulatus. Ill. id.

3 Fasciatus. *Fabr. Oliv.* *Austria.**
Gouani. (Meloe.) *Lin.* *Suecia.*
Var. *Regalis. Charp* *Germania.*
4 Cardiaceus. *Payk. Lin.* *Suecia.*
Pediculariu. Linné. (*Fabr.* ♀). id.
5 Festivus. *Wilh. Redt.* *Austria.*
6 Lateralis. *Dej. Cat. Er.* *Gall. merid.*
Minima. (Cantharis.) *Rossi.* *Etruria.*
7 ♀ Jocosus. *Erichson.* *Sardinia.*
8 ♀ Æmulus. *Erichson.* id.
9 ♀ Sericans. *Erichson.* id.
10 Parietariæ *Erichson.* *Sicilia.*
11 Lobatus. *Olivier.* *P.**
12 ♂ Coarctatus. *Erich.* *Austria.*
13 Constrictus. *Erichson.* *Sardinia.*
14 Ulicis. *Erichson.* *Lusitania.*
15 Amictus. *Erichson.* id.
16 Analis. *Panzer.* *Austria.*
17 ♀ Labilis. *Erichson.* *Sardinia.*
18 ♀ Pallidulus. *Erichson.* *Lusitania.*

EBÆUS. *Erichson.*

MALACHIUS. *Fabr. Dej. Cat.*

1 Pedicularius. *Schrank.* *Germania.**
Præustus. Gyllenhal. *Suecia.*
2 Flavicornis. *Erichson* *Germania.*
3 Cœrulescens. *Erich.* *Austria.**
Cœruleus Dej. Cat. *Dalmatia.*
4 Appendiculatus. *Erich.* *Hungaria.*
5 Thoracicus. *Fab. Oliv.* *P.**
6 Tristis. *Lucas.* *Algiria.*
7 Humilis. *Erichson.* *Sardinia.*
8 Affinis. *Lucas.* *Algiria.*
9 Collaris. *Erichson.* *Gall. merid.*
10 Flavicollis. *Erichson.* *Austria.*
11 Albifrons. *Fabr. Oliv.* *P.**
12 ♀ Flavipes. *Fabr. Ahr.* *Germania.**
♂ *Præustus. Fabr.* id.
♂ *Productus. Olivier.* *Gallia.*
13 Balteatus. (*Chevrolat*) *Gall. merid.**

CHAROPUS. *Erichson*

MALACHIUS. *Fabr. Dej. Cat.*

1 Pallipes. *Olivier.* *P.**
Flavipes. Paykull. *Suecia.*
2 Concolor. *Fabr. Erich.* *Sardinia.**
Furcatipennis? Villa. *Lombardia.*
3 Rotundatus. *Erichson.* *Sardinia.*
4 Punctatus. *Erichson.* id.
5 Graminicola. *Andersch.* *Finlandia.*

ATTELESTUS. *Erichson.*

MALACHIUS. *Dej. Cat.*

1 Hemipterus. *Dej. Cat. Erichson.* *Gall. merid.*
2 Erichsonii. *Küster.* *Dalmatia?*

TROGLOPS. *Erichson.*

MALACHIUS. *Fabr. Dej. Cat.* CANTHARIS. *Linné.*

1 Albicans. *Linné.* *Germania.**
Angulatus. Fabr. id.
Cephalotes. Olivier. id.
2 Silo. *Erichson.* *Sardinia.*
3 Capitatus. *Erichson.* id.
4 Verticalis. *Erichson.* *Hisp. merid.*
5 Marginatus. *Waltl. Er.* id.
6 Brevis. *Erichson.* *Sardinia.*

COLOTES. *Erichson.*

1 Trinotatus. *Erichson.* *Gall. merid.**
2 Obsoletus. *Erichson.* *Germania.*

DASYTES. *Fabricius.*

MELYRIS. *Oliv. Ill.* LAGRIA. *Panz.*

1 Scutellaris. *Fabr.* *Hispania.*
2 Villosus. *Hoffmanseg.* id.*
3 Pilosus. *Rambur.* *Hisp. merid.*
4 Hirtus. *Linné.* *Algiria.**
Ater. Olivier. *Gall. merid.**
5 Armatus. *Lucas.* *Algiria.*
6 Æreus. *Rambur.* *Hisp. merid.*
7 Ramburii. (*Gaubil.*) id.
Hirtus. Rambur. id.
8 Maculicornis. *Rambur.* id.
9 Hispidus. *Rambur.* id.
10 Pulverulentus. *Dej. Cat.* *Dalmatia.*
Carbonarius. (*Dahl.*) *Hungaria.*
11 Bipustulatus. *Fabr.* *Italia.**
12 Variegatus. *Lucas.* *Algiria.**
13 Mauritanicus. *Lucas.* id.
14 Nigromaculatus. *Luc.* id.
15 Cruciatus. *Dej. Cat.* *Sicilia.*
16 Quadripustulatus. *Fab.* *Gall. merid.**

17 Hæmorrhoidalis. *Fabr.* *Algiria.*
18 Thoracicus. *Dej. Cat.* *Gall. merid.*
19 Curtus. *Dej. Cat.* *Dalmatia.*
20 Rubidus. *Gyll. in Sch.* *Hungaria.*
21 Floralis. *Oliv. Gyll.*
(Aplocnemus. *Stph.*) *Suecia.**
22 Bæticus. *Rambur.* *Hisp. merid.*
23 Tarsalis *Gyllenhal.* *Austria.*
24 Serricornis. *Parreyss.* *Corfou.*
25 Nigricornis. *Fabr.* *Suecia.**
26 Pini. *L. Redtenbacher.* *Austria.*
Metallicus. Dahl. id.
27 Serraticornis. *Géné.* *Algiria.**
28 Semicornis. *Chevrolat. in litt.* id.*
29 Sardeus. *Géné.* *Sardinia.**
30 Cylindricus. *Dej. Cat.* *Gall. merid.*
Metallicus. Schönherr. *Lusitania.*
Var. *Virens. (Dahl.)* *Hungaria.*
31 Serratus. *L. Redtenb.* *Austria.*
Serrarius. (Megerle.) id.
Metallicus? Fabr. *Algiria.*
32 Nitidus. *Sturm. Cat.* *Sicilia.*
33 Morio. *Gyllenhal.* *Algiria.**
34 Algiricus. *Lucas.* id.*
35 Pruinosus. *(Chevrol.)* *Gallia.**
36 Brunneus. *Sturm. Cat.* *Hungaria.*
37 Chlorosoma. *Lucas.* *Algiria.*
38 Cribrarius. *Dej. Cat.* *Græcia.*
39 Antiquus. *Schönherr.* *Gall. merid.**
40 Pecticornis. *Lucas.* *Algiria.*
41 Affinis *Dej. Cat.* *Hispania.**
42 Pulchellus. *Dej. Cat.* id.
43 Elegans. *(Parreyss.)* *Corfou.*
44 Smaragdinus. *Dej. Cat. Lucas.* *Sicilia.**
45 Nobilis. *Illiger.* *Gall. merid.**
Cyaneus. Olivier. id.
46 Ciliatus. *Graëlls.* *Hispania.**
47 Protensus. *Géné.* *Sardinia.**
48 Distinctus. *Dej. Cat.* *Styria.*
49 Coarctatus. *St. Cat.* *Sardinia.*
50 Cœruleus. *Fabr.* *P.**
51 Obscurus. *Gyllenhal.* *Suecia.*
Var. *Nitens. (Megerle.)* *Austria.*
52 Aurarius. *Hellwig. St. Cat.* id.
53 Niger. *Fabr. Gyll.* *Germania.**
Villosus. Olivier. *Austria.*
54 Nigrinus. *Dej. Cat.* *Lusitania.*
55 Maurus. *Dej. Cat.* *Gall. merid.**
Var. *Pauperulus. (Meg.)* *Austria.*
Setosus. (Parreyss.) *Corfou.*
56 Asphaltinus. *(Megerle.)* *Germania.*
57 Marginatus. *Latreille.* *Hungaria.*
Rubidus. Koy. St. Cat. id.
58 Atratus. *Dej. Cat.* *Dalmatia.*
59 Variolosus. *(Dej.)* *Hispania.*
60 Antennatus. *Stm. Cat.* *Germania.*
61 Subæneus. *Schönherr.* *P.**
Æneus. Olivier. *Gall. merid.*
Rigidus. (Meg.) Dahl. Cat. *Austria.*
62 Rubidus. *Gyllenh. in Schönh.* *Algiria.**
63 Scaber. *Müller.* *Germania.**
64 Flavipes. *Fabr.* *P.*
65 Fusculus. *Illiger. Gyll.* *Austria.*
66 Rufipes. *Sturm. Cat.* id.
Tibialis. Sturm. Cat. id.
67 Gracilicornis. *St. Cat.* id.
68 Indutus. *Schmidt* et *Helfer.* *Smyrna.*
69 Pilicornis. *St. Cat.* *Germania.*
70 Alpinus. *Dahl. Cat.* id.*
71 Plumbeus. *Olivier.* *P.*
Femoralis. Gysselen. *Austria.*
Nitidus. (Megerle.) *Dalmatia.*
Gracilis. St. Cat. *Germania.*
72 Hirtellus. *Sturm. Cat.* id.
73 Fuscipes. *Dej. Cat.* id.
74 Filiformis. *Dej. Cat.* *Croatia.*
75 Cœrulescens. *St. Cat.* id.
76 Imperialis. *Géné.* *Sardinia.**
77 Distinctus. *Lucas.* *Algiria.**
78 Præcox. *Schmidt* et *Helfer.* *Smyrna.*
79 Cinctus. *Géné.* *Sardinia.*
80 Flavescens *Géné.* id.
81 Pallipes. *Illiger.* *P.**
Vulpinus. (Dahl.) *Germania.*
Flavipes. Panzer. id.
Lividus. Fabr. id.

DOLICHOSOMA. *Stephens.*

L. Redtenbacher. Tillus. *Creutzer.*

1 Linearis. *Fabr. Gyll.* *P.**
Filiformis. Creutzer. *Austria.*

AMAURONIA. *Westwood.*

Aplolocnemis. *Stephens.*

1 Subænea. *Westwood.* *Anglia.*

PHLOIOPHILUS. *Waterhouse.*

1 Edwarsii. *Waterhouse. Anglia.**
2 Blondelii. *Chevrol. in litt. P.*

ZYGIA. *Fabr. Latr.*

1 Oblonga. *Fabr.* *Gall. merid.**

MELYRIS. *Fabr. Oliv. Latr.*

OPATRUM. *Fabr.*

1 Granulatus. *Fabr.* *Hisp. merid.**
2 Andalusiaca. *Waltl. Lucas.* id.*
3 Rubripes. *Lucas.* *Algiria.**

179

33. FAM. CLERI.

CYLIDRUS. *Latreille.*

CLERUS. *Fabr.* TILLUS. *Charpentier.* DENOPS. *Stéven.*

1 Albofasciatus. *Charp.* *Russ. merid.**
Longicollis. Stéven. id.
Personatus. Géné. Spinola. *Sicilia.*
Agilis. Lucas. *Algiria.*

TILLUS. *Fabricius.*

Oliv. Latr. Panz. Kirby. CHRYSOMELA. *Linné.*

1 Elongatus. *Fabr.* *P.**
Var. *Ambulans. Fabr. Curtis.* id.*
— *Hyalinus. Sturm.* *Germania.*
2 Unifasciatus. *Latreille. P.**
Var. *Tricolor. Dej. Cat.* *Gallia bor.*
3 Transversalis. *Charp.* *Hisp. merid.**
Myrmecodes. Hoffmsg. id.

THANASIMUS. *Latreille.*

CLERUS. *Fabr. Dej. Cat.*

1 Mutillarius. *Fabr. Lat. P.**
2 Formicarius. *Fabr.* *P.**
Var. *Femoralis. Dej. Ct.* id.
3 Quadrimaculatus. *Fab. Panz.* *Germania.**

OPILUS. *Latreille.*

Illig. Steph. NOTOXUS. *Fabr. Spinola.* CLERUS. *Oliv.* DERMESTES. *Schrank.* ATTELABUS. *Linné.*

1 Dorsalis. *Lucas.* *Algiria.**
2 Domesticus. *Sturm.* *Germania.**
Mollis. Spinola. *P.*
3 Mollis. *Lin. Fab. Oliv.* *Algiria.**
Pallidus. Olivier. *Gall. merid.*
Centromaculatus. Cristofori. *Italia.*
4 Cruentatus. (*Dupont.*) *Charpentier.* *Turcia.*
Syriacus. Solier. Spin. id.
Thoracicus. Friwald. id.
5 Germanus. *Chevrolat.* *German. bor.*

CLERUS. *Fabricius.*

1 Brevicollis. *Kunze.* *Hungaria.*

TARSOSTENUS. *Spinola.*

CLERUS. *Fabr.* NOTOXUS. *Dej. Cat.*

1 Univittatus. *Ros. Schh. Dej. Cat.* *Gall. merid.**

TRICHODES. *Fabricius.*

CLERUS. *Fabr. Oliv.*

1 Octopunctatus. *Fabr.* *Gall. merid.**
2 Umbellatorum. *Dej. Ct. Schh.* *Algiria.**
3 Dahlii. *Dej. Cat. Spin.* *Sicilia.*
Affinis (Dahl.) *Sardinia.*
4 Alvearius. *Fabr. Schh. Dej. Cat.* *P.**
5 Apiarius. *Fabr. Schh.* id.*
Var. *Apicita. (Ziegler.)* *Austria.*
— *Arcuatus. Beaudet. Lafarge.* *Gall. orient.*
— *Panonicus. (Ziegl.)* *Germania.*
— *Interruptus. (Meg.)* *Austria.*
— *Substrifasciatus. Sturm.* *Hungaria*
— *Corallinus. Fald.* *Russia.*
— *Elegans. Dej. Cat.* *Italia.*

6 Crabroniformis. *Fabr. Schh. Græcia.**
Gulo. (Parreyss.) Corfou.
7 Sanguineosignatus. *Dupont. Dej. Cat. Spin. Græcia.*
Var. *Affinis. (Dupont.)* id.
— *Distinctus. Dej. Cat.* id.
— *Illustris. Falderm. Russ. merid.*
— *Variabilis. (Dup.) Græcia.*
8 Favarius. *Fabr. Illig. Schh. Styria.*
Var. *Senilis. Kollar. Mannerh. Russ. merid.*
— *Punctatus. Dej. Ct.* id.
— *Illustris. Stéven.* id.
— *Obliquatus. Brul. Græcia.*
— *Phedinus. Godet. Russ. merid.*
— *Hispanicus. (Dup.) Hispania.*
— *Vicinus. Dej. Cat. Oriente.*
— *Axillaris. (Dup.)* id.
— *Affinis. (Dupont.)* id.
— *Elegantulus. (Dupont.)* id.
— *Latifasciatus. Spinola.* id.
9 Leucopsideus. *Schönh. Latr. Gall. merid.**
Var. *Cerarius. Hoffmanseg. Hispania.*
— *Fuscicornis. Spin. Gall. merid.*
10 Ammios. *Fabr. Schh. Hispania.**
Var. *Arthriticus. Chev.* id.
— *Dauci. Villa. Lombardia.*
— *Flavocinctus. (Dhl.) Sicilia.*
— *Smyrnensis. (Dup.) Smyrna.*
— *Visnagæ. Friw.* id.
— *Omoplatus. (Dup.) Græcia.*
— *Sypilus. Fabr.* id.
— *Subfasciatus. Faldermann. Russ. merid.*
— *Quadriguttatus. Ménétriés.* id.
— *Quadripustulatus. Dej. Cat. Oriente.*
— *Quadripunctatus. Friwaldski.* id.
11 Viridifasciatus. *Chevrolat. Algiria.**
12 Lafertei. *Chevrolat. Constantinp.*
13 Carceli. *Chevrolat. Græcia.*
14 Laminatus. (Pachycelis, Hope.) *Chevrol.* id.

ENOPLIUM. *Fabricius.*

Latr. Tillus. *Oliv. Fabr.* Dermestes. *Rossi.* Orthopteyra. *Spinola.*

1 Serraticorne. *Latreille. Gall. merid.*
Dentatus. Rossi. Dalmatia.
2 Sanguinicolle. *Fabr. Gall. bor.**
Weberi. Latreille. Germania.
Dulce. Ledoux. P.

NECROBIA. *Latreille. Spinola.*

Corynetes. *Fabr. Laporte. Dej. St. Cat.*

1 Rufipes. *Fabr. Latr. Schh. Dej. Cat. Gall. merid.**
2 Ruficollis. *Fabr. Latr. Schh. Dej. Cat.* id.*
3 Violacea. *Lat. Dej. Cat. P.**
Angustata. Falderm. Russ. merid.
4 Defunctorum. *Waltl. Spinola. Hisp. merid.*
Carbonarius. Dej. Cat. id.
5 Bicolor. *Laporte.* id.
Thoracica. Dej. Cat. id.
6 Rufitarsis. *Chevrolat. in litt. Algiria.**

CORYNETES. *Paykull.*

1 Violaceus. *Paykull. Suecia.**
Chalybeus. Dej. Cat. P.

OPETIOPALPUS. *Spinola.*

Corynetes. *Panzer. Schh. Dej. Cat.*

1 Scutellaris. *Panzer. Austria.*

LARICOBIUS. *Rosenhauer.*

1 Erichsonii. *Rosenh. Tyrolis.*

39

---

34. FAM. PTINI.

HEDOBIA. *(Ziegl.) Latreille.*

Ptinus. *Linné. Fabr. Panz. Duftsch.*

1 Pubescens. *Fabr. Austria.*
Vulpes. (Dahl.) id.

2 Imperialis. Linné. P.*
3 Regalis. Duftsch. Austria.

PTINUS. Linné.

Bruchus. Geoff.

1 Variegatus. Rossi. Austria.*
Ornatus. (Dahl.) P.
Pulchellus. (Ziegler.) Dalmatia.
2 Mauritanicus. Lucas. Algiria.*
3 Quadriguttatus. Dej. Cat. Gall. merid.
4 Sexpunctatus. Panz. Germania.*
5 Fur. Linné. Gyllenh. P.*
Germanus. Fabr. id.
Clavipes. Panzer. St. Germania.
6 Rufus. Lucas. Algiria.*
7 Lusitanicus. Illiger. Lusitania.
8 Fossulatus. Lucas. Algiria.
9 Italicus. (Chevrolat.) Aragona. Italia.*
10 Carinatus. Lucas. Algiria.
11 Gibbicollis. Lucas. id.
12 Spitzyi. Villa. Italia.
13 Lepidus. Villa. id.
14 Atratus. Sturm. Cat. Hispania.
15 Pallipes. Duftsch. St. Austria.
Pallidus. (Megerle.) id.
16 Raptor. Sturm. Germania.*
17 Bicinctus. (Dahl.) Austria.
18 Rufipes. Fabr. Oliv. P.*
Elegans. Fabr. Germania.
19 Fuscus. Dej. Cat. P.*
20 Pusillus. Sturm. Cat. Germania.
21 Latro. Fabr. id.
22 Nitidus. Duft. Sturm. Austria.
Signaticollis. (Dahl.) id.
23 Rotundicollis. Lucas. Algiria.*
24 Obesus. Lucas. id.*
25 Hirticollis. Lucas. id.*
26 Crenatus. Fabr. Gyll. P.*
27 Minutus. Duft. Redtb. Austria.
Pallipes? Illiger. id.
Pinicola. (Ullrich.) id.
28 Pygmæus. Dej. Cat. Gall. orient.
29 Quercus. Gyllenh. P.*
30 Museorum. Doué. id.*

GIBBIUM. Scopoli.

Ptinus. Fabr. Oliv. Bruchus. Geoff.

1 Scotias. Fabr. P.

MEZIUM. Curtis.

Ptinus. Fabr.

1 Sulcatum. Fabr. Lusitania.
2 Affine. (Gibbium.) Ullr. Germania.
Sulcatum. Sturm. id.
Sulcicolle. Stm. Cat. id.

MASTIGUS. Hoffmanseg. Illig. Latreille

1 Palpalis. Hoffmanseg. Germar. Lusitania.*

37

---

35. FAM. ANOBII.

ANOBIUM. Fabricius.

1 Pusillum. Gyll. (Dryophilus. Chevrolat.) Germania.
2 Denticolle. Pnz. Duft. id.*
3 Crenatum. Dej. Cat. Gallia.*
4 Paniceum. Fabr. Gyll. St. P.*
Var. Ireos. Villa. Lombardia.
5 Nitidum. Fab. Gyll. St. Germania.*
6 Rufipes. Fabr. id.*
Elongatum. Paykull. Suecia.
7 Substriatum. (Chevrol.) Algiria.*
8 Striatum. Illiger. Gyll. P.*
Pertinax. Panzer. Germania.
9 Fulvicorne. Stm. Redt. Austria.*
10 Pertinax. Lin. L. Redt. id.*
Striatum. Gyllenhal. Germania.
11 Emarginatum. Duft. St. Austria.
12 Tesselatum. Fab. Gyll. Panzer. P.*
13 Plumbeum. Illig. Stm. Germania.*
Politum. Duftschmid. Austria.
Æneicolle. Dahl. Cat. Sicilia.
14 Molle. Fabr. Hbst. St. Germania.*
15 Abietis. Fabr. Duftsch. Panz. Austria.*
16 Gentile. Rosenhauer. Tyrolis.
17 Nigrinum. (Erich.) St. Germania.
18 Politum. (Meg.) Redtb. id.
19 Vestitum. Dej. Cat. Gall. merid.*
20 Brevicorne. Ratzeb. Germania.
21 Morio. Villa. Lombardia.*

22 Fucatum. *Dej. Cat.* *Germania.*
23 Tomentosum. *Dej. Cat.* *Gall. merid.*
24 Villosum. *Bonelli.* *Italia.*
25 Cylindricum. *Dej. Cat.* *Germania.*
26 Variabile. *Dej. Cat.* id.
27 { Cinnamomeum. *Sturm.* id.
{ *Castaneum. Herbst.* *Austria.*
28 Pini. *Erichson.* *Germania.**
29 Abietinum. *Gyllenhal.* *Suecia.**
30 Longicorne. *Stm. Cat.* *Germania.*
31 Bucephalum. *Stm. Cat.* *Lusitania.*
32 Angusticolle. *Ratzeb.* *Germania.**
33 Filiforme. *Höpfner.* id.
34 Oblongum. (*Ziegler.*) *Gall. merid.*
35 Minutum. *Fabr.* *Germania.*
36 Chevrieri. *Kunze. St. Cat.* *Italia.*
37 Castaneum. *Olivier.* *P.**
38 Tricolor. *Olivier.* id.*
39 Latreillei. *L. Dufour.* *Gall. merid.*
40 { Exile. *Gyllenhal. St.* *Germania.**
{ *Immarginatum. Germ.* id.
41 Sericeum. *Gyllenhal.* *P.**
42 Costatum. *Géné.* *Italia.*

TRYPOPITYS. *Redtenbacher.*

ANOBIUM. (*Megerle.*)

1 Serricornis. *Duftsch.* *Austria.**

OLIGOMERUS. *L. Redtenbacher.*

ANOBIUM. *St. Duftschmid.*

1 Brunneus. *Olivier.* *Gall. merid.**

OCHINA. (*Ziegler. Dej. Cat.*) *L. Redtenb.*

XYLETINUS. *Latr. Germar.* ANOBIUM. *Sturm.* PTILINUS. *Germar.*

1 Hederæ. *Germar.* *P.**
2 { Carpini. *Herbst.* *Austria.*
{ *Anobioides. Dej. Cat.* *Germania.*
3 { Sanguinicollis. *Duft.* *Austria.*
{ *Latreillei. Bonelli.* *Lombardia.*

ENDECATOMUS. *Mellié.*

ANOBIUM. *Herbst. Creutz. Fabr. de Castelnau.* DYCTIALOTUS. *L. Redtenbacher.*

1 Reticulatus. *Herbst.* *Austria.**

XYLOGRAPHUS. *Dej. Cat. Mellié.*

CIS. *L. Dufour. Waltl. Lucas.* PTINUS. *Marsh.*

1 { Bostrichoides. *L. Duf.* *Gall. merid.**
{ *Punctiger. Waltl.* id.
{ *Cribratus. Lucas.* *Algiria.*
{ Var. *Aubei. Mellié.* *Sardinia.*

(ROPALODONTUS. *Mellié.*)

2 Perforatus. *Gyllenhal.* *Gallia.**

CIS. *Latreille.*

Gyll. Germar. DERMESTES. *Scopol. Fabr.* ANOBIUM. *Fabr. Herbst.* BOSTRICHUS. *Kugel.* PTINUS. *Marsh.*

1 (Boleti. *Scopoli.* *Gallia.**
(*Variabilis. Fabr.* *Germania.*
(*Picipes. Herbst.* *Austria.*
(*Bidentulatus? Oliv.* *Gallia.*
(*Caucasicus? Ménétr.* *Russ. merid*
(Var. *Obliteratus. Mell.* *Gallia.**
(— *Striatus. Mellié.* id.*
(— *Setiger. Mellié.* id.
(— *Minor. Mellié.* id.
2 (Rugulosus. (*Mannerh.*) *Mellié.* id.*
(Var. *Rubiginosus. Mel.* id.
(— *Pyrocephalus. Mel.* id.*
3 { Setiger. (*Chevrol.*) *Mel.* id.*
{ *Villosus? Marsham.* *Anglia.*
{ Var. *Minor. Mellié.* *Gallia.*
4 Fissicollis. (*Schh.*) *Mell.* *Gall. bor.*
5 Tomentosus. *Dej. Cat. Mellié.* *Hispania*
6 { Micans. *Herbst. Payk.* *Gallia.*
{ *Villosus? Marsham.* *Anglia.*
7 Olivieri. *Mellié.* *Gallia.*
8 { Hispidus. *Paykull.* id.*
{ Var. *Minor. Mellié.* id.
9 Striatulus. *Mellié.* id.
10 Flavipes. *Lucas.* *Algiria.**
11 Comptus. *Gyllenhal.* *Gallia.**
12 Quadridens. (*Chevrier.*) *Mellié.* id.
13 Elongatulus. *Gyllenh.* *Suecia.*
14 { Bidentatus. *Olivier.* *Gallia.**
{ ♀ *Inermis. Marsham.* *Anglia*
15 Dentatus. (*Gacogne.*) *Mellié.* *Gallia.*

16 Nitidus. *Herbst.* *Gallia.**
17 Nitidulus. *(Reich.) Mell.* *Lombardia.*
18 Glabratus. *(Dej.) Mell.* *Gallia.**
19 Minutissimus. *Mellié.* *N.*
20 Lineato-cribratus. *(Chevrier.) Mellié.* *Gallia.*
21 Laminatus. *(Er.) Mell.* id.*
22 { Alni. *Gyllenhal.* id.*
{ *Punctulatus. Lucas.* *Algiria.*
23 Oblongus. *(Schönh.) Mellié.* *Gallia.**
24 Punctifer. *Mellié.* *Helvetia.*
25 Punctulatus. *Gyllenh.* *Gallia.*
26 Sericeus. *Mellié.* id.
27 Alpinus. *Mellié.* id.*
28 Muriceus. *Mellié.* *N.*
29 { Festivus. *Panz. Kugel.* *Gallia.**
{ *Pygmæus. Marsham.* *Anglia.*
30 Castaneus. *Mellié.* *Gallia.**
31 Fuscatus. *Mellié.* id.
32 Vestitus. *Mellié.* id.*
33 { Laricis. *(Reich.) Mellié.* id.
{ *Caricinus. Mellié.* id.
34 Bicornis. *(Guillebeau.) Mellié.* id.
35 Bidentulus. *Rosenh.* *Tyrolis.*
36 Concinnus. *Marsham.* *Anglia.*
37 Flavus. *Stephens.* id.
38 Rhododactylus. *Marsh.* id.
39 Nigricornis. *Marsham.* id.
40 Ruficornis. *Marsham.* id.
41 Piceus. *Marsham.* id.
42 { Fagi. *Waltl.* *Germania.*
{ *Flavipes. Motschulsky.* *Russia.*
43 Betulæ. *Zettersted.* *Suecia.*
44 Pallidipennis. *St. Cat.* *Italia.*
45 Substriatus. *Gysselen.* *Austria.*

ENNEARTHRON. *Mellié.*

APATE. *Panz.* CIS. *Gyll. L. Dufour.* ENTYPUS. *L. Redtenbacher.*

1 Cornutum. *Gyllenhal.* *Gallia.**
2 Affine. *Gyllenhal.* id.*
3 Fronticorne. *Panzer.* id.*

OCTOTEMNUS. *Mellié.*

CIS. *Gyll.* OROPHIUS. *L. Redtenbacher.*

1 { Mandibularis. *Gyllenh.* *Suecia.**
{ *Inæquidens. Chevrol.* *Gallia.*
2 Glabriculus. *Gyllenh.* id.*

DORCATOMA. *Herbst.*

Fabr. BRUCHUS. *Fabr.* DERMESTES. *Panz.* SERROCERUS. *Kugelann.*

1 Rubens. *Ent. Heft. St.* *Gall. bor.**
2 Flavicornis. *Fabr. St.* *Austria.*
3 { Dresdensis. *Herbst.* *P.**
{ *Bistriatum. Paykull.* *Suecia.*
{ *Serra. Panzer.* *Germania.*
4 Bovistæ. *Ent. Heft. St.* id.
5 Zusmeshausensis. *Beck.* id.
6 Puberula. *Dej. Cat.* *Russ. merid.*
7 Chrysomelina. *Sturm.* *Germania.**
8 Striatopunctata. *de Castelnau.* *P.*
9 Meridionalis. *de Castl.* *Gall. merid.*

XYLETINUS. *Latreille.*

PTILINUS. *Fabr. Panz.* ANOBIUM. *Illig* XYLMURINUS. *Sturm.*

1 Pectinatus. *Fabr.* *Germania.**
2 Ater. *Panz. Duftsch.* *Austria.**
3 Laticollis. *Duftsch. St.* id.
4 { Testaceus. *Duftsch. St.* *Hungaria.**
{ *Flavescens. (Dahl.)* id.
5 { Hederæ. *L. Dufour.* *Gall. merid.*
{ *Lævis. Latreille.* id.
{ *Cardui. Dej. Cat.* id.
{ *Niger. Germar.* *Austria.*
{ *Murinus. Sturm.* *Germania.*
{ *Flavicornis. Melsh.* id.
{ *Lævis. Illiger.* *Austria.*
6 Cylindricub. *Germar.* *Dalmatia.*
7 Pallens. *Stéven.* *Russ. merid.*
8 Hæmorrhous. *Stéven. Dej. Cat.* id.
9 Limbatus. *Stv. Dej. Ct.* id.
10 Flavipes. *Dej. Cat.* *Styria.*
11 { Tibialis. *Dej. Cat.* *Dalmatia.*
{ *Niger. Stéven.* *Russ. merid.*
12 Subrotundatus. *(Ziegl.) Dej. Cat.* *Gall. merid.*
13 Nigripes. *Dej. Cat.* id.
14 Flavescens. *Dej. Cat.* *Hisp. merid.*
15 Tomentosus. *Dej. Cat.* *Dalmatia.*

PTILINUS. *Geoffroy.*

PTINUS. *Linné.*

1 { Pectinatus. *Linné.* *P.**
{ Var. *Elongatus. (Par.)* *Croatia.*

2 { Costatus. *Gyllenh. St. P.**
Flabellicornis. Dej. Cat. id.
Pectinicornis. Illiger. Austria.

APATE. *Fabricius.*

Bostrichus. *Olivier.*

1 { ♂ Francisca. *Fabr. Algiria.**
♀ *Carmelita. Fabr.* id.
Monacha. Fabr. Brasilia.
Rufiventris. Lucas. id.

XYLOPERTHA. *Guérin.*

Bostrichus. *Olivier.*

1 Sinuata. *Fabr. Gall. orient.**
2 Chevrieri. *Dej. Cat. Villa. Lombardia.**
3 Picea. *Olivier. Algiria.**
4 Humeralis. *Dej. Cat. Lucas.* id.*
5 Appendiculata. *Dej. Cat. Lucas.* id.*
6 ? Capillata. (*Dahl.*) *St. Cat. Hungaria.*
7 ? Asperata. *Stm. Cat. Tyrolis.*

SYNOXYLON. *Duftschmid.*

Sinodendron. *Fabr. Panz.* Trypocladus. *Guérin.*

1 { Muricatum. *Fabr. Pnz. Austria.**
Bispinosum. Olivier. Illyria.
2 Sexdentatum. *Olivier. Gall. merid.**

RHIZOPERTHA. *Stephens.*

Guérin. Sinodendron. *Fabr.*

1 Pusilla. *Fabr. Algiria.**

BOSTRICHUS. *Fabricius.*

Dermestes. *Linné.*

1 Luctuosus. *Olivier. Gall. merid.**
2 Anthracinus. (*Chevrl.*) *Algiria.**
3 Nigriventris. *Lucas.* id.*
4 Capucinus. *Linné. Fab. Gallia.**
5 { Dufourii. *Latreille.* id.*
Gallicus. Panzer. id.
6 Bimaculatus. *Fabr. Gall. merid.*
7 Dactyliperda. *Panzer. Germania.**

DINODERUS. *Stephens.*

Guérin. Apate. *Payk. L. Redtenbacher.*

1 { ♀ Substriatus. *Paykull. Suecia.*
♂ *Elongatus. Paykull. Austria.*

PSOA. *Herbst. Fabr. Latr.*

1 Viennensis. *Hbst. Pnz. Austria.**
2 Italica. *Dej. Cat. Italia.**
3 Herbstii. *Klug. Græcia?*

149

36. FAM. LYMEXYLONES.

HYLECŒTUS. *Latreille.*

Lymexylon. *Fabr. Oliv.*

1 { Dermestoides. *Fabr. Alsatia.**
♂ *Proboscideus. Fabr. Germania.*
2 { Morio. *Fabr.** *Austria.**
Marci. Olivier. id.
Barbatus. Panzer. Germania.
Dermestoides. (Cantharis.) *Linné.* id.

LYMEXYLON. *Fabr.*

Cantharis. *Linné.*

1 Navale. *Linné. Fabr. P.**

3

37. FAM. BOSTRICHI.

PLATYPUS. *Herbst.*

Bostrichus. *Fabr. Panzer.* Cylindra. *Duftsch.*

1 { Cylindrus. *Fabr. Panz. P.**
Bimaculatus. Fabr. Germania.

TOMICUS. *Latreille.*

DERMESTES. *Linné.* BOSTRICHUS. *Fabr.* BOSTRYCHUS. *L. Redtenbacher.*

1 { Typographus. *Linné.* *P.**
{ *Stenographus. Fabr.* *Germania.*
2 { Stenographus. *Duftsch.* *Gallia.**
{ *Typographus. Fabr.* *Germania.*
3 Cembræ. *Heer.* *Helvetia.*
4 Laricis. *Fabr.* *Germania.**
5 Geminatus. *Sahlberg.* *Finlandia.*
6 { Suturalis. *Dej. Cat. Ratzeburg.* *Germania.*
{ ♀ *Nigritus? Gyllenhal.* *Suecia.*
7 Calcaratus. *Dej. Cat.* *Dalmatia.*
8 { Acuminatus. *Gyllenh. Ratzeb.* *Germania.*
{ *Iconographus. Kugln.* id.
9 { Bispinus. (*Meg.*) *Ratzb.* id.*
{ ♀ *Sculptor.* (*Dahl.*) id.
{ *Retusus. Olivier.* *Gallia.*
10 { Curvidens. *Germ. Rtzb.* *Germania.*
{ ♀ *Psilonotus. Germar.* id.
{ ♂ *Calligraphus. Duft.* *Austria.*
{ ♀ *Orthographus. Duft.* id.
11 Monographus. *Fabr. Ratzeb.* *Gallia.**
12 Populi. *Duft. Ratzeb.* *Germania.*
13 Chalcographus. *Linné.* id.
14 { Bidens. *Fabr. Ratzeb.* *Alsatia.**
{ ♂ *Bidentatus. Herbst.* *Germania.*
{ ♀ *Chalcographus. Paykull.* *Suecia.*
15 Sexhamatus. *Chevrol.* *Gallia?*
16 { ♂ Cornutus. *Chevrolat.* *Lombardia.**
{ ♀ *Diodon. Schüppel.* id.
17 Modestus. *Chevrolat.* *Gallia.*
18 Robustus. *Chevrolat.* id.
19 Parvus. *Chevrolat.* id.
20 { Autographus. *Knoch. Ratzeb.*
{ *Villosus. Gyllenh.* *Suecia.*
21 Cryptographus. *Knoch. Ratzeb.* *Germania.*
22 { Dactyliperda. *Fabr.* *Austria.**
{ *Castaneus. Stm. Cat.* id.
23 Villosus. *Fabr. Ratzeb.* *Germania.**
24 { Bicolor. *Hbst. Ratzeb.* id.*
{ *Fuscus. Gyllenhal.* *Suecia.*
{ *Retusus. Dej. Cat.* *Austria.*
25 Obscurus. *Dej. Cat.* *Styria.*
26 { Dispar. *Hellwig. Fabr.* *Alsatia.**
{ *Brevis. Panzer.* *Germania*
{ *Thoracicus. Panzer.* id.
27 Dryographus. *Erich. Ratzeb.* id.*
28 Saxonii. *Ratzeburg.* *Saxonia.**
29 Eurygraphus. *Erich.* *Germania.**
30 Pfeilii. *Ratzeburg.* id.
31 Longicollis. *Gyllenhal.* *Suecia.*
32 Aphodioides. *Villa.* *Lombardia.*
33 { Denticulatus. *Chevrol.* *P.**
{ *Micrographus. Oliv.* id.
34 Cucullatus. *Chevrolat.* id.
35 { Olivieri. *Chevrolat.* *Alp. Gall.**
{ *Melanographus. Oliv.* *Algiria.*
36 Fuscus. *Marsham.* *Austria.*

CRYPHALUS. *Erichson.*

de Castelnau. Redtenb. APATE. *Fabr. Panz.*

1 Tiliæ. *Fabr. Ratzeb.* *Germania.**
2 Fagi. *Fabr.* id.
3 Piceæ. *Ratzeburg.* id.
4 Binodulus. *Weber. Ratzeburg.* *Alsatia.*
5 Asperatus. *Gyll. Ratz.* *Germania.*
6 Abietis. *Ratzeburg.* id.
7 Granulatus. *Ratzeb.* id.
8 Serraticollis. *Ullrich.* id.
9 Carinatus. *Waltl.* *Tirolis.*
10 Pini. *Villa.* *Lombardia.*

HYPOBORUS. *Erichson.*

de Casteln. BOSTRICHUS. *Dej. Cat.*

1 { Ficus. *Erich. de Cast.* *Gall. merid.**
{ *Fici. Dej. Cat.* id.

CRYPTURGUS. *Erichson.*

BOSTRICHUS. (*Dej.*) *Gyllenh.*

1 Cinereus. *Hbst. Ratzb.* *Germania.**
2 Pusillus. *Gyll. Ratzb.* id.*
3 { Troglodytes. *Dej. Cat.* *Croatia.*
{ *Pusillus. Stéven.* *Russ. merid*
4 Porcatus. *Dej. Cat.* *Dalmatia.*
5 Melancholicus. *Chevrl.* *Gallia.*
6 { Pytiographus. *Ratzeb.* *Germania.**
{ *Micrographus. Gyll.* *Suecia.*
{ *Lichtensteini. Ratzeb.* *Germania*
7 Exculptus. *Waltl.* id.

HYPOTHENEMUS. *Westwood. Casteln.*

1 Eruditus. *Westwood.* *Anglia.*

XYLOTERUS. *Erichson.*

de Casteln. DERMESTES. *Linné.* BOSTRICHUS. *Gyll.* APATE. *Fabr.* TRYPODENDRON. *Steph.*

1 { Domesticus. *Linné.* *Gall. bor.**
{ *Limbatus. Fabr.* *Austria.*
2 { Lineatus. *Gyll. Ratzeb.* *Germania.**
{ *Signatus. Fabr.* *Austria.*
{ *Marginicollis.* (*Dahl.*) id.

58

38. FAM. HYLESINI.

SCOLYTUS. *Geoffroy.*

ECCOPTOGASTER. *Herbst.* COPTOGASTER. *Duft.* IPS. *Ratzeb.* HYLESINUS. *Duft.*

1 { Destructor. *Oliv. Duft.* *Gallia.**
{ *Betulæ. Guérin.* *P.*
{ *Scolytus. Ratzeburg.* *Germania.*
2 Pygmæus. *Fabr. Duft.* *Gallia.**
3 Multistriatus. *Marsh.* *Germania.**
4 { Intricatus. *Koch. Ratz.* *Alsatia.**
{ *Pygmæus. Gyllenh.* *Suecia.*
5 Ulmi. *L. Redtenbacher.* *Austria.*
6 Pruni. *Ratzeburg.* *Germania.**
7 Pyri. *Ratzeburg.* id.
8 Rugulosus. *Knoch. Ratzeb.* id.*
9 Carpini. *Erichson.* id.*
10 Castaneus. *Koch.* id.
11 Noxius. *Andersch.* id.*
12 Armatus. *Chevrolat.* *P.**
13 Pomorum. *Chevrolat.* id.*
14 Flavicornis. *Géné.* *Sardinia.**

POLYGRAPHUS. *Erichson.*

HYLESINUS. *Fabr.* DERMESTES. *Linné.*

1 { Pubescens. *Fabr.* *Gallia.**
{ *Polygraphus. Linné.* *Germania.*

PHLŒOTRIBUS. *Latreille.*

HYLESINUS. *Fabr.* SCOLYTUS. *Oliv.*

1 Oleæ. *Fabr.* *Gall. merid.**

HYLESINUS. *Fabricius.*

ANTHRIBUS. *Fabr.*

1 Crenatus. *Fabr. Duft.* *Gallia.**
2 Oleiperda. *Fabr.* *Gall. merid.*
3 { Varius. *Fabr. Oliv.* *Suecia.**
{ *Fraxini. Fabr. Duft.* *Gallia.*
{ *Melanocephalus. Fab.* *Algiria.*
{ *Pubescens. Fabr.* *Gallia.*
4 Luridus. *Dej. Cat.* id.
5 Sordidus. *Dej. Cat.* id.*
6 Betulæ. (*Chevrolat.*) *P.**
7 { Serraticornis. *Dej. Cat.* *Dalmatia.*
{ *Cornutus. Ullr.* (Cis.) *Illyria.*
8 Vittatus. *Fabr. Duft.* *Austria.*
9 Impressus. *Olivier.* *P.**
10 Sus. (*Chevrolat.*) *Lombardia.**

DENTROCTONUS. *Erichson.*

HYLESINUS. *Fabr. Dej. Cat.*

1 { Micans. *Kugelann. in Schneid.* *Germania.**
{ *Ligniperda. Herbst. Ratzeb.* *Austria.*
2 Pilosus. *Knoch. Ratzb.* *Germania.*
3 Minimus. *Fabr. Ratzb.* id.
4 Hederæ. *Schmidt.* id.*

HYLURGUS. *Erichson.*

DERMESTES. *Linné.* HYLESINUS. *Fabr.*

1 { Ligniperda. *Fabr.* *Germania.**
{ *Flavipes. Panz. Ratz.* id.
{ *Elongatus. Herbst.* *Austria.*
2 { Piniperda. *Linné.* *Germania.*
{ *Testaceus. Fabr.* id.
3 Minor. *Hartig.* id.*

HYLASTES. *Erichson.*

BOSTRICHUS. *Payk.* HYLURGUS. *Latr. Dej. Cat.* HYLESINUS. *Gyllenh.*

1 { Decumanus. *Erichson.* *Germania.*
{ *Paykulii? Duftsch.* *Austria.*

2 Palliatus. *Gyllenhal.* *Germania.**
Angustatus. Herbst. id.
Marginatus. Duftsch. *Austria.*
3 Attenuatus. *Erich. Ratzeburg.* *Germania.**
4 Angustatus. *Herbst.* id.*
5 Crenatulus. *Duftsch.* *Austria.*
6 Ater. *Paykull.* *Alsatia.**
Chloropus. Duft. Ratz. *Germania.*
7 Cunicularis. *Erich. Ratzeburg.* id.
8 Rhododactylus. *Marsh.* id.
9 Opacus. *Illiger.* id.
10 Linearis. *Ratzeburg.* id.
11 Brunneus. *Ratzeburg.* id.
12 Trifolii. *Müller. Erich.* id.*
Crenatus. Olivier. *Gallia.*
13 Glabratus. *Zetterstedt.* *Suecia.*
14 Gyllenhalii. *Schmidt.* *Germania.**
Angustatus. Gyllenh. *Suecia.*
15 Socius. (*Chevrolat.*) P.
Affinis. Dej. Cat. id.
16 Brevicollis. *Dej. Cat.* *Lombardia.*
17 Ferrugineus. *Stm. Cat.* *Germania.*
18 Sericeus. *Dej. Cat.* P.
19 Juniperi. (*Chevrolat.*) *Helvetia.*
20 Chevrieri. *Solier.* id.
21 Abietis. (*Chevrolat.*) id.
22 Cylindricus. *Dej. Cat.* *Gall. merid.*

55

---

39. FAM. CURCULIONES.

DRYOPHTHORUS. *Schüppel.*

Schh. Latr. Boisd. (*Dej. Cat.*) *Stéven.* BULBIFER. (*Megerle. St. Dej. Cat.*) CALANDRA. (*Dej. Cat.*) COSSONUS. *Oliv. Gyll.* LIXUS et CALANDRA. *Fabr.* RHYNCHOPHORUS et CURCULIO. *Herbst.*

1 Lymexylon. *Fabr.* *Gallia.**
Corticalis. Paykull. *Suecia*

RHYNCOLUS. *Creutzer. Germar.*

(*Megerle. Dej. St. Cat.*) *Latr. Steph. Stév. Schh.* COSSONUS. *Germ. Gyll.* HYLESINUS. *Fab.* CURCULIO. *Linné. Payk. Hbst.*

1 Cylindricus. *Schh.* *Dalmatia.**
Longicollis. (*Chevrol.*) id.

2 Chloropus. *Fabr.* *Germ. bor.**
Ater. Linné. id.
Linearis. Schrank. *Austria.*
Exaratus. Linné. id.
3 Elongatus. *Gyllenh.* id.
Planirostris. Panzer. *Suecia.*
4 Porcatus. *Müll. Germ.* *Pyrenæis.**
Crassirostris. Dej. Cat. P.
Puncticollis. (*Ziegler.*) *Germania.*
5 Culinaris. (*Reich.*) *Germar.* *Gallia.**
6 Exiguus. *Schh.* *Bavaria.*
7 Submuricatus. *Schh.* *Gallia.**
8 Truncorum. *Gyl. Schh.* id.*
9 Cylindrirostris. *Oliv.* id.
Lignarius. Marsham. *Anglia.*
10 Reflexus. *Schh.* P.*
11 Punctatulus. (*Ziegl.*) *Schh.* *Gallia.**
12 ? Populi. *Dej. Cat.* *Gall. merid.*
13 ? Exaratus. *Dej. Cat.* id.
14 Cribricollis. (*Chevrol.*) *Algiria.**
15 Ventricosus. *Villa.* *Pedemont.**
16 Strangulatus. (*Chevrl.*) *Pyr. orient.**
17 Ovalis. (*Mariette.*) *Lombardia.**
18 Cellaris. *Perris.* *Gall. merid.**

COSSONUS. *Clairville.*

Fabr. Latr. Germ. Gyllenh. Oliv. Cuv. Illig. Thumb. Zett. Steph. Walk. Schh CURCULIO. *Linné. Herbst. Payk.* HYLESINUS. *Fabr.*

1 Linearis. *Fabr. Herbst.* *Gallia.**
Var. *Ferrugineus. Dej. Cat.* id.
2 Cylindricus. (*Dej. Cat.*) *Schh.* id.*
Linearis. Payk. Gyll. *Suecia.*
Parallelipipedus. Hbt. *Austria.*
Mœlleri. Waltl. *Germania.*
Corticollis. (*Stm. Cat.*) id.
Linearis. var. b. Gyll. *Suecia.*
3 Ferrugineus. *Clairv.* *Helvetia.**
Linearis. Paykull. *Suecia.*
Parallelipipedus. Hbt. *Austria.*
Ferrugineus. var. b. Gyllenh. *Suecia.*
4 Angulatus. *Stm. Cat.* *Hungaria.*
5 Ilicis. *Mac-Leay.* (*Dej. Cat.*) *Anglia.*

6 Longirostris. (*Megerle. Dej. Cat.*) *Lombardia.*
7 Scabricollis. (*Dej. Cat.*) *Gall. merid.*

PHLOEOPHAGUS. *Schönherr.*

Cossonus. *Oliv. Gyll.* Rhyncolus. *Steph. Dej. Cat.* Curculio. *Herbst. Marsham.*

1 { Æneopiceus. *Kirby.* *Anglia.**
  { *Truncorum. Stephens.* id.
2 Turbatus. *Schh.* *Suecia.*
3 { Spadix. *Schh. Herbst.* *Gall. merid.**
  { *Velutinus. Dej. Cat.* id.
  { *Globulipennis. Chevrolat. in litt.* *Algiria.*
4 Sculptus. *Schh.* *Suecia.**
5 Uncipes. *Chevrl. Schh.* *Italia.*
6 Lignarius. *Marsham.* *Anglia.**

MESITES. *Schönherr.*

Calandra et Cossonus. (*Dej. Cat.*)

1 Tardii. *Vigors.* *Anglia.*
2 { Pallidipennis. *Schh.* *Tauria.**
  { *Calandroides. Dej. Cat.* *Gall. merid.*
3 Cunipes. *Solier. in litt. Schh.* id.*
4 Rarus. *Chevrolat.* *Algiria.**

SITOPHILUS. *Schönherr.*

Rhyncophorus. *Herbst. Schh.* Calandra. *Clairv. Fabr. Illig. Oliv. Germ. Gyll. Steph.* (*Dej. St. Cat.*) *Stév.* Curculio. *Linné.*

1 { Granarius. *Linné.* *Gallia.**
  { *Segetis. Linné.* id.
2 { Oryzæ. *Linné.* *Italia.**
  { *Frugilegus. de Geer.* *Gall. merid.*
  { *Granarius. Ströem.* id.

SPHENOPHORUS. *Schh.*

Rhynchophorus. *Herbst. Schh.* Calandra. *Clairv. Fabr. Illig. Oliv. Germ. Latr.* (*Dej. St. Cat.*) Curculio. *Linné. Pallas.*

1 Piceus. *Pallas.* *Gall. merid.**
2 { Abbreviatus. *Fabr.* *P.**
  { *Decurtatus Linné.* *Suecia.*
  { *Brachypterus. Olivier.* *Gallia.*
  { ♂ *Scotina. Germar.* *Germania.*
  { *Porcula. Fabr.* id.
3 Parumpunctatus. *Schh.* *Gall. merid.*
4 { Opacus. *Schh.* *Italia.*
  { *Maurus. Meg. in litt.* id.
5 { Mutilatus. *Laicharting.* *Gall. merid.**
  { *Abbreviatus. Herbst.* *Austria.*
  { *Fimbriatus. Linné.* id.
6 Meridionalis. (*Dej. Cat.*) *Schh.* id.*

NANOPHYES. *Schonherr.*

Cionus. *Clairv. Germ. Oliv.* Nanodes. *Schh.* Sphærulus. (*Megerle.*) *Stephens.* Orobitis. (*St. Dej. Cat.*) Rhynchænus. *Fabr. Gyll. Zett.*

1 { Siculus. *Schh.* *Sicilia.**
  { *Globulus.* (*Desjeardin.*) id.
2 Annulatus. (*Chevrol.*) *Géné.* *Italia.*
3 Hemisphæricus. *Oliv.* *Sicilia.*
4 { Lythri. *Fabr.* *P.**
  { *Salicariæ. Olivier.* id.
  { *Pygmæus. Herbst.* *Austria.*
  { *Fasciatus. Villers.* *Gallia.*
  { *Leucozonius. Linné.* id.
  { *Transversus. Olivier.* id.
5 Chevrieri. *Germar.* *Helvetia.*
6 Gracilis. *Redtenbach.* *Austria.*
7 Lateralis *Rosenhauer.* *Tyrolis.*
8 Globulus. *Germar.* *Germania.*
9 Brevis *Schh.* *Helvetia.*
10 Ulmi. (*Megerle.*) *Schh.* *Austria.*
11 { Languidus. *Schh.* *Sicilia.**
   { *Tamarisci. Helfer. in litt.* id.
12 Nitidulus. *Hoffmanseg. Schh.* *Lusitania.*
13 Tamarisci. (*Dej. Cat.*) *Schh.* *Gall. merid.**
14 Pallidus. *Olivier.* *Lusitania.**
15 { Pallidulus. *Gravenhst.* *Gall. merid*
   { *Bimaculatus. Dej. Cat.* id.
16 Sahlbergi. *Schh.* *Finlandia.*
17 Marmoratus. *Fourcroy.* *Gallia.*
18 Durieri. *Lucas.* *Algiria.*
19 Obtusus. *Chevrolat.* *Gallia.*
20 Posticus. (*Dej. Cat.*) *Gall. merid.*

MECINUS. *Germar.*

Schh. Latr. Steph. (Dej. St Cat.) Ahrens. RHYNCHÆNUS. *Gyllenh.* NEPTAPHILUS, *(Megerle)* MACIPUS. *Stéven.*

1 Pyraster. *Herbst.* *Gallia.**
{ *Semi-cylindricus. Gyl.* *Suecia.*
{ ♂ *Cerasi. Paykull.* id.
{ Var. *Hæmorrhoidalis. Herbst.* *Austria.*
Denigratus. Linné. *Suecia.*
2 Barbarus. *Schh.* *Algiria.*
3 Longiusculus. *Chevrolat. Schh.* *Corsica.*
4 Teretiusculus. *Schh.* *Lusitania.*
5 { Collaris. *Germar.* *Austria.*
{ *Cinctus. Rossi.* *Italia.*
6 { Janthinus. *Germar.* *Gallia.*
{ *Violaceus. (Dej. Cat.)* id.
7 { Circulatus. *Marsham* id.*
{ *Marginatus. Germar.* id.
{ *Hæmorrhoidalis. Stph.* *Anglia.*
8 Comosus. *Schh.* *Lusitania.*
9 Fimbriatus. *Germar.* *Germania.*

GYMNÆTRON. *Schonherr.*

Steph. (Dej. Cat.) CIONUS. *Germ. Oliv.* MIARUS. *Schh. Steph.* RHINUSA. *Kirby. Steph.* CLEOPUS. *(Megerle. Dej. St. Cat.)* RHYNCHÆNUS. *Fabr. Latr. Gyll. Zett. Sahlb.* CURCULIO. *Linné. Herbst.*

1 { Pascuorum. *Gyllenh.* *Gallia.*
{ *Nanus. Dej. Cat.* id.
2 Bicolor. *Schh.* *Gall. sept.*
3 Melas. *Schh.* *P.*
4 { Villosulus. *Schh.* *Gallia.*
{ *Dorsalis. Olivier.* *Gall. merid.*
5 { Veronicæ. *Germar.* *Germania.*
{ *Beccabungæ. var. b. Gyllenh.* id.
6 Beccabungæ. *Linné.* id.*
7 Concinnus. *Schh.* *Volhynia.*
8 Ictericus. *Schh.* *Hungaria.*
9 { Labialis. *Herbst.* *Gallia.**
{ *Tricolor. Gyllenhal.* *Suecia.*
{ *Obiquus. (St. Cat.)* *Germania.*
10 Rostellum. *Schh.* id.
11 { Melanarius. *Germar.* id.
{ *Intaminatus. Steph. Kirby* *Anglia.*
12 Perparvulus. *Schh.* *Saxonia.*
13 Stimulosus. *Germar.* *Germania.*
14 Rotundicollis. *Schh.* *Tauria.*
15 Teter. *Fabr.* *Gall. merid.**
16 Crassirostris. *Lucas.* *Algiria.*
17 Comosus. *Chevrolat. Schh.* *Græcia.*
18 Vulpes. *Lucas.* *Algiria.*
19 { Asellus. *Gravenhorst.* *Germania.*
{ *Polonicus. Schh.* *Polonia.*
20 Nasutus. *Rosensch. Schh.* *Græcia.*
21 Plagiatus. *Gyllenh.* *Volhynia.*
22 Plagiellus. *Schh.* *Odessa.*
23 Fuscescens. *Schh.* *Tauria.*
24 Antirrhini. *Germar.* *Gallia.**
25 { Noctis. *Herbst.* id.*
{ *Antirrhini. Gyllenhal.* id.
26 Fuliginosus *Rosenh.* *Hungaria.*
27 Collinus. *Gyllenhal.* *Gallia.*
28 Netus. *Germar.* *Borussia.*
29 Pilosus. *Besser. Sch.* *Podol. Germ*
30 Amictus. *Germar.* *Lusitania.*
31 Vestitus. *Germar.* id.
32 Cylindrirostris. *Gyll.* *Gall. merid.**
33 Thapsicola. *Müll. Schh.* *Bavaria.*
34 Trigonalis. *Schh.* *Odessa.*
35 { Spilotus. *Germar.* *Gallia.**
{ *Bipustulatus. Rossi.* *Italia.*
{ *Ellipticus. Dej. Cat.* *Gall. merid.*
36 Hæmorrhous. *Rosenh.* *Hungaria.**
37 { Linariæ. *Panzer.* *Germania.**
{ *Teter. Panzer.* id.
{ *Orontii. Hellw. in litt.* id.
38 Longirostris. *(Dej. Cat.) Schh.* *Gall. merid.**
39 Graminis. *Gyllenh.* *Volhynia.*
40 Plantarum. *(Dej. Cat.) Germar.* *Gall. merid.**
41 Campanulæ. *Linné.* *Gallia.**
42 Distinctus. *Chevrier. Schh.* *Helvetia.*
43 Micros. *Germar.* *Germania.*
44 Hispidus. *St. Cat.* *Italia.*
45 Verbasci. *Ros. Dej. Cat.* *Gall. merid.**
46 Rufirostris *Stm. Cat.* *Germania.*
47 Scolopax. *Dej. Cat.* *Gall. merid.*
48 Hæmorrhoidalis. *Dej. Cat.* id.
49 Brevirostris. *Dej. Cat.* id.
50 Angustatus. *Dej. Cat.* P.
51 Minutus. *Dej. Cat.* *Hispania*
52 Herbarum. *Dej. Cat.* P.*

CIONUS. *Clairville.*

Latr. Germ. Oliv. Illig. Cuvier. Schh. Zett. (Dej. St. Cat) Steph. Stév. Oken. Lamarck. Guérin. CLEOPUS. *(Megerle.) Stephens* RHYNCHÆNUS. *Fabr.*

1 { Scrophulariæ. *Linné.* *Gallia.**
Blattariæ. Voet. *Germania.*
Verbasci. Voet. id.
2 { Verbasci. *Fabr.* *Gallia.**
Scrophulariæ. var. d. Latr. id.
Tuberculosus. Scopoli. *Carniolia.*
3 { Olivieri. *Chevrol. Schh.* *Gall. merid.**
Thapsus. Olivier. id.
4 { Thapsus. *Fabr.* *Gallia.**
Thapsi. Germar. *Germania.*
Scrophulariæ. Latr. *Gallia.*
Hortulanus. Fourc. *P.*
Affinis. Harrer. id.
5 { Ungulatus. *Germar.* *Gallia.*
♀ *Ocellatus. Hoffmsg. in litt.* id.
Pictus. (Dahl.) id.
6 { Hortulanus. *Marsham.* *Gallia.**
Thapsus. var. (Dej. Cat.) id.
7 Clairvillei. *Schh.* id.
8 Simplex. *Rosenschöld. Schh.* *Podolia.*
9 Olens. *Fabr.* *Gallia.**
10 { Blattariæ. *Fabr.* *Germania.**
Bipustulatus. Marsh. *Anglia.*
11 Pulvereus. *(Parreyss.) Schh.* *Dalmatia.*
12 { Fraxini. *de Geer.* *Gallia.**
Fœtidus. Fabr. id.
Geeri. Linné. id.
Var. *Rectangulus. Hbt.* *Germania.*
13 { Pulchellus. *Herbst.* id.*
Solani. Gyllenhal. *Suecia.*
Immunis. Marsham. *Anglia.*
14 { Solani. *Fabr.* *Germania.**
Setiger. Germar. id.*
Setosus. Rossi. *Italia.*
Spinosulus. Megerle. Coll. *Austria.**
15 Mixtus. *Dej. Cat. Schh.* (Phytonom.) *Schh.* *P.**
16 Trinotatus. *Fischer.* *Russ. orient.*
17 Ocellatus. *Illig. (Dej. Cat.)* *Lusitania.*

OROBITIS. *Germar.*

Latr. Steph. (Dej. Cat.) Stév. RHYNCHÆNUS. *Gyllenh. Sahlb.* ATTELABUS. *Fabr. Panz.* CURCULIO. *Linné. Herbst.*

1 { Cyaneus. *Linné.* *Gallia.**
Globosus. Linné. *Suecia.*
Giganteus. Meg. Coll. *Germania.*
Hypoleucus. Quensel. *Suecia.*
Croceus. Fabr. id.

RHYTIDOSOMUS. *Schönherr.*

CEUTORHYNCHUS. *(Dej. Cat.) Germar.* RHYNCHÆNUS. *Gyllenh.*

1 Globulus. *Herbst.* *Gallia.**

TAPINOTUS. *Schonherr.*

(Dej. Cat.) ATTELABUS. *Fabr.* CEUTORHYNCHUS. *Germar.*

1 { Sellatus. *Fabr.* *Gallia.**
Lysimachiæ. Olivier. id.
Ephippiger. Schh. *Germania.*

ACENTRUS. *Chevrolat. Schh.*

1 Histrio. *Schönherr.* *Gall. merid.**

POOPHAGUS. *Schönherr.*

RHYNCHÆNUS. *Fabr. Oliv. Gyll.* CEUTORHYNCHUS. *Dej. Cat. Schh.*

1 Sisymbrii. *Fabr.* *Gallia.**
2 Olivaceus. *Schh.* id.
3 { Nasturtii. *Spence.* id.*
Seniculus. Dej. Cat. id.
4 Nebulosus. *Stm. Cat.* id.

RHINONCUS. *Schonherr.*

CAMPYLIRHYNCHUS. *(Megerle. Dej. St. Cat.) Stév.* CEUTORHYNCHUS. *Germar. Schh.* RHYNCHÆNUS. *Fabr. Oliv. Gyll. Zett.*

1 { Inconspectus. *Herbst.* *Gallia.**
Suturalis. Olivier. id.
Crassus. Marsham. *Anglia.*
Occipitrinus. Reich. *Austria*
Canaliculatus. Steph. *Anglia*

2 Castor. *Fabr.* *Gallia.**
Pericarpius. var. Lin. *Suecia.*
Fructiculosus. Herbst. *Austria.*
Seniculus. Gravenh. id.
4-cornis. Dej. Cat. *Gallia.*
Var. *Flavipes. Stéven.* *Russia.*
Leucostigma. Marsh. *Anglia.*
Scabratus. Fabr. *Germania.*
Rufipes. Stephens. *Anglia.*
Interstitialis. Steph. id.
3 Bruchoides. *Herbst.* *Germania.**
Var. *Leucogaster. Gyll.* *Suecia.*
Rufescens Stephens. *Anglia*
4 Pericarpius. *Fabr.* *Gallia.**
Spartii. Kirby. *Anglia.*
Gramineus. Germar. *Germania.*
5 Gramineus. *Fabr.* id.*
6 Subfasciatus. *Gyllenh.* *Gallia.**
Tibialis. Stephens. *Anglia.**
7 Guttalis. *Gravenhorst.* *Germania.**
Scutellatus. Stm. Cat. id.
Erythrocnemus. Beck. id.
Perpendicularis. Rch. id.
8 Denticollis. *Schh.* *Italia.*
9 Albicinctus. *Schh.* *Gallia.*
10 Grypus. *Herbst.* *Germania.*
11 Canus. *Dej. Cat.* *Anglia.*
12 Granulipennis. *Chevrl.* *Gallia.*
13 Nigrescens. *Stm. Cat.* *Germania.*
14 Obsoletus. *Erichson.* id.
15 Brunnipes. *Stm. Cat.* id.
16 Paroculus. *Dahl. Cat.* id

CEUTORHYNCHUS. *Schüppel.*

Germar. Latr. Dej. Cat. Schh. NEDYUS. *Steph.* FALCIGER. *Megerle. St. Cat. Stév. Dej.* RHYNCHÆNUS. *Fabr. Oliv. Gyll. Zetterst.*

1 Topiarius. *Germar.* *Hungaria.*
Tessullatus. Stm. Cat. id.
2 Albovittatus. (*Dahl.*) *Schh.* id.*
3 Macula-alba. *Herbst.* *Germania.**
Cardui. Olivier. *Gallia.*
4 Suturalis. *Fabr.* id.*
5 Flavomarginatus. *Luc.* *Algéria.**
6 Alboscutellatus. *Chevrolat. Schh.* *Gallia*
7 Seriatus. *Schh.* *P.*
8 Steveni *Schh* *Tauria.*
9 Arator. *Schh.* *Germania.*
Cinerascens. Nees. id.
10 Syrites. *Germar. Gyll.* *Gallia.*
Abstrictus. Stephens. *Anglia.*
Affinis. Panzer. *Germania.*
Assimilis. Dej. Cat. *Austria.*
Alauda. Fabr. *Gallia.*
11 Assimilis. *Payk. Gyll.* id.*
Abstrictus. Marsham. *Anglia.*
Alauda. Herbst. *Germania.*
12 Austerus. *Schh.* *P.**
13 Melanarius. *Kirb. Schh.* *Anglia.**
14 Hepaticus. *Schh.* *Gallia.*
15 Consputus. *Germar.* id.
Ægrotus. Schh. *Germania.*
16 Depressicollis. *Gyll.* *Suecia.**
Nigrinus. Marsham. *Anglia.*
17 Erysimi. *Fabr. Panz.* *Germania.**
18 Rubescens. *Schh.* *Austria.*
19 Cœrulescens. (*Dej. Cat.*) *Schh.* *Gallia.*
20 Marginicollis. *Chevrolat. in litt.* *Gall. merid.**
21 Contractus. *Marsham.* *Germania.**
Minutus. Sturm. Cat. id.
22 Atomus. *Germar.* *Illyria.**
23 Atratulus. *Gyllenh.* *Gallia.**
24 Setosus. *Märkel. Schh.* *Saxonia.*
25 Cochleariæ. *Gyllenh.* *Gallia.**
26 Cyanopterus. *Redtenb.* *Austria.*
27 Quercetti. *Gyllenh.* *Suecia mer.**
28 Apicalis. *Gyllenh.* *Germania.**
29 Terminatus. *Herbst.* *Gallia.*
Sii. Chevrolat. id.*
Hæmorrhoidalis. Dej. Cat. id.
30 Pumilio. *Gyllenhal.* *Suecia.*
31 Asperulus. *Aubé. Schh.* *P.**
32 Posthumus. *Illiger.* *Germania.**
33 Floralis. *Payk. Gyll.* *Gallia.**
Thyphæ. Herbst. *Austria.*
Sulculus. Kirby. *Anglia.*
Monostigma. Marsh. id.
34 Pulvinatus. *Gyll. Schh.* *Gallia.**
35 Constrictus. *Marsham.* id.
36 Fallax. *Schh.* *Tauria.*
37 Convexicollis. *Schh.* *Germania.*
38 Pyrrorhynchus. *Marsh.* *Gallia.*
Erythrorhynchus. Sch. id.
Phæorhynchus. Marsh. *Anglia.*
Var. *Ruficrus. Marsh.* id.
39 Achillæ. (*Hellw.*) *Schh.* *Germania.*
Millefoliæ Hoffmsg. id.

40 Leucampix. Germar. Alsatia.*
41 Biguttatus. L. Redtb. Austria.
42 Nanus. Besser. Schh. Gallia.
43 Glaucus. Aubé. id.
44 Ericæ. Gyllenh. id.*
Rufirostris. Dej. Cat. id.
45 Albosetosus. Schh. id.
46 Sphærion. Mark. Schh. Saxonia.
Globosus. St. Cat. id.
47 Variegatus. Olivier. Gallia.
48 Tuber. Reich. Schh. Germania.
49 Fossarum. Reich. Schh. id.
50 Minutus. Reich. Schh. id.
51 Pultiarius. Fourcroy. P.
Pygmæus. Olivier. Gallia.
Oculeatus. Linné. id.
52 Echii. Fabr. Panz. id.*
Glyphicus. Schaller. Germania.
Geographicus. Villers. Gall. orient.
53 Glaucinus. Waltl. Schh. Bavaria.
54 Radula. Schüp. Germ. Germania.
55 Horridus. Fabr. (Ullrich.) Panz. Gallia.*
Spinosus. Linné. id.
56 Viduatus. Gyllenh. Suecia.*
57 Raphani. Fabr. Germania.*
Symphyti. de Heyden. id.
Andreopiginis. Koch. id.
58 Borraginis. Fabr. Gallia.*
59 Lineatus. Schh. Tauria.
60 Abbreviatus. Fabr. Germania.*
Invasor. Herbst. Austria.
Variegatus. Gravenh. Germania.
Atomarium. Ziegler. in litt. id.
61 Crucifer. Oliv. Gyllenh. Herbst. id.*
Trimaculatus. Gyll. id.
Quadrimaculatus. Germar. id.
62 Aubei. Schh. P.
63 T.-Album. Schh. Hungaria.
64 Andreæ. Germar. Germania.
Ornatus. Schh. Volhynia.
65 Peregrinus. Chevrol. Schh. Sicilia.
66 Uroleucus. Chevrolat. Schh. Sardinia.
67 Litura. Fabr. Gyll. Gallia.*
Cruciger. var. Herbst. Germania.
Ovalis. Marsham. Anglia.
Leucomelas. Kirby. in litt. id.
68 Trimaculatus. Fabr. Oliv. Germania.*
69 Trisignatus. Schh. Tauria.
70 Albosignatus. (Dahl.) Schh. Gallia.*
71 Melancholicus. Schh. Tauria.
72 Asperifoliarum. Kirby. Gyll. Germania.*
Intersectus. Knoch. Anglia.
Congener. Schüppel. Austria.
Leucostigma. Germar. in litt. Germania.
Oleæcus. Scopoli. Carniolia.
73 Lepidus. Schh. Alsatia.
74 Uliginosus. Walton. Anglia.
75 Urticæ. Walton. id.
76 Abruptestriatus. Schh. Tauria.
77 Signatus. (Dahl.) Schh. Germania.
Lamii. Germar. in litt. id.
78 Sahlbergi. Schh. Finlandia.
Lamii Sahlberg. id.
79 Campestris. Zgl. Schh. Bavaria.*
Var. Variegatus. Waltl. in litt. id.
80 Decoratus Schh. Tauria.
81 Molitor. Schh. Sicilia.
82 Chrysanthemi. Germar. Gyll. Germania.*
Rugulosus. var. c. Gyl. Suecia.
83 Figuratus. Schh. Suecia merid.
84 Rugulosus. Herbst. Gallia.*
Quercicola. var. b. Payk. Suecia.
Melanostigma. Marsh. Anglia.
Cinereus. Marsham. id.
Scutellatus. Stephens. id.
85 Gallicus. Chevrolat. Schh. P.
86 Mendosus. Chevrolat. Schh. Gallia.
87 Occultus. Schh. Gall. merid.*
88 Concinnus. Schh. P.
89 Arcuatus. Hbst? Schh. Germania.
90 Melanostictus. Marsh. id.
Rugulosus. Stephens. Anglia.
91 Triangulum. Markel. Schh. Saxonia.
92 Lycopi. (Chevrl.) Schh. P.*
93 Perturbatus. Schh. Gallia.
94 Quadridens. Panzer. Germania.*
Borraginis. Gyllenh. Suecia.
Quercicola. Marsham. Anglia.
Pallididactylus. Mars. id.

95 Resedæ. *Marsham.* *Gallia.*
96 Murinus. *Schh.* *Tauria*
97 Marginatus. *Paykull. Gyll.* *Gallia.**
98 Punctiger. (*Megerle.*) *Schh.* id.*
Marginatus. var. Gyl. *Suecia.*
99 Rufitarsis. *Schh.* *Tauria.*
100 Pilosellus. *Schh.* *Gallia.*
101 Quercicola. *Fabr.* id.*
102 Denticulatus. *Schrk.* id.
103 Nigrirostris. *St. Cat. Schh.* *Germania.*
104 Verrugatus. *Stéven. Schh.* *Tauria.*
105 Biguttatus. *Waterh.* *Anglia.*
106 Pruni. *St. Cat. Schh.* *Germania.*
107 Rusticus. *Chevrolat. Schh.* *Gall. merid.*
108 Pollinarius. (*Chevrolat*) *Schh.* *Gallia.*
Dentatus. Marsham. *Anglia.*
Glaucinus. Dej. Cat. *Gallia.*
Caliginosus. Steph. *Anglia.*
109 Angulosus. *Germar.* *Saxonia.*
110 Obsoletus. *Germar.* *Germania.*
111 Fæculentus. *Schh.* *Gallia.*
112 Picitarsis. *Stév. Schh.* *Helvetia.*
113 Tibialis. *Schh.* *Germ. merid.*
114 Sulcicollis. *Gyllenh.* *Suecia.**
Alauda. Fabr. *Gallia.*
Affinis. Steph. Schh. *Anglia.*
115 Rapæ. *Gyllenh.* *Gallia.**
Napi. Dej. Cat. id.
Sulcicollis. var. Gyll. *Suecia.*
116 Waltoni. *Schh.* *Anglia.*
Rufitarsis. Kirby. in litt. id.
117 Roberti. *Chevrl. Schh.* *Belgia.*
118 Napi. *Koch. Schh.* *Germania.**
Assimilis. Olivier. id.
119 Inaffectatus. *Schh.* *P.*
120 Glabrirostris. *Schh.* id.
121 Sophiæ. *Stév. Schh.* *Tauria.*
122 Neutralis. *Schh.* *Borussia.*
123 Obtusicollis. *Schh.* *Tauria.*
124 Cyanipennis. *Illiger.* *Austria.**
125 Æneicollis. (*Meg.*) *Germar.* id.
126 Scapularis. *Schh.* *P.*
127 Obscurecyaneus. *Sch.* id.
128 Melanocyaneus. *Chevrolat. Schh.* *Gall. merid.*
129 Ignitus. *Germar.* *Germania.*
Viridanus. Gebler. *Russia.*
130 Barbareæ *Suffrian.* *Germania.*
131 Cyanipennis. *Illiger.* *Suecia*
Sulcicollis. Paykull. id.
132 Tarsalis. *Märk. Schh.* *Saxonia.*
133 Suturellus. *Schh.* *Tauria.*
134 Carinatus. *Gyllenh.* id.
135 Chalybeus. *Germar.* *Gallia.*
Subcyaneus. Schüpp. *Germania.*
136 Hirtulus *Schüp. Schh.* id.
137 Troglodytes. *Fabr.* *Gallia.**
Var. *Spiniger. Hbst.* *Austria.*
138 Ureus. *Hoffmansegg. Schh.* *Lusitania.*
139 Validirostris. *Schh.* *Tauria.*
140 Uniguttatus. *Marsh.* *Anglia.*
141 Rumulosus. *Germar.* *Germania.*
142 Mœstus. *Fabr.* (Cionus. *Schh.*) *Gallia.*
143 Virgatus *Schh.* *Tauria.*
144 Nubilosus. *Schh.* id.
145 Interstinctus. *Schh.* *Austria.*
146 Vilis. *Schh.* *Tauria.*
147 Coarctatus. *Schh.* id.
148 Camelinæ. *Chevrolat. Schh.* *P.*
149 Pubicollis. (*Dahl.*) *Schh.* *Italia.*
Signatus. Creutzer. in litt. *Austria.*
150 Signatellus. *Schh.* *Tauria.*
151 Dubitabilis. *Schh.* id.
152 Lineola. *Sturm. Cat.* *Germania.*
153 Cinerascens. *Nees. St. Cat.* id.
154 Cœruleus. *Dej. Cat.* *Styria.*
155 Smaragdinus. *Dej. Cat.* *Gall. merid.*
156 Stigmulus. *Illig. St. Cat.* *Germania.*
157 Parvulus. *Dej. Cat.* id.
158 Subtilis. *Illg. St. Cat.* id.
159 Atomarius. *St. Cat.* id.
160 Brunnipes. *St. Cat.* id.
161 Scabrosus. *Parreyss.* *Croatia.*
162 Aulicus. *Dej. Cat.* *Germania*
163 Iota. *Dej. Cat.* *P.**
164 Erinaceus. *Dej. Cat.* *Dalmatia.*
165 Hirsutulus. *Dej. Cat.* *Hungaria.*
166 Fulvitarsis *Stm. Cat.* *Germania.*
167 Arvicola. *Gyllenh. St. Cat.* *Suecia*

168 Nigrirostris. *St. Cat.* *Germania.*
169 Mirabilis. *Villa.* *Lombardia.*

SCLEROPTERUS. *Schönherr.*

CRYPTORHYNCHUS. *Germar.*

1 Serratus. *Eschscholtz. Germar.* *Livonia.*
2 Offensus. *Schh.* *Carinthia.*

ACALLES. *Schönherr. Steph.*

TYLODES. *Guérin.* (*Dej. Cat.*) RHYNCHÆNUS. *Fabr. Gyll.* CRYPTORHYNCHUS. (*Sturm. Cat.*)

1 Roletti. *Kunze. Schh.* *Sicilia.*
2 Barbarus. *Lucas.* *Algiria.**
3 Dromedarius. *Hoffmsg. Schh.* *Lusitania.*
4 Fasciculatus. *Schh.* *Sicilia.*
5 Pyrenæus. *Chevrolat. Schh.* *Pyrenæis.**
6 Denticollis. *Germar.* *Hung. merid.*
7 Circumflexus. (*Gaub.*) *Algiria.**
8 Punctaticollis. *Lucas.* id.*
9 Impressicollis. *Lucas.* id.*
10 Sulcicollis. (*Dej. Cat.*) *Pyr. orient.**
11 Tuberculatus. (*Gaub.*) *Gall. merid.**
12 Tristis. (*Gaubil.*) *Algiria.**
13 Dioclectianus. *Germar.* *Gall. merid.**
14 Teter. *Kunze. Schh.* *Sicilia.*
15 { Aubei. *Schh.* *Gallia.*
{ *Wolfii. Waltl. Coll.* id.
16 Hypocrita. *Creutzer. Schh.* *Styria. Alp.**
17 Lemur. *Müller. Schh.* *Germania.*
18 Quercus. (*Par.*) *Schh.* *Styria.*
19 Camelus. *Fabr.* *Berolini.**
20 { Abstersus. *Schh.* *P.**
{ *Roboris. Curtis.* *Anglia.*
21 Navieresii. *Chevrolat. Schh.* *P.**
22 Variegatus. *Schh.* *Sicilia.*
23 { Ptinoides. *Marsham.* *Gallia.**
{ *Echinatus. Megerle.* id.
{ *Nocturnus. Chevrolat.* *P.*
24 { Turbatus. *Schh.* *Gallia.*
{ *Ptinoides. Schh.* id.
25 Echinatus. (*Megerle.*) *Schh.* *Carniolia.*
26 { Misellus. *Schh.* *Gallia.*
{ *Ptinoides. Gyllenh.* *Suecia.*
{ *Picirostris. Ull. Coll.* *Germania.*
{ *Variegatus. Stephens.* *Anglia.*
27 Parvulus. *Schh.* *Gallia.**
28 Sulcatus. *Schh.* *P.*
29 Fallax. *Schh.* id.
30 Contractus. *Dej. Cat.* *Gall. merid.*
31 Scabratus. *Dej. Cat.* *Dalmatia.*
32 Griseus. *Sturm. Cat.* *Gall. merid.*
33 Porcatus. (*Ziegl.*) *Dej. Cat.* *Styria*
34 Inæqualis. *Dej. Cat.* id.
35 Squalidus. *Dej. Cat.* *Gall. merid.*
36 Porcinus. (*Ziegl.*) *Dej. Cat.* *Dalmatia.*
37 Meticulosus. *Dej. Cat.* *Gall. orient.*
38 Globatus. *Dej. Cat.* *Gall. merid.*

MARMOROPUS. *Schh.*

1 Besseri. *Schh.* *Polonia.*

MONONYCHUS. *Schüppel. Germar.*

1 { Pseudacori. *Fabr.* *P.**
{ *Punctum-album. Hbt.* *Germania.*
2 Superciliaris. *Hoffmsg. Schh.* *Lusitania.*
3 Algiricus. (*Gaubil.*) *Algiria.**
4 Salviæ. *Hoffmansegg.* *P.**

CELIODES. *Schönherr.*

CEUTORHYNCHUS. *Schüppel. Germar. Lat. Steph. Schh.* (*Dej. Cat.*) RHYNCHÆNUS. *Fabr. Gyll. Oliv. Zett.* FALCIGER. (*Megerle. Sturm. Dej. Cat.*)

1 { Quercus. *Fabr.* *Gallia.**
{ *Pallens. Marsham.* *Anglia.*
2 { Ruber. *Marsham.* id.*
{ *Quercus. Olivier.* *Gallia.*
{ *Rufirostris. Spence.* *Anglia.*
3 Rubricus. *Schh.* *Græcia.*
4 { Rubicundus. *Payk.* *Germania.**
{ *Quercus. var. β. Payk.* *Suecia.*
{ *Melanocephalus. Mars.* *Anglia.*
5 Epilobii. *Paykull.* *Germania.*
6 { Guttula. *Fabr.* *Gallia.**
{ *Carduelis.* (*Megerle.*) *Austria.*
7 { Fuliginosus. *Marsh.* *Anglia.*
{ *Subcostatus. Dej. Cat.* *Austria.*
{ *Ruficornis. Stephens.* *Anglia.*

8 Umbrinus. *Schh.* *Tauria.*
9 Canaliculatus. *Schh.* *Volhynia.*
10 Mannerheimii. *Schh.* *Suecia.*
11 Schuppelii. *Schh.* *Ragusa.*
12 Subrufus. *Herbst.* *Gallia.**
Cinctus. Rossi. *Italia.*
Tricinctus. Walcken. *Germania.*
Erythroleucus. Linné. *Suecia.*
Var. *Subrufus. Gyll.* id.
13 Didymus. *Fabr.* *P.**
Urticarius. Clairville. *Helvetia.*
Viduus. Panzer. *Germania.*
Albopunctatus. Linné. *Suecia.*
Bipunctatus. Linné. id.
Tripunctatus. Fourc. *P.*
♂ *Oleraceus. Scopoli.* *Carniolia.*
Var. *Gibbipennis. Germar.* *Germania.*
Urticæ. Marsham. *Anglia.*
14 Lamii. *Herbst.* *Germania.**
Leucampyx. Dej. Cat. *Austria.*
15 Punctulum. *Germar.* *Germania.*
16 Geranii. *Paykull.* id.*
Affinis. Paykull. *Suecia.*
17 Exiguus. *Olivier.* *Gall. aust.**
18 Asperatus. *Schh.* *Tauria.*
19 Hæmorrhoidalis. *Stph.* *Anglia.**
20 Granulicollis. *Schh.* id.
21 Subrufus. *Stephens.* id.
22 Hæmaticus. *Dej. Cat.* *Gall. orient.*
23 Rimulosus. *Germar.* *Germania.*
24 Zonatus. *Germar.* *Austria.**

GASTEROCERUS. *de Laporte* et *Brullé.*

Latr. (*Dej. Cat. Chevrolat.*) Curculio. *Fabr. Herbst.*

1 Depressirostris. *Fabr.* *Gallia.*
Plicatus. Herbst. *Austria.*
Anthriboides. Chevrolat. Coll. *P.*
Dumerilii. de Lap. Coll. id.
Oblitus. Dej. Cat. id.

CAMPTORHINUS. *Schönherr.*

Rhynchænus. *Fabr. St. Cat.*

1 Statua. *Fabr.* *Gallia.**

CRYPTORHYNCHUS. *Illiger.*

Germar. Latr. Steph. Schh. (*Dej. St. Cat.*) Rhynchænus. *Fab. Oliv. Herbst. Gyll.* Curculio. *Linné.*

1 Lapathi. *Linné.* *P.**
Albicaudis. de Geer. *Gallia.*
Carbonarius. Scopoli. *Carniolia.*
Trimaculatus. Vœl. *Germania.*

BARIDIUS *Schönherr.*

Baris. *Germ. Latr. Steph.* (*Dej. St. Cat.*) *Stév. Bilberg.* Mürhorhynchus et Stenorhynchus. (*Megerle.*) Rhynchænus. *Fabr. Oliv. Gyll.* Calandra. *Fab.*

1 Sellatus. *Chevrl. Schh.* *Algiria.**
Balteatus. Chevrolat, in litt. id.
2 Subsignatus. *Schh.* id.
3 Nitens. *Fabr.* *Gall. merid.**
Timidus. Ol. Dej. Cat. id.
4 Carbonarius. *Stéven. Schh.* *Russ. merid.*
5 Luczotii. *Chevrolat. Schh.* *Gall. merid.*
6 Exasperatus. *St. Cat. Schh.* *Austria.*
Melæna Sturm. Cat. id.
7 Artemisiæ. *Dej. Cat. Schh.* *Gallia.**
Melæna. Sturm. Cat. *Germania.*
8 Convexicollis. *Schh.* *Russ. merid.*
9 Spoliatus. *Dej. Cat. Schh.* *Gall. merid.**
10 Atronitens. *Chevrolat. in litt.* *Algiria.**
11 Ornatus. (*Gaubil.*) id.*
12 Quadraticollis. *Schh.* *Gall. interm.*
13 Picinus. *Germar.* *Gallia.**
Nitens. Herbst. *Austria.*
Glaber. Herbst. id.
Laticollis. Marsham. *Anglia.*
Artemisiæ. Olivier. *Gallia.*
Atriplicis. Fabr. *Germania.*
Interpunctatus. Steph. *Anglia.*
14 Atramentarius. *Schh.* *Hungaria.*
15 Analis. *Olivier.* *Gall. merid.*
16 Scolopaceus. *Germar.* *Hungaria.*
Coloratus. Schh. *Tauria.*
Parvulus. Schh. id.

17 Pallidicornis. *Schh.* *Tauria.*
18 Melas. *Stéven. Schh.* id.
19 { Cuprirostris. *Fabr.* *Gallia.**
Viridissimus. Dej. Cat. id.
Viridis. Fourcroy. P.
Virens. Olivier. *Gall. merid.*
Gramineus. Linné. *Germania.* }
20 Siculus. *Schh.* *Sicilia.*
21 Prasinus. *Schh.* *Algiria.**
22 Violaceus. *Schh.* *Hungaria.*
23 Janthinus. *Schh.* *Tauria.*
24 { Chloris. *Fabr.* *Gallia.*
Parisinus. Thunberg. *P.* }
25 { Cœrulescens. *Scopoli.* *Gallia.**
Nitidulus. Müller. *Germania.*
Var. *Chloris. Germar. Schh.* id. }
26 Chlorodius. (*Parreyss*) *Schh.* *Illyria*
27 { Chlorizans. *Müll. Schh.* *Germania.**
Chloris. Olivier. *Gallia*
Virescens. Dej. Cat. id. }
28 { Lepidii. *Müller. Schh.* id.*
Picicornis. Marsham. *Anglia.*
Chloris. Dej. Cat. *Gallia*
Chlorodicus. Meg. Cat *Austria.*
Var. *Artemisiæ. Hbst.* *Germania.* }
29 Punctatus. *Dej. Cat. Schh.* *Gallia**
30 Pulchellus. *Lucas.* *Algiria.**
31 { Abrotani. *Müller.* *Gallia.*
Picirostris. Marsham. *Anglia* }
32 Concinnus. *Schh.* *Tauria.*
33 { Villæ. *Dej. Cat. Schh.* *Lombardia.**
Violaceus. Villa. Cat. id. }
34 Rufus. *Schh.* *Sicilia*
35 Armeniacæ. *Olivier.* *Gallia.*
36 { T. Album. *Linné.* id.*
Atriplicis. Olivier. id.
Pilistratus. Stephens. *Anglia.*
Funerus. Herbst. *Austria.*
Nigrinus. Herbst. id.
Hypoleucus. Marsham. *Anglia.*
Porolosus. Linné. *Germania.*
Atriplicis. Latreille. *P.* }
37 Pusio. *Schh.* *Sicilia.*
38 Morio. *Schh.* *P.*
39 Crocopelinus. *Schh* *Russ. merid.*
40 Punctulatus. *Dej. Cat.* id.
41 Godetii. *Dej. Cat.* id.
42 Punctatissimus. *Dej. Cat.* *P.**
43 Episcopalis. *Dej. Cat.* id
44 Amethystinus. *Dej. Cat.* *Hispania.*
45 Cyanellus. *Dej. Cat.* *Gall. merid.**
46 Lucidus. *Dej. Cat.* *Austria.**
47 Albomaculatus. *Dej. Cat.* *Hispania.**

DERELOMUS. *Schönherr.*

1 Chamæropis. *Fabr.* *Algiria.**
2 Subcostatus. *Schh.* *Sardinia*

BAGOUS. *Germar. Schh.*

Latr. (Dej. St. Cat.) Stephens. Stéven. RHYNCHÆNUS. *Gyll. Oliv.* CURCULIO. *Fabr.*

1 Orientalis. *Friwaldsky.* *Hungaria.*
2 Elegans *Fabr. Germ.* *Germ. sept.*
3 { Binodulus. *Herbst.* *Germania.**
Atrirostris. Olivier. *P.*
Binodosus? Guérin. id. }
4 { Nodulosus. *Schh.* *Germania.*
Binodulus. Stm. Cat. id.
Sibiricus. Gebler. *Sibiria.* }
5 Argillaceus. *Schh.* *Tauria.*
6 Rotundicollis. *Schh.* *Germania.*
7 Inceratus. *Schh.* *Berolini.*
8 Encaustus. *Chevrolat. Schh.* *Pyr. orient.*
9 Linnosus. *Gyllenh.* *Suecia.*
10 { Subcarinatus. *Schh.* *Gallia.**
Frit. Dej. Cat. id. }
11 Hæmatopus. *Schönh.* *Caucasus.*
12 { Petrosus. *Herbst.* *Gallia.**
Laticollis. Schh. *Germania.* }
13 Collignensis. *Herbst.* id.*
14 Bi-impressus. *Schh.* *Etruria.*
15 Chorinæus. *Chevrolat. Schh.* P.
16 Frit. *Herbst.* *Germania.*
17 Halophilus. *L. Redtb.* *Austria.*
18 Mundanus. *Schh.* *Helvetia.*
19 Claudicans. *Schüppel. Schh.* *Germania.*
20 Brevis. *Schh.* *Suecia.*
21 Curtus. *Schh.* id.
22 Biglyptus. *Germar.* *Saxonia.*
23 Lutulosus. *Gyllenhal.* *Gallia.**
24 Tempestivus. *Herbst.* id.
25 Cnemerythrus. *Marsh.* id.
26 Convexicollis. *Schh.* *Saxonia*
27 Lutosus. *Gyllenhal.* *Gallia.**

28 { Lutulentus. *Gyllenh.* *Germania.**
Tibialis. Stephens. *Anglia.*
Binotulus. Stephens. id.
29 Puncticollis. *Schh.* *Germania.*
30 Validitarsus. *Schh.* *P.*
31 Validus. *Rosenhauer.* *Hungaria.*
32 Tibialis. *Schh.* *Germania.*
33 Glabrirostris. *Herbst.* (*Dej. Cat.*) id.
34 Elongatus. *Dej. Cat.* id.
35 Cryptocephalus. *Dej. Cat.* *Hispania.*

LYPRUS. *Schönherr.*

LIXUS. *Ahrens.* BAGOUS. (*Dej. St. Cat.*) RHYNCHÆNUS. *Gyllenhal.*

1 { Cylindricus. *Paykull.* *Gallia.**
Attenuatus. Dej. Cat. *Suecia.*

MYORHINUS. *Schönherr.*

APSIS. *Germ. Latr.* (*Dej. St. Cat.*) CURCULIO. *Fabr. Olivier.*

1 { Stevenii. *Schh.* *Tauria.*
Incrassatus. Stm. Cat. id.
2 { Albolineatus. *Fabr.* *Hungaria.*
Complicatus. Germar. id.

TRACHODES. *Schüppel. Germar.*

RHYNCHÆNUS. *Gyllenh.* CURCULIO. *Linné. Paykull.*

1 Cicatricosus. *Sturm. Schh.* *Hungaria.*
2 Costatus. *Schh.* *Bavaria.*
3 Hystrix. *Schh.* *Tauria.*
4 { Hispidus. *Linné.* *Gallia.**
Squamifer. Gyllenhal. *Suecia.*
Acanthion. Beck. *Germania.*
5 Exculptus. *Germar.* *Sicilia.*

STYPHLUS. *Schönherr.*

ORTHOCHÆTES. *Müller. Germar.* COMASINUS. (*Megerle. Dej. Cat.*)

1 { Penicillus. *Schh.* *Gall. merid.*
Var. *Anotolicus. Chevrolat.* *Smyrna.*
2 Sulcipennis. (*Megerle.*) *Schönherr.* *Austria.*
3 { Setiger. *Beck. Schh.* *Gall. bor.*
Setosus. Dej. Cat. *Austria.*
4 Muscorum. *Fairmaire.* *Pyren. sup.*

ORCHESTES. *Illig.* (*Dej. St. Cat.*)

RHYNCHÆNUS. *Clairville. Latreille.* RAMPHUS. *Thunberg.*

1 { Quercus. *Linné.* *Suecia.**
Viminalis. Fabr. Lam. *P.*
Saltator Ulmi. de Geer. id.
Setosus. Müller. *Germania.*
Alni. Herbst. *Austria*
Var. *Depressus. Steph.* *Anglia.**
2 { Scutellaris. *Fabr.* *Suecia.**
Rufus. Schrank. *Germania.*
Viminalis. Besser. *Russia.*
Alni. var. v. Paykull. *Suecia.*
Stellaris. var. b. Gyll. id.
Flavus. Sturm. Cat. *Germania.*
Testaceus. Müller. id.
3 { Carnifex. *Germar.* id.
Viminalis. Schrank. *Austria.*
4 { Rufus. *Olivier.* *Gallia.**
Betuleti. Panzer. *Germania.*
Hæmaticus. Germar. id.
5 { Semirufus. *Gyllenhal.* *Gallia.*
Rufipennis. Stm. Cat. *Anglia.*
6 { Melanocephalus. *Oliv.* *Gallia.*
Ferrugineus. Marsh. *Anglia.*
Nigricollis. Stephens. id.
Atricapillus. Marsh. id.
7 { Alni. *Linné.* *P.**
Inquinatus. Voet. Pnz. *Germania.*
8 { Ilicis. *Fabr.* *P.**
Segetis. de Geer. *Gallia.*
Pilosus. Fabr. *Germania.*
9 { Pubescens. *Schrank.* id.*
Pilosus. Latr. *Gallia.*
Calceatus. Germar. *Germania.*
Calcar. var. Payk. *Suecia.*
Pilosus. var. c. Gyll. id.
10 { Fagi. *Linné.* id.*
Fragariæ. Fabr. Latr. *P.*
Calcar. Oliv. Latr. *Gallia.*
Subater. Müller. *Germania.*
Rhododactylus. Marsh. *Anglia.*
Rhodopus. Marsham. id.
11 { Pratensis. *Germar.* *Germania.**
Segetis. Herbst. id.

12 Tomentosus. *Voigt. Schh.* *Austria.*
13 Iota. *Fabr.* *Gallia.**
Rosæ. Herbst. *Germania.*
14 Subfasciatus. *Schh.* *Tauria.*
15 Laniceræ. *Fabr.* *Germania.**
Xylostei. Clairville. *Helvetia.*
16 Sparsus. *Fabr.* id.
17 Populi. *Fabr.* *P.**
Fagi. Paykull. *Suecia.*
18 Signifer. *Creutzer.* *Germania.**
Salicis. Latreille. *Gallia.*
Hortorum. Latreille. *P.*
19 Fœdatus. *Schh.* *Gallia.*
20 Rusci. *Herbst.* *Germania.**
Bifasciatus. Gyllenh. Sahlb. *Suecia.*
Salicis. Schrank. *Austria.*
Decoratus. Stephens. *Anglia.*
Affinis. Stephens. id.
21 Erythropus. *Müller.* *Gallia.*
22 Cinereus. *Chevrolat. Schh.* *Dalmatia.*

TACHYERGES. *Schönherr.*

ORCHESTES et RHYNCHÆNUS, *Auctorum.*

1 Salicis. *Linné.* *Germania.**
Hortorum. Olivier. *Gallia.*
Scapularis. Beck. *Germania.*
Capreæ. Latreille. *P.*
2 Rufitarsis. *Dej. Cat. Schh.* *Gallia.*
3 Decoratus. *Schüppel.* id.*
Confinis. Dej. Cat. *Austria.*
Salicis. Beck. *Germania.*
Affinis. Stephens. *Anglia.*
4 Stigma. *Germar.* *Gallia.**
Iota. Gyllenh. *Suecia.*
Confondatus. Schh. id.
Alboscutellatus. Dej. Cat. *P.*
Rufitarsis. Stephens. *Anglia.*
Aterrimus. Stm. Cat. *Germania.*
5 Saliceti. *Fabr.* *Anglia.**
Foliorum. Müller. *Suecia.*
Scutellatus. Stph. var. *Anglia.*
6 Crinitus. *Chevrol. Schh.* *P.**
7 Suturalis. *Zettersted.* *Lapp. merid.*
8 Ruficornis. *Zetterst.* id.
9 Monedula. *Herbst.* *Germania*

ANOPLUS. *Schüppel. Schönh.*

(*Dej. Cat.*) RHYNCHÆNUS. *Gyllenhal.* ORCHESTES. *Stéven.*

1 Plantaris. *Næzen. Schh.* *Gallia.**
Roboris. Suffrian. *Germania.**
Brevis. Marsham. *Anglia.*
Fitidulus. Steph. var. id.
Atratus. Steph. var. id.
Armeniacæ. Fabr. *Armenia.*

PHYTOBIUS. *Schmidt. Schönh.*

HYDATICUS. *Schh.* PACHYRHINUS. *Kirby. Steph.* CEUTORHYNCHUS. *Fabr.* RHYNCHÆNUS. *Gyll.* CAMPYLIRHYNCHUS (*Dej. Cat.*)

1 Granatus. *Schönherr.* *Helvetia.*
2 Waltonii. *Schh.* *Anglia.*
3 Velaris. *Gyllenh.* *Suecia.*
4 Notula. *Schüpp. Schh.* *Gallia.**
5 Quadrinodosus. *Gyll.* *Suecia.**
Mucronulatus. Germ. *Germania.*
6 Comari. *Herbst.* *Gallia.*
7 Quadrituberculatus. *Fabr.* *Suecia.*
Quadricornis. Payk. id.
Ribis. Stroëm. *Anglia.*
Quadridentatus. Stph. id.
8 Canuliculatus. *Kirby. Schh.* *Hungaria.*
9 Quadricornis. *Gyllenh.* *Gallia.**
4-Tuberculatus. var. Herbst. *Germania.*
Rufescens. Stephens. *Anglia.*
10 Bruchoides. (*Dhl. Cat.*) *Hungaria.**

LITODACTYLUS. *Redtenbacher.*

RHYNCHÆNUS. *Beck. Gyll.* CURCULIO *Marsh.* PHYTOBIUS. *Schonh.*

1 Velatus. *Beck.* *Germania.**
Myriophylli. Steph. *Anglia.*
2 Leucogaster. *Marsh.* id.*
Myriophylli. Gyllenh. *Suecia.*

ACALYPTUS. *Schönherr.*

ELLESCUS. (*Megerle. Dej. Cat.*) SIBINIA (*St. Cat.*) RHYNCHÆNUS. *Gyllenhal.*

1 Carpini. *Herbst.* *Germania.**

2 Sericeus. *(Meg.) Dej. Cat. L. Redtenb.* *Austria.*
3 Rufipennis. *Schh.* *Gallia.**
Alpinus. Villa. *Lomb. Alp.*

SIBYNES. *Schönherr.*

Sibinia. *Germar. (Dej. Cat.)* Rhynchænus. *Fabr.*

1 Canus. *Herbst.* *Gallia.**
Pelluscens. Scopoli. *Germania.*
2 Viscariæ. *Linné.* *Gall. bor.**
Ajugæ. Herbst. *Austria.*
3 Vulpinus. *(Meg.) Schh.* id.*
Lineata. St. Cat. id.
4 Fugax. *Schüpp. Schh.* *Berolini.*
5 Zebra. *Stéven. Schh.* *Russia.*
6 Attalicus. *Schh.* *Italia.*
7 Femoralis. *(Meg.) Schh.* *Austria.*
8 Aurifer. *Sturm.* (Ellescus.) *Cat. Schh.* *Russ. merid.*
9 Potentillæ. *Koch. Schh.* *Germ. Borus.**
Villosus. Marsham. *Anglia.*
10 Vibex. *(Gaubil.)* *Algiria.**
11 Virgatus. *(Gaubil.)* id.*
12 Tibiellus. *Schh.* *Gall. merid.*
13 Phaleratus. *Schh.* *Germania.*
Dorsalis. St. Cat. id.
14 Arenariæ. *Steph. Schh.* *Anglia.**
15 Primitus. *Herbst.* *Austria.**
Signatus. Gyllenh. *Suecia.*
16 Unicolor. *Schh.* *Hungaria.*
17 Variatus. *Chevrl. Schh.* *Gallia.*
18 Sodalis. *Schüppel.* id.
19 Sellatus. *Lucas.* *Algiria.**

SMICRONYX. *Schönherr.*

Ellescuus. *(Dej. Cat.)* Curculio. *Reich.* Micronyx. *Schönherr.*

1 Cyaneus. *Dej. Cat. Schh.* *Gall. merid.**
2 Jungermanniæ. *Reich. Schh.* *Germania.**
Atomarius. St. Cat. (Rhynch.) id.
3 Reichii. *Schh.* *Gall. bor.*
4 Politus. *Schh.* *Saxonia.*
5 Variegatus. *Dej. Cat. Schh.* *Gall. merid.**
Conspersus Chevrol. in litt. id.
Cæcus. Schh. id.

6 Fortirostris. *Kunze. Schh.* *Germania.*
7 Cœcus. *Reich. Schh.* id.
8 Pygmæus. *Stm. Schh.* *Austria.*

MICCOTROGUS. *Schönherr.*

Heptaphilus. *(Megerle.)* Sibinia. *Germ.* Tychius. *Steph.*

1 Capucinus. *Kze. Schh.* *Sicilia.*
2 Cuprifer. *Panzer.* *Austria.**
Ulmi. Dej. Cat. *Gallia.*
3 Picirostris. *Fabr.* *P.**
Cinerascens. Gyllenh. *Suecia.*
Fuscirostris. Payk. id.
4 Posticinus. *Schh.* *Gallia.*
5 Lineatellus. *Schh.* *Anglia.*
Lineatus. Stephens. id.

TYCHIUS. *Germar. Schh.*

Rhynchænus. *Fabr. Gyll.* Curculio. *Linné. Herbst.* Sibinia. *Germar.*

1 Quinquepunctatus. *Lin.* *Gallia.**
5-Maculatus. Linné. *Suecia.*
Quinquenotatus. Man. id.
Var. *Quadrimaculatus. Müller.* *Germania.*
2 Fuscolineatus. *Lucas.* *Algiria.**
3 Gravidus. *Chevrolat. in litt.* id.*
4 Venustus. *Fabr.* *Gallia.**
Parallelus. Olivier. *P.*
Pegaso. Herbst. *Austria.*
Vernalis. Reich. id.
Var. *Nervosus. Marsh.* *Anglia.*
Vittatus. Schüppel. *Germania.*
5 Rufirostris. *Schh.* *Russ. merid.**
6 Polylineatus. *(Meg.) Schh.* *Austria.**
Lineola. Sturm. Cat. id.
7 Siculus. *Schh.* *Sicilia.*
8 Carinicollis. *Lucas.* *Algiria.**
9 Striatulus. *Dej. Cat. Schh.* *Gall. merid.**
10 Schneideri. *Herbst.* *Gallia.*
11 Genistæ. *Märkel. Schh.* *Helvetia.*
12 Hæmatopus. *Schh.* *Tauria.*
13 Thoracicus. *Kze. Schh.* *Sicilia.*
14 Suturalis. *St. Cat. Schh.* *Austria.*
15 Elongatus. *Schönherr.* *Algiria.*
16 Aurichalceus. *Schh.* *Lusitania.**
17 Sorex. *Schh.* *Russia.*

18 { Tomentosus. *Herbst.* *Gall. merid.**
Picirostris. Gyllenh. *Suecia.*
Stephensi. Schh. *Anglia.*
19 { Junceus. *Reich. Schh.* *Germania.**
Suturalis. Meg. Cat. id.
20 Virescens. *Zsch. Schh.* id.
21 Canescens. *Marsham.* *Anglia.*
22 Meliloti. *Kirby. in litt. Steph. Schh.* *Germania.*
23 Flavicollis. *Kirby. in litt. Steph. Schh.* *Anglia.*
24 Strumarius. (*Hoffmsg.*) *Schh.* *Lusitania.*
25 Hæmatocephalus. *Schh.* *Helvetia.**
26 Auricollis. *Schh.* *Tauria.*
27 Sparsutus. *Olivier.* *Gallia.**
28 Fraxini. (*Dahl.*) *Schh.* *Hungaria.*
29 Obesus. *Chevrol. Schh.* *Helvetia.*
30 Tibialis. *Schh.* *Gallia.*
31 Pernix. *Creutzer.* *Hungaria.*
32 { Squamosus. (*Dej. Cat.*) *Schh.* *Gall. merid.**
Hordei. (*Chevrolat.*) id.
33 Lineatulus. *Kirby.* *Anglia.*
34 Signatus. *Vogt. Schh.* *Germania.*
35 Centromaculatus. *Villa. Schh.* *Lombardia.*
36 Tæniatus. *Dej. Cat.* *Gall. merid.*
37 { Lineolatus. (*Ziegler.*) *Dej. Cat.* *Styria.*
Var. *Lineatus. Gyssel.* *Austria.*
38 Vicinus. *Dej. Cat.* *Gall. merid.*
39 Asperatus. *Dej. Cat.* id.
40 Vestitus. *Dej. Cat.* id.*
41 Lateralis. *Dej. Cat.* id.*
42 Suturaalba. (*Chevrol.*) *Gallia.**
43 Laneirostris. (*Chevrol.*) id.*

CORYSSOMERUS. *Schh.*

POECILMA. *Germar.* RHYNCHÆNUS. *Beck.*

1 { Capucinus. *Beck.* *Germania.**
Var. *Ardea. Germar.* id.

AMALUS. *Schönherr.*

CEUTORHYNCHUS. *Germar.* RHYNCHÆNUS. *Gyllenhal.*

1 { Scortillum. *Herbst.* *Gallia.**
Hæmorrhous. Herbst. *Austria.*
Agricola. Paykull. *Suecia.*
Rubicundus. Panzer. *Germania.*

BALANINUS. *Germar.*

RHYNCHÆNUS. *Fabr.* CURCULIO. *Linné.*

1 { Elephas. *And. Schh.* *Gall. merid.**
Culosus. Latreille. *Hispania.*
Nucum. var. Olivier. id.
Hispanus? Dej. Cat. id.
2 Pellitus. *Schh.* *Gallia.*
3 { Nucum. *Linné.* id.*
Culosus. Germar. *Germania.*
4 { Glandium. *Marsham.* *Gallia.**
Venosus. (*Dahl.*) *Gall. merid.*
5 { Turbatus. *Gyllenh.* *Gallia.**
Nucum. Germar. id.
Pusillus. Sturm. Cat. *Austria.*
6 Cerasorum. *Herbst.* *Germania.**
7 Rubidus. *Dej. Cat. Sch.* *P.**
8 { Villosus. *Herbst.* *Gallia.**
Esuricus. Fabr. var. id.
Cerasorum. Oliv. var. *P.*
Tenuirostris. Fab. var. *Germania.*
Cordifer. Fourcroy. *P.*
9 { Crux. *Fabr.* *Gallia.**
Salicis. Panzer. *Germania.*
Iota. Panzer. id.
10 { Brassicæ. *Fabr.* *Gallia.**
Salicivorus. Gyllenh. *Suecia.*
Macropus. Olivier. *Gallia.*
Arcuatus. Marsham. *Anglia.*
Cinerascens. Linné. *Suecia.*
Scutellaris. Stephens. *Anglia.*
Var. *Intermedius* ♂. *Stephens.* id.
11 Ochreatus. *Dej. Cat. Schh.* *Gall. merid.**
12 { Pyrrhoceras. *Marsham.* *Gallia.**
♀ *Curvatus. Marsham.* *Anglia.*
Salicivorus. var. b. Gyllenh. *Suecia.*
Intermedius. Marsh. *Anglia.*
13 Brunneus. *Marsham.* id.

ANTHONOMUS. *Germar.*

Schh. RHYNCHÆNUS. *Fab.* CURCULIO. *Lin.*

1 { Ulmi. *de Geer.* *Gallia.**
Pedicularius. Linné. *Suecia.*
Avarus. Latreille. *P.*
Clavatus. Dej. Cat. id.
Bavarus. Schrank. *Germania.*
Var. *Fasciatus. Steph.* *Anglia.*
Pomonæ. Germar. *Germania.*

2 Undulatus. *Schh.* *Germania.*
3 Pyri. *Chevrolat.* *P.*
4 Spilotus. *L. Redtenb.* *Austria.*
5 Elongatulus. *Schh.* *Helvetia.*
6 Pomonæ. *Linné.* *Gallia.**
Clavatus. (*Ziegl.*) *St. Cat.* *Germania.*
Incurvus. Stephens. *Anglia.*
7 Incurvus. *Panzer.* *Germania.*
Pomarum. var. b. Gyl. *Suecia.*
Avarus. Dej. Cat. *Gall. merid.*
Var. *Humeralis. Panz.* *Germania.*
— *Cratægi. Chevrol.* *P.**
8 Pubescens. *Paykull.* *Suecia.**
9 Varians. *Paykull.* id.*
Beccabungæ. Fabr. id.
Var. *Melanocephalus. Fabr.* id.
10 Sorbi. *Germar.* *Germania.*
11 Dorsalis. *Sturm. Cat. Schh.* *Austria.*
12 Rufus. *Schh.* *Russ. merid.*
13 Rubi. *Herbst.* *Gallia.**
Clavatus. Marsham. *Anglia.*
Perforatus. Herbst. *Austria.*
Melanopterus. Marsh. *Anglia.*
Obscurus. Stephens. id.
Ater. Stephens. id.
14 Druparum. *Linné.* *Gall. bor.**
Tesselatus. Fourcroy. *P.*

BRADYBATUS. *Germar. Latr.*

RHINODES. (*Dej. Cat.*) PISSODES. *Stéven.*

1 Creutzeri. (*Meg.*) *Schh.* *Gallia.**
Var. *Elongatus. Chev.* id.

BRACHONYX. *Schönherr.*

RHYNCHÆNUS. *Gyllenhal.* RHINODES. (*Dej. Cat.*)

1 Indigena. *Herbst.* *Gallia.**
Malvæ. Herbst. *Austria.*
Pineti. Paykull. *Suecia.*

LIGNYODES. *Schh.*

ELLESCUS. (*Dej. Cat.*)

1 Enucleator. *Panzer.* *Gallia.**
Bicolor. Germar. *Germania.*

ELLESCUS. (*Megerle. Dej. Cat.*) *Schh.*

HYPERA. *Germar.* RHYNCHÆNUS. *Fabr*

1 Scanicus. *Linné.* *Gallia.**
Rubicundus. Herbst. *Austria.*
Placidus. Herbst. id.
Pallidesignatus. Hbst. *Germania.*
2 Bipunctatus. *Linné.* id.*
Unipunctatus. Oliv. *Gallia.*
3 Sericeus. (*Meg.*) *Schh.* *Austria.*
4 Alpinus. *Villa. Schh.* *Italia.*
5 Carpinus. *Solier.* *Gall. merid.*

HYDRONOMUS. *Schh.*

RHYNCHÆNUS. *Gyllenh.* BAGOUS. (*Dej Cat.*)

1 Alismatis. *Marsham.* *Germania.**
Productus. Illig. Dej. Cat. id.
2 Erythrorhynchus. *St. Cat. Schh.* id.

GRYPIDIUS. *Schh.*

GRYPUS. *Germar.* RHYNCHÆNUS. *Fabr.*

1 Equiseti. *Fabr.* *P.**
Nigro-gibbosus. de Geer. id.
Gibbosus. Latreille. id.
Var. *Atrirostris. Fabr. Dej. Cat.* *Germania.*
2 Brunnirostris. *Fabr.* *P.**
Obliteratus. Herbst. *Austria.*
Obsoletus. Stm. Cat. *Germania.*

ERIRHINUS. *Schönherr.*

RHYNCHÆNUS. *Fabr.* CURCULIO. *Linné. Latr. Herbst.*

1 Bimaculatus. *Fabr.* *P.**
2 Scirpi. *Fabr.* *Gallia.**
Rhamni. Herbst. *Austria.*
3 Acridulus. *Linné.* *P.**
Punctum. Fabr. *Germania*
Rigidus. Marsham. *Anglia.*
4 Markelli. *Schh.* *Saxonia.*
5 Stevenii. *Schh.* *Russia.*
6 Æthiops. *Fabr.* *Suecia.*
Holomelanus. Herbst. *Austria.*

7 { Petax. *Stéven.* *Tauria.*
{ *Barbirostris. Stm. Cat.* id.
8 Pilumnus. (*Dahl.*) *St. Cat. Schh.* *Germania.*
9 Sparganii. (*Dhl.*) *Schh.* *Austria.*
10 { Festucæ. *Herbst.* *Germania.**
{ *Caricis. Thunberg.* *Suecia.*
{ *Carecti. Hoppe.* *Germania.*
11 { Inquisitor. *Herbst.* *Austria.**
{ *Nereis. Paykull.* *Suecia.*
{ *Thyphæ. Ahrens.* *Austria.*
12 Albofasciatus. *Dahl. Cat. Schh.* *Sardinia.*
13 Scirrhosus. *Schh.* P.*

DORYTOMUS. *Germar.*

RHYNCHÆNUS. *Fabr.* *Gyll.* CURCULIO. *Linné.* NATARIS. *Germar.*

1 { Vorax. *Fabr.* *Gallia.**
{ ♀ *Ventralis. Dej. Cat.* id.
{ *Cursor. Paykull.* *Suecia.*
{ *Longipes. Laichart.* *Tyrolis.*
{ *Longimanus. Forst.* id.
2 Macropus. *Hellwig. in litt. L. Redtenb.* *Austria.*
3 { Tremulæ. *Paykull.* *Gallia.**
{ *Tæniatus. Herbst.* *Austria.*
{ *Fumosus. Rossi.* *Italia.*
4 Variegatus. (*Megerle.*) *Schh.* *Austria.*
5 Vecors. *Schh.* *Suecia.*
6 { Costirostris. *Schh.* *Gallia.**
{ *Tremulæ. Dej. Cat.* id.
7 { Affinis. *Payk.* id.*
{ Var. *Tremulæ. Payk.* *Suecia.*
{ *Flavipes. Olivier.* *Gallia.*
8 Suratus. (*Meg. Dej. Cat.*) *Schh.* *Austria.**
9 Validirostris. *Schh.* *Gallia.**
10 Capræ. *Chevrolat. Nov. sp.* P.*
11 Waltonii. *Schh.* *Anglia.*
12 Tæniatus. *Fabr.* *Gall. bor.**
13 Bituberculatus. *Zett. Schh.* *Scandinavia.*
14 { Occalescens. *Schh.* *Dalmatia.*
{ *Juratus. Dej. Cat.* id.
15 Flavipes. *Panzer.* *Germania.*
16 { Salicinus. *Gyllenhal.* id.
{ *Tæniatus. var. c. Gyll.* *Suecia.*
{ *Parvulus. Zetterst.* id.
17 Agnathus. *Dahl. Cat. Schh.* P.*
18 Tenuirostris. *Schh.* *Gallia.*
19 { Majalis. *Paykull.* *Suecia.**
{ *Flavipes. Fabr.* *Gallia.*
20 { Pectoralis. *Panzer.* id.*
{ *Fructum. Mannrrh.* *Suecia.*
{ *Rubellus. Marsham.* *Anglia.*
{ Var. *Melanophthalmus. Payk.* *Suecia.*
{ — *Arenatus. Fabr.* *Austria.*
21 Nebulosus. *Schh.* *Gallia.*
22 Clitellarius. *Schh.* *Finlandia.*
23 Minutus. *Dej. Cat. Schh.* *Austria.*
24 Villosulus. (*Meg.*) *Schh.* *Gallia.*
25 Puberulus. *Schh.* *Dalmatia.*
26 Infirmus. *Herbst.* *Germania.**
27 { Tortrix. *Linné.* *Gallia.**
{ *Fulvus. de Geer.* id.
{ *Rubigineus. Fourcroy.* P.
{ *Arcuatus. Stephens.* *Anglia.*
28 Filirostris. *Schh.* P.*
29 Punctator. *Herbst.* *Germania.*
30 Flavus. *Dahl. Cat. Schh.* *Croatia.*
31 Dorsalis. *Fabr.* *Germania.**
32 Sulphureus. *Stm. Cat. Schh.* *Anglia.*

MAGDALINUS. *Germar.*

TAMNOPHILUS. *Schönherr.* RHINODES. *Schh.* (*Dej. St. Cat.*) RHINA. *Oliv.* CURCULIO. *Linné.*

1 { Violaceus. *Linné.* *Gallia.**
{ *Assimilis. Herbst.* *Austria.*
{ *Affinis. Linné.* *Germania.*
2 Frontalis. *Gyllenh.* *Helvetia.**
3 { Duplicatus. *Germar.* *Germania.**
{ Var. *Violaceus. Zett.* *Suecia.*
4 Phlegmaticus. *Herbst.* *Germania.**
5 { Cyanipennis. *Sturm. Schh.* *Austria.*
{ *Cyanescens. Stm. Cat.* id.
6 { Cerasi. *Linné.* *Gallia.**
{ *Armeniacæ. Fabr.* *Germania.*
{ *Nassata. Germar.* id.
{ *Carbonarius. Panzer.* id.
{ *Striatulus. Linné.* *Suecia.*
{ *Barbicornis. Steph.* *Anglia.*
{ *Rhina. Gyllenh.* *Suecia.*

7 Nitidus. *Gyllenh.* *Germania.**
8 { Linearis. *Gyllenh.* *Suecia.*
{ *Virescens. Germar.* *Germania.*
9 Carbonarius. *Fabr.* *Gall. merid.**
10 Cyaneus. *Dej. Cat. Sch.* *Helvetia.*
11 Gracilis. *Erichson.* *Germania.*
12 { Asphaltinus. *Germar.* *Germania.*
{ *Cerasi. Fabr.* id.
13 { Stygius. *Gyllenh.* *Gallia.**
{ *Aterrimus. Germar.* *Germania.*
{ *Cerasi. Olivier.* *Gallia.*
{ *Asphaltinus. Steph.* *Anglia.*
{ *Atramentarius. Marsh.* id.
14 { Atramentarius. *Germ.* *Gallia.*
{ *Atratus. Gyllenh.* *Suecia.*
{ *Aterrimus. Herbst.* *Austria.*
{ *Cerasi* ♂. *Paykull.* *Suecia.*
{ *Carbonarius* ♀. *Linné.* id.
15 Atrocyaneus. *Schh.* *Westrogoth.*
16 Rufus. (*Meg.*) *Schh.* *Germania.*
17 { Barbicornis. *Latreille.* *Gall. bor.**
{ Var. *Rhina. Gyllenh.* *Suecia.**
{ *Trifoveolatus. Gyll.* id.
18 { Pruni. *Linné.* *Gallia.**
{ *Erythroceros. Herbst.* *Austria.*
{ *Incognitus. Herbst.* id.
{ *Ruficornis. Linné.* *Suecia.*
19 Flavicornis. *Schh* *P.*
20 Scutellaris. *Dej. Cat.* *Gallia.**
21 { Nitidipennis. *Erichson.* *Helvetia.*
{ *Brevirostris. Chevrol.* *Gallia.*

PISSODES. *Germar.*

Rhynchænus. *Fabr.* Curculio. *Linné.*

1 { Piceæ. *Illiger. Schh.* *Austria.**
{ *Pini. Panzer.* *Bohemia.*
2 Pini. *Linné.* *Gall. bor.**
3 Fulvofasciatus. *Schmd. Schh.* *Carniolia.*
4 { Notatus. *Fabr.* *Gall. bor.**
{ *Pini. Olivier.* id.
{ *Castaneus. de Geer.* id.
{ *Palmes. Herbst.* *Austria.*
{ *Brunneus. Panzer.* *Germania.*
5 Validirostris. *Gyllenh.* *Gall. bor.**
6 Juniperi. (*Ziegler.*) *Algiria.**
7 { Gyllenhalii. *Schh.* *Germania.*
{ *Hercyniæ. Gyllenh.* id.
8 { Harcyniæ. *Herbst.* id.
{ *4-Notatus. Panzer.* id.
{ *Interstitiones. Sahlb.* *Suecia*
9 Strobyli. *L. Redtenb.* *Austria.*
10 Piniphilus. *Herbst.* *Germania.*
11 Fabricii. *Leach.* *Anglia.*

RHINOCYLLUS. *Germar.*

Rhinobatus. *Dej. Cat.* Larinus. (*St Cat.*) Lixus. *Illig.* Curculio. *Herbst. Rossi.*

1 { Antiodontalgicus. *Gerbl. Schh.* *Italia.*
{ *Thaumaturgus. Rossi.* id.
2 { Latirostris. *Latreille* *Gall. merid.**
{ *Thaumaturgus? Stph.* id.
{ *Odontalgicus. Dej. Ct.* id.
{ *Sulcifrons. Dej. Cat.* id.
{ *Conicus. Frœhl.* *Austria.*
3 { Olivieri. (*Meg.*) *Schh.* id.*
{ *Odontalgicus. Oliv.* *P.*
4 Planifrons. *Dej. Cat. Schh.* *Dalmatia.**
5 Inquinilus. *Gyllenh.* *Finlandia.*

LARINUS. *Schüppel. Germar.*

Rhinobatus. *Germar.* Lixus. *Olivier.* Rhynchænus. *Fabr.* Curculio. *Auct.*

1 Cinaræ. *Fabr.* *Gall. merid.**
2 Costirostris. *Schh.* *Sicilia.*
3 { Cardui. *Rossi.* *Dalmatia.*
{ *Cinaræ. Olivier.* *Italia*
{ *Triangularis. Petag.* *Calabria.*
{ *Subcostatus. Dej. Cat.* *Dalmatia*
4 Cirsii. *Stéven.* *Sicilia.*
5 Teretirostris. *Schh.* id.
6 Glabrirostris. *Schh.* id.
7 { Buccinator. *Olivier.* *Hispania**
{ *Costirostris. Escher. Zollikoffer.*
8 { Inquinatus. *Olivier.* *Algiria.*
{ *Major. Herbst.* id.
9 { Onopordinis. *Fabr.* id.*
{ *Onopordi. Olivier.* id.
10 Tubicenus. *Schh.* *Hispania.*
11 { Maculatus. *Fald. Schh.* *Lusitania.*
{ Var. *Obesus. Chevrol.* id.
{ *Guttiger. Germar.* *Russ. merid.*
12 Maculosus. *Bess. Schh.* *Gall. merid.**
13 Albarius. *Schh* *Sicilia.*
14 { Scolymi. *Olivier.* *Gall. merid.**
{ *Ochreatus. Olivier.* id.

15 Timidus. *Schh.* *Russ. merid.*
16 Flavescens. *Dej. Cat. Germ.* *Gall. merid.**
Planus. Herbst. *Dalmatia.*
17 Virescens. *Dej. Cat. Schh.* id.
18 Olivasceus. (*St.*) *Schh.* *Græcia.*
19 Sturnus. *Schaller.* *Gall. merid.**
Jaceæ. Herbst. *Austria.*
Fringilla. Sahlberg. *Suecia.*
Hercyniæ. (Dahl.) *Dalmatia.*
20 Conspersus. *Dej. Cat. Schh.* *Gall. merid.**
21 Pollinis. *Laicharting.* *Dalmatia.*
22 Maurus. *Olivier.* *Sicilia.*
23 Stellaris. *Stéven.* *Russ. merid.*
24 Carenirostris. *Schh.* *Sicilia.*
25 Variabilis. *Kollar.* *Russ. merid.*
26 Lineatocollis. *Schh.* id.
27 Jaceæ. *Fabr.* *Gall. merid.**
28 Guttiger. *Schh.* *Sicilia.*
29 Tenuirostris. *Sturm.* *Græcia.*
30 Rusticanus. *Schh.* *Sardinia.*
31 Immitis. *Schh.* *Græcia.*
32 Longirostris. *Schh.* *Gall. merid.**
33 Cylindrirostris. *Dej. Cat. Schh.* id.*
34 Turbinatus. *Dej. Cat. Schh.* id.*
35 Canescens. *St. Cat. Schh.* *Hungaria.*
Cinerascens. St. Cat. id.
36 Crassirostris. *Dej. Cat. Schh.* *Gall. merid.**
37 Concretus. *Dej. Cat. Schh.* *Podolia.*
Brevis. (Ziegler.) *Styria.*
38 Intermedius. *Dej. Cat. Schh.* *Gallia.*
39 Planus. *Fabr.* *Germania.**
Teres. Herbst. id.
40 Obtusus. *Sturm. Cat. Schh.* *Austria.*
Sturnus. Stephens. id.
41 Brevis. *Schh.* *Algiria.**
42 Ferrugatus. *Schh.* id.*
43 Ovatus. (*Chevrolat.*) id.*
44 Bombycinus. *Buquet.* id.
45 Morio. *Schh.* *Gall. merid.*
46 Carlinæ. *Olivier.* id.*
Ebenæus. Marsham. *Anglia.*
47 Rugicollis. *Schönherr.* *Algiria.*
48 Carinifer. *Schh.* *Sicilia.*
49 Acanthiæ. *Hoffmansegg. in litt. Schh.* *Lusitania.*
50 Oblongus. *Dej. Cat. Schh.* *Gall. merid.*
Carthami. Latreille. id.
51 Hypocrita. *Dej. Cat. Schh.* id.
52 Ursus. *Fabr.* id.*
Vittatus. Fabr. id.
Canaliculatus. Oliv. id.
Stolatus. Linné. id.
Trivius. Dej. Cat. id.
53 Albicans. *Chevrolat. in litt. Lucas.* *Algiria.**
54 Genei. *Schh.* *Sardinia.*
55 Helsleucus. *Motsch.* *Russ. orient.*
56 Marginicollis. (*Dahl.*) *Schh.* *Sicilia.*
57 Confinis. *Dej. Cat. Schh.* *Gall. merid.*
Var. *Tæniolatus. Duf.* *Hispania.*
58 Crinitus. *Schh.* *Russ. merid.*
59 Senilis. *Fabr.* *Dalmatia.**
Brevis. Herbst. *Austria.*
60 Reconditus. *Schh.* *Gall. merid.**
61 Biguttatus. *Stm. Cat. Schh.* *Germania.*
62 Idoneus. *Schh.* *Russ. merid.*
63 Bicolor. *Fischer. Schh.* id.
64 Siculus. *Schh.* *Sicilia.*
65 Chevrolatii. *Helfer. in litt. Schh.* id.
Albovittatus. Chevrol. id.
66 Nanus. *Lucas.* *Algiria.*
67 Villosus. *Schönherr.* *Russ. merid.*
68 Hirtellus. *Helfer.* *Constontinp.*
69 Cardopatii. *Lucas.* *Algiria.*

LIXUS. *Fabricius.*

CURCULIO. *Linné.*

1 Paraplecticus. *Linné.* *P.**
Patruelis. Dej. Cat. id.
Gracilis. Dej. Cat. id.
Phellandrii. de Geer. id.
Productus. Stephens. *Anglia.*
2 Turbatus. *Gyll.* (*Dej. Cat.*) *Gall. merid.**
Paraplecticus. Panz. Dumeril. *Germania.*
Pulverulentus. Fabr. *Austria.*
3 Connivens. *Gyllenhal.* *Russ. merid.*

4 Gemellatus. *Gyllenhal. Germania.**
Paraplecticus. Steph. Anglia.
5 Geminatus. *Schh. Corsica.*
6 Incarnatus. *Schh. Dalmatia.*
Rubiginosus. Dahl. in litt. id.
Umbellatorum. Fabr. id.
7 Canescens. *Stév. Schh. Tauria.*
8 Siculus. *Dej. Cat. Schh. Sicilia.*
9 Chevrolatii. *Schh.* id.
10 Acuminatus. *Dej. Cat. Schh. Algiria.*
11 Tenuirostris. *Schh. Sicilia.*
12 Anguinus. *Linné. Italia.**
Mucronatus. Fabr. Algiria.
Bufo. Fabr. Sicilia.
13 Anguiculus. *Schh. Græcia.*
14 Inops. *Schh. Algiria.**
Var. *Cachrydis. Rambur. Dej. Cat. Hisp. merid.*
15 Cylindricus. *Fabr. Gall. merid.**
16 Lefebvrei. *Schh. Sicilia.*
17 Barbarus. *Schh. Algiria.*
18 Augurius. *Schh.* id.*
19 Mucronatus. *Olivier. Herbst. Gall. merid.**
Venustulus. Dej. Cat. Schh. id.
20 Nanus. *Schh. Algiria.*
Brevirostris. Chevrol. Schh. Hispania.
21 Albomarginatus. *Schh. Hungaria.*
22 Ochraceus. *Stm. Cat. Schh. Dalmatia.*
23 Rosenschœldi. *Schh. Lusitania.*
24 Ascanii. *Linné. Gall. merid.**
25 Wagneri. *Lucas. Algiria.*
Ascanoides? Villa. Lombardia.
26 Affinis. *Lucas. Algiria.*
27 Bimaculatus. *Lucas.* id.
28 Brevicaudatus. *Lucas.* id.
29 Palpebratus. *Schh.* id.
30 Sanguineus. *Rossi. Italia.*
31 Superciliosus. *Schh. Lusitania.*
32 Ruficornis. *Schh. Gall. merid.*
33 Acutus. *Dej. Cat. Schh.* id.*
34 Elegantulus. (*Dahl.*) *Schh. Hungaria.*
35 Myagri. *Olivier. P.*
Diloris. Germar. Gall. merid.
Sabulosus. Dej. Cat. id.
Pisanus. Schneider. in litt. Italia.
36 Punctirostris. *Schh. Hungaria.*
37 Fallax. *Schh. Gall. merid.*
Lineatus. Sturm. Cat. id.
38 Linearis. *Olivier. Græcia.*
39 Subulipennis. *Schh. Podolia.*
40 Angustatus. *Fabr. Gall. merid.**
Var. *Ferrugatus. Latr.* id.*
Pulverulentus. Rossi. Italia.
Algirus. Linné. Algiria.
41 Cribricollis. *Dej. Cat. Schh. Gallia.**
Ferrugatus. Olivier. id.
*Acetorellæ. Chevrolat. in litt. var. P.**
42 Lycophæus. *Schh. Russ. merid*
43 Spartii. *Olivier. Gall. merid.**
Scoparii. Dej. Cat. id.
44 Varicolor. *(Dahl.) Schh. Dalmatia.**
45 Juncii. *(Dahl.) Schh. Sardinia.*
46 Circumdatus. *Schh. Germania.*
Var. *Ascanii. Latreille.* id.
47 Bicolor. *Olivier. Gall. merid.**
Ferrugatus. Stm. Cat. Austria.
Lateralis. Stephens. Anglia.
48 Abdominalis. *Schh. Sicilia.*
49 Punctiventris. *Stéven. Schh. Russ. merid.*
50 Guttiventris. *Germar. Sicilia.*
Var. *Affinis. Chevrolat. in litt.* id.
51 Orbitalis. *Schh. Tauria.*
52 Nigritarsis. *Schh. Europ. mer.*
53 Sardiniensis. *Schh. Sardinia.*
54 Vilis. *Rossi. Italia.*
55 Lateralis. *Panzer.* id.
Aretii. Panzer. id.
56 Inquinatus. *Stév. Schh. Russ. merid.*
57 Subtilis. *Sturm. Cat. Schh. Hungaria.*
58 Sulphuratus. *Schh. Sicilia.*
59 Flavescens. *Schh. Hungaria.*
60 Pollinosus. *Germar. Gall. merid.**
Filiformis. Ménét. Cat. Russ. merid.
Cardui. Olivier. Gall. merid.
Tigrinus. Megerle. Dej. Cat. Austria.
61 Striatulus. *Fabr. Algiria.**
62 Filiformis. *Fabr. Gall. merid.**
Hæmotoceras. Germ. Austria.
Angustus. Herbst. id.
Var. *Bardanæ. Panz. Germania.*
63 Trivittatus. *Chevrolat. Gall. merid.**
64 Pardalis. *Schh. Lusitania.*

65 Constrictus. *Schh.* *Tauria.*
66 Rufitarsis. *Schh.* *Gall. merid.**
Filiformis. Dej. Cat. id.
Angustatus. Dahl. in litt. *Sardinia.*
67 Coarctatus. *Lucas.* *Algiria.*
68 Acicularis. (*Hoffmsg.*) *Schh.* *Lusitania.*
69 Scolopax. *Dej. Cat. Schh.* *Dalmatia.**
70 Elongatus. *Schh.* *Hungaria.*
Fasciculatus. Gebler. *Sibiria.*
71 Bardanæ. *Fabr.* *Dalmatia.**
Cylindricus. Herbst. *Austria.*
72 Tristis. *Schh.* *Tauria.*
73 Irresectus. *Schh.* *Russ. merid.*
74 Consenescens. *Schh.* *Tauria.*
75 Cinerascens. *Stv. Schh.* *Russ. merid.*
76 Incanescens. *Schh.* *Caucasus.*
77 Conicollis. *Schh.* *Constantinp.*
78 Tibialis. (*Chevrl.*) *Schh.* *Italia.*
79 Rufulus. *Schh.* *Gallia.**
80 Acuminatus. *Dej. Cat.* *Algiria.*
•81 Amphora. *Fabr.* id.
82 Algirus. *Fabr.* id.*
83 Brevicaudis. *St. Cat.* *Sardinia.*
Bidens. Dahl. Cat. id.
84 Rubiginosus. *Dej. Cat.* *Dalmatia.*
Angustatus. Ullrich. *Illyria.*
85 Purpureus. *Stm. Cat.* *Germania.*
86 Ferrugineus. *Stm. Cat.* *Austria.*
87 Pumilus. *Dej. Cat.* *Gall. merid.**
88 Squalidus. *Dej. Cat.* *Hungaria.*
89 Sobrinus. *Dej. Cat.* *Hispania.**
90 Scutellatus. *Dahl. Stm. Cat.* *Sardinia.*
91 Cinereus. *Sturm. Cat.* *Germania.*
92 Troglodytes. *Dej. Cat.* *Gall. merid.**
93 Cylindricus. (*Gaubil.*) *Algiria.**
94 Rubidus. *Sturm. Cat.* *Hungaria.*
95 Brunnitarsis. *Stm. Cat.* id.
96 Angusticollis. *Chevrol.* *Gall. merid.**

CHLŒBIUS. *Schönherr.*

1 Immeritus. *Schönherr.* *Russ. merid.*
2 Steveni. *Schönherr.* id.

NASTUS. *Schönherr.*

1 Goryi. (*Parreyss.*) *Sch.* *Tauria.*
2 Humatus. *Germar.* *Russ. merid.*
3 Albopunctatus. *Lucas.* *Algiria.**
4 Albomarginatus. *Luc.* id.

ELYTRODON. *Schönherr.*

1 Bidentatus. *Stév. Schh.* *Tauria.*
2 Bispinus. (*Ziegl.*) *Schh.* *Hungaria.*
3 Inermis. *Schh.* *Europ. mer.*

TYLODERES. *Schönherr.*

Brius. (*Dej. Megerle. Sturm. Cat.*)

1 Megerlei. *Fabr.* *Austria.*
2 Chrysops. *Herbst. Dej. Cat.* *Styria.*
Dejeanii. Schh. id.

OTIORHYNCHUS. *Germar.*

Pachygaster. *Stéven. Germar.* Brachyrhinus. *Latreille.* Curculio. *Linné. Fabr. Gyll.*, etc.

1 Ragusensis. *Dej. Cat. Schh.* *Dalmatia.**
Siculus. Dej. Cat. id.
2 Gœrzensis. *Herbst.* *Austria.**
3 Spalatrensis. (*Parr.*) *Schh.* *Dalmatia.*
4 Planatus. *Herbst.* *Hungaria.**
Sensitivus. Scopoli. *Styria.*
Cardiniger. Hoffmsg. *Austria.*
5 Caudatus. *Rossi.* *Italia.**
6 Pyrenæus. *Dej. Cat.* *Pyrenæis.**
7 Sabulosus. *Find. Schh.* *Hungaria.*
Cupreipennis. Dahl. in litt. id.
8 Griseopunctatus. *Dej. Cat. Schh.* *Pyrenæis.**
9 Hungaricus. (*Megerle.*) *Schh.* *Hungaria.*
10 Cœcus. (*Meg.*) *Schh.* *Carniolia.**
11 Orientalis. *Schh.* *Orient. Sicil.*
12 Sulphuripes. *Fabr.* *Austria.**
Friulicus. Herbst. id.
13 Carinthiacus. *Germar.* *Carinthia.**
Bisulcatus. Germar. Latr. *Styria.*
Cinifer. Germar. *Illyria.*
Var. *Vochinensis. Schmidt.* *Carniolia.**
14 Istriensis. (*Dahl.*) *Schh.* *Istria.*

15 Longicollis. *Andersch. Schh.* *Austria.*

16 Plumipes. *Germar.* *Illyria.**
Flabellipes. Dej. Cat. *Carniolia.*

17 Fortis. *Rosenhauer.* *Tyrolis.*

18 Cribrosus. *Germar.* *Illyria.*
Hirtipes. Dej. Cat. *Carniolia.*
Erythropus. Stm. Cat. id.

19 Dalmatinus. *Dej. Cat. Schh.* *Dalmatia.*

20 Aurifer. *(Dahl.) Schh.* id.

21 Lefebvrei. *Dej. Cat. Schh.* *Europ. mer.*

22 Pulverulentus. *Germ.* *Carniolia.**
Pubescens. Dej. Cat. *Illyria.*
Interstitialis. (Meg.) *Dalmatia.*
Punctorum. Schrank. *Styria.*

23 Brunnipes. *Olivier.* *Lombardia.**

24 Nigripes. *Schh.* *Italia.*

25 Niger. *Fabr. Latr.* *Alsatia.**
Scrobiculatus. Schh. *Germania.*
Var. *Villosopunctatus. (Ziegl.) Dej. Cat.* *Styria.**

26 Rugipennis. *Schönh.* *Sicilia.*

27 Fuscipes. *Olivier.* *Gall. merid.**
Pedemontanus. Dej. Cat. *Pedemont.*
Tenebricosus. Sturm. Cat. *Germania.*
Ater. Stephens. id.

28 Adumbratus. *Dej. Cat.* *Austria.**

29 Hæmatopus. *Meg. Schh.* *Helvetia.*

30 Erythropus. *Chevrol. Schh.* *Gallia.*

31 Subsulcatus. *Dej. Cat.* *Pyrenæis.**

32 Tenebricosus. *Herbst. Schh.* *Gallia.**
Morio. Paykull. *Suecia.*
Clavipes. Oliv. Latr. *Gallia.*
Niger. Marsham. *Anglia.*
Var. *Maritimus. Donovan.* id.

33 Lugdunensis. *Chevrol. Schh.* *Gall. bor.*

34 Fagi. *Chevrolat. Schh.* *Gall. merid.*
Rufipes. Sturm. Cat. id.
Var. *Tenebricosus. Gyl.* id.

35 Substriatus. *Schh.* *Alsatia.**

36 Auropunctatus. *Dej. Cat. Schh.* *Pyr. orient.*

37 Vehemens. *Schh.* *Sicilia.**

38 Latipennis. *Dej. Cat. Schh.* *Illyria.*

39 Armadillo. *Rossi.* *Gallia.**
Nigrita. Rossi. *Italia.*
Orbicularis. Olivier. *Gall. merid.*
Sulphurifer. Herbst. *Helvetia.*

40 Scabripennis. *Schh.* *Gallia.**

41 Lafertei. *Chevrolat.* *Pyrenæis.**

42 Multipunctatus. *Fabr.* *Germania.**

43 Femoralis. *Chevrolat. Schh.* *Gall. merid.*

44 Inflatus. *(Dahl.) Schh.* *Austria.*

45 Morulus. *Schh.* *Sicilia.*

46 Obsitus. *Schh.* *Illyria.*

47 Irritans. *Herbst.* *Austria.**
Multipunctatus. Fabr. *Silesia.*
Adspersus. Dahl. Cat. *Hungaria.*

48 Perforatus. *L. Redtenb.* *Austria.*

49 Mastix. *Olivier.* id.*

50 Pruinosus. *Germar.* *Dalmatia.*

51 Turgidus. *Germar.* id.

52 Scabricollis. *Germar.* *Illyria.*

53 Geniculatus. *(Megerle.) Schh.* *Germania.**
Irroratus. Ziegler. *Austria.*

54 Consentaneus. *(Parreyss.) Schh.* *Dalmatia.*

55 Periscelis. *Schh.* *Illyria.*

56 Insubricus. *Villa.* *Lombardia.**

57 Scabrosus. *Marsham.* *Anglia.**
Crispatus. Dej. Cat. *Gallia.*

58 Sulcirostris. *Schh.* *Dalmatia.*

59 Meridionalis. *Dej. Cat. Schh.* *Gall. merid.**

60 Fossor. *Schh.* *Pyrenæis.*

61 Parvicollis. *Schh.* *Algiria.*

62 Histrio. *Stéven.* *Caucasus.*

63 Lævigatus. *Fabr.* *Alsatia.**

64 Concinnus. *Schh.* *Hungaria.*

65 Giraffa. *Germar.* *Dalmatia.**
Corruptor. Jacqu. *Sicilia.*
Var. *Crysescens. Dahl. in litt.* *Hungaria.**

66 Turca. *Stéven.* *Turcia.*

67 Armatus. *Dej. Cat. Schh.* *Dalmatia.*
Irroratus. Dahl. in litt. id.

68 Romanus. *Chevrolat. Schh.* *Roma.*

69 Polycoccos. *Schh.* *Constantinp.*

70 Kratterери. *Stentz. Germar. Schh.* *Turcia.*
Gemellatus. (Parreyss. Dej. Cat.) *Volhynia.*

71 Lavandus. *Koy. Schh.* *Austria.*
Metallifer. Dahl. in litt. *Hungaria.*
72 Affinis. *L. Redtenb.* *Austria.*
73 Sulcifrons. *Schh.* *Illyria.*
74 Aurosparsus. *Germar. Schh.* *Russ. merid.*
Roscidus. Schh. id.
75 Squameus. *God. Schh.* *Hungaria.*
76 Psegmaticus. *Schh.* *Tyrolis.*
Metallifer. Dahl. in litt. id.
77 Brachialis. *Schönherr.* *Russ. merid.*
78 Vilis. *Stéven. Schh.* *Tauria.*
79 Alutaceus. *Germ. Sch.* *Dalmatia.*
80 Punctatissimus. (*Ziegler.*) *Schh.* id.
81 Vittatus. *Kunze. Schh.* id.
82 Memnonius. *Gyllenh. Schh.* *Germania.*
83 Morio. *Fabr.* *Gallia.*
84 Unicolor. *Hbst. Schh.* id.*
Morio. Schh. Sturm. *Germania.*
Tenebricosus. Oliv. *Gallia.*
85 Wagneri. *Chevrolat.* *Algiria.**
86 Ebeninus. *Fabr.* *Germania.**
87 Corticalis. *Lucas.* *Algiria.**
88 Malefidus. *Schh.* *Gall. merid.*
89 Imus. *Schh.* *Helvetia.*
90 Honoratii. *Dej. in litt.* *Alp. Gall.**
91 Sanguinipes. *Chevrolat. Schh.* *Italia.**
92 Clavipes. (*Peyroleri.*) *Schh.* *Helvet. Alp.**
93 Argutus. *Schh.* *Illyria.*
94 Lubricus. *Schh.* *Europ. mer.**
95 Salebrosus. *Schh.* *Dalmatia.*
96 Densatus. *Schh.* *Helvetia.*
97 Lanuginosus. *Chevrolat. Schh.* *Italia.*
98 Pilosus. *Schh.* *Tauria.*
99 Repletus. *Schh.* *Polonia.*
100 Scitus. *Schh.* *Constantinp.*
101 Ostentatus. *Schh.* *Germania.*
102 Vestitus. *Schh.* id.
103 Chrysonus. (*Dahl.*) *Schh.* *Hungaria.*
104 Reticulatus. *Chevrolat. in litt.* *Alp. Gall.**
105 Lasius. *Germ. Schh.* *Illyria.*
106 Frigidus. *Hambur.* *Hisp. merid.**
107 Montanus. (*Parreyss.*) *Schh.* *Styria.*
108 Cribricollis. *Dej. Cat. Schh.* *Gall. merid.**
109 Numidicus. (*Gaubil.*) *Algiria.**
110 Reticollis. *Germar.* *Ragusa.**
111 Concavifrons. *Schh.* *Oriente.*
112 Comparabilis. *Schh.* *Dalmatia.*
113 Striatosetosus. (*Helfer.*) *Schh.* *Sicilia.*
114 Dulcis. *Germar. Schh.* *Dalmatia.*
Var. *Mastix. Dej. Cat.* *Styria.*
115 Stomachosus. *Schh.* *Gall. merid.*
116 Pubeus. *Chevrolat. Schh.* id.
117 Grandicollis. *Schh.* *Oriente.*
118 Intercalaris. *Schh.* *Hungaria.*
119 Perdix. *Olivier.* *Austria.**
120 Squamifer. *Schh.* *Græcia.*
121 Affaber. *Schh.* *Italia.**
122 Pubifer. *Klug. Schh.* *Oriente.*
123 Velutinus. (*Megerle.*) *Germar. Schh.* *Hungaria.*
124 Humilis. *Germar.* *Russ. merid.*
Godetii. Besser. id.
125 Brunneus. *Stév. Schh.* *Tauria.*
126 Crispus. *Schh.* *Russ. merid.*
127 Vitellus. *Schh.* *Gallia.*
128 Scabridus. *Kirb. Schh.* *Anglia.*
129 Crenatus. *Luczot. in litt.* *Gall. merid.**
130 Tomentifer. *Schh.* *Tauria.*
131 Infernalis. *Germar. Schh.* *Illyria.*
132 Scalptus. *Chevrolat. Dej. Cat.* *Or. Sardin.**
133 Acatium. *Schh.* *Tauria.*
134 Impressipennis. *Brul.* *Græcia.**
135 Rugosus. *Hum. Schh.* *Petropoli.*
136 Rhæticus. *Heer.* *Helvetia.**
137 Agnatus. *Stm. Schh.* *Hungaria.*
138 Obsidianus. *Germar.* *Gallia.*
139 Asphaltinus. *Germar.* *Tauria.*
Tauricus. Dej. Cat. id.
140 Crenatostriatus. *Chevrolat. in litt.* *Alp. Gall.**
141 Alpicola. *Esch. Schh.* *Gall. orient.**
142 Ecoffeti. *Chevrolat. in litt.* *Gall. merid.**
143 Aterrimus. *Schmidt. Schh.* *Carniolia.**
144 Geminatus. *Fabr.* *Styria.**
Religiosus. Schrank. *Hungaria.*
Var. *Squamiger. Olivier.* *Illyria.*

145 Chlorophanus. (*Meg.*) *Schh.* *Austria.**

146 Dives. (*Dahl.*) *Schh.* *Hungaria.**

147 Cymophanus. *Germ.* *Schh.* id.
Dives. Dej. Cat. id.

148 Nigrita. *Fabr.* *Gall. bor.**
Æneopunctatus. Gyl. *Suecia.*
Sulcatus. Paykull. id.
Cupreus. Laichart. *Tyrolis.*
Tristis. Scopoli. *Carniolia.*
Lugubris. Linné. *Suecia.*
Salicis. Stroëm. id.

149 Lepidopterus. *Fabr.* *Austria.**
Squamiger. Fab. Lat. *Norwegia.*

150 Inductus. *Sturm. Cat. Schh.* *Croatia.*

151 Pupillatus. *Schh.* *Sicilia.*

152 Transversempressus. *Chev. Schh. in litt.* *Algiria.**

153 Signatipennis. (*Dahl.*) *Schh.* *Croatia.*
Aureolus. (*Parreyss.*) *Schh.* id.

154 Eremicola. (*Miller.*) *Rosenhauer.* *Tyrolis.**

155 Maxillosus. *Dej. Cat. Schh.* *Austria.*

156 Squamosus. *Dej. Cat.* *Styria.*

157 Gibbicollis. *Schmidt. Schh.* *Carniolia.**

158 Squamulatus. *Dej. Ct.* *Styria.**

159 Gracilis. *Dej. Cat. Schh.* *Gall. merid.*

160 Elegantulus. (*Dahl*) *Schh.* *Carniolia.*

161 Bicostatus. (*Friwaldszky.*) *Schh.* *Tauria.*

162 Orbicularis. *Herbst. Schh.* *Austria.**
Tenebricosus. Oliv. *Gallia.*

163 Petrensis. *Germ. Schh.* *Illyria.*

164 Navaricus. *Dej. Cat. Schh.* *Pyrenæis.**
♀ *Catelunatus. Schh.* id.

165 Sulcogemmatus. *Chevrolat. Schh.* *Hispania.*

166 Maurus. *Gyllenh.* *Suecia.**
Bructeri. Illiger. *Austria.*
Demotus. Schh. id.
Wiesurii. Parreyss. id.
Silesiacus. Besser. *Silesia.*

167 Comosellus. *Gyl. Sch.* *Hungaria.*

168 Pauper. (*Ziegl.*) *Schh.* *Austria.**
Ventricosus. Dahl. in litt. id.
Hortensis. Megerle. in litt. id.
Pustulatus. Ullrich. in litt. id.

169 Brevicornis. *Schh.* *Constantinp.*

170 Atroapterus. *de Geer.* *Pomerania.**
Rotundatus. Linné. *Suecia.*
Var. *Arenosus. Mac-Leay.* *Anglia.*

171 Monticola. *Germar.* *Germania.*

172 Lævigatus. *Gyllenh.* *Suecia.**
Arcticus. Fabr. id.
Monticola. Dej. Cat. Schh. *Pyrenæis.*

173 Blandus. *Schh.* *Lapponia.*

174 Obcæcatus. *Schh.* *Russ. merid.*

175 Denigrator. *Schh.* *Hungaria.*

176 Angusticollis. *Schh.* *Buckaria.*

177 Poricollis. *Schh.* *Russ. merid.*

178 Puncticornis. *Schh.* *Tauria.*

179 Lithanthracius. *Schh.* *Austria.*

180 Chrysocomus. (*Meg.*) *Schh.* *Hungaria.*

181 Impexus. *Schh.* *Russ. merid.*

182 Juvencus. *Dej. Cat. Schh.* *Gall. merid.*
Vellicatus. Germar. id.
Lanuginosus. Dej. Ct. id.

183 Tomentosus. *Dej. Cat. Schh.* id.

184 Ovatulus. *Schh.* *Gall. merid.*

185 Juvenilis. *Schh.* *Russ. merid.*

186 Fulvipes. *Dej. Cat. Schh.* *Gall. merid.*

187 Pusio. *Schh.* *Russ. merid.*

188 Conspersus. *Herbst.* id.
Chrysostictus. Stév. id.

189 Obtusus. *Germ. Schh.* *Illyria.*

190 Picipes. *Fabr.* *Gallia.**
Singularis. Stephens. *Anglia.*
Squamiger. Marsh. id.
Notatus. Bonsd. *Germania.*
Asper. Marsham. *Anglia.*
Granulatus. Herbst. *Austria.*
Singularis. Schrank. id.

191 Dentatus. *Heer. Schh.* *Petropolis.**
Marquardtii. Fald. id.
Notatus. Stephens. id.
Vastator. Marsham. id.

192 Chevrolatii. *Schh.* *Belgia.*

193 Duinensis. (*Dahl.*) *Sch. Illyria.*
Singularis. Dej. Cat. Styria.
194 Confusus. *Schh. Illyria.*
Duinensis. Dej. Cat. Styria.
Singularis. Dej. Cat. id.
195 Singularis. *Linné. Lusitania.*
196 Hirticornis. *Herbst. Schh. Austria.**
Chrysoleucus. Stenz. Suecia.
197 Variegatus. *Schh. Helvetia.*
198 Depubes. *Schh. Alp. Helvet.*
199 Pellicus. *Schh. Oriente.*
200 Cremieri. *Chevrolat. Schh. Italia.**
201 Centropunctatus. (*Megerle. St. Cat.*) *Austria.**
202 Septentrionis. *Herbst. Schh. Germania.**
Setosus. Sahlberg. Suecia.
203 Porcatus. *Hbst Schh. Austria.**
Costatus. Fabr. id.
Senex. Olivier. id.
204 Raucus. *Fabr. P.**
Luctuosus. Latreille. Gall. bor.
Var. *Tristis. Latr.* id.
Arenarius. Herbst. Austria.
Fulvus. Fabr. Germania.
205 Mandibularis. *L. Redt. Austria.*
206 Ligneus. *Olivier. Gall. merid.**
Rufipes. Dej. Cat. id.
Gallicanus. Schh. Hispania.
Var. *Setosus. Megerle. in litt.* id.
207 Planithorax. *Chevrolat. Schh. Algiria.*
208 Foraminosus. *Germ. Schh. Helvetia.*
209 Hystrix. *Schönherr. Russ. merid.*
210 Granulosus. *Külenburg. Schh. Hungaria.*
211 Uncinatus. *Germar. Schh. Germania.**
212 Setifer. *Schh. Gallia.*
213 Ligustici. *Linné. P.**
Rugosus. Schrank. Austria.
Monopterus. Fourc. P.
Levistici. Müller. Germania.
Mulleri. Linné. id.
Var. *Collaris. Fabr. Latr. P.*
Agnatus. Sturm. Cat. Germania.
214 Auricapillus. (*Meg.*) *Germar. Schh. Carniolia.*
215 Granicollis. *Sturm. Cat. Schh. Hungaria.*
216 Helvetius. *Chevrolat. Schh. Helvetia.*
217 Granulatus. *Dej. Cat. Sicilia.**
218 Sulcatus. *Fabr. Gall. merid.**
Griseopunctatus. de Geer. id.
Strictus. Linné. Suecia.
219 Bisulcatus. (*Ziegler. Dej. Cat.*) *Styria.**
220 Auricomus. (*Megerle.*) *Schh. Carniolia.*
221 Funicularis. *Schh. Illyria.*
Infaustus. Schh. id.
222 Nubilus. *Esch. Schh. Helvetia.*
223 Populeti. *Friw. Schh. Hungaria.*
224 Clathratus. *Germar. Schh. Illyria.*
Ruficapillus. Dej. Ct. Austria.
225 Cancellatus. *Schh. Italia.*
Clathratus. Chevrol. in litt. id.
226 Punctiscapus. *Schh. Germ. austr.*
Rugosus. Dahl. in litt. id.
227 Partitialis. (*Zollikofer.*) *Schh. Gallia.*
228 Mœstus. *Dej. Cat. Schh. Gall. merid.*
229 Mœstificus. *Schh. Russ. merid.*
230 Strigirostris. *Schh. Italia.*
231 Montivagus. *Schh. Tyrolis.*
232 Kollari. *Germ. Schh. Bucovina.*
233 Austriacus. *Fabr. Austria.**
234 Subquadratus. *Rosenhauer. Tyrolis.*
235 Carinatus. *Stm. Schh. Illyria.*
236 Ærifer. *Schüp. Schh. Germania.**
Elaboratus. Schh. Saxonia.
237 Subsignatus. *Schh. Russ. merid.*
238 Zebra. *Fabr. Austria.**
Carinatus. Paykull. Suecia.
Fulla. Schrank. Austria.
239 Varius. *Schh. Helvetia.*
240 Pauxillus. *Rosenh. Tyrolis.*
241 Cratægi. (*Dahl.*) *Schh. Istria.*
242 Rugicollis. *Germar. Schh. Dalmatia.**
Sulcicollis. Dej. Cat. id.
243 Aureolus. (*Par.*) *Schh. Croatia.*
244 Rugifrons. *Gyllenh. Suecia.**
Dillwyanii. Kirby. Anglia.
Var. *Scaber. Steph.* id.

245 Impoticus. *Chevrolat.*
Schh. *Gallia.*
246 Pinastri. *Hbst. Schh.* *Styria.**
Pertusus. Dej. Cat. id.
247 Glabellus. *Rosenh.* *Tyrolis.*
248 Frescasti. *Helf. Schh.* *Italia.**
249 Segnis. *Schönherr.* *Germania.*
250 Verticosus. *Schönh.* *Gallia.*
251 Globus. *Waltl. Schh.* *Hungaria.*
252 Ovatus. *Linné.* *Gallia.**
Rosæ. de Geer. *Suecia.*
Rufipes. Scopoli. *Carniolia.*
Scopolii. Linné. *Suecia.*
253 Desertus. *Rosenh.* *Tyrolis.*
254 Clemens. *Schönherr.* *Russ. merid.*
255 Arenarius. (*Melet.*) *Helvetia.**
256 Lasius. *Germ. Schh.* *Dalmatia.*
257 Pimeloides. *Olivier.* *Gall. merid.*
258 Lirus. *Schönherr.* *Gallia.*
Lævigatus. Olivier. *Gall. merid.*
259 Lima. *Marsham.* *Anglia.*
260 Ambiguus. *Schönh.* id.
Rugicollis. Steph. id.
261 Pubescens. *Schönh.* *Russ. merid.*
262 Fraxini. (*Dahl.*) *Schh.* *Illyria.*
263 Turbatus. *Schönherr.* *Italia.*
Nigrita. Olivier. *Gall. merid.*
264 Anthracinus. *Scopoli.* *Carniolia.*
265 Corrugatus. *Gmelin.*
Schh. *Gallia.*
Rugosissimus. Villers. id.
266 Metallescens. *Lucas.* *Algiria.*
267 Prolixus. *Rosenhauer.*
(*Erich.*) *Tyrolis.*
268 Cisalpinus. *Dej. Cat.* *Ital. sup.*
269 Apenninus. *Dej. Cat.* id.
270 Epidaurensis. *Dej. Ct.* *Dalmatia.*
271 Gilvipes. (*Dahl.*) *Dej.*
Cat. id.
272 Biturigensis. *Dej. Cat.* *Gallia.*
273 Parcipilis. *Imhoff. St.*
Cat. *Helvetia.*
274 Italicus. *Sturm. Cat.* *Italia.*
275 Nobilis. *Dej. Cat.* *Carinthia.*
276 Subcarinatus. *St. Cat.* *Sicilia.*
277 Elongatus. *Dej. Cat.* *Gall. merid.*
278 Rorulentus. *Rosenh.*
St. Cat. *Hungaria.*
279 Atomarius. (*Dahl.*)
Dej. Cat. *Austria.*
280 Tigrinus. *St. Cat.* *Sicilia.*
281 Nebulosus. *St. Cat.* *Dalmatia.*
282 Submaculatus. *St. Ct.* *Illyria.*
283 Subplanatus. *St. Cat.* *Gall. merid.*
284 Costatus. *Sturm. Cat.* *Græcia.*
285 Subcostatus. *Waltl.*
St. Cat. *Dalmatia.*
286 Testaceus. *Stm. Cat.* *Styria.*
287 Rhamni. *Sturm. Cat.* *Austria.*
288 Melanarius. *Dej. Cat.* *Bucovina.*
289 Gemellatus. *Parreyss.*
Dej. Cat. id.
290 Aulicus. *Sturm. Cat.* *Bannat.*
Aurifer. Sturm. Cat. id.
291 Opulentus. *Kuenbg.* *Austria.*
292 Æthiops. *Dej. Cat.* *Styria.*
293 Aurulentus. *Dej. Cat.* *Bucovina.*
294 Comptus. *Dej. Cat.* *Styria.*
295 Gallicus. *Sturm. Cat.* *Gall. merid.*
296 Conspurcatus. (*Parreyss.*) *Dej. Cat.* *Croatia.*
297 Punctatostriatus. *Stm.*
Cat. *Constantinp.*
298 Terreticollis. *St. Cat.* *Germania.*
299 Lævistriatus. *St. Cat.* id.
300 Tristis. *Dej. Cat.* *Gall. merid.*
301 Corvinus. *Dej. Cat.* *Anglia.*
302 Morosus. *Dej. Cat.* *Gall. merid.*
303 Carinærostris. *Dej.*
Cat. *Hungaria.*
304 Æreus. (*Ziegler.*) *Dej.*
Cat. id.
305 Carmagnola. *Villa. St.*
Cat. *Lombardia.*
306 Genei. (*Ziegler.*) *St.*
Cat. *Italia.*
307 Costipennis. *Dej. Cat.* *Lombardia.*
308 Alpestris. (*Dahl.*) *Dej.*
Cat. *Hungaria.*
309 Hispidulus. *Dej. Cat.* *Austria.*
310 Costulatus. (*Ziegler.*)
Dej. Cat. id.
311 Patruelis. *Dej. Cat.* *Græcia.*
312 Modestus. *Stm. Cat.* *Italia.*
313 Rotundicollis. *Sturm.*
Cat. *Gall. merid.*
314 Lineatus. *Sturm. Cat.* id.
315 Lugens. *Germar. Dej.*
Cat. *Dalmatia.*
316 Rugipennis. (*Dahl.*)
Dej. Cat. *Dalmatia.*
317 Hottentota. *Dej. Cat.* *Styria.*
318 Dahlii. *Dej. Cat.* *Hungaria.*
Chrysocomus. (*Dahl.*) id.
319 Parreyssii. *Dej. Cat.* *Russ. merid.*
Longicollis. (*Parr.*) id.

320 Costatopunctatus *Dej. Cat.* *Austria.*
321 Bidens. *Sturm. Cat.* *Sicilia.*
322 Rugulosus. (*Dahl.*) *Sturm. Cat.* *Carniolia.*
323 Pulvereus. *Dej. Cat.* *P.*
324 Striatopunctatus. *Dej. Cat.* *Gall. merid.*
325 Gazella. (*Dahl.*) *Stm. Cat.* *Hungaria.*
326 Terricola. (*Dahl.*) *St. Cat.* *Bannat.*
327 Cuprifer. (*Dahl.*) *St. Cat.* id.
328 Calcaratus. *Dej. Cat.* *Dalmatia.*
329 Asperipennis. *Sturm. Cat.* *Gall. merid.*

CHILONEUS. *Schönherr.*

1 Siculus. *Schönherr.* *Sicilia.*

PHOLICODES. *Schönherr.*

BRACHYDERES. *Dej. Cat.*

1 Plebejus. *Schönherr.* *Russ. merid.*
2 Trivialis. *Schönherr.* id.
3 Inauratus. *Schönherr.* id.

LAPAROCERUS. *Schönherr.*

EREMNUS. *Schönherr.*

1 { Morio. *Schönherr.* *Lusitania.*
{ *Barthelotti. Guérin.* id.
2 Piceus. *Schönherr.* id.

HOLCORHINUS. *Schonherr.*

1 Seriehispidus. *Schönh.* *Algiria.*
2 Querulus. *Schönherr.* id.

PERITELUS. *Germar.*

CURCULIO. *Sparm.*

1 { Griseus. *Olivier.* *Gallia.**
{ *Sphæroides. Germar.* *Germania.*
{ *Inquinatus. Illiger.* *Austria.*
2 Sphæroides. *Creutzer.* *Hungaria.**
3 Setulosus. (*Chevrol.*) *Gall. merid.**
4 Necessarius. *Schönh.* id.*
5 Elegans. (*Gaubil.*) *Algiria.*
6 Encaustus. (*Chevrol.*) *Pyr. orient.**
7 Rusticus. *Chevrolat. Schh.* id.*
8 Schœnherri. *Chevrol. Schh.* *Gall. merid.**
9 Famularis. *Schönherr.* *Tauria.*
10 Familiaris. *Schönherr.* *Italia.*
11 Noscius. *Chevrol. Sch.* id.*
12 { Senex. *Dej. Cat. Schh.* *Gall. merid.**
{ *Sphæroides. Dej. Cat.* *Hungaria.*
{ *Sentinus. (Schonherr.)* *Gall. merid.*
13 Albolineatus. *Germar.* *Germania.*
14 Leucogrammus. *Germ.* id.*
15 Lithargyreus. (*Meg.*) *Austria.*
16 Fuscipes. (*Megerle.*) id.
17 Lanuginosus. *Creutz.* id.
18 Virens. *Sturm. Cat.* *Italia.*
19 Rudis. *Schönherr.* *Etruria.*
20 Globulus. (*Dahl.*) *Schh.* *Hungaria.*
21 Oblongus. *Dej. Cat.* *Gall. merid.*
22 Canus. *Dej. Cat.* id.
23 Elegans. (*Gaubil.*) *Algiria.**

OMIAS. *Schönherr.*

CURCULIO. *Fabr.* PERITELUS, TRACHYPHLÆUS. *Germar.*

1 { Seminulum. *Fabr.* *Hungaria.*
{ *Globulus. Olivier.* *Germania.*
{ *Globosus. Sturm.* id.
2 Glomeratus. *Schönh.* *Tauria.*
3 Globosus. *Stéven.* id.
4 { Rotundatus. *Fabr.* *Podolia.**
{ *Ovatus. Olivier.* *Austria.*
5 Rufipes. *Schönherr.* *Volhynia.*
6 Verruca. *Stéven. Schh.* *Hungaria.*
7 Puberulus. *Stév. Schh.* *Tauria.*
8 Bohemanii. *Schönherr.* *Saxonia.*
9 Strigifrons. *Schönherr.* *Russ. merid.*
10 { Ruficollis. *Fabr.* *Germania.*
{ *Holosericeus. Fab. Lat.* id.
11 Mollinus. *Ahrens. Schh.* id.
12 Gracilipes. *Panzer.* id.
13 Rugicollis. *Schönherr.* *Austria.*
14 { Hirsutulus. *Fabr.* *Germania.**
{ *Scabriculus. Herbst.* *Austria.*
{ *Scaber Müller.* id.
{ Var. *Echinatus. Bonsd. Latr.* *Gallia.*
15 Villosulus. *Germar.* *Austria.*
16 Pruinosus. *Chevrolat. Schh.* *Dalmatia.*

17 Indigens. (*Hoffmsgg.*) *Schh.* *Lusitania.*
18 Brunnipes. *Olivier.* *P.**
Gracilis. Beck. *Germania.*
Piceus. Germ. Steph. id.
Araneiformis. Schrk. *Austria.*
19 Mollicomus. *Ahrens.* *Saxonia.**
20 Punctirostris. *Schönh.* *Hamburgi.*
21 Pellucidus. *Chev. Schh.* *P.**
Piceus. Leach. *Anglia.*
22 Brunneus. *Dej. Cat.* *P.**
23 Chevrolatii. *Schönh.* *Dalmatia.*
24 Subnitidus. *Schönherr.* *Gallia.*
25 Ebeninus. *Chevr. Schh.* *Gall. bor.*
26 Nitidus. *Stéven. Schh.* *Tauria.*
27 Sericeus. *Schönherr.* *Illyria.*
28 Parvulus. (*Ullr.*) *Schh.* *Austria.*
29 Concinnus. *Schönh.* *Gallia.*
30 Oblongus. *Schönherr.* *Gall. merid.**
31 Sulcirostris. *Schönh.* *Pyr. orient.**
32 Companyonis. *Chevrol. Schh.* id.*
33 Forticornis. *Germar.* *Germania.**
34 Sulcifrons. *Schönherr.* *Anglia.*
35 Pectoralis. (*Gaubil.*) *Algiria.**
36 Barbarus. (*Gaubil.*) id.*
37 Orbicularis. *Stm. Cat.* *Hungaria.*
38 Picipennis. *Stm. Cat.* *Russ. merid.*
39 Squamosus. *Stm. Cat.* *Hungaria.*
40 Provincialis. *Dej. Cat.* *Gall. merid.**
41 Castaneus. (*Chevrol.*) id.*
42 Porcinus. (*Meg.*) *Dej. Cat.* *Austria.**
43 Velutinus. *Dej. Cat.* *Dalmatia.*
44 Lusitanicus. *Dej. Cat.* *Lusitania.*
45 Trichopterus. (*Chevrl.*) *Gall. bor.**
46 Validicornis. *Germar.* *Germania.*

STOMODES. *Schönherr.*

OMIAS. *Schönh.*

1 Totularius. *Schönh.* *Tauria.*
2 Gyrosicollis. *Schönh.* *Dalmatia.**
3 Rudis. *Schönherr.* *Constantinp.*

CATHORMIOCERUS. *Schönherr.*

TRACHYPHLOEUS. *Schh.*

1 Horrens. *Schönherr.* *Hispania.**
Erinaceus. Fabr. Dej. Cat. id.
2 Socius. *Schönherr.* *Anglia.*

TRACHYPHLŒUS. *Germar. Schh.*

CURCULIO. *Linné. Fabr. Gyll.*

1 Erinaceus. *Schönh.? L. Redtenb.* *Austria.*
2 Ventricosus. *Germar.* *Hungaria.*
3 Scabriculus. *Linné.* *P.**
Bifoveolatus. Beck. *Germania.*
Viverra. Herbst. *Austria.*
Var. *Hispidulus. Hbst.* id.
4 Squamosus. *Schneider. Schh.* *Gallia.*
Var. *Confinis. Steph.* *Germania.*
5 Waltoni. *Schönherr.* *Anglia.*
6 Aristatus. *Schonherr.* *Gallia.**
Stipulatus. Hoffmann. *Germania.*
Hispidulus. Stephens. *Anglia.*
7 Setarius. *Schönherr.* *Germania.**
Scabriculus. Herbst. Germar. *Austria.*
8 Squamulatus. *Olivier.* *Gallia.*
9 Scaber. *Linné.* id.*
Echinatus. Dej. Cat. *P.*
Var. *Alternans. Schh.* *Suecia.**
Spinimanus. Steph. *Anglia.*
10 Camomillæ. *Dahl. St. Cat.* *Hungaria.*
11 Spinosulus. *Dej. Cat.* *Hispania.*
12 Spinimanus. *Germar. Lucas.* *Algiria.**
Scabriculus. Olivier. id.
13 Spurcus. *Dej. Cat.* *Hispania.*
14 Aquilus. *Dej. Cat.* id.
15 Metallicus. *Dej. Cat.* id.
16 Digitalis. *Gyllenhal.* *Suecia.*
17 Lanuginosus. *Mannerh.* *Podolia.*
18 Inermis. *Germar.* *Germania.*

PTOCHUS. *Schönherr.*

PERITELUS. *Germar.* SITONA. *St. Cat.*

1 Porcellus. *Schönherr.* *Tauria.*
2 Setosus. *Schönherr.* *Russ. merid.*
3 Perdix. *Schönherr.* *Tauria.*
4 Rufipes. *Schönherr.* *Russ. merid.*
Fasciculatus. Gebler. id.
5 Bisignatus. *Germar.* *Hungaria.*
Grandicornis. Dej. Cat. *Dalmatia.*
6 Subsignatus. *Schönh.* *Tauria.*
7 Cremieri. *Chevr. Schh.* *Gallia.**

8 Maculatus. *Stm. Cat.* *Tauria.*
9 Bimaculatus. *Stm. Cat.* *Istria.*
10 Setulosus. *Stm. Cat.* *Tauria.*
11 Pulchellus. *Stéven. St. Cat.* *Volhynia.*
12 Flavipes. *Germar.* *Germania.*

PHYLLOBIUS. *Schönherr.*

Germar. CURCULIO. *Linné. Fabr.*

1 Calcaratus. *Fabr.* *Gallia.**
Pyri. Illig. Dej. Cat. *Germania.*
Var. *Glaucus. Scopoli.* *Carniolia.*
Carniolicus. Olivier. id.
2 Atrovirens. *Schönherr.* *Gall. orient.**
3 Pyri. *Linné.* *Gallia.**
Æruginosus. Latreille. *P.*
Cæsius. Marsh. Steph. *Anglia.*
Argentatus. Laich. *Tyrolis.*
Alneti. Illiger. *Germania.*
Var. *Cœlestinus Scop.* *Carniolia.*
Prasinus. Oliv. Latr. *P.*
4 Pomaceus. *Schönherr.* *Suecia merid.*
5 Canus. *Schönherr.* *Tauria.*
6 Feculentus. *Schönh.* id.
7 Psittacinus. *Zenker. Schh.* *Saxonia.**
8 Longipilis. *Germar.* *Sicilia.*
9 Pellitus. *Chevrol. Schh.* *Sardinia.*
10 Fulvipes. *Schönherr.* *Tauria.*
11 Fulvago. *Stéven. Schh.* id.
12 Piliferus. *Schonherr.* *Russ. merid.*
13 Verecundus. *Schonh.* id.
14 Argentatus. *Linné.* *Gallia.**
Sericeus. Piller et *Mitterps.* id.
Var. *Arborator. Hbst.* *Austria.*
15 Pineti. *L. Redtenb.* *Austria.*
16 Maculicornis. *Germar.* *Germania.**
17 Viridans. *Schonherr.* *Bavaria.**
18 Acuminatus. *Schönh.* id.
19 Virens. (*Stm*) *Schh.* *Germania.*
20 Contemptus. *Dej. Cat. Schh.* *Tauria.*
21 Oblongus. *Linné.* *Gallia.**
Floricola. Herbst. *Austria.*
Pruni. Scopoli. *Carniolia.*
Querneus. Fourcroy. *P.*
Fuscus. Laichart. *Tyrolis.*
Var. *Rufescens. Marsh.* id.
22 Hebes. *Schönherr.* *Russ. merid.*
23 Ligurinus. *Schonherr.* *Tauria.*
24 Mus. *Fabr.* *Gallia.**
Cinerascens. Germar. *Germania.*
Canescens. Germar. id.
Cinereus. Dej. Cat. *P.*
25 Sinuatus. *Fabr.* *Germania.**
26 Vespertinus. *Fabr.* *Gallia.**
Mali. Gyll. Dej. Cat. Latr. *P.**
Fulvipes. Fabr. Latr. id.
Var. *Erythropus. Lat.* id.
27 Mutus. *Schönherr.* *Volhynia.*
28 Aurifer. *Schönherr.* *Hungaria.*
29 Cinereus. *Hartl. Schh.* *Silesia.*
30 Subdentatus. *Germar.* *Sicilia.*
31 Incanus. *Schönherr.* *Austria.*
32 Scutellaris. *L. Redtenb.* id.
33 Pictus. *Stéven. Schh.* *Tauria.*
34 Pallipes. *Schönherr.* *Græcia.*
35 Betulæ. *Fabr.* *Gallia.**
36 Ruficornis. *Dej. Cat. L. Redtenb.* *Gall. merid.**
37 Trivialis. *Schönherr.* *Russ. merid*
38 Tereticollis. *Schönh.* *Volhynia.*
39 Cylindricollis. *Schönh.* *Russ. merid.*
40 Brevis. *Schönherr.* *Tauria.*
41 Uniformis. *Marsham.* *Gallia.**
Var. *Parvulus. Gyll.* *Suecia.**
Fulvipes. Paykull. id.
Var. *Pomonæ. Olivier.* *P.**
Argentatus. Bonsd. id.
Viridiæreis. Laichart. *Tyrolis.*
42 Cinereipennis. *Schönh.* *Tauria.*
43 Viridicollis. *Fabr.* *Germania.**
44 Sulcirostris. *Schönh.* *Volhynia.*
45 Dispar. *L. Redtenb.* *Austria.*
46 Planirostris. *Schönh.* *Tauria.*
47 Suratus. *Schönherr.* *Russ. merid*
48 Sericihispidus. *Schönh.* *Tauria.*
49 Albidus. *Stephens.* *Anglia.*
50 Minutus. *Stephens.* id.

RHYTIRHINUS. *Schönherr.*

1 Nodifrons. *Schönherr.* *Hispania.*
2 Crispatus. *Chevrolat. Schh.* *Gall. merid*
3 Impressicollis. *Dej. Cat. Schh.* id *
4 Dentipennis. (*Javet.*) *Schh.* id.*
5 Variegatus. *Lucas.* *Algeria.*
6 Humilis. *Lucas.* id *
7 Annulipes. *Lucas.* id *

8 Impressicollis. *Lucas.* *Algiria.*
9 Horridus. *Lucas.* id.*

CONIATUS. *Germar. Schh.*

HYPERA. *Ger.* CURCULIO. *Fabr.*

1 { Tamarisci. *Fabr.* *Gall. merid.**
{ *Vanus. Herbst.* id.
2 { Repandus. *Fabr.* id.*
{ Var. *Tamarisci. Oliv.* id.
3 Splendidulus. *Fabr.* *Russ. merid.*
4 Suavis. *Schönherr.* *Sardinia.**
5 Chrysochlora. *Lucas.* *Algiria.*

LIMOBIUS. *Schönherr.*

PHYTONOMUS. *Schh. Dej. St. Cat.* CURCULIO. *Hbst.*

1 Dissimilis. *Herbst.* *Gallia.**

PHYTONOMUS. *Schönherr.*

HYPERA. *Germar. St. Cat.* PLINTHUS. *Latr.* RHYNCHÆNUS. *Fabr. Oliv. Gyll.* CURCULIO. *Herbst.*

1 { Philanthus *Olivier.* P.*
{ *Limbatus.* (*Dahl.*) *Sicilia.*
2 Turgidus. *Dej. Cat.* *Algiria.**
3 Punctatus. *Fabr. Germar. Gyll.* *Gallia.**
4 Circumvagus. (*Chev.*) *Algiria.**
5 { Fasciculatus. *Herbst.* *Gallia.**
{ *Danei. Olivier.* *Algiria.*
6 Fuscatus. *Schönherr.* id.
7 Anceps. *Schönherr.* *Russ. merid.*
8 Rufus. *Schönherr.* *Helvetia.*
9 Viennensis. *Herbst.* *Austria.*
10 Cyrtus. *Germar.* *Dalmatia.*
11 Intermedius. *Schönh.* *Helvetia.*
12 Velutinus. (*Parreyss.*) *Schh.* *Hungaria.*
13 Turbatus. *Schönherr.* id.
14 Latipennis. *Schonh.* *Italia.*
15 { Salviæ. *Schrank.* *Germ. merid.*
{ *Cyrtus. Germar.* *Italia.*
16 Elegans. *Dahl. Cat. Schh.* *Hungaria.*
17 Palumbarius. *Germar.* *Carniolia.*
18 { Comatus. (*Meg.*) *Schh.* *Austria.*
{ *Palumbarius. Dej. Cat.* *Etruria.*
19 Crinitus. *Dej. Cat. Sch.* *Gall. merid.*
20 Socialis. (*Helf.*) *Schh.* *Sicilia.*
21 Maculatus. *L. Redtenb.* *Austria.*
22 Tesselatus. (*Meg.*) *Sch.* *Germania.*
23 Contaminatus. *Herbst.* id.*
24 Oxalis. *Herbst.* id.*
25 Circumvagus. *Schönh.* *Gall. merid.*
26 Dapalis. *Schönherr.* *Algiria.*
27 Elongatus. *Paykull.* *Germania.**
28 Oblongus. *Schönherr.* *Sicilia.*
29 Fuscescens. *Schönh.* P.
30 Ovalis. *Schönherr.* *Gallia.**
31 Arundinis. *Fabr.* *Germania.**
32 { Rumicis. *Linné.* P.*
{ *Acetosæ. Panzer.* *Germania.*
33 { Pollux. *Fabr.* P.*
{ *Adspersus. Fabr.* *Germania.*
{ *Commaculatus. Hbst.* *Austria.*
{ *Interruptus. Marsh.* *Anglia.*
{ *Fasciolatus. Villers.* *Gallia.*
34 Ignotus. (*Chevrier.*) *Schh.* *Helvetia.*
35 Histrio. *Schönherr.* *Austria*
36 { Suspitiosus. *Herbst.* *Gallia.**
{ *Miles. Gyllenh. Payk.* *Suecia.*
{ *Bitæmatus. Marsh.* *Anglia.*
37 Sejugatus. *Schönherr.* *Gall. orient.*
38 Lubenculus. *Schh.* *Algiria.*
39 Setosus *Schönherr.* id.
40 Signatus. *Schönherr.* id.
41 Viciæ. *Gyllenhal.* *Germania.**
42 Tigrinus. *Dej. Cat. Sch.* *Gall. bor.**
43 Pastinacæ. *Rossi.* *Gallia.*
44 Malarhynchus. *Olivier.* *Lusitania.*
45 Farinosus. *Schönherr.* *Russ. merid.*
46 { Plantaginis. *de Geer.* *Gall. bor.**
{ *Nævius. Linné.* *Suecia.*
{ *Spartii. Hoppe.* *Germania.*
47 Brunnipennis. *Schönh.* *Sicilia.*
48 { Murinus. *Fabr.* P.*
{ *Incidiosus. Bohemann. Schh.* *Suecia.*
{ *Elongatus. Stm. Cat.* *Germania.*
{ Var. *Melancholicus. Fabr. Latr.* P.
49 { Variabilis. *Herbst.* *Austria.**
{ Var. *Murinus. Germar. Dej. Cat.* *Gallia.*
50 { Suturalis. *L. Redtenb.* *Austria.*
{ *Elongatus? Gyllenh.* *Suecia.**
51 { Polygoni. *Fabr.* P.*
{ *Fasciatus. de Geer.* id.
{ *Striatus. Herbst.* *Austria.*
{ *Cinereus. Olivier.* *Gall. merid*
{ Var. *Arator. Linné.* *Suecia*

52 { Kunzii. *Ahrens.* *Gallia.**
{ *Lineatus. Herbst.* *Austria.*
53 Striatus. *Sturm. Schh.* *Sardinia.*
54 Hispidulus. *Dej. Cat. Schh.* *Gall. merid.**
55 Meles. *Fabr.* *Gallia.**
Trifolii. Herbst. *Austria.*
Trivialis. Herbst. id.
Var. *Rœselii. Linné.* *Suecia.*
Pallidus. Dej. Cat. *P.*
Stramineus. Marsh. *Anglia.*
Griseus. Müller. *Germania.*
56 { Posticus. *Gyllenhal.* *Gallia.**
{ *Bimaculatus. Marsh.* *Anglia.*
57 Parcus. *Schönherr.* *Gallia.*
58 Incomptus. *Schonherr.* *Lusitania.*
59 Mixtus. *Dej. Cat. Schh.* *Gallia.**
60 Delloratus. *(Chevrol.)* *P.**
61 Constans. *(Ziegl.) Schh.* id.*
62 Plagiatus. *L. Redtenb.* *Austria.*
63 { Nigrirostris. *Fabr.* *Gallia.**
{ *Virescens. Quensel.* *Suecia.*
{ Var. *Variabilis. Fabr.* *Germania.*
64 Balteatus. *Chevrolat.* *Lusitania.**
65 Liliputanus. *Lucas.* *Algiria.*
66 Austriacus. *(Megerle.)* *Austria.**
67 Gravidus. *Dej. Cat.* *Gall. merid.*
68 Lateralis. *Dej. Cat.* id.*
69 Tumidus. *Dej. Cat.* *Hispania.*
70 Griseus. *Dej. Cat.* *Gall. merid.**
71 Melancholicus. *Illiger.* *Austria.*
72 Canus. *Sturm. Cat.* *Germania.*
73 Globosus. *Dej. Cat.* *Gall. merid.**
74 Proximus. *Carmagnola. Villa.* *Italia.*
75 Varius. *Sturm. Cat.* *Græcia.*
76 Palustris. *(Dahl.) St. Cat.* *Bannat.*
77 Flavicans. *(Megerle.) Dej. Cat.* *Austria.*
78 Maculosus. *Dej. Cat.* *Styria.*
79 Maculipennis. *Dej. Cat.* *Hispania.**
80 Canescens. *Stephens.* *Anglia.*
81 Picicornis. *Stephens.* id.
82 Sublineatus. *Kirby.* id.
83 Nebulosus. *Stephens.* id.
84 Villosulus. *Stephens.* id.
85 Picipes. *Stephens.* id.
86 Fulvipes. *Stephens.* id.
87 Phacopus. *Stephens.* id.
88 Rufipes. *Stephens.* id.
89 Rotundatus. *Chevrolat.* *Gall. merid.**

ADEXIUS. *Schonherr.*

1 Scrobipennis. *Schönh.* *Helvetia.*

PLINTHUS. *Germar. Schh.*

CURCULIO. *Fabr. Herbst. Panz.* RHYNCHÆNUS. *Oliv. Fabr.* LIXUS. *Fabr.* LIPARUS. *Oliv.*

1 Gerlii. *(Parr.) Schh.* *Croatia.*
2 Findelii. *(Dahl.) Schh.* *Hungaria.*
3 Megerlei. *Panzer.* *Austria.**
4 Schmidtii. *Sturm. Cat.* *Carniolia.*
5 Tischeri. *Germar.* *Germania.**
6 Anceps. *Schönherr.* *Silesia.*
7 Styriacus. *And. Schh.* *Styria.*
8 { Sturmii. *(Megerle.)* *Germania.*
{ *Porculus. Sturm. Cat.* id.
9 Illigeri. *(Dahl.) Schh.* *Carniolia.*
10 Granulifer. *Schh.* *Europ. merid.*
11 { Parreyssii. *Schh.* *Illyria.*
{ *Creutzeri? Dej. Cat.* *Carinthia.*
12 { Silphoides. *Herbst.* *Russ. merid.*
{ *Geometra Olivier.* id.
{ *Leucographus. Bæber.* id.
{ *Vittatus. Motschulsky.* id.
13 Tigratus. *Rossi.* *Italia.*
14 Granulatus. *Schönh.* *Alp. Helv.*
15 Mucronatus. *Rosenh.* *Tyrolis.*
16 Schalleri. *Germar.* *Carniolia.*
17 { Porculus. *Fabr.* *Hungaria.**
{ *Porcatus. Panzer.* *Austria.*
18 Caliginosus. *Fabr.* *Gallia.**
19 Humilis. *Findeli. Stm. Cat.* *Italia.*

TROPIPHORUS. *Schonherr.*

BARYNOTUS. *Germar.* CURCULIO. *Fabr.* BRACHYRINUS. *Latr.*

1 Micans. *(Friwaldszky.) Schh.* *Hungaria.*
2 Mercurialis. *Fabr.* *Suecia.*
{ *Lapidarius. Paykull.* id.
{ *Lepidotus. Herbst.* *Germania.*
{ *Obtusus. Bonsd. Latr.* id.
{ *Suecicus. Linné.* *Suecia.*
{ *Attenuatus. Dej. Cat.* *Styria.*
3 { Carinatus. *Muller. Sch.* *Germania.*
{ *Suturalis. Linné.* id.
{ *Mercurialis. Dej. Cat.* *Styria.*

4 { Cinereus. *Schonherr.* *Hungaria.*
{ *Cuprifer.* (*Dahl.*) id.
5 Globatus. *Herbst. Schh.* *Gallia.*
6 { Ochraceosignatus. *Sch.* *Austria.*
{ *Cuprifer?* (*Megerle*) id.

MOLYTES. *Schönherr.*

Rhynchænus. *Fabr.* *Gyll.* Curculio. *Linné.* *Marsh.* *Panz.* *Clairv.*

1 { Coronatus. *Latreille.* *P.**
{ *Germanus.* *Fabr.* *Germania.*
{ *Anglicanus.* *Marsh.* *Anglia.*
{ *Teutonus.* *Illiger.* *Austria.*
2 { Germanus. *Linné.* *Germania.**
{ *Fusco-maculatus.* *Fab.* id.
{ Var. *Carinærostris.* (*Megerle.*) *Schh.* *Carniolia.**
3 Illyricus. *Ullrich. Schh.* *Illyria.*
4 { Glabratus. *Fabr.* *Austria.**
{ *Dirus.* *Olivier.* *Gallia.*
5 Dirus. *Herbst.* *Germania.*
6 Lævigatus. *Stév.* *Schh.* *Tauria.*

TRYSIBIUS. *Schönherr.*

Molytes. *Schh.* *Dej.* *St.* *Cat.*

1 { Tenebrioides. *Pallas.* *Russ. merid.**
{ *Besseri.* *Schönherr.* id.
2 Intermedius. (*Friw.*) *Schh.* *Constantinp.*
3 { Olivieri. *Schönherr.* *Oriente.*
{ *Tenebrioides.* *Olivier.* *Schh.* *Græcia.*
4 Punctipennis. *Brullé.* id.*

ANISORHYNCHUS. *Schönherr.*

Molytes. *Schh.* *Dej.* *St.* *Cat.* Liparus. *Oliv.* Rhynchænus. *Fabr.*

1 Bajulus. *Olivier.* *Gall. merid.**
2 { Sturmii. *Schönherr.* *Sicilia.**
{ *Bajulus.* *Olivier.* *Algiria.*
3 Costatus. (*Dahl.*) *Schh.* *Sardinia.**
4 Barbarus. *Schönherr.* id.*
5 Ferus. *Erichson.* *Algiria.*
6 Siculus. *Schönherr.* *Sicilia.*
7 Monachus. *Germ. Schh.* *Sardinia.**
8 Aratus. *Germ.* *Schh.* *Lusitania.*

LEIOSOMUS. *Kirby.*

Molytes. *Dej.* *St.* *Cat.* *Schh.*

1 { Ovatulus. *Clairville.* *P.**
{ *Punctatus.* *Marsham.* *Anglia.*
{ *Deflexus.* *Panzer.* *Germania.*
{ *Crassicollis.* *Dej. Cat.* *Austria.*
2 Cyanopterus. *L. Redtb.* id.
3 Atritus. (*Gaubil.*) *Algiria.**
4 Oblongus. *Schönherr.* *Helvetia.*
5 { Impressus. *Schönherr.* *Germania.*
{ *Deflexus.* *Panzer.* id.
6 Cribrum. (*Meg.*) *Schh.* *Austria.**

HYLOBIUS. *Schönherr.*

Liparus. *Oliv.* Rhynchænus. *Fabr.* *Gyll.* Curculio. *Fabr.* *Rossi.*

1 Arcticus. *Paykull.* *Suecia sept.*
2 { Pineti. *Fabr.* *Suecia.**
{ *Confusus.* *Paykull.* id.
{ *Excavatus.* *Laichart.* *Tyrolis.*
{ *Inaccessus.* *Schrank.* *Sicilia.*
{ Var. *Piceus.* *de Geer.* *Suecia.*
3 { Abietis. *Linné.* *Gallia bor.**
{ *Pini.* *Marsham.* *Anglia*
{ *Juniperi* *Stroëm.* *Germania.*
{ *Excavatus.* *Schrank.* *Austria.*
{ *Norvegicus.* *Petit.* *Norvegia.*
{ *Tigrinus.* *Fourcroy.* *P.*
4 Pinastri. *Gyllenhal.* *Suecia.**
5 Rugicollis. *Mannerh.* *Gallia.*
6 Rugulosus. *Schonherr.* *Gall. merid.**
7 { Fatuus. *Rossi.* *Gallia.**
{ Var. *Excavatus.* (*Laichart.*) *Tyrolis.*
8 Albopunctatus. *Stéven.* *Schh.* *Russ. merid.*

TANYSPHYRUS. *Germar.*

Rhynchænus. *Fabr.*

1 { Lemnæ. *Paykull. Fabr.* *Gyll.* *Gallia.**
{ *Inspectatus.* *Herbst.* *Austria.*

PROCAS. *Stephens.*

Schh. Curculio. *Marsh.*

1 Stevenii. *Schonherr.* *Russ. merid.*

2 { Picipes. *Marsham.* *Anglia.*
{ *Pyrrhodactylus. Marsham.* id.

LEPYRUS. *Germar. Schh.*

LIPARUS. *Oliv* RHYNCHÆNUS. *Gyll. Fabr.* CURCULIO. *Fabr. Herbst. Payk.*

1 { Colon. *Linné.* *Gallia.**
{ *Palustris. Scopoli.* *Germania.*
{ *Bipunctatus. Fourc.* *P.*
2 { Binotatus. *Fabr.* *Gallia.**
{ *Bimaculatus. Oliv.* *P.*
{ *Semicolon. Herbst.* *Austria.*
{ *Capucinus. Schaller.* id.
{ *Coloniformis. Schrk.* id.
{ *Derasus. Panzer.* *Germania.*
3 Canus. *Sturm. Cat.* id.
4 Herbichii. *Zawadsky. St. Cat.* *Galicia.*

MINIOPS. *Schönherr.*

PLINTHUS. *Germar.* LIPARUS. *Oliv.* CURCULIO. *Fabr. Rossi.* MELEUS. *St. Cat.*

1 { Carinatus. *Linné.* *Gall. merid.*
{ *Senex. Rossi.* *Italia.*
{ *Funereus. Herbst.* *Austria.*
{ *Rugosus. Linné.* id.
{ *Scabrosus. Villers.* *Gall. merid.*
{ *Rugosostriatus. Schrk.* *Austria.*
2 Perlatus. *Sturm. Cat.* *Hungaria.*
3 { Variolosus. *Fabr.* *Austria.**
{ *Carinatus. Olivier.* *P.*
4 Scrobiculatus. *Gyllenh.* *Tauria.*
5 Sinuatus. *Schönherr.* *Sicilia.*
6 Costalis. *Friwaldszky. Schh.* *Austria.*
7 Costatus. *Friw. Schh.* *Turcica.*
8 Minutus. *Friw. Schh.* id.

BARYNOTUS. *Germar.*

Schh. GASTRODUS. *Dej. Cat.* CURCULIO. *Fabr.*

1 { Margaritaceus. *Germ.* *Helvetia.**
{ *Tardus. Dej. Cat.* *Italia.*
2 Parnassius. *Imhoff. St. Cat.* *Helvetia.*
3 Maculatus. *Waltl. Sch.* *Alp St.-Bern.*
4 { Obscurus. *Fabr.* *Suecia.**
{ *Murinus. Bonds.* id.
{ *Honorus. Herbst.* *Austria.*
{ *Pilosus. Marsham.* *Anglia.*
{ *Vagus. Laichart.* *Tyrolis.*
5 Carinatus. *Müller.* *Styria.*
6 { Mœrens. *Fabr.* *Saxonia**
{ *Bohemani. Gyllenhal.* *Suecia.*
7 Mercurialis. *Fabr.* *Styria.**
8 Alternans. *Schönherr.* *Gallia.*
9 Pyrenæus. *Dej. Cat.* *Pyrenæis.*
10 Squalidus. *Schönherr.* *Gallia.*
11 Goryi. (*Parreyss.*) *Dej. Cat.* *Russ. merid.*
12 Schœnherri. *Boheman* *Norvegia.**
13 Cuprifer. (*Dahl.*) *St. Dej. Cat.* *Austria.*
14 Squamosus. *Dej. Cat. Schh.* *Pyrenæis.*
15 Tesselatus. *Stm. Cat.* *Russ. merid.*
16 Trisulcatus. (*Gaubil.*) *Alp. Gall.**
17 Lævigatus. *Dej. Cat.* *Gall. merid.*

LIOPHLÆUS. *Germar.*

Schh. CURCULIO. *Fabr.*

1 { Nubilus. *Fabr.* *Gallia.**
{ *Tesselatus. Latreille.* id.
{ Var. *Maurus. Marsh.* *Anglia.*
2 Chrysopserus. *Friw. Schh.* *Hungaria.*
3 Geminatus. *Chev. Sch.* *P.*
4 Obsequiosus. *Schh.* *Volhynia.*
5 Herbstii. (*Meg.*) *Schh.* *Germania.**
6 Pulverulentus. *Dej. Cat. Schh.* *P.*
7 Lentus. *Germar.* *Hungaria.*
8 Gibbus. (*Meg.*) *Schh.* id.
9 Schmidtii. *Schönherr.* *Alp. Bohem.*

GEONEMUS. *Schönherr.* *

GEOPHILUS. *Schh.* BARYNOTUS. *Germar.* MERIONUS. *Sturm.*

1 Murinus. *Schönherr.* *Algiria.*
2 Schœnherri. (*Gaubil.*) id.*
3 Illætabilis. *Schonh.* *Gall. merid.*
4 { Flabellipes. *Olivier.* id.*
{ *Tergoratus. Germar.* id.
{ *Terrenus. Schönherr.* id.

ALOPHUS. *Schönherr.*

Curculio. *Fabr.* Lepyrus. *Germar.*

1 { Triguttatus. *Fabr.* *P.**
Cordiger. Sulz. *Germania.*
Melanocardius. Hbst. *Austria.*
Desertus. Panzer. (Phitonomus.) *Schh.* id. }
2 Trinotatus. *Marsham.* *Anglia.*
3 Puncticollis. (*Gaubil.*) *Helvetia.**
4 Agrestis. *Schönherr.* *Russ. merid.*

GRONOPS. *Schönherr.*

Bagous. *Germar.* Aulacus. (*Megerle.*) Curculio. *Fabr. Oliv. Herbst.* Rhynchænus. *Gyll. Ahrens.*

1 { Lunatus. *Fabr.* *P.**
Testaceus. Gyll. Stév. *Suecia.*
Amputatus. Olivier. *P.*
Percursor. Herbst. *Austria.*
Rubricus. Ahrens. id.
Elevatus. Fabr. Schh. *Germania.* }
2 Sulcatus. *Fisch. de Waldh.* *Russ. merid.*

PACHYCERUS. *Gyllenhal. Schh.*

Cleonus. *Schh.* Lixus. *Fabr. Oliv.* Curculio. *Herbst.*

1 { Mixtus. *Fabr.* *Algiria.*
Menetriesii. Schönh. *Russ. merid.*
Atomarius. Schönherr. id. }
2 Varius. *Herbst.* *Gall. merid.*
3 { Segnis. *Hoffmansegg. Schh.* *Sicilia.*
Cordiger. Germar. *Hungaria.*
Faldermanni. Dej. Cat. *Podolia.* }
4 Scabrosus. *Dej. Cat. Schh.* *Gall. merid.**
5 Planirostris. *Schönh.* id.
6 Albarius. *Cevrol. Schh.* *Gallia.*
7 Rugosus. *Lucas.* *Algiria.*
8 Corsicus. (*Gaubil.*) *Corsica.**

CLEONUS. *Schönherr.*

Cleonis. *Meg.* Lixus. *Illig. Germar. Latr. Oliv.* Epimeces. *Bilb.* Curculio. *Fabr. Oliv. Pall.*

1 Sparsus. *Schönherr.* *Italia.*
2 { Marmoratus *Fabr.* *Gallia.**
Tigrinus. Panzer. *Germania.*
Marmoreus. Schrank. id.
Dalbatus. Linné. *Suecia.*
Rodirus. Voet. id. }
3 Interstinctus. *Schönh.* *Russ. merid.*
4 { Morbillosus. *Fabr.* *Gall. merid.**
Tigrinus. Oliv. (Lixus.) *Hisp. merid.* }
5 Testaceus. *Schönherr.* *Etruria.*
6 Achates. (*Friw.*) *Schh.* *Hungaria.*
7 { Nebulosus. *Linné.* *Gallia.**
Carinatus. de Geer. *Germania.* }
8 Guttulatus. *Schneider. Schh.* *Suecia merid.*
9 { Turbatus. *Schönherr.* *Gall. bor.**
Glaucus. Dej. Cat. Sch. *Suecia.*
Nebulosus. Oliv. Hbst. *Germania.* }
10 Vittiger. (*Friw.*) *Schh.* *Tauria.*
11 Bisulcatus. *Sturm. Cat.* *Hungaria.*
12 Pruinosus. *Schönherr.* *Russ. merid.*
13 { Ophthalmicus. *Rossi.* *Gall. merid.**
Distinctus. Fab. Steph. *Dalmatia.*
Quadripunctatus. Schrank. *Austria.* }
14 Ocellatus. *Fahræus. Schh.* *Sicilia.*
15 { Concinnus. *Schönherr.* *Podolia.*
Tetragrammus? Pall. *Russ. merid.* }
16 Microgrammus. *Stév. Schh.* id.
17 { Obliquus. *Fabr.* *Gall. merid.**
Glaucus. Panzer. *Germania.* }
18 Tabidus. *Olivier.* *Gall. merid.*
19 Megalographus. *Schh.* *Sicilia.*
20 Sulcicollis. (*Parreyss.*) *Schh.* id.*
21 Crinipes. *Schönherr.* *Russ. merid.*
22 Excoriatus. *Illiger.* *Gall. bor.**
23 Fastigiatus. *Erichson.* *Algiria.**
24 Ericæ. (*Dahl.*) *Sch.* *Sicil. Gall. mer.**
25 { Trisulcatus. *Herbst.* *Gallia.**
Madidus. Olivier. Dej. Cat. *P.*
Adumbratus. Schönh. *Suecia.*
Hybridus. Germar. *Germania.*
Quinquelineatus. Hbst. id.
Altaicus. Gebler. *Sibiria.* }
26 { Ocularis. *Fabr.* *Italia.**
Barbarus. Olivier. *Algiria.* }
27 Roridus. *Fabr.* *Austria.*
28 Mœrens. *Schönherr.* *Tauria.*
29 { Grammicus. *Panzer.* *Germania.**
Bilineatus. Olivier. *Gallia.* }

30 Costatus. *Fabr.* — *Gall. merid.**
Bilineatus. Rossi. — *Italia.*
31 Cinereus. *Schrank.* — *Austria.**
Costatus. Herbst. — id.
Bicarinatus. Fischer. — *Russia.*
32 Cunctus. *Gyllenhal.* — *Gall. merid.*
33 Alternans. *Olivier.* — id.*
Var. *Lurcans. Herbst.* — *Austria.*
Incisuratus. Schh. — id.
34 Cœnobita. *Olivier.* — *Gallia.**
Nanus. Schh. var. — id.
Alternans. Schönherr. — *Austria.*
Sisymbrii. Dej. Cat. — id.
35 Misellus. *Gyllenhal.* — *Lusitania.*
36 Palmatus. *Olivier.* — *Gall. merid.**
Florentinus. Herbst. — *Italia.*
Emarginatus. Fabr. Latr. — *Saxonia.*
37 Leucomelas. *Chevrol. Schh.* — *Algiria.**
38 Surdus. *Schönherr.* — id.
39 Sulcirostris. *Linné.* — *Gall. merid.*
Var. *Nebulosus. Knoch* — *Germania.*
Fuscatus. Linné. — *Suecia.*
Fasciatus. Villers. — *Gall. orient.*
40 Scutellatus. *Schönherr.* — *Gall. merid.**
Quadricarinatus. Meg. — *Austria.*
41 Firmus. *Schönherr.* — *Russ. merid.*
42 Plicatus. *Olivier.* — *P. Algiria.**
43 Siculus. (*Dup.*) *Schh.* — *Sicilia.*
44 Sexmaculatus. *Zoubk.* — *Russ. merid.*
Sollicitus. Schönherr. — id.
Var. *Squalidus. Schh.* — id.
45 Quadrivittatus. *Esch. Schh.* — *Tauria.*
46 Atomarius. *Waltl. St. Cat.* — *Græcia.*

(Bothynoderes. *Schönherr.*)

47 Candidatus. *Pallas.* — *Russ. merid.**
Quagga. Herbst. — id.
Farinosus. Olivier. — id.
48 Strabus. *Schönherr.* — id.
49 Tenebrosus. *Schönh.* — id.
50 Pilipes. *Schönherr.* — id.
51 Nubeculosus. *Schonh.* — id.
52 Halophilus. *Schönherr.* — id.
53 Punctiventris. *Germar.* — *Austria.**
Stigma. Sturm. Cat. — id.
Glaucus. Fabr. — id.
Carinatus. Zoubkoff. — *Saxonia.*
Carinulatus. Schönh. — *Hungaria.*

54 Conicirostris. *Olivier.* — *Gall. merid.**
55 Flavicans. (*Parreyss.*) *Schh.* — *Illyria.*
56 Carinicollis. *Schönh.* — *Russ. merid.*
57 Vexatus. *Schönherr.* — id.
58 Volvulus. *Schönherr.* — id.
59 Virgatus. *Schönherr.* — id.
60 Mendicus. *Schönherr.* — *Gall. merid.*
61 Brevirostris. *Dej. Cat. Schh.* — id.*
62 Bartelsii. *Schönherr.* — *Russ. merid.*
63 Albicans. (*Ullr.*) *Schh.* — *Austria.**
64 Orbitalis. *Schönherr.* — *Algiria.*
65 Picipes. *Stéven. Schh.* — *Russ. merid.*
66 Albidus. *Fabr.* — *Gallia.**
Niveus. Bonsd. — id.
Bonsdoffii. Olivier. — id.
Candidus. Herbst. — *Austria.*
Affinis Schrank. — id.
Berolinensis. Linné. — *Germania.*
67 Declivis. *Olivier.* — *Hungaria.**
68 Glaucus. *Fabr.* — *Dania.*
69 Nomas. *Pallas* — *Russ. merid.*
70 Tetragrammus. *Pallas.* — id.
Concinnus. Schönherr. — id.
71 Fenestratus. *Pallas.* — *Russia.*
72 Cicatricosus. *Hoppe. Schh.* — *Germania.*
73 Incanescens. *Panzer.* — id.
74 Margaritiferus. *Lucas.* — *Algiria.**

METALLITES. *Schönherr.*

Polydrusus. *Sturm. Dej. Cat.*

1 Mollis. *Germar.* — *Helvetia.**
2 Geminatus. (*Chevrol.*) — *Alp. Gall.**
3 Atomarius. *Olivier.* — *Germania.**
Æratus. Gravenh. Dej. Cat. — id.
4 Elegantulus. (*Parr.*) *Schh.* — id.
5 Ambiguus. *Schonherr.* — *Gallia.**
Fulvipes. Germar. — *Austria.*
Flavipes. Panzer. — *Germania.*
6 Murinus. *Dej. Cat. Schh.* — *Gall. merid.*
7 Tibialis. (*Ullrich*) *Sch.* — *Istria.*
8 Globosus. *Chevrolat. Schh.* — *Gall. merid.**
9 Cylindricollis. *Schh.* — *Illyria.*
10 Globulipennis. (*Allib.*) — *Alp. Gall.**

POLYDRUSUS *Germar.*

POLYDROSUS. *Schönh.* CURCULIO. *Auct.* DASCILLUS et MURENUS. *Megerle.*

1 Undatus *Fabr.* *Gallia.**
Tereticollis. de Geer. Latr. *P.*
Albofasciatus. Herbst. *Austria.*
Cinereus. Schaller. *Germania.*
Selenus. Marsham. *Anglia.*
2 Intermedius. *Zetterst.* *Suecia.*
3 Fulvicornis. *Fabr.* id.
Ruficornis. Bonsd. id.
Fasciatus. Müller. *Dania.*
Undulatus. Linné. *Suecia.*
4 Ornatus. *Stéven. Schh.* *Tauria.*
5 Ferrugineus. *Schönh.* id.
6 Viridicinctus. *Schönh.* *Hungaria.*
Aurifer. Dej. Cat. *Austria.*
7 Planifrons. *Dej. Cat. Schh.* *P.**
Argentatus. Olivier. *Gallia.*
8 Armipes. *Schönherr.* *Sicilia.*
9 Impressifrons. *Dej. Cat. Schh.* *Gallia.**
Var. *Sericeus. Germar.* *Germania.*
10 Flavipes. *de Geer.* *Gallia.**
Var. *Argentatus. Bons.* *Germania.*
Ochropus. Linné. *Suecia.*
11 Pterygomalis. *Schönh.* *Gallia.**
12 Corruscus. *Müll. Schh.* *Germania.**
Herbeus. Schönherr. *Russ. merid.*
Squamosus. Knoch. *Germania.*
13 Flavovirens. *Schönh.* *Austria.**
Sericeus. Herbst. id.
14 Xanthopus. *Schh.* *Lusitania.*
15 Cervinus *Linné. Gyll.* *Suecia.**
Messor. Herbst. *Austria.*
Var. *Maculatus. Hbst.* id.
— *Atomarius. Dej. Cat.* *P.**
Grisoæneus. de Geer. *Gallia.*
16 Astutus. *Schönherr.* *Tauria*
17 Vilis. *Stéven. Schh.* id.
18 Chrysomela. *Olivier.* *Alsatia.**
Perplexus. Dej. Cat. *P.*
19 Sparsus. *Dahl Cat. Schh.* *Italia.**
20 Picus. *Fabr.* *Austria.**
Ornatus. Herbst. id.
21 Sericeus. *Schall. Schh.* *Germania.**
Smaragdinus. Dej Cat. *P.*
Squamosus. Germar. *Austria*
♀ *Splendens. Herbst.* id
22 Thalassinus. *Schönh.* *Varsovia.*
23 Lateralis. (*Meg.*) *Schh.* *Italia.*
24 Dorsualis. *Schonherr.* *Corcyra.*
25 Leucaspis. *Chev. Schh.* *Sardinia.*
26 Micans. *Fabr.* *Germania* *
Argentatus. Fourcroy. *P.*
27 Squalidus. *Schönherr.* *Austria.*
28 Vittatus. *Dahl. Cat. Schh.* *Illyria.**
29 Amœnus. *Germ. Schh.* *Germania.**
30 Rubi. *Gyllenhal.* *Suecia*
31 Pallipes. *Lucas.* *Algiria.**
32 Albomaculatus. *Stm. Cat.* *Istria.*
33 Aurulentus. (*Megerle.*) *St. Cat.* *Austria.*
34 Virens. *Sturm. Cat.* *Germania*
35 Scutellaris. *Stm. Cat.* *Italia.*
36 Holosericeus. *Stm. Cat.* *Austria.*
37 Gilvipes. *Sturm. Cat.* *Germania.*
38 Amaurus. *Marsham.* *Anglia*
39 Confluens. *Kirby.* id.
40 Marginatus. *Stephens.* id.
41 Pulchellus. *Stephens.* id.
42 Melanotus. *Stephens.* id.

CHLOROPHANUS. *Dalman.*

Schönherr. Germar. Redtenbacher. CURCULIO. *Linné. Fabr. Gyll.* BRACHYRHINUS. *Latr.*

1 Viridis. *Linné.* *Alsatia.**
Flavocinctus. de Geer. *Germania*
Brevicollis. Gyllenh. *Suecia.*
Inermis. Schönherr. id.
2 Rugicollis. *Schönherr.* *Pyr. orient.*
3 Pollinosus. *Fabr.* *Austria.**
4 Salicicola. *Germar.* *Silesia.*
5 Nobilis. *Dahl. Cat. Schh.* *Hungaria*
6 Voluptiferus. *Schönh.* *Austria*
7 Graminicola. (*Megerle.*) *Schh.* *Hungaria* *
Pollinosus. Oliv. Stév. id.
Flavescens. Herbst. *Austria.*
Var. *Viridis. Dej. Cat.* *Gallia.*
8 Vittatus. *Schonherr.* *Russ. merid.*
9 Excisus. *Fabr.* *Moldavia.*
10 Caudatus. *Stév. Schh.* *Russ. merid.*
11 Micans. *Stév. Schh.* id.
12 Piliferus. *Schönherr.* id

13 Sellatus. *Fabr. Latr.* *Russ. merid.*
Dorsalis. *Dej. Cat.* id.
14 Fallax. *Illig.* (Phænodus. *Schh.*) *Hungaria.*

SCYTHROPUS *Schonherr.*

Pinymecus. *Dej. Cat.* Curculio. *Herbst.*

1 Mustela. *Herbst. Schh.* *Germania.**
Villosus. Herbst. *Austria.*
Squamosus. Dej. Cat. id.
2 Septifrons. (*Chevrol.*) *Gall. merid.**

MESAGROICUS. *Schönherr.*

1 Piliferus. *Schönherr.* *Russ. merid.*
2 Obscurus. *Stév. Schh* id.

SITONES. *Schönherr.*

Sitona. *Germar.* Curculio. *Linné. Schh. Oliv.*

1 Tesselatus. *Schönherr.* *Algiria.**
Var. *Ambulans. Chevrolat. Schh.* *Gall. merid.**
2 Latipennis. *Schönherr.* *Lusitania.*
3 Griseus. *Fabr.* *Gall. merid.**
Palliatus. Olivier. id.
Fuscus. Stephens. *Anglia.*
Var. *Gressorius. Germar. Schh.* *Gall. merid.**
4 Tennis. *Rosenhauer.* *Tyrolis.*
5 Callosus. *Schönherr.* *Tauria.*
6 Cinerascens. *Schonh.* *P.*
7 Cribricollis. *Schh.* *Austria.*
8 Constrictus. *Germar.* *Saxonia.*
9 Regensteinensis. *Hbst.* *P.**
10 Globulicollis. *Schönh.* *Gallia.**
11 Mauritanicus. *Chevrol. Schh.* *Algiria.*
12 Obscuripes. *Schönh.* *Russ. merid.*
3 Chloroloma. *Géné. Sch.* *Sardinia.*
4 Virgatus. *Schönherr.* *Sicilia?*
5 Lineellus. *Bonsdorff.* *Germania.**
Ocator. Herbst. *Austria.**
Var. *Lineatus. Payk.* *Suecia.*
16 Tibialis. *Herbst.* *Gallia.**
17 Geniculatus. *Schh.* *P.*
18 Brevicollis. *Schönherr.* *Germania*
19 Ambiguus. *Gyllenhal.* id.
0 Setosus. *L. Redtenb* *Austria*

21 Sulcifrons. *Thunberg.* *Suecia.**
Campestris. Olivier. *Gallia.*
Tibialis. Steph. Gyll. *Anglia.*
22 Languidus. *Schonherr.* *Tauria.*
23 Arcticollis. *Schönherr.* id.
24 Crinitus. *Oliv. Dej. Cat.* *Gallia.**
Crinita. Dej. Cat. id.
Nanus Besser. *Germania.*
Macularis Marsham. *Anglia.*
25 Crinifrons. *Olivier.* *P.**
26 Variegatus. *Dahl. Cat. Schh.* *Sardinia.*
27 Insulsus. *Schonherr.* *Russ. merid.*
28 Octopunctatus. *Germ.* *Gallia.**
Obsoletus. Linné. *Suecia.*
Caninus. Zett. Gyll. id.
Var. *Flavescens. Marsham. Steph.* *Anglia.*
Lineatus. Bonsd. *Gallia.*
Subrufus. Linné. *Germania.*
29 Cylindricollis. *Schönh.* *Gallia.*
30 Lateralis. *Schönherr.* *Tauria.*
31 Medicaginis. *Redtenb.* *Austria.*
32 Atritus. *Schönherr.* *Tauria.*
33 Discoideus. (*Meg.*) *Sch.* *Austria.*
34 Promptus. *Schönherr.* *Gall. merid.**
35 Viciæ. *Stephens.* id.
36 Longicollis. *Schönh.* *Tauria.*
37 Cachecta. *Chevr. Schh.* *Hispania.*
38 Lineatus. *Linné.* *Gallia.**
Squamosus. Linné. *Suecia.*
Intersectus. Fourcroy. *P.*
Caninus. Fabr. Latr.? id.
Chloropus. Lin. Latr.? id.
Rufitarsis. Marsham. *Anglia.*
39 Elegans. *Schönherr.* *Saxonia.*
Var. *Lineatus. Payk.* *Suecia.*
40 Anchora. *Schönherr.* *Tauria.*
41 Argutulus. *Schönherr.* *Italia.*
Verecundus. Rossi. id.
42 Bicolor. *Schönherr.* *Dalmatia.*
43 Hispidus. *Chevrolat?* *P.**
44 Inops. *Schonherr.* *Austria.*
45 Trisulcatus. *Schönh.* *Gall. merid.**
46 Hæmorrhoidalis. *Schh.* *Austria.*
47 Fœdus. *Schönherr.* *Tauria.*
48 Tibiellus. *Schönherr.* *Austria.**
49 Hispidulus. *Fabr.* *P.**
Crinitus. Herbst. *Austria.*
Hirtus. Linné. *Suecia.*
Tibialis. Olivier. *Gallia*
50 Turbatus. *Schönherr.* *Anglia*
Griseus. Stephens. id

51 Decorus. *Sturm. Cat.* *Austria.*
52 Humilis. *Sturm. Cat.* id.
53 Ulicis. *Kirby.* *Anglia.*
54 Spartii. *Kirby.* id.
55 Femoralis. *Stephens.* id.
56 Pleuriticus. *Kirby.* id.
57 Pallipes. *Stephens.* id.
58 Nigriclavis. *Marsham.* id.
59 Puncticollis. *Kirby.* id.*
60 Longiclavis. *Marsham.* id.
61 Suturalis. *Stephens.* id.
62 Humeralis. *Kirby.* id.
63 Pisi. *Stephens.* id.*
64 Rotundicollis. (*Chev.*) *Gallia.*
65 Albescens. *Kirby.* *Anglia.*
66 Cambricus. *Kirby.* id.

TANYMECUS. *Germar.*

CURCULIO. *Fabr. Oliv. Herbst. Marsh.*

1 Palliatus. *Fabr.* *P.**
Graminicola. Olivier. *Gall. merid.**
Canescens. Herbst. *Austria.*
Diffinis. Marsham. *Anglia.*
Glis. Rossi. *Italia.*
2 Argentatus. *Bartels. Schh.* *Russ. merid.*
3 Variegatus. *Gebl. Sch.* id.
4 Urbanus. *Schönherr.* id.
5 Simplex. *Sturm. Cat.* *Austria.*
6 Limosus. *Rossi.* *Italia.*
7 Vittiger. (*Meg.*) *Dej. Cat.* *Hungaria.*

EUSOMUS. *Germar.*

THYLACITES. *Olim.* EUSOMATUS. *Sturm. Cat.*

1 Ovulum. *Illiger.* *Gallia.**
2 Virens. *Schönherr.* *Hungaria.*
3 Piliferus. *Schönherr.* *Russ. merid.*
4 Elongatus *Schönherr.* *Tauria.*
5 Pilosus. *Schönherr.* *Russ. merid.*
6 Martini. *Humm. Schh.* *Petropoli.*
7 Affinis. *Lucas.* *Algiria.**

BRACHYDERES. *Schönherr.*

THYLACITES. *Germar.* CURCULIO. *Linné. Fabr.*

1 Lusitanicus. *Fabr.* *Gall. merid.**
2 Gracilis. *Schneider.* *Lusitania.**
3 Opacus. *Schönherr.* *Gall. occid.**
4 Illæsus. *Schneider.* *Lusitania?*
5 Incanus. *Linné.* *P.**
6 Lepidopterus. *Chevrolat. Schh.* id.*
7 Pubescens. *Dej. Cat. Schh.* *Gall. merid.**
8 Albidus. *Schönherr.* *Russ. merid.*
9 Quercicola. *Dufour. Dej. Cat.* *Hisp. orient.*
10 Hispanicus. *Dej. Cat.* *Hispania.*
11 Linearis. *Dej. Cat.* id.
12 Subfurcatus. *Dej. Cat.* id.
13 Brevis. *Rambur. Dej. Cat.* *Hisp. merid.*
14 Pini. *Chevrolat.* *P.**
15 Elegans. *Dej. Cat.* *Lusitania.*
16 Marginatus. *Dej. Cat.* id.
17 Ilicis. (*Dahl.*) *St. Cat.* *Sardinia.*

PLATYTARSUS. *Schönherr.*

CURCULIO. *Linné. Fabr.*

1 Setiger. (*Meg.*) *Schh.* *Austria.*

SCIAPHILUS. *Schönherr.*

EUSOMUS. *Germar.* CURCULIO. *Fabr. Gyll.*

1 Muricatus. *Fabr.* *P.**
Planirostris. Linné. *Suecia.*
Asperatus. Latr. (Brachycerus.) *P.*
Var. *Lucidulus. Mannerheim.* *Suecia.*
2 Meridionalis. *Schonh.* *Sicilia.*
3 Barbatulus. *Germar.* *Dalmatia.**
Smaragdinus. Dej. Cat. (Thylacites.) id.
4 Smaragdinus. *Dej. Cat. Schh.* id.
Var. *Barbatulus. Dej. Cat.* id.
5 Bellus. *Rosenhauer.* *Tyrolis.*
6 Scytulus. *Germar.* *Germania.*
Crinitus. Sturm. (Eusomus.) id.
Parvulus. Fabr. id.
7 Setosulus. (*Dahl.*) *Sch.* *Illyria.*
8 Hispidus. *Redtenb.* *Austria.*
9 Viridis. *Chevrol. Schh.* *Italia.**

10 Oblongus. *Dej. Cat. Schh.* *Hispania.*
11 Pusillus. *Steph. Schh.* *Anglia.*
12 Carinatus. *Oliv. Dej. Cat.* *Lusitania.*
Asferculatus. Germar. in litt. id.
13 Aurosus. *Germar.* *Sicilia.*
14 Aurafius. *Dej. Cat.* *Styria.*
15 Subsignatus. *Dej. Cat.* *Dalmatia.*
16 Fulvipes. *Dej. Cat.* *Gall. merid.*
17 Assceruiatus. *Germar. St. Cat.* *Germania.*
18 Globosus. (Sitona.) *St. Cat.* *Austria.*

STROPHOSOMUS. *Bilberg. Schönh.*

Cneorhinus. *Schh. Dej. Cat.* Thylacites. *Germ. Dej. St. Cat.* Curculio. *Fab.*

1 Coryli. *Fabr.* *P.**
Var. *Affinis. Dej. Cat.* *Gallia.**
Truncatus. Latreille. id.
2 Crinifrons. *Chevrolat.* *Gall. merid.**
3 Alternans. *Schonherr.* *Gall. merid.*
4 Faber. *Herbst.* *P.**
Pilosellus. Stephens. Herbst. Gyll. *Germania.*
Limbatus. Dej. Cat. id.
5 Cristatus. *Schönherr.* *Hispania.*
6 Squamulatus. *Herbst. Latr.* *Suecia.*
Griseus. Dej. Cat. *Austria.*
7 Hispidus. *Schönherr.* *Gall. merid.*
Porcellus. Schönherr. id.
Comatus. Dej. Cat. *Dalmatia.*
8 Squamosus. (*Gaubil.*) *Algiria.**
9 Subsulcatus. *Schönh.* *Italia.*
10 Hirtus. *Schönherr.* *Gallia.*
11 Setulosus. *Schönherr.* *Helvetia.*
12 Planifrons. *Dej. Cat.* *Gall. merid.*
13 Monticola. *Dej. Cat.* *Alp. Gall.*
14 Laticollis. *Dej. Cat.* *Hispania.*
15 Capillatus. *Dej. Cat.* *Dalmatia.*
16 Rufipes. *Stephens.* *Anglia.*
17 Asperifoliarum. *Kirby.* id.
18 Cognatus. *Stephens.* id.
19 Subrotundatus. *Marsh.* id.
20 Nigricans. *Kirby.* id.
21 Scrobiculatus. *Marsh.* id.
22 Nebulosus. *Stephens.* id.
23 Chætophorus. *Steph.* id.

CNEORHINUS. *Schönherr.*

Curculio. *Fabr.* Thylacites. *St.*

1 Barcelonicus. *Herbst.* *Hispania.*
Var. *Incanus. Fabr.* id.
2 Designatus. (*Chevrol.*) *Algiria.**
3 Barbarus. (*Gaubil.*) id.*
4 Meridionalis (*Chevrol.*) *Gall. merid.**
5 Narbonensis. (*Gaubil.*) id.
6 Argentatus. (*Gaubil.*) *Algiria.**
7 Prodigus. *Fabr.* *Barbaria.*
Hispanus. Herbst. *Hispania.*
8 Ludificator. *Schönherr.* id.
9 Geminatus. *Fabr.* *Gallia.**
Globatus. Latreille. *P.*
10 Albicans. *Dej. Cat. Sch.* *Gall. occid.*
11 Albinus. *Schönherr.* *Russ. merid*
12 Plumbeus. *Marsham.* *Anglia.*
13 Exaratus. *Marsham.* id.*
14 Carinæirostris. *Schh.* *Lusitania.*
15 Pyriformis. *Schönh.* id.
16 Hypocyanus. *Hoffgg. Schh.* id.
17 Amplicollis. *Schönh.* id.

THYLACITES. *Germar.*

Curculio. *Herbst. Fabr.*

1 Fullo. *Erichson.* *Algiria.*
2 Cataractus. *Schönh.* *Lusitania.*
3 Comatus. *Erichson.* *Algiria.*
4 Mus. *Herbst.* *Lusitania.*
5 Fritillum. *Panzer.* *Gall. merid.**
Lapidarius. Dej. Cat. id.
Canescens. Rossi. *Italia.*
Var. *Hæpfneri. Jeniss.* id.
6 Tesselatus. *Schönh.* *Lusitania.*
Rotundicollis. Dej. Cat. id.
7 Barbarus. *Schönherr.* *Algiria.**
8 Turbatus. *Gyllenhal.* *Hispania.**
Sabulosus. Dej. Cat. id.
9 Chalcogrammus. *Schh.* id.
10 Umbrinus. *Schönherr.* *Lusitania.*
Fritillum. Fabr. id.
Elongatus? Dej. Cat. *Hispania.*
11 Glabratus. *Schönherr.* *Lusitania.*
Robiniæ. Herbst. id.
Obtusus? Dej. Cat. id.
12 Lasius. *Schönherr.* id.
13 Vittatus. *Chev. Schh.* id.*
14 Pilosus. *Fabr.* *Germania.*
Licinus. Herbst *Austria.*

15 Variegatus. *Lucas.* *Algiria.*
16 Farinosus. *Dej. Cat.* *Russ. mer. oc.*
17 Atratus. *Dej. Cat.* *Hispania.*
18 Juvencus. *Dej. Cat.* *Barbaria.*
19 Asphodeli. *Rambur. Dej. Cat.* *Hisp. merid.*
20 Hirtellus. *Dej. Cat.* *Hispania.*
21 Subterraneus. *Dej. Cat.* *Gall. merid.*

HOMALORHINUS. *Schönherr.*

1 Tristis. *Schönherr.* *Russ. merid.*

PSALLIDIUM. *Illiger.*

Schh. CURCULIO. *Fabr. Oliv. Hbst.*

1 { Maxillosum. *Illiger.* *Austria.*
{ *Articulatum. Fabr.* *Tauria.*
2 Sculpturatum. *Schh.* *Constantinp.*
3 Interstitiale. *Schönh.* *Tauria*
4 Anatolicum. *Chevrol. Schh.* *Anatolia.*
5 Græcum *St. Cat.* *Græcia.*
6 Vittatum. *Friwaldszky.* *Turcia.*
7 Gracile. *Sturm. Cat.* *Græcia.*

BRACHYCERUS. *Fabr.*

CURCULIO. *Linné. de Geer. Rossi. Drury.*

1 Transversus. *Olivier.* *Algiria.**
2 Libertinus. *Schönherr.* *Barbaria.*
3 Rignus. *Erichson.* *Algiria.**
4 { Pterygomalis. *Gyllenh.* id.*
{ *Serratus. Olivier.* id.
{ *Algirus. Herbst.* id.
{ *Barbarus. Thunberg.* id.
5 Kœnigii. *Dej. Cat. Sch.* id.*
6 { Lateralis. *Gyllenhal.* *Lusitania.**
{ ♀ *Barbarus. Linné.* *Algiria.*
7 { Mauritanicus. *Olivier.* id.*
{ *Barbarus. Latreille.* id.
{ Var. *Albidatus. Chev.* id.*
8 { Undatus. *Fabr.* *Gall. merid.**
{ *Lacunatus. Latreille.* id.
{ *Barbarus. Dumeril.* *Algiria.*
{ *Incultus. Gyllenhal.* id.
{ *Crispatus. Fabr.* id.
{ *Algirus. Olivier.* id.
9 Corrosus. *Dej. Cat Schonh* *Corsica.**
10 { Albidentatus. *Helf. Sch.* *Sicilia*
{ *Siculus. Dej. Cat.* id.
{ *Sardeus. (Dahl.)* *Sardinia.*
11 Dentatus. (*Chevrolat.*) *Algiria.**
12 Latro. *Schönherr.* id.*
13 Costicollis. (*Chevrol.*) id.*
14 Pupillatus. (*Chevrol.*) id.*
15 Distinctus. (*Chevrol.*) id.*
16 { Besseri. *Dej. Cat. Schh.* *Volhynia.**
{ Var. *Pisiferus. Thunb.* *Podolia.*
17 { Lutulentus. *Schönherr.* *Italia.**
{ *Junix. Herbst.* id.
18 Siculus. *Mannerheim. Schh.* *Sicilia.*
19 { Chevrolatii. *Helf. Schh.* id.*
{ Var. *Callosus Schönh.* id.
{ *Variolosus. Thunb.* id.
{ *Rudis. Chevrolat.* id.
20 Barbarus? *Fabr.* *Algiria.*
21 Semituberculatus. *Chevrol. in litt. Luc.* id.*
22 Plicatus. *Schönherr* *Hispania.*
23 { Algirus. *Fabr.* *Gall. merid.**
{ *Muricatus. Olivier.* id.
24 Rubiginosus. (*Chevrl.*) *Algiria.**
25 Scutellaris. *Chevrolat. in litt. Lucas.* id.*
26 Tetanicus. (*Chevrol.*) id.*
27 { Planirostris. *Schönh.* *Italia.*
{ Var. *Algirus. Dej. Cat.* id.
28 Lutosus. *Schönherr.* *Gall. merid.**
29 Fimbriatus. (*Chevrol.*) *Algiria.**
30 Scirrosus. *Schönherr.* *Sicilia?*
31 Perodiosus. *Schönh.* *Andalusia.*
32 { Superciliosus. *Schönh.* *Russ. merid*
{ Var. *Europæus. Thunberg* id.
33 { Muricatus. *Fabr.* *Hungaria*
{ *Foveicollis. Schönh.* *Austria.*
{ *Gemmatus. Thunb.* id.
34 Hispanicus. *Dej. Cat.* *Hispania.*
35 { Dahlii. *Dej. Cat.* *Sicilia*
{ *Globosus. Dahl. Cat.* id.
36 Sordidus. *Ramb. Dej. Cat.* *Hisp. merid*
37 { Scabratus. *Dej. Cat.* *Sardinia.*
{ *Tuberculosus. Dahl. Cat.* id.
38 Græcus. *Sturm. Cat.* *Græcia.*
39 Spinosus. *Dahl. St Cat.* *Hungaria*
40 Nodipennis *Sturm. Cat* *Insul Malta*

AMOPHOCEPHALUS. *Schh.*

Arrhenodes. *Stéven. Dej. Cat.*

1 Coronatus. *Germar.* *Italia.**

RAMPHUS. *Clairville.*

Rhynchænus. *Gyll. Sahlb.* Curculio. *Herbst. Payk. Marsh.*

1 Flavicornis. *Clairville. Dumeril.* *P.**
Pulicarius. Stph. Cast. *Anglia.*
2 Tomentosus. *Olivier.* *Helvetia.**
3 Æneus. *Dej. Cat. Sahlb.* *Gall. merid.*

TANAOS. *Schönherr.*

1 Fallax. *Gyllenhal.* *Africa Austr.*
2 Bicolor. *Schönherr.* id.

APION. *Herbst.*

Attelabus. *Fabr. Payk.* Apius. *Bilb.* Curculio. *Linné. de Geer.* Rhynomacer. *Clairv.* Oxystoma. *Herbst. Dumeril. Steph.* Pelamis. *Meg.*

1 Pomonæ. *Fabr. Steph.* *P.**
Cœruleum. Kirby. *Anglia.*
Cyaneum. Panzer. *Germania.*
2 Craccæ. *Linné. Steph. Latr.* *P.**
♂ *Ruficorne. Germar. Sahlb.* *Germania.*
3 Subulatum. *Kirby. Germar.* id.
4 Marshami. *Stephens.* *Anglia.*
5 Scrobicolle. *Schonh.* id.
6 Ochropus. *Germar.* *Germania.**
Rufitarse. Dej. Cat. *Styria.*
7 Neglectum. *Schönherr.* *Tauria.*
8 Confluens. *Kirb. Steph.* *Gallia.*
9 Stolidum. *Germar.* *Germania.**
Confluens. Gyllenh. *Suecia.*
10 Betulæ. *Chevrol. Schh.* *P.**
11 Vicinum. *Kirby. Steph. Dej. Cat.* *Gallia.**
Loti. Germar. *Germania.*
Incrassatum. Germar. id.
12 Glaucinum. *Schönherr.* *Gallia.*
13 Atomarium. *Kirb. Stph.* *Anglia.*
Pusillum. Germ. Dej Cat. *Gallia*
14 Oculare. *Schonherr.* *Tauria*
15 Acium. *Schönherr.* id.
16 Palpebratum. *Schönh.* id.
17 Cylindricolle. *Schönh.* id.
18 Hookeri. *Kirby. Steph. Sahlb.* *Anglia.**
Rotundicolle. (Meg.) *Helvetia.*
Dispar. Gyllenhal. *Suecia*
19 Sahlbergi. *Schönherr.* id.*
20 Penetrans. *Germar.* *Germania.**
21 Basicorne. *Ill. Dej. Cat.* id.
Brevicorne. (Meg.) Dej. Cat. *Gallia.*
22 Tennæ. *Kirby. Steph.* id.*
23 Pubescens. *Kirby. Stephens. Germar.* *Anglia.**
24 Nigrescens. *Stephens.* id.*
25 Æneum. *Fabr. Steph.* *Gallia.**
Var. *Chalceum. Marsh. Ménétr.* *Anglia.*
26 Radiolus. *Kirby. Stph.* *Gallia.**
Aterrimum. Gyl. Sahlb. *Suecia.*
Var. *Æneum. Paykull.* *Germania.*
27 Curvirostre. *Schönh.* *Russ. merid.*
28 Onopordi. *Kirb. Steph.* *Gallia.**
29 Gibbirostre. *Gyll. Shlb.* *Suecia.**
Carduorum. Stephens. Dej. Cat. *P.*
30 Pecticorne. *Dej. Cat.* id.
31 Setiferum. *Schönherr.* id.*
32 Ulicicola. *Perris.* *Gall. merid.**
33 Brunnipes. *Schonh.* *Gallia.*
34 Insculptile. *Perris.* *Gall merid**
35 Lævigatum. *Kirb. Stph.* *Anglia.*
36 Bifoveolatum. *Kirby. Steph.* id.
37 Hydrolapathi. *Kirby.* *Germania**
Cœruleopenne. Steph. *Anglia.*
38 Chevrolatii. *Schönherr.* *P.**
39 Tamarisci. *Dej. Cat. Schh.* *Gall. merid.**
40 Aciculare. *Germar.* *German. P.**
41 Rugicolle. *Germ. Stph.* *P.**
42 Brevirostre. *Hbst. Dej. Cat.* *Gallia.**
43 Timidicolle. *Märkel.* *Saxonia.*
44 Longirostre. *Olivier.* *Hungaria.**
45 Holosericeum. *Dej. Cat. Schh.* *Dalmatia.*
46 Millum. *Schonherr.* *Austria.*
47 Pallipes. *Kirby. Steph. Dej. Cat.* *Gallia.**
Rufipes. Dej. Cat. *P*

48 Geniculatum. *Germar. Germania.*
49 Flavimanum. *Sahlberg.*
Dej. Cat. Gall. merid.
Rufomanum. Dej. Cat P.
50 Canescens. *Dej. Cat. Algiria.**
51 Semivittatum. *Schönh. Tauria.*
52 Ulicis. *Forster. Schh. Gallia.**
Ilicis. Stephens. Anglia.
53 Fuscirostre. *Fabr. Dej.*
*Cat. P.**
Melanopum. Kirby.
Steph. Anglia.
54 Difficile. *Herbst. Helvetia.**
Corniculatum. Germ. Germania.
Ruficorne. (Megerle.) Austria.
55 Genistæ. *Kirby. Anglia.**
Astragali. Herbst. Austria.
56 Nigrirostre. *Fabr. Africa austr.*
57 Rufirostre. *Fab. Steph. Gallia.**
58 Fulvirostre. *Schönh. Tauria.*
59 Pallydactylum. *Schh. Sicilia.*
60 Femorale. *Fabr. Algiria.*
61 Flavofemoratum. *Hbst.*
*Dej. Cat. Gall. merid.**
Femoratum. Dej. Cat. Styria.
62 Russeolum. *Schönherr. Africa austr.*
63 Malvæ. *Fabr. Steph. Gallia.**
64 Vernale. *Fabr. Steph.*
*Sahlb. P.**
Fasciatum. Latreille. id.
65 Rufescens. *Gyllenhal. Lusitania.*
66 Pallidulum. *Schonh. Sicilia.*
67 Atritarse. *Schönherr. Tauria.*
68 Viciæ. *Payk. Steph.*
*Dej. Cat. P.**
Griesbachi. Stephens. Anglia.
Trifolii. Linné. Suecia.
69 Obscurum. *Marsham.*
Steph. Anglia.
70 Difforme. *Germ. Steph.*
Dej. Cat. Gallia.
Compressicorne. Dej.
Cat. P.
71 Dissimile. *Germar. Saxonia.**
72 Varipes. *Germ. Steph. Germania.**
Flavipes. Gyllenhal. Suecia.
Flavifemoratum. Kirb. Anglia.
73 Apricans. *Hbst. Steph.*
*Sahlb. P.**
74 Fagi. *Kirby. Steph. Anglia.*
75 Ononidis. *Gyllenhal. Suecia.**
76 Bohemanii. *Schönh. Westrogoth*
77 Lævicolle. *Kirb. Steph. Anglia.*
78 Schönherri. *Waterh. Anglia.*
79 Flavipes. *Fab. Sahlb.*
*Steph. P.**
80 Æstivum. *Germar.*
*Sahlb. Steph. Germania.**
81 Ruficrus. *Germ. Steph* id.*
Æstivum. var. b. Germ. id.
82 Assimile. *Gyllenhal.* id.*
83 Waterhousei. *Schh. Anglia.*
84 Angusticolle. *Schönh. Odessa.*
85 Nigritarse. *Kirb. Sch. Helvetia.**
86 Leachii. *Stephens. Anglia.*
87 Miniatum. *Sahlb. Dej.*
*Cat. Helvetia.**
Frumentarium. Stph. Anglia.
88 Frumentarium. *Linné.*
*Gyll. Sahlb. Gallia.**
Hæmatodes. Steph.
Dej. Cat. Anglia.
Purpureum. Latr. P.
Ferrugineum. Dej. Ct. id.
89 Sanguineum. *de Geer.*
*Sahlb. Suecia.**
Rubiginosum. Dej.
Cat. P.
90 Hæmatodes. *(Sturm.)*
*Schh. Germania.**
91 Gyllenhali. *Kirb. Dej.*
Cat. Gallia.
Unicolor. Kirby. Anglia.
Æthiops. Gyllenhal. Suecia.
92 Africanum *Schönh. Africa austr*
93 Mecops. *Schönherr. Scaniæ.*
94 Incanum. *Schönherr. Helvetia.**
Salviæ. Ullrich. id.
95 Seniculus. *Kirby P.**
Tenuis. Dej. Cat. Suecia.
Plebejum. Germar. Germania.
Elongatum. Germar. id.
96 Trifolii. *Lintz. Schh. Germania.*
97 Civicum. *Germ. Steph.* id.*
98 Salicis. *Chevrol. Schh. P.*
99 Foraminosum. *Germ. Germania.**
100 Lævithorax. *Schönh. Gallia.*
101 Validum. *Germar. Germania.**
Cæruleum. Herbst. Austria.
102 Columbinum. *Germ.*
*Steph. Gallia.**
103 Superciliosum. *Gyll. Germania.**
104 Tubiferum. *Dej. Cat.*
Schh. Gall. merid.
Scolopax. Hoffmsgg. Lusitania.
105 Alcyoneum. *Dej. Cat. Germania.*

106 Æratum. *Stephens.* *Anglia.*
Auratum. Stephens. id.
107 Ebeninum. *Kirby.*
Sahlb. *Finlandia.**
Nigrinum. (Ullrich.) *Illyria.*
108 Kunzei. *Schönherr.* *Germania.*
Ebeninum. Kunze. in litt. id.
109 Angustatum. *Kirby.* *P.**
Modestum. Germar. Sahlb. Dej. Cat. *Germania.*
Meliloti. var. β. Kirb. *Anglia.*
Flavipes. Paykull. var. β. *Suecia.*
110 Languidum. *Schüppel. Schh.* *Germania.*
111 Afer. *Schönherr.* *P.*
112 Furvum. *Sahlb. Schh.* *Finlandia.*
113 Oblungum. *Sahlberg. Schh.* *Tauria.*
114 Morio. *Germ. Dej. Ct.* *Gallia.**
115 Ononis. *Kirby. Steph.* *Helvetia.**
♂ Cinerascens. Germ. *Germania.*
116 Platalea. *Germar.* id.*
117 Coracinum. *Schönh.* *P.*
118 Cyanescens. *Dej. Cat. Schh.* *Gall. merid.*
119 Ervi. *Kirby. Sahlb.* *P.*
Var. *Lythri. Kirby.* *Germania.*
120 Perplexum. *Schönh.* id.
Nigrum. Olivier. id.
121 Validirostre. *Schönh* *P.*
122 Loti. *Kirby. Steph.* *Anglia.**
123 Scutellare. *Kirby. Steph.* id.
124 Kirbyi. *Germ. Steph.* id.*
125 Glabratum. *Germar. Steph.* id.
126 Filirostre. *Kirb. Stph.* id.*
127 Meliloti. *Kirb. Steph.* *Gallia.**
128 Reflexum. *Schönh.* *P.*
129 Virens. *Herbst. Sahlb.* id.*
Æneocephalum. Gyll. *Suecia.*
Cyaneum. Dej. Cat. *P.*
♂ Marchicum. Steph. *Anglia.*
130 Simile. *Kirby. Steph.* id.
131 Punctirostre. *Schönh.* *Tauria.**
132 Punctigerum. *Germ. Steph.* *Gallia.**
133 Foveolatum. *Kirby. Steph.* *Anglia.*
Cyaneum. Gyllenhal. Dej. Cat *Suecia.*
134 Intrusum. *Gyll. Steph.* *Suecia.**
Var. *Foveolatum. Kirby. Dej. Cat.* *Anglia.*
135 Spencei. *Kirb. Steph.* *Gallia.*
136 Sulcifrons. *Herbst. Sahlb.* *Germania.**
137 Leptocephalum. *Germar.* *P.*
138 Æthiops. *Hbst. Sahlb.* *Gallia.**
Subcæruleum. Steph. *Anglia.*
Marchicum. Gyllenh. *Suecia.*
139 Translaticeum. *Schh.* *Germ. bor.**
140 Livescerum. *Schh.* *Gallia.**
141 Gracilicolle. *Schh.* *Lusitania.*
142 Incisum. *Schönherr.* *Helvetia*
143 Spartii. *Kirby. Steph.* *Anglia.*
144 Schmidtii. *Märkel.* *Saxonia.*
145 Curtisii. *Stephens.* *Anglia.*
146 Astragali. *Paykull. Steph.* *Germania.**
147 Elegantulum. *Germ.* *Gallia.**
148 Facetum. *Schönherr.* *Tauria.*
149 Pullum. *Schönherr.* id.
150 Vorax. *Sahlb. Steph.* *Germania.*
Villosulum. Marsh. *Anglia.*
151 Pavidum. *Germ. Stph.* *Germania.*
Ervi. var. γ. Steph. *Anglia.*
152 Juniperi. *Schönherr.* *Helvetia.*
153 Plumbeum. *Schönh.* *P.*
154 Orbitale. *Schönherr.* *Gallia.*
155 Amplipenne. *Schh.* *Græcia.*
156 Sundevalli. *Schönh.* *Westrogoth*
157 Angulicolle. *Schönh.* *Africa. aust.*
158 Pallicorne. *Schonh.* *Gallia.*
159 Striatum. *Kirby.* *Anglia.*
Pisi. Stephens. id.
160 Pisi. *Fabr. (Megerle. Dej. Cat.) Schh.* *Gallia.**
Gravidum. Olivier. id.
Pasticum. Germar. *Germania.*
Punctifrons. Steph. *Anglia.*
161 Cyanipenne. *Schönh.* *Germania.*
162 Sorbi. *Herbst. Sahlb.* *Gallia.*
Virescens. Marsham. *Anglia.*
♂ Carbonarium. Stephens. Germar. id.
163 Dispar. *Germar.* *Germania.*
164 Atratulum. *Kirb. Stephens.* *P.**
Tumidum. Dej. Cat. *Germania.*
165 Immune. *Kirby. Stephens.* *Helvetia.**
166 Aquilinum *Schönh.* *Scania.*

167 Humile. *Germ. Sahlb. Steph.* *Gall. bor.**
Brevirostre. Dej. Cat. *Suecia.*
Curtirostre. Steph. Germar. *Germania.*
Sedi. Gyllenhal. *Suecia.*
168 Interstitiale. *Schönh.* *Gallia.*
169 Sedi. *Germar.* *Germania.*
170 Simum. *Germar.* *Gallia.**
Lineare. Dej. Cat. id.
171 Minimum. *Herbst.* *Finlandia.**
Velox. Stephens. *Anglia.*
Crenatum. Dej. Cat. *P.*
172 Violaceum. *Kirby. Sahlb.* *P.**
Hydrolapathi. Dej. Cat. *Germania.*
Cyaneum. Olivier. *Gallia.*
173 Marchicum. *Herbst. Sahlb.* *P.**
Violaceum. Dej. Cat. *Suecia.*
Rumicis. Steph. Germ. *Germania.*
174 Affine. *Kirby. Germ.* id.
175 Limonii. *Kirby.* *Anglia.**
176 Aterrimum. *Kirby.* *Germania.*
177 Chrysostoma. *Kiesenwetter.* id.*
178 Germari. *Walton.* *Anglia.*
179 Albopilosum. *Lucas.* *Algiria.*
180 Apeticum. *Märkel.* *Germania.**
181 Illustre. *Géné.* *Pyr. orient.**
182 Gilvipes. *Dej. Cat.* *Russ. merid.*
183 Hæmatopus. *Dej. Cat.* *Gall. merid.*
184 Erythromerum. *Dej. Cat.* *Russ. merid.*
185 Xanthocerum. *Dej. Cat.* *Dalmatia.*
186 Globulipenne. *Dej. Cat* *Hispania.*
187 Puncticolle. *Dej. Cat.* *Austria.*
188 Cupreum. *Dej. Cat.* *Gallia.*
189 Misellum. *Dej. Cat.* *Gall. merid.*
190 Confusum. *Dej. Cat.* *Anglia.*
191 Violacipenne. *Dej. Cat.* *Dalmatia.*

AULETES. *Schönherr*

RHYNCHITES. *Waltl.*

1 Tubicen. *Schh. Germ.* *Dalmatia.*
2 Basilaris. *Germar.* *Hungaria.*
Nigrocyaneus. Waltl. id.
3 Politus. *Stév. Schönh.* *Tauria*

DIODYRHYNCHUS. *Germar.*

1 Austriacus. (*Meg.*) *Schh.* *Austria.**

NEMONYX. *L. Redtenbacher.*

RHINOMACER. *Fabr. Oliv. Panz. Schh.*

1 Lepturoides. *Fabr.* *Gallia bor.**

RHINOMACER. *Fabricius.*

Schh. RHYNCHITES. *Gyllenhal. Germar.* ANTHRIBUS. *Oliv. Payk.*

1 Attelaboides. *Fabr.* *Gallia bor.**

RHYNCHITES. *Herbst.*

ATTELABUS. *Oliv. Latr. Fabr.* RHINOMACER. *Clairv.* CURCULIO. *Linné. de Geer.* MECHORIS. *Bilb.*

1 Hungaricus. *Fabr.* *Hungaria.**
2 Scalptus. *Schönherr.* *Africa aust*
3 Giganteus. (*Meg.*) *Schh.* *Græcia.*
Trojanus. Chevrolat. in litt. id.
4 Auratus. *Scopoli. Schh.* *Gallia.**
Bacchus. Steph. Latr. *Anglia.*
Rubens. Dej. Cat. *Austria.*
Aurifer. Olivier. *Gall. merid.*
5 Rectirostris. *Schönh.* *P.**
6 Bacchus. *Linné.* *Gallia.**
7 Cœruleocephalus. *Schaller.* id.*
Cyanocephalus. Hbst. *Austria.*
8 Æquatus. *Linné.* *Gallia bor.**
Purpureus. Olivier. *P.*
9 Cupreus. *Linné.* *Gallia bor.**
Æneus. Latreille. *P.*
Punctatus. Herbst. *Germania.*
10 Obscurus. (*Meg.*) *Schh.* id.*
Punctatus. Olivier. *Gallia.*
11 Planirostris. *Fabr.* *Austria.*
Æthiops. Creutzer. *Volhynia.*
Niger. (*Meg.*) *Dej. Cat.* id.
Crassicornis. Olivier. *Gallia.*
12 Megacephalus. *Germ.* *Saxonia.**
Angustatus. Dej. Cat. *Gallia.*
Alliariæ. Stephens. *Anglia.*
Mannerheimii. Humm. *Austria.*

13 Conicus. *Illiger. Germ.* *Austria.**
Alliariæ. Fabr. Dej. Cat. *P.*
Cœruleus. Fabr. *Germania.*
Germanicus. Herbst. *Austria.*
14 Pauxillus. *Germar.* *Germania.**
15 Minutus. *Herbst.* *Austria.**
Arquatus. Dej. Cat. *P.*
Viridis. (Megerle.) *Austria.*
16 Fragariæ. *Sturm. Schh.* *Germania.**
Arquatus. Dej. Cat. *Gallia.*
Æneovirens. Steph. *Anglia.*
Virescens. (Ziegler.) *Austria.*
17 Nanus. *Paykull.* *P.**
Alliariæ. Linné. *Germania.*
18 Populi. *Linné. Fabr. Panz.* *P.**
19 Betuleti. *Fabr. Herbst.* id.*
Betulæ. Linné. Steph. *Germania.*
20 Sericeus. *Herbst.* *Hungaria.**
Pubescens. Latreille. *Alsatia.*
Azureus. Dej. Cat. *Germania.*
21 Pubescens. *Fabr. Hbst.* *Alsatia.**
Virescens. Thunberg. *Suecia.*
22 Cavifrons. *Chevrolat. Schh.* *Gallia.**
23 Olivaceus. *Schönherr.* *Gall. merid.**
24 Cyanicolor. *Gyllenhal. Schh.* *P.*
25 Comatus. *Dej. Cat. Schh.* id.*
26 Brevirostris. *(Chevrolat.)* *Alsatia.**
27 Tristis. *Fabr.* *Germania*
28 Tomentosus. *Schönh.* *Gall. bor.*
29 Constrictus. *Waltl. Schönherr.* *Bavariæ.*
30 Betulæ. *Linné.* *P.**
Femoratus. Latreille. *Gallia.*
31 Melas. *Herbst.* *Austria.*
32 Rhedi. *Schrank.* id.
33 Fulgidus. *Fourcroy.* *P.*
34 Craccæ. *Fabr.* *Alsatia.*
35 Cyaneus. *Fabr.* *Gallia.**
36 Cylindricus. *Kirby.* *Anglia.*
37 Lævicollis. *Stephens.* id.
Cyaneopennis. Steph. id.
38 Ophthalmicus. *Steph.* id.
39 Interpunctatus. *Steph.* id.
40 Atroceruleus. *Steph.* id.
41 Præustus. *Peyroleri.* *Dalmatia.*
Semiruber. Dej. Cat. id.
42 Luridus. *Schönherr.* *Croatia.*

ATTELABUS. *Linné.*

Klug. Fabr. RHYNCHITES. *Illig.* CURCULIO. *de Geer.* CHYPUS. *Thunberg.*

1 Curculionides. *Linné.* *Gallia.**
Var. *Maculipes. Rondani.* *Italia.*
2 Variolosus. *Fabr.* *Algiria.**
Cribratus. Olivier. id.

APODERUS. *Olivier. Schh.*

ATTELABUS. *Linné. Fabr. Gyllenh.* CURCULIO. *de Geer.*

1 Coryli. *Linné.* *Gallia.**
Avellanæ. Lin. Panz. *Germania.*
2 Intermedius. *Illiger.* *Austria.**
Erythropterus. Linné. id.
3 Submarginatus. *Schh.* *Africa aust.*
4 Cyaneus. *Schönherr.* id.
5 Morio. *Bonelli.* *Lombardia.*

CHORAGUS. *Kirby.*

ALTICOPUS. *Villa.* ANTHRIBUS. *Robert.*

1 Scheppardii. *Kirby. Dufour.* *Anglia.**
Galeazzii. Villa. Schh. *Lombardia.*
Pygmæus. Rob. Guérin. *P.*

ANTHRIBUS. *Geoffroy. Fabr.*

1 Albinus. *Linné. Latr.* *Gallia.**
2 Cordiger. *Schönherr.* *Africa austr.*

PLATYRHINUS. *Clairville.*

MACROCEPHALUS. *Oliv.* ANTHRIBUS. *Fab. Panz. Gyll.* CURCULIO. *Linné.*

1 Latirostris. *Fabr.* *Gallia bor.**

CRATOPARIS. *Schönherr.*

1 Centromaculatus. *(Dahl.) Schh.* *Italia.*

ENEDREYTES. *Schonherr.*

1 Hilaris. *Chevrol. Schh.* *Gallia.**

TROPIDERES. *Schönherr.*

Anthribus. *Fabr. Panz. Schh. Herbst.* Platyrhinus. *Clairv.* Amblycerus. *Thunb.*

1 Albirostris. *Hbst. Schh. Gallia.**
2 Dorsalis. *Thunb. Gyll. Germania.*
3 { Undulatus. *Panz. Schh. Gall. merid.**
{ *Undatus. (Chevrolat.) P.*
4 Edgreni. *Schönherr. Suecia.*
5 { Sepicola. *Herbst. Schh. Gallia.**
{ *Fuscirostris. Clairv. Helvetia.*
{ *Ephippium. var. Dej. Cat. P.*
6 Pudens. *Chevrol. Schh. Gallia.*
7 { Cinctus. *Payk. Gyll. Austria*
{ *Marchicus. Herbst.* id.
8 { Niveirostris. *Fabr. Gallia.**
{ *Brevirostris. Panzer. Germania.*
9 Bisignatus. *(Dahl.) Sch. Hungaria.*

BRACHYTARSUS. *Schönherr.*

Anthribus. *Fabr. Gyllenh. Schh.* Curculio. *de Geer.*

1 { Scabrosus. *Fabr. Schh. Gallia.**
{ Var. *Scapularis. Gebl. Suecia merid.*
2 Varius. *Fabr. Schh. Gallia.**
3 { Tesselatus. *Schönherr. Styria.*
{ *Nebulosus. Dej. Cat.* id.
{ *Sepicola. (Ziegler.) Austria.*
4 { Bostrichoides. *Müller. Pomerania.*
{ *Piceus. (Schmidt.)* id.
5 Areolatus. *Waltl. Schh. Sicilia.*
6 Pantherinus. *Lucas. Algiria.**

URODON. *Schönherr.*

Bruchus. *Fabr. Oliv.* Anthribus. *Fabr. Latr. Germar.* Bruchella. *(Megerle. Dej. Cat.) Clairv. Geoffroy.*

1 { Rufipes. *Fabr. P.**
{ *Sericeus. Fabr. Austria.*
2 Concolor. *Stév. Schh. Russ. merid.*
3 Pygmæus. *Hoffmanseyg. Schh. Gallia.**
4 { Suturalis. *Fabr. Austria.**
{ Var. *Rufipes Olivier. Gallia*
5 Vermiculatus. *Schönh. Africa aust.*

SPERMOPHAGUS. *Schönherr.*

Bruchus. *Olivier.*

1 Rufiventris. *Schönh. Tauria.*
2 { Cardui. *Stéven. Schh. Gallia.**
{ *Cisti. Oliv. Latreille. P.*
{ *Villosus. Dej. Cat. Gallia.*
3 Variolosopunctatus. *Schh. Tauria.*
4 Convulvuli. *Schönherr.* id.
5 Algiricus. *(Gaubil.) Algiria.**

BRUCHUS. *Linné. Latr. Gyll. Oliv.*

1 Virgatus. *Schönherr. Russ. merid.*
2 Obscuripes. *Schönh. Gall. merid.*
3 Gilvus. *Stéven. Schh. Tauria.*
4 { Biguttatus. *Olivier. Gallia.*
{ *Creutzeri. Dej. Cat. Dalmatia.*
5 Fulvipennis. *Dej. Cat. Germar.* id.*
6 { Variegatus. *Dej. Cat. Germar. Gall. merid.**
{ *Bimaculatus. Oliv. Lat.* id.
7 Dispar. *Chevrol. Schh. Gallia.*
8 Fulviventris. *Blanch. Sicilia.*
9 Dispergatus. *Schönh. P.*
10 { Decorus. *Schönherr. Tauria.*
{ *Pœcilus. Germar.* id.
11 { Marginellus. *Fab. Guér. Gallia.**
{ *Marginalis. Latreille.* id.
12 Astragali. *Stév. Schh. Tauria.*
13 Fischeri. *Humm. Schh.* id.
14 Lucifugus. *Schönherr.* id.
15 { Picipes. *(Ziegl.) Germ. Dalmatia.*
{ *Imbricornis. var. Dej. Cat.* id.
16 Microdon. *Géné. Sicilia.*
17 Inspergatus. *Schönh. P.*
18 Albolineatus. *Blanch. Sicilia.*
19 Tarsalis. *Schönherr. Gallia.*
20 { Galegæ. *(Ziegl.) Schh.* id.*
{ Var. ? *Imbricornis. Dej. Cat.* id.
21 Obscuricornis. *Blanch. Sicilia.*
22 { Braccatus. *Stév. Schh. Tauria.*
{ *Imbricornis. Dej.* id.
23 { Femoralis. *Schonherr. Dalmatia.*
{ Var. *Imbricornis. Dej. Cat.* id.
24 { Varius. *Olivier. Latr. Gallia.*
{ *Imbricornis. var. Dej.* id.

25 Grandicornis. *Blanch.* *Sicilia.*
26 Imbricornis. *Panzer.* *Germania.*
Nebulosus. Latreille. *Gallia.*
Galegæ. Rossi. *Italia.*
27 Basalis. *Schönherr.* *Lusitania.*
28 Albopunctatus. *Blanch.* *Sicilia.*
29 Siculus. *Schönherr.* *Sicilia.*
30 Laticornis. *Blanch* id.
31 Pusillus. *(Meg.) Germ.* *Dalmatia.*
32 Canus. *Germar.* *Germania.**
Unicolor. Latreille. *Gallia.*
33 Debilis. *Schönherr.* id.*
34 Olivaceus. *Germar.* *Saxonia.**
35 Virescens. *(Stm.) Schh.* *Gallia.*
36 Varipes. *Schönherr.* *Dalmatia.*
37 Tibiellus. *Schönherr.* *P.*
38 Nanus. *(Ziegler.) Schh.* *Dalmatia.*
39 Oblongus. *Blanchard.* *Sicilia.*
40 Cinerascens. *Chev. Sch.* id.
41 Lutescens. *Blanchard.* id.
42 Misellus. *Schonherr.* *Dalmatia.*
43 Costatus. *Blanchard.* *Sicilia.*
44 Perparvulus. *Schönh.* *Gallia.*
45 Tibialis. *Schönherr.* *Tauria.*
46 Pauper. *Schönherr.* *Odessa.*
47 Pygmæus. *Dej. Cat. Schh.* *Dalmatia.*
48 Foveolatus. *Gyllenhal.* id.
49 Miser. *Schönherr.* *Gallia.*
50 Sericatus. *Stév. Schh.* *Tauria.*
Rufimanus. Dej. Cat. id.
51 Antennalis. *Schönherr.* id.
52 Carinatus. *Schönherr.* id.
53 Anxius. *Schönherr.* *Gallia.*
54 Pisi. *Linné. Latr.* id.*
55 Rufimanus. *Schönherr.* *Pomerania.**
Var. *Bipunctatus. (Ziegler.)* *Germania.**
— *Granarius. (Dej. Cat.)* id.
56 Flavimanus. *(Meg.) Sch.* *Gall. merid.**
Affinis. Frölich. *Austria.*
57 Javeti. *Chevrol. Schh.* *Gall. merid.**
58 Nubilus. *Dej. Cat. Sch.* *Gallia.**
Rufipes. Herbst. *Austria.*
Granarius. var. Panz. id.
Ervi. (Ziegler.) id.
Signatus. (Megerle.) id.
59 Granarius. *Linné. Latr.* *Gallia.**
Var. *Atomarius. Linné.* *Suecia.*
60 Wasastjernii. *Schh.* id.
61 Troglodytes. *Schönh.* *P.*
62 Brachialis. *Chev. Schh.* *Gallia.*
63 Tristis. *Dej. Cat. Schh.* *Gall. merid.*
64 Tristiculus. *Schh.* *Gall. occid.*
65 Signaticornis. *Dej. Cat. Schh.* *Dalmatia.**
66 Pallidicornis. *Dej. Cat. Schh.* id.
67 Luteicornis. *Illiger.* *Gallia.**
68 Griseomaculatus. *Chevrolat. Schh.* *P.*
69 Nigripes. *Dej. Cat. Schh.* *Austria.*
Viciæ. Olivier. *Gallia.*
70 Farhæi. *Schönherr.* *Suecia.*
71 Loti. *Paykull.* id.*
72 Lividimanus. *Schönh.* *Gallia.*
73 Lentis. *Koy. Schh.* *Austria.**
Variegatus. (Meg.) *Germania.*
74 Laticollis. *Schönherr.* *P. Tauria.**
75 Velaris. *Schönherr.* *Italia.*
76 Longicornis. *Illiger.* *Lusitania.*
77 Histrio. *Schönherr.* *Hispania.**
Pictus. (Parreyss.) *Lusitania.*
78 Jocosus. *Schönherr.* *Hispania.*
Serraticornis? Fabr. *Lusitania.*
79 Discipennis. *Chevrolat. Schh.* *Græcia.*
80 Stevenii. *Schönherr.* *Tauria.*
Umbellatorum. Stév. in litt. id.
81 Pubescens. *(Ziegler.) Schh.* *Dalmatia.*
Villosus. Fabr. *Austria.*
Tomentosus. (Megerle.) id.
82 Sutor. *Géné.* *Algiria.**
83 Cisti. *Fabr.* *Gallia.**
Villosus. Fabr. St. *Germania.*
Ater. Marsham. *Anglia.*
84 Murinus. *Stéven. Schh.* *Lusitania.*
85 Seminarius. *Linné.* *Gallia.*
86 Alni. *Fahræus. Schh.* *P.*
87 Nigritarsis. *Schönh.* *Morea.*
88 Bipunctatus. *Fabr.* *Helvetia.*
89 Quinquepunctatus. *Fabr.* *Barbaria.*
90 Fasciatus. *Olivier. Schh.* *Gallia.*
91 Lathyri. *Kirby.* id.
92 Meleagrinus. *Géné.* *Algiria.*
93 Flavescens. *Lucas.* id.*
94 Plumbeus. *Lucas.* id.
95 Helvolus. *Sturm. Cat.* *Italia.*
96 Ruficornis. *Dej. Cat.* *Gall. merid.*
Seminarius. Stéven. *Russ. merid.*

97 Maculicornis. *Dej. Cat.* *P.**
98 Atomarius. *Stm. Cat.* *Germania.*
99 Caliginosus. *Dej. Cat.* *Hispania.*
100 Pectinatus. *Dej. Cat.* *Gall. merid.*
101 Oblongus. *Dufour. Dej. Cat.* *Hispania.*
102 Concolor. *Stm. Cat.* *Italia.*
103 Serratus. *Illiger. St. Cat.* *Europ. mer.*
104 Fulvimanus. *Dej. Cat.* *Hispania.*
105 Obscurus. *Stm. Cat.* *Austria.*
106 Calceatus. *Dej. Cat.* *Lombardia.*
107 Cinereus. *Dej. Cat.* *Gall. merid.**
108 Trifolii. *Schmidt. St. Cat.* *Carniolia.*
109 Genistæ. *(Chevrolat.)* *Gall. merid.*

2396

---

40. FAM. CERAMBYCES.

SPONDYLIS. *Fabricius. Latr. Mulsant.*

1 { Buprestoides. *Fabr.* *Gall. or. bor.**
{ Var. *Elongatus. Dej. Cat. Latr.* id.

MACROTOMA. *(Dej. Cat.) Serville.*

PRINOBIUS. *Mulsant.*

1 { ♀ Scutellaris. *Germar.* *Dalmatia.**
{ *Germari. Dej. Cat. Mul.* *Gall. merid.*
{ ♂ *Myardi. Mulsant.* *Corsica.*

ERGATES. *Serville. Mulsant.*

Redtenbacher. PRIONUS. *Fabr. Oliv.*

1 { ♂ Faber. *Linné. Fabr.* *Gall. merid.**
{ ♀ *Obscurus. Olivier.* id.
{ *Serrarius. Panz. Muls.* *Germania.*

ÆGOSOMA. *Serville.*

Muls. Redtenbach. PRIONUS. *Fabr. Oliv. Panz.*

1 Scabricorne. *Scopoli. Fabr.* *Gallia**

AULACOPUS. *Serville.*

1 Serricollis. *Motschulsk.* *Russ. merid.*

TRAGOSOMA. *Dej. Cat. Serville.*

Mulsant. L. Redtenbach. PRIONUS. *Fabr. Oliv.*

1 Depsarium. *Linné.* *Alp. Gall.*

PRIONUS. *Geoffroy.*

Fabr. Oliv. Lat. Serv. Muls. CERAMBYX. *Linné.*

1 Coriarius. *Linné. Fab.* *Gallia.**
2 Patruelis. *Sturm. Cat.* *Græcia.*

CERAMBYX. *Linné. Mulsant.*

de Casteln. HAMMATICHERUS. *(Meg. Dej. Cat.) Serville. L. Redtenbacher.*

1 Heros. *Scopoli. Fabr.* *Gallia.**
2 { Nodulosus. *Kaulfuss. Germar.* *Illyria.*
{ *Welensii. (Dahl.) Dej. Cat.* id.
3 { Miles. *Bonelli. Muls.* *Gall. merid.**
{ *Procerus. Hoffmg.* id.
{ *Friulanus. (Dahl.)* *Dalmatia.*
4 { Velutinus. *Dej. Cat. Brullé.* *Gall. merid.**
{ *Audax. Kollar.* *Dalmatia.*
5 Mirbeckii. *Lucas.* *Algiria.**
6 Nodicornis. *Kuster.* *N.*
7 Carinatus. *Küster.* id.
8 { Cerdo. *Linné. Fabr.* *P.**
{ *Paludivagus. Lucas.* *Algiria.*
9 { Neerii. *Erichson.* id.*
{ *Mauritanicus. Buquet.* id.
10 Levaillantii. (Cerambyx?) *Lucas.* id.
11 Intricatus. *Fairmaire.* *Apenninus*

PURPURICENUS. *(Zieg. Dej. Cat.) Serv.*

Mulsant. de Cast. Redtenb. CERAMBYX *Fabr. Oliv.*

1 Desfontainii. *Fabr.* *Alg. Græcia**
2 Dalmatinus. *Sturm.* *Dalmatia*
3 Budensis *Gœtze. Muls.* *Hung. Gall.**

4 Kœhleri. *Fabr.* *Gallia.**
Wredii. Fischer. *Russia.*
Var. *Cinctus. Villa.* *Gall. merid.*
— *Bilineatus. Muls.* *Gallia.*
— *Servillei. (Ziegl.) Dej. Cat. Muls.* *P.*
5 Ætnensis. *Bassi.* *Sicilia.**
6 Globulicollis. *Dej. Cat. Muls.* *Gall. merid.*
7 Affinis. *Brullé.* *Græcia.**
8 Dumerilii. *Lucas.* *Algiria.**
9 Barbarus. *Lucas.* id.*

ANOPLISTES. *Serville.*

PURPURICENUS. *St. Cat.*

1 Ephippium. *Schönh.* *Russ. merid.*
Eleagri. Stéven. id.
Holodendri. var. Gebl. *Sibiria.*

ROSALIA. *Serville.*

Muls. de Casteln. L. Redtb. CALLICHROMA. *Latr.* CERAMBYX. *Linné. Fabr. Oliv.*

1 Alpina. *Linné.* *Alp. Gall.**

AROMIA. *Serville.*

Mulsant. Redtenbach. CERAMBYX. *Fabr.*

1 Moschata. *Linné. Scop.* *Gallia* *
2 Suaveolens. *Rambur. (Dahl.)* *Hisp. merid.*
3 Ambrosiaca. *Stév. Mls.* *Pyr. orient.**
Var. *Thoracica. Fisch.* *Russ. merid.*
4 Rosarum. *Dahl. Cat. Lucas.* *Sicilia.**
Var. *Thoracica. Fald.* *Russ. merid.*

SAPHANUS. *Megerle. Dahl. Dej. Cat. L. Redtenbacher.*

CALLIDIUM. *Fabr. Ahr. Germar.*

1 Spinosus. *Fabr.* *Austria.*
Piceus. Laichart. *Tyrolis.*

PHYMATODES. *Mulsant.*

Redtenb. CALLIDIUM. *Fabr. St. Cat.* CERAMBYX. *Linné.*

1 Brevicollis. *Schönherr.* *Suecia.**
Thoracicus. Dej. Cat. Mls. Luc. (Callidium.) *Gallia.*
2 Variabilis. *Linné. Schh.* *Gallia.**
Var. *Nigrinus Muls.* id.
— *Fennicus. Fabr.* *Finlandia.*
— *Nigricollis. Muls.* *Gallia.*
— *Præustus. Fabr.* id.
— *Testaceus. Linné.* id.
3 Humeralis. *Dej. Cat. Muls.* id.*
Barbipes. Villa. *Lombardia.*
4 Analis. *L. Redtenb.* *Austria.*

LEIODERES. *L. Redtenbacher.*

1 Kollari. *L. Redtenb.* *Austria.*

CALLIDIUM. *Fabr.*

CERAMBYX. *Linné.* LEPTURA. *Geoff. Fabr.*

1 Hungaricum. *Fabr.* *Hungaria.*
2 Dilatatum. *Paykull.* *Gall. Alp.*
Variabile. Olivier. id.
Cognatum. Laichart. *Tyrolis.*
Æneum. Herbst. *Germania.*
3 Patruele. *Sturm. Cat.* *Hispania.*
4 Coriaceum. *Paykull.* *Gall. Alp.*
5 Violaceum. *Linné.* id.*
6 Macropus. *Ziegl. Dej. St. Cat.* *Austria.*
7 Sanguineum. *Linné.* *Gallia.**
8 Rufipes. *Fabr.* id.*
Amethystinum. Schh. *Suecia.*
9 Castaneum. *Megerle. L. Redtenb.* *Austria.*
Gracile. Dej. Cat. *Podolia.*
10 Unifasciatum. *Rossi.* *Gall. orient.**
11 Alni. *Linné. Fabr.* *Gallia.**
12 Puncticolle. *Dej. Cat.* *Hungaria.*
Castaneum. Parreyss. *Russ. merid.*
13 Angustum. *Kriechb.* *Tyrolis.*
14 Cyaneum. *Fabr.* *Hungaria.*
15 Similare. *Küster.* *Germania ?*

SEMANOTUS. *Mulsant.*

Redtenbacher. CERAMBYX. *Linné.* CALLIDIUM. *Fabr. Oliv.*

1 Undatus. *Linné.* *Gallia.**
2 Russicus. *Fabr. Oliv.* *Austria.*

RHOPALOPUS. *Mulsant.*

Redtb. CALLIDIUM. *Fab.* CERAMBYX. *Lin.*

1 Femoratus. *Linné.* *Gallia.**

2 Insubricus. *Ziegl. in litt. Germar.* *Alp. Gall.*
3 { Clavipes. *Fabr.* *Gallia.**
{ *Macropus.* (*Ziegler.*) *Austria.*

CRIOCEPHALUS. *Mulsant.*

Redtenbacher. Dej. St. Cat. Callidium. *Fabr.* Cerambyx. *Linné.*

1 { Rusticus. *Linné.* *Gall. orient.**
{ Var. *Ferus. Dej. Cat. Solier.* id.
{ —. *Pachymerus. Muls.* id.
2 Elongatus. *Dej. Cat.* *Græcia.*
3 Morbillosus *Dej. Cat.* *Hispania.*
4 Fulvus. *Dej. Cat.* id.

ASEMUM. *Eschscholtz. Mulsant.*

L. Redtenbach. Callidium. *Fabr.* Cerambyx. *Linné.*

1 { Striatum. *Linné.* *Gall. orient.**
{ Var. *Agreste. Fabr.* *Germania.*

NOTHORHINA. *L. Redtenbacher.*

Callidium. *W. Redtenbach.*

1 Muricata. *Dalm. Schh.* *Austria.*

CRIOMORPHUS. *Mulsant.*

Isarthron. *Dej. Cat. L. Redtenbach.*

1 { Aulicus *Fabr.* *Gall. orient.**
{ *Curialis. Panzer.* *Germania.*
{ Var. *Fulcratus. Fabr.* *Gall. orient.**
{ *Ruficrus. Schrank* *Germania.*
{ Var. *Luridus. Linné.* *Gall. orient.**
{ — *Castaneus. Payk.* id.
{ — *Impressus. Payk.* *Alp. Gall.**
2 Femoralis. *Ménétriés.* *Russ. merid.**

HYLOTRUPES. *Serville.*

Mulsant. L. Redtenb. Callidium. *Fabr.* Cerambyx. *Linné.*

1 { Bajulus. *Linné. Fabr.* *Gallia.**
{ Var. *Lividus. Mulsant.* id.*
{ — *Puellus. Villa.* id.

DRYMOCHARES. *Mulsant.*

1 Truquii. *Mulsant.* *Alp. Marit.*

OXYPLEURUS. *Mulsant.*

1 Nodieri. *Mulsant.* *Gall. merid.*

STROMATIUM. *Serville.*

(*Dej. Cat.*) *Mulsant. de Casteln.* Solenophorus. *Muls.* Callidium. *Fabr. Oliv.*

1 { Strepens. *Fabr.* *Hispania.**
{ *Unicolor. Olivier.* *Gall. merid.*
{ *Fulvum. Villers.* id

HESPEROPHANES. (*Dej. Cat.*) *Mulsant*

Callidium. *Fabr.*

1 { Sericeus. *Fabr.* *Gall. merid.*
{ *Latreillei Brullé.* *Græcia.*
{ *Sericeus. Brullé.* id.
{ *Rotundicollis. Dej. Cat. Lucas.* *Algiria.*
2 { Griseus. *Fabr.* id.*
{ *Tomentosus. Lucas.* id.
3 Affinis. *Lucas.* id.*
4 Pulverulentus. *Erich.* id.
5 { Nebulosus. *Olivier.* *Gall. merid.*
{ *Holosericeus. Rossi* *Italia.*
{ *Cinereus. Villers.* *Gall. orient*
6 { Pallidus. *Olivier.* *Gall. merid.*
{ *Mixtus. Fabr.* id.

CLYTUS. *Fabricius.*

Leptura et Cerambyx. *Linné.* Callidium. *Oliv.* Arhopalus. *Serville.* Platynotus et Plagionotus. *Muls.* Anaglyptus. *Mulsant.*

(Plagionotus *Mulsant.*)

1 Detritus. *Linné.* *Gall. bor.**
2 { Arcuatus. *Linné.* *Gallia.**
{ *Lunatus. Fabr. Linné.* id.
{ *Detritus. Woet.* id.

(CLYTUS. *Fabr.*)

3 Liciatus. *Linné. Oliv.* *P.**
Rusticus. Linné. *Suecia.*
Hafniensis. Linné. id.
Confusus. Herbst. *Austria.*
Longipes. Villers. *Gallia.*
Atomarius. Fabr. *Dania.*
Omega. Rossi. *Italia.*
Oo. Schrank. *Germania.*
Maculatus. Linné. *Suecia.*
4 Bablayei. *Brullé.* *Græcia.*
5 Conspicuus. *Stéven. St. Cat.* *Tauria.*
6 Siculus. *Gory.* *Sicilia.*
7 Græcus. *Sturm. Cat.* *Græcia.*
8 Scalaris. *Dej. Cat. Brul.* id.*
9 Floralis. *Fabr.* *Gall. merid.**
Aulicus. Laichart. *Tyrolis.*
Fasciatus. Herbst. *Austria.*
Arcuatus. Schrank. id.
Trilineatus. Woet. id.
Nigrofasciatus. Woet. id.
10 Pulchellus. *Sturm. Cat.* *Russ. merid.*
11 Dalmatinus. *Stm. Cat.* *Dalmatia.*
12 Mucronatus. *Fabr.* *P.**
Tropicus. Schrank. *Austria.*
Maculosus. Linné. *Suecia.*
13 Arvicola. *Olivier.* *Gall. merid.**
14 Arietis. *Linné.* *P.**
Quadrifasciatus. de Geer. *Suecia.*
15 Antilope. *Schrank.* *Gallia.*
Arietis. Fabr. id.
16 Gazella. *Fabr.* *P.**
Temesiensis. Germar. *Germania.**
Hieroglyphicus Drap. id.
17 Rhamni. *Germar.* *Dalmatia.*
18 Trifasciatus. *Fabr.* *Gall. merid.**
Portugalus. Linné. *Lusitania.*
Var. *Ferrugineus. Dufour. Mulsant.* *Gall. merid.**
19 Egyptiacus. *Fabr.* *Hungaria.*
20 Sexguttatus. *Dej. Cat. Lucas.* *Algiria.**
21 Ruficornis. *Olivier.* *Gall. merid.**
22 Nigripes. *Brullé.* *Græcia.**
23 Cinereus. *Gory et Castelnau.* *P.**
Duponti. Dej. Cat. Mulsant. id.
24 Pubicollis. *Duftschm.* *Caucasus.*
25 Semipunctatus. *Fabr.* *Austria.**
Speciosus. Schmidt. id.
Figuratus. Herrer. id.
26 Ornatus. *Fabr.* *Gall. merid.**
Verbasci. Laichart. *Tyrolis.*
C. Duplex. Scopoli. *Carniolia.*
Venustus. Linné. *Suecia mer.*
Strigosus. Linné. id.
27 Verbasci. *Fabr.* *Gallia.**
Herbstii. Brahm. *Germania.*
28 Quadripunctatus. *Fab.* *Gallia.**
Villosus. Rossi. *Italia.*
Nævius. Linné. *Suecia.*
29 Glaucus. *Fabr.* *Algiria.**
Griseus. Gory. Castl. *Hispania.*
30 Capra. *Germar.* *Tyrolis.*
Sibiricus. Dej. Cat. *Sibiria.*
31 Pelleteri. *Gory.* *Gall. merid.**
32 Massiliensis. *Fabr.* *P.**
Lineola. Scopoli. *Carniolia.*
Achillæ. Brahm. *Germania*
33 Plebejus. *Fabr.* *Gallia.**
Funebris. Laichart. *Tyrolis.*
Rusticus. Razoun. id.
Figuratus. Scopoli. *Carniolia.*
Lamda. Schrank. *Austria.*
Arietis. Woet. *Germania.*
Leucozoniæ. Linné. *Suecia.*
34 Virens. *Fabr.* *Barbaria.*
35 Latifasciatus. *Bul. des nat. de Moscou.* *Caucasus.*
36 Zebra. *Dalman.* *Russ. merid.*
37 Cordiger. *Géné.* *Italia.*
38 Quinquepunctatus. *Luc.* *Algiria.*

(ANAGLYPTUS. *Mulsant.*)

39 Gibbosus. *Fabr.* *Gall. merid.**
Var. *Scriptus. Mulsant.* id.
40 Mysticus. *Linné.* *Gallia.**
Quadricolor. Scopoli. *Carniolia.*
Var. *Albofasciatus. de Geer.* *Suecia.*
— *Hieroglyphicus. Herbst.* *Germania.*
Rusticus. Scopoli. *Carniolia.*
Litteratus. Linné. *Suecia.*

ANISARTHRON. *Dej. Cat. Redtenbach.*

1 Barbipes. (*Dahl.*) *Dej. Cat. Redtenbach.* *Austria.**
Molle. Sturm. Cat. *Germania.*
Pubescens. (*Ziegler.*) id.
Testaceum. Ullrich. id.

GRACILIA. *Serville.*

Mulsant. L. Redtenbach. CALLIDIUM. *Fab.*

1 Timida. *Ménétriés.* *Gall. merid.*
Fasciolata. (Ziegler.) Dej. Cat. id.
Tatarica. (Parreyss.) *Russ. merid.*
2 Pygmæa. *Fabr.* *Gallia.*
Pusilla. Fabr. *Germania.*
Var. *Vini. Panzer.* id.

LEPTIDEA. *Mulsant.*

GRACILIA. *Dej. Cat.*

1 Minuta. *Motschulsky.* *Russ. merid.*
2 ♂ Brevipennis. *Dej. Cat. Sol. in litt. Muls.* *Gall. merid.**
♀ *Thoracica. Solier.* id.

AXINOPALPIS. *Dej. Cat. Redtenbacher.*

1 Gracilis. (*Ziegler.*) *L. Redtenbacher.* *Austria.*

OBRIUM. *Megerle. Dej. Cat. Latreille.*

Mulsant. L. Redtenbach. SAPERDA. *Fabr.* CERAMBYX. *Linné.* STENCHORUS. *Schh.*

1 Brunneum. *Fabr.* *P.**
2 Cantharinum. *Linné.* *Alp. Gallia.**
Ferrugineum. Panzer. *Germania.*

CALLIMUS. *Mulsant.*

CALLIDIUM. *Fabr.* STENOPTERUS. *L. Redtb.*

1 Cyaneus. *Fabr.* *Austria.**
Bourdini. Mulsant. *Gall. orient.*

CARTALLUM. (*Meg. Dej. Cat.*) *Mulsant.*

CALLIDIUM. *Fabr.*

1 Ruficolle. *Fabr.* *Gall. merid.**
Var. *Nigricolle. (Gaub.)* *Algiria.**

DEILUS. *Serville.*

Mulsant. L. Redtenb. CALLIDIUM. *Fabr. Oliv.*

1 Fugax. *Fabr.* *Gall. merid.**

STENOPTERUS. *Illiger.*

NECYDALIS. *Fabr.* MOLORCHUS. *Schh.* CALLIDIUM. *Fabr.*

1 Rufus. *Linné.* *Gallia.**
Dispar. Schönherr. *Suecia.*
2 Flavicornis. *Dej. Cat. L. Redtenbach.* *Austria.**
3 Præustus. *Fabr.* *Gall. merid.**
Var. *Ater. Fabr.* id.*
4 Ustulatus. *Dej. Cat. Mulsant.* id.*
5 Mauritanicus. *Lucas.* *Algiria.**

MOLORCHUS. *Fabr. Mulsant.*

NECYDALIS. *Linné.*

1 Dimidiatus. *Fabr.* *Alp. Gall.**
Minor. Linné. *Suecia*
2 Umbellatorum. *Linné.* *P.**

NECYDALIS. *Linné. Mulsant.*

MOLORCHUS. *Fabr.*

1 Major. *Linné.* *Gallia.**
Abbreviatus. Fabr. *Germania.*
2 Salicis. *Dupont. in litt. Butner.* *P.*

ACANTHODERES. *Serville. Muls.*

Redtb. ACANTHODERUS. *Dej. Cat.* LAMIA. *Fabr.*

1 Varius. *Fabr.* *Gall. merid.**

LEIOPUS. *Serville.*

Muls. L. Redtenb. LAMIA. *Panzer. Schh. Gyllenh.* CERAMBYX. *Linné. Payk.*

1 Nebulosus. *Linné.* *Gallia.**
2 Punctulatus. *Paykull.* *Alp. Gall.**
Cinereus. Muls. (Exocentrus.) id.
3 Illyricus. *Sturm. Cat.* *Illyria.*
4 Fennicus. *Paykull.* *Fennia.*

ÆDILIS. *Serville.*

ASTYNOMUS. *Dej. Cat. Redtenbach.* ACANTHOCINUS. *Panz. (Meg.) Dej. Cat.* LAMIA. *Fabr.* CERAMBYX. *Linné.*

1 Montana. *Serv. Muls.* *Gallia.**
Ædilis. Linné. *Suecia.*
2 Atomaria. *Fabr.* *Gall. orient.**
♂ Costata. Fabr. *Germania.*
3 Grisea. *Fabr.* *Alp. Gallia.*
Nebulosa. Scopoli. *Carniolia.*
4 Alpina. *L. Redtenb.* *Austria.*

EXOCENTRUS. *Meg. Dej. Cat. Mulsant.*

L. Redtenbach. POGONOCHERUS. *Serville.* LAMIA. *Schh.* CERAMBYX. *Fabr. Linné.*

1 Balteatus. *Fabr.* *Gall. orient.**
Balteus. Linné. *Suecia.*
Crinitus. Panzer. *Germania.*
Pubicornis. Schrank. *Austria.*
Lusitanicus. Olivier. *Gall. merid.*
2 Adspersus. *L. Rey. Mul.* *Gall. orient.*
3 Besseri. *Dej. Cat.* *Volhynia.*

POGONOCHERUS. *Meg. Dej. Cat. Latr. Serv.*

Mulsant. Redtenbach. LAMIA. *Gyll. Schh.* CERAMBYX. *Geoff. Fabr. Panz.*

1 Ovalis. *Gyllenh. Muls.* *Gallia.**
2 Fascicularis. *Panzer.* *Gall. orient.**
3 Perroudi. *Mulsant.* *Gall. merid.*
4 Hispidus. *Fabr. Oliv.* *Gall. bor.**
5 Pilosus. *Fabr. Oliv. Panz.* *Gallia.**
Hispidus. Panzer. *Germania.*
6 Scutellaris. *(Rey.) Muls.* *Gall. orient.*

MONOHAMMUS. *(Meg. Dej. Cat.) Muls.*

MONOCHAMUS. *Serville. L. Redtenbacher.* LAMIA. *Fabr. Oliv.* CERAMBYX. *Linné.*

1 Sutor. *Linné. Oliv.* *Gallia.**
Pistor. Germar. *Germania.*
♀ Maculatus. (Ziegler.) id.
2 Sartor. *Fabr. Panz.* *Alp. Gall.**
3 Galloprovincialis. *Oliv.* *Gall. merid.**
Pellio. Germar. *Germania.*
Lignator. Dej. Cat. *Gall. merid.*

LAMIA. *Fabr. Serv.*

Muls. L. Redtenbach. PACHYSTOLA. *Dej Cat.* CERAMBYX. *Linné.*

1 Textor. *Linné.* *Gallia.**

MORIMUS. *Serville.*

Dej. Cat. Muls. L. Redtenb. LAMIA. *Fabr.*

1 Funestus. *Fabr.* *Gall. merid.**
2 Lugubris. *Fabr.* *Gall. orient.**
Textor. Oliv. id.
3 Tristis. *Fabr.* *Gall. merid.**

STENIDEA. *Mulsant.*

STENOSOMA. *Muls.* DEROPLIA. *Dej. Cat. Waltl.*

1 Genei. *(Chevrolat.)* Aragona. *Italia.*
Foudrasi. Mulsant. *Gall. merid.*
2 Troberti. *Mulsant.* *Algiria.**
3 Obliquetruncata. *Walt.* *Hungaria.*

NIPHONA. *(Zieg. Dej. Cat.) Mulsant.*

1 Picticornis. *Mulsant.* *Gall. merid.**
Saperdoides. (Ziegl.) Dej. Cat. id.
Dalmatina. Dej. Cat. *Dalmatia.*
2 Nephele. *Dalman.* *Barbaria.*

ALBANA. *Mulsant.*

1 M-griseum. (Foudras.) *Mulsant.* *Gall. merid.*

MESOSA. *(Meg. Dej.) Serville. Mulsant*

CERAMBYX. *Linné. Oliv.* LAMIA. *Fabr.*

1 Curculionides. *Linné.* *Gallia.**
2 Nubila. *Olivier.* *Gall. orient.**
Nebulosa. Fabr. Serv. L. Redtenb. id.
3 Myops. *Schonherr.* *Finlandia.*

PARMENA. *(Meg. Dej. Cat.) Serville.*

Mulsant. CERAMBYX. *Villers. Fabr.*

1 Solieri. *Mulsant* *Gall. merid.**
Pilosa. Solier. id.

2 Fasciata. *Villers.* *Gall. merid.**
3 Pubescens. *Schönherr.* *Dalmatia.*
4 { Algirica. *de Casteln.* *Algiria.**
{ *Maura.* (*Dej*) id.
5 { Unifasciata. *Rossi.* *Italia.**
{ *Balteata. Fabr.* id.
{ Var. *Interrupta. Villa.* *Lombardia.*
6 { Dahlii. *Dej. Cat.* *Sicilia.*
{ *Cincta. Dahl. Cat.* id.
7 Hirsuta. *Küster.* *N.*

DORCADION. *Dalman in Schh.*

Muls. LAMIA. *Fabr. Herbst.* CERAMBYX. *Linné. Pallas.*

1 Tomentosum. *St. Cat. Küster.* *Græcia.*
2 Parallelum. *Stm. Cat. Küster.* *Turcica.*
3 Glycyrrhizæ. *Fabr.* *Russ. merid.**
4 { Pigrum. *Schönh. Pall.* id.
{ *Carinatum. Pallas.* id.
{ *Morio. Fischer.* id.
5 Morio. *Fabr. Oliv.* *Austria.**
6 { Fulvum. *Hbst. Scopoli.* id.*
{ *Morio. var. β. Schönh.* id.
{ ♀ *Canaliculatum. Fischer.* *Russ. merid.*
{ ♀ *Erythropterum. Fischer.* id.
7 Rufipes. *Fabr. Panz.* *Austria.**
8 Atrum. *Illiger.* *Germania.**
9 Italicum. (*Dej.*) *Küst.* *Italia.*
10 Caucasicum. *St. Cat. Kuster.* *Caucasus.*
11 Nitidum. *Victor. Kust.* id.
12 Wagneri. *Erichson.* id.
13 Sturmii. *Friwaldszky. Waltl. Küster.* *Constantinp.*
14 { Scabricolle. *Schönh.* *Russ. merid.*
{ *Peregrinum Ménétr.* id.
15 Kindermannii. *Friwlds. Walt'. Küster.* *Constant.*
16 Murrayi. *Kollar. Küst.* *Hungaria.*
17 Holosericeum. (*Meg.*) *Küster.* *Volhynia.**
18 { Sericatum. *Stéven.* *Russ. merid.*
{ *Rubripes.* (*Ziegler.*) id.
19 Pusillum. (*Besser.*) *Küster.* *Podolia.*
20 Septemlineatum. *St. Cat. Küster.* *Constantinp.*
21 { Lineatum. *Fabr. Panz.* *Hungaria.**
{ *Vittigerum. Panzer.* id.
{ *Vittatum. Stm. Cat.* ♀. id.
22 Lemniscatum. *St. Cat. Küster.* *Italia.*
23 Abruptum. (*Megerle.*) *Küster.* *Dalmatia.**
24 Axillare. *Küster.* *Italia.*
25 Pedestre. *Linné. F.* *Illyria.**
26 Striatum. *Schönherr.* *Caucasus.*
27 Cruciatum. *Fabr.* *Russ. merid.**
28 Sulcipenne. *Küster.*
29 Thracicum. *Dej. Cat. Küster.* *Constantinp.*
30 Albolineatum. *St. Cat. Küster.* id.
31 Divisum. *Germar.*
32 { Crux. *Schonherr.* *Turcica.*
{ *Græcum. Dej. Cat.* *Græcia.*
33 Dimidiatum. *Victor. Küster.* *Caucasus.*
34 { Fuliginator. *Linné.* *P.**
{ Var. *Quadrilineatum. Chev. Muls.* *Gallia.**
35 Meridionale. *Dej. Cat. Mulsant.* *Gall. merid.**
36 Quadrilineatum. *St. Cat. Küster.* *Hispania.*
37 Pyrenæum. *Dej. Cat. Germar.* *Pyr. orient.**
38 Striola. *Dej. Cat.* id.
39 Navaricum. *Dej. Cat.* *Hispania.*
40 Bilineatum. (*Meg.*) *Ill.* *Hungaria.**
41 Inclusum. *Dej. Cat.* *Constantinp.*
42 Lineola. *Illiger.* *Gall. merid.**
43 Donzelli. *Mulsant.* id.
44 Hispanicum. *Dej. Cat.* *Hispania.*
45 Albicans. *Dej. Cat.* id.
46 Neapolitanum. *Dej. Ct.* *Ital. merid.*
47 Siculum. *Dej. Cat.* *Sicilia.*
48 Tauricum. *Friwaldsk.* *Tauria.*
49 { Nigritarse. *Stéven.* *Russ. merid.*
{ *Sericeum. Sturm. Cat.* id.
50 Convexifrons. *Dej. Cat.* *Constantinp.*
51 Friwaldszkii. *Stm. Cat.* id.
52 Velutinma. *Stéven.* *Russ. merid.*
53 Laqueatum. *Klug.* *Turcica.*
54 Vittatum. *Sturm. Cat.* *Constantinp.*
55 Vicinum. *Sturm. Cat.* id.
56 Fuscum. *Sturm. Cat.* *Græcia.*
57 { Seductor. (*Dahl.*) *Dej. Cat.* *Dalmatia.*
{ *Dispar.* (*Ziegler.*) id.

58 Apicale. *Waltl.* *Græcia.*
59 Irroratum. *Sturm Cat.* id.
60 { Vittigerum. *Fabr.* *Italia.*
{ *Mohtor. Sturm. Cat.* id.
61 Atrum. *Illiger.* *Germania.*
62 { Nigrum. *Dej. Cat.* *Hispania.*
{ *Spinola. Schönherr.* id.
63 Murinum. *Dej. Cat.* id.
64 Sulcatum. *Dej. Cat.* id.

ANÆSTHETIS. *Dej. Cat. Mulsant.*

L. Redtenbacher. SAPERDA. *Fabr.*

1 Testacea. *Fabr.* *Gall. orient.**

COMPSIDIA. *Mulsant.*

SAPERDA. *Fabr.* CERAMBYX. *Linné.*

1 { Populnea. *Linné.* *Gallia.**
{ *10-punctata. de Geer.* *Suecia.*

ANÆREA. *Mulsant.*

SAPERDA. *Fabr.* CERAMBYX. *Linné.*

1 { Carcharias. *Linné.* *Gallia.**
{ *Punctata. de Geer.* *Suecia.*
{ Var. *Grisescens. Muls.* *Gallia.*

SAPERDA. *Fabricius.*

Oliv. Panz. Latr. Muls. Castel. L. Redtb. CERAMBYX. *Linné.*

1 { Bipunctata. *Zoubkoff.* *Austria.*
{ *Biguttata. W. Redtb.* id.
2 Phoca. *Fröl. Charp.* id.
3 { Scalaris. *Linné.* *Gallia.**
{ Var. *Estella. Mulsant.* id.
4 Punctata. *Fabr.* id.*
5 { Tremulæ. *Fabr. Gyll.* id.*
{ *Octopunctata. Schrk.* *Austria.*
{ *Tremula. Schönherr.* *Suecia.*
6 Seydlii. *Frolich. Gyll.* *Austria.*

STENOSTOLA. *Dej. Cat. Mulsant.*

W. Redtb. Küster. SAPERDA. *Fabr. Gyll. Panz.*

1 { Nigripes. *Fabr.* *Alsatia.**
{ Var. *Ferrea. Schrank.* *Germania*
2 Tiliæ. *Küster.*

TETROPS (*Kirby.*) *Stephens.*

W. Redtb. ANÆTIA. *Dej. St. Cat.* POLYOPSIA. *Muls.*

1 Præusta. *Linné.* *Gallia.*
2 Gilvipes. *Stéven.* *Russ. merid.*
3 { Muhlfeldii. *Dej. Cat.* *Austria.*
{ *Discoides. Megerle.* id.

OBEREA. (*Meg.*) *Dej. Cat. Mulsant.*

W. Redtenb. SAPERDA. *Fabr.* CERAMBYX. *Linné. Schrank.*

1 Linearis. *Linné.* *Gall. bor.**
2 { Erythrocephala. *Schrk.* *Gall. merid.**
{ Var. *Euphorbiæ. Germ.* *Austria*
3 Pupillata. *Gyll. Schh* *Gall. orient.**
4 Ragusana. *Dej. Cat. Küster.* *Dalmatia.*
5 Xanthocephala. *Dej. Cat.* *Russ. merid.*
6 Mauritanica. *Lucas.* *Algiria.*
7 Maculicollis *Lucas.* id
8 Oculata. *Linné.* *Gallia.**

PHYTÆCIA. *Dej. St. Cat. Mulsant.*

W. Redtb. SAPERDA. *Fabr. Panz.* CERAMBYX. *Schh.*

1 Ephippium. *Fabr.* *Gall. merid.*
2 Argus. *Panz. Fabr.* *Austria.**
3 Balcanica. *Friwaldsk.* *Turcia.*
4 Affinis. *Harrer. Panz.* *Helvetia.**
5 Punctum. (*Ziegl. Dej. Cat*) *Ménétriés.* *Gall. merid.**
6 Flavipes. *Fabr.* *Algiria.**
7 Cephalotes. *Küster.*
8 Rubricollis. *Lucas.* *Algiria.**
9 Lineola. *Fabr.* *Gall. orient.*
10 Virgula. *Charpentier.* *Russ. merid.*
11 { Rufimana. *Fabr.* *Austria.*
{ *Flavimana. Panzer.* *Germania.*
{ *Gilvimana. Stéven.* *Russ. merid.*
12 { Jourdani. *Mulsant.* *Gall. orient.**
{ *Ophthalmica. Dej. Cat.* id.
13 Puncticollis. *Ménétriés.* *Russ. merid.*
14 Azurea. *Schönherr.* id.
15 Prætexta. *Stéven.* *Russ. merid.*
16 Pulchella. *Dej. Cat.* *Græcia.*
17 Cylindrica. *Linne.* *Alp. Gall.**
18 Scutellata. *Fabr.* *Austria.*

19 { Globulicollis *Dej. Cat. Dalmatia.*
{ *Echii. Dahl. Cat. Hungaria.*
20 Virescens. *Panzer. Gallia.**
21 Flavescens. *Mulsant. Gall. merid.*
22 Malachitica. *Dahl. Cat. Lucas. Sicilia.*
23 Ferrea. *Fabr. Germania.**
24 Nigricornis. *Fabr. Alp. Gall.**
25 Hirsutula. *Fabr. Hungaria.*
26 Uncinata. *W. Redtenb. Austria.*
27 Vestita. *Waltl. Græcia.*
28 Brevicollis. *Sturm.* id.
29 Molybdæna. *Dalm. Sch Austria.**
30 Erythrocnema. *Lucas. Algiria.**
31 Cyrtana. *Lucas.* id.*
32 Guerinii. *de Brême.* id.*
33 Warnieri. *Lucas.* id.*
34 { Vittigera. *Fabr.* id.*
{ *Maculosa. var. Muls. Gall. merid.*
35 Græca. *Sturm. Græcia.*

CALAMOBIUS. *Guérin.*

SAPERDA. *Fabr.* AUGAPANTHIA. *Serville.*

1 { Marginellus. *Fabr. Gall. merid.**
{ *Gracilis. Creutzer. Austria.*

AGAPANTHIA. *Serville. Mulsant.*

Castelnau. W. Redtenbach. SAPERDA. *Fabr.* CERAMBYX. *Linné.*

1 Irrorata. *Fabr. Hispania.**
2 { Verbasci. (*Megerle.*) *Hungaria.**
{ *Kirbyi. Schönh. Hellespont.*
3 { Asphodeli. *Latreille. Gall. merid.**
{ *Spencei. Gyllenhal.* id.
4 { Panonica. *Creutzer. Hungaria.*
{ *Dahlii. Koy.* id.
{ *Decora. Stéven. Russ. merid.*
5 { Cynaræ. *Germar. Dalmatia.**
{ *Obscuricornis. Ullrich. Illyria.*
6 Cardui. *Fabr. Gall. merid.**
7 Angusticollis. *Schönh. P.**
8 Maculicornis. (*Dahl.*) *Hungaria.*
9 Annularis. *Olivier. Algiria.**
10 { Squalis. *Gyllenhal. Austria.*
{ *Frenata. Dej. Cat. Hisp. merid.*
11 Græca. *Sturm. Cat. Græcia.*
12 Lixoides. *Lucas. Algiria.**
13 Gerardii. *Buquet.* id.*
14 { Suturalis. *Fabr. Gall. merid.**
{ *Annulata. Fabr.* id
{ Var. *Marginalis. Muls.* id.
{ — *Nigroænea. Muls.* id.
15 Violacea. *Fabr. Austria.*
16 { Micans. *Panzer. Germania.**
{ *Smaragdina. Dej. Cat. Gall. merid.*
{ Var. *Cærulea. Schh.* id.
{ — *Chalybea. Muls.* id.
{ — ? *Leucaspis. Stév. Russ. merid.*
17 Alboscutellata. (*Dahl.*) *Hungaria.*

VESPERUS. *Dej. Cat. Serville.*

Muls. W. Redtenb. STENOCORUS. *Fabr. Oliv.*

1 Strepens. *Olivier. Gall. merid.**
2 { Luridus. *Rossi.* id.*
{ *Solieri. Dej. Cat. Germ.* id.
3 { Xatartii. *Dej. Cat.* ♀. *Muls. Pyr. orient.*
{ *Melæpennis. Dufour. in litt. Hispania.*

RHAMNUSIUM. *Meg. Dej. Cat. Latr.*

Serville. Muls. W. Redtb. RHAGIUM. *Fabr. Sch. Casteln.* STENOCORUS. *Oliv. Sch.*

1 { Salicis. *Fab. Oliv. Sch. P.**
{ *Ruficolle. Herbst. Austria.*
{ *Etruscum. Rossi. Italia.*
{ Var. *Glaucopterum. Schall. Germania.*

RHAGIUM. *Fabricius.*

STENOCORUS *Olivier.* CERAMBYX. *Linné.*

1 { Bifasciatum. *Fabr. Gallia.**
{ Var. *Unifasciatum. Mulsant. Alp. Gall.*
{ — *Ecoffeti. Mulsant. Gallia.*
2 { Indagator. *Fabr. Gallia.**
{ *Inquisitor. Linné. Suecia.*
{ Var. *Minutum. Fabr. Dania.*
{ — *Investigator. Muls. Gallia.*
3 { Mordax. *Fabr.* id.*
{ *Scrutator. Olivier. P.*
{ *Sycophanta. Schrank. Germania.*
{ Var. *Cephalotes. Muls. Gallia.*
4 { Inquisitor. *Linné.* id.*
{ *Mordax. Olivier.* id.
{ *Bifasciatum. Schrank. Germania*

5 Maculatum. *Gysselen. Carniolia.*
6 Rufiventris. *Germar.*

TOXOTUS. *Meg. Dej. Cat. Serville.*

Muls. Casteln. L. Redtb. Rhagium. *Fabr.* Cerambyx et Leptura. *Linné.* Leptura. *Fabr. Payk.* Pachyta. *Panzer.*

1 Cinctus. *Fabr.* *Austria.*
Dentipes. Mulsant. *Gall. or.*
2 Cursor. *Linné.* *Alp. Gall.**
Noctis. Linné. Oliv. *Suecia.*
Var. *Verneuillii.* ♀. *Mulsant.* *Alp. Gall.*
3 Interrogationis. *Linné.* id.
Var. *Duodecimmaculatus. Fabr.* id.
— *Curvilineatus. Mul.* id.
— *Flavonotatus. Mul.* id.
— *Marginellus. Fabr.* id.
— *Bimaculatus. Muls.* id.
— *Ebeninus. Muls.* id.
4 Meridianus. *Linné.* *Gall. orient.**
Var. *Chrysogaster. Ol.* id *
— *Lævis. Olivier.* *P.*
— *Sericeus. Olivier.* id.*
— *Ruficornis. Scop.* *Carniolia.*
— *Geniculatus. Fourcroy.* *P.*
5 Humeralis. *Fabr.* *Austria.**
6 Dispar. *Panz. Mulsant.* *Gall. bor.*
7 Dorsalis. *Sturm. Cat.* *Russ. merid.*
8 Quadrimaculatus. *Lin.* (Pachyta. *Mulsant*) *Alp. Gall.**
Var. *Bimaculatus. Mls.* id.
9 Spadiceus. *Payk. Gyll.* *Austria.*
10 12-Maculatus. *Fabr.* *Alp. Gall.**
Var. *Interrogationis. Linné.* *Suecia.*
— *Curvilineatus. Mls.* *Alp. Gall.*
— *Flavomaculatus. Mulsant.* id.
— *Marginellus. Fabr.* id.
— *Bimaculatus. Mul.* id.
— *Ebeninus. Muls.* id.

PACHYTA. *Meg. Dej. Cat. Serville.*

Muls. Casteln. L. Redtb. Leptura. *Fabr. Oliv.*

1 Lamed. *Fabr.* *Suecia.*
2 Borealis. *Gyllenhal.* *Lapponia.*
3 Octomaculata. *Fabr.* *Alp. Gall.**
Var. *Decempunctata. Olivier.* id.
— *Cerambyciformis. Schrank.* id.
— *Quadrimaculata. Scopoli.* id.
— *Sexmaculata. Panzer.* *Germania.*
— *Sexpunctata. Muls.* *Gallia.*
4 Sexmaculata. *Linné.* *Germania.**
5 Trifasciata. *Fabr.* *Suecia.*
6 Signata. *Sturm. Cat.* *Italia.*
7 Clathrata. *Fabr.* *Gallia.**
Var. *Brunnipes. Muls.* id.
— *Reticulata. Fabr.* id.
Signata. Panzer. *Germania.*
8 Strigilata. *Fabr. Payk.* *Gall. merid.**
Var. *Suturalis. Muls.* id.
9 Smaragdula. *Fabr.* *Lapponia.*
Var. *Alpina. Ménét.* *Russ. merid.*
10 Marginata. *Fabr.* *Lapponia.*
Var. *Morio. Fabr.* *Austria.*
11 Virginea. *Linné.* *Alp. Gall.**
Var. *Violacea. de Geer.* id.
— *Nupta. Mulsant.* *Gall. merid.*
— *Vidua. Mulsant.* *Alp. Gall.*
12 Collaris. *Linné.* *Gallia.**
Thalassina. Schrank. *Austria.*
Var. *Nigricollis. Muls.* *Gallia.*

STRANGALIA. *Serville.*

Muls. W. Redtb. Strangalia et Stenura. *Dej. Cat.* Leptura. *Linné. Fabr.*

1 Septem-punctata. *Fab.* *Austria.**
2 Nigra. *Linné.* *Gallia.**
3 ♂♀ Villica. *Fabr.* id.*
Revestita. Linné. *Germania.*
Var. *Rufomarginata. Serville.* *P.*
— *Ferruginea. Muls.* *Gall. orient.**
— *Vitticollis. Muls.* *P.*
— *Labiata. Dej. Cat. Mulsant.* id.
— *Fulvibarbis.* (*Perroud.*) *Mulsant.* *Gallia.*
4 Atra. *Fabr.* id.*
5 Pubescens. *Fabr.* id.
Var. *Obscura. Panz.* id.
— *Holosericea. Fabr.* id.
♀ *Aurifina.* (*Megerle.*) *Austria.*

6 { Aurulenta. *Fabr.* *Gall. orient.**
{ *Quadrifasciata. Rossi.* *Italia.*
7 { Arcuata. *Panzer.* *Alsatia.*
{ *Annularis. Fabr.* *Austria.*
8 Quadrifasciata. *Linné.* *Gall. bor.*
9 Strangulata. *Ill. Germ.* *Lusitania.*
10 Alboscutellata. *St. Cat.* *Caucasus.*
11 Verticalis. *Dej. Cat. Küster.* *Dalmatia.*
12 Armata. *Herbst. Gyll.* *Gallia.**
Var. *Impunctata. Muls.* id.
— *Externepunctata. Muls.* id.
— *Binotata. Muls.* id.
— *Punctatofasciata. Muls.* id.
Elongata. Rossi. *Italia.*
Var. *Subspinosa. Fab.* *Gallia.*
— *Undulata. Muls.* id.
— *Sinuata. Panzer.* id.
13 Attenuata. *Linné.* id.*
14 Fægeri. *Stéven.* *Caucasus.*
15 { Melanura. *Linné.* *Gallia**
{ *Sutura-nigra. de Geer.* *Suecia.*
16 { Cruciata. *Olivier.* *Gall. orient.**
{ *Bifasciata. Schrank.* *Austria.*
17 Distigma *Charpentier.* *Gall. merid.**
18 Quinquesignata. *Küst.* *N.*

LEPTURA. *Linné. Fabr. Oliv. Latr. Muls. Casteln. W. Redtb.*

1 Virens. *Linné.* *Alp. Gall.**
2 Rubrotestacea. *Illiger.* *Gallia.**
Testacea. Linné. *Suecia.*
Rubra. Linné. *Germania.*
Var. *Occipitalis. Muls.* *Gallia.*
3 { Fontenayi. *Mulsant.* *Gall. merid.**
{ *Erythroptera. Dej. Cat.* id.
4 Oblongomaculata. *Buq.* *Algiria.**
5 { Rufa. *(Dej. Cat.) Brul.* *Gall. merid.**
{ *Hæmorrhoidalis. (Dufour.) Muls.* *Hispania.*
6 Apicalis *Dej. Cat.* *Dalmatia.*
7 { Rufipennis. *Mulsant. L. Redtenbacher.* *Austria.*
{ *Rubens. Meg. Dej. Cat.* id.
8 Scutellata. *Fabr.* *Gallia bor.**
9 Melas. *Lucas.* *Algiria.*
10 Hastata. *Fabr.* *Gall. merid.**
11 { Tesserula. *Charpent.* *Hungaria.*
{ *Bisignata. (Dahl.) Dej. Cat.* id.
12 Bisignata. *Brullé.* *Græcia.*
13 Affinis. *Sturm. Cat.* *Turcica.*
14 { Tomentosa. *Fabr.* *Gallia.**
{ *Fulva. de Geer.* *Suecia.*
15 Pilosa. *Sturm. Cat.* *Hungaria.*
16 Pallens. *Dahl. Cat.* id.
17 { Sanguinosa. *Gyllenh.* *Sibiria.**
{ *Vinicolor. Faiderm.* id.
{ *Rubripennis. Dej. Cat.* *Austria.*
18 Cincta. *Gyllenhal.* *Alp. Gall.**
Sanguinolenta. Oliv. Panz. *Austria.*
Var. *Variabilis. Payk.* *Alp. Gall.**
— *Notata. Olivier.* *Gall. bor.*
— *Dubia. Scopoli.* id.
— *Luctuosa. Mulsant.* id.
— *Chamomillæ? Fab.* id.*
19 { Sanguinolenta. *Fabr. Gyll.* *Gall. bor.*
{ *Variabilis. de Geer.* *Suecia.*
20 Maculicornis. *de Geer.* *Gall. bor.**
21 { Livida. *Fabr.* *Gallia.**
{ *Pastinacæ. Panzer.* *Germania.*
22 Unipunctata. *Olivier.* *Gall. merid.**
23 Strangulata. *Germar. Charpentier.* *Pyr. or.*
Var. *Sublineata. Muls.* id.
— *Scapularis. Muls.* id.
— *Abbreviata. Muls.* id.
— *Fusciventris. Muls.* id.
— *Rufiventris. Muls.* id.
— *Luteipes. Mulsant.* id.
— *Varipes. Mulsant.* id.
— *Fuscipes. Mulsant.* id.

ANAPLODERA. *Mulsant.*

LEPTURA. *Fabr. Casteln. Dej. Cat.* GRAMMOPTERA. *L. Redtenb.*

1 Sexguttata. *Fabr.* *Gallia.**
Var. *Exclamationis. Fabr.* id.
— *Biguttata. Muls.* id.
2 { Rufipes. *Fabr.* *Gall. orient.**
{ Var. *Fuscipes. Muls.* id.
3 { Lurida. *Fabr.* *Gallia.**
{ *Suturalis. Olivier.* id.

GRAMMOPTERA. *Serville.*

Muls. Dej. Cat. LEPTURA. *Fabr.*

1 Spinosula. *(Foud.) Mls.* *P.**

2 { Lævis. *Fabr.* — *Alp. Gall.**
{ *Tabacicolor. de Geer.* — *Suecia.*
3 { Quadriguttata. *Muls.* — *Germania.**
{ Var. *Suturalis. Fabr.* — *Gallia.*
4 { Holosericea. *Fab. n°68.* — *Austria.*
{ Var. *Velutina. Dahl. Cat.* — *Hungaria.*
{ *Nigra. (Dahl.)* — id.
{ *Villosa. (Dahl.)* — id.
5 Hæmorrhoidalis. *Stm.* — id.
6 { Analis. *Panzer.* — *Gall. orient.**
{ *Varians. (Meg.) Dej. Cat.* — *Germania.*
7 Rufimana. *Dej. Cat.* — *Græcia.*
8 Ruficornis. *Fabr.* — *P.**
9 { Præusta. *Fabr.* — *Gallia.**
{ *Splendida. Herbst.* — id.
10 Saperdoides. *Stéven.* — *Russ. merid.*

404

---

41. FAM. DONACIE.

DONACIA. *Fabricius.*

LEPTURA. *Linné.* PRIONUS. *Scopoli.* STENCORUS. *Geoffroy.*

1 { Crassipes. *Fabr.* — *Gallia.**
{ *Striata. Panzer.* — *Germania.*
{ *Micans. Hoppe.* — id.
{ *Aquatica. var. b. Lin.* — *Suecia.*
{ *Spinosa. de Geer.* — id.
2 { Bidens. *Olivier.* — *Gallia.**
{ *Clavipes. Paykull.* — *Suecia.*
{ *Cincta. Germar.* — *Germania.*
{ *Micans. Marsham.* — *Anglia.*
{ *Aquatica. Martyn.* — id.
{ *Versicolor? Brahm.* — *Germania.*
3 { Dentata. *Hoppe. Lac.* — *Gallia.**
{ *Bidens. Dej. Cat.* — *Germania.*
{ *Phellandrii. Sahlberg.* — *Finlandia.*
4 { Angustata. *Kunze. Lac.* — *Lombardia.**
{ *Bidens. var. Dej. Cat.* — *Italia.*
{ *Æruginea. Dahl. Cat.* — id.
5 { Sparganii. *Ahrens.* — *Gallia.*
{ *Bidens. var. Gyllenh.* — *Suecia.*
6 { Polita. *Kunze. Lacord.* — *Hispania.*
{ *Femorata. Dej. Cat.* — *Italia.*
{ *Elegans. Dahl. Cat.* — *Sardinia.*
7 { Appendiculata. *Ahrens.* — *Gall. merid.**
{ *Reticulata. Schh. Dej. Cat.* — *Illyria.*
8 { Dentipes. *Fabr.* — *Gallia.**
{ *Vittata. Olivier.* — *P.*
{ *Fasciata. Hoppe. Lin.* — *Suecia.*
{ *Nitida. Linné.* — *Germania.*
9 { Lemnæ. *Fabr. Steph.* — *Gallia.**
{ *Marginata. Hoppe.* — *Anglia.*
{ *Vittata. Panzer.* — *Germania.*
{ *Limbata. Panzer.* — id.
{ *Lateralis. Bonelli.* — *Lombardia*
10 Simplicifrons. *Lacordaire.* — *P. Finlandia.*
11 { Sagittariæ. *Fabr.* — *Gallia.**
{ *Aurea. Hoppe.* — *Anglia.*
{ *Bicolor. Linné.* — *Suecia.*
{ Var. A. *Collaris. Panz.* — *Germania.*
12 { Obscura. *Gyllenhal.* — id.*
{ *Impressa. Ahrens.* — *Gall. bor.*
13 Brevicornis. *Ahrens.* — *Suecia. P.*
14 { Thalassina. *Germar.* — *P. Germania.*
{ *Impressa. var. c. Gyll.* — *Suecia.*
15 { Impressa. *Paykull.* — *Gall. merid.**
{ Var. *Antiqua. Kunze.* — *Sicilia.*
16 { Menyanthidis. *Fabr.* — *Gallia.**
{ *Simplex. Payk. Marsh.* — *Anglia.*
{ *Clavipes. Fabr.* — *Dania.*
{ *Crassipes. Linné.* — *Germania.*
17 Apricans. *Lacordaire.* — *Sicilia.**
18 { Linearis. *Hoppe.* — *Gallia.**
{ *Simplex. Fabr.* — *Germania.*
19 { Typhæ. *Brahm.* — *Gallia.**
{ *Linearis. var. b. Gyll.* — *Suecia.*
20 { Simplex. *Fabr.* — *Gallia.**
{ *Semi-cuprea. Panzer.* — *Germania.*
{ *Vulgaris. Linné.* — *Suecia.*
{ Var. *Maura? Kunze.* — *Germania.*
21 Malinovskyi. *Ahrens.* — id.*
22 { Fennica. *Gyllenhal.* — *Suecia.**
{ *Arundinis. Ahrens.* — *Germania.*
23 { Hydrocharidis. *Fabr.* — *P. Gallia.**
{ *Cinerea. Hoppe.* — *Germania.*
{ Var. A. *Tarsata. Panz.* — id.
24 Tomentosa. *Ahrens.* — id.
25 { Nigra. *Fabr.* — *Dalmatia.**
{ *Abdominalis. Olivier.* — id.
{ *Palustris. Herbst.* — *Austria.*
{ *Violacea? Pallas.* — *Sibiria.*
{ *Braccatas. Scopoli.* — *Carniolia.*
26 { Discolor. *Hoppe.* — *Germania.**
{ *Nigra. Olivier.* — *Gallia.*
{ *Rufipes. Olivier.* — id.
{ *Consimilis* et *Assimilis. Schrank.* — *Germania.*
{ Var. *Variabilis. Kunze.* — id.

27 Affinis *Kunze.* *Germania.**
Nigra. Paykull. *Suecia.*
Discolor. Gyllenhal. id.
Ænea. Olivier. *Gallia.*
Rustica. Kunze. *Germania.**
Pallipes. Stm. Kunze. id.
Planicollis. Kunze. id.
Besseri. Dej. Cat. *Volhynia*
Fusca. Pallas. *Russia*
28 Sericea. *Illiger.* *Gallia.**
Var. A. *Sericea. Linné. var. à Gyll.* *Suecia.*
— B. *Festucæ. Fabr.* *Dania.*
— C. *Violacea. Hoppe.* *Germania.**
— D. *Micans. Panzer.* id.*
— E. *Armata. Payk.* *Suecia.*
— F. *Nymphea. Fabr.* *Dania.*
— G. *Sericea. var. f. Gyll. var. d. Zett.* *Suecia.**
— H.? *Violacea. Gyll.* id.

HÆMONIA. *(Megerle.) Lacordaire.*

RHAGIUM. *Fabr. Payk.* DONACIA. *Fabr.* MACROPLÆA. *Curtis.*

1 Equiseti. *Fabr.* *Suecia.*
Appendiculata. Panz. *Germania.*
Mucronata. Hoppe. id.
Mutica. Payk. *Helvetia.*
2 Curtisii. *Lacordaire.* *Anglia.*
Zosteræ? Curtis. id.
3 Chevrolatii. *Lacord.* *Gallia.*
4 Zosteræ. *Fabr.* *Suecia.*
Ruppiæ. Germar. id.
Schiodtei. Guérin. id.
Multica. Fabr. id.
5 Gyllenhalii. *Lacord.* id.
Zosteræ. Gyll. Dej Cat. id.
Equiseti. Fallen. id.
6 Sahlbergii. *Lacord.* *Finlandia.*
Zosteræ. Sahlberg. id.
Intermedia. (Mannh.) id.

34

42. FAM. CHRYSOMELÆ.

DIVISIO 1. **Lemidæ.**

ORSODACNA. *Latreille.*

GALLERUCA. *Fab.* CRIOCERIS. *Fab.* LEMA *Panz.* DONACIA. *Ahrens.*

1 Mespilli *Lacordaire.* *P.**
2 Nigricollis. *Olivier.* *Gallia.*
Var. *Marginella. Duft.* *Austria.*
Piceipennis? Duftsch. id.
3 Cerasi. *Fabr.* *Gallia.**
Chlorotica. Gyll. Oliv. *Suecia.*
Fulvicollis. Payk. Pnz. id.
Var. *Chlorotica. Latr. Gyll. var.* *P.*
— *Nigroculata. Moll.* *Germania.*
— *Lineola. Besser.* *Volhynia.**
— *Melanura. Fabr.* *Suecia.*
Limbata. Olivier. *P.*
— *Glabrata. Panzer.* *Germania.**
— *Nigripennis. Dej. Cat.* *Volhynia.*
— *Cantharoides. Fab. Duftsch.* *Austria.**
4 Nigriceps. *Latreille.* *Gallia.**
Cerasi. var. Dej. Cat. *P.*
Var. *Nigriceps. Duft.* *Austria.*
— *Lineola. Fab. Panz.* *Germania.*
5 Humeralis. *Latreille.* *Gallia.**
Lineola. var. F. C. E. *Duftsch.* *Germania.*
Var. *Cærulescens. Duft.* *Austria.*
Lineola. var. B. *Duft.* id.
Oxyacanthæ. Schott. id.
Violacea. Chevrolat. *P.*
6 Nematodes. *Lacord.* *Pedemont.*

SYNETA. *Eschscholtz. (Dej. Cat.)*

CRIOCERIS. *Fab.* LEMA. *Sch.* ORSODACHNA. *Gyll.* AUCHENIA. *Zettersted. Guérin.*

1 Betulæ. *Fab. (Dej Cat.)* *Suecia.*

ZEUGOPHORA *Kunze. Lacord.*

CRIOCERIS. *Fab.* LEMA. *Gyll.* AUCHENIA *Marsh.* LEMA. *Fab.* CRYPTOCEPH. *Linné.* CHRYSOMELA. *de Villers.*

1 Scutellaris. *Suffrian.* *Germania.**
2 Frontalis. *Suffrian.* *Gall. orient.**
Subspinosa. var. b. Gyllenh. *Suecia.*
Var. *a. Flavicollis. Gyllenh.* id.
3 Subspinosa. *Linné.* *Gallia.**
Erythrocephala. Hbst. *Austria.*
Berilonensis. Linné. *Germania.*

4 Flavicollis. *Marsham.* *Gallia*
Subspinosa. *var.* *β.* *Schonh.* *Suecia.*
Melanocephala. (*Bonelli.*) *Dej. Cat. Suff.* *Gall. merid.*

LEMA. *Fabricius. Redtenb*

CRIOCERIS. *Geoff.* AUCHENIA. *Marsh.* CHRYSOMELA et CRYPTOCEPHALUS. *Lin.*

(CRIOCERIS. *Geoff. Lacord.*)

1 Stercoraria. *Linné. Pelagna* *Sicilia.**
Cicatricosa. Dej. Cat. *Algiria.*
2 Merdigera. *Linné.* *Gallia.**
Rubra-liliorum. de Geer. *Germania.*
Lilii. Scopoli. *Carniolia.*
3 Brunnea. *Fabr.* *P.**
Merdigera. Linné. *Suecia*
Rubra-liliorum. var. de Geer. id.
Var. *Corineta. Fald.* *Russia*
— *Collaris.* (*Dahl.*) *Dej. Cat.* *Austria.*
4 Rufipes. *Herbst.* id.
Unicolor. Panzer. id.
5 Suffriani? *Schmidt.* *Germania.*
6 Mediciana. *Lacordaire.* *Pedemont.*
Abdominalis. Medici. id.
7 Alpina. *Ferrari. W. Redtb.* *Austria.*
8 Quinquepunctata. *Fab.* *Germania.**
Quinquenotata. Linné. Fabr. id.
9 Dodecatisma. (*Ziegler.*) *Suffrian.* *Sicilia.**
10 Duodecimpunctata. *Lin. Panz. Gyll. Suff.* *Austria.**
11 Quatuordecimpunctata. *Scopoli.* *Germania.**
12 Distincta. *Lacordaire.* *Græcia.*
13 Paracenthesis. *Linné. Touss. Charp.* *Gall. merid.**
Suturalis. Oliv. (*Dej. Cat.*) id.
14 Dahlii. *Dej. Cat. Lac.* *Sicilia.*
15 Asparagi. *Linné.* *Gallia.**
Campestris. Fab. Laich. *Tyrolis*
Var. *Pupillata. Ahr.* *Austria*
Maculipes. Parr. *Russ. merid.*
16 Campestris. *Linné* *Sicilia.**

(LEMA. *Fabr.*)

17 Rugicollis. *Suffrian.* *P. German.**
Puncticollis. Curtis. *Anglia.*
Cyanella. Fabr. Gyll. *Suecia.*
18 Cyanella. *Fabr.* *Gallia.**
Var. A. *Obscura? Stph.* *Anglia.*
19 Erichsonii. *Suffrian.* *P. German.**
20 Flavipes. (*Meg.*) *Suff.* *Hungaria.**
21 Melanopa. *Linné.* *Suecia.**
Hordei. Fourcroy. *P.*
Cyanipennis. Duftsch. *Germania.*
22 Rufocyanea. *Suffrian.* id.
23 Hoffmanseggii. *Lacord.* *Lusitania.*
Collaris. (*Hoffmsgg.*) id.

DIVISIO 2. **Hispidæ.**

HISPA. *Linné.*

1 Testacea. *Linné.* *Gall. merid.**
2 Numida. *Guérin.* *Algiria.*
3 Algeriana. *Guérin.* id.
4 Atra. *Fabr.* *Gallia.**
5 Aptera. *Bonelli.* *Gall. merid.**

LEPTOMORPHA *Chevrolat.*

1 Filiformis. *Dahl.* *Sicilia.**

DIVISIO 3. **Cassidæ.**

CASSIDA. *Linné.*

1 Atrata. *Fabr.* *Austria.*
2 Equestris. *Fabr.* *Gallia.**
Viridis. Linné. *Suecia.*
3 Sardea. *Sturm. Cat.* *Sardinia.*
4 Hemisphærica. *Herbst.* *Austria.**
5 Illyrica. *Dej. Cat.* *Illyria.*
6 Austriaca. *Fabr.* *Austria.**
Speciosa. Brahm. id.
7 Alpina. *Sturm. Cat.* *Alp. Lomb.*
8 Vittata. *Fabr.* *Austria.*
Ocellata. Herbst. id.
9 Murræa. *Linné.* *Gallia.**
Maculata. Linné. *Suecia.*
10 Vibex. *Linné.* id.*
11 Rosea. *Dej. Cat.* *Styria*
12 Rubiginosa. *Illiger.* *Gallia.**
Viridis. Fabr. Coll. *Germania.*
Vibex. Fabr. Coll. id.
Prasina. Fabr. Coll. id.

13 Sanguinosa. *Creutzer.* *Germania.*
Prasina. Herbst. id.
Rubiginosa. Gyllenh. *Suecia.*
Thoracica. Stephens. *Anglia.*
14 Nigra. *Herbst.* *Austria.*
15 Thoracica. *Kugelann.* *Germania.**
16 Rufovirens. *Suffrian.* id.
17 Azurea. *Fabr.* *Gallia.**
Ornata. Creutzer. *Austria.*
18 Globosa. *Sturm. Cat.* id.
19 Denticollis. *Suffrian.* *Austria.*
20 Chloris. *Suffrian.* *Germania.**
21 Stigmatica. (*Illiger.*) *Suffrian.* id.
22 Sanguinolenta. *Fabr.* *P.**
23 Margaritacea. *Schaller. Fabr.* id.*
24 Lucida. *Suffrian.* *Germania.**
25 Viridula. *Paykull.* *Suecia.**
26 Bella. *Stéven.* *Caucasus.*
27 Subreticulata. (*Meg.*) *Suff.* *Germania.*
28 Oblonga. *Illig.* *Austria.**
Salicorniœ. Steph. *Anglia.*
29 Nobilis. *Linné.* *Gall. merid.**
Pulchella. Panzer. *Germania.*
Lœvis. Herbst. *Austria.*
30 Berolinensis. *Dej. Cat. Suff.* *Germania.*
31 Obsoleta. *Illiger.* *Gall. merid.**
Nebulosa. Fabr. *Germania.*
Exculpta. Charpent. *Russ. merid.*
32 Lineola. *Creutzer.* *Austria.**
33 Meridionalis. *Dej. Cat.* *Gall. merid.*
34 Ferruginea. *Fabr.* *P.**
35 Modesta. *Sturm. Cat.* *Hispania.*
36 Nebulosa. *Linné.* *Germania.**
37 Mutabilis. *Villa.* *Lombardia.**
38 Testudo. *Friw. Suff.* *Turcica.*
Hablitzliœ. Stéven. *Russ. merid.*
39 Herbea. *Bohem.* *Algiria.**
40 Algirica. *Bohem.* id.*

DIVISIO 4. **Gallerucidæ.**

ADIMONIA. *Laicharting.*

MELOE et GALLERUCA. *Fabr.*

1 Brevipennis. *Illiger.* *Gall. merid.**
Marginata. Fabr. *Italia.*
2 Barbara. *Erichson.* *Algiria.*
3 Cariosa. *Dej. Cat.* *Barbaria.*
4 Lata. *Chevrolat.* *Algiria.**
5 Sardea *Dahl. Ct. Küst.* *Sardinia.**
6 Provida. *Buquet.* *Algiria.**
7 Littoralis. *Fabr.* *P.**
Var. *Italica. Dahl. Dej. Cat.* *Italia.*
Gagatina. (*Megerle.*) *Illyria.*
Lineata. Ullrich. id.
8 Artemisiæ. *Rambur.* *Hisp. merid.**
9 Tanaceti. *Fabr.* *P.**
10 Rotundicollis. *Chevrl.* *Alp. Gall.**
11 Alpina. (*Gaubil.*) id.*
12 Monticola. (*Gaubil.*) *Pyr. orient.**
13 Circumdata. *Duftsch.* *Austria.**
14 Rustica. *Schall. Fabr.* *P.**
15 Florentina. *Dahl. Dej. Cat. W. Redtb.* *Italia.**
Circumdata. Ullrich. *Illyria.*
Limbata. (*Ziegler.*) *Austria.*
16 Dispar. *Chevrolat.* *Gall. merid.*
17 Brachyptera. *Küster.* *Lombardia.**
Villæ. Dej. Cat. Küst. id.
18 Interrupta. *Geoff. Oliv.* *Gallia.**
19 Rufa. (*Meg.*) *Germar.* *Austria.**
Reticulata. (*Ziegl.*) *Dalmatia.*
20 Silphoides. *Dalman.* *Russ. merid.*
Rufa. Stéven. id.
21 Hæmatidea. (*Megerle.*) *Germar.* *Austria.**
22 Rubicunda. *Dej. Cat.* *Hispania.*
Fossulata Dufour. id.
23 Aptera. *Bonelli.* *Lombardia.*
Melanocephala. Ponza. id.
24 Sanguinea. *Fab. Payk.* *P.**
25 Pallidipennis. *Küster.* *Germania.*
26 Capreæ. *Linné. Gyll.* *P.**
Var. *Polygonata. Laichart.* *Tyrolis.*
27 Violacea. *Lucas.* *Algiria.**
28 Lucasii. *Gaub. in litt.* id.*

GALERUCA. *Geoffroy.*

CHRYSOMELA. *Linné.*

1 Viburni. *Paykull.* *Gall. bor.**
2 Xanthomelæna. *Schrk.* *P.**
Calmariensis. Fabr. *Germania.*
3 Geniculata. *Dahl. Cat.* *Italia.**
4 Sublineata. *Dej. Cat. Lucas.* *Gall. merid.**
Carinata. Falderm. *Russ. merid.*
5 Elongata. *Dahl. Cat.* *Gall. merid.*

6 { Nympheæ. *Linné. Fab. Panz.* *P.**
  { Var. *Sagittariæ. Gyll.* *Suecia.**
7 Lineola. *Fabr. Panz.* *P.**
8 { Calmariensis. *Linné.* *Germania.**
  { *Lythri. Gyllenhal.* *P.*
9 Tenella. *Linné.* id.*
10 Flaviventris. *Dahl. Cat.* *Hungaria.*

RAPHIDOPALPA. *Chevrolat.*

1 { Foveicollis. *Dej. Cat. Lucas.* (Galleruca.) *Dalmatia.**
  { *Crioceroides. Dufour.* *Hispania.*

MALACOSOMA. (*Chevrolat.*) *Blanchard.*

CHRYSOMELA. *Linné.* CISTELA. *Fabr*

1 { Lusitanica. *Linné.* *Gall. merid.**
  { *Nigripes. Olivier.* id.
  { *Abdominalis. Schönh.* id.
  { *Testacea. Fabr.* id.
2 { Lepida. *Dej. Cat.* *Podolia*
  { *Fulvicollis. Gebler.* *Sibiria.*
  { Var. *Fulvicollis. Latr.* *Syria.*

AGELASTICA. *Chevrolat. Dej. Cat. W. Redtb. Küst.*

CHRYSOMELA. *Linné.* GALLERUCA. *Fabr.*

1 { Halensis. *Linné.* *Gallia.**
  { *Nigricornis. Fabr.* *Germania.*
2 Alni. *Linné.* *Gallia.**

PHYLLOBROTICA. *Chevrolat. Dej. Cat. W. Redtenb.*

GALLERUCA. *Fab.* CRIOCERIS. *Fab. Duft. Panz.*

1 { Quadrimaculata. *Fabr. Duftsch.* *P.**
  { *Bimaculata. Panzer.* *Germania.*
2 { Trinotata. *Dej. Cat.* *Russ. merid.*
  { *Tripunctata. Godet.* id.
3 Adusta. *Fabr. Creutz* *Austria.*

CALOMICRUS. (*Dillw.*) *Stephens.*

W. Redtb. CRIOCERIS. *Marsh. Duftsch.* ALTICA. *Duftsch. Entom. Hefte. Panz.* LUPERUS. *Ratzeb.*

1 { Circumfusus. *Marsh.* *Austria.*
  { *Spartii. Ent. Hefte. Duftsch.* id.
  { *Brassicæ. Panzer.* *Germania.*
2 Pinicola. *Duftsch.* *Austria.**

LUPERUS. *Geoffroy.*

CHRYSOMELA. *Linné.* CRIOCERIS. *Fabr. Duftsch.*

1 Rufipes. *Fabr. Panz.* *P.**
2 Betulæ. *Chevrolat.* *Alsatia. P.**
3 Flavipes. *Linné. Panz.* *P.*
4 Pyrenæus. *Dej. Cat. Germar.* *Pyr. orient.**
5 { Flavipennis. *Lucas.* *Algiria.*
  { *Flavus? Dej. Cat.* *Hispania.*
6 { Pallipes. *Dej. Cat.* *Austria.*
  { *Xanthopus. Besser.* *Volhynia.*
  { *Rufipes. Stéven.* *Russ. merid.*
7 Pygmæus. *Dej. Cat.* *Dalmatia.*
8 Cyaneus. *Dej. Cat.* id.*
9 Xanthopus. *Duftsch. (Illig.)* *Austria.*
10 Suturalis. *Dej. Cat.* *Hispania.**
11 Umbraticus. *Ullrich. St. Cat.* *Austria.*
12 { Cœrulescens. *Duftsch.* id.*
  { *Viridipennis. Dej. Cat.* *Styria.*

MONOLEPTA. (*Chevrolat.*)

1 Terrestris. *Dej. Cat.* *Pyr. orient.**

LITHONOMA. (*Chevrolat.*)

1 Marginella. *Fabr.* *Hispania.*
2 Andalusiaca. *Rambur.* id.

ALTICA. *Linné.*

GALLERUCA. *Fabr.* CHRYSOMELA. *Linné.* HALTICA. *Illig. Redtenb.* GRAPTODERA, CREPIDODERA, PHYLLOTRETA et APHTHONA. (*Chevrol.*) *Dej. Cat.*

(GRAPTODERA. *Chevrolat.*)

1 Oleracea. *Fabr. Duft.* *Gallia.**

2 { Erucæ. *Fabr. Duftsch.* *Austria* *
  { *Lythri (Chevrol.) Aub.* *P.*
3 Vitis. *Chevrolat.* id.
4 Mercurialis. *(Hellwig.) Fabr.* id.*

(Podagrica. *(Chevrolat.)*

5 Ruficollis. *Lucas* *Algiria.**
6 Fuscipes. *Fabr.* *P.**
7 Malvæ. *Illiger.* *Gall. merid.**
8 { Fuscicornis. *Linné.* *Austria.**
  { *Fulvipes. Ent. Hefte.* *P.*
  { *Rufipes. Paykull.* *Suecia.*
  { *Malvæ. Fourcroy* *P.*

(Crepidodera. *Chevrolat.)*

9 { Geminata. *Fabr.* *Hispania.**
  { *Lineata. Oliv. Rossi.* *Gall. merid.*
10 Transversa. *Marsham.* *P.**
11 { Exoleta. *Linné.* id.*
   { *Ferruginea. Fourcroy.* id.
12 Punctipennis. *Lucas.* *Algiria.*
13 Impressa. *Fabr.* *Germania.*
14 { Rufipes. *Linné.* *Gall. merid.**
   { *Ruficornis. Ent. Hefte.* *Germania.*
15 { Peyroleri. *Dej. Cat.* *Illyria*
   { *Fuscipes. Peyroleri.* id.
16 Femorata. *Gyllenhal.* *Germania.**
17 Melanopus. *Dej. Cat.* *Pyr. orient.**
18 Concolor. *Dej. Cat.* *Gall. merid*
19 Cyanescens. *Duftsch. Villa?* *Austria*
20 { Nigritula. *Gyllenhal.* *Finlandia.*
   { Var. *Coarctata. Dej. Cat.* *Illyria.*
21 Nitidula *Fabr.* *Gall. bor.**
22 { Helxines. *Fabr. Duft.* *P.**
   { *Fulvicornis. Fabr.* *Germania*
   { *Metallica. Duftsch.* *Austria.*
23 Modeeri. *Linné.* *P.*
24 Melanostoma. *L. Redt.* *Austria.*
25 { Rustica. *Linné.* (Balanomorpha.) *Chevr.* *Gall. merid.*
   { *Semi-ænea. Ent. Hefte.* *Austria.*
26 Pubescens. *Ent. Hefte.* *P.**
27 Nigriventris. *Chevrolat. Dej. Cat.* id.*
28 Subcyanea. *(Dahl.) St. Cat.* *Austria.*
29 Alpicola. *Schmidt* et *Helfer.* *Smyrna*

(Phylloireta. *(Chevrolat.)*

30 Armoriacæ. *Ent. Hefte. Duftsch.* *Austria* *
31 { Cincta. *Dej. Cat.* id.*
   { *Cochleariæ. Chevrol.* *P.*
32 Amabilis. *Dej. Cat.* *Pyr. orient.**
33 Parallela. *Reiche.* *P.**
34 Excisa. *L. Redtenb* *Austria.*
35 { Brassicæ. *Fabr.* *Germania.**
   { *Quadripustulata. Illg. Ent. Hefte.* id.*
36 Sinuata. *Dej. Cat. L. Redtenb.* id.
37 Flexuosa. *Ent. Hefte. Panzer.* id.*
38 Nemorum *Lin. Panz.* *P.**
39 Vittula. *(Schüpp) L. Redtenb.* *Austria.*
40 Antennata. *Ent. Hefte. Duftsch.* *Gallia.**
41 { Atra. *Paykull.* *P.**
   { *Melæna. Gyll. Illig.* *Suecia*
42 Lepidii. *Ent. Hefte. Gyllenh.* *P.*
43 { Procera. *L. Redtenb.* *Austria.**
   { *Ærea? Dej Cat.* *Gall merid.*

(Aphthona. *(Chevrolat.)*

44 Cyparissiæ. *Ent. Hefte. Duftsch.* *P.**
45 Chalybea. *Besser. St. Cat.* *Austria.*
46 { Euphorbiæ. *Fab. Gyll.* *Gallia.**
   { *Gagatina. Besser.* *Volhynia.*
47 Palustris. *Chevrolat.* *P.*
48 Erythropus. *Dej. Cat.* id.
49 { Cœrulea. *Paykull.* id.*
   { *Hyosciami. Gyll. Duft.* *Austria.*
50 Campanulæ. *L. Redtb.* id.*
51 Lacertosa. *Rosenh.* *Hungaria.*
52 Janthina. *Dej. Cat.* *Austria*
53 Megerlei. *Dej. Cat.* id.
54 Virescens. *Dej. Cat.* *P.**
55 Tantilla. *Dej. Cat.* *Austria*
56 Rugulosa. *Dej. Cat.* *Gall. bor.*
57 { Rubi. *Fabr.* *Germania.**
   { Var. *Dumetorum. OEsk.* *Hungaria.*
58 Rubivora. *(Chevrolat.)* *P.**
59 Divaricata. *L. Redtb.* *Austria.*
60 { Salicariæ. *Paykull.* *Suecia.*
   { *Striatella? Gyll. Illig.* *Austria.*

61 Ventralis. *Illiger.* *Germania.*
62 Tarda. *Märkel.* *Saxonia.*
63 Atropa. *Markel.* id.*

(BALANOMORPHA. (*Chevrolat.*)

64 Chrysanthemi. *Ent. Hft.* *Germania.**
65 Declarata. *Dej. Cat.* *Gall. merid.*
66 Æraria. (*Chevrolat.*) *P.**

LONGITARSUS. *Latreille.*

THYAMIS. *Steph.* TEINODACTYLA. *Chevrol.* CRIOCERIS. *Fabr.* CHRYSOMELA. *Linné.*

1 Consolidæ. *Stéven.* *Russ. merid.*
2 { Echii. *Ent. Hefte. Illig.* *P.**
{ *Pallipes. Besser. Dej. Cat.* *Volhynia.*
{ *Salviæ. Géné.* *Lombardia.*
3 Flavipes. *Dej. Cat.* *Hispania.*
4 Æruginosus. *Dej. Cat.* id
5 Punctatus. *Dej Cat.* *Dalmatia.*
6 Etruscus. (*Meg.*) *St. Cat.* *Austria.*
7 { Anchusæ. *Payk. Gyll.* *Germania.**
{ *Tristis. Dej. Cat.* *Suecia.*
8 Analis. (*Creutz.*) *Duft.* *Austria.**
9 { Apicalis. *Beck.* *Germania.*
{ *Praticola. Sahlberg.* *Finlandia.*
10 Holsaticus. *Linné. Ent. Hefte.* *Suecia.**
11 { Quadripustulatus. *Fab.* *P.**
{ *Quadrimaculatus. Ent. Hefte.* *Germania.*
12 Dorsalis. *Fabr.* *P.**
13 { Sisymbrii. *Fabr.* id.*
{ *Thapsi? Marsham.* id.
{ *Suturalis. (Ziegler.)* *Styria.*
{ *Opalirans. Besser.* *Volhynia.*
{ *Brunneus. Œskay.* *Croatia.*
14 Verbasci. *Panzer. Ent. Hefte.* *P.**
15 Lutescens. *Gyll.* (Aphthona.) *Chevrol.* id.*
16 Nigriceps *L. Redtenb Dej.? Cat.* *Austria.*
17 Sanguinolentus. *Dej. Cat.* *Hispania.*
18 Trilineolatus. *Dej. Cat.* *Dalmatia.*
19 Melanocephalus. *Schh. Gyll.* *P.**
20 Ochroleucus. *Marsh.* id.*
21 Tabidus. *Fabr. Illig. Gyll.* id.*
22 Atricillus. *Linné. Ent. Hefte.* id.*
23 { Nasturtii. *Fabr.* *Austria.**
{ *Pratensis. var. Gyll.* *Suecia.*
24 Pusillus. *Gyllenhal.* *Austria.**
25 Pratensis. *Panz. Gyll.* *P.**
26 Ruficeps. (*Ullrich. St. Cat.*) *Austria.*
27 Luridus. *Oliv. Rossi.* id.*
28 Brunneus. *Duftsch.* id.
29 Femoralis. *Marsh. Gyl.* id.
30 Fusco-æneus. *L. Redt.* id.
31 Linnæi. *Duftschmidt.* id.
32 Parvulus. *Payk. Gyll.* id.*
33 Obliteratus. *Rosenh.* *Hungaria.*
34 Niger. *Ent. Hefte. Gyll.* *Austria.*

PSYLLIODES. *Latreille.*

MACROCNEMA. (*Megerle.*) *Steph.* CHRYSOMELA. *Linné. Marsh.* GALLERUCA. *Payk.*

1 { Melanophthalma. *Duft.* *Austria.*
{ *Picina? Stephens.* *Anglia.*
2 Circumdata. *L. Redtb.* *Austria.*
3 { Affinis. *Paykull.* id.*
{ *Atricilla. Panzer.* *Germania.*
{ *Exoleta. Illiger.* *P.*
4 { Dulcamaræ. *Ent. Hefte. Gyll.* id.*
{ Var. *Chalcomera. Ill.* *Istria.*
5 Hyosciami. *Linné. Ent. Hefte.* *P.**
6 Ecalcarata. *L. Redtb.* *Austria.*
7 Cuprea. *Ent. Hefte.* *Germania.*
8 Attenuata. *Ent. Hefte.* *Germania.**
9 Chrysocephala. *Linné. Ent. Hefte.* *P.*
10 { Cyanoptera. *Illiger.* *Hispania.**
{ *Elongata. Gyllenhal.* *Austria.*
11 Picipes. *L. Redtenb.* id.
12 Ruficollis. *Sturm. Cat.* *Podolia.**
13 Antica. *Schonherr.* *Tauria.*
14 Decipiens. *Stéven.* id.
15 Alpina. *L. Redtenb.* *Austria.*
16 { Cucullata. *Illiger.* *Germania.**
{ *Spergulæ. Gyllenhal.* *Austria.*
17 Vicina. *Dej. Cat.* *Gall. merid.**
18 Patruelis. *Dej. Cat* *Silesia.*
19 Anglica. *Fabr.* *Gall. bor.**

20 Luteola. (*Chevrolat.*) *P.**
Affinis. var. *Dej. Cat.* id.
Pallida. (*Ullrich.*) *Dalmatia.*
Var. *Striata. OEskay. Hungaria.*
21 Kunzei. (*Marietti.*) *Lombardia.**
22 Operosa. *Dej Cat. Gall. bor.*
23 Lucidicollis. *Dej. Cat. Oriente.*
24 Fusciformis. *Illiger. Austria.*
25 Picea. *L. Redtenb.* id.*
26 Rufilabris. *Ent. Hefte Illig.* id.*
27 Sceipili. *Knoch. Germania.*
28 Rapæ. *Illiger. Austria.**
Napi. Ent. Hefte. P.

PLECTROSCELIS. (*Chevrolat.*) *Dej. Cat. L. Redtenb.*

Chactocnema. *Stephens.* Haltica. *Ent. Hefte. Duftsch.* Galleruca. *Paykull.*

1 Calcarata. *Dej. Cat. Styria.*
2 Semi-cœrulea. *Ent. Hefte. Illig. Austria.**
*Æneicollis. Dej. Cat. Germania.**
3 Meridionalis. *Dej. Cat Gall. merid.**
4 Chlorophana. *Duftsch. Austria.**
Viridissima? Dej. Cat. Gall. merid.
5 Dentipes. *Ent. Hefte. Gyll. P.**
6 Obtusata. *Gyll.* (Balanomorpha. *Chevrol.*) *Suecia.*
7 Pumila. *Dej. Cat. Gall. merid.*
8 Insolita. *Dej. Cat.* id.
9 Schüppelii. (*Ullrich.*) id.*
10 Solieri. *Dej. Cat.* id.
11 Sahlbergi. *Gyllenhal. Austria.**
12 Mannerheimii. *Gyllenh.* id.*
Eumolpus. Dej. Cat. Dalmatia.
Rivularis. (*Chevrol.*) *P.*
13 Aridella. *Paykull.* id.*
14 Aridula. *Gyllenhal. P.**
15 Angustula. *Rosenh. Tyrolis.*
16 Palustris. (*Dahl.*) *St. Cat. Germania.*

DIBOLIA. *Latreille.*

Haltica. *Ent. Hefte.*

1 Femoralis. (*Ziegl. Dej. Cat.*) *Redtenb. Austria.**
Punctatissima. (*Chev.*) *Gall. merid*
Salviæ. Géné. Lombardia.

2 Rugulosa. *L. Redtenb Austria.*
3 Occultans. *Ent. Hefte. Germania.*
4 Cryptocephala. *Ent. Hefte. Austria.**
5 Cynoglossi. *Ent. Hefte. Germania**
Ahenata. (*Meg.*) *Dej. Cat.* id.
6 Eryngii. (*Chevrolat.*) *P.*
Femorata. Dej. Cat. id.
7 Ovata. *Dej. Cat.* id.*
8 Ovoides. *Dej. Cat. Illyria.**
Ahena. (*Chevrolat.*) *P.*
9 Granaria. *Dej. Cat. Dalmatia.*
10 Maura. *Dej. Cat. Gall. merid.*

ARGOPUS. *Fischer. Dej. Cat.*

Chrysomela. *Fabr.* Haltica. *Duftsch.* Sphæroderma. *Steph. L. Redtenb.*

1 Ahrensii. *Germar. Dalmatia.**
2 Hemisphæricus. *Duft. Austria.**
Globosus. Besser. Volhynia.
3 Cardui. (*Kirby.*) *Gyll. P.**
4 Testaceus. *Fabr.* id.*
5 Dorsalis. *Fabr. Austria.*

APTEROPEDA. (*Chevrolat.*) *Redtenb.*

Haltica. *Oliv. Illig.* Mniophila. *Steph*

1 Ciliata. *Olivier. Gallia.**
Hederæ. Illiger. Germania.
Globus. Duftsch. Austria.
2 Conglomerata. *Illiger.* id.*
Globosa. Panzer. Germania.
3 *Orbicularis.* (*Ziegl.*) *Styria.**
Subglobosa. Dahl. Cat. Austria.
4 Muscorum. *Ent. Hefte. Germania.**
Gibbium. Melsheimer. id.
Leodiensis. Wesmael. Belgia.
5 Caricis. *Märkel. Germania.**

CYRTONUS. *Dalman. Dej. Cat.*

1 Rotundatus. *Dej. Cat. Gall. merid.*
2 Coarctatus *Dej. Cat. Pyr. orient.*
3 Dufourii. *Dej. Cat. Dufour. Gall. merid.*
Eumolpus. Dufour. Hispania.
4 Nobilis. *Dej. Cat. Lusitania.*
5 Eumolpus. *Hoffmsgg. Hispania*
6 Elongatus. *Rambur. Hisp. merid*

DIVISIO 5. Chrysomelidæ.

TIMARCHA. (*Megerle.*) *Latreille.*

CHRYSOMELA. *Linné.*

1	Grandis. *Dej. Cat.*	*Barbaria.**
2	Inæqualis. *Dej. Cat.*	*Algiria.**
	Maura. Chevrolat.	*Barbaria.*
3	Generosa. *Erichson.*	*Algiria.**
	Chalconota. Dej. Cat.	id.
	Cuprea. (Chevrolat.)	id.
4	Turbida. *Erichson.*	id.*
5	Rugosa. *Fabr.*	*Barbaria.*
	Confragoso. Buquet.	*Algiria*
6	Latipes. *Olivier.*	id.*
	Banonii? Dej. Cat.	id.
7	Punica. *Lucas.*	id.*
8	Endora. *Buquet.*	id.*
	Scabripennis? Dej. Ct.	id.
9	Punctata. *Leach.*	*Barbaria.*
10	Tenebricosa. *Fabr.*	*Gallia.**
	Lævigata. Duftsch.	*Germania.*
11	Bætica. *Rambur.*	*Hisp. merid.*
12	Bicolor. (*Ullrich.*)	*Sicilia.*
	Pimeloides. (Chevrol.)	id.
	Var. *Blapoides. (Zieg.)*	id.
13	Viridis. *Dej. Cat.*	*Ins. Balear.**
	Balearica. Gory.	id.
14	Italica. *Dej. Cat.*	*Italia.**
	Niceænsis. Villa.	*Pedemont.*
	Tenebricosa. Géné.	*Lombardia.*
15	Lævicollis. *Dahl. Cat.*	*Sardinia.*
16	Cribraria. *Dej. Cat.*	*Hispania.*
17	Hispanica. *Dej. Cat.*	id.
18	Parnassia. *Rambur.*	*Hisp. merid.*
19	Rugosula. *Rambur.*	id.*
20	Hesperica. *Dej. Cat.*	id
21	Lævis. *Rambur.*	id.
22	Lævigata. *Dej. Cat.*	*Gall. merid.**
23	Prunneri. *Géné.*	*Sardinia.**
24	Alpina. *Dahl. Dej. Cat.*	*Sicilia.*
25	Pratensis. (*Megerle.*)	*Dalmatia.*
	Rugosa. Germar.	id.
26	Coriaria. *Fabr.*	*P.**
	Var. *Rugosipennis. (Luczot.)*	*Gallia.**
	— *Asperata. (Luczot.)*	id.*
27	Globata. (*Dahl.*)	*Hungaria*
28	Rugulosa. *Dej. Cat.*	*Volhynia.*
	Coriaria. Besser.	id.
29	Geniculata. *Hoffmsgg.*	*Hispania.*
30	Occidentalis. *Hoffmsg.*	*Lusitania.*
31	Lusitanica. *Olivier.*	*Lusitania.**
	Punctatissima. Dej. Cat.	*Hisp. merid.*
32	Ærea. *Dej. Cat.*	*Dalmatia.*
33	Metallica. *Fabr.*	*Styria.**
34	Globosa. (*Meg.*) *Redtb.*	*Austria.*
	Var. *Gibba. Stm. Cat.*	*Carniolica.*

CHRYSOMELA. *Linné.*

1	Inæqualis. *Dej. Cat.*	*Algiria.**
2	Cribrosa. *Germar.*	*Dalmatia.**
	Reticulata. (Dahl.)	*Algiria.*
3	Anibalis. *Banon. Dej. Cat.*	*Barbaria.**
4	Metallica. *Fabr.*	*Algiria.*
5	Affra. *Erichson.*	id.*
6	Tricolor. (*Gaubil.*)	id.*
7	Carbonaria. (*Dahl.*)	*Sicilia.*
8	Nigra. *Luczot.*	*Gallia.**
9	Caliginosa. *Olivier.*	*Algiria.*
10	Cœrulea. (*Meg.*) *Duft.*	*Austria.**
11	Gœttingensis. *Linné.*	*Germania.**
	Hæmoptera. Duftsch.	*Austria.*
12	Hungarica. *Dej. Cat.*	*Hungaria.*
13	Nigroænea. *Stm. Cat.*	*Germania.*
14	Æthiops. *Fabr.*	id.*
15	Morosa. *Dej. Cat.*	*Hisp. merid.*
	Tristis. Rambur.	id
16	Gennensis. *Dej. Cat.*	*Italia.**
17	Crassipes. *Lucas.*	*Algiria.**
18	Affinis. *Fabr.*	id.
19	Femoralis. *Olivier.*	*Gall. merid.**
	Var. *Difficilis. Dufour.*	*Hispania.*
20	Femorata. *Dej. Cat.*	id.
	Var. *Femoralis. Dufour.*	id
21	Bætica. *Rambur.*	*Hisp. merid.*
22	Ulyssiponensis. *Illig.*	*Lusitania.*
23	Zenkeri. (*Dahl.*)	*Illyria.*
24	Orbiculata. *Dahl. St. Cat.*	*Hungaria.*
25	Ærea. (*Meg.*) *Duftsch.*	*Alsatia.**
26	Globosa. *Meg. St. Cat.*	*Illyria.*
27	Globata. *Dahl. St. Cat.*	*Hungaria.*
28	Rufocuprea. *Dej. Cat.*	*Styria.*
29	Crassimargo. *Germar. Duftsch.*	*Hungaria.**
	Dahlii. (Knoch.) Dej. Cat.	*Austria.*
30	Crassicollis. (*Dahl.*) *Dej. Cat.*	*Hungaria*

31 Hemisphærica. *(And.) Germar. Carniolia.**
Var. *Purpurascens. Germar. Saxonia.*
32 Unicolor. *Sturm. Cat. Italia.*
33 Alpina. *(Dahl.) St. Cat. Hungaria.*
34 Sulcicollis. *Sturm. Russ. merid.*
35 Chalcipennis. *St. Cat. Græcia.*
36 Rufa. *(Meg.) Duftsch. Austria.*
37 Cretica. *Olivier. Græcia.*
38 Hæmoptera. *Linné. Gallia.**
Hottentota. Fabr. id.
39 Anthracina. *Dej. Cat. Hispania.*
40 Coriacea. *Dej. Cat.* id.
41 Guntheri. *Sturm. Cat. Silesia.*
42 Oblonga. *Dej. Cat. P.*
43 Sanguinolenta. *Linné.* id.*
Rubromarginata. de Geer. Silesia.
44 Marginalis. *(Meg.) Duft. Austria.*
45 Gypsophilæ. *(Dahl.) Küster. Silesia.*
46 Corosa. *Dej. Cat. Gallia.*
47 Limitata. *Küster. Germania?*
48 Nitidicollis. *(Reiche.) P.**
49 Lucidicollis. *Küster Germania?*
50 Fimbrialis. *Stm. Cat. Küster.* id.
51 Rossia. *Illiger. Italia.**
Sanguinolenta. Rossi. id.
Carnifex. Panzer. id.
52 Findelii. *Sturm. Cat.* id.
53 Palliata. *Lasserre. Gall. merid.**
54 Gaubilii. *Lucas. Algiria.*
55 Limbata. *Fabr. Germania.**
Var. *Discicollis. (Par.) Croatia.*
56 Molluginis. *(Dahl.) Red. Austria.*
57 Limbifera. *Fabr. Germania.*
58 Subcincta. *Dej. Cat. P.**
59 Cruenta. *(Ziegler.) Dej. Cat. Croatia.*
60 Carnifex. *Fabr. Gallia.**
61 Interpunctata. *(Gaub.) Alp. Gall.**
62 Besseri. *Dej. Cat. Podolia.*
63 Circumcincta. *Dej Cat. Hispania.*
64 Marginata. *Linné. P.**
Var. *Cinctella (Ziegl.) Styria.*
— *Rubripennis. (Gaubil.) Alp. Gall.**
65 Striatopunctata. *Gaub. Gall. merid.**
Viridana. (Chevrolat.) id.
66 Analis. *Linné. Gallia.*

67 Schach. *Fabr. Austria.*
68 Aurata. *(Meg.) St. Cat.* id.
69 Consularis. *Erichson. Algiria.**
70 Bicolor. *Fabr. Græcia.**
Regalis. Olivier. Ægypt.
Var. *Orientalis. Klug. Græcia.**
Regia. Kollar. Sicilia.
71 Lusitanica. *Gyllenh. Finlandia.*
72 Heri. *(Sturm.) Küster. Sicilia.**
73 Vernalis. *Brullé. Græcia.**
74 Affinis. *Lucas. Algiria.*
75 Banksii. *Fabr. Gall. merid.*
Rubrocuprea. Fourc. id.
76 Erythromera. *Dej. Cat. Lucas. Gall. merid*
Obliquata. Chevrolat. Algiria.
77 Opulenta. *(Dahl.) Silesia.*
78 Ignita. *Olivier. Hispania.*
79 Maura. *Dej. Cat. Podolia.*
80 Lamina. *Fabr. Gall. merid*
Lævicollis. Olivier. id.
Heteropunctata. (Meg.) Germania.
81 Cuprina. *Duftschmidt. Austria.*
Salviæ. Dej. Cat. Illyria.
82 Rufoænea *Dej. Cat. Hispania.**
83 Modesta. *Sturm. Cat. Russ. merid*
84 Lapidicola. *Märkel. St. Cat. Germania.*
85 Lichenis. *Märkel. St. Cat.* id.
86 Elevata. *Sturm. Cat. Anglia.*
87 Geminata. *Payk. Oliv. Gyll. Gallia.**
Brunsvicensis. (Knoch.) Duftsch. Germania
Var. *Interpunctata. Gysselen.* id.
88 Approximata. *Germar. Dalmatia*
89 Duplicata. *Germar.* id.
90 Fucata. *Fabr. Oliv. P.**
Gemellata. Rossi. Duft. Germania.
91 Hyperici. *(Kinderm.) St. Cat. Hungaria.*
92 Centaurei. *Fabr. P.**
Æruginosa. Falderm. Sibiria.
93 Varians. *Fabr. Gallia.**
94 Islandica *Andersch. Styria.**
Ahenea. (Ziegler.) Dej. Cat. id.
95 Asclepiadis. *Villa. Lombardia.*
96 Viridana. *(Dahl.) Küst. Germania.*
97 Chloris. *Dej. Cat. Lucas. Algiria.**

98 Fulgida. *Fabr. Duft.* *Germania.**
Graminis. var. Mannerheim. *Alsatia.*
Aurolimbata. Besser. *Volhynia.**
99 Graminis. *Linné. Gyll. Duftsch.* *Gallia.**
Menthæ. (Schott) *Germania.*
100 Tanaceti. *Klingelhœfer.* id.*
101 Fastuosa. *Lin. Panz.* *Gallia.**
102 Elegans. *Géné.* *Italia.*
Genei. Dej. Cat. id.
103 Smaragdula. *Dej. Cat.* *Styria.*
104 Menthæ. *Schrank.* *Gallia.**
Metallica. Herbst. *Austria.*
105 Violacea. *Fabr. Panz. Duftsch.* *Germania.**
106 Mixta. (*Ziegler.*) *Dej. St. Cat.* *Gallia.**
107 Megerlei. *Fabr.* *Germania.**
Var. *Alternans. (Meg.) Panz.* *Austria.*
108 Cerealis. *Fabr.* *P.**
Var. *Ericæ. (Dahl.) St. Cat.* *Germania.*
— *Ornata. Dej. Cat.* id.*
109 Luxurians. *Olivier.* *Gall. merid.*
110 Americana. *Linné.* *P.**
Rosmarini. Dufour. *Hispania.*
111 Staphylæa. *Lin. Oliv.* *P.**
112 Reluscens. *Rosenh.* *Tyrolis.*
113 Distincta (*Dej*) *Küst.* *Gallia.**
114 Polita. *Linné. Oliv. Duftsch.* *P.**
115 Grossa. *Fabr.* *Italia. Algir.**
116 Chloromaura. *Oliv. Charpentier.* *Lusitania.**
117 Dichroa. *Hoffmsgg.* *Gall. merid.**
118 Lucida. *Olivier.* *Italia.*
Chloromaura. (Dahl.) id.
119 Sicula. *Dej. Cat.* *Sicilia.*
120 Lurida. *Linné. Fabr.* *P.**
121 Diluta. *Hoffmansegg.* *Gall. merid.**
122 Ægyptiaca. *Olivier.* *Algiria.*

OREINA. *Chevrolat.*

1 Phalerata. (*Illig. Dej. Cat.*) *Redtenb.* *Carniolia.*
2 Somptuosa. (*Ziegler.*) *Redtenb.* *Styria.**
Gloriosissima. (Meg.) *Austria.*
3 Monticola. *Duftsch.* id.
4 Cacaliæ. *Oliv. Duftsch. Redtenb.* *Austria.**
Bifrons. Fabr.? Duft. id.
5 Diversa. *Sturm. Cat.* *Istria.*
6 Cœruleolineata. *Duft.* *Austria.*
7 Speciosa. *Linné.* *Gall. merid.**
8 Gloriosa. *Fabr.* *Styria.**
Superba. Olivier. id.
Monticola. Villa. *Lombardia.*
Var. *Pretiosa. Duftsch.* *Carniolia.*
Basilea. Gebler. *Sibiria.*
9 Viridis. *Duftsch.* *Styria.**
10 Nivalis. *Heer.* *Helvetia.*
11 Margarita *Latreille.* *Gall. merid.**
12 Ignita. *Villa.* *Italia.*
Splendens. Jurine. id.
13 Senecionis. *Andersch.* *Germania.**
Var. *Indigacœa. Chevrolat.* *Gall. merid.*
14 Venusta. *Dej. Cat.* *Gall. orient.**
Tristis. Olivier. *Gall. merid.*
Pyrenœica. Dufour. *Pyrenæis.*
Alpicola. Sturm. Cat. *Carinthia.*
15 Luctuosa. *Duft. Oliv.* *Pyrenæis.**
16 Anderschii. (*Ziegler.*) *Austria.*
17 Cyanea. *Sturm. Cat.* *Italia.*
18 Tristis. *Fabr.* *Gallia.**
Hæmoptera. Panzer. *Illyria.*
Cyanea. (Megerle.) *Carniolica.*
Lugubris. (Dahl) *Hungaria.*
19 Elongata. *Stentz.* *Illyria.**
20 Melanocephala *Duft.* *Austria.*
Peirolerii. Bassi. *Italia.*
21 Helvetica. (*Chevrolat.*) *Helvetia.**
22 Subrugosa. *Sturm.* *Germania.*
23 Bannatica. *Sturm.* *Hungaria.*
24 Punctatissima. *Kollar.* *Buccovina*
Cupreoviridis. Koll. id.
Viridescens. Kollar. id.
25 Intricata. *Germar.* *Germania?*
26 Virgulata. *Germar.* id.?

LINA. (*Meg. Dahl.*) *Redtenbacher.*

MELASOMA. (*Dillw*) *Steph.* CHRYSOMELA. *Linné.*

1 Populi. *Linné.* *P.**
2 Tremulæ. *Fabr.* id.*
3 Cuprea. *Fabr.* *Gall. bor.**
4 Ænea. *Linné.* *Alsatia.**
5 Bulgharensis. *Fabr.* *Russia.**
Lapponica. var. *Finlandia.*

6 Lapponica. *Linné.* *Germania.**
7 Vigintipunctata. *Fabr.* *Austria.**
8 { Collaris. *Linné.* *Alsatia.**
{ Var. *Salicis. Fabr.* *Suecia.*
9 { Zetterstedti. *Dej. Cat.* *Norvegia.**
{ *Alpina. Zettersted.* *Suecia.*
10 Escheri. *Heer.* *Helvetia.*

ENTOMOSCELIS. (*Chevrol.*) *Redtenb.*

CHRYSOMELA. *Fabr.*

1 { Dorsalis. *Fabr.* *Austria.**
{ *Adonidis. var. Schönh.* id.
2 Adonidis. *Fabr.* *Gall. merid.**

PLAGIODERA. (*Chevrolat.*) *Redtenb.*

CHRYSOMELA. *Linné.*

1 { Armoriacæ. *Linné.* *P.**
{ *Punctulata. Besser.* *Volhynia.*

GASTROPHYSA. (*Chevrol.*) *Redtenb.*

CHRYSOMELA. *Linné. Fabr.*

1 { Polygoni. *Linné.* *P.**
{ Var. *Distincta. (Chev.)* *Amer. bor.*
2 { Raphani. *Fabr.* *Suecia.**
{ *Viridula. Olivier.* *P.*
3 Chalybea. *Dej. Cat.* *Hispania.*

PHRATORA. (*Chevrolat.*) *Redtenb.*

CHRYSOMELA. *Linné.* GALLERUCA. *Panz.*

1 { Vitelinæ. *Linné. Panz.* *P.**
{ *Vulgatissima. Linné.* *Suecia.*
{ Var. *Betulæ. Besser.* *Volhynia.*
{ *Tibialis. Sturm.* *Germania.*

PHÆDON. (*Megerle.*) *Redtenbacher.*

CHRYSOMELA. *Fabr.*

1 { Carniolicus. *Duftsch.* *Carniolia.**
{ Var. *Olivaceus. (Dahl. Cat.)* *Hungaria.*
2 { Pyritosus. *Rossi.* *Gall. merid.**
{ *Sabulicola. Heer.* *Austria.*
3 { Betulæ. *Linné.* *P.**
{ *Cochleariæ. Fabr.* *Germania.*
{ *Parvulus. Duftsch.* *Austria.*
{ *Aquaticus. Godet.* *Podolia.*

4 Graminicola. *Duftsch.* *Austria.*
5 Gramicus. *Duftsch.* id.
6 { Neglectus. *Dej. Cat.* id.
{ *Pyritosus. Dahl. Cat.* id.
7 Egenum. (*Ziegl.*) *Dej. Cat.* *Germania.**
8 Chalybeus. *Stm. Cat.* *Anglia.*
9 { Peregrinus. *Parreyss.* *Corfou.*
{ *Panonicus. Chevrol.* id.
10 Videtur. *Erichson.* *Germania.**
11 Triglochinis. *Schaum.* id.*

HELLODES. *Fabricius.*

CHRYSOMELA. *Linné. Fabr.* CRIOCERIS. *Panz.*

1 { Violacea. *Fabr.* *P.**
{ *Beccabungæ. Paykull Panz.* *Germania.*
2 Vicina. *Lucas.* *Algiria.**
3 Phellandrii. *Linné.* *P.*
4 Marginella. *Linné.* *Germania.**
5 Distincta. *Lucas.* *Algiria.*
6 Hannoverana. *Fabr.* *Germania.**
7 Aucta. *Fabr.* *P.**
8 Chalybea. *Dahl. Cat.* *Sicilia.*

PALES. (*Chevrolat.*) *Dej. Cat.*

1 Ulema. (*Meg.*) *Dej. Cat.* *Hungaria.**

COLASPIDEA. *de Castelnau.*

DIA. *Dej.* CHRYSOMELA. *Fabr.*

1 { Sphæroides. *Dej. Cat.* *Etruria.*
{ *Aurata. (Dahl. Cat.)* id.
2 Pubea. *Dufour* *Hispania.*
3 Æruginea. *Fabr.* *Gall. merid.*
4 Nitida. *Lucas.* *Algiria.**

COLASPIDEMA. *de Castelnau.*

CHRYSOMELA. *Fabr.* COLAPHUS. (*Meg.*) *Dej. Cat.*

1 Signatipennis. *Dej. Cat. Lucas.* *Algiria.**
2 Rufifrons. *Olivier.* id.*
3 Rumicis. *Fabr.* id.*
4 Ærata. *Hoffmansegg.* *Hispania.*
5 { Barbara. *Fabr.* *Gall. merid.**
{ *Atra. Olivier.* id.

6 Sophiæ. *Schall. Fabr.* *Austria.**
7 Pulchella. *Lucas.* *Algiria.**
8 Caucasica. *Dej. Cat.* *Caucasus.*
Violacea. Godet. *Russ. merid.*
Erythropa. Ménétr. id.
Höftii. Faldermann. *Per. occid.*

LAMPROSOMA. *Kirby.*

Lacordaire. BYRRHUS. *Sturm.* OOMORPHUS. *Curtis.*

1 Concolor. *Sturm.* *Germania.**

GONIOCTENA. (*Chevrol.*) *Dej. Cat. Redt.*

SPARTOPHILA. (*Chevrol.*) *Dej. Cat.* CHRYSOMELA. *Linné. Fabr.* PAROPSIS. *Oliv.*

(SPARTOPHILA. (*Chevrolat.*)

1 Litura. *Fabr.* *Gallia.**
Var. *Flavicans. Oliv.* *P.*
2 Spartii. *Olivier.* *Hispania.**
Variabilis. var. Oliv. *Gall. merid.*
Unipunctata. Olivier. id.
Sexnotata. Fabr. *Algiria.*
♀ *Ægrota. Fabr.* *Gall. merid.*
Capreæ. Illiger. id.
Plagiodera. (*Chevrol.*) id.

(GONIOCTENA. *Chevrolat.*)

3 Sexpunctata. *Fab.* (*Dej. Cat.*) *Austria.**
4 Dispar. *Paykull. Gyll. Duftsch.* *Germania.*
5 Rufipes. *Paykull.* *Suecia.**
Fulvipes. Duftsch. *Austria.*
6 Viminalis. *Gyllenhal.* *Suecia.**
Decempunctata. Fabr. *Gall. bor.*
Baaderi. Fabr. *Germania.*
Hæmorrhoidalis. Fab. *Austria.*
Tibialis. Duftschmid. id.
Affinis. Gyllenhal. *Germania.*
7 Pallida. *Fabr.* *Italia.**

BROMIUS. *Chevrolat. Dej. Cat. Redt.*

CHRYSOMELA. *Linné.* EUMOLPUS. *Fabr.*

1 Obscurus. *Linné.* *Gallia.**
2 Vitis. *Fabr.* *P.**

CHRYSOCHUS. (*Chevrol.*) *Dej. Cat. L. Red.*

EUMOLPUS. *Fabr.*

1 Asiaticus. *Fabr.* *Russ. merid.*
2 Pretiosus. *Fabr.* *P.**
Dalmatinus. Villa. *Dalmatia.*
Exquisitus. Eschsch. id.

PSEUDOCOLASPIS. *de Castelnau.*

1 Setosa. *Lucas.* *Algiria.**

PACHNEPHORUS. *Chevrolat. Dej. Cat Redtenb.*

EUMOLPUS. *Fabr.*

1 Cylindricus. (*Hoffmsg.*) *Lucas.* *Gall. merid.**
2 Villosus. *Duftschmidt.* *Austria.**
3 Arenarius. *Fabricius.* id.*
Var. *Pusillus. Besser.* *Volhynia.*
4 Troglodytes. *Dej. Cat.* *Gall. merid.*
5 Oblongulus. *Dej. Cat.* *Corsica.*
6 Tesselatus. *Duftsch.* *Austria.*
7 Lepidopterus. (*Ziegl.*) id.
Var. *Sabulosus. Gebl.* *Sibiria.*

CLYTHRA. *Laicharting.*

CHRYSOMELA. *Linné. Pallas.* LABIDOSTOMIS, LACHNAIA, COPTOCEPHALA, CHEILOTOMA et CYANIRIS. (*Chevrol.*) *Dej. Cat. L. Redtenb. Lacordaire.* SMARAGDINA. (*Chevrol.*) *Lacordaire.* MACROLENES. (*Chevrol.*) *Lacord.* CALYPTORHINA, TITUBOSA, BARATHRÆA, GYNANDROPHTHALMA. *Lacordaire.*

(LABIDOSTOMIS et LACHNAIA. *Dej. Cat.*)

1 Taxicornis. *Fab. Payk.* *Gall. merid.**
Similis. Schneider. *Germania.*
Tridentata? Petagna. *Sicilia.*
2 Rubripennis. *Lucas.* *Algiria.**
3 Tibialis. *Lacordaire.* *Gall. merid.**
Gallica. (*Chevrolat.*) *Pyr. orient.*
4 Meridionalis. *Lacord.* *Gall. merid.*
Scapularis. Dej. Cat. id.
Lusitanica. (*Germar.*) *Lusitania.*
5 Hybrida. *Dej. Cat. Luc.* *Algiria.**
6 Propinqua. *Falderm.* *Turcia.*
7 Rufa. (*Friw.*) *Lacord.* *Constantinp.*

8 Stevenii. (*Friw.*) *Germar. Lacordaire. Turcia.*
9 Sulcicollis. *Lacord. Constantinp.*
10 Pallidipennis. *Gebler. Ledebours. Gall. merid.**
Longipennis. Dhl. Dej. Cat. Tyrolis.
11 Pilicollis. *Dahl. Cat. L. Redtenb. Hungaria.*
Longipennis. Dej. Cat. Græcia.
12 Distinguenda. *Rosenh. Tyrolis.*
13 Cyanicornis. (*Dahl.*) *Germar. Austria.*
Fulvipennis. (Besser.) Dej. Cat. Pedemont.
14 Tridentata. *Linné. Gallia.**
Viridicollis. Dej. Cat. Germania.
Cyanicollis. Dahl. Dej. Cat. Sibiria.
15 Humeralis. *Dej. Cat. Schneider. Germ. orient.*
Tridentata. Fabr. Gallia.
Impressihumera. (Dahl.) Dej. Cat. Italia.
16 Lucida. *Germar. Gall. merid.**
Notata. Gebler. Sibiria.
Fulgida. (Dahl.) Italia.
Axillaris. (Dahl.) id.
Albipennis. (Mannerh.) Sibiria.
Bisignata. Falderm. id.
17 Axillaris. *Dahl. Dej. Cat. Lacordaire. Austria.*
Laticollis. Dahl. Dej. Cat. id.
18 Longimana. *Lin. Fabr. Gallia.**
Tridentata. Panzer. Germania.
Pallida. Fourcroy. P.
Dalmatina. Dej. Cat. Dalmatia.
19 Uralensis. *Lacordaire. Caucasus.*
20 Hispanica. *Dej. Cat. Lacordaire. Hispania.*
21 Centromaculata. (*Dahl.*) *Géné. Sardinia.**
Var. *Syriaca. Dej. Cat. Corsica.*
22 Ghilianii. *Lacordaire. Hispania.*
23 Guerinii. *Bassi. Lacord. Sicilia.**
Terminata. Dej. Cat. Algiria.
24 Hordei. *Fabr. Linné. Hispania.**

(Calyptorhina. *Lacordaire.* Labidostomis. *Dej. Cat.*)

25 Foncipifera. *Dej. Cat. Lucas. Algiria.**
26 Chloris. (*Dahl.*) *Dej. Cat. Lacordaire. Hungaria*

(Macrolenes. *Dej. Cat. Lacordaire.*)

27 Ruficollis. *Fabr. Pedemont.**
Octopunctata. Schneider. Panzer. Tyrolis.
Var. *Bimaculata. Rossi. Italia.*
- *Dentipes. Olivier. Algiria.*
— *Crassimana. Fourcroy. Barbaria.*

(Titubæa. *Lacordaire.* Macrolenes *Dej. Cat.*)

28 Illigeri. *Lacordaire. Algiria.**
29 Sexmaculata. *Fab. Lin. Russ. merid.**
30 Macropus. *Illiger. Dej. Cat. Gall merid.*
Var. *Grandipes. Fœrsb. Hispania.*
31 Parviceps. *Lacordaire. Algiria.**
32 Sexpunctata. *Oliv. Dej. Cat. Gall. merid.**
Biguttata. Olivier. Italia.
Var. *Novempunctata. L. Dufour. Hispania.*
33 Dispar. *Dej. Cat. Luc.* id.*
34 Octosignata. *Fabr. Algiria.**
35 Laticollis. *Olivier.* id.
36 Paykulii *Lacordaire.* id.
Octopunctata. (Payk. Klug.) Barbaria.
37 Octopunctata. *Fab. Lin. Algiria.**
38 Salicariæ. *Ménétriés. Russ. merid.*

(Barathræa. *Lacordaire.* Lachnaia. *Dej. Cat.*)

39 Cerealis. *Olivier. Algiria.*
40 Straminipennis. *Lucas.* id.

(Lachnaia. *Lacord.* Lachnaia et Camptolenes. *Dej. Cat.*)

41 Paradoxa. *Olivier. Dej. Cat. Sicilia.**
42 Vicina. *Dej. Cat. Luc. Hisp. merid.**
43 Palmata. *Lacordaire. Gall. merid.**
Rufipennis. Dej. Cat. id.
Pubescens. L. Dufour. Hispania.
44 Macrodactyla. *Dej. Cat. Lacordaire.* id.

45 Longipes. *Fabr.* *Gallia.**
Sexpunctata. Scopoli. *Carniolia.*
Var. *Brachialis.* (*Dhl.*) *Küster.* *Germania.*
46 Tripunctata. *Fabr. Dej. Cat.* *Gall. merid.**
47 Tristigma. (*Hoffmsgg.*) *Dej. Cat. Lacord.* id.*
48 Variolosa. *Linné. Fabr.* *Algiria.**
Lentisci. Fabr. *Hisp. merid.*
49 Cylindrica. *Dej. Cat. Lacordaire.* *Gall. merid.**
50 Puncticollis. *Chevrol.* *Hispania.**

(Clythra. *Laichart.*)

51 Nigrocincta. *Dej. Cat. Lacordaire.* *Constantinp.*
Unifasciata. Ménétr L. Redtenb. *Oriente.*
Ovata. Klug. id.
52 Algirica. (*Gaubil.*) *Algiria.**
53 Quadripunctata. *Linné. Fabr.* *Gallia.**
Secunda. Schæffer. *Germania*
Var. *Quadrisignata. Märkel. Schmidt.* *Gallia.*
54 Læviuscula. *Ratzeb.* id.*
Quadripunctata. Laicharting. *Tyrolis.*
Prima. Schæffer. *Germania.*
55 Appendicina. (*Gysselen.*) *Lacordaire.* *Hungaria.**
Hungarica. Dej. Cat. id.
Quadripunctata. var. Schmidt. id.
56 Valerianæ. *Ménétriés.* *Caucasus.*
Var. *Stevenii. Dej. Cat.* *Constantinp.*
— *Tetrastigma. Schm.* *Hungaria.*
57 Novempunctata. *Oliv.* *Gall. merid.*
Elegans. Faldermann. *Constantinp.*
Aleppensis. L. Redtb. *Styria.*
58 Atraphaxidis. *Fabr. Linné. Pall.* *Gall. merid.**
59 Maculifrons. *Zoubkoff.* *Russ. merid.*

(Gynandrophthalma. *Lacordaire.* Cyaniris et Smaragdina. *Dej. Cat.*)

60 Hypocrita. *Steven. Dej. Cat. Lacordaire.* *Russ. merid.*
Psittacina. Germar. id
Var. *Ilicis.* (*Parreyss. Germar.*) id.
61 Bioculata. *Lacordaire.* *Græcia.*
62 Concolor. *Fabr. Dej. Cat.* *Gall. merid.**
Ænea. Germar. *Alsatia.*
63 Amabilis. *Lacordaire.* *Lusitania.*
Terminalis. (*Klug.*) id.
64 Gratiosa. *Lucas.* *Algiria.**
65 Limbata. *Stéven. Dej. Cat.* *Russ. merid.*
Var. *Dorsalis. Olivier.* id.
66 Menetriesii. *Falderm.* id.
67 Ferulæ. *Géné. Lacord.* *Sardinia.**
68 Nigritarsis. (*Chevrol.*) *Lacordaire.* P.*
Virens. Rambur. *Hisp. merid.*
Var. *Fuscitarsis. Dej. Cat.* *Gall. merid*
69 Rufimana. *Dej. Cat. Lacordaire.* *Algiria.*
70 Thoracica. *Lacordaire.* *Lusitania.*
71 Cyanea. *Fabr.* P.*
Persicariæ. Schrank. *Germania.*
Saphirina. Linné. id.
Ruficollis. Herbst. *Austria*
Salicina. Scopoli. *Carniolia.*
72 Flavicollis. (*Meg.*) *Dej. Cat. Charpentier.* *Styria.**
Var. *Diversipes. Letzn.* *Hungaria*
73 Affinis. *Illiger.* *Gallia.**
Musciformis. Schneider. Gœze. *Germania.*
Collaris. Schrank. *Austria.*
74 Xanthaspis. *Germar.* *Germania.*
Collaris. Schneider. Dej. Cat. *Constantinp.*
75 Aurita. *Linné. Fabr.* *Gallia.**
Bicolor. Grimmer. *Germania.*

(Cheilotoma. (*Chevrolat.*) *L. Redtenb.*)

76 Erythrostoma. *Dej. Cat. Faldermann.* *Russ. merid.*
Bucephala. Falderm. *Persica occid.*
77 Bucephala. *Fabr. Dej. Cat.* *Gall. merid.**
Musciformis. Linné. *Austria.*
Muscoides. Fourcroy. P.

(Coptocephala. (*Chevrol.*) *L. Redtb.*)

78 Melanocephala. *Oliv.* *Algiria.**
Sexnotata. Fab. Dej. Ct. id.
Bistrinotata. Schönh. *Barbaria.*
Trinotata. Fœrberg. id.

79 Cyanocephala. (*Dahl.*) *Dej. Cat. Lacord.* *Sardinia.**
80 Scopolina. *Linné. Fabr.* *Gallia.**
Var. *Tetradyma. Dej. Cat. Küster.* *Germania.*
Rubicunda? Laichart. *Tyrolis.*
Rubra? Olivier. *Gall. merid.*
Melanocephala. Schall. *Germania.*
Bimaculata? Fabr. Schneider. *Austria.*
Octopunctata. var. Panzer. *Germania.*
Var. *Plagiocephala. Fabr. Oliv.* *Hispania.*
Cyanocephala? Oliv. *Gallia.*
81 Quadrimaculata. *Linné.* *Gall. merid.**
Scopolina. Rossi. *Pedemont.*
Unifasciata. Scopoli. *Carniolia.*
Femoralis. Küster. *Austria.*
82 Floralis. *Olivier. Dej. Cat.* *Hispania.**
83 Gebleri. *Dej. Cat. Gebler. Lacord.* *Russ. merid.*
Quadrimaculata. Fab. *Sibiria.*
84 Chalybea. *Germar.* *Austria.*
Cærulea. Dej. Cat. id.
Hypocrita Schönherr. id.
85 Unicolor. *Lucas.* *Sicilia.**
86 Apicalis. *Dej. Cat. Lacordaire.* *Russ. merid.*
Godetii. Dej. Cat. id.

PACHYBRACHYS. (*Chevrolat.*)

L. Redtenbacher. CRYPTOCEPHALUS. *Fab Panz. Oliv. Gyllenh.*

1 Azureus. *Suffrian.* *Hispania*
2 Viridissimus (*Dj.*) *Suff.* id *
3 Piceus. *Suffrian.* *Volhynia.*
4 Scriptus. *Duftsch.* *Italia.**
5 Lineolatus. *Suffrian.* *Hispania.*
6 Cinctus. *Géné.* *Sardinia.*
7 Hippophaes. (*Kunze.*) *Suff.* *Austria.*
8 Scripticollis. *Falderm.* *Caucasus.*
9 Hieroglyphicus. *Fabr.* *Germania.**
Histrio. Fabr. *Gallia.*
10 Histrio. *Olivier.* *Algiria.**
Hieroglyphicus. Schnd. *Germania.*
Tessulatus. Olivier. *Gall. merid.*
11 Tauricus. (*Kze.*) *Suff.* *Tauria*
12 Maculatus. (*Par.*) *Suff.* *Italia.*
13 Limbatus. *Ménétriés.* *Turcia*
14 Fimbriolatus. *Müller.* *Germania*
15 Fulvipes. *Suffrian.* *Hispania.*

STYLOSOMUS. *Suffrian.*

PACHYBRACHYS. (*Chevrol.*) *Dej. Cat.*

1 Tamarisci. (*Jeniss.*) *Suff.* *Gall. merid.**
2 Minutissimus. (*Dej.*) *Suff.* *Gallia.**
3 Illicicola. (*Kze.*) *Suff.* *Gall. merid.*

PROCTOPHYSUS. (*Chevrol.*) *Dej. Cat.*

L. Redtenb. CRYPTOCEPHALUS. *Fab. Suff*

1 ♂ Lobatus. *Fabr.* *Gallia.**
Notatus. Schneider. *Germania.*
♀ *Hæmorrhoidalis. Fabr.* *Pedemont.*
2 Cyanipes. (*Dej*) *Suff.* *Alp. Pedem.*

HOMALOPUS. (*Chevrol.*) *Dej. Cat.*

CRYPTOCEPHALUS. *Suffrian.*

1 ♀ Loreyi. *Sol.* ♂. *Roug.* *Gallia.**
Major. Comolli. *Italia.*

CRYPTOCEPHALUS. *Geoffroy.*

Fabr. CHRYSOMELA. *Linné*

1 Cinaræ. (*Frv.*) *Suff.* *Hisp. merid.*
2 Curvilinea. *Olivier.* *Sardinia.**
8-*Punctatus. Schönh.* *Sicilia.*
Ornatus. Herr.-Schff. id
Dahlii. Guérin. *Algiria.*
3 6-Maculatus. *Olivier.* *Gall. merid.*
4 Tristigma. *Charpent.* *Hisp. merid.**
Grandis. Dej. Cat. *Algiria.*
5 Hirticollis. (*Parr.*) *Suff.* *Italia.**
6 Ilicis. *Olivier.* *Gall. merid.*
Siculus. Herr. Schff. *Sicilia.*
7 Bæticus. *Suffrian.* *Hisp. merid.*
8 Rugicollis. *Olivier.* *Gall. merid.**
Humeralis. Fabr. *Hispania.*
6-*Notatus. Illiger.* *Pedemont.*
9 Virgatus. *Géné. Suff.* *Gall. merid.**
6-*Notatus. Fabr.* *Dalmatia*
Humeralis. Olivier. *Sardinia.*
10 Lætus. *Fabr.* *Hungaria.*
Hirtus. Schneider. *Pomerania.*

11 Imperialis. Fabr. Pz. P.*
12 Pexicollis. Suffrian. Gall. merid.
13 Coronatus. (Kze.) Suff. Russ. merid.
14 Albolineatus. Suffrian. Tyrolis.
15 Bimaculatus. Fabr. Gall. merid.*
Blockii. Rossi. Italia.
16 Informis. Suffrian. Tyrolis.
17 Florentinus. Olivier. Lombardia.
Tricolor. Rossi. Italia.
18 Cordiger. Linné. Gallia.*
19 Distinguendus. Schnd. Pomerania.
Variegatus. Panzer. Germania.
20 Variegatus. Fabr. Lombardia.*
Axillaris. Charpent. Pedemont.
21 Variabilis. Schneider. Germania.*
Cordiger. Olivier. Gallia.
6-Punctatus. Herr.-Schff. Hungaria.
22 6-Punctatus. Linné. F. Gallia.*
23 Interruptus. (Meg.) Suff. Germania.
6-Punctatus. Schneid. Austria.
Variabilis. Herr.-Schff. Hungaria.
24 Cribratus. Suffrian. Constantinp.
25 Lævicollis. Gebler. Turcia.
26 4-Punctatus. Olivier. Pyrenæis.*
27 Fasciatus. (Dej.) Herr.-Schff. Gall. merid.*
28 Carinthiacus. (Dahl.) Suff. Carinthia.
29 Lusitanicus. Suffrian. Lusitania.
30 ♀ Coryli. Linné. Fabr. Gallia.*
♂ Vitis. Panzer. Germania.
Chermesinus. Olivier. Hisp. merid.
31 Coloratus. Fabr. Austria.*
14-Maculatus. Schnd. Hungaria.
32 Halophilus. Gebler. Russ. merid.
33 Nigritarsis. Suffrian. id.
34 Flexuosus. (Parr.) Suff. id.
35 Sexquistriatus. Stéven. id.
Ypsilon. Parreyss. Finlandia.
36 Rubi. Ménétriés. Caucasus.
37 Bœhmii. (Illig.) Germ. Hungaria.
38 Elongatus. (Ziegler.) Germar. Austria.
39 Violaceus. Fabr. Germania.*
Fuscipes. Olivier. P.
40 Virens. Suffrian. Russia.
41 Duplicatus. Suffrian. Caucasus.
42 Concolor. Suffrian. id.*
43 Sericeus. Linné. Gallia.*
44 Aureolus. Suffrian. Germania.*
Sericeus. Küster. P.
45 Hypochæridis. Linné. Alsatia.*
Sericeus. Küster. Germania.
46 Globicollis. Suffrian. Hisp. merid.*
47 Villosulus. (Meg.) Suff. Austria.
48 12-Punctatus. Fabr. Germania.*
49 Stramineus. Suffrian. Russ. merid.
50 Sulfureus. Olivier. Lusitania.
51 Lævigatus. Suffrian. Russ. merid.
52 Modestus. Erich. Suff. Orenburg.
53 Nitens. Lin. Gyllenh. P. Gallia.*
Flavifrons. Fabr. Germania.
Assimilis. Herbst. Hungaria.
54 Nitidulus. Gyllenh. Germania.*
Nitens. Fabr. Tyrolis.
55 Marginellus. Olivier. Gall. merid.*
2-Pustulatus. var. β. Rossi. Pedemont.
56 Flavipes. Fabr. P.*
Parenthesis. Schneid. Germania.
Marginatus. Olivier. Italia.
Flavifrons. Olivier. Tyrolis.
57 4-Pustulatus. Gyllenh. Germania.
58 4-Guttatus. (Koy.) Germar. Hungaria.
Nigribuccis. Gebler. Russ. merid.
2-Bipustulatus. Herr-Schff. Hungaria.
59 Creticus. Suffrian. Græcia.
60 Flavoguttatus. Olivier. Austria.
Apicalis. Gebler. Russ. merid.
61 Ramburii. (Dej.) Suff. Hisp. merid.
62 Moræi. Lin. Fabr. P.*
63 Frenatus. Fabr. Helvetia.*
64 Signatus. Olivier. Gall. merid.
65 4-Signatus. (Dej.) Suff. id.*
66 10-Punctatus. Linné. Germania.*
67 Flavescens. Schneider. id.
68 Punctiger. Paykull. id.
69 Janthinus. Schüppel. Suff. id.
70 Fulcratus. Germar. id.*
71 Flavilabris. Paykull. id.*
72 Marginatus. Fabr. id.*
Flavilabris. Rossi. Italia.
Terminatus. Germar. Germania.
73 Grohmanni. (Mus. B.) Suff. Sicilia.
74 Biguttulus. Suffrian. Tauria.
75 Pallifrons. Gyllenhal. Pomerania.
♀ Furcifrons. Mannh. Finlandia.
76 Salicis. Fabr. Turcia.*
3-Maculatus. Rossi. Italia.
6-Maculatus. Olivier. Gall. merid.

77 { 2-Tripunctatus. (*Crtz.*) *Charp.* *Germania.**
{ *Salicis. Oliv. Schh.* id.
78 Cicatricosus. (*Dej.*) *Lucas.* *Algiria.**
79 { 2-Punctatus. *Linné.* *P.**
{ *Dispar. var. Gyllenh.* *Suecia.*
80 { Lineola. *Fabr. Panz.* *Italia.**
{ *Dispar. Paykull.* *Suecia.*
81 Anticus. *Suffrian.* *Caucasus.*
82 { 6-Pustulatus. *Rossi.* *Germania.**
{ ♀ *8-Punctatus. Schneid.* id.
83 { Gravidus. (*Dej.*) *Suff.* *Gall. merid.**
{ ♂ *8-Guttatus. Fabr.* *Algiria.*
84 Rossii. (*Mus. B.*) *Suff.* *Gall. merid.*
85 { Vittatus. *Fabr.* *Gallia.**
{ ♂ *Quadratus. Oliv.* id.
{ *Suturalis. Olivier.* id.
{ ♀ *Quadrum. Fabr.* *Germania.*
86 Celtibericus. *Suff.* *Hispania.*
87 { Tesselatus. *Germar.* *Germania.*
{ *Elongatulus. Olivier.* *Gallia.*
88 Bilineatus. *Linné.* id.*
89 { Connexus. *Illiger.* *Germania.*
{ *Amœnus. Charpent.* id.
{ *Vittatus. Rossi.* *Italia.*
90 Vittula. *Suffrian.* *Germania.*
91 Pygmæus. *Fabr.* *P.**
92 Signaticollis. (*Dahl.*) *Suff.* *Dalmatia.**
93 Pulchellus. *Suffrian.* *Sicilia.*
94 { Minutus. *Fabr.* *P.**
{ *Ochraceus. Stephens.* *Anglia.*
95 Populi. (*Dahl.*) *Suff.* *Germania.*
96 { Pusillus. *Fabr.* id.
{ *Minutus. Stephens.* *Anglia.*
97 Gracilis. *Fabr.* *P.**
98 { Hubneri. *Fabr.* *Gallia.**
{ *Hæmorrhoidalis. Schneid.* *Germania.*
99 Labiatus. *Linné.* id.*
100 Diagrammus. *Suff.* id.
101 Wasastjernii. *Gyll.* id.
102 { Geminus. (*Megl.*) *Suff.* id.*
{ *Labiatus. Olivier.* *Gallia.*
103 Mistacatus. (*Hoffmg.*) *Suff.* *Lusitania.*
104 { Querceti. *Erich. Suff.* *Germania.*
{ *Labiatus. Fabr.* *Gallia.*
105 Larvatus. (*Hoffmgg.*) *Suff.* *Lusitania.*
106 Scapularis. *Suffrian.* *Sicilia*
107 { Frontalis. *Marsham.* *Germania.*
{ *Labiatus. Schneider.* id.
108 Strigosus. (*Ill.*) *Panz.* id.
109 Wagneri. *Küster.* *Algiria.*
110 Barbarus. *Linné.* ?
111 8-Guttatus. *Linné.* ?
112 Exiguus. *Schneider.* ?
113 Stragula. *Rossi.* *Gall. merid.*
114 { Insignis. *Payk.* *Suecia*
{ *Pallifrons. Gyllenh.* id.
115 Nigripennis. *Steph.* ?
116 Punctulatus. *Dej. Cat.* *Gall. merid.*
117 Elegans. *Dej. Cat.* id.
118 Sinuatus. *Stm. Cat.* *Helvetia.*
119 Lateralis. *Dej. Cat.* *Russ. merid.**
120 Melanarius. (*Ziegl.*) *Dej. Cat.* *Styria.*
121 Signatifrons. *Sturm. Cat.* *Germania*
122 Furcatus. (*Ziegl.*) *St. Cat.* id.
123 { Cyaneus. *Dej. Cat.* *P.*
{ *Punctipes. Dahl. Cat.* *Hungaria*
124 Exilis. *Schüpp. St. Cat.* *Germania.*
125 Æneus. (*Creutzer.*) *Charp.* *Austria.*

DISOPUS. (*Chevrol.*) *Dej. Cat.*

L. Redtenbacher. Cryptocephalus. *Suffrian.* Chrysomela, *Linné.*

1 Pini. *Linné.* *Gall. orient.**
2 Abietis. (*Kch.*) *Suff.* *Gall. merid.*

799

43. FAM. CLYPEASTRES.

CLYPEASTER. *Andersch. Dej. Cat.*

Redtenbacher. Cossyphus. *Gyllenhal.*

1 Pusillus. *Gyll. Germar.* *Austria.*
2 Niger. *Sturm. Cat.* *Croatia.*
3 Ater. (*Ziegl.*) *Dej. Cat.* *Styria.*
4 Minutus. *Sturm. Cat.* *Austria.*
5 { Lividus. *Dej. Cat.* *P.**
{ *Pubescens. Schüppel.* *Illyria.*
6 Bicolor. *Sturm. Cat.* *Austria.*
7 Luridus. *Dej. Cat.* *Gall. merid.*

a) GRYPHINUS. *L. Redtenbacher.*

COSSYPHUS. *Gyllenhal.* CLYPEASTER. *Dej. Cat.*

1 Lateralis. (*Meg.*) *Gyll.* *Austria.*
2 { Piceus. (*Kze.*) *Comolli.* id.
{ *Obscurus. Dej. Cat.* P.

b) CORYLOPHUS. *Leach. Steph.*

DERMESTES. *Marsh.* CLYPEASTER. *Schuck.*

1 Cassidoides. *Marsham.* *Austria.**

10

11. FAM. COCCINELLÆ.

CHILOCORUS. *Leach.*

L. Redtenbacher. Mulsant. (*Dej. St. Cat.*) COCCINELLA. *Linné.*

1 / Renipustulatus. *Scriba.* *Gallia.**
Similis. Rossi. *Italia.*
Medio-pustulata. (Coccinella.) *Schrank.* *Austria.*
Abdominalis. Westm. in Thunb. *Suecia.*
\ *Cacti. Scopoli.* *Carniolia.*
2 { Bipustulatus. *Linné.* *Gallia.**
Fasciatus. Müll. Hbst. *Austria.*
{ *Frontalis. Thunberg.* *Suecia.*

EXOCHOMUS. *Redtenbacher.*

Mulsant. (CHILOCORUS. *Dej. St. Cat.*) COCCINELLA. *Linné. Fabr.*

1 / Quadripustulatus. *Lin.* *Gallia.**
Var. *Quadripustulatus. Linné.* *Suecia.**
Lunulatus. Zschach. id.
Quadriverrucatus. Fabr. *Germania.*
Cassidioides. Donov. *Anglia.*
Varius. Schrank. *Austria.*
Var. *Meridionalis.* (*Dej. Cat.*) *Muls.* *Gall. merid.*
\ *Hæmatideus. Chevrol. in litt.* id

2 / Auritus. *Scriba.* *Gallia.**
Testudinaris. (Coccinella.) *Fourcroy.* P.
Humeralis. Townson. *Hungaria.*
\ *Specularis. Bonelli.* *Lombardia.*

PLATYNASPIS. *Redtenbacher.*

Muls. (SCYMNUS. *Megerle. Dahl. Dej. Cat. Géné in litt.*) COCCINELLA. *Fourcroy.*

1 / Villosa. *Fourcroy.* *Gallia.**
Quadrimaculata. Rossi. *Italia.*
Quadriguttata. Brhm. *Germania.*
Pubescens. Olivier. *Gallia.*
Quadripustulata. Kugelann. *Germania*
Bisbipustulata. Illig. Payk. *Austria.**
Bipustulata. Duméril. P.
Quadrinotata. (*Meg. Dej. Cat.*) *Dufour.* id.
Var. *Bisbipustulata. Fabr. Redtb.* *Austria.*
— *Confluens. Géné. in litt.* *Sardinia.*
\ *Coadunata. Dej. in Coll.* id.

ANISOSTICTA. (*Chevrolat.*) *Duponchel*

Redtenbach. Muls. COCCINELLA. *Linné.*

1 Novemdecimpunctata. *Linné.* *Gallia.**

MICRASPIS. *Chevrolat* [1].

Redtenb. Muls. (*Dej. Cat.*) COCCINELLA *Linné.*

1 / Duodecimpunctata. *Linné.* *Gallia.**
Suturata. (Coccin.) *Gœze.* *Germania.*
Octodecimpunctata. Fuessly. *Helvetia.*
16-Punctata. Fourc. P.
11-Punctata. Gmelin. *Gallia.*
12-Punctata. Steph. *Anglia.*
\ Var. *16-Punctata. Lin.* *Suecia.*

[1] *Dict univ. d'hist. nat.*, t. IV, p. 43.

2 Phalerata (*Dahl. Cat.*) *Lucas. Algir. Sicil.**

HYPERASPIS. *Chevrolat*[1].

Redtenb. Muls. (*Dej. Cat.*) COCCINELLA. *Linné. Fabr. Dej. Cat.*

1 Quadrimaculata. *W. Redtenbacher. Austria.*
Tetraspilota. Mus. de Berlin. id.
2 Hoffmanseggii. (*Hellwig.*) *Mulsant. Gall. merid.**
Marginella. Dej. Cat. id.
Simulata. Chevrolat. Dej. Cat. P.
3 Illecebrosa. (*Chevrol.*) *Mulsant. Hispania.*
4 Fabricii. *Mulsant. Dania.*
Erythrocephala. Fabr. id.
5 Reppensis. *Herbst. Gallia.**
♂ *Bipustulata Thunb. Suecia.*
♀ *Nigra. Zschach. Germania.*
♀ *Marginella. Quens. Suecia.*
♂ *Zanthocephala. Quensel.* id.
Marginella? Fab Dej. Cat. Dania.
♀ *Stigma. Olivier. Gallia.*
Apicalis. Dufour. Pyrenæis.
6 Campestris *Herbst. Gallia.**
Frontalis. Schneider. Germania.
Lateralis. Panz. Stph. Anglia.
7 Concolor. *Suffrian. Germania.*

NOMIUS. *Mulsant.*

1 Cruentatus. *Mulsant. Berolini.**

SCYMNUS. *Kugelann.*

Redtenb. Muls. (*Dej. Cat.*) COCCINELLA. *Linné. Fabr. Panz.* TRITOMA. *Panz.* SPHÆRIDIUM. *Herbst.*

1 Nigrinus. *Kugelann. Gallia.**
Minimus? Müller. Germania.
Ater. Westman. in Thunb. Suecia
Morio. Paykull. id.

[1] *Dict. univ. d'hist. nat.*, t. IV, p. 43, et t. VI, p. 780.

2 Pygmæus. *Fourcroy. P.**
Flavipes. Panz. Fabr. Germania.
Parvulus. Fabr. Redt. Dania.
Sericeus. Kugelann. Germania.
Collaris. Herbst. Austria.
Pubescens. Schüppel. Germania.
Flavilabris. Olivier. Gallia.
3 Femoralis? (*Kirby.*) *Gyllenh. Anglia.**
4 Redtenbacheri. *Muls. Gall. orient.*
Femoralis. W. Redtb. Austria.
5 Quadrilunulatus. *Illig. Gallia.**
*Bisbipustulatus. Pnz. Germania.**
Quadrimaculatus. Kugelann. id.
Pulchellus. Schüppel. id.
Colon. Stephens. Anglia.
6 Biverrucatus. *Panzer. Gall. orient.*
Bipunctatus. Kugeln. Germania.
Bipustulatus. Westm. in Thunb. Suecia.
Affinis. Paykull. id.
Bimaculatus. Marsh. Anglia.
7 Frontalis. *Fabr. Gallia.**
Quadripustulatus. Hbst. Austria.
Bisbipustulatus. Marsham. Steph. Anglia.
Oblongopustulatus. P. W. J. *Mull. in Germ. Germania.*
Bisbisignatus. L. Redt. Austria.
Frontalis. Suff. var. γ. *Germania.*
Quadriverrucatus. St. Cat. id.
Quadrivulneratus. (*Erichson.*) id.
Var. *Altica.* (Chrysomela.) *Schrank. Austria.*
— *Humeralis. Panz. Germania.*
— *Bipunctatus. Kullberg. in Thunb. Suecia.*
— *Bimaculatus. Westman. in Thunb.* id.
— *Didymus. Herbst. Austria.*
— *Flavilabris. Payk. Suecia.*
— *Affinis. W. Redtb. Austria.*
8 Marginalis. *Rossi. Gallia.**
Interruptus. Fourcroy. P.
Bimaculatus. Herbst. Austria.
Frontalis. Panzer. Germania.
Rufipes. Fabr. id.
Morio. Fabr. id.
Var. *Basalis. W. Redt. Austria*
— *Flavicollis. Redtb.* id.

9 Apetzii. *Mulsant.* *Gallia.**
Frontalis. Rossi. *Italia.*
10 Incertus? *Mulsant.* *Gallia.*
11 Ahrensii. (*Kust.*) *Muls.* *Italia.**
Marginellus. vr. Rossi. id.
12 Fasciatus. *Fourcroy.* *P.**
Var. *Pubescens. Payk.* *Suecia.*
— *Aurantiacus. Pnz.* *Germania.*
— *Minutissimus. Schrank.* *Austria.*
— *Luridus. Dej. Cat.* *Gallia.*
— *Dorsalis Waltl.* *Germania.*
— *Quadrillum. W. Redtenb.* *Austria.*
13 Arcuatus. *Rossi.* *Gallia.*
Undatus. Dahl. Cat. *Germania.*
Variegatus. Dahl. Cat. id.
Signatus. Melsheimer. Dej. Cat. id.
14 Capitatus. *Fabr.* *Gall. merid.**
Auritus. Westman. *Suecia.*
Parvulus. Illiger. *Austria.*
Fulvifrons. Stephens. *Anglia.*
15 Ater. *Kugelann.* *Gall. orient.**
Minimus? Rossi. *Italia.*
Oblongus. Dej. Cat. *P.*
16 Analis. *Fabr.* *Gall. bor.**
Ruficollis. Olivier. id.
Parvulus. Illig. Latr. var. e. *P.*
Abdominalis. (Mus. Berl.) *Austria.*
17 Hæmorrhoidalis. *Hbst.* *Gallia.*
Analis. Rossi. L. Redt. *Italia.*
Parvulus. Illig. var. γ. Latr. var. e. *P.*
18 Discoideus. (*Schneid.*) *Illig.* *Gallia.**
Suturalis. Westman. in Thunb. *Suecia.*
Limbatus. (Kirb.) Stph. *Anglia.*
Discipennis. St. Cat. *Germania.*
Var. *Pusillus? Müll.* id.
— *Atriceps. Stephens.* *Anglia.*
— *Pini.* (Byrrhus.) *Marsh.* id.
Rufipes. (Megerle.) *Germania.*
Plagiatus. Kullberg. in Thunb. id.
Pilosus. Herbst. *Austria.*
19 Abietis. *Paykull.* *Gallia.**
20 Fulvicollis. (*Dej. Cat.*) *Mulsant.* *Gall. merid.*
21 Minimus. *Paykull.* *P.**
Ater. Dej. Cat. id.

RHIZOBIUS. *Stephens.*

Muls. Nundina. (*Dej. Cat.*) *L. Redtenb* Coccinella. *Illig.* Nitidula. *Fabr.*

1 Litura. *Fabr. Illig.* *Gallia.**
Var. *Hypomelanus.* (Dermest.) *Marsh.* *Anglia.*
— *Aurora. Panzer.* *Germania.*
— *Coadunatus. Mars.* *Anglia.*
Lividus. Olivier. *P.*
Chrysomeloides. Hbst. *Austria.*
Testaceus. Fabr. *Dania.*
Fasciatus. Fabr. id.
2 Discimacula. (*Ziegl.*) *Muls.* *Alsatia.*

COCCIDULA. *Kugelann.*

Redtenb. Mulsant. Coccinella. *Illiger.* Chrysomela et Dermestes. *Herbst* Nitidula. *Fabr.* Cacicula. *Steph.*

1 Rufa. *Herbst.* *Gallia.**
Pectoralis. Fabr. Illig. Payk. *Germania.*
Testacea. Kinmanson in Thunb. *Suecia.*
Rosea. (Silpha.) *Marsh.* *Anglia.*
2 Scutellata. *Herbst.* *Gallia.**
Quinquepunctata. Fabr. Herbst. *Germania.*
Melanocephala. Zsch. id.
Bipunctata. Gmelin. Oliv. id.
Testacea. Zschach. id.

HIPPODAMIA. *Chevrolat* [1].

Coccinella. *Linné, L. Redtenb.*

1 Tredecimpunctata. *Lin.* *Gallia.**
Trinacris. Fourcroy. *P.*
Quatuordecimpunctata. Donovan. *Anglia.*
13-Punctata. Steph. id.
Var. *11-Maculata. Schæffer.* *Germania.*

[1] *Dict. univ. d'hist. nat.*, t. IV, p. 15.

ADONIA. *Mulsant.*

Coccinella. *Linné. Scriba.*

1 Mutabilis. *Scriba.* *Gallia.**
Similis. Schrank. *Austria.*
Sexpunctata. Schrk. id.
13-Punctata. Fourc. *P.*
Affinis. Olivier. *Gall. merid.*
Læta. Fabr. *Dania.*
Var. *Constellata. Laich. Tyrolis.*
— *Unipunctata. Mül. Germania.*
— *Impunctata. Zsch. Germania.*
— *Immaculata. Gmel. Gallia.*
— *5-Maculata. Fabr. Dania.*
— *Obversepunctata. Schrank. Austria.*
— *Novempunctata. Scopoli. Carniolia.*
— *7-Notata. Fabr. Dania.**
— *Fennica. Westm. Finlandia.*
— *Carpini. Fourcroy. P.*
— *14-Punctata. Donovan. Anglia.*
— *11-Punctata. Schk. Austria.*

IDALIA. *Mulsant.*

Coccinella. *de Geer. Linné. W. L. Redt.*

1 Livida. *de Geer.* *Gallia.**
Pallida. Thunberg. *Suecia.*
Obsoleta. Schneider. *Germania.*
Var. *M-Nigrum. Illig. Redtenb. Austria.*
— *Sexnotata. Thunb. Suecia.*

2 Bipunctata. *Lin. Poda. Scopoli. Gallia.**
*Dispar. Schneid. Illig. var. ρ. Austria.**
Var. *Quadripunctata. Donovan. Anglia.*
— *Unifasciata. Fabr. Gallia.*
— *Perforata. Marsh. Anglia.*
— *Annulata. Linné. Suecia.*
— *Hastata. Olivier. Gallia.*
— *Pantherina. Linné. Suecia.*
— *8-Pustulata. Schff. Germania.*
— *8-Guttata. Sultzer.* id.
— *6-Pustulata. Scrib. Carniolia.*
— *Varia. Schrank. Austria.*
— *3-Pustulata. Zsch. Suecia.*
— *7-Pustulata. Mars. Anglia.*
— *Cincta. Muller. Germania.*
— *4-Pustulata. Scop. Carniolia.*

3 Bothnica. *Paykull. Gallia.*
Var. *δ. c. b. Gyllenh. Suecia.*

4 Alpina. *Villa. W. Redt. Muls. Alp. Gall.**
Picta. Ziegl. Dej. Cat. Styria.

5 Undecimnotata. *Schnd. Gall. merid.**
Var. *9-Punctata. Fourcroy. Oliv. P.*
— *11-Maculata. Schneider. Germania.*
— *♂♀ Cardui. var. Brahm.* id.
— *11-Punctata. Herrich-Schäff.* id.
— *Distincta. var. W. Redtenbacher. Austria.**

6 Inquinata. (*Luczot.*) *Mulsant. Gall. orient.**
Hungarica. Dej. in Col. Hungaria.

COCCINELLA. *Linné.*

1 Undecimpunctata. *Lin. Gallia.**
Bimaculata. (pour 11-Maculata.) *Westm. Suecia.*
Collaris. Paykull. id.
Var. *Tripunctata. Lin.* id.
— *11-Punctata. Illg. Schönh. Austria.*
— *4-Maculata. Fabr. Dania.*
— *9-Punctata. Linné. Fabr. Germania*
— *Variegata.* (*Dahl. Parreyss.*) id.
— *Oculata. Westm. in Thunb. Suecia.*
— *Nigrofasciata. Rossi. Italia.*
— *Triangularis. Westman. Suecia.*

2 Quinquepunctata. *Lin. Gallia.**
Var. *Tripunctata. Ros. Italia.*

3 Septempunctata. *Lin. Gallia.**
Var. *7-Maculata. Tigny.* id.
— *Divaricata. Oliv.* id.

4 Labilis. (*Erichson.*) *Mulsant. Gall. bor.**
7-Punctata? var. Schneider. Germania.
Var. *Domiduca. Ziegl. Dej. Cat. Austria.*
Magnifica. (*Ziegl.*) *W. Redtenb.* id

5 Variabilis. *Illiger.* *Gallia.**
14-*Punctata. Muller.* *Germania.*
13-*Maculata. Frst. Fb.* id.
Subpunctata. Schrk. *Austria.*
13-*Notata. Thunb.* *Suecia.*
12-*Punctata. vr. Zsch.* id.*
Var. *Impunctata. Zsch.* id.
— 10 *Punctata. Hbst.* *Austria.**
— *Lutea. Rossi.* *Italia.*
— *Marginepunctata. Marsh.* *Anglia.*
— 4-*Punctata. Linné. Fabr.* *Suecia.**
— *Obliterata. Linné.* id.
— 6-*Punctata. Müll.* *Germania.*
— 8-*Punctata. Laich.* *Tyrolis.*
— 6-*Maculata. Wstm. in Thunb.* *Suecia.*
— 11-*Punctata Four.* *P.*
— *Varians. Olivier.* id.
— *Ulmi. Olivier.* id.
— 11-*Notata. Marsh.* *Anglia.*
— *Conglomerata. Lin.* *Suecia.*
— 10-*Pustulata. d. G.* id.
— *Humeralis. Schall.* *Germania.*
— *Humerata. Villa.* *Pedemont.**
— 10-*Guttata. Donv.* *Anglia.*
— *Guttata-punctata. Linné.* *Suecia.*
— 10-*Maculata. Scop.* *Carniolia.*
— *Pantherina. de G.* *Suecia.*
— *Similata. Westm.* id.
— *Bimaculata. Pont.* *Dania.*
— *Didyma. Müller.* *Germania.*
— *Bipustulata. Hbst.* *Austria.*
— *Austriaca. Schrk.* id.
— 6-*Pustulata. Schk.* id.
— *Marginata. Thunb.* *Suecia.*
— *Mutabilis. Gmelin.* *Gallia.*
— *Thunbergii. Gmel.* id.
— *Limbata. Zschach.* *Suecia.*
— *Unifasciata. Scrib.* *Carniolia.*
— *Lunigera. Brahm.* *Germania.*
— *Bipunctata. Hbst.* *Austria.*
— *Marginella. Wstm.* *Suecia.*
— *Dispar. Paykull.* id.
— *Varia. Schrank.* *Austria.*
— *Lununaris. Marsh.* *Anglia.*
— *Lunæpustulata. Haw. Steph.* id.
— *Bimaculata. Hbst.* *Austria.*
— *Biguttata. Fabr.* *Dania.*
— *Flava. Marsham.* *Anglia.*

6 Hieroglyphica. *Linné.* *Gallia.**
Var. *Lineolata. Marsh.* *Anglia.*
— *Sinuata. Marsh.* id.
— *Flexuosa. Fabr.* *Dania.*
— *Trilineata. Herbst.* *Austria.*
— 4-*Lineata. Gmelin.* *Germania.*
— *Sinuosa. Marsham.* *Anglia.*
— *Octopustulata. Westman.* *Suecia.*
— *Marginemaculata. Brahm.* *Germania.*
— *Impustulata. Schneid. Illig.* id
— *Ribis. Scriba.* *Carniolia.*
— *Curvipustulata. Haw. Steph.* *Anglia.*
— *Bistriverrucata. Haw. Steph.* id.
— *Areata. Panzer. Rdtb.* *Austria.*

7 Quatuordecimpustulata. *Linné.* *Gallia.**
Leucocephala. Gmel. id.
14-*Maculata. Poda.* *Græcia.*
14-*Guttata. Donndorff.* *Germania.*

8 Agnata. *Rosenhauer.* *Hungaria.*
9 Hyperborea. *Payk.* *Lapponia.*
10 Trifasciata. *Paykull.* id.*
11 19-*Notata. Dej. Cat.* *Russ. merid.*
19-*Maculata. Humm.* *Sibiria.*
12 Lyncea. *Olivier.* *Hispania.*
13 Buphthalmus. *Fischer.* *Bucharia.*

HARMONIA. *Mulsant.*

COCCINELLA. *Linné.*

1 Impustulata. *Linné.* *Gallia.**
Rosea. de Geer. *Suecia.*
16-*Punctata. Scopoli.* *Carniolia.*
16-*Maculata. Fabr. Oliv.* *Dania.*
Conglobata. Fourcroy. Oliv. *P.*
Var. *Gemella. Herbst.* *Austria.*
— 18-*Maculata. Westman.* *Suecia.*
— *Flavipes. Westm.* id.
— *Vidua. Olivier.* *P.*

2 Doublieri. *Mulsant.* *Gall. merid.*
3 Duodecimpustulata. *Fabr.* *Gallia.**

4 Marginepunctata. *Schll.* *Gallia.**
Sedecimpunctata. *Fab.* *Dania.*
Var. 4-*Punctata.* *Pontoppidam.* id.
— *Marginella.* *Müll.* *Germania.*
— *Albida.* *Gmelin.* *Suecia.*
— *Notata.* *Olivier.* *Gallia.*
— 16-*Punctata.* *Rœnbeck.* *Germania.*

MYRRHA. *Mulsant.*

COCCINELLA. *Linné.*

1 Octodecimguttata. *Lin.* *Gallia.**
Ornata. *Herbst.* *Austria.*

MYSIA. *Mulsant.*

COCCINELLA. *Linné.*

1 Oblongoguttata. *Linné.* *Gall. orient.**

ANATIS. *Mulsant.*

COCCINELLA. *Linné.*

1 Ocellata. *Linné.* *Gall. bor.**
Var. *Bœberi.* *Cederhielm.* *Germania.*
— 15-*Punctata.* *de Geer.* *Suecia.*

SOSPITA. *Mulsant.*

COCCINELLA. *Linné.*

1 Tigrina. *Linné.* *Gallia.*
Var. 20-*Guttata.* *Lin.* *Suecia.*

CALVIA. *Mulsant.*

COCCINELLA. *Linné.*

1 Quatuordecimguttata. *Linné.* *Gallia.**
2 Decemguttata. *Linné.* *P.**
3 Septemguttata. *Schall.* *Gall. orient.*
Marginata. *Fourcroy.* *P.*
15-*Guttata.* *Schæff.* *Germania.*
Bis-7-Guttata. *Illig.* *Austria.**
Var. 12 *Gemmata.* *Herbst.* id.

HALYZIA. *Mulsant*

COCCINELLA. *Linné.*

1 Sedecimguttata. *Linné.* *Gall. bor.**
16-*Punctata.* *Shaw.* *Anglia.*

VIBIDIA. *Mulsant.*

COCCINELLA. *Linné.* *Poda.*

1 Duodecimguttata. *Pod.* *Græcia.* *Gal.**
Bissexguttata. *Fabr.* *Gallia.*

PROPYLEA. *Mulsant.*

COCCINELLA. *Linné.*

1 Quatuordecimpunctata. *Linné.* *Gallia.**
Var. *Tessulata.* *Scop.* *Carniolia.*
— 14-*Macula.* *Fabr.* *Dania.*
— *Tetragonata.* *Laicharting.* *Tyrolis.*
— *Tesselata.* *Schneid.* *Germania.*
— *Conglomerata.* *Paykull.* *Suecia.*
— *Conglobata.* *Illig.* *Austria.*
— 12-*Pustulata.* *Fab.* *Dania.*
— *Fimbriata.* *Sulz.* *Germania.*
— *Dentata.* *Casstr.* *Suecia.*
— *Leucocephala.* *Zsch.* *Germania.*
— *Bissexpustulata.* *Fabr.* id.

THEA. *Mulsant.*

COCCINELLA. *Linné.*

1 Punctata. *Linné.* *Algiria.**
Vigintiduopunctata. *Linné.* *Gallia.*
Var. 20-*Punctata.* *Fab.* id.
— *Bisdecimpunctata.* *Dumeril.* *P.*

EPILACHNA. *Chevrolat.*

Redtenbacher. COCCINELLA. *Linné.* *Fabr*

1 Argus. *Fourcroy.* *P.**
11-*Maculata.* *Fabr.* *Germania*
11-*Punctata.* *Brahm.* id.
2 Chrysomelina. *Fabr.* *Gall. merid.**
Var. *Hieroglyphica.* *Sultz.* *Germania.*
— *Elateri.* *Rossi.* *Italia.**

LASIA. *Hope. Muls.*

COCCINELLA. *Linné.* SUBCOCCINELLA. *Huber.* CYNGETIS. *Steph.* EPILACHNA. *Redtenb.*

1 Globosa. *Schneider.* *Gallia.**
24-*Punctata. Fabr.* *Dania.*
Gibbosa. Dumeril. *P.*
25-*Punctata. Linné.* *Suecia.*
♂ *Saponariæ. Huber.* *Helvetia.*
Var. *Impunctata. de Geer.* *Suecia.*
— *Immaculata. Ross.* *Italia.*
— *Hemisphærica. Schrank* *Austria.*
— *Livida Herbst.* id.
— *Colon. Herbst.* id.
— *Punctum. Brahm.* id.
— 4-*Notata. Fabr.* *Dania.*
— *Meridionalis.* (*Parreyss.*) *Dej. Cat.* *Corfou.*
— *Palustris.* (*Dahl.*) *Dej. Cat.* *Sicilia.*
— 18-*Punctata. Fab.* *Germania.*
— 22-*Punctata. Fab.* *Dania.*
— 23-*Punctata. Fab.* id.
— 22-*Punctata-obscura. de Geer.* *Suecia.*
— *Confusa. Ménétr. Dej. Cat.* *Russ. merid.*
— *Hæmorrhoidalis. Fabr.* *Dania.*

CYNEGETIS. *Chevrolat.*

Redtenb. COCCINELLA. *Linné.* LASIA. *Mulsant.*

1 Impunctata. *Linné.* *Germania.**
Punctum. Herbst. *Austria.*
Aptera. Payk. L. Redt. id.
2 Elata. *Pallas.* *Podolia.*

82

---

45. FAM. LYCOPERDINÆ.

POLYMUS. *Mulsant.*

1 Nigricornis. (*Chevrol.*) *Muls.* *Gallia.*

ENDOMYCHUS. (*Helwig.*) *Panzer.*

CHRYSOMELA. *Linné.* GALERUCA. *Fabr.*

1 Coccineus. *Linné.* *Gallia.**
Quadrimaculata. de Geer. *Suecia.*
Var. *Coccineus. Krynik.* *Russia.*
2 Thoracicus. (*Kollar.*) *Charpentier.* *Hungaria.*

MYCETINA. *Mulsant.*

Redt. CHRYSOMELA. *Schaller.* TENEBRIO. *Panz.* OPATRUM. *Gmelin.*

1 Cruciata. *Schaller.* *Alp. Gall.**
Lithophilus. Gmelin. *Suecia.*

GOLGIA. *Mulsant.*

SILPHA. *Linné.* GALERUCA. *Fabr.* ENDOMYCHUS. *Fabr.* LYCOPERDINA. *Latr.* LYCOPERDINA. *L. Redtenb.*

1 Succincta. *Linné.* *Gall. bor.**
Quadripustulata. Fab. Panz. Payk. *Germania.*
Var. *Fasciata. Fabr.* *Suecia.*

LYCOPERDINA. *Latreille.*

W. Redt. Muls. GALERUCA. *Fabr.* ENDOMYCHUS. *Fabr. Muls.*

1 Bovistæ. *Fabr. Panz.* *Gall. bor. or.**
Lycoperdi. Latreille. *P.*
Immaculata. Latr. id.

DAPSA. (*Ziegler.*) *Latreille.*

Redtenb. Muls. ENDOMYCHUS. *Germar* et *Ahrens.*

1 Trimaculata. (*Kollar.*) *Motschulsky.* *Pyr. orient.**
Trisignata. Dej. Cat. *Gall. merid.*
2 Denticollis. *Germar.* *Austria.**
Trimaculata. W. Redt. id.
3 Barbara. (*Dej. Cat.*) *Lucas.* *Algiria.**
4 Nigricollis. *Dahl. Cat.* *Hungaria*

COLOVOCERA. *Motschulsky.*

1 Formicaria. *Motschlsk.* *Algiria.*

11

---

46. FAM. BLAPES.

A. Erodites.

ERODIUS. *Fabr.*

1 Bicostatus. *(Dej.) Sol.* *Barbaria.*
2 Latreillei. *Solier.* id.
3 Barbarus. *(Dej.) Solier.* id.
4 Costatus. *Klug. Sol.* *Algiria.**
5 Maillei. *Solier.* *Smyrna.*
6 Gibbus. *Olivier.* *Algiria.**
7 Servillei. *Solier.* id.
8 Carinatus. *Solier.* *Barbaria.*
9 Brevicostatus. *Solier.* *Græcia.*
10 Wagneri. *Erichson.* *Algiria.**
11 Bicarinatus. *Erichson.* id *
12 Dejeanii. *Solier.* *Barbaria.*
13 Boyeri. *Solier.* *Algiria.**
14 { Longus. *Solier.* id.
{ *Orientalis. (Dej.)? Mus. Gory.* *Græcia.*
15 Oblongus. *Solier.* id.*
16 Parvus. *Solier.* *Hispania.*
17 Laticollis. *Solier.* *Algiria.*
18 Europæus. *(Dej.) Sol.* *Hisp. merid.**
19 { Duponti. *Solier.* *Græcia.*
{ *Orientalis. (Dupont.)* id.
20 Orientalis. *Brullé. (Dej.)?* id.
21 Goryi. *Solier.* *Barbaria.*
22 Lusitanicus. *(Dupont.) Solier.* *Lusitania.*
23 Curvipes. *Solier.* *Barbaria.*
24 Chauveneti. *Solier.* id.
25 Audouini. *Solier.* *Smyrna.*
26 Siculus. *Solier.* *Sicilia.*
27 Neapolitanus. *Solier.* id.*
28 Latus. *Solier.* *Barbaria.*
29 Proximus. *Solier.* id.
30 Nitidiventris. *Solier.* id.*
31 Africanus. *Solier.* id.*
32 Subnitidus. *Solier.* *Algiria.*
33 Subcostatus. *Solier.* *Barbaria.**
34 Tangerianus *Solier.* id.
35 { Vicinus. *Solier.* *Barbaria.*
{ *Lævigatus. Stm. Cat.* id.
36 { Nitidicollis. *Solier.* *Algiria.*
{ Var. *Gibbus. Dej. Cat.* *Barbaria.*
37 Subparallelus. *Solier.* id.
38 Emondi. *Solier.* *Algiria.*
39 Ambiguus. *Solier.* id.
40 Marginicollis. *Solier.* *Barbaria.**
41 Lævis. *Solier.* id.
42 Affinis. *Solier.* id.
43 { Peyroleri. *Solier.* *Sardinia.**
{ *Gibbus? Latreille.* id.
{ *Bilineatus. Peiroleri.* id.
44 Mittrei. *Solier.* *Algiria.*
45 Dispar. *(Gaubil.)* id.*

ZOPHOSIS. *Latreille.*

ERODIUS. *Fabr. Oliv. Schh.*

1 { Barbara. *Solier.* *Barbaria.*
{ *Inflata? Brullé?* *Græcia.*
2 Personata. *Erichson.* *Algiria.**
3 Punctata. *Brullé. (Dej.)* *Græcia.**
4 Curta. *Solier.* *Barbaria.*
5 Gibbicollis. *Solier.* id.
6 Algeriana. *(Dupont.) Solier.* *Algiria.*
7 Maillei. *Solier.* *Barbaria.*
8 Errans. *Dej. Cat.? Sol.* id.
9 Minuta. *Latreille.* id.
10 Suborbicularis. *Solier.* *Hisp merid.*
11 Græca. *Dej. Cat.* *Græcia.**
12 { Ovata. *Latreille.* *Russ. merid.*
{ *Acuminata. Fischer.* id.
13 Subcostata. *Stm. Cat.* *Græcia.*
14 Pusilla. *Friwaldszky.* *Turcia.*
15 Sicula. *Villa.* *Sicilia.**
16 Subglabrata. *Stm. Cat.* id.
17 { Troglodytes. *Stm. Cat.* *Hungaria.*
{ *Pygmæa. Sturm. Cat.* id.

B. Tentyrites.

DAILOGNATA. *Stéven. Eschsch.*

TENTYRIA. *Brullé.*

1 Hispana. *Solier.* *Hisp. merid.*
2 { Variabilis. *Solier.* *Græcia.**
{ *Lævigata? Brullé.* id.
3 Rugata. *Solier.* id.
4 Impressicollis. *Solier.* id.
5 Carceli. *Solier.* *Smyrna*

6 Caraboides. *Sol. Esch.?* (Gnathosia. *Dej. Cat.*) *Græcia.**
7 Audouini. *Solier.* *Constantinp.*
8 Vicina. (Gnathosia. *Dej. Cat.*) *Solier.* *Græcia.*
9 { Quadricollis. *Dej. Cat.* (Gnathosia.) id.
{ *Dardanæ. Stév.* (Tentyria.) id.

STENOSIS. *Herbst.*

1 Depressicornis. *Fald.* (Gnathosia. *Dej.*) *Russ. merid.*

CALYPTOPSIS. *Solier.*

1 Emondi. *Solier.* *Græcia.*

DICHOMMA. *Solier.*

1 Maillei. *Solier.* *Græcia.*

HYPEROPS. *Eschsch. Solier.*

HEGETER. *Gory. Dej. in Eschsch.*

1 Tagenioides. *Eschsch. Solier.* *Algiria.*
2 { Minuta. *Tauscher.* (Tentyria.) *Russ. merid.*
{ *Pusilla. Mannerheim.* id.
{ *Pygmæa. Falderm.* id.

LOPHOMA. *Solier.*

PACHYCHILA. *Eschsch.* ACISBA. *Dej. Cat.*

1 { Punctata. *Fabr. Esch. Solier.* *Barbaria.*
{ *Cribripennis. Dej. Ct.?* id.
{ *Cribrosa. Sturm. Cat.* id.

PACHYCHILA. *Eschsch. Solier.*

ACISBA. *Kollar.* (*Dej*) TENTYRIA et OPATRUM. *Stéven.* MICRODERA. *Esch.*

1 Subovata. *Esch.* (*Kollar. Dej.*) *Sicilia.**
2 { Hispanica. *Solier.* *Hisp. merid.*
{ *Pedinoides?* (*Dupont. Dej.*) id.
3 Nitens. *Solier.* *Barbaria.*
4 { Pedinoides. *Eschsch.* (*Dej*) *Sol.* *Barbaria.*
{ *Brevis. Sturm.* *Senegal.*
5 { Sulcifrons. *Solier.* *Barbaria.*
{ *Pedinoides.* (*Dupont.*) id.
6 Steveni. *Solier.* *Algiria.**
7 Salzmanni. *Solier.* *Barbaria.*
8 Kunzei. *Solier.* *Algiria.**
9 { Impressifrons. *Solier.* id.*
{ *Glabra? Fabr.? Hbst.?* id.
10 Subcylindrica. *Solier.* id.
11 Frioli. *Solier.* id.*
12 Punctulata. *Lucas.* id.
13 Sabulosa. *Lucas.* id.
14 Germari. *Solier.* id.
15 { Tripoliana. (*Dup.*) *Sol.* id.
{ *Bonniensis. Solier.* id.
16 Brevicollis. *Buquet.* id.
17 { Laticollis. *Dej. Cat.* *Græcia.*
{ *Rotundicollis.* (*Dahl.*) *Sardinia.*
18 Callina. *Rambur.* *Hisp. merid.*
19 { Bifida. *Rambur.* id.
{ *Glabra. Latreille.* id.
20 Bimucronata. *Rambur.* id.

(MICRODERA. *Eschsch.*)

21 Sublunata. *Solier.* *Ins. Baleares.*
22 Servillei. *Solier.* *Corsica.*
23 Tarsalis. *Fischer.* *Russ. merid.*
24 Pygmæa. (*Dahl. Peyroleri.*) *Sardinia.*
25 Gracilis. *Eschsch.* (Tentyria.) *Dej.* *Russ. merid.*
26 Convexa. *Esch.* (Tentyria. *Tausch. Stév.*) id.
27 Acuminata. *Erichson.* *Algiria.*

TENTYRIA. *Latreille.*

Eschsch. Stéven. HELIODROMUS. *Brullé.* AKIS. *Fabr. Schönh.* PIMELIA. *Oliv.*

1 { Mucronata. *Stéven.* *Gall. merid.**
{ *Glabra. Olivier.* *Barbaria.*
2 Oblonga. *Solier.* *Hispania.*
3 Nitida. *Solier.* *Græcia?*
4 Ligurica. (*Dej.*) *Solier.* *Corsica.*
5 Subcostata *Solier.* *Barbaria.*
6 Ramburi. *Solier.* *Corsica.*
7 Angusticollis. *Solier.* id.
8 Livicollis. *Solier.* id.
9 Maillei. *Solier.* id.

10 Interrupta. *Latreille.* *Gall. merid.**
Orbiculata. (*Dej.*) id.
11 Substriata. (*Dej. Dup.*) *Solier.* *Barbaria.*
12 Marocana. (*Dej.*) *Sol.* id.
13 Gallica. *Solier.* *Gall. merid.*
Orbiculata. (*Dupont.*) id.
14 Bipunctata. *Solier.* id.*
15 Affinis. *Lucas.* *Algiria.**
16 Latreillei. *Solier.* *Barbaria.*
17 Sardea. (*Dej.*) *Solier.* *Sardinia.*
18 Barbara. *Solier.* *Smyr. Barb.**
19 Sicula. (*Dup.*) *Solier.* *Italia.*
20 Grandis. (*Dej.?*) *Sol.* *Sicilia.**
21 Tristis. *Solier.* *Barbaria.*
22 Dejeanii. *Solier.* *Sicilia.*
23 Subdepressa. *Solier.* *Græcia.*
24 Angulata. *Solier.* id.
25 Italica. *Solier.* *Italia.*
26 Salzmanni. *Solier.* *Barbaria.*
27 Subrugosa. (*Dej.*) *Sol.* id.
28 Nomas. *Pallas.* *Caucasus.*
Var. *Rugulosa. Germ.* id.
— *Sibirica. Dej. Cat. Solier.* *Sibiria.*
— *Podolica. Besser.* *Russ. merid.*
29 Cylindrica. (*Dej.*) *Sol.* *Græcia.*
30 Taurica. *Tausch. Stév.* *Russ. merid.**
31 Fischeri. *Solier.* id.
Taurica. (*Dupont.*) id.
32 Bassii. *Solier.* *Hispania.**
Curculionoides. (*Dup.*) id.
33 Peiroleri. *Solier.* *Hisp. merid.?*
34 Lævis. *Solier.* id.*
Platyceps ? Eschsch. id.
35 Incerta. *Solier.* *Barbaria.*
36 Goudotii. *Solier.* id.
37 Grossa. (*Dej.*) *Solier.* *Græcia.**
38 Solieri. *Lucas.* *Algiria.**
39 Orbicollis. *Solier.* *Græcia.**
Rotundata. (*Dup.*) *Brullé.* id.
40 Turcica. *Sturm. Cat.* *Turcia.*
41 Excavata. (*Dup.*) *Sol.* *Algiria.**
42 Scabriuscula. *Olivier.* id.
Nodulosa. (*Dupont.*) id.
43 Scabripennis. (*Dej.*) *Sol.* *Oriente.*
44 Olivieri. *Solier.* id.
45 Rugosa. *Géné.* *Sardinia.*
46 Floresii *Géné.* id.
47 Cribrata. *Géné.* id.
48 Pygmæa. *Géné.* id.
49 Gaditana. *Rambur.* *Hisp. merid.**
50 Glabrata. *Illiger.* *Hisp. merid.**
51 Strigosula. *Rambur.* id.
52 Lusitanica. *Dej. Cat.* *Lusitania.**
53 Dorsosulcata. (*Chev.*) *Algiria.**
54 Emarginata. *Rambur.* *Hisp. merid.**
55 Mauritanica. *Dej. Cat.* *Barbaria.*
56 Rugosostriata. *Ramb.* *Hisp. merid.*
57 Arenaria. *Rambur.* id.
58 Grandicollis. *Dej. Cat.* *Sicilia.*
59 Corsica. *Dej. Cat.* *Corsica.*
60 Substriata. *Dej. Cat.* *Lusitania.**
61 Frigida. *Rambur.* *Hisp. merid.*
62 Lævigata *Rambur.* id.
63 Exculpta. *Buquet.* *Algiria.*
64 Deserta. *Tauscher.* *Russ. merid.*
Dorsalis. Fischer. id.
65 Campestris. *Stéven.* id.
Var. *Convexa. Fald.* *Turcomania.*
66 Inæqualis. *Dej. Cat.* *Barbaria.*
67 Tessulata. *Tauscher.* *Russ. merid.*
68 Besseri. *Krynicky.* id.
69 Kindermanni. *Fischer.* id.
70 Maura. *Erichson.* *Algiria.*

HEGETER. *Latreille.*

Eschsch. Blaps. *Oliv.*

1 Amaroides. (*Dup. Dej.*) *Sol.* *Hispania.*

ANATOLICA. *Eschsch. Sol.*

Tentyria, Opatrum. *Stéven.*

1 Lata. *Eschsch. Stév.* *Russ. merid.*
2 Tristis. *Zoubk.* (*Dej.*) id.
3 Eremita. *Stéven.* *Russia*
4 Impressa. *Esch. Tausch.* id.
5 Postica. *Mannerh.* *Russ. merid.*
6 Aucta. *Faldermann.* id.
7 Macrocephala. *Tausch.* id.*
8 Subquadrata. *Tausch.* id.
Scutellata. Fischer. *Bucharia.*
Angustata. Gebler. *Sibiria.*

RHOSTAX. *Karelini.*

Anatolica. (*Ménétriés*)

1 Menetriesii. *Fischer.* *Russ. merid.*
Elegans. Ménétriés. id.

C. Pimelites.

MEGAGENIUS. *Solier.*

1 Friolii. *Solier.* *Algiria.**

ADESMIA. (*Fisch. Dej.*) *Solier.*

PIMELIA. *Fab. Oliv. Sch.* TRACHYDERMA. *Fabr. Oliv.*

1 { Microcephala. *Solier.* *Algiria.**
{ *Rotundipennis. Dej. Cat.* id.
2 Douei. *Lucas.* id.
3 Solieri. *Lucas.* id.
4 Biskrensis. *Lucas.* id.
5 Faremontii. *Lucas.* id.
6 Affinis. (*Dej. Dup.*) *Solier.* *Barbaria.*

PLATYOPE. *Fischer.*

PIMELIA. *Fabr. Oliv. Latr.* AKIS. *Fabr.*

1 { Lineata. *Fabr. Oliv.* *Russ. merid.**
{ Var. *Leucographa. Schönh.* id.

LASIOSTOLA. (*Dej.*) *Solier.*

PIMELIA. *Schh.* TENEBRIO. *Linné. Pallas.*

1 { Pubescens. *Pallas.* *Russ. merid.*
{ *Hirta. Fischer.* (*Dej.*) id.

TRACHYDERMA. *Latreille.*

PIMELIA. *Fabr. Oliv. Sch.* THRIPTERA. *Solier.*

1 { Hispida. *Fabr. Latr. Sch.* *Barbaria.**
{ Var. *Latreillei. Solier.* *Senegal.*
{ *Elongata. Leach.* *Ægypt.*
2 Angustata. *Solier.* *Algiria.*
3 Genei. *Solier.* *Barbaria.*

(THRIPTERA. *Solier.*)

4 Varvasi. *Solier.* *Algiria.*
5 Villosa. (*Dej.*) *Géné. Solier.* *Barbaria*

PTEROCOMA. *Solier.*

PIMELIA. *Fischer. Gebler.*

1 { Sarpæ. (*Dej.*) *Fischer. Solier.* *Russ. merid.*
{ ♂ *Gracilicornis. Sol.* id.
{ *Costata. Faldermann.* id.

PACHYSCELIS. *Solier.*

PIMELIA. *Latreille. Brullé.*

1 Granulosa. *Latreille.* *Græcia.**
2 Crinita. (*Dup. Gory*) *Sol.* *Algiria.*
3 Hirtella. *Latreille.* *Oriente.*
4 Quadricollis. (*Dej.*) *Brullé. Sol.* *Græcia.**
5 Obscura. *Solier.* id.
6 Porphyrea. (*Dup.*) *Sol.* id.
7 Granulifera. *Stm. Cat.* id.
8 Brevis. *Sturm. Cat.* id.

PIMELIA. *Fabr. Oliv. Latr. Schönh.*

1 { Suturalis. *Fisch.* (Podhomala. *Solier.*) *Russ. merid.*
{ *Torulosa. Zoubkoff.* id.
2 Angulosa. *Solier.* *Algiria.*
3 { Sericea. *Olivier.* *Græcia.*
{ Var. *Latreillei. Solier.* *Algiria.*
{ — *Denticulata.* (*Dej. Dup.*) *Solier.* *Oriente.*
4 { Granulata. (*Dej. Dup.*) *Solier.* *Algiria.**
{ *Algerica. Solier.* id.
5 { Obsoleta. (*Dej. Dup.*) *Solier.* *Barbaria.*
{ *Grossa.* (*Desmarest. Maille.*) id.
6 { Interstitialis. (*Dej. Dup.*) *Solier.* id.
{ *Grossa.* (*Mus. Turin.*) *Fabr.* id.
7 { Inflata. *Herbst.* *Sicilia.**
{ *Barbara.* (*Dej.*) *Solier.* *Algiria.*
{ *Sicula.* (*Dej.*) *Sicilia.*
{ Var. *Vestita. Dej.* *Algiria.*
{ — *Grossa. Fabr.?* *Barbaria.*
{ — *Aspera.* (*Ziegler.*) *Sardinia.*
8 Latipes. *Solier.* *Græcia.*
9 Asperata. (*Dej.*) *Sol.* *Oriente.*

10 Balearica. (*Dej. Dup.*) *Solier*. *Ins. Baleares.*
11 Servillei. *Solier*. *Algiria.*
12 Subquadrata. *Solier*. id.*
13 Arenacea. *Solier*. id.
14 Depressa. *Solier*. id.*
15 Cribripennis. (*Dup.*) *Solier*. id.*
16 Neglecta. *Fischer. Ménétriés.* *Russ. merid.*
Schönherri. (*Dej.*) *Sol.* id.
17 Cephalotes. *Pallas.* id.
18 Oxysterna. *Solier.* *Barbaria.*
19 Simplex. *Solier.* (Melanostola. *Dej. Cat.*) *Algiria.**
20 Comata. (*Dej.*) *Solier.* *Barbaria*
21 Variolosa. *Solier.* *Hisp. merid.*
22 Senegalensis. *Olivier. Schönh.* *Barbaria.*
23 Claudia. *Buquet. Rev. zool. Guérin.* *Algiria.*
24 Dejeanii. *Solier.* id.*
Interstitialis. Dej. Cat. *Barbaria.*
25 Mittrei. *Solier.* *Græcia.*
26 Radula. (*Dej. Dup.*) *Solier.* *Barbaria.**
27 Maura. (*Dej. Dup.*) *Sol.* *Algiria.**
Alutacea. Sturm. Cat. *Hisp. merid.*
Tuberculata. Panzer. Gory. id.
28 Atlantis. *Solier.* *Barbaria.*
29 Mauritanica. (*Dej. Dup.*) *Solier.* id.*
30 Ryssos. *Hbst.?* *Solier.* id.*
Rugosa. Olivier. id.
31 Salebrosa. *Solier.* id.*
32 Boyeri. *Solier.* *Algiria.**
Var. *Rugifrons. Sol.* id.
Nervosa. (*Dupont.*) id.
33 Duponti. *Solier.* id.*
34 Granifera. *Solier.* id.
35 Punctata. (*Dej. Dup.*) *Solier.* *Hispania.*
36 Rotundata. *Solier.* *Hisp. merid.**
37 Hispanica *Solier.* id.*
38 Cribra. (*Dup.*) *Solier.* *Ins. Balear.**
39 Ruida. (*Rambur.*) *Sol.* *Hisp. merid.**
40 Sublævigata. *Solier.* *Sicilia.*
Aspera (*Dahl.*) id.
41 Rugulosa. (*Megerle.*) *Germar.* id.
42 Bifurcata. (*Cristofori*) *Solier.* id.
43 Payraudii. *Latreille.* *Corsica.*
Var. *Rugatula. Sol.* *Sardinia.*
44 Subscabra. (*Dej.*) *Sol.* *Sicilia.**
45 Undulata. *Solier.* *Sardinia.*
46 Goryi. *Solier.* id.
Aspera. (*Gory.*) id.
47 Angusticollis. *Solier.* *Corsica?*
48 Sardea. *Mouxt-Deloche.* *Sardinia.**
Rugosa. (*Dahl.*) id.
Corrugata. (*Ullrich.*) *Sicilia.*
Var. *Corsica. Solier.* *Corsica.*
49 Incerta. *Solier.* *Hispania.*
Muricata. Fab.? (*Dup. Gory.*) *Lusitania.*
50 Hesperica. (*Dej. Dup. Gory.*) *Solier.* *Hispania.*
Var. *Lineata. Solier.* id.
— *Gadium. Solier.* id.
51 Bætica. (*Dej.*) *Solier.* *Hisp. merid.**
Var. *Distincta Solier.* id.
52 Nitida. (*Gaubil.*) *Corsica.*
53 Brevicollis. (*Dej.*) *Sol.* *Hisp. merid.*
54 Bipunctata. *Fabr.* *Gall. merid.**
Muricata. Olivier. id.
55 Polita. (*Dej.*) *Solier.* *Græcia.*
Hydropica. (*Dupont.*) id.
56 Mongeneti. (*Dup.*) *Sol.* id.
Var. *Phymatoptera. Solier.* id.
57 Subglobosa. *Lin. Sch.* *Russ. merid.**
58 Verruculifera. *Solier.* *Græcia.*
Var. *Diffusa. Solier.* id.
59 Græca. *Stéven. Solier.* id.
60 Asperata. *Solier.* id.*
61 Exanthematica. (*Dej. Gory*) *Solier.* id.
Græca. Brullé. id.
62 Sericella. *Latreille.* id.*
Var. *Calculosa. Sol.* id.
— *Trachyderma. Sol.* id.
63 Phymatodes. *Solier.* id.
64 Scabrosa. (*Dej. Dup.*) *Solier.* *Hisp. merid.**
65 Valida. *Erichson.* *Algiria.*
66 Fornicata. *Herbst.* *Barbaria.*
Obesa. (*Dej. Latr.*) *Solier.* *Algiria.*
67 Capillata. *Solier.* *Barbaria.*
68 Napolitana. *Dej. Cat.* *Sicilia.**
69 Verrucosa. *Herbst.* *Smyrna.*
70 Callosa. *Sturm. Cat.* *Græcia.*
71 Famosa. *Sturm. Cat.* id.
72 Alternans. *Sturm. Cat.* *Constantinp*

D. **Asidites.**

ASIDA. *Latreille.*

PLATYNOTUS. *Fabr. Sch. Oliv.* PIMELIA. *Oliv.*

N°	Espèce	Patrie
1	Morbillosa. *Fabr.*	*Gallia.**
	Grisea. Latr. Solier.	id.
	Var. *Glabricostata. Solier.*	id.
	— *Lutosa. Stéven.*	*Russ. merid.*
2	Vicina. *Solier.*	*Gallia.*
3	Pyrenæa. *Dej. Cat.*	*Pyr. orient.**
4	Helvetica. *Solier.*	*Gall. merid.*
5	Reticulata. *Solier.*	*Hispania.*
6	Dejeanii. *Solier.*	*Gall. merid.**
	Sabulosa. Dej. Cat.	id.
7	Rugosa. *Solier.*	*Algiria.**
8	Ruficornis. *Solier.*	*Barbaria.*
9	Grisea. *Fabr. Oliv*	*Germania.*
	Variolosa. Panzer.	id.
	Var. *Gibbosa. (Dahl.)*	id.
10	Bayardi. *Solier.*	*Sicilia.*
11	Goryi. *Solier.*	id.
12	Longicollis. *Solier.*	*Corsica.*
13	Carinata. *Solier.*	id.
14	Inæqualis. *Solier.*	*Algiria.**
15	Bigorrensis. *Solier.*	*Pyrenæis.*
16	Fascicularis. *Germar.*	*Dalmatia.*
17	Sericea. *Olivier.*	*Gall. merid.**
	Jurinei. Solier.	*Italia.*
18	Sinuatocollis. *Solier.*	*Algiria.**
19	Complanata. *Lucas.*	id.*
20	Genei. *Solier.*	*Sardinia.*
21	Exasperata. *Buquet.*	*Algiria.**
22	Corsica. *Laporte. Sol.*	*Corsica.*
23	Ramburi. *Solier.*	*Hisp. merid.*
24	Puncticollis. *Solier.*	id.
25	Papulosa. *(Chevrolat.)*	*Algiria.**
26	Chauveneti. *Solier.*	id.*
27	Attenuata. *(Chevrolat.)*	id.*
28	Lapidaria. *Lucas.*	id.*
29	Servillei. *Solier.*	id.*
30	Affinis. *Lucas.*	id.
31	♂ Silphoides. *Lin. Oliv.*	id.*
	♀ *Granulata. Fabr. Schönh.*	id.
32	Serpiginosa. *Erichson.*	id.
33	Subcostata. *Solier.*	*Barbaria.*
34	Cariosicollis. *Solier.*	id.*
35	Lævigata. *Fabr.*	*Algiria.**
	♀ *Variolosa. Fabr.*	id.
	♀ *Miliaris. Erichson.*	id.
36	Duodecimcostata. *(Gaubil.)*	*Algiria.*
37	Castanea. *Buquet.*	*Barbaria.**
38	Brevicostata. *Solier.*	*Algiria.*
39	Porcata. *Solier.*	*Hispania.*
	Costata. (Dej.)?	id.
40	Asperata. *Solier.*	*Hisp. merid*
41	Grossa. *(Dahl.) Solier.*	*Sicilia.*
	Sicula. (Dej.) Solier.	id.
42	Costulata. *Solier.*	*Lusitania.*
	Lævigata. Gory.	id.
43	Tangeriana. *Solier.*	*Barbaria.*
44	Goudotii. *Solier.*	*Hispania.*
45	Ventricosa. *Solier.*	id.
46	Parallela. *Fabr.*	id.
47	Granifera. *Solier.*	id.*
48	Hispanica. *Solier.*	id.
49	Elongata. *(Dej.) Solier.*	id.
50	Lævis. *Solier.*	id.
	Lævigata. (Dej.) *	id.
51	Depressa. *Solier.*	*Barbaria.*
52	Solieri. *Géné.*	*Sardinia.*
53	Planata. *Dej. Cat.*	*Ins. Baleares.*
54	Elevata. *Dej. Cat.*	id.
55	Montana. *Rambur.*	*Hisp. merid.*
56	Variolosa. *Dej. Cat.*	*Lusitania.*
57	Rugosula. *Rambur.*	*Hisp. merid.*
58	Sulcata. *Dej. Cat.*	id.
59	Quadricostata. *Buq.*	*Algiria.*
60	Lineata. *Dej. Cat.*	*Barbaria.*
61	Limbata. *Dej. Cat.*	id.
62	Cristata. *Dej. Cat.*	*Corsica.*
63	Hesperica. *Dej. Cat.*	*Hisp. merid.*
64	Angustata. *Dej. Cat.*	*Corsica.*
65	Tomentosa. *Dej. Cat.*	id.
66	Perplexa. *Dej. Cat.*	id.
67	Orientalis. *Dej. Cat.*	*Oriente.*
68	Mœsta. *Dej. Cat.*	*Sardinia.*
	Obscura. (Dahl.)	id.
69	Cincta. *Rambur.*	*Hisp. merid.*
70	Oblonga. *Dej. Cat.*	id.
71	Inquinata. *Rambur.*	id.
72	Pygmæa. *Rambur.*	id.
73	Sordida. *Dej. Cat.*	id.
74	Scaphidium. *Hoffmsgg.*	id.
75	Opatroides. *Dej. Cat.*	*Ital. merid.*
76	Turcica. *Sturm. Cat.*	*Turcia.*
77	Acuticollis. *Dej. Cat.*	*Dalmatia.*
78	Dahlii. *Sturm. Cat.*	id.
	Acuticollis. (Dahl.)	id.
79	Marginata. *Dej. Cat.*	*Italia.*
80	Rugipennis. *Sturm. Cat.*	id.

PACHYPTERUS. (Solier. Dej.) *Lucas.*

1 { Mauritanicus. *Lucas.* *Algiria.**
{ *Pusillus. Dej. Cat.* *Corsica.*

E. Sepidites.

SEPIDIUM. *Fabricius.*

1 Wagneri. *Erich.* *Algiria.**
2 Tomentosum. *Erich.* id.*
3 { Aliferum. *Erich.* id.*
{ *Mittræi. Solier.* *Barbaria.*
4 { Douei. *Solier.* id.
{ *Tricuspidatum. Oliv.* id.
5 Genei. *Solier.* *Sicilia.*
6 Uncinatum. *Erich.* *Algiria.**
7 Fissum. *Erich.* id.*
8 Variegatum. *Fabr.* id.*
9 Dufourii. *Solier.* *Barbaria.*
10 Barbarum. (*Dup.*) *Sol.* *Algiria.*
11 Servillei. *Solier.* *Sicilia.*
12 Maillei. *Solier.* *Barbaria.*
13 ? Siculum. *Dej. Cat.* *Sicilia.*
14 ? Hispanicum. *Dej. Cat.* *Hispania.*
15 ? Affine. *Dej. Cat.* id.
16 ? Albidentatum. (*Chevrolat.*) *Algiria.**

F. Akites.

ELENOPHORUS. *Latreille.*

AKIS. *Fabr.* PIMELIA. *Olivier.*

1 Collaris. *Fabr. Latr. Oliv.* *Gall. merid.**

MORICA. *Solier.* (*Dej. Cat.*)

AKIS. *Fabr.* PIMELIA. *Oliv.*

1 { Planata. *Fabr.* *Hisp. merid.**
{ *Inflata. Kollar.* id.
2 Octocostata. *Solier.* *Algiria.**
3 Obtusa. *Latreille.* *Hispania.*

AKIS. *Herbst.*

PIMELIA. *Olivier.*

1 { Punctata. *Thunberg.* *Gall. merid.**
{ *Reflexa. Schönh. Oliv. Fabr.?* id.

2 Subterranea. (*Dahl.*) *Solier.* *Sicilia.*
3 Acuminata. *Fabr.* *Hispania.*
4 Reflexa. *Fabr.* *Algiria.**
5 { Elongata. *Brullé.* *Græcia.*
{ *Acuminata.* (*Dupont.*) id.
6 Sansi. *Solier.* *Hispania.*
7 Discoidea. *Quensel in Sch.* id.
8 Salzei. *Solier.* id.
9 Algeriana. (*Dupont.*) *Solier.* *Algiria.**
10 Planicollis. *Solier.* *Sicilia.*
11 { Olivieri. *Solier.* id.
{ *Spinosa. Solier.* *Barbaria.*
12 Nitida. *Solier.* id.
13 Hispanica. *Solier.* *Hispania.*
14 { Spinosa. *Fabr. Schh.* id.*
{ *Angusticollis.* (*Dahl.*) *Sardinia.*
{ Var. *Genei. Solier.* *Hispania.*
15 { Trilineata. *Herbst.* *Italia.*
{ *Amplicollis.* (*Dahl.*) id.
16 Bayardi. *Solier.* *Lusitania.*
17 Lusitanica. *Solier.* id.
18 Granulifera. *Sahlberg.* *Hispania.*
19 Barbara. (*Dej.*) *Solier.* *Sardinia.**
20 Italica. (*Dej.*) *Solier.* *Italia.**
21 Solieri. *de Castelnau.* *Algiria.*
22 { Elegans. *Charpentier.* id.
{ *Carinata.* (*Dej.*) *Sol.* id.
{ *Bilineata.* (*Sturm.*) id.
23 Latreillei. *Solier.* id.
24 { Goryi. *Guérin.* id.*
{ *Costata.* (*Dej.*) id.
25 Hybrida. *Charpentier.* *Hispania.*
26 Discoidea. *Schönherr.* id.
27 Terricola. *Ménétriés.* *Constantinp.*

CYPHOGENIA. *Solier.*

AKIS. *Dej. Cat.*

1 Aurita. *Pallas.* *Russ. merid.*

G. Adelostomites.

ADELOSTOMA. *Duponchel. Latr.*

1 { Sulcata. *Duponchel.* *Hispania.**
{ *Carinata.* (*Dej.*) *Algiria.*

H. Tagenites.

MICROTELUS. *Solier.*

ADELOSTOMA. (*Dupont.*)

1 Asiaticus. (*Dup.*) *Sol.* *Græcia.*

TAGENIA. *Latreille.*

STENOSIS. *Herbst. Schönh.* AKIS. *Fabr.*

1 { Angustata. *Hbst. Schh.* *Gall. merid.**
{ *Filiformis? Fabr.* id.
{ *Filiformis. Latreille.* id.
2 Intermedia. *Solier.* id.*
3 Sicula. *Solier.* *Sicilia.**
4 Lævicollis. *Solier.* *Algiria.**
5 Friolii. *Solier.* id.
6 Orientalis. *Gory. Guér.* *Græcia.*
7 Pilifera. *Solier.* id.
8 Hispanica. *Solier.* *Hisp. merid.*
9 Filiformis. *Fabr.? Sol.* *Algiria.**
10 Webbii. *Guérin.* id.
11 Græca. *Brullé.* (*Dej.*) *Græcia.*
12 { Hesperica. *Ramb. Sol.* *Hisp. merid.*
{ *Nigrita. Solier.* *Algiria.*
13 Obliterata. *Solier.* id.
14 Smyrnensis. (*Dup.*) *Solier.* *Smyrna.*
15 { Minuta. *Lat. de Serres.* *Gall. merid.**
{ Var. *Pygmæa. Latr.* id.
16 Corsica. *Solier.* *Corsica.**
17 Algirica. *Solier.* *Algiria.**
18 Pumila. *Gené.* *Sardinia.*
19 Punctata. *Fischer.* *Russ. merid.*
20 Subcostata. (*Dej.*) *Sol.* *Hispania.*
21 Puncticollis. *Dahl. Cat* *Sicilia.*
22 Cylindrica. *Dej. Cat.* *Hispania.*
23 Italica. *Dej. Cat.* *Italia.*
24 Marginata. *Stéven.* *Russ. merid.*
25 Taurica. *Dej. Cat.* *Tauria.*

HYPEROPS. *Eschscholtz.*

1 { Minuta. *Tauscher.* *Russ. merid.*
{ *Pusilla. Mannerh.* id.
{ *Pygmæa. Falderm.* id.

I. Scaurites.

SCAURUS. *Fabr.*

1 Barbarus. (*Dup.*) *Sol.* *Barbaria.*
2 { Tristis. *Olivier.* *Gall. merid.**
{ *Calcaratus. Fabr.* *Italia.*
3 Distinctus. *Solier.* *Barbaria.*
4 Rugulosus. *Latr.* (*Dej.*) *Hispania.*
5 Varvasi. *Solier.* *Algiria.*
6 Carinatus. *Schmidt.* (*Dej.*) *Barbaria.**
7 Porcatus. *Erichson.* *Algiria.**
8 Sancti-Amandi. *Solier.* *Barbaria.*
9 Hespericus. (*Dej.*) *Sol.* *Ins. Baleares.*
10 Striatus. *Fabr.* *Gall. merid.**
11 Dubius. *Solier.* *Algiria.**
12 Punctatus. *Hbst.* (*Dej.*) *Gall. merid.**
13 { Atratus. *Fabr.* id.*
{ Var. *Vicinus.* (*Dup.*) id.

CEPHALOSTENUS. *Solier.*

SCAURUS. (*Dej.*)

1 { Dejeanii. *Solier.* *Græcia.*
{ *Elegans.* (*Dej.*) *Brull.?* id.

J. Blapsidæ.

GNAPTOR. (*Megerle.*) *Fischer.*

TENEBRIO. *Pallas.* BLAPS. *Fabr.*

1 { Spinimanus. *Pallas.* *Tauria.**
{ *Lævigatus. Fabr.* *Græcia.*
{ *Glabratus. Herbst.* *Hungaria.*
{ *Spinipes. Fabr.* id.

BLAPS. *Fabr. Latr.*

TENEBRIO et PIMELIA. *Linné.* PELTARIUM et DILA. *Fischer.*

1 Corrosa. *Fischer.* *Russ. merid.*
2 { Superstitiosa. *Erich.* *Algiria.**
{ *Magica. Erichson.* id.
3 Ilians. *Fischer.* *Podolia mer.*
4 { Magica. *Erichson.* *Algiria.**
{ *Superstitiosa. Erich.* id.
5 Eymondi. *Solier.* id.*
6 { Gages. *Linné. Fabr.* *Gall. merid.**
{ *Gigas. Olivier.* id.
{ *Lusitanica. Herbst.* *Lusitania.*
{ *Nitens. Castelnau.* id.
{ *Piligera. Villa.* *Lombardia.*
7 Sublævigata. *Stm. Cat.* *Sardinia.*
8 Producta. (*Dej.*) *Fisch.* *Gall. merid* *
9 Hispanica. *Dej. Cat.* *Hispania.**

10	Abbreviata. *Friwalds. Ménétriés.*	*Constantinp.*
11	Oculta. (*Dahl.*) *Solier.*	*Gall. merid.**
12	Stygia. *Erichson.*	*Algiria.**
13	Prodigiosa. *Erichson.*	id.*
14	Lineata. (*Dej.*) *Castel.*	id.
15	Mortisaga. *Linné.*	*Gall. merid.**
16	Fatidica. (*Creutzer.*) *Sturm.*	*Gallia.**
	Var. *Similis. Latr.*	id.
17	Seriata. *Fischer.*	*Bucharia.*
18	Depressa. *Klug.*	*Russ. merid.*
19	Convexa. *Fischer.*	*Podolia.*
20	Ovata. *Solier.*	*Hungaria.**
21	Australis. *Dej. Cat.*	*Italia.**
22	Pterosticha. *Fischer.*	*Podolia.*
23	Marginata. *Fischer.*	*Russ. merid.*
24	Brevis. (*Stm.*) *Fischer.*	id.
25	Confusa. *Fischer.*	*Podolia.*
26	Canaliculata. *Fischer.*	*Russ. merid.*
27	Reflexicollis. (*Ziegl. Dej.*) *Fisch.*	id.
	Panonica. (*Dahl.*)	*Hungaria.*
28	Longicollis. *Stév. Fisch.*	*Podolia.*
	Elongata. Fisch. (*Dej.*)	*Russ. merid.*
29	Confluens. *Fischer.*	*Volhynia.*
	Var. *Glabrata. Besser.*	*Podol. merid.*
30	Cuspidata. (*Megerle.*) *St. Cat.*	*Hungaria.*
31	Intrusa. *Fischer.*	*Russ. merid.*
32	Pinguis. *Dej. Cat.*	*Græcia.*
33	Brevicollis. *Dej. Cat.*	*Constantinp.*
34	Parvicollis. *Eschsch.*	*Russ. merid.*
35	Stricticollis. *Villa.*	*Lombardia.**
36	Microphthalma. *Fisch.*	*Pod. merid.*
	Rarepunctata. Fisch. Olim.	id.
37	Carbo. *Stéven. Fischer.*	*Russ. merid.*
38	Turcomana. (*Karelin.*) *Fisch.*	*Podolia.*
39	Obtusa. *Fabr.*	P.*
	♀ *Mortisaga. Herbst.*	*Austria.*
40	Dorsata. *Fischer.*	*Podol. merid.*
	Deplanata. (*Besser.*)	id.
41	Krynicki. *Fischer.*	*Russ. merid.*
42	Damascena. *Fischer.*	*Podol. merid.*
	Punctata. (*Besser.*)	id.

(Peltarium. *Fischer.*)

43	Fischeri. (*Gaubil.*)	*Podol. merid.*
	Ovata. Fischer.	id.
44	Halophilum. *Fischer.*	*Russ. merid.*

(Dila. *Fischer.*)

45	Attenuata. *Fischer.*	*Russ. merid.*
	Cylindrica. Dej. Cat.	id.
46	Cylindrica. *Fischer.*	*Podol. merid.*

TAGONA. *Fischer.*

1	Acuminata. *Fischer.*	*Russ. merid.*
2	Macrophthalma. *Fisch.*	id.

MISOLAMPUS. *Latreille.*

1	Hoffmanseggii. *Latr.*	*Hisp. merid.*
	Gibbula. Herbst. (Pimelia.)	id.
2	Ramburii. *Dej. Cat.*	id.
3	Goudotii. *Guér. Erich.*	*Algiria.**

ACANTHOPUS. (*Megerle.*) *Dej. Cat.*

Blaps. *Germar.* Helops. *Panzer.*

1	Caraboides. *Germar.*	*Dalmatia.**
	Dentipes. Panzer.	*Italia.*

PLATYSCELIS. *Latreille.*

Blaps. *Sturm.* Pedinus. *Fischer.*

1	Hypolithos. *Pallas.*	*Russ. merid.*
2	Melas. *Fischer.*	*Volhynia.**
3	Gages. *Fischer.*	*Russ. merid.*
	Politus. Gebler.	*Sibiria.*

ISOCERUS. *Latreille.*

Tenebrio. *Linné.* Blaps. *Fabr.* Helops *Oliv.*

1	Ferrugineus. *Fabr.*	*Algiria.**
	Purpurascens. Herbst. (Tenebrio.)	id.

LÆNA. (*Meg.*) *Redtenbacher.*

Küster. Helops. *Fabr.* Scaurus. *Duftsch.*

1	Pimelia. *Fabr.*	*Austria.**
	Viennensis. Sturm.	id.
2	Pubella. (*Ziegl.*) *St. Cat.*	*Russ. merid.*
3	Villosa. *Sturm. Cat.*	*Constantinp*

PEDINUS. *Latreille.*

TENEBRIO. *Linné.* BLAPS. *Fabr.*

1 { Helopioides. *Germar.* *Dalmatia.**
{ *Laticollis.* (*Ziegler.*) id.
2 { Femoralis. *Fabr.* P.*
{ ♀ *Dermestoides. Fabr.* *Germania.*
3 Meridianus. *Dej. Cat.* *Gall. merid.**
4 Gracilis. (*Ziegler.*) *Dalmatia.*
5 { Tauricus. *Dej. Cat.* *Russ. merid.*
{ *Femoralis. Stéven.* id.
6 Curvipes. *Dej. Cat.* *Constantinp.*
7 Cylindricus. (*Parr.*) *Corfou.*
8 Oblongus. *Schmidt* et *Helfer.* *Smyrna.*
9 Sericeicollis. *Dahl. Cat.* *Italia.*
10 { Quadratus. *Dej. Cat.* *Corfou.**
{ *Coarctatus.* (*Parr.*) id.
11 Costatus. *Chevrolat.* *Algiria.**
12 Punctatostriatus. *Ull.* *Sicilia.**
13 Obesus. (*Chevrolat.*) *Algiria.**
14 Ovatus. *Sturm. Cat.* *Græcia.*
15 Gibbosus. *Dej. Cat.* id.*

523

47. FAM. OPATRI.

DENDARUS. *Latreille.*

HELIOPATES. *Dej. Cat.* *Redtenbacher.* OPATRUM. *Fabr.*

1 Gibbus. *Fabr.* *Gall. bor.**
2 { Picipes. *Stéven.* *Russ. merid.*
{ *Glaber. Ménétr.* (Crypticus.) id.
{ *Fuscus. Faldermann.* (Pedinus.) *Persia occ.*
3 Impressicollis. (*Gaub.*) *Algiria.**
4 Quadricollis. *Solier?* *Gall. merid.**
5 Elongatus. *Solier.* *Hisp. orient.*
6 Subsulcatus. *Dej. Cat.* *Hisp. merid.**
7 Punctatissimus. (*Chevrolat.*) *Algiria.**
8 Obscurus. (*Gaubil.*) id.*
9 Milleporus. (*Chevrol.*) *Pyrenæis.**
10 Amænus. (*Gaubil.*) *Algiria.**
11 Subvariolosus. *Lucas.* id.
12 Rotundicollis. *Lucas.* id.*
13 Barbarus. *Dej. Cat.?* *Lucas.* id.
14 Interstitialis. (*Chevrol.*) id.*
15 Nivalis. *Rambur.* *Hisp. merid.*
16 Iners. *Ménétriés.* *Russ. merid.*
17 Ambiguus. *Dej. Cat.* *Græcia.*
18 Lusitanicus. *Herbst.* (Tenebrio.) *Lusitania.*
19 Hispanicus. *Dej. Cat.* *Hispania.**
20 Montivagus. *Rambur.* id.
21 Pedatus. *Hoffmansgg.* *Lusitania.*
22 Hybridus. *Latreille.* *Gall. merid.**
23 Variolosus. *Olivier.* *Algiria.**

PANDARUS. (*Meg. Dej.*) *Küster.*

BLAPS. *Fabr.* DENDARUS. *St. Cat.*

1 Cribratus. *Klug.* *Constantinp.*
2 Coriaceus. *Dej. Cat.* *Barbaria.*
3 Emarginatus. *Fabr.* *Gall. merid.**
4 Tristis. *Rossi.* *Italia.*
5 { Dalmatinus. *Dej. Cat.* *Dalmatia.**
{ *Emarginatus. Germ.* id.
{ Var. *Tristis. Schönh.* *Italia.*
6 Costatus. (*Chevrolat.*) *Algiria.**
7 Lugens. *Dahl. Cat.* *Ital. merid.*
8 Crenatus. *Sturm. Cat.* *Constantinp.*
9 Rotundicollis. *Dej. Cat.* id.
10 Carbonarius. *Dej. Cat.* *Corfou.*
11 Græcus. *Dej. Cat.* *Græcia.**
12 Stygius. *Schmidt* et *Helfer.* *Smyrna.*
13 Mœsiacus. *Friwaldszk.* *Turcia.*
14 Gravidus. *Dej. Cat.* *Oriente.*
15 Orientalis. *Dej. Cat.* id.*
16 { Dardanus. *Stéven.* *Hellespont.**
{ *Foveolatus. Fischer.* *Russ. merid.*
{ *Crenulatus? Ménétr.* id.
{ *Cribratus. Falderm.* *Persia occid.*
{ *Punctulatus. Bæber.* *Turcia.*
17 Glabratus. *Waltl.* *Græcia.*
18 Angustatus. *Stm. Cat.* id.
19 Punctulatus. *Friw.* *Constantinp.*
20 Algiricus. (*Gaubil.*) *Algiria.**
21 { Opacus. *Sturm. Cat.* *Hungaria.*
{ *Glabratus.* (*Friwalds.*) id.
22 Ovatus. *Sturm. Cat.* *Græcia.*
23 { Punctatus. *Stéven.* *Russ. merid.*
{ *Laticollis. Sturm.* id.
{ Var. *Odessanus. Stév.* id.
24 Porcatus. *Dej. Cat.* *Corsica.**
25 Corcyricus. (*Parreyss.*) *Corfou.**

OPATRINUS. *Dej. Cat.*

OPATRUM. *Fabr.*

1 Oblongus. *Stéven.* *Russ. merid.*
2 Carinatus. *Sturm. Cat.* *Barbaria.*

PHILAX. (*Meg. Dej.*) *Brullé.*

OPATRUM. *Auct.*

1 Laticollis. *Rambur.* *Hisp. merid.*
2 Punctulatus. *Dej. Cat.* *Græcia.**
3 Nivalis. *Géné.* *Italia.*
4 Carbonarius. *Stm. Cat.* *Sicilia.*
5 Maurus. *Dej. Cat.* *Barbaria.*
6 Striatus. *Solier.* (*Dej. Cat.*) *Hisp. merid.*
7 { Crenatus. *Dej. Cat.* *Gall. merid.**
{ *Gibbum. Bonelli.* (Opatrum.) *Pedemont.*
8 Miser. *Rambur.* *Hisp. merid.*
9 Torpidus. *Buquet.* *Algiria.*
10 Gnaphosus. *Buquet.* id.*
11 Costatipennis. *Lucas.* id.*
12 Variolosus. *Lucas.* id.*
13 Moreletti. *Lucas.* id.
14 Agricola. *Dej. Cat.* *Hispania.*
15 Barbarus. *Erichson.* *Algiria.*
16 Striatus. *Solier.* *Hispania.*
17 Latebricola. (*Chevrol.*) *Algiria.**
18 Meridionalis. *Dej. Cat.* *Græcia.**
19 { Ulyssiponensis. *Hoffmansegg.* *Hispania.*
{ *Striatus. Latreille.* id.
{ *Crenatus? Schönherr.* id.
20 Melancholicus. *Dej. Cat.* id.
21 Levaillanti. (*Gaubil.*) *Algiria.**
22 Distinguendus. (*Gaub.*) id.*
23 Atlanticus. (*Gaubil.*) id.*
24 Plicatus. *Lucas.* id.*
25 Riehlii. (*Gaubil.*) id.*

OPATRUM. *Fabricius.*

SILPHA. *Linné.* **TENEBRIO.** *Geoff.* **GONOCEPHALUM.** *Brullé.*

1 Corsicum. *Dej. Cat.* *Corsica.*
2 Laticolle. (*Chevrolat.*) *Algiria.**
3 Gemmatum. *Solier.* id.*
4 Bæticum. *Rambur.* *Hisp. merid*
5 { Dahlii. *Dej. Cat.* *Sardinia.*
{ *Laticolle. Dahl. Cat.* id.
6 Verrucosum. *Germar.* *Dalmatia.**
7 { Triste. *Dej. Cat.* *Sardinia.*
{ *Politum.* (*Parreyss.*) id.
8 Salebrosum. *Dej. Cat.* *Algiria.**
9 Emarginatum. (*Solier.*) *Lucas.* id.*
10 Granuliferum. *Lucas.* id.*
11 Montanum. *Rambur.* *Hisp. merid.*
12 Perlatum. *Dej. Cat.* id.
13 Pyrenæum. *Solier.* *Pyr. orient.**
14 Sabulosum. *Linné.* *P.**
15 Inquinatum. *Sahlberg.* *N.*
16 Terrosum. *Germ. Küst.* id.
17 Gibbum. (*Parreyss.*) *Corfou.**
18 Dardanum. *Stéven.* *Turcia.*

(**GONOCEPHALUM.** (*Brullé.*)

19 Pusillum. *Fabr.* *Gall. merid.**
20 Pygmæum. *Dej. Cat.* *Gall. orient.**
21 { Viennense. *Duftsch.* *Austria.**
{ *Arenarium. Duftsch.* id.
22 Pedestre. *Rosenhauer.* *Tyrolis.*
23 Assimile. *Sturm. Cat.* *Sardinia.*
24 Obscurum. *Stm. Cat.* *Sicilia.*
25 Pesthiense. *Friw.* *Hungaria.*
26 Geminatum. *Brullé.* *Græcia.*
27 Sordidum. *Dej. Cat.* id.?
28 Hespericum. *Dej. Cat.* *Hisp. merid.*
29 Vestitum. *Dej. Cat.* id.
30 Fuscum. *Herbst. Dej. Cat.* *Gall. merid.**
31 Rusticum. *Brullé.* *Græcia. Alg.*
32 Parvulum. *Lucas.* *Algiria.**
33 Angustatum. *Dej. Cat.* id.*
34 Famelicum. *Banon. Villa.* *Græcia.*
35 Substriatum. *Jan.* *Italia.*
36 Barbarum. *Erichson.* *Algiria.*
37 Lugens. *Dahl. Cat.* *Sardinia.*
38 Lineare. *Parreyss.* *Corfou.**
39 Lusitanicum. *Stm. Cat.* *Lusitania.*
40 Meticulosum. *Buquet.* *Algiria.*
41 Affine. *Bilberg. Dej. Cat.* id.*

SCLERUM. *Dej. Cat.*

OPATRUM. *Fabr.*

1 Foveolatum. *Olivier.* *Barbaria.**
2 Armatum. *Waltl.* *Hisp. merid.*

3 Lineatum. *Dej. Cat.* *Hisp. merid.*
4 Muticum. *Sturm. Cat.* *Austria.*
5 Scrobiculatum. *Schm.* et *Helfer.* *Smyrna.*
6 Algiricum. *Lucas.* *Algiria.**

LEICHENUM. *Dej. Cat.*

OPATRUM. *Fabr.*

1 { Pulchellum. (*Klug.*) *Lucas.* *Gall. merid.**
{ *Tigrinum. Dahl. Cat.* *Italia.*
2 { Pictum. *Fabr.* *Austria.**
{ *Tesselatum. Koy.* *Hungaria.*

MICROZOUM. *Dej. Cat. L. Redtenbacher.*

OPATRUM. *Fabr.*

1 Tibiale. *Fabr.* *P.**
2 { Liliputanum. *Lucas.* *Algiria.*
{ *Minutissimum? Dej. Cat.* *Hisp. merid.*

BOLITHOPHAGUS. *Illig. Fabr.*

SILPHA. *Linné.* OPATRUM. *Panzer.*

1 { Reticulatus. *Linné.* *Germania.**
{ *Crenatus. Fabr.* id.
{ *Gibbus. Panzer.* id.
2 { Interruptus. *Illiger.* *Austria.*
{ *Gœdeni. Panzer.* id.
3 { Agricola. *Fabr.* *P.**
{ *Agaricola. Panzer.* *Alsatia.*
4 Armatus. *Fabr.* *Austria.*

430

48. FAM. DIAPERIDES.

OPLOCEPHALA. *Laporte* et *Brullé.*

NEOMIDA. (*Ziegl. Dej.*) IPS et DIAPERIS. *Fabr.*

1 Bituberculatus. *Oliv.* P.
2 Hæmorrhoidalis. *Fabr. Gyll.* *Styria.**

CHEIRODES. *Dej. Cat.*

1 Opatroides. *Dej. Cat.* *Hispania.**

TRACHYSCELIS. *Latreille.*

1 Aphodioidis. *Latreille.* *Gall. merid.**
2 Rufus. *Latreille.* id.*

PHYLETHUS. (*Meg. Dej.*) *L. Redtenb.*

1 Populi. (*Meg.*) *L. Redt.* *P.**

PENTAPHYLLUS. (*Meg. Dej.*) *L. Redtenb.*

MYCETOPHAGUS. *Fabr.*

1 Algiricus. (*Gaubil.*) *Algiria.**
2 { Melanophthalmus. *Meg. Dej. Cat.* *Gall. merid.**
{ *Testaceus. Parreyss.* *Russ. merid.*
3 Testaceus. *Fabr. Geoff.* *P.**

DIAPERIS. *Geoffroy. Fabr.*

CHRYSOMELA. *Linné.*

1 { Boleti. *Lin. Oliv. Gyll.* *P.**
{ *Morio. Stentz.* *Styria.*
2 Bipustulata. *Dej. Cat. Castelnau.* *Hisp. merid.**

SCAPHIDEMA. *L. Redtenbacher.*

DIAPERIS et MYCETOPHAGUS. *Fabr.* SCOLYTUS. *Panz.* NEOMIDA. *Dej. Cat.*

1 { Bicolor. *Fabr.* *Gallia.**
{ *Ænea. Fabr. Gyll.* *Suecia.*

PLATYDEMA. *Laporte* et *Brullé.*

MYCETOPHAGUS et DIAPERIS. *Fabr.* NEOMIDA. (*Ziegler.*) *Dej. Cat.*

1 Petitii. *Perroud.* *Gall. merid.**
2 { Dejeanii. *Laporte. Dej. Cat.* *Austria.**
{ *Cornigera. Dej. Cat.* *Hungaria.*
{ *Armata. Dahl. Cat.* *Styria.*
3 Tristis. *Stéven.* *Russ. merid.*
4 Violacea. *Fabr. Panz.* *P.**

PHALERIA. *Latreille.*

TENEBRIO. *Fabr.*

1 { Hemisphærica. *Dej. Ct.* *Gall. merid.**
{ *Pallida. Dufour.* *Hisp. orient.*
{ Var. *Arenicola. Dufour.* id.

2 Limbata. *Dahl. Cat.* *Sardinia.*
3 Cadaverina. *Fabr.* *Gall. merid.**
Pellucida. Passerini. *Etruria.*
Maritima. Dufour. *Hisp. orient.*
Pontica. Besser. *Russ. merid.*
Var. *Bimaculata. Dej. Cat.* *Gall. merid.**

ELEDONA. *Latreille.*

ENDOPHLOEUS. *Dej. Cat.*

1 Spinosula. *Latreille.* *P.**
2 Exculpta. (*Parreyss.*) *Russ. merid.*

21

49. FAM. COSSYPHI.

COSSYPHUS. *de Castelnau. de Brême.*

1 Insularis. *de Casteln. de Brême.* *Algiria.**
Siculus. Dej. Cat. *Sicilia.*
2 Tauricus. *Stéven.* *Tauria.*
Deplanatus. Schönh. id.
3 Moniliferus. *Guérin de Brême.* *Algiria.**
4 Hoffmanseggii. *Herbst. Latr.* id.*
Depressus. Fabr. *Hispania.*
5 Ovatus. *de Brême.* id.
6 Barbarus. *de Brême.* id.*
7 Dejeanii. *Rambur. de Brême.* *Hisp. merid.*
8 ? Pygmæus. *Dej. Cat.* *Barbaria.*

8

50. FAM. TENEBRIONES.

HETEROPHAGA. (*Dej.*) *Lucas.*

L. Redtenb. HELOPS. *Panz.* TENEBRIO. *Herbst. Fabr.* MYCETOPHAGUS. *Fabr.* ALPHITOBIUS. *Steph.* ?

1 Diaperina. *Panzer.* *Germania.**
Opatrina. Sturm. Cat. id.
Opatroides. Dej. Cat. id.
2 Fagi. *Panzer. Duftsch.* *Austria* *
Oryzæ. Herbst. St. Cat. id.
Mauritanica. Dej. Cat. Steph.? Lucas. *Algiria.*
3 Chrysomelina. *Fabr.* *Austria.*

CATAPHRONETIS. *Dej. Cat. Lucas.*

1 Brunnea. *Dej. Cat.* *Gall. merid.**
2 Levaillantii. *Lucas.* *Algiria.**
3 Phaleroides. (Myria. *Ziegler.*) *Sardinia.*

ULOMA. (*Meg. Dej.*) *L. Redtenbacher.*

TENEBRIO. *Linné.* PHALERIA. *Duft. Gyll.*

1 Culinaris. *Linné. Duft.* *Gall. merid.**

PHTORA. *Dej. Cat.*

1 Crenata. *Dej. Cat.* *Gall. mer. oc.**

TRIBOLIUM. *Mac-Leay.*

STENE. *Steph.* COLYDIUM. *Herbst.* TROGOSITA, IPS et LYCTUS. *Fabr.* MARGUS (*Dej.*) *L. Redtenb.*

1 Castaneum. *Hbst.* (*Dej.*) *P.**
Ferrugineum. Fabr. Steph. *Germania.*
Testaceum. Fabr. *Gallia.*
2 Madeum. *Charpentier.* *Austria.*
Obscurum. L. Redtenb. id.

CERANDRIA. (*Dej.*) *Lucas.*

TROGOSITA. *Fabr.* PHALERIA. *Latr.*

1 Cornuta. *Fabr.* *Hispania.**
2 Testacea. *Dej. Cat.* *Gallia.**

HYPOPHLÆUS. *Fabr.*

IPS. *Rossi. Oliv.*

1 Castaneus. *Fabr.* *P.**
2 Angustus. *Lucas.* *Algiria.*
3 Siculus. *Dej. Cat.* *Sicilia.*
4 Suberis. *Lucas.* *Algiria.*
5 Depressus. *Fabr.* *P.**
6 Linearis. *Fabr.* *Austria* *
7 Suturalis. *Paykull.* *Suecia.*
8 Longulus. *Gyllenhal.* id

9 Pini. *Panzer.* *P.**
10 Rufulus. *Rosenhauer.* *Germania.*
11 Minutus. *Dej. Cat.* *Dalmatia.*
12 Fraxini. *Paykull.* *Austria.*
Ferrugineus. Creutz. id.
13 Fasciatus. *Fabr. Panz.* *Gall. bor.**
14 Bicolor. *Fabr.* *P.**

CALCAR. *Latreille.*

TROGOSITA. *Fabr.*

1 Procerus. *Schüppel.* *Gall. merid.**
Trogosita. Stéven. (Tenebrio.) *Russ. merid.*
2 Elongatus. *Herbst.* (Tenebrio.) *Hispania.**
Calcar. Fabr. *Algiria.*
Variabilis. Fabr. id.

BIUS. *Dej. Cat.*

1 Thoracicus. *Fab.* (Trogosita.) *Suecia.**

BOROS. *Herbst.*

1 Elongatus. *Herbst.* *Germania.*
Boros. Fabr. (Hypophlæus.) id.
Schneideri. Panz. (Helops.) id.
Corticalis. Paykull. (Trogosita.) *Suecia.*
2 Tagenoides. *Lucas.* *Algiria.**
3 ? Rufipes. *Lucas.* id.*

HÆMEROPHYGUS. *Dej. Cat.*

1 Asperatus. *Dej. Cat.* *Græcia.*

UPIS. *Fabr.*

SPONDILIS. *Fabr.* ATTELABUS. *Linné.*

1 Ceramboides. *Fabr.* *Suecia.**

ANTHRACIAS. *Stéven.*

1 Bicornis. *Stéven.* *Caucasus.**

TENEBRIO. *Linné.*

UPIS. *Fabr.* ATTELABUS. *Linné.* BOROS. *Herbst.*

1 Curvipes. *Fabr.* *Gall. merid.**
Cylindricus. Herbst. *Austria.*
2 Molitor. *Linné.* *P.**
3 Obscurus. *Fabr.* id.*
4 Transversalis. (*Meg.*) *Duftsch.* *Austria.**

IPHTHINUS. *Dej. Cat.*

TENEBRIO et UPIS. *Sturm.*

1 Campiliensis. *Spinola.* *Italia.**
Angustatus. Rossi. (Tenebrio.) id.
Italicus. Bonel. (Upis.) *Pedemont.*
2 Clypeatus. *Germar.* (Blaps.) *Lusitania.*

41

---

51. FAM. HELOPES.

CRYPTICUS. *Latreille.*

BLAPS. *Fabr.* HELOPS. *Oliv.*

1 Obesus. *Lucas.* *Algiria.**
2 Gibbulus. *Herbst.* id.*
3 Pruinosus. *Dufour.* *Hispania.**
4 Variegatus. *Dej. Cat.* id.
5 Pusillus. *Hoffmansgg.* id.
6 Ferrugineus. *Klug.* *Constantinp.*
7 Alpinus. *Géné.* *Italia.**
8 Glaber. *Fabr.* *Gallia.**
Laticollis. Panzer. *Germania.*
Quisquilius. Linné? Payk. *Suecia.*

HELOPS. *Fabricius.*

Oliv. TENEBRIO. *Linné.*

1 Lacertosus. *Dej. Cat.* *Smyrna.*
2 Anthracinus. (*Dej.*) *Küster.* *Sicilia.*
3 Dilatipennis. *Géné.* *Sardinia.**
4 Insignis. *Lucas.* *Algiria.**
5 Subdenticollis. (*Gaub.*) id.

No.	Espèce	Patrie
6	Coriaceus. *Hoffmsgg.*	*Hispania.**
	Anthracinus. Germar.	id.
7	Cœruleus. *Linné. Fab.*	*Gall. merid.**
	Chalybeus. Olivier.	*Italia.*
8	Elongatus. *Stm. Cat.*	id.
9	Rossii. *Germar.*	*Dalmatia.*
10	Reichii. (*Parreyss.*)	*Corfou.**
11	Cribripennis. *Lucas.*	*Algiria.**
12	Afer. *Erichson.*	id.*
13	Puncticollis. *Lucas.*	id.
14	Tuberculipennis. *Luc.*	id.*
15	Villosipennis. *Lucas.*	id.
16	Rotundicollis. *Lucas.*	id.
17	Heteromorpha. *Lucas.*	id.
18	Punctipennis. *Lucas.*	id.
19	Subcyaneus. *Dej. Cat.*	*Græcia.**
20	Fuleii. *Friwaldszky.*	*Constantinp.*
21	Tarsalis. *Sturm. Cat.*	id.
22	Morio. *Sturm. Cat.*	*Græcia.*
23	Celestinus. *Klug.*	*Constantinp.*
24	Laticollis. *Ménétriés.*	*Russ. merid.*
	♀ *Fischeri. Dej. Cat.*	id.
	♂ *Besseri. Falderm.*	*Persia occid.*
	♂ *Hegeteroides. Fald.*	id.
	Nycterinoides. Fald.	id.
25	Foveolatostriatus. *Motschulsky.*	id.
26	Quadraticollis. *Ménétriés.* (Hedyphanes.)	id.
27	Menetriesii. *Fisch.* (Hedyphanes.)	id.
28	Tentyrioides. *Falderm.* (Hedyphanes.)	id.
29	Upioides. *Faldermann.* (Hedyphanes.)	id.
30	Subrugosus. *Creutzer.*	*Hungaria.**
31	Mauritanicus. (*Gaub.*)	*Algiria.**
32	Lanipes. *Fabr.*	*P.**
33	Picipes. *Bonelli.*	*Pedemont.*
34	Villipes. *Hoffmansegg.*	*Lusitania.*
	Tuberculatus. Kollar.	id.
	Villiger. Sturm. Cat.	id.
35	Congener. *Dej. Cat.*	*Tanger.**
36	Serropalpus. *Hoffmsg.*	*Lusitania.*
37	Distinctus. (*Gaubil.*)	*Algiria.**
38	Mucoreus. *Klug.*	*Constantinp.*
39	Augustatus. *Lucas.*	*Algiria.*
40	Duponchelii. *Dej. Cat.*	*Græcia.*
41	Clypeatus. *Andersch.*	*Sicilia.*
42	Exaratus. *Germar.*	*Dalmatia.*
	Friulicus. Dahl. Cat.	id.
43	Asphaltinus. (*Megerle.*)	*Illyria.*
44	Badius. (*Dahl.*) *Redtb.*	*Hungaria.*
45	Convexicollis. (*Chev.*)	*Gall. merid.**
46	Meridionalis. *Dej. Cat.*	id.
47	Oleæ. (*Chevrolat.*)	id.*
48	Assimilis. *Dej. Cat.*	id.*
49	Ophonoides. *Lucas.*	*Algiria.**
50	Nitidicollis. *Lucas.*	id.
51	Crassicollis. *Rambur.*	*Hisp. merid.*
52	Memnonius. *Stm. Cat.*	*Gall. merid.*
53	Perforatus. *Dej. Cat.*	*Corsica.*
54	Perplexus. *Dej. Cat.*	*Russ. merid.*
	Arboreus. Godet.	id.
55	Arboreus. *Stéven.*	id.
	Brevicollis. Godet.	id.
	Gracilis. (*Parreyss.*)	id.
56	Subcrenatus. *Hoffmsg.*	*Hispania.*
57	Ecoffetti. (*Chevrolat.*)	*Gall. merid.**
58	Harpaloides. *Dej. Cat.*	id.*
59	Caraboides. *Panzer.*	*P.**
	Striatus. Olivier.	*Gallia.*
	Var. *Inflatus. Castelnau.*	id.
	Dermestoides. Illiger.	*Germania.*
60	Brevicollis. *Stéven.*	*Russ. merid.*
61	Quisquilius. *Fabr.*	*Gall. merid.**
62	Ægrotus. *Dej. Cat.*	*Lusitania.*
63	Ovalis. *Dej. Cat.*	id.
64	Curtus. *Dej. Cat.*	*Maderæ.*
65	Pinguis. *Dej. Cat.*	id.
66	Plebejus. *Waltl.*	*Græcia.*
67	Convexus. *Lasserre.*	*Helvetia.**
	Laticollis. Villa.	*Italia.*
68	Grandicollis. *Sturm. Cat.*	*Russ. merid.*
69	Brevis. *Sturm. Cat.*	id.
70	Testaceus. *Dej. Cat.*	*Gall. merid.**
71	Pallidus. *Curtis.*	*Algiria.**
72	Pyrenæus. *Dej. Cat.*	*Pyr. orient.*
73	Subæneus. *Dej. Cat.*	*Hisp. merid.*
	Nitidus. Dufour.	id.
74	Tenebrioides. *Dahl. Cat.*	*Etruria.*
75	Pallipes. *Géné.*	*Algiria.*
76	Monilicornis. *Stéven.*	id.
77	Juncorum. *Helfer.*	*Sicilia.*
78	Pusillus. *Dahl. Cat.*	*Italia.*
	Gracilis. Sturm. Cat.	id.
79	Pumilus. *Dej. Cat.*	*Gall. merid.*
80	Parvulus. *Lucas.*	*Algiria.**
81	Minutus. *Dej. Cat.*	*Dalmatia.*
82	Metallescens. *Dahl. Cat.*	*Sardinia.*
83	Rufescens. *Friwaldsk.*	*Turcia.*
84	? Atratus. (*Chevrolat.*)	*Algiria* *

NEPHODES. *Dej. Cat.*

1 { Villiger. *Hoffmansegg. Hispania.**
{ Var. *Algiricus. (Gaub.) Algiria.**

STENOTRACHELUS. *Latreille.*

DRYOPS. *Paykull.*

1 Æneus. *Paykull.* *Suecia.*

94

52. FAM. CISTELÆ.

ALLECULA. *Fabricius.*

CISTELA. *Oliv. Panzer.*

1 { Aterrima. *Dej. Cat.* *Illyria.**
{ *Saperdoides.* (Upis.) *Ziegl.* id.
{ *Cisteloides* (Upis.) *Stm. Hungaria.*
2 Morio. *Fabr.* *Austria* *

PRIONYCHUS. *Solier.*

L. Redtenbacher. AMARIGNUS. *Dalman.* HELOPS. *Fabr.*

1 Ater. *Fabr.* *Gallia.**
2 Mauritanicus. *(Gaub.)* *Algiria.**

CISTELA. *Geoffroy.*

Fabr. CHRYSOMELA. *Linné.*

1 Ceramboides. *Linné.* *Gallia.**
2 Saperdoides. *Dej. Cat.* *Hungaria.*
3 Morio. *Dahl. Cat.* *Sicilia.*
4 Metallica. *(Chevrolat)* *Lombardia*
5 { Varians. *Fabr. Oliv.* *Gallia.**
{ *Fusca. Panzer.* *Germania.*
6 Lævis. *Jan.* *Italia.*
7 Lugens. *Dahl. Cat.* *Sicilia.*
8 Fulvipes. *Fabr.* *P.**
9 Rufipes. *Fabr.* id.*
10 Lutea. *Dahl. Dej. Cat.* *Hisp. merid.*
11 { Collaris. *Dej. Cat.* *Hungaria.*
{ *Maculicollis. Stm. Cat.* id.
12 { Murina. *Fabr.* *Gallia.**
{ *Variabilis. Dahl. Cat.* *Hungaria.*
{ *Reppensis. Herbst.* *Austria*
{ Var. *Evonymi. Herbst.* id.
13 { Oblonga. *Olivier.* *Italia.*
{ *Sericea. Dahl. Cat.* id.
14 Antennata. *(Parreyss.) St. Cat.* *Hungaria.*
15 Anthracina. *Schmidt et Helfer.* *Smyrna.*
16 Melanaria. *Zentz.* *Lombardia.*
17 Melanophthalma. *Luc.* *Algiria.*

CTENIOPUS. *Solier.*

Redtenbacher. CISTELA. *Geoff. Fabr.*

1 Sulphureus. *Linné.* *P.**
2 Bicolor. *Fabr. Panz.* *Gall. bor.**
3 Sulphuripes. *L. Redtenbacher.* *Hungaria.*

MECISCHIA. *Solier.*

L. Redtenb. CISTELA. *Fabr.* OMOPHLUS. *(Meg.) Dej. Cat.*

1 Nigrita. *Fabr.* *Dalmatia.**
2 Nigripennis. *Fabr.* *Algiria.**
3 Erythrocephala. *Sol.* id.*

OMOPHLUS. *Solier. (Meg. Dej. Cat.)*

L. Redtenbacher. CISTELA. *Fabr.*

1 { Lepturoides. *Fabr.* *Gall. merid.**
{ *Major. Géné.* *Lombardia.*
2 Elongatus. *Dahl. Cat.* *Istria.*
3 Pinicola. *(Meg.) Redtb.* *Austria.**
4 Atripes. *Sturm. Cat.* *Volhynia.*
5 Armillatus. *(Parr.)* *Corfou.**
6 Pallidipennis. *(Meg.)* *Gall. merid.**
7 Picipes. *Fabr.* *Germania.**
8 Curvipes. *Dej. Cat.* *Gall. merid.**
9 Curtus. *(Parreyss.)* *Corfou.*
10 { Cœruleus. *Fabr.* *Algiria.**
{ *Violaceus. Klug.* id
{ *Cœrulescens. Olivier.* id.
11 Ovalis. *Castelnau.* id.*
12 Marocanus. *Lucas.* id.
13 Distinctus *Castelnau.* id.*
14 Abdominalis. *Dej.? Cat. (Gaubil.)* id.*
15 { Erythrogaster. *Lucas.* id.*
{ *Testacea. de Casteln.* id.
16 Ruficollis. *Fabr. Oliv.* *Hisp. merid.**
17 Distincticornis. *(Gaub.)* *Algiria.**

MYCETHOCARES. *Latreille.*

MYCETOPHILA. *Gyll.* CISTELA. *Fabr.*

1 Flavipes. *Fabr.* *Germania.**
2 { Linearis. *Illg. Schneid.* id.*
Barbatus. Latreille. *Gallia.*
Brevis. Panzer. *Germania.*
3 { Morio. *(Ziegl.) L. Redt.* *Austria.**
Rufipes. Friwaldszky. *Hungaria.*
Estonica. Falderm. *Russ. bor.*
4 { Brevis. *Gyllenh.* *Austria.*
Picipes. Panzer. *Germania.*
5 { Scapularis. *Gyllenhal.* *Austria.**
Humeralis. Panz. Dej. Cat. *Germania.*
6 Bipustulata. *Illiger.* *Austria.**
7 Axillaris. *Paykull.* *Suecia.**
8 { Quadripustulata. *Dej. Cat.* *Gall. merid.*
Quadripunctata. Perrond. id.
9 Bimaculata. *Mannerh.* *Finlandia.*

53

53. FAM. SERROPALPI.

MELANDRYA. *Fabricius.*

CHRYSOMELA. *Linné.*

1 { Caraboides. *Linné.* *P.**
Serrata. Fabr. Stm. *Germania*
2 Canaliculata. *Fabr.* id.*
3 { Flavicornis. *Duftsch.* id.*
Barbata. Sturm. id.
4 Sulcata. *Dej. Cat.* *P.*

PYTHO. *Latreille.*

TENEBRIO. *Linné.*

1 { Depressus. *Linné.* *Germania* *
Cœruleus. Panzer. id.
Castaneus. Panzer. id.
Var. *Festivus. Fabr.* *Hungaria.*

PHRYGANOPHILUS. *Sahlberg.*

DIRCÆA. *Fabr* MELANDRYA. *Gyll. St.*

1 Ruficollis. *Fabr.* *Austria.*

CONOPALPUS. *Gyllenhal.*

1 Flavicollis. *Gyllenhal.* *P.**
2 Thoracicus. *Dej. Cat.* *Dalmatia.*
3 Collaris. *Dej. Cat.* *Gall. merid.*

SCOTODES. *Eschscholtz. Germar.*

PELMATOPUS. *Fischer.*

1 { Annulatus. *Eschsch.* *Livonia.*
Humeralis Fischer. *Russ. merid.*

HYPULUS. *Paykull.*

DIRCÆA. *Fabr.* HELOPS et NOTOXUS. *Panzer.*

1 { Bifasciatus. *Fabr.* *Germania.*
Fasciatus. Panzer. id.
2 { Quercinus. *Quensel.* (Elater.) *Austria.*
Dubius. Fabr. Panz. *Germania.*

DIRCÆA. *Fabricius.*

XYLITA. *Payk.* LYMEXYLON. *Panzer.*

1 Quadriguttata. *Fabr.* *Germania.*
2 { Lævigata. *Hellenius.* id.*
Discolor. Fabr. id.
Buprestoides. Paykull. *Suecia.*
Rufipes. Besser. *Volhynia.*
3 Rufipes. *Gyllenhal.* *Finlandia.*
4 { Parreyssii. *Dej. Cat.* *Russ. merid.*
Modesta. (Parreyss.) id.
5 Modesta. *Dej. Cat.* id.
6 Quadriguttata. *Fabr.* *Croatia.*
7 { Ferruginea. *Paykull.* *Suecia.*
Sericeus. Sturm. (Helops.) id.
8 Variegata. *Fabr.* *Gallia.**
9 Undulata. *Dej. Cat.* *Gall. occid.**
10 Triguttata. *Gyllenhal.* *Suecia.*
11 Tenuis. *Rosenhauer.* *Tyrolis.*

MYCETOMA. *Ziegl. Dej. Cat.*

DRYOPS. *Panzer.*

1 { Suturale. *Panzer.* *Hungaria.*
Phalerata. (Ziegler.) id

SERROPALPUS. *Hellenius.*

DIRCÆA. *Fabr.*

1 Striatus. *Hellenius.* P.
Barbatus. Fabr. *Austria.*
2 Vaudouerii. *Latreille.* P.*

EUSTROPHUS. *Illiger.*

MYCETOPHAGUS. *Fabr.*

1 Dermestoides. *Fabr.* *Alsatia.**

HALLOMENUS (*Hellwig.*) *Illiger.*

DIRCÆA. *Panzer.*

1 Humeralis. *Fabr.* *Germania.**
2 Fuscus. *Gyllenhal.* *Suecia*
Axillaris. Illiger. *Austria.*
Vr. *Bipunctatus. Payk.* *Germania.*
3 Flexuosus. *Paykull.* id.*
Undatus. Panzer. id.
4 Affinis. *Paykull.* *Alsatia.**
5 Marginicollis. (*Chev.*) P.*

ORCHESIA. *Latreille.*

HALLOMENUS. *Paykull.*

1 Fasciata. *Paykull.* *Suecia.*
2 Micans. *Paykull.* P.*
3 Laticollis. *L. Redtenb.* *Austria.*
4 Sepicola. *Rosenhauer.* *Tyrolis.*
5 Grandicollis. *Rosenh.* id.

37

34. FAM. MORDELLÆ.

SCRAPTIA. *Latreille.*

SERROPALPUS. *Illiger.*

1 Fusca. *Latreille.* *Gallia.**
Sericea. (Dircæa.) *Sch.* *Suecia.*
2 Fuscula. *Illiger.* *Austria.*
Minuta. Dej. Cat. P.

RIPIDIUS. *Thunberg.*

SYMBIUS. *Sundevall.*

1 Blattarum. *Sundevall.* *Austria.*

EVANIOCERA. *Guérin.*

PELECOTOMA. *Fisch.* RHIPIPHORUS. *Payk.* PTILOPHORUS. *Dej. Cat.*

1 Mosquensis. *Fischer.* *Russia.*
Latreillei. Fischer. id.
2 Boryi. *Lucas.* *Algiria.*
3 Dufourii. *Latreille.* *Gall. merid.**
Friwaldszkyi. Sturm. Cat. *Hungaria.*
Sericea. Stéven. *Russ. merid.*
Stevenii. Fischer. id.

RHIPIPHORUS. *Fabr.*

Redtenbacher. METOECUS. *Dej. Cat.* MORDELLA. *Linné.*

1 Paradoxus. *Lin. Gyll.* *Gallia.*
Angulatus. Weibehen. *Germania.*

EMENADIA. *de Castelnau.*

RHIPIPHORUS. *Fabr.*

1 Flabellata. *Fab. Oliv.* *Gall. merid.**
Var. *Affinis. Sturm.* *Cap. Bon. Sp*
2 Bimaculata. *Fabr.* *Gall. merid.**
Vr. *4-Maculatus. Schh.* *Hungaria*
Carinthiaca. Panzer. *Carinthia.*
3 Fulvipennis. *Dej. Cat.* *Dalmatia.*
4 Bipunctata. *Stm. Cat.* *Gall. merid.*
5 Rufipennis. *Stm. Cat.* id.

CTENOPUS. *Fischer.*

1 Sturmii. *Küster.* *Russ. merid.?*

MYODES. *Latreille.*

RHIPIPHORUS. *Fabr.*

1 Subdipterus. *Fabr.* *Gall. merid*
Dortheni. Latreille. id.

MORDELLA. *Linné.*

1 Duodecimpunctata. *Rossi. Oliv.* *Germania*
Perlata. Herbst. *Austria.*
2 Maculosa. *Næzen.* id.
Atomaria. Fabr. *Germania.*
Guttata. Paykull. *Suecia.*

3 Albosignata. *Dej. Cat.* *Styria.*
4 Bisignata. (*Ziegler.*) *L. Redtenbacher.* *Germania.*
Fasciata. Gyllenhal. *Suecia.*
5 Picta. *Besser.* *Volhynia.*
6 Bipunctata. *Dej. Cat. Germar.* *Dalmatia.**
7 Fasciata. *Fabr.* *P.**
8 Obsoleta. *Dej. Cat.* *Dalmatia.*
9 Guttatofasciata. *Findel.* *Hungaria.*
10 Sericea. (*Ziegl.*) *Dej. Cat* *Austria.*
11 Micans. *Dej. Cat.* *Dalmatia.**
12 Humerosa. *Rosenh.* *Hungaria.*
13 Aculeata. *Linné. Oliv. Gyll.* *P.**
Var. *Femoralis. Gysselen.* *Austria.*
14 Villosa. *Schrank.* id.
15 Tibialis. *Dej. Cat.* *P.*
16 Grisea. *Frölich.* *Gall. merid.*
17 Pumila. *Gyllenhal.* *Suecia.**
Elongata. Dej. Cat. *P.*
18 Pusilla. *L. Redtenb.* (*Meg. Dej.*) id.
19 Troglodytes. *Mannerheim.* *Finlandia.*
20 Aterrima. *Gysselen.* *Austria.*
21 Brunnea. *Fabr.* id.
Fusca. Schrank? id.
Neuwaldeggiana. Panzer. *Germania.*
22 Detrita. *Sturm. Cat.* id.
23 Latreillei *Nees.* id.
24 Sexpunctata. *Herbst.* *Austria.*
25 Testacea. *Fabr.* *Smyrna.**
26 Angustata. *Dej. Cat* *Gall. merid.**
Auripennis. (*Parreyss*) *Russ. merid.*
27 Abdominalis. *Fabr. Olivier.* *Germania.**
28 Ventralis. *Fabr. Gyllenhal.* *Suecia.**
29 Humeralis. *Linné.* *Germania.**
30 Axillaris. *Gyllenhal.* *Suecia.*
Collaris. Dej. Cat. *Styria.*
31 Variegata. *Fabr.* *P.**
Lateralis. Olivier. *Italia.*
Dorsalis. Panzer. *Germania.*
32 Decora. (*Chevrolat.*) *Lucas.* *Algiria.**
33 Insidiosa. *Lucas.* id.
34 Flavescens. *Marsham.* *Anglia.*
35 Ferruginea. *Gyllenhal.* *P.*

ANASPIS. *Geoffroy.*

MORDELLA. *Linné. Fabr. Oliv.*

1 Frontalis. *Linné. Panz.* *P.*
Var. *Pulicaria. Stm.* *Germania.*
Atra. Fallen. *Suecia.*
2 Clypeata *Erichson.* *Germania.*
3 Rufilabris. (*Sturm.*) *Gyllenh.* id.*
4 Pygmæa *Dej. Cat.* *Dalmatia.*
5 Nigra. (*Megerle.*) *P.**
Depressa. Schüppel. *Germania.*
6 Brunnea *Dej. Cat.* *P.**
7 Humeralis. *Oliv. Fabr.* id.*
Geoffroyi. Müller. *Austria.*
8 Bipunctata. *Stm. Cat.* *Germania.*
9 Flava. *Linné. Panzer.* *P.**
10 Badia. *Rosenhauer.* *Hungaria.*
11 Quadriguttata. *Latr.* *Gall. merid.*
12 Quadrimaculata. *Dej. Cat.* id.*
13 Phalerata. *Erichson.* *Germania.*
14 Maculata. *Geoffroy.* *P.**
Obscura. Gyllenhal. *Suecia.*
Bipunctata. Bonelli. *Italia.*
15 Binotata. *Fabr.* *Gallia.**
16 Bicolor. *Gemelin.* *P.*
Quadrinotata. Heyd. *Germania.*
17 Obscura. *Geoffroy.* *P.*
18 Fasciata. *Dej. Cat.* *Hungaria.*
19 Pallida. *Dej. Cat.* id.
20 Quadripustulata. *Muller. Germar.* *Germania.**
21 Lateralis. *Fabr.* *Suecia.**
22 Rubricollis. *Dej. Cat.* *Dalmatia.*
Ruficollis. Stéven. *Russ. merid.*
23 Ruficollis. *Geoff. Fabr.* *P.**
Fuscicollis. Stm. Cat. *Germania.*
24 Collaris. *Dej. Cat.* *Gall. merid.*
25 Thoracica. *Linné. Fab. Oliv.* *P.**
26 Basalis. *Erichson.* *Germania.*
27 Exigua. *Schmidt et Helfer.* *Smyrna.*
28 Arctica. *Schönherr. Zett.* *Lapponia.*
29 Submaculata. *Dej. Cat.* *Gallia.**

35. FAM. CANTHARIDES.

ZONITIS. *Fabricius.*

APALUS. *Oliv.* MELOE. *Linné.*

1 { Præusta. *Fabr.* *Gall. merid.**
{ *Nigripennis. Panzer.* *Germania.*
{ *Flava. Stéven.* *Russ. merid.*
2 Nigricornis. *Dej. Cat.* *Hisp. merid.**
3 Nigripennis. *Fabr.* *Gall. merid.**
4 Mutica. *Fabr.* id.*
5 Lunata. *Tauscher.* *Russ. merid.*
6 Fulvipennis. *Tauscher.* id.*
7 Sexmaculata. *Olivier.* *Gall. merid.**
8 { Quadripustulata. *Fabr.* id.*
{ *Quadrimaculata. Stév.* *Russ. merid.*
9 { Bifasciata. *Koy. Schh.* *Hungaria.*
{ *Fasciata. Tauscher.* *Russ. merid.*
10 Caucasica. *Pallas.* *Caucasus.*
11 Humeralis. *Dej. Cat.* *Hungaria.*
12 { Atra. *Koy. Schönh.* id.
{ *Nigra. Tauscher.* *Russ. merid.*

LEPTOPALPUS. *Guérin.*

ZONITIS. *Fabr.*

1 { Rostratus. *Fabr.* *Algiria.**
{ *Chevrolatii. Guérin.* id.

NEMOGNATHA. *Latreille.*

ZONITIS. *Fabr.*

1 Quadrinotata. *Dej. Cat.* *Algiria.*
2 Chrysomelina. *Fabr.* *Gall. merid.**

APALES. *Fabricius.*

1 Bimaculatus. *Linné.* (Meloe.) *Fabr.* *Germania.**
2 Binotatus. *Dej. Cat.* *Italia.*
3 Bipunctatus (*Ziegler.*) *Germar.* *Hungaria.*
4 Necydalens. *Pallas.* *Russia.*

SITARIS. *Latreille.*

NECYDALIS. *Fabr.* CANTHARIS. *Geoffroy.*

1 Humeralis. *Fab. Oliv. Guérin.* *Gall. merid.**
2 Solieri. *Pecchioli.* *Italia.*
3 Rufipes. *Gory.* *Algiria.*
4 Rufipennis. *Dufour.* *Hisp. orient.*
5 Abdominalis. *Dej. Cat.* *Hispania.*
6 Cyanea. *Dej. Cat.* *Sicilia.*
7 Adusta. (*Ziegler.*) *Silesia.*
8 Apicalis. *Latreille.* *Gall. merid.**
9 Thoracica. *Dej. Cat.* id.
10 Melanocephala. *Stév.* *Russ. merid.*

MELOE. *Linné. Fabr.*

1 { Proscarabæus. *Linné. Fabr. Geoff.* *P.**
{ ♀ *Punctata. Panzer. Fabr. Illig.* *Germania.*
{ *Brunsviscensis. Meyer.* id.
{ *Tectus. Leach.* *Anglia.*
{ *Atratus. Meyer.* *Germania.*
{ *Rugipennis. Mannerh.* *Suecia.*
{ *Tauricus. Dej. Cat.* *Russ. merid.*
{ *Volgensis. Tauscher.* id.
{ *Cyanellus. Dej. Cat.* *Styria.*
{ *Gallicus. Dej. Cat.* *Gallia.*
2 { Violaceus. *Marsham. Leach. Gyll.* *Anglia.**
{ *Proscarabæus. Panz. Rossi. Latr.* *Gallia.*
{ *Similis. Marsham.* *Anglia.*
{ *Aprilinus. Meyer.* *Germania.*
3 Plicatipennis. *Lucas.* *Algiria.**
4 { Autumnalis. *Olivier.* *P.**
{ *Glabratus. Leach.* *Anglia.*
{ *Punctatus. Marsham.* id.
{ *Cyaneus. Fabr.* *P.*
5 { Tuccins. *Rossi.* *Gall. merid.**
{ *Punctatus. Fab. Leach.* *Italia.*
6 Foveolatus. *Guérin.* *Algiria.**
7 { Lævigatus. *Olivier.* id.
{ *Majalis. Linné.* id.
8 Luctuosus. *Brandt* et *Erich.* *Sicilia.*
9 { Brevicollis. *Panzer. Hoppe.* *Gallia.**
{ *Semipunctatus. Dj. Ct.* *Styria.*
10 Parvicollis. (*Megerle.*) *Lombardia.**
11 { Scabriculus. *Bœber.* *Germania.*
{ *Brevicollis. Dej. Cat.* id. *P.*
{ *Laticollis. Dej. Cat.* id.
{ *Brevicollis. Fabr.* id.
12 { Rugosus. *Marsham.* *Anglia.**
{ *Autumnalis. Leach.* *Italia.*
{ *Rugulosus. Dej. Cat.* *Gall. merid.*
{ *Pullus. Hoffmansegg.* *Lusitania*
{ *Globosus. Knoch.* *Germania.*

13 Murinus. *Brandt* et *Erich.* *Sicilia.*
Cinereus. *Dahl. Cat.* id.
14 Affinis. *Lucas.* *Algiria.**
15 Variegatus. *Donavan. Marty.* *Anglia.**
Scabrosus. *Marsham.* *Germania.*
Majalis. *Fabr. Panz. Latr.* *Gallia.*
Majalis. *Olivier.* id.
16 Cicatricosus. *Leach.* *Anglia.**
Reticulatus. *(Ziegler.)* *Gallia.*
17 Coriarius. *Hoffmsgg.* *Germania.**
Reticulatus. *Brandt* et *Ratzeb.* *Hungaria.*
18 Limbatus *Fabr. Illig. Germar.* id.
Hungaricus. *Schrank.* *Tauria.*
19 Uralensis. *Pall. Leach.* *Hungaria.*
Punctatus. *Meyer.* *Austria.*
Glabratus. *(Megerle. Ziegl.) Dej. Cat.* *Hungaria.*
20 Decorus. *(Creutzer.) Brandt* et *Erich.* id.
21 Corallifer. *Hoffmsgg. Brandt* et *Erich.* *Lusitania.*
22 Majalis. *Brandt* et *Er.* *Gall merid.**
23 Æneus. *de Castelnau.* *Algiria.*
24 Maculifrons. *Lucas.* id.*
25 Insignis. *Charpentier. in Germar.* *Hispania.*
26 Excavatus. *Leach.* *N.*
27 Pygmæus *L. Redtenb.* *Austria.*
28 Nanus. *Lucas.* *Algiria.*
29 Corrosus. *Dej. Cat.* *Sicilia.*
30 Sulcicollis. *Latreille.* *Tauria.*
31 Sardeus. *Géné.* *Sardinia.*
32 Bilineatus. *Géné.* *Italia.*
33 Fascicularis. *Géné.* id.

MYLABRIS. *Fabr.*

MELOE. *Linné.* CANTHARIS. *de Geer.*

1 Oleæ. *Chevrol. Castel.* *Algiria.**
Marocana. *Dej. Cat.* *Barbaria.*
2 Cincta. *Olivier.* *Oriente.*
3 Bimaculata. *Olivier.* *Græcia.**
4 Tæniata. *Waltl.* *Constantinp.*
Militaris. *Klug.* id.
5 Interrupta. *Olivier.* *Algiria.**
6 Lacera. *(Megerle.) Küster.* *Italia.*
7 Rubripennis. *Chevrol.* *Algiria.**
Var. *Guerinii. Chevrol.* id.
— *Tricincta. Chev.* id.
— *Litigiosa. Chev.* id.
8 Mutans. *Guérin.* id.*
Melanura. *Pallas.* *Russ. merid.*
Var. *Quadripunctata. Linné.* *Gall. merid.*
— *Cichorii. Olivier.* id
9 Splendida. *Pallas.* *Russ. merid.**
10 Variabilis. *Pall. Oliv.* *Gall. merid.*
Var. *Fasciatopunctata. Mannerh.* *Russ. merid.*
11 Fueslini. *Panzer. Bilb.* *Austria.*
Cichorii. *Rossi. Schrk.* *Hungaria.*
Tauscheri. *var. Gebler.* *Russ. merid.*
12 Spartii. *Germar.* *Dalmatia.*
13 Dahlii. *Dej. Cat.* id.*
Australis. *(Parreyss.)* *Corfou.*
Fuesslini. *var. Stéven.* *Russ. merid.*
Minuta *var. Gebler.* id.
14 Flexuosa. *Olivier.* *Helvetia.**
Var. *Alpina Ménétr.* *Russ. merid.*
15 Geminata. *Fabr.* *Gall. merid.**
Var. *Grisescens. Schh. Dej. Cat.* *Russ. merid.*
Centropunctata. *Eschscholtz.* id.
Besseri. *Mannerheim.* id.
Calida. *var. Gebler.* *Sibiria.*
16 12-Maculata *Chevrol.* *Barbaria.*
17 Ruficornis. *Fabr.* id.
18 Gilvipes. *(Dej.) Chev.* id.
19 Maura. *Chevrolat.* *Algiria.**
20 Circumflexa. *Chevrol.* id.*
Var. *Bissexpunctata. Latreille.* id.
— *Distincta. Dej. Cat.* *Barbaria.*
21 Goudotii. *Laporte.* id.
Variegata. *Dej. Cat.* id.
22 Affinis. *Lucas.* *Algiria.**
23 Dejeanii. *Schönherr.* *Hispania.**
24 Wagneri. *Chevrolat.* id.
25 Decempunctata. *Fabr.* id.
26 Impressa. *Chevrolat.* id.*
27 Paykulii. *Bilb. Chev.* id.
28 Trifasciata. *Voet. Chev.* id.
29 Tenebrosa. *Laporte. Chevrolat.* *Barbaria*
Luctuosa. *Dej. Cat.* id.
30 Terminata. *Chevrolat.* *Algiria.**
31 Silbermanni. *Chevrol.* id.
32 Curta. *Chevrolat.* id.

33 Præusta. *Fab. Bilberg. Algiria.**
Var. *Apicalis. Chev.* id.*
— *Contexta. Chev.* id.
34 Scapularis. *Chevrolat.* id
35 Cingulata. *Latreille. Oriente.*
36 14-Punctata. *Bilberg. Russ. merid.*
Combusta. Stm. Cat. id.
Var. *Famelica. Ménétr.* id.
37 Sericea. *Pallas.* id.
14-Punctata. vr. Bilb. id.
Gebleri. Eschscholtz. id.
38 Bivulnera. *Schönherr.* (Œnas.) id.
39 Calida. *Pallas.* id.
Maculata. Bilberg. id.
Decora. Olivier. id.
10 Punctata. vr. Schh. id.
Signata. Faldermann. Sibiria.
Daurica. Mannerh. Dauria.
40 Cyanescens. *Illiger. Gall. merid.**
41 Crocata. *Pall. Bilberg. Hungaria.*
12-Punctata. Tausch. Russ. merid.
42 Varians. *Dej. Cat. Hispania.*
43 Adamsii. *Fischer. Turcia.*
Fasciatopunctata. Adams. id.
Floralis. (Dej.) id.
44 Pusilla. *Tauscher. Russ. merid.*
45 Græca. *Ahrens. Græcia.*
46 Floralis. *Pallas. Russ. merid.*
47 Minuta *Krynicki.* id.
48 Œskayi. *Fisch. St. Cat. Turcia.*
49 Olivieri. *Bilberg. Russ. merid.*
Cohærens. Fischer. id.
50 Grisescens. *Tauscher. Russ. merid*
51 Aulica. *Ménétriés.* id.
52 Conspicua. *Helf. St. Ct Constantinp.*
53 Mutabilis. *Dej. Cat. Hispania.*
54 Cylindrica. *Dej. Cat.* id.
55 Assimilis. *St. Cat. Gall. merid.*
56 Kindermanni. *Stm Cat. Constantinp.*
57 Similio. *Sturm. Cat. Tyrolis.*
58 Sturmii. *Stentz. St. Cat.* id.
59 Brevicollis. *Schmidt* et *Helfer. Smyrna.*
60 Decora. *Friwaldszky. Turcia.*
61 Decemmaculata. *Waltl. Græcia.*

HYCLEUS. *Latreille*

DICES. *Dej. Cat.*

1 Bilbergi. *Schönherr. Gall. merid.**
Clavicornis. Illiger. Hispania.
2 Distincta. *Chevrolat. Algiria.**
3 Confluens. *Klug. St. Cat. Constantinp.*

LYDUS. *(Megerle.) Dej. Cat.*

MYLABRIS. *Fabr.* LYTTA. *Herbst.*

1 Algiricus. *Fabr. Algiria.**
2 Sanguinipennis. *Chev. Barbaria.*
3 Marginatus. *Fabr. Algiria.**
4 Trimaculatus. *Fabr. Hungaria.**
Var. *Quadrisignatus. Fischer. Russ. merid.*
Quadrimaculatus. Tauscher. id.
5 Chalybeus. *Tauscher.* id.

ŒNAS. *Latreille.*

MELOE. *Linné.* LYTTA. *Fabr.* CANTHARIS *Oliv.*

1 ♂ Afer *Fabr. Hispania.**
♀ *Unicolor. de Castel. Algiria.*
2 Crassicornis. *Fabr. Hungaria.**

CEROCOMA. *Geoffroy.*

MELOE. *Linné.*

1 Olivieri. *Dej. Cat. Smyrna.*
2 Schæfferi. *Linné. Gallia.**
Var. *Affinis. Stéven. Russ. merid.*
3 Muhlfeldii. *Schonherr. Hungaria.*
Micans. Faldermann. Russ. merid.
4 Vahlii. *Fabr. Gall. merid.**
Var. *Chalybæiventris. Chevrolat. Algiria.*
Festiva. Eschscholtz. Persia occid.
5 Wagneri. *Küster. N.*
6 Concolor. *Dej. Cat. Barbaria.*
7 Stevenii *Fischer. Russ. merid.**
Præusta. Stéven. Dej. Cat. id.
8 Kuntzei. *Friwaldszky. Turcia.*

CANTHARIS. *Geoffroy.*

MELOE. *Linné.* LYTTA. *Fabr.*

1 Collaris. *Fabr. Fisch. Russ. merid.**
2 Syriaca. *Linné. Panz. Austria.**
3 Myagri. *(Zgl.) Dej. Cat.* id.*
Austriaca. (Megerle.) id.

4 Menetriesii. *Falderm.* *Russ. merid.*
5 Lutea. *Klug. Sturm. Cat.* *Constantinp.*
6 Vesicatoria. *Lin. Panz.* *Gallia.**
7 Phalerata. *Friwaldszk.* *Græcia.**
8 Dives. *Brullé.* id.
9 Vittata. *Brullé.* id.
10 Segetum. *Fabr.* *Algiria.**
11 Viridissima *Lucas.* id.*
12 Scutellata. *de Casteln.* id.*
Var. *Cærulea.* (*Gaub*) id.*
13 Cyrtana. *Lucas.* id.*
14 Herbivora. *Rambur.* *Hisp. merid.*

EPICAUTA. *Dej. Cat. Redtenbacher.*

LYTTA. *Fabr. Brullé Castelnau.* CANTHARIS. *Oliv. Latr.*

1 Fulviceps. *Dej. Cat.* *Oriente.*
2 Dubia. *Olivier.* *Gall. orient.**
Verticalis. Illiger. *Austria.*
Erythrocephala. Panz. id.
3 Erythrocephala. *Fabr. Oliv.* id.
4 Flabellicornis. *Germar.* *Dalmatia.*
Dubia. Sturm. Cat. id.

159

---

56. FAM. ŒDEMERE.

OSPHIA. *Illiger.*

NOTHUS. (*Ziegler.*) *Olivier. Latr.*

1 Præusta. *Olivier.* *Alsatia.**
Clavipes. (*Megerle.*) *Germania.*
Bipunctata. Fabr. id.

NACERDES. *Stéven. Wilh. Schmidt. Dej. Cat.* NECYDALIS. *Linné. Fabr.*

1 Melanura. *Linné.* *Germania.**
Notatata. Fabr. *Gall. merid.*
Analis. Olivier. id.
Erminea. Germar. *Germania.*
2 Sardea. *Schmidt.* *Sardinia.*
3 Caucasica. *Dej. Cat.* *Caucasus.*
4 Vestita. *Dej. Cat.* *Barbaria.*
5 Viridana. *Dej. Cat. Lucas.* id.

6 Suturalis. *Olivier.* *Barbaria.?*
Leucogramma. Latr. id.

XANTHOCHROA. *Wilh. Schmidt.*

1 Carniolica. *Gistl.* *Carniolia.*
Lippichii. Kunze in litt. id.
2 Gracilis. *von Heyden.* *Styria.*
Tiliæ. Spitz in litt. id.

ASCLERA. *Dej. Cat. Wilh. Schmidt.*

NECYDALIS. *Linné. Fabr.* ISCHNOMERA. *Steph.*

1 Sanguinicollis. *Fabr.* *P.**
Flavicollis. Panzer. *Germania.*
2 Hæmorrhoidalis. *Schm.* *Turcia.*
3 Cœrulea. *Linné.* *Gallia.**
Cyanea. Fabr. *Germania.*
Nigripes. Olivier. *Gallia.*
Cærulescens. Fabr. id.

ANONCODES. *Dej. Cat. Wilh. Schmidt.*

(ANOGCODES. *Dej. Cat.*) CANTHARIS *Linné.* NECYDALIS. *Fab.* ISCHNOMERA. *Steph.*

1 Adusta. *Panzer.* *Germania.**
♀ *Collaris. Panzer.* id.
Ustulata. Scopoli. *Gallia.*
2 Geniculata. *Schmidt.* *Turcia.*
Var. *Basalis. Friw.*) id.
3 Rufiventris. *Scopoli.* *Carniolia.**
Bipartita. Schrank. *Austria.*
Melanocephala. Fabr. *Algiria.*
Dispar. (*Megerle.*) *Germania.*
Dorsalis. Olivier. *Gallia.*
Affinis. Dej. Cat. *Germania.*
4 Ustulata. *Fabr.* id.*
Fasciata. Villers. *Gall. orient.*
Melanura. Fabr. *Germania.*
Scutellaris. Waltl. id.
5 ♂ Fulvicollis. *Scopoli.* *Carniolia.**
Dissimilis. (*Sturm.*) *Austria.*
♂ *Nigra. Dahl. Cat.* id.
Atra. (*Dahl.*) id.
Var. *Maura.* (*Parr.*) id.
6 Ruficollis. *Oliv. Fabr.* *Gall. merid.*
♂ *Cærulescens. Rossi.* *Italia.*
7 Turcica. *Schmidt.* *Turcia.*

8 Viridipes. *(Meg.) Schm. Austria.**
Dispar. Sturm. Cat. Russ. merid.
9 Amœna. *Schmidt. Gall. merid.**
Ruficollis. Dej. Cat. id.
10 Coarctata. *Germar. Russ. merid.*
11 Alpina. *von Heyden. Styria.*
12 Azurea. *(Meg.) Schm. Tyrol.**
13 ? Difformis. *Schmidt. Turcia.*

CHRYSANTHIA. *Schmidt.*

CANTHARIS. *Linné.* NECYDALIS. *Fabr.* ASCLERA. *Dej. Cat.*

1 Viridissima. *Linné. Austria.**
Viridis. de Geer. Suecia.
Thalassina. Fabr. Germania.
2 Viridis. *Illiger. Austria.**
Viridissima. Fabr. Tyrolis.
V. *Geniculata. (St. Ct.) Germania.*

ŒDEMERA. *Olivier.*

NECYDALIS et CANTHARIS. *Linné.* NECYDALIS. *Fabr*

1 Podagrariæ. *Linné. Gallia.**
Flavescens. Rossi. Italia.
♀ Testacea. Fabr. Germania
Melanocephala. Oliv. Gallia.
2 Penicillata. *von Heyd. Turcia.*
3 Ventralis. *Dej. Cat. Schmidt. Gall. merid.**
4 Brevicollis. *Schmidt. Sicilia.*
5 Flavimana. *Hoffmsgg. Lusitania.*
Marginata. Gyllenhal. id.
♂ Simplex. Linné. id.
6 Similis. *von Heyden. Turcia.*
7 Flavescens. *Linné. Germania.**
Femorata. Scopoli. Carniolia.
♀ Simplex. Fabr. Volkynia.
Praterana. Schrank. Austria.
8 Flavipennis. *von Heyd. Caramania.*
9 Marginata. *Fabr Germania.**
Femorata Panzer. id.
Subulata. Olivier. id.
10 Melanopyga. *Kunze. Sicilia.*
11 Lateralis. *Eschscholtz. Hungaria.*
Seladonia. (Megerle.) id.
12 Cœrulea. *Linné. Germania.**
Nobilis. Scopoli. Carniolia.
Ceramboides. Forster. Germania.
Var. *Violacea. St. Cat. Sardinia.*
Cyanescens (Parr.) id.
13 Rufofemorata. *Dej. Cat. Germar. Schmidt. Dalmatia*
14 Cyanescens. *Dej. Cat. Schmidt.* id.
15 Unicolor. *Hoffmsgg. Schmidt. Lusitania.*
16 Tristis. *Ullrich. Schm. Germania.*
Unicolor. Sturm Cat. Carniolia.
Montana. (von Heyd.) id.
17 Atrata. *Dej. Cat. Schm. Gall. merid.**
18 Brevicornis. *Schmidt Austria.*
19 Croceicollis. *(Sahlb.) Gyll.* id.
Arundinis. Dahl. Cat. Findelia.
♂ Sanguinicollis. var. Fabr. id.
20 Marmorata. *Erichson. Algiria.**
21 Barbara. *Fabr. Gall. merid.**
Terminata. (von Heyd.) id.
22 Flavipes. *Fabr.* id.*
Clavipes. Fabr. Germania.
Ænea. (Vill.) id.
23 Virescens. *Linné. Gyll.* id.*
Striata. Herbst. Austria.
24 Lurida. *Marsham. Gallia.**
25 Tibialis. *Lucas Algiria.**
26 Linearis *Latreille. Gallia.**

STENAXIS. *Schmidt.*

ŒDEMERA. *Oliv.*

1 Annulata. *(Meg.) Germ. Tyrolis.*

PROBOSCA. *(Ziegler.) Schmidt.*

1 Viridana. *(Zieg.) Schm. Italia.*
2 Incana. *Friw. Schmidt. Hungaria.*

CHITONA. *Schmidt.*

STENOSTOMA. *de Castelnau Sturm. Cat*

1 Variegata. *Germar. Charp. Hispania.*
Fasciata. Mus. Berol. id.

STENOSTOMA. *Latreille.*

LEPTURA. *Fabr.* RHINOMACER. *Illig.*

1 Rostrata. *Fabr. Gall. merid.**
Necydaloides. Latr. Lusitania.

DRYOPS. *Fabricius.*

1 { Femorata. *Fabr.* *Gallia.*
{ *Simplex. Donovan.* *Anglia.*
{ *Calapoides. Germar.* *Helvetia*

CALOPUS. *Fabricius.*

CERAMBYX. *Linné.*

1 Serraticornis. *Linné.* *Austria.**

SPAREDRUS. *(Megerle.) Schmidt.*

CALOPUS. *Schönh.*

1 Testaceus. *And. Hoppe. Austria.**

DITYLUS. *Fischer.*

HELOPS. *Fabr.*

1 Lævis. *Fabr.* *Austria.**

62

57. FAM. LAGRIÆ.

EUTRAPELA. *Blanchard. (Dej. Cat.)*

1 Suturalis. *Lucas.* *Algiria.*

LAGRIA. *Fabricius.*

CHRYSOMELA. *Linné.* CANTHARIS. *Geoff.*

1 Viridipennis. *Fabr.* *Algiria.**
2 Glabrata. *Olivier.* *Gall. merid.**
3 Lata. *Fabricius.* *Hispania.**
4 { Hirta. *Linné.* *Gallia.**
{ *Pubescens. Linné.* id.

5

58. FAM. PYROCHROÆ.

PYROCHROA. *Geoffroy.*

CANTHARIS. *Linné.*

1 Coccinea. *Linné.* *Gallia bor.**
2 Pectinicornis. *Linné.* *Germania.**
3 { Rubens. *Fabr.* *Gallia**
{ *Satrapa. Schrank.* *Austria.*

POGONOCERUS. *Fischer.*

DENDROIDES. *Latr.*

1 Thoracicus. *Fischer.* *Russ. merid.*

4

59. FAM. RHINOSIMI.

MYCTERUS. *Clairville.*

BRUCHUS. *Fabr.* RHINOMACER. *Latr.*

1 { Curculionoides. *Fabr.* *Gall. merid.**
{ *Griseus. Clairville.* *Helvetia.*
2 { Umbellatorum. *Fabr.* *Gall. merid.**
{ *Pulverulentus. Dahl. Cat.* *Sardinia.*
{ *Ruficornis. Dahl. Cat.* id.
3 Tibialis. *(Parreyss.) St. Cat.* *Corfou.*

SALPINGUS. *Illiger.*

SPHÆRIESTES. *Curtis.*

1 Ater. *Gyllenhal.* *Suecia. Alg.**
2 Foveolatus. *Beck.* *Borussia.**
3 { Piceæ. *Germar.* *Germania.**
{ *Rufescens. Dej. Cat.* id.
4 Quadriguttatus. *Lepel. et Serv.* *P.**
5 { Denticollis. *Gyllenh.* *Austria.**
{ *Humeralis. Dej. Cat.* *Lombardia.*
6 Rufilabris. *Dej. Cat.* *Suecia.*
7 Cursor. *Gyllenhal.* id.
8 Nitidus. *Sturm.* *Germania.*
9 Limbatus. *Dej. Cat.* *Gallia.*

RHINOSIMUS. *Latreille.*

ANTHRIBUS. *Fabr.* ATTELABUS. *Herbst.* SALPINGUS. *Gyllenh.*

1 Æneus. *Olivier.* *Gallia bor.**
2 { Roboris. *Fabr.* *P.**
{ *Ruficollis. Hbst. Gyll.* *Germania.*
3 { Ruficollis. *Panzer.* *Gallia.**
{ *Viridicollis. (Ziegler.)* *Germania.*

1 { Planirostris. *Fabr.* *Gallia.*
{ *Fulvirostris Paykull.* *Germania.*

16

---

60. FAM. ANTHICI.

STEROPES. *Stéven.*

BLASTANUS. *Illiger.*

1 { Caspius. *Stév.* *Russ. merid.*
{ *Colon. Illig.* id.

NOTOXUS. *Geoffroy.*

MELOE, ATTELABUS. *Linné.* NOTOXUS. *F.* ANTHICUS. *Paykull.* et *Fabr.* LYTTA. *Marsh.* MONOCERUS. *(Dej.)* *Falderm.* CERATODERUS. *Blanch.*

1 { Brachycerus. *Falderm.* *Caucasus.*
{ *Major. Schm. (Dej.)* *Gall. merid.**
2 Mauritanicus. *Laferté* et *Lucas.* *Algiria.**
3 { Monoceros. *Linné.* *Gallia.**
{ *Cucullatus. Fourcroy.* *P.*
{ Var. *Integer. (Meg.)* *Germania.*
4 Cavifrons. *Laferté.* *Lusitania.*
5 Platycerus. *(Dej.) Laf.* *Hispania.*
6 Siculus. *Laferté.* *Sicilia.*
7 { Cornutus. *Fabr.* *Gall. merid.**
{ *Monoceros. v. β. Rossi.* *Italia.*
{ *Trifasciatus. Rossi.* id.
{ *Armatus. Schmidt.* *Tyrolis.*
8 Numidicus. *Lucas.* *Algiria.**
9 Miles. *Schmidt.* *Hungaria.*

AMBLYDERUS. *Laferté.*

1 Scabricollis. *Laf.* et *Luc.* *Algiria.*

FORMICOMUS. *Laferté.*

CANTHARIS. *Geoff.* CARABUS. *Rossi.* NOTOXUS et ANTHICUS. *Fabr.* ANTHELEPHILA. *Saunders.*

1 { Pedestris. *Rossi.* *Italia.*
{ *Thoracicus. Panz.* *Austria.*
{ *Fuscus. Geoff.* *Gall. merid.*
{ *Nobilis. Falderm.* *Russ. merid.*
{ *Cursor. Motschulsky.* id.
2 Latro. *Laferté.* *Sicilia.*

TOMODERUS. *Laferté.*

ANTHICUS. *Say. Motsch. Erich.*

1 { Compressicollis. *Mot.* *Russ. merid.*
{ *Melanophthalmus. Laf.* *Gall. merid.*

ANTHICUS. *Geoffroy.*

MELOE. *L.* LAGRIA. *F.* ANTHICUS. *Payk* LYTTA. *Marsh*

1 { Rodriguii. *Latr.* *Gall. merid.**
{ *Pulchellus. Schmidt.* *Hisp. merid.*
2 { Humilis. *Germar.* *Germania.**
{ *Bremei. Laferté.* *Gall. merid.**
{ *Riparius. (Dej.)* id.
3 { Minutus. *Laferté.* id.
{ *Sardeus. Schmidt.* *Sardinia.*
{ *Cursor. Géné.* id.
{ *Salinus. (Helfer.)* id.
4 { Bimaculatus. *Illig.* *Germania.**
{ *Sagitta. Krynicki.* *Russ. merid.*
{ *Pictus. (Fisch. Dej.)* *Sibiria.*
{ *Bimaculatus. (Gyll.)* *Gall. bor.*
5 { Floralis. *F. Payk.* *Suecia.**
{ *Fuscus. Marsh.* *Anglia.*
{ *Pedicularius. Schrk.* *Austria.*
{ *Formicoides. Fourc.* *P.*
{ *Myrmecocephalus. Ros.* *v. c.* *Italia.*
{ *Calycinus. Panz. v. b.* *Germania.*
{ *Formicarius. Oliv.* *Gallia.*
{ *Umbellatorum. (Dej.)* *Chili.*
{ *Basalis. Villa. v. b.* *Pedemont.**
6 { Bifasciatus. *Ross. Schm.* *Italia.**
{ *4-Pustulatus. Dahl.* *Germania.*
{ *4-Guttatus. Latr.* *Gallia.*
7 { Sellatus. *Panzer.* *Gall. or.**
{ *Arenarius. (Dahl. Dej.)* *Germania.*
8 { Instabilis. *(Dej.) Schm.* *Gallia.**
{ *Tibialis. Curtis.* *Anglia.*
{ *Mauritanicus. Lucas.* *Algiria.*
{ *Cursor. Stéven. v. c.* *Russ. merid.*
9 { Gracilis. *Panzer.* *Germania.**
{ *Lateripunctatus. St.* *Gall. or. mer.*
{ *Stevenii. (Dej.)* *Russ. merid.*
{ *Cruciatus. (Stév.) v. b.* id.
10 { Subfasciatus *(Dej.) Laf.* *Gall. or.*
{ *Unipunctatus. (Dej.)* *v. c.* *Hispania.*
11 Longicollis. *Schmidt.* *Gall. or.*
12 Optabilis. *Laferté.* *Alp. marit.*

13	Tenellus. (*Dej.*) *Laf.*	*Gall. or. mer.*
	Transversalis. Villa	*Pedemont.*
	Amœnus. (*Schm.*)	*Italia.*
14	Vittatus. *Lucas.*	*Algiria.*
15	Tristis. *Schmidt.*	*P. Germania.*
	Sericeus.(*Dej.*) *v. a b. c.*	*Hispania.*
	Fenestratus. (*Dej.*) *v. γ.*	id.*
16	Antherinus. *Lin* (*Dej.*)	*Gallia.**
	Cinctellus. Rossi.	*Italia.*
17	4-Oculatus. *Laferté.*	*Gall. or.*
	4-Guttatus. Waltl.	*Hisp. merid.*
	4-Maculatus. (*Dej.*)	id.
18	4-Maculatus. *Lucas.*	*Algiria.**
	Var. *b. Brunneus. Laf.*	*Gall. merid.*
19	4-Guttatus. *Rossi.*	*Italia.**
	4-Notatus. Gyll.	*Suecia?*
	Bifasciatus. Casteln.	*Hispania.*
	Guttatus. Laferté.	*Gall. merid.*
20	Hispidus. *Rossi.*	*Italia.**
	Hirtellus. Fabr.	*Suecia.*
	Bicolor. Oliv.	*Gall. merid.*
21	Ater *Panzer. Payk.*	*Germ. bor.*
	Morio. (*Dej.*)	*Suecia.*
	Fuscicornis. (*Dej.*)	id.
	Luteicornis. (*Dej.*)	id.
	Unicolor. (*Dej.*)	id.
22	Morio. *Laferté.*	*Græcia.*
23	Fuscicornis. *Laferté.*	*Gall. merid.*
	Ater. (*Dej.*)	*Hispania.*
24	Luteicornis. *Schm.*	*Gall. or.*
	Ater. (*Dej.*)	*Germania.*
25	Biguttatus. *Laferté.*	*Sardinia*
26	Genei. *Laferté.*	id.
27	Flavipes. *Panzer.*	*Gall. or.**
	Rufipes. Payk. (*Dej.*)	*Suecia.*
	Brunnipennis. St. v. d.	*Germania.*
	Obscurus. St. v. d	id.
28	Nigriceps. *Mannerh.*	*Finlandia.*
29	Fenestratus. *Schmidt.*	*Gall. merid.*
	Pecchioli. Melly.	*Sicilia.*
	Mitis. Mus. Berol.	*Lusitania.*
30	Axillaris. *Schmidt.*	*Lombardia.*
	Affinis. (*Dej.*)	*Austria.*
31	Fumosus. *Lucas.*	*Algiria.*
	Bicolor. Lucas. v. b.	id.
32	Insignis. *Lucas.*	id.
	Venator. Duft. (*Dej.*)	*Hisp. merid.*
	Argentatus. Klug.	*Algiria.*
33	Longiceps. *Laferté.*	*Sicilia.*
34	Dichrous. *Laferté.*	id.
35	Nectarinus *Panzer.*	*Germania.*
	Bicinctus. Hummel.	*Sibiria.*
	Sibiricus. (*Dej.*)	id.
36	Sanguinicollis. *Laf.*	*Gall. merid.*
	Terminatus. Schmidt.	*Græcia.*
	Ruficollis. Schm. v. ε.	*Gall. merid.*
	Nectarinus. (*Dej.*)	*Lusitania.*
37	Mylabrinus. *Géné.*	*Sardinia.*
38	Terminatus. (*Dej.*) *Laf.*	*Græcia.*
39	Dejeanii. *Laferté.*	*Sardinia.*
	Nectarinus. (*Dej.*)	*Dalmatia.*
40	Corsicus. *Laferté.*	*Corsica.*
41	Fasciatus. (*Dahl.*) *Chev.*	*Gall. merid.*
	Affinis. Laferté.	id.
	♀ *Antoniæ. Laferté.*	id.
	Monogrammus. Schm.	*Austria.*
	♂ *Unifasciatus.* (*Dej.*) *v. β.*	*Gall. merid.*
	♀ *Bicinctus.* (*Dej.*) *v. b.*	id.
	Histrio. Géné. var. ββ.	*Sicil. Hisp.*
42	Venustus. *Villa. Laf.*	*Lombardia.*
	Unifasciatus. Schm.	id.
43	Ghilianii. *Laferté.*	*Hisp. merid.*
44	Aubei. *Laferté.*	*Algiria.*
45	Zonatus. (*Géné.*) *Laf.*	*Sardinia.*
46	Ochreatus. *Lucas. Laf.*	*Sicil. Alg.*
47	Olivaceus. *Laferté.*	*Hispania.*
48	Depressus. *Laferté.*	*Caucasus.*
49	Pauperculus. *Lucas. Laf.*	*Algiria.*
50	Posticus. *Laferté.*	*Hisp. merid.*
51	Plumbeus. (*Dej.*) *Laf.*	*Gall. or. mer.*
	♂ *Callosus. Schmidt.*	id.
	♂ *Melanarius. Schm.*	id.
	♀ *Brevis. Schmidt.*	id.
52	Capito. *Laferté.*	*Hispania.*
53	Velutinus. *Laferté.*	*Pyr. or.*
54	Velox. *Laferté.*	*Sicilia.*
55	Caliginosus. *Laferté.*	*Tyrolis.*
	Fuscus. (*Dej.*)	*Dalmatia.*
56	Unicolor. *Schmidt.*	*Germania.*
	Fuscus. (*Dej.*)	*Dalmatia.*
57	Validicornis. *Laferté*	id.
	Niger. Olivier.	*Italia.*
58	Scrobicollis. *Laferté.*	*Hispania.*
	Fuscus. (*Dej.*)	*Dalmatia.*
59	Frivaldszkyi. *Laferté.*	*Hungaria.*
60	? Tennicollis. *Rossi.*	*Etruria.*
61	? Limbatus. *Fabr.*	*Dania.*
62	Paykullii. *Gyllenh. in Sch.*	*Algiria.*
63	Niger. *Olivier.*	*Italia.*
64	Tibialis. *Waltl.*	*Hisp. merid.*
65	? Nigrinus. *Gyllenh.*	*Lapponia.*
	Instabilis. (*Dej.*)	id.
66	Palicari. *Castelnau.*	*Græcia.*

OCHTHENOMUS. *Schmidt.*

1 Punctatus. (*Dej.*) *Laf.* *Lucas.* *Hispania.*
2 { Sinuatus. *Schmidt.* *Gall. or.*
Elongatus. (*Dej.*) *Hisp. merid.*
Retrofasciatus. Mot. *Russ. merid.*
3 { Angustatus. *Laferté.* *Hispania.*
Elongatissimus. Cast. *Sardinia.*
Tenuicollis. Schmidt. *Algiria.*
4 Similis. *Motschulsky.* *Russia.*
5 Maritimus. *Motsch.* id.

AGNATHUS. (*Meg.*) *Germar.*

1 Decoratus. (*Dej.*) *Germ.* *Gall. or.*

XYLOPHILUS. *Latreille.*

ANTHICUS. *Fabr.* NOTOXUS. *Panzer.* ADERUS. *Schuckard.*

1 Populneus. *Fabr.* *Gallia.**
2 Oculatus. *Paykull.* *Germania.*
3 Pygmæus. *de Geer.* *Tyrolis.*
4 Testaceus. *Dej. Cat.* *Dalmatia.*
5 Lividus. *Dej. Cat.* id.
6 Pumilus. *Dej. Cat.* *Gallia.*
7 Punctatus. *Stm. Cat.* *Germania.*
8 Albosignatus. *Stm. Cat.* *Finlandia.*
9 Dimidiatus. *Kunze.* *Lombardia.**

95

61. FAM. SCYDMENI.

SCYDMÆNUS. *Latreille.*

PSELAPHUS. *Herbst.* ANTHICUS. *Fabr.* NOTOXUS. *Panzer.* LYTTA. *Marsham.*

1 Godartii. *Latreille.* *Gallia.**
2 Scutellaris. *Müller.* id.*
3 Helferi. (*Märkel.*) *Schaum.* *Sicilia.*
4 { Collaris. *Müller. Erich.* *Gallia.**
Tuberculatus. Chaud. *Podolia.*
Propinquus Chaud. id.
5 Chevrieri. *Heer.* *Helvetia*
6 { Pusillus. *Muller.* *Gall. bor.**
Var. *Minutus. Gyllenh.* *Schaum.* *Suecia.*
Panzeri. Dej. Cat. *Germania.*
7 Dalmanni. *Gyllenhal.* *Suecia.*
8 Angulatus. *Müller.* *Gall. bor.*
9 Impressus. *Sahlberg.* *Helvetia.*
10 Elongatulus. *Müller.* *Gall. bor.**
11 Sparshali. *Denny.* *Anglia.*
12 Longicollis. *Motsch.* *Russia.*
13 Rubicundus. (*Kunze.*) *Schaum.* *Saxonia.*
14 Wighami. *Denny.* *Anglia.*
15 { Kunzei. *Géné. Schaum.* *Sardinia.*
Schönherri. Dej. Cat. *Austria.*
16 Pubicollis. *Müller.* *Germania.**
17 Oblongus. *Sturm.* *Austria.**
18 Hirtus. *Sahlberg.* *Finlandia.*
19 Motschulskyi. *Schm.* *Germania.**
20 { Pumilio. *Schaum.* id.
Minutus. Chaudoir. *Russia.*
21 Parallelus. *Chaudoir.* *Podolia.*
22 Denticornis. *Müller.* *Helvetia.**
23 Styriacus. *Schaum.* *Germania.**
24 Ruficornis. *Denny.* *Anglia.*
25 Clavipes. *Schaum.* *Germania.*
26 Brevicornis. *Schaum.* id.
27 Rutilipennis. *Müller.* id.*
28 { Hirticollis. *Gyllenhal.* *Gallia.**
Fimetarius. Chaud. *Russia.*
Minutus. Fabr. *Germania.*
29 Schaumii. *Lucas.* *Algiria.*
30 Claviger. *Muller.* *Germania.**
31 Maklinii. *Mannerh.* *Finlandia.**
32 { Nanus. *Schaum. Luc.* *Saxonia.**
Exilis. Schaum. id.
Minimus. Chaudoir. *Podolia.*
33 Wetterhalii. *Gyllenh.* *Gallia.*
34 Quadratus. *Müller* et *Kunze.* *Helvetia.**
35 Angustatus. *Lucas.* *Algiria.*
36 { Exilis. *Erichson.* *Germania.*
Vicinus. Chaudoir. *Podolia.*
37 Antidotus. *Germar.* *Sicilia.**
38 { Hellwigii. *Fabr. Erich.* *Gallia.**
♂ *Cornutus. Motsch.* id.*
39 { Rufus. *Müll.* et *Kunze.* id.*
Clavatus. Sahlberg. *Finlandia*
Geoffroyi. Dej. Cat. *Germania.*
40 { Tarsatus. *Müller.* (Eumicrus. *Lap.*) *Gallia.**
Hellwigii. Latreille. id
Minutus. Panzer. *Germania*
41 Tauricus. *Motschulsky.* *Tauria.*
42 Helvolus. *Schaum.* *Germania*
43 Intrusus. *Schaum.* id.
44 Punctipennis. *Steph.* *Anglia*

45 Longulus. *Kunze.* *Germania.*
46 Grohmanni. *Kunze.* id.
47 Olivieri. *Dej. Cat.* *Hispania.*
48 Sahlbergii. *Mannerh.* *Finlandia.*
49 Linnei. *Dej. Cat.* *Styria.*
50 Rossii. *Dej. Cat.* *Dalmatia.*
51 Reaumurii. *Dej. Cat.* *Gall. merid.*

EUTHEIA. *Waterhouse.*

SCYDMÆNUS. *Erichson.*

1 { Truncatellus. *Erich.* *Germania.*
{ *Plicatus. Gyllenhal.*
{ (Cryptocep.) *Suecia.*
2 { Abbreviatellus. *Erich.* *Germania.*
{ *Scydmænoides. Wat.* *Helvetia.*

CEPHENNIUM. *Müller* et *Kunze.*

MEGALADERUS. *Steph.* TYTTOMA. *Wesmael.* SCYDMÆNUS. *Schaum.*

1 Thoracicum. *Müller* et *Kunze.* *Gall. bor.**
2 Laticolle. *Aubé.* *P.**
3 Minutissimum. *Aubé.* id.

56

62. FAM. PSELAPHII.

BATRISUS. *Aubé.*

PSELAPHUS. *Reich.* BRYAXIS. *Denny.*

1 Formicarius. *Aubé.* *Gallia.**
2 Delaporti. *Aubé.* id
3 { Venustus. *Aubé.* id.*
{ *Nigriventris Denny.* *Anglia.*
{ *Brullei. Aubé.* *P.*
{ ♂ *Buqueti. Aubé.* id.
4 Oculatus. *Aubé.* id.
5 Thoracicus. *Motsch.* *Russia.*

CHENNIUM. *Latreille.*

1 Bituberculatum. *Latr.* *Gall. bor.**

TYRUS. *Aubé.*

Erich. PSELAPHUS. *Panzer.*

1 { Mucronatus. *Panzer.* *Germania.**
{ *Insignis. Reichenbach.* id.
{ *Sanguineus. Paykull.* *Suecia.*

CTENISTES. *Reichenbach.*

Latr. DIONYX. *Aud. Serv.* et *Lepel. de Saint-Farg.*

1 { Palpalis. *Reichenbach.* *Gall. merid.**
{ ♂ *Dejeanii. Aud. Serv.* *P.*
2 Ghilianii. *Aubé.* *Hisp. merid.*

PHARONUS. *Aubé.*

1 Lafertei. *Aubé.* *Gallia.*

PSELAPHUS. *Herbst.*

Reichenb. ANTHICUS. *Paykull. Fabr.*

1 { Heisei. *Herbst.* *P.**
{ *Herbstii. Erichson.* *Germania*
2 Caucasicus. *Motsch.* *Caucasia.*
3 { Dresdensis. *Herbst.* *Gallia.**
{ *Longicollis. Reichenb.* *Germania.*

BRYAXIS. *Leach.*

Denny. Aubé. ANTHICUS. *Fabr.* REICHENBACHIA. *Leach.*

1 { Sanguinea. *Fabr.* *P.**
{ *Longicornis. Leach.* *Anglia.*
{ ♂ *Laminata. Motsch.* *Russ. merid.*
2 Albana. *Motschulsky.* *Tauria.*
3 Fossulata. *Reichenb.* *P.**
4 Tibialis. *Aubé.* *Sardinia.*
5 { Xanthoptera. *Reichenb.* *Gallia.*
{ ♂ *Rubripennis. Aubé.* *P.*
{ ♀ *Depressa. Aubé.* id.
{ *Assimilis? Curtis.* *Anglia.*
6 { Hemoptera *Aubé.* *P.**
{ *Xanthoptera. Aubé.* id.
{ *Spinicoxis. Motsch.* id.
7 Lefebvrii. *Aubé.* id.*
8 { Helferi. *Schmidt.* *Sicilia.**
{ *Pulchella. Schaum.* *Saxonia.*
9 Schuppelii. *Aubé.* *Tergeste.*
10 { Hæmatica. *Reichenb.* *P.**
{ *Nodosa. Motschulsky.* *Russ. merid.*
11 Furcata. *Motschulsky.* *Algiria.*
12 Juncorum. *Leach.* *P.**
13 Chevrieri. *Aubé.* *Italia.*
14 Opuntiæ. *Schmidt.* *Hispania.*
15 Impressa. *Panzer.* *Gallia.**
16 Transversalis. *Schaum* *Dalmatia.**
17 Antennata. *Aubé.* *P.**

18 Heterocera. *Aubé. Luc.* *Algiria.*
19 Aubei. *Schaum.* *Dalmatia.**
20 Pulchella. *Géné.* *Germania.**

TYCHUS. *Leach.*

Denny. Aubé. PSELAPHUS. *Payk. Gyll.*

1 Niger. *Paykull.* *Gallia.**
2 { Ibericus. *Motschulsky.* *Italia. P.*
  { *Dichrous? Schmidt.* *Germania.*
3 Castaneus. *Aubé.* *Hispania.*
4 { Tuberculatus. *Aubé.* *Gallia.*
  { *Dichrous? Schmidt.* *Germania.*

BYTHINUS. *Leach Denny.*

Aubé. PSELAPHUS. *Panzer. Reichenb.* ARCOPAGUS. *Leach. Denny.*

1 { Clavicornis. *Panzer.* *Saxonia.**
  { *Glabricollis? Erich. Reich.* ♂. id.
2 Nigriceps. (Kunzea.) *Leach.* *Gallia.*
3 { Puncticollis. *Denny.* id.*
  { ♂ *Chevrolatii. Aubé.* id.
  { *Regularis. Schmidt.* *Germania.*
4 Validus. *Aubé.* id.*
5 Nigripennis. *Aubé.* *Saxonia.**
6 { ♂ Crassicornis. *Motsch.* *Austria.*
  { ♀ *Longipalpis. Motsch.* id.
  { *Chaudoiri. Hochhuth.* *Russ. merid.*
7 Femoratus. *Aubé.* *Austria.*
8 { ♂ Bulbifer. *Reichenb.* *Germania.**
  { ♀ *Glabricollis. Gyll. Aubé.* *Suecia. P.*
9 Curtisii. *Leach.* *P.**
10 { Nodicornis. *Aubé.* *Saxonia.**
   { *Steenbergii? Schmidt.* *Helvetia.*
11 { Securiger. *Reichenb.* *P.**
   { *Macropalpus. Aubé.* id.
   { *Globulipalpus. Aubé.* id.
12 { Burellii. *Denny.* *Gallia.**
   { *Luniger. Aubé.* *P.*
13 { Unicornis. *Aubé.* *Gall. merid.*
   { *Burellii. Aubé.* id

TRIMIUM. *Aubé.*

Lacord. PSELAPHUS. *Reich. Gyll.* EUPLECTUS. *Denny. Reich. Erich. Heer.*

1 Brevicorne. *Reichenb.* *Germania.**
2 Leiocephalum. *Aubé.* (Euplectus.) *Gall. merid.*
3 Brevipenne. *Chaudoir.* *Russia.*
4 { Schmidtii. (Euplectus) *Märkel. Aubé.* *Pomerania.*
  { *Lativentris. Chaud.* *Russia.*

EUPLECTUS. *Leach. Kirby.*

Denny. Aubé. Lacord. Heer. PSELAPHUS. *Illig.* ANTHICUS. *Fabr.*

1 { Märkelii. *Aubé.* *P.**
  { *Tuberculatus. Müller.* *Germania.*
  { *Sulcicollis. Aubé.* id.
2 Kunzei. *Aubé.* *Helvetia.*
3 Erichsonii. *Aubé.* id.
4 { Fischeri. *Aubé.* id.*
  { *Tischeri. Heer.* id.
5 Duponti. *Aubé.* *P.*
6 { Signatus. *Reichenbach.* id.*
  { *Kirbyi. Denny.* *Anglia.*
7 { Sanguineus. *Denny* *P.**
  { *Nigricans. Chaudoir.* *Russia.*
8 { Karstenii. *Denny. Reichenbach.* *P.**
  { *Gracilis. Chaudoir.* *Russia.*
9 Spinolæ. *Aubé.* *Helvetia.*
10 Nanus. *Aubé.* *Gallia.*
11 Piceus. *Motschulsky.* *Russ. merid.*
12 { Ambiguus. *Reichenb.* *Germ. bor.**
   { *Pusillus. Denny. Aubé.* *P.*
13 Minutissimus. *Aubé.* *Saxonia.*
14 { Bicolor. *Denny. Aubé.* *P.**
   { *Glabriusculus. Gyll.* *Suecia.*
   { *Fennicus. Maklin.* *Fennia.*
15 Æsterbroockianus. *Leach.* *Anglia.*
16 Schmidtii. *Märkel.* *Germania.*

TRYCHONIX. *Chaudoir.*

EUPLECTUS. *Leach.* PSELAPHUS. *Reich.*

1 { Sulcicollis. *Reichenb.* *Gallia.*
  { *Dresdensis. Illig. Fab.* *Germania.*

71

63. FAM. CLAVIGERI.

CLAVIGER. *Preyssler.*

Panz. Aubé. CLAVIFER *de Laporte.*

1 { Testaceus. *Preyssler.* *Gallia.**
  { *Foveolatus. Müller.* *Germania.*

2 Coelchicus. *Motsch.* *Russ. merid.*
3 Longicornis. *Panzer.* *Aubé.* *Gallia.*

3

64. FAM. STAPHYLINI.

MYRMEDONIA. *Erichson.*

PÆDERUS. *Rossi.* DRUSILLA. *Mannerh. Boisduv.* et *Lacordaire.* ALEOCHARA. *Gravenh. Latr. Gyll.* STAPHYLINUS. *Fabr. Payk. Rossi. Oliv. Panz. Germar. Guérin.*

1 { Canaliculata. *Fabr.* *Gallia.**
{ *Impressa. Rossi.* *Italia.*
2 Plicata. *Erichson.* *Gall. bor.*
3 { Limbata. *Payk.* *Gallia.**
{ Var. *Foveicollis. Lac.* *P.*
{ *Divisa. Marsh.* *Anglia.*
{ *Lævis. Gravenhorst* id.
4 Humeralis. *Gravenh.* *P.**
5 Funesta. *Gravenhorst.* id.*
6 Atrata. *Heer.* *Helvetia.*
7 Rigida. *Erichson.* *Sardinia.*
8 Lugens. *Gravenhorst.* *Gallia.**
9 { Fulgida. *Gravenhorst.* id.
{ *Haworthi. Stephens.* *Anglia.*
10 Collaris. *Payk.* *Gall. bor.**
11 Memnonia. *Markel.* *Saxonia.*
12 Tristis. *Lucas.* *Algiria.*
13 Laticollis. *Märkel.* *Gallia.**
14 Cognata. *Märkel.* id.*
15 Similis. *Markel.* id.
16 Nigricollis. *Motsch.* *Petropolis.*

AUTALIA. *Leach.*

ALEOCHARA. *Gravenh. Latreille.* STAPHYLINUS. *Olivier.*

1 Impressa. *Olivier.* *Gallia.**
2 Rivularis. *Gravenh.* id.*

FALAGRIA. *Leach.*

ALEOCHARA. *Gravenhorst.*

1 { Sulcata. *Paykull.* *Gallia.**
{ *Cæsa. Erichson.* *Germania.*
2 { Sulcatula. *Gravenh.* *Gallia.**
{ *Sulcata. var. B Gyll.* *Suecia.*
{ *Polita. Curtis.* *Anglia.*
3 { Thoracica. *Curtis.* *Gallia.**
{ *Lineolata. Lacord.* *P.*
{ *Ruficollis. Waltl.* *Germania.*
4 Obscura. *Gravenhorst.* *P.**
5 { Nigra. *Gravenhorst.* id.*
{ *Fracticornis. Grav.* id.
{ *Picea. Gravenhorst.* id.
6 Pusilla. *Heer.* *Helvetia.*

BOLITOCHARA. *Mannerheim*

ALEOCHARA. *Gravenhorst.*

1 { Lucida. *Gravenhorst.* *Germania.**
{ Var. *Lunulata. Gyll.* *Suecia.*
2 { Lunulata. *Paykull.* *Gallia.**
{ *Cincta. Gravenhorst.* *Germania.*
{ *Pulchra. Lacordaire.* *P.*
3 Elongata. *Heer.* *Helvetia.*
4 { Obliqua. *Erichson.* *Germania.*
{ *Cincta. Lacordaire.* *P.*
5 Elegans. *Heer.* *Helvetia.*
6 Varia. *Erichson.* *Sardinia.*
7 Humeralis. *Lucas.* *Algiria.*
8 Bella. *Märkel.* *Germania.*

OCALEA. *Erichson.*

ALEOCHARA. *Gyllenhal. Sahlberg.* BOLITOCHARA. *Mannerheim. Gyll.*

1 Castanea. *Erichson.* *Germania.**
2 Alpina. *Heer.* *Helvetia.*
3 Badia. *Erichson.* *Berolini.*
4 Oblita. *Chevrier. Heer.* *Helvetia.*
5 Spadicea. *Erichson.* *Berolini.*
6 Procera. *Erichson.* *Germania.*
7 Murina. *Erichson* *Austria.*
8 Decumana. *Erichson.* *Gallia?*
9 Prolixa. *Gyllenhal.* *Suecia.*
10 Rufilabris. *Sahlberg.* *Finlandia.*

CALODERA. *Mannerheim.*

ALEOCHARA *Gravenh. Gyl.* BOLITOCHARA *Lacord.* STAPHYLINUS. *Payk.*

1 Nigricollis. *Payk.* *Gallia.**
2 Forticornis. *Lacord.* *P.*
3 Nigrita. *Mannerheim.* *Germania.*
4 Humilis *Erichson.* *German. bor*

5 Pusillima. *Heer.* *Helvetia.*
6 Longitarsis. *Erichson.* *Gallia.**
7 Rubicunda. *Erich.* *Austria.**
8 Rubens. *Erich.* *Berolini.*
9 Uliginosa. *Erich.* *Germania.**
10 Riparia. *Erich.* id.
11 Oculta. (*Chevrier.*) *Heer.* *Helvetia.*
12 { Æthiops. *Gravenh.* *Germania.**
{ *Testacea. Mannerh.* *Suecia.*
13 Linealis. *Heer.* *Helvetia.*
14 Umbrosa. *Erich.* *Berolini.*
15 Protensa. *Gyllenhal.* *Mannerh.* *Suecia.*

TACHYUSA. *Erichson.*

DRUSILLA. *Mannerh.* ALEOCHARA. *Gravenh.* BOLITOCHARA. *Mannerh.* LEUCOPUS. *Marsh.*

1 Constricta. *Erichson.* *Gallia.**
2 Nigrita. *Chevrier. Heer.* *Helvetia.*
3 Coarctata. *Erich.* *Gallia.**
4 Concinna. *Imhoff. Heer.* *Helvetia.*
5 { Balteata. *Erichson.* id.*
{ *Flavocincta.* *Dahl.* *Chevrier.* id.
6 Ferialis. *Erich.* *Sardinia.*
7 Scitula. *Erich.* *Berolini.**
8 Excavata. *Mannerh.* *Austria.*
9 Læsa. *Erich.* *Sardinia.*
10 { Atra. *Gravenh.* *Gallia.**
{ *Leucopus. Marsham.* *Anglia.*
11 Umbratica. *Erich.* *Germania.**
12 Fugax. *Erich.* *Sardinia.*
13 Lata. *Kiesenwetter.* *Germania.*
14 Uvida. *Erich.* id.
15 Chalybea. *Erich.* id.*
16 Immunita. *Erich.* *Anglia.**
17 Flavitarsis. *Sahlberg.* *Finlandia.*
18 Coracina. *Sahlberg.* *Lapponia.*
19 Carbonaria. *Mannerh.* *Finlandia.*
20 Cœrulea. *Sahlberg.* id.

PHLŒOPORA. *Erichson.*

ALEOCHARA. *Gravenhorst.* BOLITOCHARA. *Mannerh.*

1 Reptans. *Gravenhorst.* *Suecia.**
2 { Corticalis. *Gravenh* *Germania.**
{ *Tenuis. Gravenhorst.* id.

HYGRONOMA. *Erichson*

HOMALOTA. *Curtis.* ALEOCHARA. *Gravenh.*

1 Dimidiata. *Gravenh.* *P.**
2 Quercina. *Chevrolat. in litt.* id.

HOMALOTA. *Mannerheim.*

BOLITOCHARA. *Mannerheim. Lacordaire.* ALEOCHARA. *Gyllenh. Gravenh. Latr. Mannerh. Zetterst. Sahlberg.* OXYPODA. *Mannerh.* PÆDERUS. *Gravenh.* STAPHYLINUS. *Marsham. Fabricius*

1 { Graminicola. *Gravenh.* *Gallia.**
{ *Linearis. Gyllenh.* *Suecia.*
{ *Longiuscula. Gyllenh.* id.
{ *Longicornis. var. b. Gyllenh.* id.
{ *Mæsta. Zetterst.* id.
{ *Fracticornis. Lacord.* *P.*
2 Umbonata. *Erichson.* *Austria.**
3 { Ridigicornis. *Erich.* *Genovæ.*
{ *Fusca.* (Semiris.) *Heer.* *Helvetia.*
4 Occulta. *Erichson.* *Germania.**
5 Pagana. *Aubé. Erich.* *P.*
6 { Vestita. *Gravenh.* *Suecia.*
{ *Quisquiliara. Gyllenh.* id.
7 { Callicera. *Gravenh.* *Germania.**
{ *Obscura. Gravenh.* id.
{ *Spencei. Curtis.* *Anglia.*
8 { Paveus. *Erichson.* *Germania.**
{ *Quisquiliarum. Erich.* id.
9 Languida. *Erich.* id.
10 Gracilicornis. *Erich.* *Austria.*
11 Debilicornis. *Erich.* *Sardinia.*
12 Gregaria. *Erich.* *Austria.*
13 Ravilla. *Erich.* id.
14 Labilis. *Erich.* *P.**
15 Velata. *Erich.* *Gallia.**
16 Luteipes. *Erich.* *Berolini.*
17 { Elongatula. *Gravenh.* *Gallia.**
{ Var. *Terminalis. Grav.* id.
{ *Elongatula. Gravenh. Latr.* *P.*
{ *Complana. Mannerh.* *Finlandia*
{ *Oblonga. Lacordaire.* *P.*
{ *Exilis Mannerh.* *Suecia.*
{ *Planiuscula. Mannh.* id.
{ *Depressiuscula. Mannerh* *P.*

18 Rugulosa. *Heer.* *Helvetia.*
19 Linearis. *Gravenh.* *Germania.*
20 { Augustula. *Gyllenh.* *P.**
{ *Linearis. var. Grav.* *Germania.*
21 Tenuis. *Heer.* *Helvetia.*
22 Venustula. *Heer.* id.
23 Rufipes. *Heer.* id.
24 Vaga *Chevrier. Heer.* id.
25 Femoralis. *Heer.* id.
26 Fracticornis. *Heer.* id.
27 Æquata. *Erich.* *Germania.**
28 Nigella. *Erich.* *Berolini.*
29 Nivalis. *Kiesenwetter.* *Germania.**
30 Arcana. *Erich.* *Thuringensi.*
31 Plana. *Mannerh.* *Germania.*
32 Debilis. *Erich.* *Berolini.**
33 Gracilenta. *Aub. Erich.* *P.*
34 Macella. *Erich.* *Bavaria mer.*
35 { Cuspidata. *Erich.* *Gallia.**
{ *Inconspicua. Gravenh.*
in litt. Heer. *Helvetia.*
36 Immersa. *Erich.* *Berolini.*
37 Vilis. *Erich.* *Germania.*
38 Cæsula. *Erich.* id.
39 Circellaris. *Gravenh.* *Gallia.**
40 Polita. *Rosenhauer.* *Tyrolis.*
41 Procidua. *Erich.* *Berolini.*
42 { Brunnea. *Fabr.* *Gallia.**
{ *Depressa. Gyllenh.* *Suecia.*
{ *Nigriceps. Marsh.* *Anglia.*
43 Depressa. *Gravenh.* *Germania.**
44 Nigrifrons. *Erich.* *Gallia.**
45 { Atricila. *Erich.* *Sardinia.**
{ *Laticollis. Chevrier.* *Helvetia.*
46 { Oblonga. *Erich.* *Germania.*
{ *Elongatula. v. Grav.* id.
47 Hepatica. *Erich.* id.
48 { Socialis. *Payk.* *Gallia.**
{ *Boleti. Gravenh.* id.
{ *Sordida. Marsham.* *Anglia.*
{ *Sericans. Grav. Heer.* *Suecia.*
{ Var. *Castaneoptera.*
Mannerh. id.
{ *Pubescens. Heer.* *Helvetia.*
{ *Longicornis. var b.*
Gyllenh. *Suecia*
{ *Boleti. Lacordaire.* *P.*
{ *Nigricula. v. c. Grav.* *Suecia.*
49 Testaceipes. *Imhoff.*
Heer. *Helvetia.*
50 Sodalis. *Erich.* *Germania.*
51 Erythrocera. *Gravenh.*
in litt. Heer. *Helvetia.*
52 Pertyi. *Heer.* *Helvetia.*
53 Ochracea. *Erich.* *Gallia.**
54 Melanocephala. *Heer.* *Helvetia*
55 Rubricollis. *Chevrier.*
Heer. id.
56 Marcida. *Erich.* *Germania.*
57 Alpestris. *Heer.* *Helvetia.*
58 Planiuscula. *Heer.* id.
59 Spelæa. *Erich.* *Carinthia.*
60 Incana. *Erich.* *Germania.*
61 Excavata. *Gyllenh.* *P.*
62 Deplanata. *Gravenh.* *Germania.*
63 Viduata. *Erich.* id.
64 { Atramentaria. *Kirby.*
Gyll. Erich. id.
{ *Ænescens. Zetterst.* *Lapponia.*
65 Gemina. *Erich.* id.
66 Autumnalis. *Erich.* id.
67 Oblita. *Aubé. Erich.* *P.*
68 Talpa. *Chevrier. Heer.* *Helvetia.**
69 Glaucula. *Erich.* *Berolini.*
70 Contemta. *Heer.* *Helvetia.*
71 { Analis. *Gravenh.* *Gallia.**
{ *Evanescens. Mannerh.* *Suecia.*
{ Var. *Bifoveolata. Mannerh.* id.
72 Parallela. *Mannerh.* *Finlandia.*
73 { Exilis. *Erich.* *Germania.**
{ Var. *Analis. Gravenh.* id.
74 Indigena. *Heer.* *Helvetia.*
75 Palleola. *Erich.* *Germania.**
76 Indocilis. *Chevrier.*
Heer. *Helvetia.*
77 Nigriceps. *Heer.* id.
78 Inconspicua. *Erich.* *P.**
79 Longipennis. *Heer.* *Helvetia.*
80 Inquinula. *Gravenh.* *Germania.*
81 Minutissima *Heer.* *Helvetia.*
82 Longula. *Chevrier.*
Heer. id.
83 { Cauta. *Erich.* *Germania.**
{ *Pulicaria. Erich.* id.
84 Ægra. *Heer.* *Helvetia.*
85 Cælata. *Erich.* *Germania.**
86 Morosa. *Chevrier. Heer.* *Helvetia.*
87 Sordidula. *Erich.* *Berolini.**
88 Impressa. *Heer.* *Helvetia.*
89 Tibialis. *Heer.* id.
90 Luteicornis. *Erich.* *Berolini.*
91 Hæmorrhoidalis. *Heer.* *Helvetia.*
92 Flavipes. *Gravenh.* *Gallia.**
93 Subsinuata. *Erich.* *Germ. merid.*
94 Anceps. *Erich.* *Berolini.**

95 Concolor. *Erich.* *Germ. merid.*
Morio. Heer. *Helvetia.*
96 Notha. *Erich.* *Carinthia.*
97 Cinnamomea. *Gravh.* *P.**
98 Grandis. *Heer.* *Helvetia.*
99 Semirufa. *Erich.* *Gallia?*
100 Longicornis. *Gravh.* id.*
Validicornis. var b. Sahlb. *Suecia.*
Var. *Vallidicornis. Mannerh.* id.
101 Lividipennis. *Sahlb.* *Gallia.**
Livida. Erich. id.
102 Testudinea. *Erich.* *Germania.*
103 Fungi. *Gravenh.* *Gallia.**
104 Vernacula. *Erich.* *P.**
105 Orbata. *Erich.* *Germania.*
106 Clientula. *Erich.* *Corcyra.*
107 Orphana. *Erich.* *Germania.*
108 Pulla. *Heer.* *Helvetia.*
109 Carbonaria. *Heer.* id.
110 Angularis. *Heer.* id.
111 Cingulosa. *Heer.* id.
112 Bicolor. *Heer.* id.
113 Pedicularia. *Heer.* id.
114 Aterrima. *Gravenh.* *Gallia.*
Fuscula. Mannerh. *Finlandia*
Var. *Pygmæa. Grav.* *Suecia.*
Umbrata. Gravenh. id.
Minutissima. Lacord. *P.*
Obfuscata. Gravenh. id.
115 Rufula. *Heer.* *Helvetia.*
116 Hirtella. *Heer.* id.
117 Pubescens. *Kiesenw.* *Germania*
118 Validirostris. *Märkel.* *Saxonia.*
119 Confusa. *Märkel.* id.
120 Hospita. *Märkel.* id.
121 Fossigera *Mannerh.* *Finlandia.*
122 Divisa. *Märkel.* *Germania.*
123 Ripicola. *Kiesenw.* id.*
124 Lugens. *Kiesenw.* id.
125 Crassicornis. *Gyll.* *Suecia.*
126 Annularis. *Mannerh.* *Finlandia.*
127 Hæmorrhoa. *Sahlb.* id.
128 Angustata. *Sahlberg.* id.
Compressa. Mannerh. id.
129 Tenella. *Mannerh.* id.
130 Luridipennis. *Mannh.* *Petropoli.*
Elongatula. var. Mannerh. id.
131 Macilenta. *Sahlberg.* *Lapponia.*
Pygmæa. Zetterst. id.
132 Fusca. *Sahlberg.* id.
133 Scapularis. *Sahlb.* *Finlandia*
134 Borealis. *Sahlberg.* *Lapponia.*
135 Marginalis. *Gravenh.* *Gallia.*
136 Mannerheimii. *Sahlb.* *Finlandia.*
137 Parva. *Sahlberg.* id.
Parvula. Mannerh. id.
138 Pallidula. *Mannerh.* id.
139 Tenera. *Sahlberg.* id.
140 Pallipes. *Lucas.* *Algiria*
141 Impressifrons. *Manh.* *Finlandia.*
142 Tarda. *Motschulsky.* *Lithuania.*

OXYPODA. *Mannerheim.*

ALEOCHARA. *Gyllenh. Sahlb. Gravenh. Latr. Zetterst.* BOLITOCHARA. *Mannerh.* SPHENOMA. *Mannerh.*

1 Ruficornis. *Gyllenhal.* *Gallia.*
Luteipennis. var. Erich. *Germania.*
2 Luteipennis. *Erich.* id.*
Ruficornis. vr. b. Gyl. *Suecia.*
3 Vittata. *Märkel.* *Gallia. P.**
4 Prospera. *Erich.* *German. bor.*
5 Opaca. *Gravenh.* *Gallia.**
Pulla. Gravenh. Latr. id.
6 Nitidula. *Heer.* *Helvetia.*
7 Umbrata. *Gyllenh.* *Germania.**
8 Longiuscula. *Gravenh.* id
Procelura. Mannerh. id.
9 Alternans. *Gravenh.* *Gallia.**
10 Togata. *Erich.* *Berolini.**
11 Abdominalis. *Mannerh.* *Germania.*
12 Testacea. *Erich.* *Germ sept.*
13 Helvola. *Erich.* *Germania.**
14 Ferruginea *Erich.* id.*
15 Promiscua. *Erich.* id.*
16 Præcox. *Erich.* *Austria.*
17 Exoleta *Erich.* *Germania.*
18 Cuniculina. *Erich.* *Bavaria.**
19 Formiceticola. *Märk.* *Saxonia.**
20 Familiaris. *Kiesenw.* *Germania.*
21 Exigua. *Erich.* *Berolini.**
22 Litigiosa. *Chevrier. Heer.* *Helvetia.*
23 Sericea. *Heer.* id.
24 Mirmecophila. *Märkel.* *Saxonia.**
25 Myrmecobia. *Märkel.* id.*
26 Spectabilis. *Märkel.* id.
27 Cunctans. *Erich.* *Berolini.*
28 Lentula. *Erich.* id.
29 Curtula. *Erich.* id.

30 Melanaria. *Mannerh.* *Finlandia.*
31 Pellucida. *Mannerh.* id.
32 Lateralis. *Mannerh.* id.
33 Sericata. *Mannerh.* *Russia.*
34 Cingulata. *Mannerh.* id.
35 Corticina. *Erich.* *Germania.*
36 Varia. (*Chevrier.*) *Heer.* *Helvetia.*
37 Amicta. *Friwaldszky.* *Sardinia.*
38 Analis. *Gyllenh.* *Suecia.*
39 Gracilis. *Erich.* *Berolini.*
40 Prolixa. *Erich.* id.
41 Ruficollis. *Erich.* *P.**
42 Fumida. *Erich.* id.*
43 Maura. *Erich.* *Germania.**
44 Infuscata. *Kellner.* id.
45 Similis. *Kellner.* id.
46 Leporina. *Kiesenw.* id.
47 Latiuscula. *Mannerh.* *Gallia.**
48 Gilvipes. *Mannerh.* *Finlandia.*
49 Suturalis. *Sahlb.* id.
50 Pulchella. *Sahlb.* id.
51 Elegantula. *Sahlb.* *Suecia.*
52 Dimidiata. *Motsch.* *Lithuania.*
53 Inflexa. *Motschulsky.* *Russia.*
54 Diluta. *Motschulsky.* id.
55 Tenuicornis. *Motsch.* *Russ. orient.*
56 Stabilis. *Motschulsky.* *Russia.*
57 Atramentaria. *Motsch.* id.

ALEOCHARA. *Gravenhorst.*

STAPHYLINUS. *Fabr. Fourcroy Geoffroy. Schrank.*

1 { Fuscipes. *Fabr.* *Gallia.**
{ *Brachyptera. Fourc.* *P.*
{ Var. *Lata. Gravenh.* *Germania.*
2 { Rufipennis. *Erich.* *Gallia.**
{ *Lævigata. Lacordaire.* *P.*
3 { Tristis. *Gravenhorst.* *Gallia.**
{ *Geometrica. Schrank.* *Germania.*
{ Var. *Crassiuscula. Sahlberg.* *Gallia.*
4 { Bipunctata. *Grav. Ol.* id.*
{ *Intricata. Mannerh.* *Finlandia.*
5 Scutellaris. *Lucas.* *Algiria.*
6 { Brevipennis. *Gravenh.* *P.**
{ *Carnivora. Gyllenh.* *Suecia.*
7 { Fumata. *Gravenh.* *Gallia.**
{ *Curta. Sahlberg.* id.
8 Bisignata. *Erich.* *Germania.*
9 { Nitida. *Gravenh.* *P.**
{ Var. *Bilineata. Gyll.* id.
10 Sparsa. *Heer.* *Helvetia.*
11 Morosa. *Heer.* id.
12 Punctata. *Motschulsky.* *Lithuania.*
13 Lanuginosa. *Gravenh.* *P.**
14 Monticola. *Rosenh.* *Tyrolis.*
15 Brevis. *Heer.* *Helvetia.*
16 { Mœrens. *Gyllenh.* *Germania.*
{ *Fumata, var. Gravenhorst.* id.
17 { Mœsta. *Gravenh.* *Gallia.**
{ *Fumata. Gyllenh.* *Suecia.*
{ *Hæmorrhoidalis. Mannerheim.* *Lapponia.*
18 Rufitarsis. *Heer.* *Helvetia.*
19 Ruficornis. *Gravenh.* *Germania.**
20 { Erythroptera. *Gravh.* id.
{ *Mœsta. var. b. Erich.* id.
21 Pulla. *Gyllenh* *P.**
22 Spissicornis. *Erich.* id.*
23 Lævigata. *Gyllenh.* *Suecia.*
24 Longula. *Imhoff. Heer.* *Helvetia.*
25 { Morion. *Gravenh.* *Germania.**
{ *Exigua. Mannerh.* *Suecia.*
26 Intractabilis. *Chevrier. Heer.* *Helvetia.*
27 Angulata. *Erich.* *P.**
28 Prætexta. *Erich.* *Gallia.*
29 Gentilis. *Lunemann.* *Finlandia.**
30 { Obscurella. *Gravenh.* *P.*
{ *Sericea. Lacordaire.* id.
31 Inquilina. *Markel.* *Saxonia.*
32 Brevis. *Heer.* *Helvetia.*
33 Villosa. *Mannerh.* *Finlandia.*
34 Crassicornis. *Lacord.* *P.*

PHYTOSUS. *Rudd.*

1 Spinifer. *Curtis.* *Anglia.*

OLIGOTA. *Mannerheim.*

ALEOCHARA. *Gravenh.* HYPOCYPTUS. *Lacord.*

1 Pusillima. *Gravenh.* *Gallia.**
2 Atomaria. *Erich.* *Berolini.*
3 Subtilis. *Erich.* *Germania.**
4 Punctulata. *Heer.* *Helvetia.*
5 Granaria. *Erich.* *Germania.*
6 Flavicornis. *Erich.* *P.**
7 Apicata. *Erich.* *Gallia.*
8 Tantilla. *Mannerh.* *Finlandia.**

GYROPHÆNA. *Mannerheim.*

ALEOCHARA. *Gyllenh. Sahlb. Gravenh. Latr.* BOLITOCHARA. *Mannerheim.* ENCEPHALUS *Westw. Steph.* STAPHYLINUS. *Payk Marsh. Linné. Heer. Müll. Gœze de Villers.*

1 Complicans. *Westw.* *Germania.*
2 Nitidula. *Gyllenh.* *Suecia.**
3 { Nana. *Payk.* *P.**
{ *Nitidula. Lacordaire.* id.
{ *Fasciata. Marsham.* *Anglia.*
4 { Affinis. *Sahlberg.* *P.**
{ *Amabilis. Lacordaire.* id.
{ *Nana. Lacordaire.* id.
5 { Pulchella. *Heer.* *Helvetia.*
{ *Gentilis. Erich.* *Carinthia.*
6 Congrua. *Erich.* *Germania.**
7 Lucidula. *Erich.* *Berolini.*
8 Manca. *Erich.* id.
9 Polita. *Gravenh.* *Gallia.**
10 Exigua. *Imhoff. Heer.* *Helvetia.*
11 Strictula. *Erich.* *Hungaria.*
12 Boleti. *Lin.* (Homalot.) *Heer.* *Germania.*
13 Minima. *Erich.* *Berolini.*
14 Pigmæa. *Sturm.* *Germania.*
15 Ceranota. *Stephens.* *Anglia.*
16 Daltoni. *Kirby.* id.
17 Lævigata. *Märkel.* *Germania.**

PLACUSA. *Erichson.*

ALEOCHARA. *Gravenh. Latr. Gyll. Sahlb. Zett.* BOLITOCHARA. *Mannerh. Lacord.*

1 Complanata. *Erich.* *Germania.*
2 Pumilio. *Gravenh.* *Gallia.*
3 Humilis. *Erich.* *Germania.*
4 { Infirma. *Erich.* id.
{ *Tachyporoides. Waltl.* id.
5 Adscita. *Erich.* *Sardinia.*
6 Atrata *Mannerh.* *Finlandia.*

EURYUSA. *Erichson.*

1 Sinuata. *Erich.* *Germania.**
2 Obtabilis. *Heer.* *Helvetia.*
3 Acuminata. *Märkel.* *Gall. bor.**
4 Coarctata. *Märkel.* *Saxonia.**
5 Linearis. *Märkel.* id.*
6 Formicaria. *Motsch.* *Lithuania.*

DINARDA. *Leach.*

LOMECHUSA. *Gravenh. Gyll. Zett.* STAPHYLINUS. *Payk.*

1 { Dentata. *Gravenh.* *Gallia.**
{ *Strumosa. Payk.* *Suecia.*
2 Märkelii. *Kiesenwetter.* *Gall. bor.**

LOMECHUSA. *Gravenh.*

STAPHYLINUS. *Payk. Oliv. Fabr.* ALEOCHARA. *Gravenh. Latr.*

1 Strumosa. *Fabr.* *Gallia.**
2 { Paradoxa. *Gravenh.* *Gallia.**
{ V. *Emarginata. Payk.* *Suecia.*
3 Emarginata. *Payk.* *Gallia.**
4 Inflata. *Zetterst.* *Lapponia.*

SILUSA. *Erichson.*

1 Rubiginosa. *Erich.* *P.**
2 Rubra. *Erich.* *Germ. merid.*
3 Rufa. *Chevrier.* *Helvetia.*
4 Alpicola. *Heer.* id.

PRONOMÆA. *Erichson.*

1 Rostrata. *Erich.* *Gallia.**

DIGLOSSA. *Haliday.*

1 Mersa. *Haliday.* *Hibernia.*

MYLLÆNA. *Erichson.*

GYMNUSA. *Mannerh.* CENTROGLOSSA. *Mathews.* ALEOCHARA. *Gravenh.*

1 { Dubia. *Gravenh.* *Gallia.**
{ *Cornuroides. Mathews* *Anglia.*
2 Intermedia. *Erich.* *Germania.**
3 Minuta. *Erich.* id.
4 { Gracilis. *Heer.* *Helvetia.**
{ *Grandicollis. Kiesenw.* *Germania.*

GYMNUSA. *Karsten.*

ALEOCHARA. *Gyll. Sahlb. Zetterst. Gravenh.* STAPHYLINUS. *Payk.*

1 { Brevicollis. *Payk.* *Germania.**
{ *Carnivora. Gravenh.* id.
{ *Excusa. Gravenh.* *Suecia.*

2 Laticollis. *Erich.* *Gallia.**
3 Fuscata. *Mathews.* *Germania.**
4 Variegata. *Kiesenwett.* id.

HYPOCYPTUS. *Schüppel.*

Scaphydium. *Payk. Gyll. Sahlb.* Tachyporus. *Gravenh.*

1 Longicornis. *Payk.* *Gallia.**
Acuminatus. Marsh. *Anglia.*
Granulum. Gravenh. *Suecia.*
Globulus. Lacordaire. *P.*
2 Ovulum. *Heer.* *Helvetia.*
3 Discoideus. *Erich.* *Berolini.**
Biguttatus. Mathews. id.
4 Læviusculus. *Mannh.* *Gallia.**
5 Nigripes. *Heer.* *Helvetia.*
6 Seminulum. *Erich.* *Germania.*
7 Pulicarius. *Erich.* id.
8 Parvulus. *Stephens.* *Anglia.*

CONURUS. *Stephens.*

Tachyporus. *Lacd. Gravenh. Latr. Erich. Gyll. Sahlb. Mannerh.* Oxyporus. *Fab.* Staphylinus. *Lin. Payk. Rossi. Fourc. Fabr. Geoff.*

1 Littoreus. *Linné.* *Gallia.**
Cellaris. Fabr. id.
Pubescens. Payk. *Suecia.*
2-Maculatus. Fabr. id.
Maculatus. Fourcroy. *P.*
2 Pubescens. *Gravenh.* *Gallia.**
Cellaris. v. β. Payk. *Suecia.*
Tomentosus. v. β. Ross. *Italia.*
Sericeus. Lacordaire. *P.*
Testaceus. Fabr. id.
3 Bipustulatus. *Gravenh.* *Hungaria.*
Bimaculatus. Gravh. id.
4 Obscuripennis. *Stephens.* *Anglia.*
5 Binotatus. *Gravenh.* *Germania.*
6 Fusculus. *Gravenh.* id.*
Pedicularius. Lacordaire. *P.*
7 Lividus. *Erich.* id.*
8 Pedicularius. *Gravenh.* *Gallia.**
Var *Truncatellus. Gravenh.* *Suecia.*
9 Bipunctatus *Gravenh.* *Germania.*

TACHYPORUS. *Gravenhorst.*

Oxyporus. *Panz. Fabr.* Staphylinus. *Fabr. Schr. Cœze de Villers. Rossi. Oliv. Payk. Waltl. Müll. Geoff.*

1 Obtusus. *Linné.* *Gallia.**
Analis. Fabr. id.
Vernalis. Müller. *Germania.*
Dispar. var. γ. Paykull. *Suecia.*
Chrysomelinus. var. 2. Walknær. *P.*
Melanurus. Marsham. *Anglia.*
2 Abdominalis. *Gyllenh.* *Gallia.**
3 Rufus. *Erich.* *Germania.*
4 Formosus. *Mathews.* *Anglia.*
Abdominalis. Lacordaire. *P.*
5 Saginatus. *Gravenh.* *Germania.**
6 Erythropterus. *Panz.* (Lamprinus) *Heer.* *Germ. merid.*
7 Hypnorum. *Fabr.* *Gallia.**
Nitidulus. Fabr. Oliv. id.
Minutus. Fabr. *Suecia*
Marginatus. Panzer. *Germania*
Blattinus. Schrank. id.
Conicus. de Villers. *P.*
Martialis. Schrank. id.
Dispar. var. β. Payk. *Suecia.*
Chrysomelinus. var. Walk. *P.*
8 Chrysomelinus. *Linné.* *Gallia.**
Melanocephalus. Fab. id.
Merdarius. Marsh. *Anglia.*
Chrysomelinus. var. a. Payk. *Suecia.*
9 Solutus. *Erich.* *Germania.**
Saginatus. Lacord. *P.*
10 Tersus. *Erich.* *Germania.**
11 Humerosus. *Knoch.* id.*
Lateralis. Gravenh. *Gallia.*
Ruficollis. Runde. id.
12 Ruficollis. *Gravenh.* *Germania.**
Chrysomelinus. var. Rossi. id.
13 Pulchellus. *Heer.* *Helvetia.**
14 Pusillus. *Gravenh.* *P.**
15 Scitulus. *Erich.* *Gallia.**
Pusillus. Gravenh. *P.*
16 Transversalis. *Gravh.* *Gallia.**
Ruficollis. Gyllenh. *Suecia.*
Dispar. var. Payk. id.

17 Brunneus. *Fabr.* *P.**
Nitidulus. Olivier. *Suecia.*
Abdominalis. Gravh. id.
Scutellaris. Lacord. *P.*
18 Nigricornis. *Gyllenh.* *Suecia.*
19 Obscurellus. *Zetterst.* id.
20 Nigriceps. *Mannerh.* *Finlandia.*
21 Crassicornis. *Mannh.* id.

HABROCERUS. *Erich.*

1 Capillaricornis. *Gravh.* *P.**

TACHINUS. *Gravenhorst.*

OXYPORUS. *Panzer. Fabr.* TACHYPORUS. *Gravenh.* STAPHYLINUS. *Linné. Gœze. de Villers. Marsham. Payk. de Geer. Walk. Geoff. Panz.*

1 Silphoides. *Linné.* *Gallia.**
Suturalis. Panzer. *Germania.*
Marginalis. Gravenh. id.
Dispar. var. ε. Payk. *Suecia.*
2 Rufipes. *de Geer.* *Gallia.**
Pullus. Gravenh. *Germania.*
Signatus. Gravh. Latr. *Gallia.*
Var. *Laticollis. Gyll.* *Suecia.*
Pallens. Gyllenh. id.
3 Flavipes. *Fabr.* *Gallia.**
Rufipes. Marsham. *Anglia.*
Var. *Castaneus. Grav. Latr.* *Germania.*
Dubius. Gyllenh. *Suecia.*
4 Humeralis. *Gravenh.* *Gallia.**
Cinctus. var. Marsh. *Anglia.*
5 Subterraneus. *Linné.* *Gallia.**
Var. *Marginatus. Fab.* *Germania.*
Bicolor. Gravenh. *Suecia.*
Biplagiatus Lacord. *P.*
Latus. Marsh. *Anglia.*
6 Bipustulatus. *Fabr.* *Gallia.**
Subterraneus. var. Payk. *Suecia.*
7 Pallipes. *Gravenh.* *Gallia.*
Humeralis. v. 1. Grav. *Suecia.*
8 Marginellus. *Gravenh* *Gallia.**
Laticollis. Gravenh. *P.*
Lævigatus. Marsh. *Anglia.*
Intermedius. Mannh. *Suecia.*
Rufipes. var. β. Payk. *Suecia.*
Marginatus. Fourc *P.*
Immaturatus. Gravh. *Germania*
9 Fimetarius. *Gravenh.* *Gallia.**
Sordidus. Gravenh. *Suecia.*
Fuscipes. Panzer. *Germania.*
10 Collaris. *Gravenh.* *Gallia.**
Var. *Corticinus. Grav.* *Suecia.*
Flavellus. Zetterst. id.
11 Elongatus. *Gyllenh.* *Helvetia.*
12 Discoideus. *Erich.* *Austria.*
13 Rufipennis. *Gyllenh.* *Suecia.*

TRICOPHYUS. *Erich.*

TRICOPHIA. *Mannerh.*

1 Pilicornis. *Gyllenh.* *Germania.*

BOLETOBIUS. *Leach.*

TACHINUS. *Gravenh. Gyll. Latr. Sahlb. Zett.* BRIOCHARIS. *Lacord.* OXYPORUS. *Rossi Fabr. Panz* MACRONUS. *Steph.* STAPHYLINUS. *Payk. Oliv. Fabr. Gœze. Panz. Schrank. Marsh. Lin. Müller. de Villers.*

1 Analis. *Payk.* *Gallia.**
Var *Merdarius. Gyll.* *Suecia.*
2 Cingulatus. *Mannerh* *Gallia.*
Analis. var. 1 et 3. *Gravenh.* *Suecia.*
Bicolor. Rossi. *Italia.*
3 Inclinans. *Gravenh.* *Germania.*
4 Punctulatus. *Heer.* *Helvetia.*
5 Formosus. *Gravenh.* *Germania.*
Merdarius. Gravenh. id.
6 Cernuus. *Knoch. Gravenh.* *Gallia.*
Var. *Merdarius. Oliv.* *P.*
7 Rufus. *Fischer. Erich.* *Germania.*
8 Bicolor. *Gravenh.* *Hercynia.*
9 Striatus. *Olivier.* *Gallia.**
Angularis. Payk. *Suecia.*
Analis. var. γ. Payk. id.
10 Atricapillus. *Fabr.* *Gallia.**
Lunulatus. Fabr. *Germania.*
11 Speciosus. *Erich.* *Hungaria.*
12 Lunulatus *Linné.* *Gall. bor.**
Atricapillus. Zetterst. *Suecia.*
13 Trimaculatus. *Fabr.* *Germ. bor.**
Littoreus. Payk. *Suecia.*
14 Trinotatus. *Erich.* *Germania.**
Bimaculatus. Schrank. id.
15 Exoletus. *Erich* *Gallia.**

16 Pygmæus. *Fabr.* *Gallia.**
Thoracicus. Fabr. *Germania.*
Melanocephalus. Grav. id.
3-*Maculatus. var. β. γ. Payk.* *Suecia.*
Merdarius. Runde. id.
Pallidus. Rossi. *Italia.*

MYCETOPORUS. *Mannerheim.*

ISCHNOSOMA. *Steph.* TACHYPORUS. *Gyll. Zett. Sahlb.* TACHYNUS *Gravenh.* OXYPORUS. *Fab* STAPHYLINUS. *Payk. Schr. Fabr. Gœze.*

1 Splendens. *Marsh.* *Germania.**
2 Punctus. *Gyll Erich.* id *
3 Longulus. *Mannerh.* *P.**
4 Semirufus. *Heer.* *Helvetia.*
5 Lepidus. *Mannerh.* *Gallia.**
Punctatostriatus. var. α. γ. Payk. *Suecia*
Merdarius Schrank. *Germania.*
Bimaculatus. Lacord. *P.*
Tristis. Gravenh. *Suecia.*
6 Pronus. *Erich.* *Germania.**
7 Nanus. *Gyllenh.* id.
8 Lucidus. *Erich.* id.*
9 Splendidus. *Gravenh.* *P.**

TANYGNATUS. *Erichson.*

1 Terminalis. *Erich.* *Berolini.*

OTHIUS. *Leach.*

CAFIUS. *Lacord.* GYROHYPNUS. *Mannerh. Nordm.* PÆDERUS. *Fabr.* STAPHYLINUS. *Fourcroy. Geoff. Gravenh. Latr. Gyll. Sahlb. Lacord. Payk. Schr.* XANTHOLINUS. *Zetterst.*

1 Fulvipennis. *Erich.* *P.**
Fulgidus Payk. *Suecia.*
Fulminans. Gravenh. id.
Fulvopterus. Fourc. *Gallia.*
Ustulatus. Gravenh. *Germania.*
2 Sardeus. *Sturm.* *Sardinia.*
3 Melanocephalus. *Gravenh.* *Gallia.**
4 Fuscicornis. *Heer.* *Helvetia.*
5 Punctipennis. *Lacordaire.* *P.**
6 Pilicornis. *Payk.* *Suecia* *
Var. *Alternans. Grav.* *Gall. bor.*
Nigriceps. Mannerh. *Germania*
Affinis. Payk. *Suecia.*
7 Myrmecophilus. *Kiesenwetter.* *Germania.*

XANTHOLINUS. *Dahl. Erichson.*

STAPHYLINUS. *Gravenh Latr. Gyll. Sahlb Oliv. Marsh. Payk. Fabr. Panz. Fourc. Müll. Gœze.* PÆDERUS. *Fabr. Panz.* GYROHYPNUS. *Mannerh. Nordm. Runde*

1 Fulgidus. *Fabr.* *Gall. merid.**
Pyropterus. Gravenh. *P.*
2 Glabratus. *Gravenh.* *Gall. orient.**
Fulgidus. Gravenh. id.
Relucens. Nordmann. *Suecia.*
Nitidus. Panzer. *Germania.*
Cruentatus. Marsh. *Anglia.*
Merdarius Nordm.
Var. *Cadaverinus. Lacordaire.* *P.*
Ochropterus. Nordm.
3 Rufipennis. *Erich.* *Sicilia.*
4 Elegans. *Olivier.* *Gall. merid*
Meridionalis. Lacord. *P.*
5 Collaris. *Erich.* *Germ. merid.*
6 Decorus. *Erich.* *Austria.*
7 Glaber. *Nordm.* *Germania.*
Lentus. var. b. Zett. id.
Diaphanus. Marsh. *Anglia.*
8 Ruficollis. *Lucas.* *Algiria.*
9 Rufipes. *Lucas.* id.
10 Lentus. *Gravenh.* *Germania.**
Glaber. var. 1. Grav. id.
Tricolor. var. b. Payk. *Suecia.*
11 Punctulatus. *Payk.* *Gallia.**
Elongatus. Fourcroy. *P.*
Fracticornis. Müller. *Germania.*
Var. *Ochraceus. Gyll.* *Suecia.*
12 Atratus. *Heer.* *Helvetia.*
13 Hespericus. *Erich.* *Lusitania.*
14 Procerus. *Schm Erich.* *Germ. bor.*
15 Tricolor. *Fabr.* *Gallia.**
Elegans. Gravenh. *Germania.*
Affinis. Marsh. *Anglia.*
16 Linearis. *Olivier.* *Gallia.**
Longiceps. Gravenh. *Germania.*
Punctulatus. Schrank id.
Var. *Ochraceus Grav.* *P.*
17 Longiventris. *Heer.* *Helvetia.*

LEPTACINUS. *Erichson.*

XANTHOLINUS. *Lacordaire.* GYROHYPNUS. *Mannerh. Runde. Nordm.* STAPHYLINUS. *Gyll. Sahlb. Gravenh. Latr.*

1	Brevicornis. *Erich.*	*Austria.*
2	Parumpunctatus. *Gyll.*	*Gallia.**
3	Batychrus. *Knoch.*	id.*
	Var. *Linearis. Gravh.*	*Germania.*
	Episcopalis. Lacord.	*P.*
	Minutus. Lacordaire.	id.
4	Nothus. *Erich.*	*Germania.**
5	Formicetorum. *Mannerh.*	*Gallia.**
6	Fuscus. *Motschulsky.*	*Russia.*
7	Myrmecobius. *Motsch.*	id.

STAPHYLINUS. *Linné.*

Fabr. Panz. Fourc. de Villers. Payk. Schr. Rossi. Walk. Oliv Gravenh. Latr. Marsh. Gyll. Nordm. Erich. Mannerh. Curtis Lacord. Runde. EMUS. *Mannerh. Lacord.* CREOPHILUS. *Mannerh.*

1	Hirtus. *Linné.*	*Gall. bor.**
	Bombilius. de Geer.	*Germania.*
	Quintus. Schæffer.	id.
2	Maxillosus. *Linné.*	*Gallia.**
	Nebulosus. Fourcroy.	*P.*
	Anonimus. Sulz.	*Germania.*
	Balteatus. de Geer.	id.
	Fasciatus. Fuesly.	id.
	Tertius. Schæff.	id
3	Nebulosus. *Fabr.*	*Gallia.**
	Tenellatus. Fourcroy.	*P.*
	Hybridus. Marsh.	*Anglia.*
	Murinus. Panzer.	*Germania.*
	Villosus. var. de Geer.	id.
	Secundus. Schæff.	id.
4	Marginalis. *Géné. Erich.*	*Sardinia.**
5	Murinus. *Linné.*	*Gallia.*
	Villosus. de Geer.	*Suecia.*
6	Chrysocephalus. *Fourc.*	*Gallia.*
	Pubescens. Rossi.	*Italia.*
7	Pubescens. *de Geer.*	*Gallia.**
8	Chloropterus. *Creutz. Fabr.*	*P.*
9	Fossor. *Scopol.*	*Gallia.**
	Erythropterus. Scop. var. 2	id.
	Fodicus. Gravenh.	*Suecia.*
10	Erythropterus. *Linné.*	*Gall. merid.**
	Castanopterus. Gravenh.	*Germania.*
	Flavicornis. Dej. Cat.	*Gall. orient.**
11	Sculpticollis. (*Gaubil.*)	*Algiria.**
12	Cæsareus. *Cedh.*	*Gallia.**
	Erythropterus. Fabr.	*Germania.*
	Primus. Schæff.	id.
13	Stercorarius. *Olivier.*	*Gallia.**
14	Lutarius. *Gravenh.*	*Austria.**
	Flavopunctatus. Latreille.	*Gallia.*
15	Chalcocephalus. *Fabr.*	id.*
	Æneocephalus. Fabr.	*Germania.*
	Ochropterus. Germar.	id.
	Carinthiacus. Lacord.	*P.*
16	Latebricola. *Gravenh.*	*Germania.*
17	Meridionalis. *Rosenh.*	*Gall. merid*
18	Fulvipes. *Scopol.*	*Gallia.**
	Bicinctus. Rossi.	*Italia.*
	Erythropus. Payk.	*Suecia.*
	Tricolor. Gravenh.	id.
	Azureus. Ledebour.	*Germania.*
19	Dauricus. *Mannerh.*	*Sibiria.*
20	Italicus. *Géné.*	*Italia.*
21	Tricinctus. *Géné.*	id.
22	Ventralis. *Géné.*	id.

OCYPUS. *Kirby.*

EMUS. *Lacord.* STAPHYLINUS. *Fab. Payk. Oliv. Geoff. de Villers. Rossi. Panz Latr. Gravenh. Mannerh. Fourc. Scop. de Geer. Gœze. Schrank Nordm. Marsh. Sahlb. Guérin. Müller. Heer.* ASTRAPÆUS. *Latr.* ANODUS *Nordm.*

1	Olens. *Muller.*	*Gallia.**
	Unicolor. Herbst.	id.
	Maxillosus. Schrank.	*Germania.*
	Major. de Geer.	*Suecia.*
2	Cyaneus. *Payk.*	*Gallia.**
	Azurescens. Mannerh.	*Suecia.*
	Ophthalmicus. Scop.	*Italia.*
	Cærulescens. Fourc.	*P.*
	Atro-cærulescens. Gœze.	*Germania.*
3	Nigrinus. *Lucas.*	*Alger.*
4	Italicus. *Géné. Erich.*	*Italia.*
5	Velutinus. *Jan.*	*Lombardia*
6	Macrocephalus. *Grav.*	*Carinthia.*
7	Megacephalus. *Nordm.*	id.
8	Alpestris. *Erich.*	id.

9	Similis. Fabr.	Gallia.*
	Lugens. Nordmann.	Suecia.
	Nitens Schrank.	Germania.
	Niger. de Geer.	id.
	Globulifer. Fourcroy.	P.
10	Masculus. Nordmann.	Lusitania.
11	Æthiops. Waltl.	Germania.
12	Picipes. Nordmann.	Austria.
13	Brunnipes. Fabr.	Gallia.*
14	Rufipes. Latr.	P.
	Brunnitarsis. Sturm.	Illyria.
15	Alpicola. Erich.	Carinthia.
16	Fuscatus. Gravenh.	Gallia.*
	Crassicollis. Gravenh. Latr.	id.
	Subpunctatus. Gyll.	Suecia.
	Morio. Gyllenh.	id.
	Punctulatus. Marsh.	Anglia.
	Politus. de Geer.	Suecia.
17	Picipennis. Fabr.	Gallia.*
	Æneocephalus. Payk.	Suecia.
	Penetrans. Müller.	Germania.
	Quartus. Schæffer.	id.
	Var. Tristis. Fabr.	id.
	Sericeus. Marsh.	Anglia.
	Leucophthalmus. Marsh.	id.
	Chalcocephalus. Mannerh.	Suecia.
18	Vagans. Heer.	Helvetia.
19	Cupreus. Rossi.	Gallia.*
	Æneocephalus de Geer.	Germania.
	Æneicollis. Gyllenh.	Suecia.
	Sericeicollis. Ménétr.	Russia.
	Strigatus. Nordmann.	id.
	Puberulus. Runde.	Anglia.
20	Fulvipennis. Erich.	Gallia.*
	Chalcocephalus. Nordmann.	Austria.
	Picipennis. Lacord.	P.
21	Tataricus. Pallas.	Russ. merid.
22	Pedator. Gravenh.	Gallia.*
	Rufipes. Latr.	P.
23	Siculus. Aubé.	Sicilia.
24	Planipennis. Aubé.	id.
25	Lusitanicus Aubé.	Lusitania.
26	Ater. Gravenh.	Gallia.*
	Fuscatus. Gyllenh.	Suecia.
	Obscurus. Nordmann.	id.
	Nigripes. Lacordaire.	P.
	Confinis. Curtis.	Anglia.
	Uralensis. Mannerheim.	Russia.
27	Morio. Gravenh.	Gallia.*
	Edentulus. Block.	id.
	Similis. Payk.	Suecia.
	Angustatus. Lacord.	P.
	Obscurus. Runde.	Anglia.
28	Luganensis. Heer.	Helvetia.
29	Cerdo. Erich.	Italia.
30	Melanarius. Heer.	Helvetia.
31	Compressus. Marsh.	Anglia.*
	Rufipalpis. Lacord.	P.
32	Falcifer. Nordmann.	Italia.
	Messor. Nordmann.	Suecia.

PHILONTHUS. Leach.

Erich. Heer. Nordmann. STAPHYLINUS Fabr. Payk. Latr. Gyll. Sahlb. Marsh. Mannerh. Lacord. Müll. Panz. Gravenh.

1	Splendens. Fabr.	Gallia.*
	Æneus. Müller.	Germania
	Sextus. Schæffer.	id.
	Niger. Müller.	id.
2	Lævicollis. Sturm.	Finlandia.
3	Punctipennis. Sturm.	Germania.
4	Montivagus. Heer.	Helvetia.
5	Intermedius. Dej. Cat. Lacord	P.*
	Laminatus. Nordm.	Germania.
6	Laminatus. Creutzer.	Gallia.*
	Viridanus. Nordm.	Suecia.
	Æneus. Marsham.	Anglia.
7	Cribratus. Erich.	Gall. merid.*
8	Lævicollis. Lacordaire.	P.
9	Cyanipennis. Fabr.	id.*
	Amœnus. Oliv. Latr.	id.
	Cœruleipennis. Mannerh.	Austria.
10	Nitidus. Fabr.	Germania.*
	Cœnosus. Gravenh.	Gallia.
11	Nitidipennis. Sturm.	Finlandia.
12	Asphaltinus. Erich.	Germ. merid.
13	Carbonarius. Gyllenh.	Gallia.*
	Nigritus. Runde.	Anglia.
14	Æneus. Rossi.	Gallia.*
	Laticeps. Zetterst.	Germania.
	Metallicus. Lacord.	P.
	Similis. Marsh.	Anglia.
	Var. Atratus. Lacord.	P.
15	Scutatus. Erich.	Germ. merid.*
16	Atratus. Gravenh.	Gallia.*
	Metallicus. Grav. Latr.	id.
	Var. Cœrulescens. Lac.	P.

No.	Espèce	Patrie
17	Lætus. *Heer.*	*Helvetia.*
18	Decorus. *Gravenh.*	*Gallia.**
19	Luceus. *Mannerh.*	*Germania.**
20	Politus. *Fabr.*	*Gallia.**
	Æneus. de Geer.	*Germania.*
21	Marginatus. *Fabr.*	*Gallia.**
22	Umbratilis *Gravenh.*	*P.**
	Subfuscus. Gyllenh.	*Suecia.*
23	Varius. *Gyllenh.*	*P.**
	Var. *Carbonarius. Gravenh.*	*Gallia.*
24	Gilvipes. *Erickson.*	*Germania.*
25	Bimaculatus. *Gravenh.*	*Gallia.**
	Nitidicollis. Lacord.	*P.*
	Dubius. Gravenh.	*Germania.*
26	Albipes. *Gravenh.*	*Gallia.**
27	Lepidus. *Gravenh.*	id.*
	Flavopterus. Gravenh.	*Suecia.*
	Fulvipes. Runde.	*Germania.*
28	Nitidulus. *Gravenh.*	id.
	Denigrator. Gravenh.	*Suecia.*
29	Xantholoma. *Gravenh.*	*Germania.**
30	Variegatus. *Erich.*	*Sicilia.*
31	Fucicola. *Curtis.*	*Anglia.*
32	Cicatricosus. *Erich.*	*Sicilia.*
33	Cephalotes. *Gravenh.*	*Gallia.**
34	Fimetarius. *Gravenh.*	id.*
	Rigidicornis. Grav.	*Germania.*
35	Sordidus. *Gravenh.*	*Gallia.**
36	Sparsus. *Lucas.*	*Algiria.*
37	Fuscus. *Gravenh.*	*Gallia.*
	Subtiliformis. Gravh.	*Suecia.*
	Fragilis. Gravenh.	id.
38	Placidus. *Erich.*	*Hungaria.*
39	Suturalis. *Nordm. Er.*	*Russ. orient.*
40	Microcephalus. *Grav. Erich.*	*P.*
41	Ebeninus. *Gravenh.*	*Gallia.**
	Var. *Brevicornis. Gravenh.*	*Suecia.*
	Varians. Gravenh.	*P.*
	Concinnus. Gravenh.	*Suecia.*
42	Corvinus. *Erich.*	*Germania.**
43	Fumigatus. *Dhl. Erich.*	*Gallia.**
	Var. *Intermedius. Gravenh.*	*Germania.*
44	Corruscus. *Gravenh.*	*Gallia.**
	Nitidus. Marsh.	*Anglia.*
	Planus. Lacordaire.	*P.*
45	Turbatus. *Erich.*	*Sardinia.*
46	Sanguinolentus. *Grav.*	*Gallia.**
	Var. *Contaminatus. Gravenh.*	*P.*
47	Strangulatus. *Erich.*	*Gall. merid.**
48	Bipustulatus. *Panzer.*	*Gallid.**
49	Varians. *Payk.*	id.*
	Opacus. Gravenh.	*P.*
	Var. *Bipustulatus. Gravenh.*	*Suecia.*
	Bimaculatus. Marsh.	*Anglia.*
	Var. *Opacus Gravenh.*	*P.*
	Aterrimus. Marsh.	*Anglia.*
	Scybalarius. Nordm.	*Suecia.*
	Fuscicornis. Nordm.	id.
	Simplex. Marsh.	*Anglia.*
	Agilis. Gravenh.	*Germania.*
	Discoideus. Lacord.	*P.*
50	Debilis. *Erich.*	id.*
	Lucidus. Gravenh.	id.
	Fimetarius. var. Grav.	*Suecia.*
	Agilis. Lacordaire.	*P.*
51	Ventralis. *Gravenh.*	*Gallia.**
	Immundus. Gravenh.	*Suecia.*
	Anthrax. Gravenh.	*Germania.*
52	Discoideus. *Gravenh.*	*Gallia.**
	Conformis. Lacord.	*P.*
	Testaceus. Gravenh.	*Germania.*
53	Melanocephalus. *Heer.*	*Helvetia.*
54	Rubidus. *Erich.*	*Gallia.*
	Dimidiatus. Nordm. Lacord.	*Germania.*
55	Quisquiliarus. *Gyllenh. Lacord.*	*Gallia.**
56	Alcyoneus. *Erich.*	*Sardinia.**
57	Rufimanus. *Dej. Cat. Erich.*	*Carinthia.**
58	Vernalis. *Gravenh.*	*P.**
59	Splendidulus. *Gravh.*	*Gallia.**
	Nanus. Gravenh.	*P.*
	Parvulus Gravenh.	id.
60	Immundus *Gyllenh.*	*Suecia.*
61	Dimidiatus. *Sahlberg.*	*Finl. merid.*
62	Celer. *Gravenh.*	*P.*
63	Irregularis. *Mannerh.*	*Petropoli.*
64	Nigrita. *Gravenh.*	*Germania.*
65	Fumarius. *Gravenh.*	id.*
66	Virgo. *Gravenh.*	*P.*
67	Micans. *Gravenh.*	*Gallia.**
	Varians. var. Gyll.	*Suecia.*
68	Fulvipes. *Fabr.*	*Gallia.**
69	Tenuis. *Fabr.*	*Germania.**
	Dimidiatus. Panzer.	*P.*
70	Pullus. *Nordmann.*	*Gallia.*
71	Luxurians. *Erich.*	*Sardinia.*
72	Exiguus. *Nordm.*	*Germania.*
73	Pusillus. *Heer.*	*Helvetia.*

74 Astutus. *Erich.* *Austria.*
75 Aterrimus. *Gravenh.* *Gallia.**
Nigritulus Gravenh. *Suecia.*
Pumilus Mannerh. id.
76 Puella. *Nordm.* *Berolini.*
77 Punctus. *Gravenh.* *Sardinia.**
Punctatus. Latreille. *Gall. merid.*
Multipunctatus. Mannerheim. *Suecia.*
Politus. Panzer. *Germania.*
78 Parumpunctatus. *Erich.* *Suecia.**
Punctus. Gyllenh id.
79 Dimiatipennis. *Erich.* *Gall. merid.**
80 Rufipennis. *Gravenh.* *Gallia.**
81 Cinerascens. *Gravenh.* id.*
82 Sericeus. *Holm.* id.
83 Pruinosus. *Erich.* *Austria.*
84 Prolixus. *Erich.* id.*
85 Procerulus. *Gravenh.* *Germania.**
Planatus. Gravenh. *Suecia.*
86 Elongatulus. *Erich.* *Germania.**
87 Palmula. *Gravenh.* id.
Cinctus. Latreille. *Gallia.*
88 Rubripennis. *Kiesenwetter.* *Germania.*
89 Salinus. *Kiesenwetter.* id.

HETEROTHOPS. *Kirby.*

Emus. *Lacord.* Tachyporus. *Gravenh.* Tachinus. *Gravenh.* Trichopigus. *Nordm.* Staphylinus. *Gyll. Mannerh. Zetterst.*

1 Prævius. *Erich* *Germania.**
Subuliformis. Lacord *P.*
2 Limbatus. *Knoch. Heer.* *Helvetia.*
3 Binotatus. *Erich.* *Germania.*
4 Dissimilis. *Gravenh.* id.
Subuliformis Gyll. *Suecia.*
5 Quadripunctatus. *Er.* *Germania.**
Subuliformis. Zett. *Suecia.*
6 Nitens. *Nordmann.* *Germania.*

ACYLOPHORUS. *Nordmann.*

Staphylinus. *Lacord. Zetterst.*

1 Glabricollis. *Lacord* *P.**
Rufilabris. Zetterst. *Suecia.*
Ahrensii. Nordmann. *Germania.*

QUEDIUS. *Leach.*

Microsaurus. *Dej. Cat.* Emus. *Lacord* Staphylinus. *Fabr. Panz. Payk. Latr Gravenh. Gyllenh. Mannerh. Geoffroy Sahlberg.* Philonthus. *Nordmann.*

1 Dilatatus. *Fabr.* (Velleius. *Mannerh.*) *Gallia.**
Serraticornis. Schrk. *Germania.*
Concolor. Marsh. *Anglia.*
2 Lateralis. *Gravenh.* *Gallia.**
3 Fulgidus. *Fabr. Erich.* id.*
Variabilis. Gyllenh. *Suecia.*
Nitidus. Gravenh. id.
Rufitarsis. Marsham. *Anglia.*
Fuscipennis. Block. *Germania.*
Floralis. Lacordaire. *P.*
Assimilis. Nordmann. *Suecia.*
Mesomelinus. Marsh. *Anglia.*
Occultus Lacordaire. *P.*
4 Cruentus. *Olivier.* *Gallia.**
Fulgidus. Marsham. *Anglia*
5 Xanthopus. *Erich.* *Germania.*
Variabilis. v. c. Gyll. *Suecia.*
6 Scitus. *Gravenh.* *Gallia.**
Var. *Analis. Fabr.* *Germania.*
Atricilus. var. b. Grav. id.
Pygmæus. Gravenh. *Suecia.*
7 Lævigatus. *Gyllenh.* *Lapponia.**
8 Impressus. *Panzer.* *Gallia.**
Cinctus. Payk. *Suecia.*
Marginellus. Marsh. *Anglia.*
Nitidus. var. Gravenh. *Germania.*
9 Punctatellus. *Heer.* *Helvetia.*
10 Montivagus. *Heer.* id.
Nigritus. Heer. id.
11 Curtus. *Erich.* *Sardinia.*
12 Brevis. *Erich.* *P.**
13 Unicolor. *Kiesenwett.* *Germania.*
14 Molochinus. *Gravenh.* *Gallia.**
Laticollis. Gravenh. *Suecia.*
Picipennis. Payk. id.
Lapponicus. Zetterst. *Lapponia.*
Lævicollis. Runde. *Anglia.*
15 Pallipes. *Lucas.* *Algiria.*
16 Frontalis. *Nordmann.* *Gallia.**
17 Fuliginosus. *Gravenh.* id.*
Tristis. Lacordaire. *P.*
Dilatatus. Marsh. *Anglia.*
18 Picipes. *Mannerh.* *Germania.**
Varicolor. Nordmann. *Suecia.*
19 Plancus. *Erich.* *Sardinia.*

20 Ochropterus. *Erich.* *Austria.**
21 Fimbriatus. *Erich.* id.
22 { Peltatus. *Erich.* *Germania.**
{ *Præcox. Erich.* id.
23 Præcox. *Gravenh.* *Sardinia*
24 { Umbrinus. *Erich.* *Germania.**
{ *Maurorufus. Gyllenh.* *Suecia.*
25 Montanus. *Heer.* *Helvetia.*
26 Paradisianus. *Heer.* id.
27 { Maurorufus *Gravenh.* *Gallia.**
{ *Attenuatus Gravenh.* *Suecia.*
{ *Præcox. Gyllenh.* *P.*
28 Infuscatus. *Erich.* id.
29 { Rufipes. *Gravenh.* *Gallia.**
{ *Ruficornis. Gravenh.* *Germania.*
{ *Attenuatus. Lacord.* *P.*
30 Monticola. *Erich.* *Germania.**
31 Semi-obscurus. *Marsh.* *Ang. Sardin.**
32 Collaris. *Erich.* *Volhynia.*
33 { Attenuatus *Gyllenh.* *P.**
{ *Maurorufus Runde.* *Anglia.*
{ *Scintillans. Lacord.* *Gallia.*
34 Picipennis *Heer.* *Helvetia.*
35 Virgulatus. *Erich.* *Sardinia.*
36 Boops. *Gravenh.* *Gallia.**
37 Satyrus. *Kiesenwetter.* *Germania*
38 Obliteratus. *Erich.* *Sardinia.*
39 Scintillans. *Gravenh.* *Germania.*
40 Alpestris. *Heer.* *Helvetia.*
41 Lucidulus. *Erich.* *Germania.*
42 Tenellus. *Gravenh.* id.
43 Rufocinctus. *Mannerh.* *Finland. mer.*
44 Maurus. *Sahlberg.* id.
45 Vicinus. *Lacordaire.* *P.*
46 Suturalis. *Kiesenwett.* *Germania.*
47 Riparius. *Kellner.* id.

ASTRAPÆUS. *Gravenh.*

Lacordaire. Staphylinus. *Fabr. Panzer. Gravenh. Rossi. Oliv.*

1 { Ulmi. *Rossi.* *Gall. merid.**
{ *Ulmineus. Fabr. Lacordaire.* *P.*

EURYPORUS. *Erichson.*

Oxyporus. *Payk. Gyll.*

1 Picipes. *Marsham.* *Gall. bor.**
2 Æneiventris. *Lucas.* *Algiria.*

OXYPORUS. *Fabricius.*

Staphylinus. *Lin. Payk. Marsh. Geoff.*

1 Rufus. *Linné.* *Gallia.**
2 { Maxillosus. *Fabr.* *Germania.**
{ Var. *Angularis. Gebl.* *Russia.*
{ *Schœnherri Mannerh.* *Finlandia.*
3 Mannerheimii. *Gyll.* *Lapponia.*

CRYPTOBIUM. *Mannerh.*

Pæderus. *Payk.* Lathrobium. *Gravenh. Latr. Gyllenh. Germar.*

1 { Fracticorne. *Mannerh.* *Gallia.**
{ *Glaberrimus. Payk.* *Lapponia.*

DOLICAON. *de Laporte.*

Lathrobium. *Gravenh. Latr. Lacordaire.*

1 Illyricus. *Erich.* *Illyria.*
2 Hæmorrhous. *Erich.* *Sardinia.*
3 Gracilis. *Gravenh.* *Lusitania.*
4 Biguttulus. *Lacord.* *P. Gall. mer.**

SCIMBALIUM. *Erichson.*

1 Planicolle. *Erich.* *Italia.*
2 Testaceum. *Erich.* *Sicilia.*

ACHENIUM. *Leach.*

Lathrobium. *Gravenh. Latr.*

1 { Depressum. *Gravenh.* *Gall. merid.**
{ *Cordatum. Lacord.* *P.*
2 Ephippium. *Erich.* *Hungaria.*
3 Punctatum. *Zetterst.* *Finlandia.*
4 Basale. *Erich.* *Sardinia.*
5 Striatum. *Latreille.* *Gallia.*
6 Distinctum. *Lucas.* *Algiria.*
7 { Humile. *Nicolai.* *German. P.**
{ *Depressum. Curtis.* *Anglia.*
8 Hæmorrhoidale. *Lucas.* *Algiria.*
9 Jejunum. *Erich.* *Sardinia.*
10 Tenellum. *Erich.* id.

LATHROBIUM. *Gravenhorst.*

Pæderus. *Payk. Panz. Rossi. Oliv.* Staphylinus. *Marsh. Geoff. Gravenh. Payk.*

1 { Brunnipes. *Fabr.* *Gallia.**
{ *Elongatus. v. c. Payk.* *Suecia.*
{ *Dentatus. Marsh.* *Anglia.*

2 Elongatum. *Linné.* *Gallia.**
3 Alpestre. *Heer.* *Helvetia.*
4 Basale. *Kerl.* *Germania.*
5 Fulvipenne. *Gyllenh.* *Gallia.**
Elongatum. Lacord. *P.*
6 Lævipenne. *Heer.* *Helvetia.*
7 Rufipenne. *Gyllenh.* *Germania.**
8 Bicolor. (*Dahl.*) *Heer.* *Helvetia.*
9 Multipunctatum. *Grav.* *Gallia.**
Lineare. Gravenh. *Germania.*
Var. *Testaceum. Oliv.* *Gallia.*
10 Anale. *Lucas.* *Algiria.*
11 Spadiceum. *Erich.* *Germania.*
12 Brunneum. *Stm. Cat.* *Germania.*
13 Angusticolle. *Lacord. Erich.* *P.*
14 Bicolor. *Erich.* *Carniolia.*
15 Picipes. *Erich.* *Germania.*
16 Labile. *Erich.* *Sardinia.*
17 Quadratum *Gyllenh.* *Gallia.**
Filiforme. Payk. *Suecia.*
Var. *Pilosum. Grav.* *P.*
Terminatum. Grav. id.
18 Albipes. *Lucas.* *Algiria.*
19 Scutellare. *Nordmann.* *Austria.*
20 Angustatum. *Lacord.* *P.*
21 Lusitanicum. *Grav.* *Lusitania.*
22 Punctatum. *Zetterst.* *Germania.**
23 Filiforme. *Gravenh.* id.*
Lineare. Gyllenh. *Suecia.*
24 Megacephalum. *Heer.* *Helvetia.*
25 Pallidum. *Nordmann.* *Germania.**
26 Dividuum. *Erich.* *Sardinia.*
27 Dilitum. *Erich.* *Germ. sept.*
28 Impressum. *Heer.* *Helvetia.*
29 Longulum. *Gravenh.* *Gallia.**
Minutum. Mannerh. *Germania.*
30 Agile. *Heer.* *Helvetia*
31 Stilicinum. *Erich.* *Germania.*
32 Elegantulum *Sturm. Cat.* id.
33 Scabricolle. *Erich.* *Austria.**
34 Brevicorne. *Latreille.* *Gallia.*
35 Dentatum. *Kellner.* *Germania.*

SCOPÆUS. *Erichson.*

PÆDERUS. *Gyllenh.* RUGILUS. *Mannerh.* LATHROBIUM. *Erich. Heer.*

1 Lævigatus. *Gyllenh.* *Gallia.*
2 Didymus. *Erich.* *Sardinia.*
3 Minutus. *Erich.* *Gallia.**
4 Minimus. *Erich.* *Germania.*
5 Pumilus. *Heer.* *Helvetia.*

MICROPHIUS. *Dejean.*

1 Colubrinus. *Dejean* *Sicilia.*

LITHOCHARIS. *Dejean.*

PÆDERUS. *Lacord. Gravenh. Latr. Oliv Panz. Fabr.* RUGILUS. *Mannerh.* STAPHYLINUS. *Marsham.*

1 Castanea. *Gravenh.* *Gallia.*
2 Fuscula. (*Ziegl.*) *Lac.* *P.*
3 Brunnea. *Erich.* *Germania.**
4 Diluta. *Erich.* id.
5 Rufiventris. *Nordm.* id.
6 Ferruginea. *Erich.* *Austria.*
7 Melanocephala. *Fabr.* *Gallia.**
Tricolor. Marsh. *Anglia.*
Bicolor. Olivier. *P.*
Ruficornis. Latreille. *Gallia.*
8 Ochracea. *Gravenh.* *P.**
Rubricollis. Gravenh. *Germania.*
Testacea. Lacordaire. *P.*
9 Obsoleta. *Nordmann.* *Germania.**
10 Minuta. *Lucas.* *Algiria.*
11 Obscurella. *Erich.* *Sardinia.*
12 Nigritula. *Erich.* *Sicilia.*
13 Exigua. *Nees.* *Germania.*

STILICUS. *Latreille.*

PÆDERUS. *Gravenh. Latr. Oliv. Fabr Dahl.* RUGILUS. *Germ. Lacord. Curtis.*

1 Dentipes. *Tischer.* *Germania*
Scabricollis. Dahl. Dej. St. Cat. id.
2 Fragilis. *Latreille.* *P.**
Sanguinicollis. Dahl. *Germania.*
3 Rufipes. *Müller. Germ.* id.*
Orbiculatus Fab. Lac. *P.*
4 Subtilis. *Erich.* *Austria.**
5 Similis. *Erich.* *Germania.**
Orbiculatus Gravenh. id.
6 Geniculatus. *Ahrens.* id.*
7 Affinis. *Erich.* *Gallia.**
8 Ruficornis. *Lucas.* *Algiria.*
9 Fuscipes. *Erich.* *Sardinia.*
10 Orbiculatus. *Payk.* *Suecia.**
11 Exiguus. *Gravenh. in litt. Heer.* *Helvetia.*

SUNIUS. *Leach.*

PÆDERUS. *Latr. Oliv. Gravenh. Mannerh. Payk. Gyll.* ASTENUS. *Dej. Cat. Lacord.* STAPHYLINUS. *Payk. Fabr. Panz.*

1	Filiformis. *Latreille.*	*Gallia.**
	Procerus. Gravenh.	*P.*
	Extensus. Mannerh.	*Germania.*
2	Intermedius. *Dej. Cat. Erich.*	id.*
3	Linearis. *Sturm.*	id.
4	Lapidarius. *Nees.*	id.
5	Angustatus. *Payk.*	*Gallia.**
	Var. *Gracilis. Payk.*	*Germania.*
6	Bimaculatus. *Erich.*	*Sardinia.**
7	Curtulus. *Erich.*	id.
8	Tristis. *Erich.*	id.
9	Exilis. *Schüppel.*	*Germania.*
10	Fusculus. *Dahl.*	*Austria.*
11	Kunzei. *Heer.*	*Helvetia.*
12	Neglectus *Marck.*	*Saxonia.*
13	Pulchellus. *Heer.*	*Helvetia.*

PÆDERUS. *Fabricius.*

Mannerh. Lacord. Latr. Oliv. Curtis Gravenh. Erich. Payk. Panz. Gyllenh. STAPHYLINUS. *Schrank. Paykull. Marsh. Linné. Geoff.*

1	Littoralis. *Gravenh.*	*Gallia.**
	Riparius var. Latr.	id.
2	Lusitanicus. *Aubé*	*Lusitania.*
3	Brevipennis *Lacord.*	*P.**
4	Longipennis. *Erich.*	id.*
	Riparius. Gravenh.	*Gallia.*
	Fuscipes. Curtis.	*Anglia.*
5	Caligatus. *Erich.*	*P.**
6	Limnophilus. *Markel. Erich.*	*Gall merid.**
7	Riparius. *Linné.*	*Gallia.**
	Confinis. Zetterst.	*Germania.*
8	Ruficollis. *Fabr.*	*Gallia.**
	Thoracicus. Fourcroy.	*P.*
9	Filiformis. *Costa.*	*Italia.*
10	Melanurus. *Géné.*	id.

ŒDICHIRUS. *Erichson.*

1	Pæderinus. *Erich.*	*Sicilia.*
2	Unicolor. *Aubé.*	*Hisp. merid.*

PROCIRRUS. *Latreille.*

1	Lefebvrei. *Latreille.*	*Sicilia.*

DIANOUS. *Leach.*

STENUS. *Gyll. Sahlb.*

1	Cœrulescens. *Gyllenh.*	*Gall. bor.**
	Cæruleus. Curtis. Mannerheim.	*Finlandia.*

STENUS. *Latreille.*

PÆDERUS. *Olivier.* STAPHYLINUS. *Linné. Fabr. Panz. Rossi. Valk. Scopol. Gœze. Ljung. Weber.*

1	Biguttatus. *Linné. Fab.*	*Gallia.**
	Bipustulatus. Mannh.	*Suecia.*
2	Bipunctatus. *Kirby.*	*Gallia.**
3	Longipes. *Heer.*	*Helvetia.*
4	Guttula. *Müller.*	*Gallia.**
	Kirbyi Gyllenh.	*Suecia.*
	Biguttatus. var. Grav.	*Gallia.*
5	Maculipes. *Heer.*	*Helvetia.*
6	Geminus. *Gravenh. in litt. Heer.*	id.
	Bituberculatus. Aubé.	id.
7	Bimaculatus. *Gyllenh.*	*P.**
	Juno. Gravenh	id.
8	Stigmula. *Erich.*	id.*
9	Juno. *Fabr.*	*Germania.**
	Clavicornis. Fabr.	id.
	Buphthalmus. Latr.	*Gallia.*
	Boops. Gravenh.	id.
10	Intricatus. *Erich.*	*Sardinia.*
11	Asphaltinus. *Erich.*	*Tyrol.*
12	Ater. *Mannerh.*	*Gallia.**
	Maurus. Mannerh.	*Germania*
13	Carbonarius. *Gyllenh.*	*Gallia.**
14	Labilis. *Erich.*	*Finlandia.**
	Canaliculatus. Sahlb.	id.
15	Ruralis. *Erichson.*	*Austria.**
16	Buphthalmus. *Schrank.*	*P.**
	Boops. Ljung.	*Anglia.*
	Clavicornis. Panzer.	*Germania*
	Canaliculatus. Lacd.	*P.*
	Palposus. Zettersted.	*Suecia.*
17	Morio. *Knoch.*	*Germania.**
	Buphthalmus. Zett.	*Suecia.*
18	Incanus. *Erich.*	*Germania.*
19	Cinerascens. *Erich.*	*Gallia.**
20	Atratulus. *Erich.*	id.*

21 Mendicus. *Erich.* *Lusitania.*
22 Incrassatus. *Erich.* *Germania.**
23 Foraminosus. *Erich.* id.
24 Nitidus. *Lacordaire.* *P.**
25 Æmulus. *Erich.* *Germania.*
26 Canaliculatus. *Knoch. Gyllenh.* *Gallia.**
Buphthalmus. var. Gravenh. *Suecia.*
27 Niger. (*Dahl.*) *Mannerh.* *Helvetia.*
28 Opacus. *Erich.* *Berolini.*
29 Pusillus. *Kirby. Erich.* *Germania.**
30 Exiguus. *Erich.* *Anglia.*
31 Speculator. *Knoch. Lacordaire.* *P.**
Clavicornis. Scopol. *Germania.*
Buphthalmus. Schrk. id.
Boops. var 1. Grav. *Suecia.*
Cicindeloides. Ljung. *Anglia.*
32 Obscurus. *Lucas.* *Algiria.*
33 Providus. *Erich.* *Gallia.**
34 Æneus. *Lucas* *Algiria.*
35 Scrutator. *Erich.* *Germania.*
Femoralis. Erich. Col. id.
36 Sylvester. *Erich.* id.
37 Fossulatus. *Erich.* *Saxonia*
38 Lustrator. *Erich.* *Germania.*
39 Atterrimus *Aubé. Er.* *P.**
40 Alpestris. *Heer.* *Helvetia.*
41 Proditor. *Erich.* *Germania.*
42 Excubitor. *Erich.* *Berolini.*
43 Argus. *Knoch. Grav.* *Gallia.**
Opticus. Gyllenh. *Germania.*
44 Cantus. *Erich.* *Berolini.*
45 Vafellus. *Erich.* id.*
46 Fuscipes. *Gravenh.* *Gallia.**
Fulvipes. Lacordaire. *P.*
47 Humilis. *Erich.* *Gallia.**
Fuscipes. Ljung. *Anglia.*
Argus. Gyllenh. *Suecia.*
Carbonarius. Lacord. *P.*
48 Circularis. *Gravenh.* *Gallia.**
49 Declaratus. *Tischer.* id.*
Circularis Gravenh. *P.* *
50 Pumilio. *Erichson.* *Germania*
51 Nigritulus *Gyllenh.* *Gallia.*
52 Campestris. *Erich.* *Germania.**
53 Unicolor. *Erich.* *Gallia.**
54 Opticus. *Knoch.* id.*
Femorellus. Zetterst. *Suecia.*
55 Formicetorum. *Mannerheim.* *Finlandia.*
56 Binotatus. *Ljung.* *Gallia.**
57 Subimpressus. *Knoch.* *P.**
58 Plantaris. *Erich.* id.*
Binotatus. var. b. Gyllenhal. *Germania*
59 Rufimanus. *Heer.* *Helvetia.*
60 Plancus. *Erich.* *Anglia.*
61 Bifoveolatus *Gyllenh.* *P.**
62 Rusticus. *Erich.* id.*
63 Tempestivus. *Erich.* *Gallia.**
64 Picipennis. *Erich.* *Saxonia.*
65 Languidus. *Erich* *Sicilia.*
66 Cordatus. *Gravenh.* *Sardinia.*
67 Hospes. *Erich.* *Corcyra.*
68 Subæneus. *Erich.* *P.*
Geniculatus. Mannerh. *Gall. merid.*
69 Ærosus. *Erich.* *Sardinia.*
70 Glacialis. *Chevrier.* *Helvetia.*
71 Impressus. *Tischer. Germar.* *Gallia.**
Proboscideus. Germar. *Germania.*
Aceris. Lacordaire. *P.*
Pallipes. var. Grav. *Germania.*
72 Obliquus. *Heer.* *Helvetia.*
73 Geniculatus. *Knoch. Gravenh.* *P.**
74 Flavipes. *Erich.* id.*
75 Palustris. *Erich.* *Germania.**
Proboscideus. Gyllenh. *Suecia.*
76 Montivagus. *Heer.* *Helvetia.*
77 Fuscicornis. *Erich.* *P.**
78 Pallipes. *Gravenh.* id.*
79 Annulipes. *Heer.* *Helvetia.*
80 Angustulus. *Heer.* id.
81 Filum. *Tischer Erich.* *Gallia.**
82 Tarsalis. *Ljung.* id.*
Buphthalmus. Ljung. *Germania.*
Clavicornis. Rossi. *P.*
Riparius. Runde. id
83 Oculatus. *Gravenh.* *Gallia.**
Similis. Herbst. *Germania.*
84 Solutus. *Erich.* *P.**
85 Cicindeloides. *Schall.* *Gallia.**
Buphthalmus Rossi. *Italia.*
Clavicornis. Rossi. *Gall. merid.*
Biguttatus. var. Oliv. *Germania.*
Similis. Ljung. *Anglia.*
86 Paganus. *Erich.* *Germania.*
87 Latifrons. *Knoch* *Gallia.**
Morio. var. Gravenh. *Germania*
88 Contractus. *Dej. Cat. Erich.* *Gallia.**
89 Rotundatus. *Ljung.* *Germania.*

EUÆSTETHUS. *Knoch.*

ERISTHETUS. *Mannerh. Sahlb. Lacord.* STENUS. *Ljung. Web.*

1 { Scaber. *Knoch.* *P.**
{ *Bipunctatus. Ljung.* id.
2 Læviusculus. *Mannerh. Finlandia.*
3 Ruficapillus. *Lacord.* *P.**

BLEDIUS. *Leach.*

OXYTELUS. *Gravenh. Germ. Ahrens. Latr. Oliv. Gyll. Guérin. Sahlb.* STAPHYLINUS. *Payk. Block. Herbst.*

1 { Taurus. *Dej. Mannerh. Gall. merid.**
{ *Furcatus. Olivier.* id.
{ *Skrimshiri. Curtis. Anglia.*
{ *Ruddii. Stephens.* id.
{ *Armatus. Dej. Cat. Gall. merid.*
2 Bicornis. *Ahrens.* id.*
3 Hinnulus. *Erich. Russ. merid.*
4 Juvencus. *Erich.* id.
5 Tricornis. *Herbst.* *P.**
6 Littoralis. *Heer. Helvetia.*
7 Alpestris. *Heer.* id.
8 Monoceros. *Stm. Cat. Sicilia.*
9 Unicornis. *Germar. Gall. merid.**
10 Aquarius. *Erich. Genevæ.*
11 { Fracticornis. *Payk. Gallia.**
{ *Pallipes. Grav. Lac.* *P.*
{ *Gallicus. Gravenh. Gallia.*
{ *Tricornis. var. Grav. Germania.*
12 Femoralis. *Gyllenh. Suecia.*
13 Longulus. *Erich. Germania.**
14 Procelurus. *Erich. Austria.*
15 Nigricans. *Erich. Russ. merid.*
16 Dissimilis. *Erich. Gallia.**
17 Tristis. *Aubé. Sicilia.*
18 Rufipennis. *Erich. Austria.**
19 Crassicollis. *Lacord.* *P.**
20 Cribricollis. *Chevrier. Helvetia.*
21 Filum. *Chevrier. Heer.* id.
22 Fossor. *Chevr. Heer.* id.
23 { Opacus. *Block. Erich. Germania.**
{ *Castaneipennis. Lacordaire.* *P.*
24 Erraticus. *Erich. Germania.*
25 Pallipes. *Gravenh. Gallia.*
26 Atricapillus. *Germar. Germania.*
27 Nanus. *Erich. Austria.*
28 Pusillus. *Erich. Gallia.*
29 Pigmæus. *Erich.* id.
30 Verres. *Erich. Sardinia.*
31 Talpa. *Gyllenh. Gallia.**
32 Subterraneus. *Märkel. Erich. Germania**
33 Morio. *Heer. Helvetia.*
34 Tibialis. *Chevrier. Heer.* id.
35 Agricultor. *Chevrier. Heer.* id.
36 Arenarius. *Payk. Suecia.*
37 Debelis. *Erich. Russ. merid.*
38 Elongatus. *Mannerh. Petropoli.*

PLATISTHETUS. *Mannerh.*

OXYTELUS. *Sahlb. Gyll.* STAPHYLINUS. *Payk. Marsham.*

1 { Morsitans. *Payk. Gallia.**
{ *Trilobus. Olivier.* id.
{ *Striolatus. Lacord.* *P.*
{ *Mordax. Sahlberg. Germania.*
2 { Cornutus. *Gravenh.* *P.**
{ *Scibalarius. Runde. Germania.*
3 Longicornis. *Lucas. Algiria.*
4 { Nodifrons. *Sahlberg. Gallia.**
{ *Nitens. Sahlberg. Germania.*
{ Var. *Pallidipennis. Panzer. Helvetia.*
{ *Morsitans. var. c. Gyll. Suecia.*
5 Splendens. *Chevrier. Heer. Helvetia.*
6 Striatulus. *Heer.* id.
7 Spinosus. *Erich.* *P.*
8 Capito. *Chevrier. Heer. Helvetia.*

OXYTELUS. *Gravenhorst.*

STAPHYLINUS. *Fabr. Panz. Marsh. Oliv. Payk. Walk. Müller. Fourcroy. Geoff. Schr. Linné.*

1 { Rugosus. *Fabr.* *P.**
{ *Carinatus. Panzer. Germania.*
{ *Piceus. Olivier. Gallia.*
{ Var. *Striatus. Müller. Germania.*
{ *Sulcatus. Fourcroy.* *P.*
{ *Pulcher. Gravenh.* id.
{ *Terrestris. Lacord.* id.
{ *Laqueatus. Marsham. Anglia.*
2 { Insectatus. *Gravenh. Germania.**
{ *Carinatus. var. Gyll. Gallia.*
3 Fulvipes. *Erich. Germania.*

4 Piceus. *Linné.* *Gallia.**
Sulcatus. Müller. *Germania*
Rugosus. Schrank. id.
5 Humilis. *Chevrier.* *Heer.* *Helvetia.*
6 Terrestris. *Dahl. Heer.* id
7 Sculptus. *Grav. Knoch.* *Gallia.**
Longicornis. Mannerh. *Germania.*
8 Montivagus. *Heer.* *Helvetia.*
9 Sculpturus. *Gravenh.* *Germania.**
Flavipes. Lacordaire. *P.*
10 Inustus. *Gravenh.* *Gallia.**
11 Luteipennis. *Erich.* *Germania* *
12 Politus. *Erich.* *Austria.*
13 Intricatus. *Erich.* id.
14 Nitidulus. *Gravenh.* *Gallia.**
Piceus. Schrank. *Germania.*
Var. *Pygmæus. Payk.* *Suecia.*
Rugulosus. Say. *Anglia.*
15 Complanatus. *Erich.* *Gallia.**
Depressus. Gyllenh. *Suecia.*
16 Depressus. *Gravenh.* *Gallia.**
Pusillus Mannerh. *Suecia.*
Tetracarinatus. Block. *Germania.*
17 Pumilus. *Erich.* *Berolini.*
18 Fornicarius. *Motsch.* *Russia.*

PHLŒONÆUS. *Erichson.*

OXYTELUS. *Gravenh. Latr. Oliv. Panz. Gyll. Sahlb. Zetterst. Mannerh. Lacord.* STAPHYLINUS. *Marsh. Block.*

1 Cœlatus. *Gravenh.* *Gallia.**
Brachypterus. Marsh. *Anglia.*
Spinipes. Block. *Germania.*
2 Cæsus. *Erich.* id.*

TROGOPHLÆUS. *Mannerh.*

OXYTELLUS. *Gyllenh. Sahlberg. Runde. Zetterst.*

1 Dilatatus. *Erich.* *Gallia.**
2 Omalinus. *Erich.* *Saxonia.*
3 Angustatus. *Erich.* *Bavaria.*
4 Scrobiculatus. *Erich.* *Saxonia.*
5 Bilineatus. *Stephens. Erich.* *Gallia.**
Corticinus. Gyllenh. *Suecia.*
Var. *Inquilinus. Erich.* *Germania.*
6 Riparius. *Lacordaire.* *P.**
7 Elongatulus. *Erich.* *Germania.**
8 Fuliginosus. *Gravenh.* *Germania.*
9 Corticinus. *Gravenh.* id.*
Minimus. Runde. id.
10 Affinis. *Heer.* *Helvetia.*
11 Exiguus. *Erich.* *Germania.*
Impressus. Lacord. *P.*
12 Punctatellus. *Erich.* *Carinthia.*
13 Foveolatus. *Erich. Sahlb.* *Germania.*
14 Troglodytes. *Erich.* *Sardinia.*
15 Pusillus. *Gravenh.* *Gallia.**
Fuliginosus. Gyllenh. *Suecia.*
Corticinus. Lacord. *P.*
16 Inquilinus. *Erich.* *Germania.**
17 Obesus. *Kiesenwetter.* id.*
18 Tenellus. *Erich.* *Germania.**
Gracile. Mannerh. *Gallia.*
19 Subtilis. *Erich.* *Berolini.*
20 Affinis. *Heer.* *Helvetia.*

TRIGONURUS. *Mulsant.*

1 Mellyi. *Mulsant.* *Alp. sup.*

COPROPHILUS. *Latreille.*

STAPHYLINUS. *Fabr. Panz. Oliv. Grav.* ANTHOB *Lacord.* OXYTEL. *Germar.*

1 Striatulus. *Fabr.* *P.**
Rugosus. Olivier. *Gallia.*
Læsus. Germar. *Germania.*

ACROGNATHUS. *Erichson.*

OMALIUM. *Gyllenh.*

1 Mandibularis. *Gyll.* *P.**
2 Cephalotes. *Erich.* *Corcyra.*
3 Palpalis. *Erich.* *Berolini.**

DELEASTER. *Erichson.*

ANTHOPH. *Gravenh.* LESTEVA. *Latr. Guérin. Mannerh. Lacord. Curtis.* STAPHYLINUS. *Schrank.*

1 Dichrous. *Gravenh.* *Gallia.**
Leachii. Curtis. *Anglia.*
Brassicæ. Schrank *Germania.*

MICRALYMMA. *Westwood.*

OMALIUM. *Gyllenh. Zetterst.*

1 { Brevipenne. *Gyllenh.* *Suecia.*
{ *Johnstonis. Westw.* *Anglia.*

SYNTOMIUM. *Curtis.*

OMALIUM. *Müller. Gyllenh.*

1 { Æneum. *Müller.* *Germania.**
{ *Nigro-æneum. Curtis.* *Anglia.*

PROGNATHA. *Latreille.*

SIAGONA. *Kirby.*

1 { Quadricornis. *Kirby.* *Gallia.**
{ *Rufipennis. Blondel.* *P.*

OLISTHÆRUS. *Dej. Cat. Erich.*

OMALIUM. *Zetterst. Gyll. Sahlb.*

1 Megacephalus. *Zett.* *Lapponia.*
2 Substriatus. *Paykull.* id.*

PHLŒOCHARIS. *Mannerheim.*

1 Subtilissima. *Mannerh.* *Finlandia.**
2 Minutissima. *Heer.* *Helvetia.*

CORYNOCERUS. *Dejean. Cat.*

1 Mandibularis. *Dej. Cat.* *Russ. merid.*

ANTHOPHAGUS. *Gravenhorst.*

LESTEUA. *Latr. Lepell. de Saint-Farg. Lacord. Mannerh.* STAPHYLINUS. *Block. de Geer. Fabr. Payk.*

1 Armiger. *Gravenhorst.* *Germania.**
2 Spectabilis. *Heer.* *Helvetia.*
3 Forticornis. *Kiesenw.* *Germania.*
4 Sudeticus. *Kiesenw.* id.
5 { Alpinus. *Fabr.* *Alp. Gall.**
{ *Mandibularis. Gyll.* *Suecia.*
{ *Maxillosus. Zetterst.* id.
{ *Lapponicus. v. Sahlb.* *Lapponia.*
6 Alpestris. *Heer.* *Helvetia.*
7 { Omalinus. *Zetterst.* *Lapponia.**
{ *Alpinus. Sahlberg.* id.
8 Austriacus. *Erichson.* *Austria.**
9 { Caraboides. *Linné.* *Gallia.**
{ Var. *Fulvus. de Geer.* *Germania.*
{ *Testaceus. Lacord.* *P.*
10 Gracilis. *Heer.* *Helvetia.*
11 Melanocephalus. *Heer.* id.
12 Rotundicollis. *Heer.* id.
13 { Abbreviatus. *Fabr.* *Gallia.**
{ *Angusticollis. Mannh.* *Suecia.*
14 Scutellaris. *Erichson.* *Helvetia.*
15 { Testaceus. *Gravenh.* *Gallia.**
{ *Caraboides. Lacord.* *P.*
16 Patruelis. *Chevrier. Heer.* *Helvetia*
17 { Præustus. *Müller.* *Gallia.**
{ *Bimaculatus. Lacord.* *P.*
18 { Plagiatus. *Fabr.* *Gallia.**
{ Var. *Suturalis. Lacord.* *P.*
{ *Nigritus. Müller.* *Germania.*
{ *Longipes. Mannerh.* *Suecia.*
{ *Globulicollis. Zetterst.* *Lapponia.*
{ Var. *Kunzei. Heer.* (Geobius.) *Helvetia.*
19 Æmulus. *Rosenhauer.* *Tyrolis.*

LESTEUA. *Latreille.*

ANTHOPHAGUS. *Gravenh.* STAPHYLINUS. *Gravenh. Geoffroy. Gyll. Zett. Bock.* CARABUS. *Panz.*

1 Monticola. *Kiesenw.* *Germania.*
2 { Bicolor. *Fabr.* *Gallia.**
{ *Truncatellus. Fabr.* id.
{ *Obscurus. Gravenh.* *Germania.*
{ *Intermedius. Gravenh.* id.
{ *Multipunctatus. Block.* id.
3 Pubescens. *Mannerh.* *Germania.**
4 Maura. *Erichson.* *Sardinia.*
5 Riparia. *Chevrier. Heer.* *Helvetia.*
6 Sicula. *Erichson.* *Sardinia.*
7 Punctata. *Erichson.* *Germania.**
8 Longula. *Mannerh.* *Finland.mer.*

ARPEDIUM. *Erichson.*

OMALIUM. *Gravenh. Oliv. Gyll. Zetterst. Mannerh. Lacord. Latr.* ANTHOBIUM. *Runde.*

1 { Quadrum. *Gravenh.* *P.**
{ *Castaneum. Runde.* *Suecia.*
2 { Brachypterum. *Erich.* *Germania.*
{ *Impressum. Zetterst.* *Lapponia.*
3 Troglodytes. *Kiesenw.* *Germania.*

4 Gyllenhalii. *Sahlberg.* *Lapponia.*
5 Latum. *Sturm* *Germania.*

ACIDOTA. *Leach.*

OMALIUM. *Gravenh. Latr. Oliv.* STAPHYLINUS. *Fabr. Payk. Panzer.*

1 Crenata. *Fabr.* *Gallia.**
Rufa. Gravenh. *Germania.*
Castanea. Gravenh. id.
2 Cruentata. *Mannerh.* id.*
Rufa. Gyllenhal. *Suecia.*
3 Heydenii. *Heer.* *Helvetia.*
4 Hirtella. *Heer.* id.
5 Alpina. *Heer.* id.
6 Ferruginea. *Lacord.* *P.*
Quadrum. Zetterst. *Suecia.*
Quadrata. Zetterst. id.

OLOPHRUM. *Erichson.*

OMALIUM. *Gyll. Zett. Mannerh. Lacord. Oliv. Gravenh. Sahlb.* SILPHA. *Ahr.* STAPHYLINUS. *Payk.*

1 Piceum. *Gyllenhal.* *Gallia.**
Blattoides. Ahrens. *Germania.*
2 Fuscum. *Gravenhorst.* id.*
3 Assimile. *Paykull.* id.
4 Boreale. *Paykull.* *Lapponia.*
5 Rotundicolle. *Sahlb.* *Finlandia.*
6 Alpestre. *Heer.* *Helvetia.*
7 Consimile. *Gyllenhal.* *Lapponia.*
Boreale. Paykull. id.

LATHRIMÆUM. *Erichson.*

SILPHA. *Illig. Schneid. Panz. Marsham.* OMALIUM. *Gyllenh. Lacord.*

1 Melanocephalum. *Illig.* *Gallia.**
2 Luteum. *Erichson.* *Lusitania.*
3 Atrocephalum. *Gyll.* *Germania.**
Melanocephalum. Marsham. *P.*
4 Fusculum. *Erichson.* *Germania.*
5 Canaliculatum. *Erich.* id.*

DELIPHRUM. *Erichson.*

OMALIUM. *Grav. Oliv. Gyll. Sahlb. Zett. Lac. Mannh.* STAPHYLINUS. *Payk. Oliv.*

1 Tectum. *Paykull.* *Germania.*
Læve. Gravenhorst. *Suecia.*
2 Crenatum. *Gravenh.* *Germania.*
3 Arcticum. *Erichson.* *Lapponia.*
4 Algidum. *Erichson.* *Hercyniæ.*
5 Angustatum. *Erich.* *Thuringia.*

OMALIUM. *Gravenhorst.*

ANTHOBIUM. *Mannerh. Lacord.* STAPHYLINUS. *Payk. Oliv. Panz. Marsh. Fabr. Linné.* XYLODROMUS. *Heer.*

1 Rivulare. *Paykull.* *P.**
Incisum. Gravenh. *Germania.*
Cursor. Müller. id.
Var. *Oxyacanthæ. Lacordaire.* *P.*
2 Monilicorne. *Gyllenh.* *Suecia.*
3 Exiguum. *Gyllenhal.* *Germania.**
4 Oxyacanthæ. *Gravenh.* *Gallia.*
Cæsum. Lacordaire. *P.*
5 Fossulatum. *Erichson.* *Germania.**
Cæsum. Gyllenhal. id.
6 Impressum. *Heer.* *Helvetia.*
7 Cæsum. *Gravenhorst.* *Germania.**
Oxyacanthæ. Gyllenh. *Suecia.*
8 Minimum. *Erichson.* *Berolini.*
9 Pusillum. *Gravenh.* *Gallia.**
10 Florale. *Paykull.* *P.**
Viburni. Gravenh. *Germania.*
11 Cribrosum. *Gravenh. in litt. Heer.* *Helvetia.*
12 Nigrum. *Gravenhorst.* *Bavaria.*
Salicinum. Gyllenh. *Suecia.*
13 Salicis. *Gyllenhal.* *Suecia.*
14 Brunneum. *Paykull.* *Gallia.*
Melanocephalum Fab. *Germania.*
15 Lucidum. *Erich.* id.*
16 Vile. *Erichson.* *Saxonia.*
17 Striatum. *Gravenhorst.* *P.*
Minutum. Olivier. *Gallia.*
18 Amabile. *Chevr. Heer.* *Helvetia.*
19 Pygmæum. *Gravenh.* *P.*
20 Inflatum. *Gyllenhal.* *Germania.*
21 Rufulum. *Erichson.* *Austria.*
22 Brevicorne. *Erichson.* *Sardinia.*
23 Lineare. *Zettersted.* *Germania.*
24 Testaceum. *Gravenh.* id.*
Pygmæum. Gravenh. id.
Brunneum. var. Grav. *Suecia.*
Deplanatum. var. Er. *Germania.*
25 Deplanatum. *Gyllenh.* *Gallia.**
Depressum. Gravenh. *P.*
Oblongum. v. Lacord. id.

26 Concinnum. *Marsh.* *Germania.**
27 { Planum. *Paykull.* *P.**
{ *Flavipes. Fabr.* *Germania.*
28 Læviusculum. *Gyllenh.* *Suecia.*
29 Fahræi. *Zetterst.* *Lapponia.*
30 Fenestrale. *Zetterst.* id.
31 Pubescens. *Zetterst.* id.
32 Alpinum. *Zetterst.* id.*
33 Luridum. *Gyllenhal.* *Finlandia.*
34 Cursor. *Gravenhorst.* *Suecia.*

ANTHOBIUM. *Leach.*

DERMESTES. *Panz.* OMALIUM. *Gravenh. Oliv. Gyll. Mannerh. Latr.* SILPHA. *Fabr. Panz. Herbst. Schönh. Germar. Marsh.* STAPHYLINUS. *Panz.*

1 Florale. *Paykull.* *Gallia.**
2 Maculicorne. *Heer.* *Helvetia.*
3 Atrum. *Chevrier. Heer.* id.
4 Cribrosum. *Heer.* id.
5 Alpestre. *Heer.* id.
6 Robustum. *Imh. Heer.* id.
7 Paludosum. *Chevrier. Heer.* id.
8 Brevicolle. *Heer.* id.
9 Alpinum *Chevr. Heer.* id.
10 { Triviale. *Erichson.* *P.**
{ *Florale. Lacordaire.* id.
11 Lævicolle. *Heer.* *Helvetia.*
12 Appendiculatum. *Chevrier. Heer* id.
13 Dentipes. *Heer.* id.
14 Tenuipes. *Heer.* id.
15 Nigrum. *Erichson.* id.
16 Obsoletum. *Erichson.* *Lusitania.*
17 Excavatum. *Erichson.* *Helvetia.*
18 { Semicoleoptratum. *Panzer.* *Germania.**
{ *Abdominale. Gravenh.* id.
19 Adustum. *Grav. Heer.* *Helvetia.*
20 Fuscipenne. *Heer.* id.
21 { Ophthalmicum. *Payk.* *P.**
{ *Pallidum. Gravenh.* *Germania.*
22 Montivagum. *Chevrier. Heer.* *Helvetia.*
23 Imhoffii. *Heer.* id.
24 { Sorbi. *Gyllenhal.* *Gallia.**
{ *Ophthalmicum. Lac.* *P.*
{ *Luteum. Marsham.* *Anglia.*
{ Var. *Testaceum. Grav.* *Suecia.*
Torquatum. Marsham. *Anglia*
25 Tempestivum. *Erich.* *Sardinia.*
26 { Scutellare. *Erichson.* *Gallia.*
{ *Testaceum. Lacord.* *P.*
27 { Minutum. *Fabr.* *Gallia.**
{ *Ranunculi. Gravenh.* *P.*
28 Alpinum. *Chevrier. Heer.* *Helvetia.*
29 Flavipenne. *Erichson.* *Lapponia.*
30 Montanum. *Erichson.* *Alp. Helvet.**
31 Luteicorne. *Erichson.* *Sicilia.**
32 Longipenne. *Erichson.* *Germania.**
33 Longulum. *Kiesenw.* id.*
34 Anale. *Erichson.* *Austria.*
35 Luteipenne. *Erichson.* *Germania.**
36 Lapponicum. *Mannerh.* *Lapponia.*
37 Palligerum. *Kiesenw.* *Germania.*
38 Signatum. *Märkel.* id.*

BOREAPHILUS. *Sahlberg.*

1 Henningianus. *Sahlb.* *Lapponia.*

CHEVRIERIA. *Heer.*

1 Velox. *Heer.* *Helvetia.*

CORYPHIUM. *Kirby.*

1 Angusticolle. *Kirby.* *Anglia.*

PROTEINUS. *Latreille.*

CATERETES. *Herb. Gyll. Sahlb.* OMALIUM. *Gyll. Gravenh. Oliv.* DERMESTES. *Fab.*

1 { Brachypterus. *Fabr.* *Gallia.**
{ *Ovatus. Gravenh.* *Germania.*
2 Brevicollis. *Erichson.* *P.*
3 Macropterus. *Gyllenh.* *Germania.**
4 Atomarius. *Erichson.* id.*
5 Glaber. *Newmann.* *Suecia.*

MEGARTHRUS. *Kirby.*

OMALIUM. *Gyll. Zett. Mannerh. Gravenh. Oliv.* PHLOEOBIUM. *Lacord.* STAPHYLINUS. *Payk. Oliv.* SILPHA. *Illig.*

1 { Depressus. *Paykull.* *Gallia.**
{ *Macropterus. Grav.* *Germania.*
{ Var. *Lineatocollis. Lacordaire.* *P.**

2 Denticollis. *Beck.* *Gallia.**
Marginicollis. Lacord. *P.*
Hemiptera. Illig. var. id.

3 Hemipterus. *Illiger.* *Gallia.**
Depressus. var. Gyllenhal. *Suecia.*
Melanocephalus. Olivier. *Germania.*
Nitiduloides. Lacord. *P.*
Rufescens. Stephens. *Anglia.*

PHLŒOBIUM. *Dej. Cat. Erichson.*

SILPHA. *Müller. Germar.*

1 Clypeatum. *Müller.* *Germania.**
Corticale. Lacordaire. *P.*

GLYPTOMA. *Erichson.*

THORAXAPHORUS. *Motschulsky.*

1 Corticinum. *Motsch.* *P.*

MICROPEPLUS. *Latreille.*

NITIDULA. *Marsh. Herbst. Panz. Schh.*
OMALIUM. *Gyllenh.*

1 Porcatus. *Paykull.* *Gallia.**
Sulcatus. Herbst. *Germania.*

2 Cælatus. *Erichson.* id.

3 Fulvus. *Erichson.* *P.*

4 Staphylinoides. *Marsh.* *Anglia.**
Maillei. Guérin. *Gallia.*

5 Marietti. *Kunze.* *Lombardia.*

6 Tesserula. *Curtis.* *Germania.*
Staphylinoides. Gyll. *Suecia.*

PSEUDOPSIS. *Newmann.*

1 Obtusus. *Newmann.* *Germania.**
Sulcatus. Newmann. *Suecia.*

HARPOGNATHUS. *Westmaël.*

1 Robynsii. *Westmaël.* *Belgia.*

1134

ADDENDA.

CICINDELA. *L.*

8bis Olivieri. *Brullé.* *Græcia.*
12bis Montana. *Charpent.* *Russ. merid.*
19bis Hispanica. *Gory.* *Hispania.*

BLETHISA. *Bonelli.*

4 Zetterstedtii. *Gyllenh.* *Lapponia.*

NOTIOPHILUS. *Duméril.*

8 Marginatus. *Géné.* *Pedemont?*
9 Rufipes. *Curtis.* *Anglia.*

LEISTUS. *Fröhlich.*

3bis Montanus. *Steph.* *Anglia.*

CYCHRUS. *F.*

11 Prymnæus. *Fisch.* *Russ. merid.*
12 Torulosus. *Fisch.* id.

PROCRUSTES. *Bonelli.*

7 Excavatus. *Charp.* *Russ. merid.*
8 Caraboides. *Waltl.* *N.*
9 Vicinus. *Waltl.* id.
10 Kindermanni. *Waltl.* id.

CARABUS. *L.*

1bis Planicollis. *Fuessly.* *Transylvan.*
19bis Paphius *Redtenbach.* *N.*
29bis Carpathicus. *Palliard.* *Græcia.*
55bis Luczotii. *Laporte.* id.
63bis Carinatus. *Charpent.* *Turcia.*
111bis Fossulatus. *Dej.* *Russ. merid.*
139bis Bayardi. *Solier.* *Græcia?*

CYMINDIS. *Latr.*

6bis Servillei. *Sol.* *N.*

DROMIUS. *Bonelli.*

10bis Nigricornis. *Brullé.* *Græcia.*
28bis Foveolatus. *Dej.* *Barbaria.*
28ter Cupreus. *Waltl.* *N.*

LEBIA. *Latr.*

7bis Formosa. *Comolli.* *Italia.*
9bis Nigricollis. *Géné.* *Sardinia.*

APTINUS. *Bonelli.*

3bis Cordicollis. *Chaudoir.* *Turcia.*
10bis Hispalensis. *Ramb.* *Hisp. mer.*

BRACHINUS. *Weber.*

20bis Palicari. *Laporte.* *Græcia.*
22bis Longicollis. *Waltl.* id.

MASOREUS. *Dej.*

1bis Affinis. *Küster.* *Sicilia?*

NOMIUS[1]. *Laporte.*

1 Græcus. *Laporte.* *Græcia.*

CARTERUS. *Dej.*

1bis Megacephalus. *Waltl.* *N.*
2bis Microcephalus. *Ramb.* *Hisp. merid.*

---

[1] Ce genre doit être placé après le genre *Dyschirius.*

DITOMUS. *Dej.*

5 bis Lefeburei. *Brullé.* *Græcia.*
15 bis Latreillei. *Solier.* id.
15 ter Cœruleus. *Brullé.* id.
18 bis Cephalotes. *Dej.* *Barbaria.*
18 ter Boeticus. *Ramb.* *Hisp. merid.*
26 bis Depressus. *Brullé.* *Græcia.*
26 ter Siagonoides. *Brullé.* id.

LICINUS. *Latr.*

10 bis Angustus. *Chevrolat.* *N.*

POGONUS. *Dej.*

19 Smaragdinus. *Waltl.* *N.*

PATROBUS. *Dej.*

5 Alpinus. *Curtis.* *N.*

SPHODRUS. *Bonelli.*

5 Longicollis. *Fisch.* *Russ. merid.*

PRISTONICHUS. *Dej.*

4 bis Boeticus. *Ramb.* *Hisp. merid.*
4 ter Polyphemus. *Ramb.* id.
28 bis Angusticollis. *Fischer.* *Russ. merid.*

CALATHUS. *Bonelli.*

2 bis Violatus. *Germar.* *N.*
3 bis Boeticus. *Ramb.* *Hisp. merid.*
9 bis Brunneus. *Brullé.* *Græcia.*
23 bis Angustatus. *Ramb.* *Hisp. merid.*

ANCHOMENUS. *Erich.*

10 bis Distinctus. *Chaud.* *N.*
48 bis Putridus. *Zetterst.* *Lapponia.*
48 ter Fuliginosus. *Dej.* *Suecia.*
52 bis Consimilis. *Gyllenh.* id.

OLISTHOPUS. *Dej.*

5 bis Græcus. *Brullé.* *Græcia.*

PŒCILUS. *Bonelli.*

8 bis Reichii. *Waltl.* *Hungaria.*
24 bis Decipiens. *Waltl.* id. ?

ARGUTOR. *Megerle.*

1 bis Politus. *Heer.* *Helvetia.*
18 bis Cincticollis. *Chevrolat.* *N.*
20 bis Testaceus. *Rambur.* *Hisp. merid.*
24 bis Velocissimus. *Waltl.* id.
35 bis Acrogonus. *Chaudoir.* *N.*

OMASEUS. *Ziegl.*

2 bis { Furvus. *Sahlb.* *Suecia.*
{ Var. *Ater. Sahlb.* id.
3 bis Brevipennis. *Chevrol.* *N.*
12 bis { Pinctorum. *Graëlls.* *Hispania.*
{ *Graëllii. L. Dufour.* id.
12 ter Variolosus. *Graëlls.* id.

CORAX[1]. *Putzeys.*

1 Ghiliani. *Putzeys.* *Lusitania.*

STEROPUS. *Megerle.*

2 bis Lacordairii. *Putzeys.* *N.*
4 bis Convexus. *Chaudoir.* id.

PLATYSMA. *Bonelli.*

14 bis { Latibula. *Sturm.* *Hungaria.*
{ *Foveolata. (Megerle.)* id.

PTEROSTICHUS. *Bonelli.*

6 bis Pyrenæis. *Chaudoir.* *Pyrenæis.*
11 bis Ecoffeti. *Chevrolat.* *Gall. merid.*
20 bis Rugulosus. *Heer.* *Helvetia.*
20 ter Heerii. *Escher. Heer.* id.
32 bis Auratus. *Heer.* id.

MYAS. *Dej.*

2 Rugicollis. *Brullé.* *Græcia.*

AGELÆA[2]. *Géné.*

1 Fulva. *Géné.* *Sardinia.*

ZABRUS. *Clairville.*

2 bis Rotundatus. *Rambur.* *Hisp. merid.*
2 ter Rotundicollis. *Ramb.* id.
3 bis Ambiguus. *Ramb.* id.
8 bis Angulatus. *Ramb.* id.

---

[1] Ce genre doit être placé après le genre *Omaseus.*

[2] Ce genre doit être placé après le genre *Stomis.*

11bis Intermedius. *Zimm.* N.
11ter Convexus. *Zimm.* id
24ter Silphoides. *Zimm.* id.

AMARA. *Bonelli.*

(CELIA. *Zimm.*)

6bis Rufoænea. *Dej.* *Hisp. merid.*
23bis Planiuscula. *Rosenh.* *Tyrolis.*

(BRADYTUS. *Zimm.*)

75bis Patri. *Hummel.* *Germania.*

(LEIRUS. *Zimm.*)

81bis Borealis. *Chaud.* *Lapponia.*
95bis Helopioides. *Heer.* *Helvetia.*

OPHONUS. *Ziegl.*

5bis Obscurus. *Sturm.* *Germania.*
18bis Annulatus. *Chaud.* *N.*
19bis Longicollis[1]. *Ramb.* *Hisp. merid.*
19ter Distinctus[1]. *Ramb.* id.
33bis Hispanus. *Dej.* id.
34bis Discicollis. *Rosenh.* *N.*

HARPALUS. *Latr.*

76bis { Flavicornis. *Dej.* *Hisp. merid.*
{ *Obscuricornis. St.* id.
91bis Caffer. *Duftsch.* *Italia.*
102 Lævipes. *Zetterst.* *Lapponia.*
103 Ruficeps. *Curtis.* *Anglia.*

STENELOPHUS. *Dej.*

18bis Circumcinctus. *Sahlb.* *Finlandia.*
23bis Flavus. *St.* *Germania.*
23ter Humeralis. *Redtenb.* *N.*

BRADYCELLUS. *Erich.*

12bis Rufulus. *Dej.* *Gall. merid.*
12ter Verbasci. *Sturm.* *Germania.*
13bis Cordicollis. *Westm.* *Belgia.*
15 Testaceus. *St.* *Germania.*
16 Pallidus. *St.* id.
17 Platypterus. *St.* id.

HISPALIS. *Rambur.*

2bis Niger. *Heer.* *Helvetia.*

[1] Ces deux espèces doivent être supprimées au genre *Harpalus.*

ANOPHTHALMUS. *Dej. St.*

2 Bilimekii. *Sturm.* *Germania.*

TRECHUS. *Clairv.*

38bis Limacodes. *Dej.* *Styria.*

ÆPUS. *Leach.*

2 Robinii. *Laboulbene.* *Gallia.*

BEMBIDIUM. *Latr.*

9bis { Bisulcatum. *Nicolaï.* *Germania.*
{ *Latipenne. St.* id.
{ *Fockii. Hummel.* id.
23bis Semistriatum. *Duft.* *Austria.*
24bis Bifoveolatum. *Ramb.* *Hisp. merid.*

(NOTAPHUS. *Meg.*)

27bis Semipunctatum. *Donovan.* *Anglia.*
42bis Kusteri. *Schaum.* *Germania.*

(PERYPHUS. *Meg.*)

104bis Planum. *Letzn.* *Germania.*
104ter Infuscatum. *Letzn.* id.
105bis Fornicatum. *Beck.* id.

(LEJA. *Meg.*)

105ter Dejeanii. *Putzeys.* *Belgia.*
106bis Grappii. *Gyllenh.* *Suecia.*
110bis Glaciale[1]. *Heer.* *Helvetia.*
111bis Rhæticum[1]. *Heer.* id.
111ter Gracile. *Ramb.* *Hisp. merid.*
112bis Montanum. *Ramb.* id.

AGABUS. *Leach.*

12bis Nigroæneus. *Erich.* *Germania.*
24bis Silesiacus. *Letzn.* *Silesia.*

HYDROPORUS. *Clairville.*

89bis Thermalis. *Germar.* *Germania?*

HELOPHORUS. *Fabr.*

4bis Villosus. *Duftsch.* *Austria.*
11bis Borealis. *Sahlb.* *Finlandia.*

OCHTHEBIUS. *Leach.*

11bis Difficilis. *Mulsant.* *Gallia.*

[1] Ces deux espèces doivent être supprimées à la sixième division du même genre.

14bis { Hybernicus. *Curtis.* *Hybernia.*
{ *Punctatus. Stephens.* id.
{ *Nobilis. Heer.* *Helvetia.*
16 Quadricollis. *Mulsant. Gallia.*

HYDRÆNA. *Kugelann.*

7bis Polita. *Kiesenwetter.* *Germania.*
7ter Lapidicola. *Kiesenw.* id.
8bis Dentipes. *Germar.* id.
8ter Deplanata. *Kiesenw.* id.
9bis Lata. *Markel.* id.

BEROSUS. *Leach.*

6 Hispanicus. *Küster.* *Hispania.*

HYDROBIUS. *Leach.*

7 Punctatostriatus. *Letz. Germania.*

CYCLONOTUM. *Erich.*

2 Hispanicum. *Küster.* *Hispania.*
3 Dalmatinum. *Küster.* *Dalmatia.*

PARNUS. *Fabr.*

6bis Lutulentus. *Erich.* *Sicilia.*

LIMNIUS. *Müller.*

2 Variabilis. *Steph.* *Anglia.*
3 Lacustris. *Steph.* id.

STENELMIS. *L. Dufour.*

2 Consobrinus. *L. Duf.* *Gall. merid.*

HETEROCERUS. *Fabr.*

6bis Gravidus. *Kiesenw.* *Germania.*
7bis Crinitus. *Kiesenw.* id.
7ter Minutus. (*Dej.*) *Kiesw.* *Hispania.*

ADELOPS[1]. *Erich.*

1 Tellkampfii. *Erich.* *N.*

TRICHOPTERYX. *Kirby.*

8bis Curta. *Allibert.* *P.*

[1] Placer ce genre après le genre *Leptinus.*

NOSSIDIUM[1]. *Erich.*

PTILIUM. *Schüpp.*

1 { Pilosellum. *Marsh.* *Anglia.*
{ *Ferrari*[2]. *Redtenb.* *Austria.*

TOLYPHUS[3]. *Erich.*

PHALACRUS. (*Dej.*

1 Granulatus. (*Dej.*) *Germar.* *Gall. merid.*

OLIBRUS. *Erich.*

3bis Bimaculatus. *Küster.* *Germania.*

CRYPTARCHA. *Schuck*

2bis 4-Signata. *Küster.* *Germania.*

PELTIS. *Geoffroy.*

3bis Pubescens. *Erich.* *Germania.*

TARPHIUS[4]. *Germar.*

1 Gibbulus. *Germar.* *Sicilia.*

ATOMARIA. *Kirby.*

39 Pallida. *Wollaston.* *Anglia.*

EPISTEMUS. *Westwood.*

6 Palustris. *Wollaston.* *Anglia.*

MYRMECHOXENUS. *Chevrolat.*

3 Opulo. *Märkel.* *Germania.*

CORTICARIA. *Mannerh.*

1bis Piligera. *Mannerh.* *Austria.*

ATTAGENUS. *Latr.*

4bis Maritimus. *Géné.* *Italia.*
7bis Pœcilus. *Germar.* *N.*
12bis Marginicollis. *Küster.* id.

[1] Placer ce genre après le genre *Ptenidium.*
[2] L'espèce sous le n° 18 du genre *Ptilium* doi être supprimée.
[3] Placer ce genre après le genre *Phalacrus.*
[4] Placer ce genre après le genre *Coxelus.*

ANTHRENUS. *Geoffroy.*

1bis Gravidus. *Küster.* *N*
1ter Isabellinus. *Küster.* id.
2bis Nitidulus. *Küster.* *Montenegro.*
3bis Apicalis. *Küster.* id.

GEORISSUS. *Latr.*

5bis Cælatus. *Erich.* *Germania.*

PAROMALUS. *Erich.*

1bis Pumilio. *Erich.* *Hispania.*

SAPRINUS. *Erich.*

54 Godetii. *Brullé.* *Græcia.*
55 Semi-æneus. *Brullé.* id.
56 Rugiceps. *Duftsch.* *Austria.*

ABRÆUS. *Leach.*

8bis Minutus. *Fabr.* *Austria.*

SCARABÆUS. *Linné.*

1bis Affinis. *Brullé.* *Græcia.*
1ter Retusus. *Brullé.* id.

ONITIS. *Fabr.*

3bis Menalcas. *Pallas.* *Russ. merid.*
8bis Stevenii. *Brullé.* *Græcia.*

ONTHOPHAGUS. *Illig.*

32bis Histeroides. *Ménétriés.* *Europ. mer.*
32ter Nitidicollis. *Brullé.* *Græcia.*
33bis Morio. *Brullé.* id.
33ter Ruficapillus. *Brullé.* id.

APHODIUS. *Illiger.*

9 Alpinus. *Scopoli.* *Austria.*
Rubens. (*Dej.*) *Comoll.* *Tyrolis.*
Suturalis. (*Voigt. Dhl.*) *Carinthia.*
Var. *Rubens. Mulsant.* *Alp. Gall.*
— *Constans. Schmidt.* *Germania.*
— *Carthusianus. Mul.* *Alp. Gall.*
— *Dilatatus. Schmd.* *Helvetia.*
— *Rupicola. Muls.* *Alp. Gall.*
9bis Corvinus. *Erich.* *Germania.*
13 Piceus. *Gyllenh.* *Austria.*
Alpicola. Mulsant. *Alp. Gall.*
Var. *Orobius. Muls.* id.
13bis Nemoralis. *Erich.* *Germania.*
14 Constans. (*Meg.*) *Duft.* *Austria.*
Vernus. Mulsant. *Alp. Gall.*
Var. A. *Martialis. Muls.* id.
Nomas. Kolenati. *Russia.*
Mæstus. Ziegler. *Austria.*
24bis Convexus. *Erich.* *Tyrolis.*
29bis Sanguinolentus. *Panz.* *Germania.*
30bis Biguttatus. (*Koy.*) *Germar.* id.
31bis Tersus. *Erich.* *Hispania.*
38bis Tyrolensis. *Rosenh.* *Tyrolis.*
65bis Conspurcatus. *Linné.* *Germania.*
65ter Zenkeri. *Germar.* id.
69 Obscurus. *Fabr.* id.
Sericatus. Schm. Muls. *Gall. merid.*
Var. A. *Immaturus. Mulsant.* id.
70 Thermicola. *Sturm.* *Germania.*
Obscurus. Panz. Muls. *Gall. merid.*
Var. A. *Meridionalis. Muls.* id.
82 Macri. *Costa.* *Sicilia.*
83 Cribrarius. *Brullé.* *Græcia.*
84 Lateralis. *Brullé.* id.
85 4-Signatus. *Brullé.* id.

ACROSSUS. *Mulsant.*

6bis Montanus[1]. *Rosenh.* *Tyrolis.*
6ter Atramentarius. *Erich.* *Austria.*
Nigripes. Kriechb. id.
9 Pollicatus. *Erich.* *Illyria.*
10 Præcox. *Erich.* *Austria.*
11 Montivagus. *Erich.* id.
12 Piciınanus. *Erich.* id.
Schmidtii. Rosenh. id.
13 Gagatinus. *Ménétriés.* *Russ. merid.*

MELINOPTERUS. *Mulsant.*

6 Rapax. *Falderm.* *Russ. merid.*
7 Costalis. *Mannerh.* id.
8 Punctatosulcatus. *St.* *Germania.*
Marginalis. Steph. *Anglia.*
Prodromus. v. Gyll. *Suecia.*
Sphacelatus. Marsh. *Anglia.*
9 Tabidus. *Erich.* *Dalmatia.*
10 Limbatus. (*Ziegl.*) *Er.* *Austria.*
Circumcinctus. Schm. id.

---

[1] L'espèce sous le n° 11 du genre *Aphodius* doit être supprimée.

11 Serotinus[1]. *Creutzer.* *Panz.* *Austria.*

HEPTAULAUCUS. *Muls.*

2 { Carinatus. (*Gebl.*) *Germ.* *Sibiria.*
{ *Nivalis. Mulsant.* *Alp. Gall.*
4 Esuricus. *Helfer.* *Sicilia.*
5 Villosus. *Gyllenh.* *Saxonia.*
6 Furvus. *Erich.* *Constantinp.*

AMMŒCIUS. *Muls.*

2 { Brevis. *Erich.* *Germania.*
{ *Elevatus. Panz. Gyll.* id.
3 { Gibbus. *Germar.* *Austria.*
{ *Anthracinus. Schm.* *Tyrolis.*

RHYSSEMUS. *Mulsant.*

5 Plicatus. *Germar.* *Dalmatia.*
6 Arenarius. *Costa.* *Sicilia.*
7 Inæqualis. *Erich.* id.

PSAMMODIUS. *Gyllenh.*

3 { Plicicollis. *Erich.* *Sardinia.*
{ *Rugicollis.* (*Dahl.*) id.
4 Rugicollis. (*Ziegl.*) *Er.* *Italia.*
5 Lævipennis. *Costa.* *Sicilia.*

ÆGIALIA. *Latr.*

2 Sabuleti. *Payk.* *Germania.*
3 Rufa. *Fabr.* id.

GLARESIS[2]. *Friwaldszky.*

1 Rufa. *Friw. Erich.* *Hungaria.*

TROX. *Fabr.*

1 et 2 { Cadaverinus. *Illig.* *Austria.*
{ *Morticini. Pallas.* *Russ. merid.*
10 { Concinnus. (*Dej.*) *Erich.* *Hungaria.*
{ *Setosus.* (*Ziegl.*) *St. Cat.* id.

PENTODON. *Hope.*

3 Puncticollis. *Burm.* *N.*

Les espèces sous les n°s 19, 41, 42, 73, 79, 56 et 58 du genre *Aphodius* doivent être supprimées.

[2] Placer ce genre après le genre *Trox*.

4 Elatus. *Küster.* *Caucasus.*
5 Emarginatus. *Küster.* *N.*

EUCHIRUS[1]. *Kirby.*

1 Bimucronatus. *Pallas.* *Russ. merid.*

RHIZOTROGUS. *Latr.*

49bis Limbatipennis. *Graells.* *Hispania.*

AMPHIMALLUS. *Latr.*

10 Vernalis. *Brullé.* *Græcia.*

ANOMALA. *Koppe.*

12 Rugatipennis. *Graëlls.* *Hispania.*

PHYLLOPERTHA. *Kirby.*

3 Lineolata[2]. *Fisch.* *Russ. merid.*
4 Hirtella. *Brullé.* *Græcia.*
5 Rumeliaca. *Waltl.* *Russ. merid.*

TRIODONTA. *Mulsant.*

5 Puberula. *Erich.* *Sicilia.*

HYMENOPLIA. *Eschsch. Muls.*

12 Lineolata. *Ramb.* *Hisp. merid.*
13 Cortulata. *Graëlls.* id.

ANTHIPNA. *Eschsch. Latr.*

3 Carceli. *Laporte.* *Græcia.*

BUPRESTIS. *Linné.*

(CALCOPHORA. *Serv. Sol.*)

1bis Detrita. *Klug.* *Græcia.*

(ANCYLOCHEIRA. *Dej. Cat.*)

23bis { Splendida. *Payk.* *Austria.*
{ *Pretiosa. Herbst.* id.
{ *Splendens. Fabr.* (?) id.

AGRILUS. *Curtis.*

4bis Coryli. *Andersch.* *Germania.*
36bis Subuliformis. *Mannh.* *Volhynia.*
36ter Sahlbergi. *Mannerh.* *Fennia.*

[1] Placer ce genre après le genre *Calicnemis*.

[2] Les espèces sous les n°s 26 et 27 du genre *Anisoplia* doivent être supprimées.

38bis Littii. *Curtis.* *Anglia.*
38ter Chryseis. *Curtis.* id.

CORRÆBUS. *Lap.* et *Gory.*

13 Pruinosus. *Küster.* *N.*
14 Subfasciatus. *Küster.* *Montenegro.*
15 Laticollis. *Olivier.* *Gall. merid.* ?

ANTHAXIA. *Solier.*

45 Præclara. *Mannerh.* *Dalmatia.*
46 Podolica. *Mannerh.* *Podolia.*
47 Praticola. *Laferté.* *Gallia.*
48 Nigritula. *Erich.* *N.*
49 Basalis. *Küster.* id.

EUCNEMIS. *Ahrens.*

1bis Deflexicollis. (*Meg.*) *Germania.*

HYPOCÆLUS. *Eschsch. Dej. Cat.*

3 Spondyloides. *Germar.* *N.*
4 Unicolor. *Latreille.* id.

MELANOTUS. *Eschsch. Redtenb.*

18 Subvillosus. *Brullé.* *Græcia.*

LACON *Laporte.*

2 Kokeilii. *Küster.* *Carniolia.*

ATHOUS. *Eschsch. Redtenb.*

56 Cavus. *Germar.* *Dalmatia* ?
57 Sutura-nigra. *Chevrol.* *Gallia* ?

CAMPYLUS. *Fisch.*

3 Borealis. *Payk.* *Lapponia.*

LIMONIUS. *Eschsch. Redtenb.*

22 Longulus. *Gyllenh.* *Suecia.*

CARDIOPHORUS. *Eschsch.*

33bis Musculus. *Erich.* *Germania.*

DIACANTHUS. *Latreille.*

1bis Bifasciatus. *Küster.* *Transylvan.*

AGRIOTES. *Eschsch. Redtenb.*

15 Rufipalpis. *Brullé.* *Græcia.*
16 Punctulatus. *Brullé.* id.

CEBRIO. *Olivier.*

18 Rufifrons. *Grablls.* *Hisp. merid.*

DYCTIOPTERUS. *Latreille.*

9 Hybridus. *Mannerh.* *Fennia.*

LAMPYRIS. *Linné.*

7 Germari. *Küster.* *Dalmatia.*

TELEPHORUS. *Geoffroy.*

92 Annularis. *Ménétr.* *Russ. merid.*
93 Consobrinus. *Märk.* *Germania.*
94 Alpicola. *Mark.* id.
95 Morosa. *Märk.* id.
96 Distinguendus. *Märk.* id.
97 Sulcifrons. *Märk.* id.
98 Maculicollis. *Märk.* id.
99 Boreellus. *Zetterst.* *Lapponia.*
100 Figurata. *Mannerh.* *Fennia.*

MALACHIUS. *F.*

1bis Labiatus. *Brullé.* *Græcia.*

ATTALUS. *Erich.*

4bis Genei. *Küster.* *Sardinia.*
8bis Nigricollis. *Küster.* *Dalmatia.*

ANTHOCOMUS. *Erich.*

5bis Parallelus. *Küster.* *N.*

COLOTES. *Erich.*

3 Nigripennis. *Küster.* *N.*

DASYTES. *Fabr.*

25bis Virens. *Suffrian.* *Germania.*
53bis Tarsalis. *Gyllenh.* *Austria.*
82 Testaceus. *Oliv.* *P.*

CORYNETES. *Payk.*

2 Cœruleus. *de Geer.* *Gall. merid.*
3 Ruficornis. *Sturm.* *Germania.*
4 Pusillus. *Klug.* *N.*
5 Geniculatus. *Klug.* id.

PTINUS. *Linné.*

1bis Hololeucus. *Vald.* *Russ. merid.*

5bis Ornatus. *Müller.* *Germania.*
7bis Hirtellus. *Sturm.* id.
7ter Subpilosus. *St.* id.
22bis Dubius. *St.* id.
22ter Coarcticollis. *St.* id.

MASTIGUS. *Hoffmansegg.*

2 Prolongatus. *Gory.* *N.*

ANOBIUM. *Fabr.*

2bis Excisum. *Mannerh* *Fennia.*
14bis Explanatum. *Mannh.* id.
15bis Rufum. *Illig* *Austria.*
37bis Immarginatum. *Müll.* *Germania.*

CIS. *Latreille.*

13bis Fissicornis. (*Motsch.*) *Mellié.* *Russ. merid.*

DORCATOMA. *Herbst.*

4bis Affinis. *Sturm.* *Germania.*

XYLETINUS. *Latreille.*

1bis Serratus. *Fabr.* *Germania.*
8bis Hæmorrhoidalis. *Illig.* *Austria.*
16 { Ochraceus. *Sturm.* *Hungaria.*
{ *Testaceus. St. Cat.* id.
17 Bucephalus. *Müller.* *Germania.*
18 Pilosus. *Müller.* id.

LYMEXYLON. *Latr.*

2 Flabellicornis. *Sahlb.* *Fennia.*

TOMICUS. *Latreille.*

6bis Euphorbiæ. *Küster.* *Dalmatia.*
26bis Fuscus. *Marsh.* *Anglia.*

HYLESINUS. *Fabr.*

2bis Suturalis. *W. Redtenb.* *Austria.*

HYLASTES. *Erich.*

10bis Corticiperda. *Illig.* *Austria.*
13bis Brunneus. *Erich.* id.
23 Spartii. *Nordlinger.* id.

NANOPHYES. *Schönh.*

16bis Gracilis. *Redtenb.* *Austria.*
21 Marmoratus. *Fourcroy.* *P.*

ACALLES. *Schonh.*

19bis Rufirostris. *Schönh.* *Germania*

CELIODES. *Schönh.*

20bis Affinis. *Steph.* *Anglia.*

BARIDIUS. *Schonh.*

38bis Angustus. *Brullé* *Græcia.*

SIBYNES. *Schönh.*

20 Vittatus. *Germar.* *Austria.*

TYCHIUS. *Germar.*

6bis Squamulatus. *Sch.* *Germania.*

DORYTOMUS. *Germar.*

33 Atomarius. *Géné.* *Sardinia*

LARINUS. *Germar.*

39bis Lynx. *Küster.* *N.*
79 Subcostatus. *Brullé.* *Græcia.*

PURPURICENUS. *Serville.*

10 Boryi. *Brullé.* *Græcia.*

AROMIA. *Serville.*

3 Chlorophana. *Fischer.* *Russ. merid.*

CALLIDIUM. *Fabr.*

16 Latreillei. *Brullé.* *Græcia.*
17 Fasciolatum. *Stév.* *Russ. merid.*

CLYTUS. *Fabr.*

27bis Lugens. *Küster.* *N.*

STENOPTERUS. *Illig.*

6 Femoratus. *Stév.* *Russ. merid.*
7 Decorus. *Géné.* *Sardinia.*
8 Gracilis. *Brullé.* *Græcia.*

ÆDILIS. *Serville.*

5 Modestus. *Schonh.* *Suecia.*

DORCADION. *Dalman.*

44 Perecii. *Graells.* *Hispania.*

64 Rasumofskii. *Fisch.* *Russ. merid.*
65 Handschuchii. *Küster.* *N.*
66 4 Maculatum. *Küster.* *Sicilia.*
67 Stevenii. *Waltl.* *Russ. merid.*
68 Virletii. *Brullé.* *Græcia.*
69 Femoratum. *Brullé.* id.
70 Bizanthinum. *Waltl.* id.
71 Laqueatum. *Küster.* id.

SAPERDA. *Fabr.*

7 Duponcheli. *Brullé.* *Græcia.*
8 Flavescens. *Brullé.* id.
9 Genei. *Aragona.* *Italia.*

OBEREA. *Mulsant.*

9 Cœca. *Küster.* *N.*

PHYTÆCIA. (*Dej*) *Muls.*

35 Cyclops. *Küster.* *N.*
36 Baccueti. *Brullé.* *Græcia.*
37 Icterica. *Schaller.* *N.*
38 Humeralis. *Fisch.* *Constantinp.*
39 Languida. *Ménétr.* *Turcia.*
40 Fumigata. *Küster.* *N.*
41 Trilineata. *Schönh.* id.
42 Decora. *Stév.* *Russ. merid.*

AGAPANTHIA. *Serville.*

18 Umbellatorum. *Waltl.* *N.*

PACHYTA. (*Dej.*) *Serville.*

13 Picta. *Märk.* *Germania.*
14 Erratica. *Dalman.* *N.*
15 7-Signata. *Küster.* id.
16 Erythrura. *Küster.* id.

LEPTURA. *Linné.*

19bis Mieziana. *Graëlls.* *Hispania.*

CASSIDA. *Linné.*

12bis Lata. *Suffrian.* *Germania.*
12ter Deflorata. *Illig.* *Austria.*
13bis Hexatigma. *Suffrian.* *Germania.*
13ter Depressa. *Suffrian.* id.
28bis Puncticollis. *Heyden.* id.

ADIMONIA. *Laichart.*

13bis Circumcincta. *Mannh.* *Fennia.*
17bis Œlandica. *Gyllenh.* *OElandia.*

CYRTONUS. *Dalman.*

7 Montanus. *Graëlls.* *Hispania.*
8 Ruficornis. *Graëlls.* id.

TIMARCHA. *Redtenbach*

35 Ærosa. *Herr. Sch.* *N.*
36 Immarginata. *Herr. Sch.* id.
37 Stricticollis. *Géné.* *Sardinia.*
38 Scortea *Germar.* *N.*
39 Splendens. *Koch.* id

CHRYSOMELA. *Fabr.*

123 Sulcicollis. *Graells.* *Hispania*

LINA. *Redtenb.*

2bis Saliceti. *Suffrian.* *Germania.*

PHÆDON. *Redtenb.*

12 Salicinum. *Heer.* *Helvetia.*
13 Concinnum *Steph.* *Anglia*
14 Tumidulum. *Kirby.* id.

COLASPIDEA. *de Castelnau.*

5 Oblonga. *Blanchard.* *Sicilia.*

GONIOCTENA. *Redtenb.*

8 Nivosa. *Heer.* *Helvetia*
9 Lasserrei. *Heer.* id.
10 Lineata. *Géné.* *Italia.*

PACHNEPHORUS. *Redtenb.*

8 Globosus. *Küster.* *N.*
9 Nitidulus. *Dahl.* *Sicilia.*

EXOCHOMUS. *Redtenb.*

3 Pubescens. *Küster.* *N.*

DAILOGNATA. *Stéven.*

10 Lævigata. *Brullé.* *Græcia.*

TENTYRIA. *Latreille.*

56 } Rugosostriata. *Ramb.* *Hisp merid.*
(53) } *Dorsosulcata.Chevrl.* *Algiria.*
71 Curculionides. *Hbst* id

72	Angustata. *Brullé.*	*Græcia.*
73	Rotundata. *Brullé.*	id.
74	Wiedmanni. *Ménét.*	*Turcia.*

PIMELIA. *Fabr.*

43 (52)	{ Payraudii. *Latreille.*	*Corsica.*
	{ *Nitida.* (*Gaubil.*)	id.
73	Timarchoides. *Ménét.*	*Russ. merid.*
74	Varicosa. *Ménétr.*	id.

SEPIDIUM. *Fabr.*

12bis	Castillanum. *Graëlls.*	*Hisp. merid.*

SCAURUS. *Fabr.*

1bis	Giganteus. (*Meg.*) *Küst.*	*Sardinia.*
3bis	Lugens. (*Dahl.*) *Küst.*	*Sardinia.*
14	Gracilis. *Küster.*	*N.*

BLAPS. *Fabr.*

4bis	Plana. *Solier.*	*Hispania.*
4ter	Abbreviata. (*Dej.*) *Sol.*	*Hisp. merid.*
4quater	Requieni. *Solier.*	*Algiria.*
5bis	Caudata. *Solier.*	*Barbaria.*
9	Hispanica. (*Dej.*) *Sol.*	*Hisp. merid.*
12bis	Vicina. *Solier.*	*Algiria.*
12ter	Barbara. *Solier.*	*Barbaria.*
12quater	{ Substriata. *Solier.*	id.
	{ *Sulcata. Mus. Taur.*	id.
13	{ Prodigiosa. *Erich.*	*Algiria.*
	{ *Multicostata. Sol.*	id.
13bis	Nitidula. *Solier.*	id.
15bis	Brachyura. *Küster.*	*N.*
16bis	Mucronata. *Cristofori.*	*Gall. merid.*
16ter	Græca. *Solier.*	*Græcia.*
16quater	Proxima. *Solier.*	*Gall. merid.*
21bis	Rotundata. *Solier.*	*Græcia.*
27bis	Rectangularis. *Solier.*	*Barbaria.*
39bis	Striolata. *Küster.*	*Sardinia.*
39ter	Clypeata. *Germar.*	*N.*
42bis	Gibbosa. *Brullé.*	*Græcia.*
42ter	Affinis. *Brullé.*	id.
42quater	Subrugosa. *Duftsch.*	*N.*

MISOLAMPUS. *Latr.*

1	{ Gibbula. *Herbst.*	*Lusitania.*
	{ *Hoffmanseggii. Latr.*	*Hisp. merid.*
1bis	Lusitanicus. *de Brême.*	*Lusitania.*
1ter	Scabricollis. *Graells.*	*Hisp. merid.*

LÆNA. *Latreille.*

4	Ferruginea. *Küster.*	*Dalmatia.*

PEDINUS. *Latr.*

2bis	Politus. *Sturm.*	*N.*
5bis	Sulcatus. *Ménétr.*	*Russ. merid.*
7bis	Byzantinicus. *Waltl.*	*Græcia.*

PANDARUS. *Latr.*

11bis	Cælatus. *Brullé.*	*Græcia.*

PHILAX. *Brullé.*

3bis	Gravidus. *Brullé.*	*Græcia.*
3ter	Plicatulus. *Brullé.*	id.
3quater	Messenius. *Brullé.*	id.
3quinq	Obscuripennis. *Brullé.*	*Græcia.*
3sext	Tentyrioides. *Brullé.*	id.

OPATROIDES[1]. *Brullé.*

1	Punctulatus. *Brullé.*	*Græcia.*

OPATRUM. *Fabr.*

19bis	Gemellatum. *Brullé.*	*Græcia.*
19ter	Granigerum. *Brullé.*	id.
19quater	Elevatum. *Brullé.*	id.
26bis	Hispidosum. *Brullé.*	id.
26ter	Costatum. *Brullé.*	id.
42	Obesum. *Brullé.*	id.
43	Intermedium. *Fisch.*	*Russ. merid.*

CHEIRODES. *Dej. Cat.*

2	Sardeus. *Géné.*	*Sardinia.*

PLATYDEMA. *Laporte.*

5	Azurea. *Waltl.*	*N.*
6	Europæa. *Laporte.*	*Europa.*

ULOMA. *Latreille.*

2	Picea. *Küster.*	*Dalmatia.*

TRIBOLIUM. *Mac-Leay.*

3	Bifoveolatum. *Duft.*	*Austria.*

HELOPS. *Fabr.*

9bis	Azureus. *Brullé.*	*Græcia.*

---

[1] Ce genre doit être placé après le genre *Philax*

62bis Maurus. Waltl. *Hispania.*
63bis Morio. Brullé. *Græcia.*
64bis { Tenebricosus. Brullé. id.
{ *Obesus. Waltl.* id.
64ter Genei. Géné. *Sardinia.*

PRIONYCHUS. *Solier.*

3 Melanarius. *Germar.* *N.*

CISTELA. *Geoffroy.*

18 Sturmii. *Küster.* *N.*
19 Quadricollis. *Brullé.* *Græcia.*
20 Rugosicollis. *Brullé.* id.

CONOPALPUS. *Gyllenh.*

1bis { Testaceus. *Olivier.* *Gallia.*
{ *Nigricornis. Germar.* *Germania.*

ABDERA [1]. *Stephens.*

1 4-Fasciata. *Steph.* *Anglia.*

PELECOTOMA [2]. *Fisch.*

1 Fennica. *Payk.* *Fennia.*

EMENADIA. *de Castelnau.*

3bis Apicalis *Küster.* *Gall. merid.*

MORDELLA. *Fabr.*

16bis Parvula. *Gyllenh.* *Suecia.*

ANASPIS *Geoffroy.*

5bis Fusca. *Schrank.* *Germania.*
5ter Testacea. *Marsh.* *Anglia.*
7bis Bimaculata. *Rossi.* *Italia.*
16bis Nigricollis. *Marsh.* *Anglia.*
23bis Biguttata. *Marsh.* id.
23ter Atra. *Fabr.* *Germania.*

ZONITIS. *Fabr.*

13 Bimaculata. *Tausch.* *Russ. merid.*

MELOE. *Linné.*

17bis Erythrocnemus. *Pall.* *Russ. merid.*

[1] Placer ce genre après le genre *Hallomenus*
[2] Placer ce genre après le genre *Ripidius.*

34 Cyanellus. *Brullé.* *Græcia.*
35 Rugulosus. *Brullé.* id.

MYLABRIS. *Fabr.*

8bis Schreibersii. *Heeger.* *Sicilia.*
30bis Dufourii. *Graells.* *Hisp. merid.*
51bis Caspica. *Ménét.* *Russ. merid.*
62 Bis-5-punctata. *Friw.* *N.*
63 Contigua. *Schm.* et *Helf.* *Smyrna.*
64 Tenera *Germar.* *N.*
65 Salonica. *Pallas.* *Russ. merid*

ŒNAS. *Latreille.*

3 Dispar. *St. Cat.* *Hispania.*

CEROCOMA. *Geoffroy.*

9 Micans. *Ménétr.* *Russ. merid.*

PROBOSCA. *Schmidt.*

1bis { Unicolor. *Küster.* *Hispania.*
{ *Plumbea. Suffrian.* id.

CHITONA. *Schmidt.*

1 { Connexa. *Fabr.* *Hispania.*
{ *Variegata. Germar.* id.
{ *Fasciata. Mus. Berol.* id.
2 { Ornata. *Küster.* id.
{ *Strigilata. Suffrian.* id.

SALPINGUS. *Illig.*

2bis Bimaculatus. *Gyllenh.* *Suecia.*

ANTHICUS. *Geoffroy.*

7bis Schmidtii. *Rosenh.* *Tyrolis.*
30bis Genistæ. *Rosenh.* id.

SCYDMÆNUS. *Latr.*

2 { Scutellaris. *Müll.* et *Kunze.* *Gallia.*
{ *Schönherri. (Dej.)* *Germania.*
4 { Collaris. *Müll.* et *Kze.* *Gallia.*
{ *Tuberculatus Chaud.* *Podolia.*
{ *Propinquus. Chaud.* id.
{ *Rossii. (Dej.)* *Dalmatia.*
8 { Angulatus. *Müll. et Kz.* *Alsatia.*
{ *Impressus. Sahlb.* *Fennia.*
(14) { *Wighami Denny.* *Anglia.*

19 { Motschulskyi. *Schaum.* *Germania.*
(49) { ♂ *Linnei.* (*Dej.*) *Styria.*
{ ♀ *Fabricii.* (*Dej.*) id.
22 { Denticornis. *Mul.* et *Kz.* *Helvetia.*
{ *Latreillei.* (*Dej.*) *Germania.*
{ *Dennii.* *Steph.* *Anglia.*
28 { Hirticollis. *Gyllenh.* *Gallia.*
{ *Fimetarius.* *Chaud.* *Podolia.*
{ *Minutus.* *Fabr.* *Germania.*
{ *Illigeri.* (*Dej.*) P.
33 { Wetterhalii. *Gyllenh.* *Gallia.*
{ *Hirtus.* *Sahlb.* *Fennia.*
(34) { *Quadratus.* *Mül.* et *Kz.* *Germania.*
{ *Megerlei.* (*Dej.*) *Austria.*
36 { Exilis. *Erich.* *Germania*
{ *Vicinus.* *Chaud.* *Podolia.*
(48) { *Sahlbergi.* (*Dej.*) *Fennia.*

BYTHINUS. *Leach.*

12bis Distinctus. *Chaud.* *Pomerania.*

MYRMEDONIA. *Erich.*

9bis Haworthi[1]. *Steph.* *Anglia.*
17 Gracilis. *Hochhuth.* *Caucasus.*
18 Subnitida. *Hochh.* id.
19 Confragosa. *Hochh.* id.

HOPLONOTUS[2]. *Schm.-Gœbel.*

1 Laminatus. *Sch.-Gœb.* *Germania.*

FALAGRIA. *Leach.*

7 Elongata. *Kolenati.* *Caucasus*

BOLITOCHARA. *Mannerh.*

9 Pubescens. *Kolenati.* *Caucasus*
10 Venusta. *Hochh.* id.
11 Læviuscula. *Hochh.* id.

OCALEA. *Erich.*

8bis Concolor. *Kiesenw.* *Germania.*

TACHYUSA. *Erich.*

1 { Coarctata. *Erich.* *Gallia.*
(2) { *Nigrita.* *Chevr.* *Heer.* *Helvetia.*

[1] Cette espèce a été reconnue distincte de la *Fulgida.*

[2] Placer ce genre après le genre *Myrmedonia.*

HOMALOTA. *Mannerh.*

17bis Palustris. *Kiesenw.* *Germania.*
94 { Anceps. *Erich.* *Gallia.*
(110) { *Angularis* *Heer.* *Helvetia.*
142 Lævigata. *Hochh.* *Caucasus*
143 Forticornis. *Hochh.* id.
144 Fuvicollis. *Hochh.* id.
145 Granosa. *Hochh.* id.
146 Tæniata. *Kolenati.* id.
147 Biguttula. *Kolenati.* id.

OXYPODA. *Mannerh.*

10bis Hospita. *Grimm.* *Germania.*
10ter Occulta. *Grimm.* id.
38bis Rufipennis. *Heer.* *Helvetia.*
58 Stevenii. *Mannerh.* *Caucasus.*
59 Gotschii. *Hochh.* id.
60 Angusticollis. *Hochh.* id.

ALEOCHARA. *Gravenh.*

4bis Biguttata. *Heer.* *Helvetia.*
4ter Lateralis. *Ull.* *L.* *Redt.* *Austria.*
18bis Alpicola. *Heer.* *Helvetia.*
31bis Clavicornis. *Redtenb.* *Austria.*
35 Flavomaculata. *Ménét.* *Caucasus.*
36 Convexinscula. *Kolen.* id.
37 Apicalis. *Ménét.* id.
38 Erythroptera. *Grav.* id.
39 Solida. *Hochh.* id.

GYROPHLENA. *Mannerh.*

18 Glacialis. *Kolenati.* *Caucasus.*

CONURUS. *Steph.*

10 Erythrocephalus. *Hch.* *Caucasus.*
11 Rufulus. *Hochh.* id.
12 Dimidiatus. *Hochh.* id.
13 Caucasicus. *Kolenat.* id

TACHYPORUS. *Gravenh.*

12bis Pisciformis. *Heer.* *Helvetia.*

LAMPRINUS[1]. *Heer.*

1 Lasserrei. *Heer.* *Helvetia.*

TACHINUS. *Gravenh.*

14 Caucasicus. *Kolenati.* *Caucasus.*

[1] Placer ce genre après le genre *Tachyporus*

15 Pallipes. *Gravenh.* *Caucasus.*
16 Basalis. *Erich.* id.
17 Rufitarsis. *Hochh* id.

BOLETOBIUS. *Leach.*

16 Pulchellus. *Mannerh.* *Fennia.*
17 Insignis. *Hochh.* *Caucasus*
18 Flavicollis. *Hochh.* id.
19 Phædrus. *Kolenati.* id.

MYCETOPORUS. *Mannerh.*

5bis Piceus. *Maklin.* *Germania.*
6bis Ruficollis. *Maklin.* id.
6ter Crassicornis. *Maklin.* id.
6quater Bicolor. *Maklin.* id.
6quinq Longicornis. *Maklin.* id.
10 Debilis. *Maklin.* id.

OTHIUS. *Leach.*

1bis Grandis. *Hochh.* *Caucasus.*

XANTHOLINUS. *Erich.*

18 Sanguinipennis. *Kolen.* *Caucasus*
19 Flavocinctus. *Hochh.* id.
20 Fasciatus. *Chaud.* id.
21 Scripticollis. *Hochh.* id.
22 Hæmatodes. *Kolenati.* id.

LEPTACINUS. *Erich.*

3bis Angustatus. *Grimm.* *Germania*

STAPHYLINUS. *Linné.*

3bis Ciliaris. *Steph.* *Anglia.*
23 Cingulus. *Comolli.* *Italia.*

OCYPUS. *Kirby*

1bis Brachypterus. *Brullé.* *Græcia.*
9 { Similis. *Fabr.* *Gallia.*
{ *Brevipennis. Heer.* *Helvetia.*

PHILONTHUS *Leach.*

33bis Megacephalus. *Heer.* *Helvetia.*
90 Binotatus. *Gravenh.* *Germania*
91 Ephippium. *Nordm.* *Fennia.*

QUEDIUS. *Leach.*

3bis Chrysurus. *Kiesenw.* *Kust.* *Germania*

30 { Monticola. *Erich.* *Germania*
(26) { *Paradisianus. Heer.* *Helvetia.*

SCIMBALIUM *Erich.*

3 Anale. *Nordm.* *Fennia.*

ACHENIUM. *Leach.*

2 Planum *Erich.* *Germania.*

LATHROBIUM. *Gravenh.*

13bis Longicorne. *Redtenb.* *Austria.*

SCOPÆUS. *Erich.*

6 Pusillus. *Kiesenw.* *Germania.*

SUNIUS. *Leach.*

14 Unicolor. *Curtis.* *Anglia*

STENUS. *Latr*

62 { Rusticus. *Erich.* *P.*
(59) { *Rufimanus. Heer.* *Helvetia.*

BLEDIUS. *Leach.*

38 Picipennis. *Hochh* *Caucasus*

PLATYSTHETUS. *Mannerh.*

9 Lævis. *Kiesenw.* *Germania.*

OXYTELUS. *Gravenh.*

19 Stigifrons. *Hochh.* *Caucasus.*

TROGOPHLŒUS

12bis Halophilus. *Kiesenw.* *Austria.*
21 Caucasicus. *Hochh.* *Caucasus*
22 Tarsalis. *Hochh.* id
23 Brevipennis. *Hochh* id.

THINOBIUS [1]. *Kiesenwetter.*

1 { Longipennis. *Heer* *Helvetia*
{ *Ciliatus. Kiesenw.* *Austria*

DELEASTER. *Erich*

2 Adustus. *Kuster.* *Austria.*

---

[1] Placer ce genre après le genre *Trigonurus.*

PROGNATA. *Latreille.*

2 Humeralis. *Germar.* *Germania.*

ANTHOPHAGUS. *Gravenh.*

5bis Fallax. *Kiesenw.* *Germania.*
8 } Austriacus. *Erich.* *Austria.*
(6) } *Alpestris. Heer.* *Helvetia.*
20 Arpedinus. *Hochh.* *Caucasus.*

GEODROMUS [1]. *Heer.*

ANTHOPHAGUS. *Gravenh.*

1 Plagiatus. *Fabr.* *Gallia.*

ARPEDIUM. *Erich.*

2 } Brachypterum. *Erich.* *Germania.*
(4) } *Gyllenhalii. Sahlb.* id.

[1] Genre créé aux dépens du genre *Anthophagus*, avec l'espèce de ce genre, n° 18.

LATHRIMÆUM. *Erich.*

6 Hirtellum. *Heer.* *Helvetia*

ANTHOBIUM. *Leach.*

17 } Excavatum. *Erich.* *Helvetia.*
(6) } *Robustum. Heer.* id.
20bis Limbatum. *Erich.* *Austria.*
24bis Pallens. *Heer.* *Helvetia.*
26 } Scutellare. *Erich.* *Gallia.*
(22) } *Montivagum. Heer.* *Helvetia.*
37bis Puberulum. *Kiesenw.* *Germania.*
37ter Fimetarium. *Mannerh.* *Fennia.*

BOREAPHILUS. *Sahlberg.*

2 Brevicollis. *Halid.* *Germania.*

TABLE ALPHABÉTIQUE

DES NOMS GÉNÉRIQUES CONTENUS DANS CE VOLUME.

Nota. Les noms en italique ne sont pas adoptés et sont seulement cités comme synonymie.

DELENDA ET CORRIGENDA.

P. 13, c. 2, l. 19.

Soluta. (*Meg.*) *Dej.* *Hungaria.*
Ajoutez à la synonymie :
Var. *Assimilis. Chaudoir.* *Russ. mer.*

P. 14, c. 1, l. 47.

Germanica. *Fabr.* *Gallia.*
Ajoutez à la synonymie :
{ *Subtruncata. Chaud.* *Russ. mer.*
{ *Angustata. Fisch.* *Sibiria.*

P. 15, c. 1, l. 29.

Andalusia. *Rambur.* *Hisp. mer.*
Lisez :
{ Andalusiaca. *Ramb.* *Hisp. mer.*
{ Et ajoutez :
{ *Barbara. Chaud.* *Algiria.*
Et supprimez le n° 13.

P. 16, c. 1, l. 34.

Attenuatus. *Fabr.* *Gall. bor.*
Réunissez dans la même accolade la ligne 36.

P. 17, c. 1, l. 46.

Cristoforii. *Spence.* *Pyrenæus.*
Lisez :
Cristofori. *Spence.* *Pyrenæis.*

P. 20, c. 2, l. 3.

Prœsta (Odacanth.) *Stéven.* *Russ. mer.*
Lisez :
Præusta (Odacanth.) *Stév.* *Russ. mer.*

P. 22, c. 2, l. 14.

Gerardii. *Buquet.* *Algiria.*
Ajoutez à la synonymie :
Rufa. Chaud. *Algiria.*
Et supprimez la ligne 15.

P. 25, c. 2, l. 3.

Circunscriptus. *Duft.* *Gall. mer.*
Lisez :
Circumscriptus. *Duft.* *Gall. mer.*

P. 26, c. 2, l. 22.

Cimmerius. *Stéven. Dej.* *Græcia.*
Ajoutez à la synonymie :
Elegans. Brullé. *Græcia.*

P. 31, c. 2, l. 34.

Instusii. *Lw. Redtenb.* *Austria.*
Lisez :
Justisii. *Lw. Redtenb.* *Austria.*

P. 32, c. 2, l. 32.

Bilineatus. *Sicilia.*
Lisez :
Bilineatus. *Dej.* *Sicilia.*

P. 33, c. 2, l. 21.

Curtus. *Latreille.* P.
Ajoutez à la synonymie :
Curtoides Chaud. *Europ. mer.*
Et supprimez la ligne 22.

P. 34, c. 2, l. 8.

Silvicola. *Schmidt.* *Suecia.*
Lisez :
Sylvicola. *Schmidt.* *Austria.*
Ajoutez à la synonymie :
Maritima. Schiodte. *Dania.*
Et supprimez la ligne 21.

P. 34, c. 2, l. 39.

Hœmatupa. (*Parr.*) *Corfou.*
Lisez :
Hœmatopa. (*Parr.*) *Corfou.*

P. 38, c. 1, l. 27.

Qudripunctatus. *Dej.* *Gallia.*
Lisez :
Quadripunctata. *Dej.* *Gallia.*

P. 41, c. 2, l. 18.

Pallidipenne. *Illiger. Dej.* *Gallia.*
Lisez :
Pallidipenne. *Illiger.* *Gallia.*

P. 50, c. 2, l. 44.

Bicolor. (*Kirby.*) *Germ.* *Gall. mer.*
Lisez :
Bicolon. (*Kirby.*) *Germar.* *Gall. mer.*

P. 55, c. 2, l. 40.

Tuberculata. *Dej.* *Hispania.*
Lisez :
Tuberculata. (*Dej.*) *Lucas.* *Hisp. mer.*
Et supprimez la ligne 43.

P. 56, c. 1, l. 40.

Orientalis. *Dej. Cat. Küster.* *Græcia.*
Lisez :
Orientalis. (*Dej.*) *Brul. Küst.* *Græcia.*

P. 60, c. 1, l. 25.

Var. *Staphylacum. Gyll.* *Suecia.*
Lisez :
Var. *Staphylæum. Gyll.* *Suecia.*

P. 68, c. 1, l. 29.

Bicolor. *Perroud. Comalli.* *Gall. mer.*
Lisez :
Bicolor. *Perroud. Comolli.* *Gall. mer.*

P. 71, c. 2, l. 1.

MYRMECHIXENUS. *Chevrol.*
Lisez :
MYRMECOXENUS. *Chevrol.*

P. 71, c. 2, l. 25.

Chlatratus. (*Dahl*) *Austria.*
Lisez :
Clathratus. (*Dahl*) *Austria.*

P. 78, c. 1, l. 10.

Mæreus. *Erichson.* *Istria.*
Lisez :
Mœrens. *Erichson.* *Austria.*

P. 81, c. 1, l. 49.

Germinatus. *Dej. Cat.* *Corsica.*
Lisez :
Geminatus. *Dej. Cat.* *Corsica.*

P. 84, c. 1, l. 49.

Fiscicornis. *Stéven.* *Græcia.*
Lisez :
Fissicornis. *Stéven.* *Græcia.*

P. 91, c. 2, l. 18.

OCHODŒUS. (*Meg.*) *Latreille.*
Lisez :
OCHODÆUS. (*Meg.*) *Latreille.*

P. 94, c. 1, l. 27.

Ætuensis. *Jan. St. Cat.* *Sicilia.*
Lisez :
Ætnensis. *Jan. St. Cat.* *Sicilia.*

P. 106, c. 2, l. 31.

Feisthameli. *Grúells.* *Hispania.*
Lisez :
Feisthameli. *Graells.* *Hispania.*

P. 107, c. 2, l. 6.

MONOCREPIDIUS. *Esch. L. Redt.*
Lisez :
PORTHMIDIUS. *Germar.*
Et ajoutez :
Monocrepidius. *Eschsch. L. Redtenb.*

P. 108, c. 1, l. 5.

Chrysoprasa. Herbst. *Austria.*
Lisez :
Chrysoprara. Herbst. *Austria.*

P. 112, c. 1, l. 9.

Inonatus. (*Gaubil.*) *Algiria.*
Lisez :
Inornatus. (*Gaubil.*) *Algiria.*

P. 115, c. 1, l. 44.

Opacus. *Germar.* *Austria.*
Substituez à cette espèce :
Oralis. *Germar.* *Germania*

P. 117, c. 1, l. 17.

APALOCRUS. *Erich.*
Lisez :
APALOCHRUS. *Erich.*

P. 118, c. 2, l. 4.

ATTELESTUS. *Erich.*
Lisez :
ATELESTUS. *Erich.*

P. 124, c. 2, l. 31.

Cylindricub. *Germar.* *Dalmatia.*
Lisez :
Cylindricus. *Germar.* *Dalmatia.*

P. 124, c. 2, l. 46.

Pectinatus. *Linné.* *P.*
Lisez :
Pectinicornis. *Linné.* *P.*

P. 127, c. 2, l. 20.

DENTROCTONUS. *Erichson.*
Lisez :
DENDROCTONUS. *Erichson.*

P. 128, c. 2, l. 25.

Ovalis. (*Mariettè.*) *Lombardia.*
Lisez :
Ovalis. (*Marietti.*) *Lombardia.*

P. 130, c. 1, l. 42.

Labialis. *Herbst.* *Gallia.*
Lisez :
Labilis. *Herbst.* *Gallia.*

P. 130, c. 1, l. 44.

Obiquus. (*St. Cat.*) *Germania.*
Lisez :
Obliquus. (*St. Cat.*) *Germania.*

P. 132, c. 1, l. 25.

Albicinetus. *Schh.* *Gallia.*
Lisez :
Albicinctus. *Schh.* *Gallia.*

P. 132, c. 2, l. 7.

Alauda. Fabr. *Gallia*
Lisez :
Alanda. Fabr. *Gallia.*

P. 132, c. 2, l. 10.

Alauda. Herbst. *Germania.*
Lisez :
Alanda. Herbst. *Gallia.*

P. 134, c. 1, l. 31.

Alauda. Fabr. *Gallia.*
Lisez :
Alanda. Fabr. *Gallia.*

P. 137, c. 2, l. 26.

Linnosus. *Gyllenh.* *Suecia.*
Lisez :
Limosus. *Gyllenh.* *Suecia.*

P. 137, c. 2, l. 43.

Biglyptus. *Germar.* *Saxonia.*
Lisez :
Diglyptus. *Germar.* *Saxonia.*

P. 138, c. 1, l. 3.

Binotutus. Steph. *Anglia.*
Lisez :
Binotatus. Steph. *Anglia.*

P. 138, c. 2, l. 8.

Rampuus. *Thunberg.*
Lisez :
Ramphus. *Thunberg.*

P. 139, c. 1, l. 6.

Laniceræ. *Fabr.* *Germania.*
Lisez :
Loniceræ. *Fabr.* *Germania.*

P. 139, c. 2, l. 7.

Fitidulus. Steph. var. *Anglia.*
Lisez :
Nitidulus. Steph. var. *Anglia.*

P. 142, c. 1, l. 5.

Pomonæ. *Linné.* *Gallia.*
Lisez :
Pomorum. *Linné.* *Gallia.*

P. 142, c. 1, l. 10.

Pomarum. var. b. Gyll. *Suecia.*
Lisez :
Pomorum. var. b. Gyll. *Suecia.*

P. 148, c. 2, l. 49.

Polycocos. *Schh.* *Constantinp.*
Lisez .
Polycocus. *Schh.* *Constantinp.*

P. 149, c. 2, l. 50.

Geminatus. *Fabr.* *Styria.*
Lisez :
Gemmatus. *Fabr.* *Germania.*

P. 150, c. 1, l. 19.

Transversempressus. (*Chevr. Sch.*) *Algiria.*
Lisez :
Transversimpressus. (*Chevr. Sch.*) *Algiria*

P. 153, c. 2, l. 8.

Noscius. *Chevrol. Sch.* *Italia.*
Lisez :
Noxius. *Chevrol. Sch.* *Italia.*

P. 154, c. 2, l. 43.

Fasciculatus. Gebler. *Russ. mer.*
Lisez :
Fasciolatus. Gebler. *Russ. mer.*

P. 156, c. 1, l. 25.

Circumvagus. (*Chevr.*) *Algiria.*
Supprimez ici cette espèce et voyez le n° 25 du même genre.

P. 156, c. 1, l. 27.

Danci. Olivier. *Algiria.*
Lisez :
Dauci. Olivier. *Algiria.*

P. 160, c. 2, l. 4.

Dalbatus. Linné. *Suecia.*
Lisez :
Dealbatus. Linné. *Suecia.*

P. 160, c. 2, l. 5.

Rodirus. Voet. *Suecia.*
Lisez :
Roridus. Voet. *Suecia.*

P. 162, c. 2, l. 39.

Voluptiferus. *Schönh.* *Austria.*
Lisez :
Voluptificus. *Schönh.* *Austria.*

P. 163, c. 1, l. 26.

Tennis. *Rosenhauer.* *Tyrolis.*
Lisez :
Tenuis. *Rosenhauer.* *Tyrolis.*

P. 165, c. 1, l. 4.

Carinatus. *Oliv. Dej. Cat.* *Lusitania.*
Lisez :
Carinula. *Oliv. (Dej.)* *Lusitania.*

P. 166, c. 1, l. 26.

Rignus. *Erichson.* *Algiria.*
Lisez :
Riguus. *Erichson.* *Algiria.*

P. 167, c. 1, l. 1.

AMOPHOCEPHALUS. *Schh.*
Lisez :
AMORPHOCEPHALUS. *Schh.*

P. 167, c. 2, l. 14.

Tennæ. *Kirby. Steph.* *Gallia.*
Lisez :
Tenuæ. *Kirby. Steph.* *Gallia.*

P. 169, c. 2, l. 12.

Translaticeum. *Schh.* *German. bor.*
Lisez :
Translatitium. *Schh.* *German. bor.*

P. 170, c. 1, l. 44.

Violacipenne. *Dej. Cat.* *Dalmatia.*
Lisez :
Violaceipenne. *Dej. Cat.* *Dalmatia.*

P. 174, c. 1, l. 23.

MACROTOMA. *Dej. Cat. Serville.*
Substituez à ce genre le genre :
PRINOBIUS. *Mulsant.*

P. 174, c. 2, l. 27.

Nodicornis. *Küster.* *N.*
Lisez :
Nodicornis. *Küster.* *Dalmatia.*

P. 174, c. 2, l. 28.

Carinatus. *Küster.* *N.*
Lisez :
Carinatus. *Küster.* *Dalmatia.*

P. 175, c. 2, l. 37.

Similare. *Küster.* *Germania.*
Lisez :
Similare. *Küster.* *Dalmatia.*

P. 180, c. 1, l. 10.

Hirsuta. *Küster.* *N.*
Lisez :
Hirsuta. *Küster.* *Dalmatia.*

P. 180, c. 2, l. 8.

Axillare. *Küster.* *Italia.*
Lisez :
Axillare. *Küster.* *Turcia.*

P. 180, c. 2, l. 12.

Sulcipenne. *Küster.*
Lisez :
Sulcipenne. *Küster* *Turcia.*

P. 181, c. 1, l. 40.

Tiliæ. *Küster.*
Lisez :
Tiliæ. *Küster.* *Transylvan.*

P. 181, c. 2, l. 32.

Cephalotes. *Küster.*
Lisez :
Cephalotes. *Küster.* *Græcia.*

P. 182, c. 1, l. 22.

SAPERDA. *Fabr.* AUGAPANTHIA. *Serville.*
Lisez :
SAPERDA. *Fabr.* AGAPANTHIA. *Serville.*

P. 184, c. 1, l. 6.

Strangulata *Ill. Germ.* *Lusitania.*
Supprimez cette ligne et voyez le n° 23 du genre *Leptura.*

P. 184, c. 2, l. 25.

Strangulata. *Germ. Charp.* *Pyr. or.*
Lisez :
Stragulata. *Germ. Charp.* *Pyr. or.*

P. 184, c. 2, l. 35.

ANAPLODERA. *Mulsant.*
Lisez :
ANOPLODERA. *Mulsant.*

P. 193, c. 1, l. 12.

Confragoso. Buquet. *Algiria.*
Lisez :
Confragosa. Buquet. *Algiria.*

P. 193, c. 2, l. 21.

Gennensis. *Dej. Cat.* *Italia.*
Lisez :
Genuensis. *Dej. Cat.* *Italia.*

P. 193, c. 2, l. 42.

Globosa. *Meg. St. Cat.* *Illyria.*
Supprimez cette ligne et voyez le n° 34 du genre *Timarcha.*

P. 198, c. 1, l. 51.

Foncipifera. *Dej. Cat. Lucas.* *Algiria.*
Lisez :
Forcipifera. *Dej. Cat. Lucas.* *Algiria.*

P. 211, c. 2, l. 47.

Livicollis *Solier.* *Corsica.*
Lisez :
Lævicollis. *Solier.* *Corsica.*

P. 216, c. 2, l. 42.

Discoideus. *Schönherr.* *Hispania.*
Supprimez cette ligne et voyez la ligne 8, même page, même colonne.

P. 217, c. 1, l. 37.

HYPEROPS. *Eschscholtz.*
Ce genre faisant double emploi, supprimez-le ici et voyez la p. 211.

P. 217, c. 2, l. 36.

Eymondi. *Solier.* *Algiria.*
Lisez :
Emondi. *Solier.* *Algiria.*

P. 217, c. 2, l. 43.

Producta. *Dej. Fisch.* *Gall. mer.*
Lisez :
{ Producta. (*Dej.*) *Brul. Sol.* *Gall. mer.*
{ *Gigas. Olivier.* id.

P. 218, c. 1, l. 15.

Australis. *Dej. Cat.* *Italia.*
Lisez :
{ Australis. (*Dej.*) *Solier.* *Corsica.*
{ Var. A. *Planicollis. Sol.* *Sicilia.*
{ Var. B. *Impressicollis. Sol.* id.

P. 218, c. 2, l. 12.

Rambuii. *Dej. Cat.* *Hisp. mer.*
Lisez :
Rambuii. (*Dej.*) *de Brême.* *Hisp. mer.*

P. 220, c. 1, l. 25.

Striatus. *Solier.* *Hispania.*
Supprimez cette ligne et voyez la ligne 12.

P. 220, c. 2, l. 11.

Perlatum. *Dej. Cat.* *Hisp. mer.*
Lisez :
Perlatum. (*Dej.*) *Germar.* *Hisp. mer.*

P. 223, c. 2, l. 35.

Lacertosus. *Dej. Cat.* *Smyrna.*
Lisez :
Lacertosus. (*Dej.*) *Küster.* *Smyrna*

P. 224, c. 1, l. 20.

Celestinus. *Klug.* *Constantinp.*
Lisez :
Cœlestinus. (*Klug.*) *Waltl.* *Constantinp.*

P. 224, c. 1, l. 36.

Subrugosus. *Creutzer.* *Hungaria.*
Lisez :
{ Schmidtii. *Ahrens.* *Hungaria.*
{ *Subrugosus. Duftsch.* id.

P. 225, c. 2, l. 31.

Curvipes. *Dej. Cat.* *Gall. mer.*
Lisez :
Curvipes. (*Dej.*) *Brullé.* *Gall. mer.*

P. 226, c. 2, l. 19.

Quadriguttata. *Fabr.* *Germania.*
Supprimez cette espèce et voyez le n° 6 du même genre.

P. 227, c. 2, l. 28.

Sturmii. *Küster.* *Russ. merid.*
Lisez :
Sturmii. *Küster.* *Dalmatia.*

P. 228, c. 1, l. 51 et 52.

Decora. (*Chevrolat.*) *Lucas.* *Algiria.*
Lisez :
Decora. *Chevrolat. Lucas.* *Algiria.*

P. 229, c. 1, l. 35.

Necydalens. *Pallas.* *Russia.*
Lisez :
Necydaleus. *Pallas.* *Russ. mer.*

P. 230, c. 2, l. 42.

Affinis. *Lucas.* *Algiria.*
Lisez :
Vicina. *Lucas.* *Algiria.*

P. 231, c. 1, l. 42.

Similio. *Sturm. Cat.* *Tyrolis.*
Lisez :
Similis. *Sturm. Cat.* *Tyrolis.*

P. 231, c. 2, l. 23.

Varians. *Dej. Cat.* *Hispania.*
Lisez :
Varians. (*Dej.*) *Schh.* *Hispania.*

P. 231, c. 2, l. 30.

Wagneri. *Küster.* *N.*
Lisez :
Wagneri. *Küster.* *Algiria.*

P. 234, c. 2, l. 11.

Umbellatorum. *Fabr.* *Gall. mer.*
Lisez :
Umbellatarum. *Fabr.* *Gall mer.*

P. 238, c. 2, l. 7.

PHARONUS. *Aubé.*
Lisez :
FARONUS. *Aubé.*

P. 241, c. 1, l. 7.

Oculta. (*Chevrier.*) *Heer.* *Helvetia.*
Lisez :
Occulta. (*Chevrier.*) *Heer.* *Helvetia.*

P. 241, c. 1, l. 28.

Excavata. *Mannerh.* *Austria.*
Lisez :
Exarata. *Mannerh.* *Austria.*

P. 241, c. 2, l. 25.

Quisquiliaria. Gyll. *Suecia.*
Lisez :
Quisquiliarium. Gyll. *Suecia.*

P. 241, c. 2, l. 29.

Paveus. *Erich.* *Germania.*
Lisez :
Pavens. *Erich.* *Germania.*

P. 242, c. 1, l. 33.

Atricila. *Erich.* *Sardinia.*
Lisez :
Atricilla. *Erich.* *Sardinia.*

P. 242, c. 1, l. 48.

Nigricula. v. c. Grav. *Suecia.*
Lisez :
Nigritula. v. c. Grav. *Suecia.*

P. 242, c. 2, l. 21.

Glaucula. *Erich.* *Berolini.*
Lisez :
Clancula. *Erich.* *Berolini.*

P. 243, c. 1, l. 21.

Cingulosa. *Heer.* *Helvetia*
Lisez :
Cingulata *Heer.* *Helvetia.*

P. 243, c. 2, l. 28.

Procelura. Mannerh. *Germania.*
Lisez :
Procerula. Mannerh. *Germania.*

P. 243, c. 2, l. 45.

Mirmecophila. *Märkel.* *Saxonia.*
Lisez :
Myrmecophila. *Märk.* *Saxonia.*

P. 245, c. 1, l. 36.

Infirma. *Erich.* *Germania.*
Lisez :
Infima. *Erich.* *Germania.*

P. 245, c. 2, l. 28.

Cornuroides. Mathews. *Anglia.*
Lisez :
Conuroides. Mathews. *Anglia.*

P. 251, c. 1, l. 3.

Luceus. *Mannerh.* *Germania.*
Lisez :
Lucens. *Mannerh.* *Germania.*

P. 251, c. 2, l. 29.

Quisquiliarus. *Gyll. Lacord. Gallia.*
Lisez :
Quisquiliarius. *Gyll. Lacord. Gallia.*

P. 253, c. 1, l. 27.

Obliteratus. *Erich.* *Sardinia.*
Lisez :
Oblitteratus. *Erich.* *Sardinia.*

P. 254, c. 1, l. 34.

Dilitum. *Erich.* *German. sep.*
Lisez :
Dilutum. *Erich.* *German. sep.*

P. 256, c. 1, l. 35.

Cantus. *Erich.* *Berolini.*
Lisez :
Cautus. *Erich.* *Berolini.*

P. 257, c. 1, l. 32.

Procelurus. *Erich.* *Austria.*
Lisez :
Procerulus. *Erich.* *Austria.*

P. 257, c. 1, l. 49.

Pigmæus. *Erich.* *Gallia.*
Lisez :
Pygmæus. *Erich.* *Gallia.*

P. 257, c. 2, l. 11.

Debelis. *Erich.* *Russ. mer.*
Lisez :
Debilis. *Erich.* *Russ. mer.*

P. 257, c. 2, l. 13, et p. 275, c. 2, l. 18.

PLATISTHETUS. *Mannerh.*
Lisez :
PLATYSTHETUS. *Mannerh.*

P. 258, c. 1, l. 10.

Sculptarus. *Gravenh.* *Germania.*
Lisez :
Sculpturatus. *Gravenh.* *Germania.*

P. 260, c. 1, l. 27.

Alpestre. *Heer.* *Helvetia.*
Lisez :
Alpestre. *Erich.* *Germania.*

P. 261, c. 2, l. 39.

Var. *Lineatocollis. Lacord.* *P.*
Lisez :
Sinuatocollis. Lacord. *P.*

P. 264, c. 1, l. 17.

PRISTONICHUS. *Dej.*
Lisez :
PRISTONYCHUS. *Dej.*

RÉSULTAT

DES

Observations sur les genres Trachyphlœus, Omias, Otiorhynchus, Sitones, Cneorhinus *et* Strophosomus *d'Angleterre*, *par M.* John Walton.

(*Annals of nat. hist.*, vol. XIX, p. 217, 314, 445.)

P. 147, c. 2, l. 26.

Otiorhynchus :

O. Caudatus. *Rossi.* — *Italia.*
Ajoutez à la synonymie de cette espèce :
{ *Lima. Marsh.* — *Anglia.*
{ *Bisulcatus. Steph.* — id.

P. 148, c. 1, l. 25.

O. Fuscipes. *Olivier.* — *Gall. mer.*
Ajoutez :
{ *Fagi. (Chevrol.) Schh.* — *Gallia.*
{ *Hypolaus. Kirby.* — *Anglia.*
{ *Sacer. Kirby.* — id.

P. 150, c. 2, l. 9.

O. Atroapterus. *de Geer.* — *Pomerania.*
Ajoutez :
{ *Ater. Steph.* — *Anglia.*
{ *Niger. Steph.* — id
{ *Arenarius. Kirby.* — id.

P. 150, c. 2, l 13.

O Monticola *Germar.* — *Germania*
Ajoutez :
Lævigatus. Gyll. Schh — *Suecia.*

P. 150, c. 2, l. 42.

O. Picipes. *Fabr.* — *Gallia.*
Ajoutez :
{ *Vastator. Marsh.* — *Anglia.*
{ *Notatus. Steph.* — id.
{ *Septentrionis. Steph.* — id.
{ *Marquardtii. Schönh.* — id.
{ *Chevrolati. Schh. var.* — id.

P. 152, c. 1, l. 8.

O. Verticosus. *Schönh.* — *Gallia.*
Lisez :
{ Ovatus. *Linné. F.* — *Gallia.*
{ *Vorticosus. (Chev.) Schh.* — id.

232bis { Pabulinus. *Panzer. Germar.* — *Germania.*
{ *Confinis. Kirby.* — *Anglia.*

P. 154, c. 2, l. 6.

Trachyphloeus :

T. Scabriculus. *Schönh.* — *P.*
Lisez :
{ Scaber. *L.* (*Mus. Lin.*) *Germ.* — *P.*
{ *Tesselatus. Marsh. Steph.* — *Anglia.*
{ *Confinis. Steph.* — id.
{ *Scabriculus. Payk. Gyll. Schh.* non *Linné.* — *P.*
{ *Nigricans. Steph. Kirby.* (Stroph.) — *Anglia.*
{ *Grisescens. Kirb.* (Thylacit.) — id.

P. 154, c. 2, l. 13.

T. Waltoni. *Schh.* *Anglia.*
Ajoutez :
Ventricosus. Stph. non *Germ. Anglia.*

P. 154, c. 2, l. 20.

T. Squamulatus. *Oliv.* *Gallia.*
Ajoutez :
Aristatus. Gyll. Schh. *Anglia.*
Stipulatus. Germar. *Germania.*
Setosus. Kirby. *Anglia.*

P. 154, c. 2, l. 17.

T. Setarius. *Schönh.* *Germania.*
Lisez :
Scabriculus. *L. F. Mus. Banks.* *Germania.*
♀ *Setarius. Schh.* id.
Scaber. Schh. *Gallia.*
Maculatus. var. β (*Schh.*) id.
Digitalis. Steph. *Anglia.*
Occultus. (*Chevrol.*) *Gallia.*

(*Annals of nat. hist.*, vol. XVII, p. 227 and 304.)

P. 163, c. 1, l. 21.

SITONES :

S. Griseus. *Fabr.* *Gall. mer.*
Ajoutez :
Fuscus. Marsh. *Anglia.*
Trisulcus. Kirby. id.

P. 163, c. 1, l. 31.

S. Regensteinensis. *Herbst.* *P.*
Ajoutez :
Spartii, Femoralis et *Pleuritica. Steph.* *Anglia.*
Spartii. Kirby. id.

P. 163, c. 1, l. 41.

S. Tibialis. *Herbst.* *Gallia.*
Ajoutez :
Chloropus. Marsh. *Anglia.*
Lineellus. Gyll. Schh. *Germania.*
Ambiguus. var. Schh. id.
Albescens, Affinis et *Lineatulus. Kirby.* *Anglia.*
24[bis] Waterhousei. (*Schh.*) *Walton.* id.

P. 163, c. 2, l. 1.

S. Sulcifrons. *Thunb.* *Suecia.*
Ajoutez :
Chloropus. Marsh. ? *Anglia.*
Subauratus. Kirby. id.
Pleuriticus. Kirby. id.

P. 163, c. 2, l. 6.

S. Crinitus. *Oliv. Dej. Cat.* *Gallia.*
Ajoutez :
Lineellus. var. Steph. *Anglia.*
Albescens. var. Steph. id.
Macularis. Marsh. id.

P. 163, c. 2, l. 14.

S. Octopuntatus. *Schh.* *Gallia.*
Lisez :
Flavescens. *Marsh.* *Anglia.*
Ajoutez :
8-*Punctatus. Schh.* *Gallia.*
Nigriclavis Marsh. *Anglia.*
Longiclavis. Marsh. id.
Griseus. Kirby. id.
Lineatus. Fabr. (*Mus. Banks.*)

P. 163, c. 2, l. 30.

S. Lineatus. *Linné.* *Gallia.*
Lisez :
Lineatus. *L.* (*Mus. Linn.*) *F. Germ. Schh.* *Gallia.*
Ajoutez :
Ruficlavis. Marsh. *Anglia.*
Griseus. Marsh. id.
Griseus. v. β. *Kirby.* id.

P. 163, c. 2, l. 48.

S. Hispidulus. *Fabr.* *P.*
Ajoutez :
Pallipes. Steph. *Anglia.*

P. 164, c. 1, l. 9.

S. Puncticollis. *Kirby.* *Anglia.*
Ajoutez :
8-*Punctatus. Germar.* *Gallia.*
Insulsus. Schh. *Russ. mer.*
Flavescens. v. Kirby. *Anglia.*

P. 164, c. 1, l. 11.

S. Suturalis. *Steph.* *Anglia*
Ajoutez :
Rufipes. Marsh. non *Linné.* *Anglia.*

P. 164, c. 1, l. 13.

S. Pisi. *Stephens.* *Anglia.*
Lisez :
{ Humeralis. *Kirby.* *Anglia.*
{ *Pisi. Steph.* id.
{ *Promptus. Schh.* *Gall. mer.*
63*bis* Meliloti. *Walton.* *Anglia.*

P. 164, c. 1, l. 16.

S. Cambricus. *Kirby.* *Anglia.*
Ajoutez :
{ *Cribricollis. Schh.* *Austria.*
{ *Rugulosus. (Dillw.) Kirb.* *Anglia.*

P. 165, c. 1, l. 19.

STROPHOSOMUS :
S. Coryli. *Fabr. Mus. Banks.* *P.*
Ajoutez :
{ *Illibatus. Schh.* *Gallia.*
{ *Coryli. Marsh. Gyll.* *Anglia.*
{ *Obesus. Marsh.* id.
{ *Cognatus. Steph.* id.
{ *Cervinus. Fabr.* id.

P. 165, c. 1, l. 23.

S. Alternans. *Schh.* *Gall. mer.*
Lisez :
{ Retusus. *Marsh. Steph.* *Anglia.*
{ *Squamulatus. Steph.* id.
{ *Alternans. Schh.* *Gall. mer.*
{ *Oxyops. (Chevrol.) Schh.* *Gallia.*
{ *Obesus. v. α. β. γ. Kirby.* *Anglia.*

P. 165, c. 1, l. 24.

S. Faber. *Herbst.* *P.*
Ajoutez :
{ *Chætoporus. Steph.* *Anglia.*
{ *Limbatus. Marsh.* id.
{ *Septentrionis. Steph.* id.
{ *Sus. v. α. β. Kirby.* id.
4*bis* Limbatus. *F. Payk.* *Gallia.*

P. 165, c. 1, l. 43.

S. Rufipes. *Steph.* *Anglia.*
Lisez :
{ Obesus. *Marsh.* *Anglia.*
{ *Rufipes. Steph.* id.
{ *Subrotundatus. Marsh.* id.
{ *Asperifoliarum. Steph.* non *Kirby.* id.
{ *Atomarius. Marsh.* id.
{ *Cognatus. Steph.* id.
{ *Nigricans. Steph.* non *Kirby.* id.
{ *Nebulosus. Steph.* id.
{ *Coryli. Payk. Gyllenh. Schh.* *P.*
1*bis* Fulvicornis. *(Curtis.) Walton.* *Anglia.*

P. 165, c. 2, l. 13.

CNEORHINUS :
C. Geminatus. *Fabr.* *Gallia.*
Ajoutez :
{ *Albicans. Schh.* *Gall. occid.*
{ *Parapleurus. Marsh.* *Anglia.*
{ *Maritimus. Marsh.* id.
{ *Scrobiculatus. Marsh.* id.

P. 165, c. 2, l. 18.

C. Exaratus. *Marsh.* *Anglia.*
Ajoutez :
{ *Plumbeus. Marsh.* *Anglia.*
{ 6-*Striatus. Marsh.* id.

ESPÈCES NOUVELLES

publiées par M. Léon Fairmaire, dans les Annales de la Société entomologique de France.

P. 21, c. 2, avant le genre *Aptinus*, ajoutez :

COPTODERA. *Dejean.*

1 Massiliensis. *L. Fairm.* *Gall. mer.*

P. 113, c. 1, après la lig. 7, ajoutez :

1bis Benedicti. *L. Fairm.* *Sicilia.*

P. 160, c. 2, après la lig. 5, ajoutez :

2bis Tesselatus. *L. Fairm.* *Hisp. mer.*

P. 160, c. 2, après la lig. 17, ajoutez :

9bis Helferi. *L. Fairm.* *Sicilia.*

P. 175, c. 1, après la lig. 36, ajoutez :

2bis Cylindraceus. *L. Fairm.* *Hisp. sept.*

P. 226, c. 2, après la lig. 34, ajoutez :

10bis Griseoguttata. *L. Fairm.* *P.*

P. 234, c. 2, après la lig. 2, ajoutez :

4 Kiesenwetteri. *L. Fairm.* *Sicilia.*

www.ingramcontent.com/pod-product-compliance
Ingram Content Group UK Ltd.
Pitfield, Milton Keynes, MK11 3LW, UK
UKHW020310230726
13925UKWH00001B/324

9 782013 447065